Sonderdruck aus den „Mitteilungen aus dem Zoologischen Museum in Berlin"

Erschienen im Akademie-Verlag GmbH., Berlin NW 7, Schiffbauerdamm 19
Verlagslizenz Nr. 156 · 100/70/50
Satz und Druck von C. G. Röder, Leipzig (III/18/2) - 38546
Bestell- u. Verlagsnummer: 2035/27/1
Preis: DM 60,—

ZUR SYSTEMATIK FAUNISTIK UND BIOLOGIE DER ORTHOPTEREN VON SÜDOST-EUROPA UND VORDERASIEN

von

PROF. DR. W. RAMME

Mit 39 Tafeln, 134 Textabbildungen
und 3 Kartenskizzen

1951

AKADEMIE-VERLAG · BERLIN

INHALTSÜBERSICHT

Seite

II. Vorderasien

Reiseberichte

A. Biologischer Teil

B. Systematischer Teil

C. Faunistischer Teil

VORWORT

Die Grundlage der nachstehenden Untersuchungen bilden die Ergebnisse von sechs in den Jahren 1927—1943 (jeweils in der Zeit vom Juli bis September) zum Studium der Orthopteren von mir unternommenen Reisen nach Südosteuropa und nach Vorderasien. Die Reiseziele waren im einzelnen folgende: 1927 besuchte ich auf Einladung der Akademie der Wissenschaften der USSR in Leningrad den Kaukasus, Transkaukasien, Armenien und Aserbeidshan — anschließend noch NW-Persien —, 1937 auf Einladung des türkischen Landwirtschaftsministeriums die Türkei, 1939 Mazedonien, Serbien und Dalmatien, 1941, 1942 und 1943 auf Einladung der Zoologischen Station der Universität Bukarest in Sinaia Rumänien. Namhafte finanzielle Beihilfen gab in einigen Fällen die „Notgemeinschaft der Deutschen Wissenschaft".

Unter Einbeziehung der von mir bereits an anderen Stellen gelegentlich veröffentlichten Teilergebnisse ist nun das ganze zur Verfügung stehende Material zu einem Gesamtbild dieser zoogeographisch und systematisch ineinandergreifenden Gebiete verwertet worden. Hinzu kommen noch die mazedonischen Ausbeuten von Prof. Dr. F. Doflein † (1917 und 18), Dr. H. Knipper (1936) und O. Zwick † (1934 und 38), sowie das reiche historische Material (aus allen obengenannten Gebieten) des Wiener Museums und der Sammlungen Ebner und Karny † ebendort, Teile der Sammlung Krauss †-Stuttgart, ferner der Museen und Sammlungen in Ankara, Bukarest, Eriwan, Genf, Leningrad, Madrid, Paris, Skoplje, Stockholm und Tiflis.

Leider hatte der Krieg die Verbindung mit der nach 1939 erschienenen ausländischen Literatur jäh unterbrochen, und durch Evakuierung bzw. Zerstörung deutscher Bibliotheken sowie private Verluste war die Benutzung der literarischen Hilfsquellen stark eingeschränkt worden; die Ergänzung der Zeitschriften durch die seitdem erschienenen Jahrgänge aus manchen Ländern ist bis heute erst in sehr beschränktem Umfange gelungen. Möglicherweise wurden also hier und da Veröffentlichungen nicht berücksichtigt und vielleicht bereits von anderer Seite während des Krieges und seither veröffentlichte Arten beschrieben. Man möge gegebenenfalls diesem Umstand Rechnung tragen und Nachsicht üben.

Bei der Bestimmung des gesammelten Materials, das zahlreiche bemerkenswerte bisher unbekannte Arten enthält, zeigte es sich mehrmals, daß eine Revision bzw. Superrevision einiger Gattungen notwendig war, um zu einer korrekten Determination der Arten zu gelangen; dadurch wurde vielfach der geographische Rahmen der Arbeit gesprengt und nordwärts bis Skandinavien, ostwärts bis

Zentral- und Ostasien, westwärts bis Nordafrika ausgedehnt. Bei den systematischen Untersuchungen wurden in möglichst weitgehendem Maße der Bau der inneren männlichen Kopulationsorgane berücksichtigt, der wertvolle taxonomische und phylogenetische Aufschlüsse ermöglichte.

Es wurde auch, soweit möglich, großer Wert auf das Sammeln umfangreicher Serien gelegt, durch die die in vielen Fällen erstaunlich starke Variabilität einzelner taxonomisch wichtiger Körperteile nachgewiesen werden konnte, ein Faktum, das von manchen Systematikern leider nicht ausreichend berücksichtigt wird.

Im ganzen betrachtet, soll die vorliegende Abhandlung ein Baustein sein für ein systematisch-faunistisch-biologisches Gesamtbild der Orthopterenfauna von Südosteuropa und Vorderasien: Zur Erreichung dieses Endzieles wird noch viel Arbeit geleistet werden müssen, da noch weite Gebiete der genauen Durchforschung harren.

Schließlich möchte ich allen Institutionen, denen ich die oben erwähnten Einladungen verdanke, verbunden mit gastfreundlichster Aufnahme und großzügiger Förderung meiner Arbeiten, sowie der „Notgemeinschaft" und den Museen und Kollegen, die mich weitgehend mit Material unterstützt haben, an dieser Stelle meinen wärmsten Dank aussprechen. Ganz besonders muß ich hier auch meiner Freunde Prof. Dr. Richard Ebner-Wien und Dr. B. P. Uvarov-London gedenken, die meinen oben erwähnten Literatursorgen in nie ermüdender Gefälligkeit abzuhelfen versucht haben, ferner Herrn Dr. Max Beier-Wien, dem ich mit ständigen Materialwünschen viel Mühe bereitet habe.

Berlin, im Oktober 1950

W. Ramme

I. SÜDOST-EUROPA

1. Ergebnisse der Reisen nach Rumänien 1942 und 1943

Kritische Vorbemerkungen

In den „Mitt. a. d. Zool. Mus. Berlin, Bd. 25, 1942" hatte ich die orthopterologischen Ergebnisse meiner von Juli—September 1941 durchgeführten ersten Reise nach Rumänien niedergelegt. Die beiden weiteren Reisen 1942 und 1943, die ich vornehmlich meinem Freunde Prof. Dr. C. Motaş, Leiter der Zoologischen Station in Sinaia, verdanke, erweiterten unsere Kenntnis der rumänischen Orthopterenfauna erheblich.

Bevor ich jedoch zu diesen neuen Reisen und ihren Resultaten übergehe, muß ich zu der oben erwähnten Arbeit über die erste Reise einige formale und sachliche Berichtigungen und Ergänzungen geben.

Zunächst die Berichtigung einiger Schreibfehler: statt „Bučeč" muß „Bučegi"[1]), statt „Adjidia" muß „Agigea" stehen und statt „Stella Regale" muß es „Stănă Regale" heißen. Der Domogled, dessen Höhe mir in Herkulesbad mit 1900 m angegeben wurde, ist nur etwa 1600 m hoch, so daß also die gesammelten Tiere nicht aus 1700—1800 m, sondern aus etwa 15—1600 m Höhe stammen. Die Cozia ist nur 1675 m hoch; man wird daher bei *Chorthippus acroleucus* statt der Höhenangabe „14—1500 m" besser „um 1200 m" einsetzen; eine Abbildung dieser sehr bemerkenswerten Art findet sich auf Taf. II, Fig. 17.

Chorthippus cognatus (Fieb.) ist von Uvarov erst 1919 als synonym zu *macrocerus* (F.-W.) erkannt worden, sodaß also keine Fehlbestimmung von Zubowsky vorliegt.

Die von mir irrtümlich als „rein balkanisch" bezeichnete *Isophya acuminata* Br. v. W. kommt nur in Vorderasien und *Chorthippus binotatus* (Charp.) auch in Südfrankreich vor; für die Angabe Zottu's „Russie" für letztere Art habe ich in der Literatur keinen Beleg finden können; die Angabe dürfte auf einem Irrtum beruhen. Dagegen ist *Ectobius albicinctus* (Br. v. W.) der rumänischen Fauna hinzuzufügen. Statt *Orphania* Fisch. gilt der ältere Name *Polysarcus* Fisch., gegenüber *Calliptamus siculus* (Burm.) ist der Name *barbarus* (Costa) bevorrechtigt. Als einziger Vertreter der Gattung *Stauroderus* I. Bol. hat — und zwar mit Recht — nach Bey-Bienko nur *scalaris* (F.-W.) zu gelten. Statt *Acrydium* Geoffr. tritt der *Tetrix* Latr. ein; nach Ander muß *bipunctata* (Saulcy) jetzt *tenuicornis* (Sahlb.) heißen; *bipunctata* (L.) ist nach dem gleichen Autor identisch mit *kraussi* (Saulcy).

[1]) Sprich „Butschēdsch"!

Statt *kiefferi* (Saulcy), einer Fehlbestimmung (*l. c.* 1942, *p.* 332) tritt *kraussi* (Saulcy) ein.

Nach Uvarov (Trans. Ent. Soc. London 1923, p. 156) ist *Asiotmethis limbatus* (Charp.) nicht als synonym zu dem aus Transkaukasien beschriebenen *Thrinchus accessorius* (F.-W.) zu betrachten, wie dies nach den bisherigen Gepflogenheiten geschah; meine diesbezügliche Angabe (l. c., p. 326) möchte ich entsprechend korrigieren.

Die Dobrudschaform gehört indessen einer besonderen Subspezies an, die sich durch geringere Größe, dunklere, mehr bräunliche statt graubräunliche Färbung und die leuchtend orangeroten, auch relativ kürzeren Hintertibien auffällig von der Nominatsubspezies unterscheidet. Ich benenne sie zu Ehren von Herrn Prof. Dr. C. Motaş als *A. limbatus motaşi n. subsp.* als Zeichen meines Dankes für die ganz außerordentliche Förderung meiner rumänischen Arbeiten.

Nachstehend die vergleichenden Maße:

	l. limbatus		*l. motaşi*	
	♂	♀	♂	♀
Long. corp.	28 —32	35 —39,5	22,3—24	30,4—30,6
— *pronot.*	8,8— 9,3	11 —11,6	8 — 8,6	9,2—10
— *elytr.*	26—29	19,7—21,9	23,1—23,9	16,7—18,5
— *fem. post.*	15 —16	18,9—20,5	14 —14,3	15,6—16
— *tib. post.*	13 —14	16 —18	11 —12,3	13,6—14

Typus ♂, Allotypus ♀, Paratypen 2 ♂♂, 3 ♀♀, Dobrudscha, Cogaleac 1918 (Hartmann).

Ergänzend zu den Literaturangaben meiner ersten Arbeit ist noch eine weitere Veröffentlichung von Zottu nachzutragen: „*Troisième liste des Orthoptères*“ in Bull. Soc. Sci. Bucarest 1904, p. 485 ff. Eine zeitlich zwischen dieser und der im Literaturverzeichnis meiner obengenannten Arbeit unter Nr. 6 aufgeführten „*Liste des Orthoptères etc.*“ stehende, offenbar als „*Deuxième liste*“ zu betrachtende Veröffentlichung von Zottu „*A doua listă a Orthopterelor din România recoltate si determinate in* 1903“, auf die mich R. Ebner freundlichst aufmerksam machte, ist in „*Mém. Asoc. romana Inaintarea Respând.*, St. 2, 1908, p. 463—65“ erschienen und war weder Letztgenanntem noch mir zugänglich.

In der „*Troisième liste*“ wird ein weiterer Fundort der umstrittenen *Jaquetia hospodar* Sauss. angegeben, von der ein bei Scaëni (Prahova) gefundenes Weibchen gemeldet wird. Diese Meldung hat genau so wenig Wert wie alle bisherigen seit der Beschreibung dieser Gattung und Art durch Saussure, denn dazu ist die Frage bis jetzt viel zu wenig geklärt gewesen. Herr Dr. I. Carl† in Genf war nun so liebenswürdig, da ein Typenversand in heutiger Zeit zu gefahrvoll ist, mir ein Photo der Typen (Abb. 1) anfertigen zu lassen, aus dem ganz einwandfrei hervorgeht, daß es sich um Larven handelt. Bei dem ♂ erkennt man deutlich die noch lappige, dicke Struktur der Elytren, die noch keinerlei Andeutung der Ausbildung eines Stridulationsorgans zeigen; Cerci und Subgenitalplatte machen ebenfalls einen noch völlig unentwickelten Eindruck. Bei dem ♀ ist der Ovipositor noch derart weich und wenig chitinisiert, daß die einzelnen Scheidenteile ganz auseinanderklaffen. Die mangelnde Bezahnung, der SAUSSURE mit Recht generische Bedeutung beimaß, entspricht in diesem Fall aber dem üblichen larvalen Zustand des Ovipositors bei den Phaneropterinen.

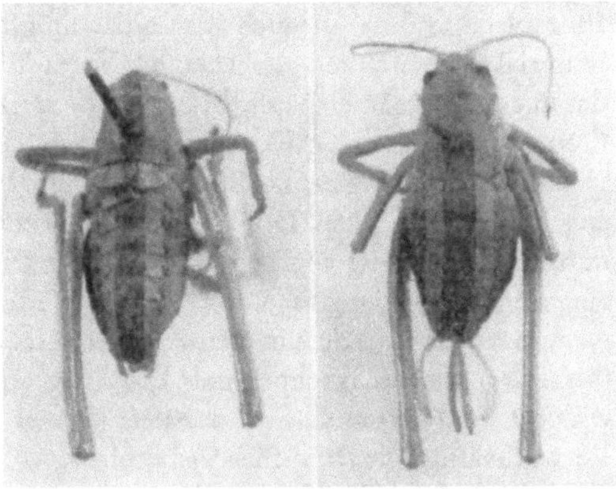

Abb. 1. „*Jaquetia hospodar*" Sauss., ♂ ♀ Typen
Vergrößerung 2 : 1

Die Frage ist nun: welcher Gattung gehören die Larven an? Darüber Schlüsse zu ziehen, ist bei diesem larvalen Zustand der Typen nicht einfach. Ich hatte die Vermutung geäußert (nach einem sehr kümmerlichen, ganz kleinen Exemplar des Berliner Museums, das ich früher einmal aus Genf erhielt), daß es sich um eine *Isophya*-Larve handeln könnte und bleibe nach Erhalt der Photos bei der gleichen Ansicht, doch zeigt ein Blick auf die Abbildung, besonders des ♀, daß das Fastigium derart breit ist, daß eine europäische Art der Gattung nicht in Frage kommt; wir finden ein solches Fastigium bisher nur bei der anatolischen *straubei* Br. v. W. Vielleicht handelt es sich um eine neue Art aus deren Verwandtschaft. Auch die breiten Dorsalbinden sind für manche *Isophya*-Arten typisch. Eine weniger wahrscheinliche Möglichkeit wäre es noch, daß es sich — angesichts des breiten Fastigiums — um eine *Polysarcus*-Larve handelt, doch wären die Stücke für diese Jahreszeit (V) wohl viel zu klein, denn die Gattung dürfte im Flachland um diese Jahreszeit schon fast erwachsen sein. Wünschenswert bleibt auf alle Fälle, am Originalfundort bei Mangalia zwischen Anfang Mai und Ende Juni weiteres Material zusammenzubringen, um die Verbindung zwischen Larve und Imago herzustellen.

Bemerkenswert in obengenannter Liste ist ferner, falls zuverlässig, die Angabe von *Yersinella* (*Anterastes*) *raymondi* (Yers.) als neu für Rumänien, die meines Wissens in Südosteuropa nur aus dem adriatischen Raum bekannt ist; ich glaube daher nicht, daß wir diese Art unter die sicher nachgewiesenen einreihen können. Die Angabe, daß *Pholidoptera* (*Thamnotrizon*) *aptera* (F.) im Dép. Prahova (bei Doftana) gefunden sein soll (auch aus dem Dép. Buzău erwähnt) entbehrt bei dieser westlich orientierten Art, deren Vikariante in Rumänien zweifellos *Ph. transsylvanica* (Fisch.) ist, jeder Wahrscheinlichkeit. Auch ARNOLD MÜLLER (Verh. Mitt. Siebenb. Ver. Hermannstadt, 1920/21, p. 238) bezweifelt durchaus deren Vorkommen im siebenbürgischen Faunengebiet. *Ephippiger provincialis* Yers.

wird von Orten der Dép. Muscel und Buzău erwähnt — jedoch nur Larven. Abgesehen davon, daß eine Bestimmung von Arten dieser Gattung nach Larven nur in besonderen Fällen möglich ist, ist diese südfranzösische, also westmediterrane Art bisher nur in einem Weibchen aus dem Dép. Prahova (Cosmina) angegeben, nach dem eine einwandfreie Bestimmung kaum möglich sein dürfte. Eine Nachprüfung ist auch hier nicht möglich, da das von Zottu untersuchte Material nicht erhalten geblieben ist. Vermutlich handelt es sich um ein Weibchen des in ganz Rumänien häufigen *Ephippiger ephippiger* (Fiebig) mit besonders langem Ovipositor, dessen Größenschwankungen bei der Art ziemlich erheblich sind.

Weiter wird an gleicher Stelle wiederum *Isophya costata* Br. gemeldet, diesmal ein ♀ von Criva (Dép. Dolj) und ein ♂ von Comarnic (Dép. Prahova). Obwohl nun zum erstenmal auch ein ♂ angeführt wird, halte ich meine l. c. p. 325 geäußerten Bedenken aus Verbreitungsgründen aufrecht. Es sei hier noch eine weitere Angabe aus dem in meiner ersten Arbeit angegebenen Literaturverzeichnis (bis 1903) als der Nachprüfung bedürftig angeführt: die Meldung von *Gryllus algericus* Br. (*algerius* Sauss.) aus dem Gebiet von Comana dürfte wohl auf einer Verwechslung (*frontalis* Fieb.?) beruhen.

Ich hatte l. c. Zweifel geäußert, ob die in der alpinen Region der Südalpen heimische *Miramella alpina collina* Br. in der Ebene der Walachei vorkomme. Nach dem Studium der Burrschen Angaben in der mir erst jetzt zugänglich gewordenen Veröffentlichung (Ent. Rec. 1898, p. 4) mit detaillierter Beschreibung, ist es nicht mehr zweifelhaft, daß es sich in der Tat um die genannte Subspezies handelt; zudem befinden sich im Wiener Museum (von Brunner gesammelte) Stücke aus der Umgebung von Mehadia. Ich habe in der subalpinen und alpinen Zone der rumänischen Karpaten jedenfalls nur die Nominatsubspezies beobachtet.

Nicht ausreichend geklärt sind zum Teil die in Rumänien vorkommenden *Bradyporus*-Arten. Nach der neuesten Revision von Uvarov (Eos 1934, **10**: 73 und 76) kommen außer *dasypus* (Ill.) noch die Arten *montandoni* (Burr) und *dobrogensis* (A. Müller) vor, letztere vom Autor ursprünglich als *longicollis sbsp. dobrogensis* beschrieben.

Montandoni wurde von Burr nach einem einzelnen ♂ beschrieben; in seiner Sammlung befinden sich nach Uvarov (Eos **11**: 82) jedoch 2 ♂♂ und 1 ♀ (von Letzterem als Typus gewählt) und 2 weibliche Larven, sämtlich lt. briefl. Mitt. des Genannten vom Originalfundort Comana. Später meldet Zottu den Fund eines weiteren ♂ bei Comana, dessen Hinterschenkel „am unteren Außenrand mit einer Längsreihe von Stacheln bewehrt" seien, was Burr nicht erwähnt und was auch völlig der Gattungsdiagnose widersprechen würde; eine Nachprüfung ist nicht möglich, da auch dieses Exemplar nicht mehr existiert (l. c. 1943, p. 324). Ob das von Shugurov (Entomol. London 1907) aus Bessarabien angegebene ♀ wirklich zu der Art gehört, müßte, falls der Verbleib des Stückes bekannt ist, nachgeprüft werden.

Die von Uvarov hervorgehobenen Unterschiede von *montandoni* gegenüber *longicollis* liegen bei dem ♂ in der Form der Cerci, doch darf man nicht vergessen, daß deren individuelle Variabilität in der Gattung sehr stark ist. Der Unterschied zwischen der Subgenitalplatte des unter „*montandoni*" abgebildeten ♀ und der von *longicollis* ist allerdings außerordentlich beträchtlich.

Im übrigen ist *montandoni* vom Autor ohnehin nicht auf Grund der Cercusform, sondern vielmehr der von *longicollis* abweichenden Skulptur und Färbung als Art aufgestellt worden. Wie schon Boldyrev (Eos, IV, 1928) bei *B. multituberculatus* (F.-W.) nachweist, ist ersteres Merkmal, die Wülste auf dem Pronotum, ein sehr unzuverlässiges, und daß Färbungsunterschiede meist, wie auch in dieser Gattung, keine wesentliche Rolle spielen, ist bekannt.

Was weiterhin *longicollis* und die von A. Müller auf Grund der Zweispitzigkeit der Cerci aufgestellte Subspezies *dobrogensis* betrifft, sowie *montandoni*, den wir wohl auch zu *longicollis* — als Subspezies oder gar als identisch — stellen müssen, so bemerkt Müller selbst (Verh. Mitt. Siebenb. Ver. Nat. Hermannstadt 1931/32, p. 81), daß die Cercusform hier kein konstantes Merkmal liefere. Seine Dobrudscha-Exemplare zeigten zwar — bis auf eine Ausnahme — eine gewisse Konstanz, aber bei Vergleich mit *longicollis*-Stücken aus verschiedenen Gebieten könne man feststellen, daß von West nach Ost eine steigende Tendenz zur Ausbildung dieser Zweispitzigkeit bestehe.

Somit wird also der taxonomische Wert dieses Merkmals recht zweifelhaft. Uvarov (l. c.) meint, daß die Stücke der Norddobrudscha und der Walachei zu *montandoni* gehörten, die der südlichen Dobrudscha aber die gute Art, *dobrogensis* (*longicollis* nahestehend) darstellten. Wie jedoch aus den obenstehenden Ausführungen hervorgeht, wissen wir aber weder, ob *montandoni*, noch, ob *longicollis* als gute Arten zu werten sind.

Für die am Schluß dieser Arbeit stehende Liste der „sicher" in Rumänien festgestellten Arten ergibt sich somit die Notwendigkeit, die hier vorläufig als Arten aufgeführten *montandoni* und *dobrogensis* mit einem Fragezeichen zu kennzeichnen, bis eine Klärung in diesem Sinne erfolgt ist oder bis es sich ergibt, daß die eine oder gar beide Formen *longicollis* zuzuweisen sind.

Schließlich seien noch die beiden von Arnold Müller veröffentlichten Zusammenstellungen der Orthopterenfauna der Dobrudscha und Bessarabiens, sowie ferner Transsylvaniens einer kurzen kritischen Nachprüfung unterzogen.

Die erstgenannte Veröffentlichung „Zur Kenntnis der Orthopterenfauna der Dobrudscha und Bessarabiens" (Verh. Mitt. Siebenb. Ver. Nat. Hermannstadt 1923) enthält außer den einwandfreien Beobachtungen des Autors (und seines Reisebegleiters R. Ebner-Wien) Angaben und Determinationen einiger anderer Autoren, die zu Zweifeln Anlaß geben. Müller selbst führt (p. 88) mit Fragezeichen *Gryllodes sp.* an, „in den Straßen von Braila lebhaft zirpend", so daß diese nicht in die Liste der sicher festgestellten Gattungen und Arten Rumäniens aufgenommen werden kann.

Dasselbe gilt vorläufig für *Dociostaurus maroccanus* (Thbg.), der zu dem verlorengegangenen Material der „*Societatea Naturalistilor Romaniei*" gehört; sein

Vorkommen in der Dobrudscha wäre durchaus möglich. Dagegen kann jetzt *Stenobothrus fischeri* (Ev.) [*nigrogeniculatus* Br.] als von Müller selbst beobachtet der rumänischen Fauna endgültig eingereiht werden, ebenso *Isophya pyrenea* Serv., von demselben vom Schuler bei Braşov nachgewiesen, dagegen erscheint das Vorkommen dieses Bewohners üppiger montaner Waldwiesen und Gebüsche in der Dobrudscha (teste Zottu) nach wie vor recht zweifelhaft.

In der obengenannten zweiten Arbeit von A. Müller „Über Herkunft und Verbreitung der Orthopteren Siebenbürgens" (Verh. Mitt. Siebenb. Ver. Nat. Hermannstadt, Festschrift 1920) muß es auf S. 223 statt *Chorthippus pulvinatus* (Fieb.) jetzt *Euchorthippus declivus* (Bris.) heißen, der als gute Art einer besonderen Gattung neben *pulvinatus* steht. Von *Podisma pedestris* (L.) sagt der Autor: „sicherlich auch im Kronstädter Gebiet". Diese Bemerkung ist etwas gewagt, jedenfalls habe ich in diesem von mir ziemlich gründlich durchforschten Gebiet die sehr auffällige und an den Orten ihres Vorkommens häufige Art nicht angetroffen. Von *Omocestus viridulus* (L.) gibt Müller an „bisher nur aus dem nördlichen Gebiet bekannt". Nun hat Frau Elsa Wagner (Braşov), die freundlicherweise auf eigenen Exkursionen Orthopteren für mich sammelte, die Art am Fuße des Ciucaş (etwa 900 m, VII., 1943) aufgefunden und sie so auch für das eigentliche transsylvanische Gebiet nachgewiesen. Sie muß dort außerordentlich lokalisiert sein, denn ich habe diese in Europa weit verbreitete und meist ungemein häufige Art in Transsylvanien sonst nirgends beobachtet; sie wird hier im allgemeinen wohl durch den ebenfalls häufigen *rufipes* Zett. vertreten.

Auf Grund einiger mir erst jetzt bekanntgewordenen Einzelheiten können wir der rumänischen Fauna noch hinzufügen: *Ectobius erythronotus* Burr, von Burr (Ent. Rec. Journ. Var. X., 1898, p. 2) bei Comana, von Mann bei Tulčea und von E. M. Hering bei Mehadia, Herkulesbad und Neu-Moldowa (1.—30. V. 1922) gesammelt, ferner *Ectobius vittiventer* (Costa) („Rumänien", Mann) und Tessellana (*Metrioptera*) *tessellata* (Charp.), die Burr (l. c., p. 5) von Buftea gemeldet hat.

Von R. Ebner erhielt ich *Calliptamus barbarus* (Costa) aus der Umgebung von Sulina (31. 7.—3. 8. 1926) und von der Schlangeninsel (4. 8. 1926), beide Serien statt mit orangeroten, mit blaßgelben Hinterschienen, (*pallidipes n. f. et subsp.*; Beschreib. S. 311); diese Form scheint hier subspezifisch aufzutreten.

Ferner fand sich unter dem Material der ersten Reise (1941) nachträglich ein ♂ von *Conocephalus fuscus* (F.) mit hyperpteren (vgl. weiter unten S. 28) Fluganen, weitere Exemplare dann auch auf den folgenden Reisen.

Kurze Reiseberichte

1942

Die Untersuchung des Bučegimassivs wurde fortgesetzt und zum Höhlenkloster Peştera hin ausgedehnt, ferner in das Gebiet von Buşteni (Diham) und die Ostabhänge zwischen Diham und Buşteni.

Den Höhepunkt bildete eine längere Exkursion in das Făgăraşgebirge, insbesondere durch die Entdeckung der boreoalpinen Gattung *Podismopsis* Zub. für Rumänien in einer neuen Art. Die weiteren Teilnehmer waren Prof. MOTAŞ und Frau, ferner seine Mitarbeiterin, Frau Dr. TANASACHE, sowie Herr PUSCHKARIO als bester Kenner des Gebiets und umsichtiger und fürsorglicher Führer. Von Sebeş-Olt als Ausgangspunkt stiegen wir zunächst durch offenes Buschgelände, dann durch Hochwald zur Surulhütte (1500 m) auf, die Standquartier für die Arbeiten im Surulgebiet wurde.

Als Abschluß der Reise wurde von Braşov aus das Gebiet des Piatra Craiului (Königstein) durchforscht.

1943

Von Sinaia aus wurde sowohl in der montanen Region versucht, faunistische Ergänzungen zu finden, als auch wieder am Bučegi (von der Casa Schiel aus) in der alpinen Region, diesmal besonders im Gebiet des Caraimán.

Auch auf dieser Reise bildete den Höhepunkt eine besondere Unternehmung: eine großzügig organisierte Expedition zum Retežat von Sinaia aus, unter Leitung von Prof. MOTAŞ und der bewährten Führung von Herrn PUSCHKARIO.

Von Sinaia fuhren wir über Simeria nach Baëşti, von wo in zweistündiger Fahrt auf Leiterwagen das Dorf Nucşoara erreicht wurde, unser Ausgangspunkt zum Retežat. Dort wurde unsere von 4 Packpferden begleitete kleine Karawane zusammengestellt und dann der Aufstieg zur Casa Pietrile, dem Standquartier, angetreten. Das mit Steinen und Felsblöcken von kristallinischen Schiefern übersäte Pietriletal („Steiniges Tal“) zieht sich endlos erst durch offenes Gelände mit zerstreutem Erlen- und Birkengebüsch hin, dann durchquert man die montane Waldregion mit Buchen, Birken, Espen und Rotfichten. Bei 1550 m nach Austritt aus dem Walde erreichten wir die genannte Hütte.

Das erwähnte offene Gelände ist individuenmäßig reich an Orthopteren, jedoch arm an Arten, die obere montane und untere subalpine Region im wesentlichen nur von *Pholidoptera transsylvanica* bewohnt. Erst das Gebiet um die Hütte von 1550 bis etwa 1700 m ist wieder reicher bevölkert, aber die ganze hochalpine Region der beiden Hauptgebiete, die wir aufsuchten, des Galeşsees (2000 m) und des Bucurasees (2200 m) ist so völlig leer von Orthopteren, wie ich es noch nirgends in irgendeiner alpinen Zone anderer Gebirge erlebt habe, obwohl vegetationsmäßig durchaus kein Anlaß für diese Armut gegeben scheint. Ein einziges Orthopter, der in ganz Europa verbreitete *Mecostethus grossus* (L.) [vgl. S. 76] in einem einzigen Exemplar war alles, was sich zeigte. Aber auch sonst völlige Leere — keine *Erebia*, keine alpine *Argynnis* war zu entdecken.

Von Braşov aus wurden dann zum Schluß noch der Lempesch, der Balnoc und der Ciucaş untersucht.

A. ALLGEMEINER TEIL

1. Auffindung einer neuen *Podismopsis* Zub. in Rumänien; die boreoalpinen Orthopteren

Der sehr kleine Kreis der boreoalpinen Orthopteren oder „*Angara-elements*" der europäischen Hochgebirge, wie Uvarov sie wohl korrekter nennt, ist durch die Entdeckung von *Podismopsis relicta* Ramme in Montenegro 1930[1]) um eine besonders bemerkenswerte Gattung erweitert worden, der dieses lokale Zwischenglied bisher fehlte. Im Jahre 1943 beschrieb Zeuner aus den nördlichen („Polnischen") Karpaten (bei Starunia) in der diluvialen Nashornschicht aufgefundenes Material und darunter Vertreter der gleichen Gattung, über die weiter unten noch zu sprechen sein wird. Ich hatte nun das große Glück — besonders bemerkenswert im Zusammenhang mit dem letztgenannten Fund — in den südlichen Karpaten, gemeinhin „Transsylvanische Alpen" genannt, eine weitere *Podismopsis*-Art aufzufinden, und zwar eine neue, die weiter unten als *P. transsylvanica* beschrieben wird S. 73.

Die drei übrigen boreoalpinen Gattungen der Orthopteren, ausschließlich den *Acrididae* angehörend, sind *Gomphocerus* L. (*s. str.*), *Aëropedellus* Heb. und *Bohemanella* (*n. g.* für *Podisma frigida* Boh., irrtümlich zu *Melanoplus* Stål gestellt, vgl. S. 18). Von diesen ist, wenigstens soweit bisher bekannt und auch wahrscheinlich, rezent keine in Rumänien vertreten, aber gleichfalls bei Starunia aufgefunden sind *Gomphocerus* und *Bohemanella*, von Zeuner *l. c.* beschrieben.

Vor weiteren Auseinandersetzungen dürfte es jedoch am Platze sein, die vier Gattungen, deren Artenbereich in der Beurteilung durch die Systematiker mancherlei Wandlungen unterlegen war, zu besprechen. Bei den Orthopteren handelt es sich in jedem Fall um boreoalpine Gattungen, die, bis auf eine, mehrere Arten, wenigstens nach den heutigen taxonomischen Anschauungen, enthalten, doch geht die Bemerkung Zeuners sicher nicht fehl, daß diese Arten die Produkte der boreoalpinen Isolation und engstens untereinander verwandt sind. Im Gegensatz dazu finden wir bei den Coleopteren und Lepidopteren, auf die noch einzugehen ist, meist boreoalpine Einzelarten.

Zur eigentlichen Gattung *Gomphocerus* L. ist nur *sibiricus* L. zu stellen. Uvarov erkannte, daß sich in dieser Art mehrere distinkte Formen verbergen und hat diese Frage 1931 in einer Revision (Eos, 7: 85) behandelt; doch dürften nicht alle von ihm fixierten Formen als Arten zu werten sein, was in einer späteren Würdigung der Arbeit (S. 393) zu besprechen sein wird.

Hier interessiert im Augenblick diese merkwürdige, durch die blasenförmig erweiterten Vordertibien gekennzeichnete und allbekannte Gattung nur in der Gesamtheit ihrer Formen; wir treffen sie außer in Sibirien (*s. lat.*), Skandinavien, Zentral- und Ostasien bis NW-Tibet und NW-Indien auch auf fast allen Hoch-

[1]) Hajler-planina bei Peč (Marg. Walter leg.).

gebirgen Europas (Alpen, Apenninen, Pyrenäen, Balkan, Kaukasus bis zu den armenischen Teilen), in einem Fall — jetzt sichergestellt — in Europa auch im Mittelgebirge, und zwar im Harz[1]).

Die Gattung Aëropedellus Hebard 1935 kommt mit der Art *variegatus* (F.-W.) in Sibirien, Finnland[2]), im Kaukasus, im Altai, in der Schweiz, Italien, Frankreich und Spanien vor, mit deren Subspezies *arcticus* Heb. in Alaska, mit der Art *reuteri* Miram (= *simillimus* Ik.[3]) in Sibirien und mit der Art *clavatus* Thom. in Nordamerika, Kanada und Alaska. Sie fehlt also im ganzen Balkanraum. Die Angabe von Sjöstedt[4]) für *variegatus* (F.-W.) „S.Kansu" beruht auf einer Fehlbestimmung, wie ich mich selbst im Stockholmer Museum überzeugen konnte; von Ander[5]) wurde dies Zitat mit Vorbehalt übernommen.

Die Gattung *Bohemanella* wird nachstehend für *Podisma frigida* (Boh.) neu aufgestellt. Von Dovnar-Zapolskij[6]) wurde die Gattung *Podisma* — mehr oder weniger glücklich — in mehrere Gattungen aufgeteilt in an sich richtiger Erkenntnis der oben erwähnten Heterogenität der Arten; ich habe diese Veröffentlichung 1939 und weiter unten (S. 45) einer kritischen Würdigung unterzogen. Der Autor stellt hier *frigida* Boh. zu dem amerikanischen Genus *Melanoplus* Stål, und ich selbst habe diesem Vorgehen, wenn auch zögernd, zugestimmt. Dies war beiderseits ein Irrtum: letztgenannter Gattung gehört *frigida* keinesfalls an, da der Zwischenraum zwischen den Mesosternalloben länger als breit (statt deutlich breiter als lang bei *Melanoplus*) ist. Zudem verhält sich die Gattung *Melanoplus* als relativ eurytherm ökologisch und damit auch hinsichtlich ihrer Verbreitung sehr abweichend (Chopard 1928).

Frigida ist vielmehr eine *Podisma* (*s. lat.*); nachdem nun aber einmal die Aufteilung der artenreichen Gattung in die Wege geleitet ist, können wir diese Art nicht mehr als eine echte *Podisma* betrachten, als deren Genustype *pedestris* L. zu gelten hat. Sie unterscheidet sich von dieser und den in der Nominatgattung noch verbliebenen Arten (vgl. auch S. 56) durch die weiter unten zusammengestellten, generisch wichtigen Merkmale. Ich halte es daher für erforderlich,

[1]) Seit Pallas und Panzers Zeiten, die 1777 bzw. 1794 die Art aus dem Harz (Hohegeiß) meldeten, verschollen und erst 1924 von M. Eisentraut dort wieder aufgefunden. Leider steht der genaue Fundort („auf dem Wege zum Brocken über Oderteich") nicht fest, da der Sammler nur 2 ♀♀ mitnahm und als Nichtorthopterologe deren Artzugehörigkeit und damit die Bedeutung des Fundes nicht erkannte.

[2]) Belegt durch mehrere Stücke von Luirojärvi und Saariselkä, 2—600 m, 8. 1938 (Wüst); bisher nur von zwei anderen finnischen Fundorten bekannt (Ander Opusc. Ent. 1949, p. 95). Es handelt sich um eine auffallend kleine Form (L. corp. ♂ 13; ♀ 17,5; pronot. ♂ 3,2; ♀ 9; elytr. ♂ 9; ♀ 9,1 mm). Ein sehr großes ♂ (L. corp. 21; pronot. 4,5; elytr. 11,5 mm) vom Pamir (Murg-ab, 3600 m) 19.8. 1898 (Conrad) dürfte auch zu dieser Art gehören.

[3]) Von Tarbinsky (Bull. Inst. Kontr. Pest. 1931) nur als Form von *reuteri* aufgefaßt; die etwas aufgeblasenen Vordertibien begründen jedoch eine artliche Trennung.

[4]) Ark. f. Zool. Stockholm 1933, **25**A: 19 (es handelt sich um *Gomph. licenti* Chang).

[5]) Opusc. Entom. 1949, **14**: 96.

[6]) Trav. Inst. Zool. Ac. Sci. USSR 1932, p. 253—68.

frigida aus der Gattung *Podisma* (s. str.) herauszunehmen und einer eigenen Gattung zuzuweisen, für die ich — zu Ehren des Entdeckers und Beschreibers der Art — den Namen *Bohemanella n. g.* vorschlage. Daß *frigida* als einzige Art der *Podisma*-Gruppe boreoalpin verbreitet ist, spricht gleichfalls für ihre entwicklungsgeschichtlich begründete Sonderstellung.

Bohemanella ist zwar nun eine monotypische Gattung, doch machen sich bei den ökologisch isolierten und durch weite Räume getrennten Formen Skandinaviens und der Alpen auf eine Aufspaltung deutende Differenzierungen bemerkbar. Fruhstorfer (Arch. f. Natg. Berlin 1921) hat daher eine alpine *subsp. strandi* aufgestellt, doch sind die von ihm angegebenen unterscheidenden Merkmale gegenüber der skandinavischen Form nach Ebner l. c. kaum verwendbar, was zu bestätigen ist. Dafür erscheinen Ebner Gestalt und Größe brauchbarere Unterschiede abzugeben, und ich selbst kann auf Grund großer Serien aus Norwegen (Hjertind-Field 550 m, 10 ♂♂, 19 ♀♀, Reinig leg. VIII 1941) und aus den Südtiroler Alpen (Schlern 2560 m, 11 ♂♂, 18 ♀♀, 1921 Ramme leg.) nur bestätigen, daß ein deutlicher Unterschied im Gesamteindruck der Serien zu erkennen ist, beruhend bei letzterer Form auf zierlicherer Gestalt des ♂, mit kürzeren Fühlern (beim ♀ diese Erscheinungen kaum ins Auge fallend), in beiden Geschlechtern mit etwas geringerer Durchschnittslänge der Elytren, schmutzig olivgrüner (statt brauner) Allgemeinfärbung[1]), viel breiteren dunklen Binden auf der Außenseite der Hinterschenkel, sowie vor allem deutlich schmalerer und schlankerer, raummäßig kleinerer Genitalpartie des ♂. Dagegen sollen nach Caudell 1915 Alaskastücke von norwegischen kaum zu unterscheiden sein; auch die Aufstellung der *subsp. kamtschatkae* Sjöstedt erscheint wegen der Geringfügigkeit der — bei Serienvergleich sich ganz verwischenden — Unterschiede nicht angebracht.

Nachstehend eine kurze Differentialdiagnose der neuen Gattung:

Bohemanella n.g.

für *Podisma frigida* Boh.
Podisma frigida auctt.
Podisma prossenii Puschn.
Melanoplus frigidus Dovnar-Zapolskij
Melanoplus frigidus Rme

Von *Podisma (s. str.)* verschieden durch die stumpfe Skulptur besonders des Pronotumrückens, die bei genannter Gattung deutlichen Glanz zeigt, ferner durch die nicht seitlichen und breit schuppenförmigen, sondern längeren, lanzettlich zugespitzten und sich am Innenrand fast berührenden Elytren, das ♂ auch durch die weniger spitze, mehr abgestumpfte und emporgebogene Genitalregion, was sich besonders bei den skandinavischen Stücken bemerkbar macht.

[1]) Bei gut präparierten, d. h. ausgeweideten und gestopften Exemplaren sehr deutlich erkennbar, im Leben sicher noch viel stärker hervortretend.

Verbreitung: Alpen, Bulgarien, N-Rußland, Skandinavien, Finnland, Sibirien, Kamtschatka, Altai, Mandschurei, Nordkanada, Alaska; in Rumänien fehlt sie, jedoch fossil in den Polnischen Karpaten (Starunia).

Die Gattung *Podismopsis* Zub. war bisher in folgenden 8 Arten bekannt:

1900 *gracilis* (F.-W.[1]) (Altai, Alatau, Sibirien, Mongolei, Korea)
1906 *poppiusi* Mir. (Nordeurop. Rußland, Ural, Altai, Sibirien einschl. Jakutien, Ussuri)
1910 *genicularibus* Shir. (Japan, Korea, Sachalin, Ussuri, Amur, Jakutien)
1911 *ussuriensis* Ik.[2]) (von Korea und S-Ussuri bis S-Mandschurei)
1911 *gynaemorpha* Ik. (Ussuri)
1928 *jakuta* Mir. (Jakutien)
1931 *gelida* Mir. (Jakutien)
1931 *relicta* Rme (Montenegro)

In Nordamerika wird *Podismopsis* durch die Vikariante *Neopodismopsis* Bei-Bienko vertreten (Tabelle S. 24: „V").

Die Gattung ist, wie aus obenstehender Artenliste hervorgeht, erst 1900 entdeckt worden und war bis 1931 nur in einer Art, *poppiusi* Mir., aus Europa bekannt, und zwar vom äußersten Norden des europäischen Rußlands (Petshora und Archangelsk). Erst im letztgenannten Jahre kam, wie schon eingangs bemerkt, als zweite europäische Art, und zwar aus Südosteuropa, *P. relicta* Rme. hinzu. Als dritte europäische Art reiht sich nun die neue *P. transsylvanica* an, die ich im Făgăraşgebirge auffand. Ich beschreibe sie weiter unten im systematischen Teil; sie ist heute vielleicht das bemerkenswerteste Insekt Rumäniens (Taf. I).

Die Gattung *Podismopsis* wurde von Bei-Bienko[3]) revidiert im Rahmen der ganzen Gruppe der „*Chrysochraontes*". Diese gehört in ihren paläarktischen Vertretern der Angarafauna an; es sind dies die Gattungen *Chrysochraon*, *Euthystira*, *Podismopsis* und *Mongolotettix*. Sie zeichnen sich durch einen feinen Goldglanz aus (ähnlich dem mancher *Cassidinae*), der aber so an das lebende Gewebe gebunden ist, daß er im Tode trotz sorgfältigster Präparation vergeht.

Bei-Bienko hat die Gattung *Podismopsis* in 3 Untergattungen aufgeteilt, und zwar *Podismopsis* (*gracilis* F. -W.), *Eurasiobia* (*genicularibus*, *poppiusi*, *jacuta*, *relicta* und *gynaemorpha*) und *Podismacris* (*ussuriensis* und *gelida*). Hierbei kann die Abtrennung von *Podismacris* ohne weiteres gutgeheißen werden. Sie erfolgte auf Grund des abweichenden Baues des Ovipositors; die Untergattungen *Podismopsis-Podismacris* bilden in dieser Hinsicht eine genaue Parallele mit den Gattungen *Chrysochraon-Euthystira*, bei denen wir die gleichen morphologischen Unterschiede im Bau des genannten Organs finden.

Die Berechtigung der Abtrennung der dem neuen Subgenus *Eurasiobia* zugeteilten Arten, denen wir auch die neue *transsylvanica* zurechnen müssen, von der Nominatuntergattung *Podismopsis* (monotypisch vertreten durch *gracilis*), kann

[1]) Syn.: *altaica* Zub. (nach Uvarov).
[2]) Syn.: *shareiensis* Shir. (nach Bei-Bienko).
[3]) Eos 1932, 8 : 43.

bezweifelt werden. BEI-BIENKO kann zwar vier Unterschiede anführen, doch sind diese teils labil, teils kann ihr taxonomischer Wert in generischer bzw. subgenerischer Beziehung recht verschieden beurteilt werden.

Bei *Podismopsis* soll der Scheitel „*strongly sloping*", bei *Eurasiobia* (und *Podismacris*) „*horizontal at least in* ♀" sein, doch verwischt sich dieser individuell sichtbare Unterschied, sobald man große Serien vergleicht; etwa 40 ♀♀ von *transsylvanica* zeigen starke Schwankungen bis zur Scheitelform von *gracilis*.

Die Stirnleiste bei letzterer Art („*with more or less distinct sulcus*") wird der der übrigen („*quite flat, even in* ♂, *exept a very feeble depression about the middle ocellus*") gegenübergestellt. Dieser Unterschied ist im allgemeinen wohl festzustellen, aber bei weitem nicht so scharf, wie man dies nach der Ausdrucksweise des Autors annehmen sollte. Zwischen *gracilis* und *transsylvanica* ist er deutlich, verwischt sich aber bereits bis zur Grenze zwischen *gracilis* und *poppiusi* — schon bei den wenigen mir zur Verfügung stehenden Exemplaren.

Genau parallel liegt der Fall bei dem dritten angeführten Unterschied; *Podismopsis*: „*supplementary facial carinae feeble or quite absent, especially in* ♀" — *Eurasiobia*: „*well developped, distinct*".

Ausgeprägter ist nur der vierte und letzte Unterschied, nach dem *Podismacris* „*arolia clawns small, not longer than half of a claw*" besitzt, während die *arolia* bei *Eurasiobia* „*large hind arolia practically as long as the claws*" sind. Ob es sich hierbei auch wirklich um konstante Verhältnisse handelt, vermag ich nicht zu beurteilen, da mir nur ein einziges bezüglich der *arolia* intaktes Exemplar von *gracilis* zur Verfügung steht; auch erscheint der taxonomische Wert des Merkmals für eine subgenerische Trennung zweifelhaft, umsomehr, als dieses Subgenus dann monotypisch wäre.

Da jedenfalls die Form des Ovipositors bei *gracilis* völlig dem der anderen zu *Eurasiobia* gestellten Arten gleicht, bin ich der Ansicht, daß man es bei nur einer Unterteilung in zwei selbständige Gattungen — *Podismopsis* und *Podismacris* — belassen sollte.

Die Gattungen *Podismopsis* und *Podismacris* würden sich also nunmehr folgendermaßen darstellen.

Podismopsis Zub.
Eurasiobia Bei-Bienko (*partim*)
gracilis (F.-W.)
poppiusi Mir.
genicularibus Shir.
gynaemorpha Ik.
jacuta Mir.
relicta Rme
transsylvanica Rme

Podismacris Bei-Bienko
ussuriensis Ik.
gelida Mir.

Der Fundort der neuen *Podismopsis transsylvanica* liegt im Făgăraşgebirge, unterhalb des Surulgipfels, an dem in 2150 m Höhe am Südhang sich hinziehenden Pfad zwischen Surul- und Budislavsattel. Dieser ganze Südhang ist zwischen zahlreichen Platten und Felsbrocken von kristallinischen Schiefern mit hohem Gras bewachsen, von Polstern von *Rhododendron kotschyi* durchsetzt, und wird von Tausenden von *Chorthippus parallelus* (Zett.) in einer besonderen Form bevölkert, auf die weiter unten zurückzukommen ist. So versteht man, daß der benachbarte Gipfel mit gleicher Formation den Namen „*Vârful Locustelor*" (Heuschreckengipfel) führt, was auch die Anregung gab, gerade dies Gebiet aufzusuchen. Vereinzelt fand sich dort auch *Polysarcus denticauda* Charp.

Unter den zirpenden *Chorthippus*-Männchen hob sich klar und deutlich das hell-metallische, sechs- bis achtmal hintereinander wiederholte Zirpen (in Einzellauten) heraus, das von den *Podismopsis*-Männchen hervorgebracht wird, so daß ich dadurch auf diesen völlig unerwarteten Fund aufmerksam wurde. Die Männchen wie auch die Weibchen sitzen gern auf den Schieferplatten, ebenso aber auch im Grase. Ich konnte einmal die Paarung beobachten, die in keiner Weise von dem bei den *Acridinae* üblichen Typ abweicht; ein Weibchen traf ich bei der Eiablage an, bei der das Abdomen schräg in das Erdreich gebohrt wurde. Leider konnte ich den Vorgang nicht bis zum Ende verfolgen, da der Abstieg angetreten werden mußte.

Was die eingangs erwähnten pleistozänen Funde in Ostgalizien bei Starunia betrifft, so lagen Zeuner für seine Bearbeitung 5♂♂ in sehr verschiedenem Erhaltungszustand vor, und er glaubt in einer genauen Untersuchung Annäherungen seiner „*gracilis pleistocenica*" sowohl an die altaische *gracilis* F.-W. als auch an die montenegrinische *relicta* Rme erkennen und daraus einen „Rassenkreis" konstruieren zu können. Abgesehen davon, daß die Wahrscheinlichkeit des Vorkommens zweier Arten einer an sich sehr sprunghaft und spärlich vertretenen Gattung nicht allzugroß ist und die verglichenen Arten noch dazu räumlich außerordentlich weit voneinander getrennt sind, scheint mir der Fund in den Transsylvanischen Alpen von *Podismopsis transsylvanica* der Beurteilung der ganzen Frage eine neue Wendung zu geben. Die fossilen Stücke nähern sich nämlich — gegenüber *gracilis* und *relicta* — mehr der transsylvanischen Art sowohl in der Form der Elytren als auch in der Breite des Interradialfeldes[1]). Die mir vorliegende sehr große Serie von 25 Paaren ermöglicht es, den großen Umfang der Variationsbreite der von Zeuner angegebenen hauptsächlichen Merkmale (Größe, Aderung, Subgenitalplatte ♂) zu erkennen. Ich halte es daher für nicht berechtigt, Zeuners fossile Form als Subspezies zu *gracilis* zu stellen, sondern ziehe es vor, *P. pleistocenica* Zeuner selbständig zu lassen und in nächste Nähe von *transsylvanica* zu stellen, da strikte Beweise spezifischer Identität in keinem Falle beizubringen sind.

Rumänien beherbergt heute also nur ein boreoalpines Orthopter, während die Coleopteren und Lepidopteren zahlreicher vertreten sind. Um zu gewissen Vergleichen zu kommen, sei vorerst ein Blick auf die Gesamtheit der boreoalpinen Insekten geworfen.

[1]) Auch als Subcostalfeld bezeichnet.

Das „Kritische Verzeichnis der boreoalpinen Tierformen der mittel- und südeuropäischen Hochgebirge“ (Ann. Nat. Mus. Wien XXVI, 1912, p. 400ff.) von Holdhaus zählt von Insekten auf: 1 Orthopter, 3 Plecopteren, 2 Odonaten, 56 Lepidopteren, 40 Dipteren, 37 Coleopteren, je 3 Hymenopteren und Rhynchoten; auf dieses Verzeichnis ist weiter unten einzugehen.

Für die Coleopteren gaben dann Holdhaus und Lindroth 1939 die bereits oben erwähnte gesondere Veröffentlichung (mit reichem Kartenmaterial) heraus, die 42 Arten behandelt. Bezogen auf den geographischen Bereich meiner vorliegenden Untersuchung und auf die Verbreitung der Gattung *Podismopsis* sollen naturgemäß nur die auch in Transsylvanien vorkommenden Arten gewürdigt werden, wodurch sich der Kreis nur auf Orthopteren, Coleopteren und Lepidopteren beschränkt.

Unter den 42 Arten der Coleopteren sind dies nur 12. Die nachstehende Tabelle zeigt deren Verbreitung auch nur insoweit, als sie Wohnareale von *Podismopsis* mit dieser teilen, während die übrige, oft sehr ausgedehnte Verbreitung unberücksichtigt geblieben ist, da dies zu weit führen würde. Wünschenswert wäre es gewesen, hier auch die in der genannten Arbeit nicht berücksichtigte außereuropäische, vor allem zentralasiatische Verbreitung der 12 Arten heranzuziehen; dies nachzuholen gestatten die augenblicklichen Literaturverhältnisse leider nicht.

Boreoalpine *Coleoptera* in Transsylvanien und deren sonstige Verbreitung	N. Rußl.	Sibirien	Transsylvanien		Montenegro	Bosnien
			Bučegi	Făgăraş		
Nebria gyllenhali Schönh.	×	×	×		×	
Bembidium tellmanni Mannh.	×		×	× Surul!		
Pterostichus kokeili Mill.	×		×	×		
Amara erratica Duft.	×	×	×		×	
Amara quenselii Schönh.	×	×	×		×	
Anthophagus alpinus F.	×		×	×		
Anthophagus omalinus Zett.	×	×	×	×		
Neuraphes coronatus Sahlbg.	×		×	×		×
Corymbites cupreus F.	×	×	×	×		×
Corymbites affinis Payk.	×	×	×			
Hypnoidus rivularius Gyllh.	×	×	×	× Surul!		
Otiorrhynchus dubius Ström.	×		×	×		

Die Tabelle zeigt, daß sämtliche 12 Arten sowohl im nördlichsten europäischen Rußland als auch in Transsylvanien vorkommen, dort sämtlich auf dem Bučegi und 7 davon im Făgăraş; von diesen 7 sind 2 am Surul gefunden worden, dem Wohngebiet der neuentdeckten transsylvanischen Podismopsis. 3 Arten finden sich auch in Montenegro, wo *relicta* Rme. vorkommt, und 2 im benachbarten Bosnien.

Die Zusammenstellung der Lepidopteren bei HOLDHAUS (l. c. 1912), die die Wohngebiete ohne nähere Fundorte nennt, dafür aber auch die außereuropäischen Vorkommen berücksichtigt, enthält 56 Arten, von denen 16 auch die Karpaten bewohnen; bei 8 dieser Arten findet sich die nähere Angabe „Transsylvanien“. Es ist wahrscheinlich, daß auch einzelne der übrigen 8 Arten, von denen ich 2 typische boreoalpine in nachstehender Tabelle mit aufgenommen habe, in dem südlichen Karpatenteil vorkommen (durch ← gekennzeichnet).

Boreoalpine *Lepidoptera* in Transsylvanien und deren sonstige Verbreitung	Pyrenäen	Abruzzen	Alpen	Harz	Karpaten	Transsylvanien	Balkanländer	W.-Asien	N.W.-Europa	Fennoskandia	N.Rußland	Arktis	Sibirien	C.-Asien	Mongolei	N.-Amerika	Nearktis
Erebia lappona Esp. .	×		×		×	←	×			×		×		×			
Agrotis hyperborea Zett.			×		×	←			×	×	×		×		×		
Agrotis speciosa Hb. .			×	×	×	×				×	×	×	×	×	×	×	
Hadena maillardi H.-S.	×		×		×	×	×		×	×							
Tephroclystia undata Frr.		×	×		×	×	×	×		×		×	×				×
Gnophos myrtillatus Thbg.	×	×			×	×	×		×	×	×			×			
Arctia quenselii Payk.			×		×	×				×			×				×
Zygaena exulans Hochenw.	×	×	×		×	×	×		×	×		×					
Titanio schrankiana Hochenw.	×		×		×	×	×	×		×		×					
Pionea decrepitalis H.-S.			×		×	×			×	×	×						

Die Zusammenstellung der „boreoalpinen“ Lepidopteren Transsylvaniens in obiger Tabelle zeigt, daß diese in ihrer Verbreitung stark nach der europäischen Seite gravitieren, während die „Angaraelemente“ nur spärlich vertreten sind, so daß man bei mehreren Arten Zweifel an ihrer boreoalpinen Natur hegen muß; dies ist bei keiner der unten dargestellten Orthopteren-Gattungen der Fall. Die einzige boreoalpine Gattung Transsylvaniens, *Podimopsis*, findet hier auch gleichzeitig schon ihre europäische Westgrenze. Das Vorkommen im Harz teilen nur *Agrotis speciosa* und *Gomphocerus sibiricus*.

Nach Abschluß der Untersuchungen und Aufzeichnungen (s. S. 24) erschien von K. ANDER eine außerordentlich beachtenswerte Veröffentlichung mit neuen Gesichtspunkten über die boreoalpinen Orthopteren, die mich weiterer Betrachtungen enthebt. Der Autor behandelt insbesondere *Gomphocerus*, *Aëropedellus* und *Bohemanella* („*Melanoplus frigidus*“), während von *Podismopsis* nur die oben besprochenen fossilen Funde gestreift werden. Bezüglich des würmglazialen Vor-

Verbreitung der boreoalpinen Genera der *Orthoptera* † pleistozaene Art V vikariante Gattung	Harz	Alpen	Apenninen	Frankreich (exkl. Alpen)	Pyrenäen	C.-Spanien	Karpaten (Poln. K.)	Karpaten (Transsylvan. Alp.)	Bosnien	Hercegovina	Montenegro	Serbien u. Mazedonien	Bulgarien	Griechenland	Skandinavien	Finnland	Europ. Rußland	Ural (Polargeb.)	Sibirien (s. lat.)	Kamtschatka	Kaukasus (s. lat.)	Anatolien	Kirgisistan	Alatau	Altai	Kaschgaria	N.-W.-Indien	Tibet	Mongolei	Mandschurei	China	Korea	Sachalin	Japan	N.-Amerika	N.-Kanada u. Alaska
Podismopsis Zub.							†	×									×	×	×					×	×				×	×		×	×	×	V.	
Gomphocerus Thbg.	×	×	×		×	×	†		×	×	×	×	×	×					×		×	×	×	×		×	×	×			×					
Aëropedellus Heb.		×	×	×	×											×			×	×	×				×				×						×	×
Bohemanella Rme		×					†						×		×	×	×		×	×					×					×						×

kommens von *Bohemanella frigida* und *Gomphocerus sibiricus* an der gleichen Stelle wie diese (Höhenlage des Gebietes 420 m) stellt ANDER zwei Alternativen auf:

1. „Sie lebten während der letzten Interglazialzeit in den Karpaten und stiegen beim Eintritt der Vereisung den Berg hinunter,
2. sie lebten zu der genannten Zeit nicht dort und kamen während der Würmvereisung von Sibirien mit der Kaltsteppe gewandert."

Er gibt mit Recht der zweiten Deutung den Vorrang, und wir können jetzt — nach Auffindung einer rezenten Karpatenform — erkennen, ein wie gutes Beispiel für die wahrscheinlichen Zusammenhänge der boreoalpinen Verbreitung wir hier vor uns haben: der Angarafauna angehörig, kältehart, ist die pleistozäne Art von *Podismopsis* bei der zunehmenden postglazialen Erwärmung in den unteren Lagen zugrunde gegangen; im Hochgebirge hat sich *transsylvanica* in ihren ökologischen Bedürfnissen genehmen klimatischen Verhältnissen erhalten können.

2. Die morphologischen Veränderungen von *Chorthippus parallelus* (Zett.) in der alpinen Region

Am Fundort von *Podismopsis transsylvanica* im Făgăraş, also einer Höhenlage von 2250 m, fand sich eine Form des *Chorthippus parallelus* (Zett.) von außerordentlich gedrungener Gestalt, mit auffallend kurzen, apikal verdickten Fühlern, stumpferem Kopf, verkürztem und verbreitertem Pronotum und verkürzten Hinterschenkeln, sowie einer im allgemeinen tief schwärzlichbraunen Färbung. Diese Form ist derart verschieden vom *parallelus*-Typ, daß man es Niemandem verargen könnte, wenn er eine solche herausgelöste Serie ohne Kenntnis der näheren Umstände als neue Art beschreiben würde. Die Auffälligkeit des habituellen Unterschiedes wird gut ersichtlich aus den Abbildungen 7—10 auf Tafel I. Das Paar 7 und 9 dagegen stammt ebenfalls aus dem Făgăraşgebirge, aber aus einer Höhenlage·

von 800 m, in der *parallelus* seine gewohnte Form zeigt. Die besonderen Verhältnisse der Verkürzung der Fühler sowie auch deren einzelner Glieder zeigen die Abbildungen 3 (♂) und 7 u. 8 (♀) auf Tafel II.

Diese Beobachtung gab Veranlassung, die Art in dieser Beziehung auch am Bučegi und dem Piatra Craiului (Königstein) zu untersuchen, denn es war dort möglicherweise Ähnliches zu erwarten. Es ist ja im Hochgebirge eine bekannte Erscheinung, daß unter dem Einfluß des Höhenklimas — starke Winde bei mangelnder Deckung — im Laufe der Jahrtausende eine sogenannte „Abschleifung" eintritt, äußerlich ausgedrückt durch eine gedrungener werdende Form des Körpers und Verkürzung der Gliedmaßen, meist auch einhergehend mit einer Verdunklung der Färbung, deren Ursache nicht recht erkennbar ist.

Für den Bučegi ergaben sich ganz ähnliche Verhältnisse wie im Făgăraş, nur nicht ganz bis zu diesem hohen Grade ausgeprägt. Die *parallelus* der Bučegi-Grasflächen in 2—2200 m Höhe sind ebenfalls klein und gedrungen, zeigen vielfach starke Verdunklungen sowie Reduktion der Fühlerlänge wie der Länge der einzelnen Fühlerglieder. Abbildung 1 u. 2 (♂) und 5 u. 6 (♀) auf Tafel II erläutern das Gesagte.

Ferner fand sich auf den Hochflächen des Ciucaş bei Braşov eine winzige *parallelus*-Form (mit den kleinsten mir bekannten ♂♂ dieser Art), während auch hier wieder die Talform die gewohnte Größe und Habitus zeigte. Die Maße des kleinsten ♂ (in Klammern die Durchschnittsgrößen im Tal) sind: *Long. corp.* 13,5 (15,5), *antenn.* 6 (10,5), *elytr.* 6,8 (8,5) und *fem. post.* 8,1 (11).

Arnold Müller (l. c., p. 226) hat an der Cozia (15—1600 m) gleichfalls eine solche alpine *parallelus*-Form beobachtet und sagt von ihr „sehr dunkel rotbraun, gedrungen gebaut, breitgedrückte kurze Fühler, *f. caffra* Ramme". Diese Form hatte ich nach gleichartigen Stücken benannt, die ich in den Südtiroler Alpen am Monte Spinale 1921 in der hochalpinen Region gefunden hatte. Die seinerzeit von mir gegebene Benennung (Arch. Natg. Berlin 89, 1923, pp. 149 u. 163), halte ich heute für untunlich, da neben dem dunklen Phaenotyp — bei an sich genau gleicher morphologischer Beschaffenheit — in den Alpen wie in Transsylvanien stets auch helle, bis einfarbig grüne Exemplare vorkommen.

Das genaue Gegenteil fand sich am Piatra Craiului. Wie die Abbildung 9 und 10 (♀) auf Tafel II zeigen, sind hier in den Höhenlagen um 2000—2200 m die Fühler vielfach sogar etwas länger als im Tal (ebenso beim ♂, dessen Fühler hier nicht abgebildet sind). Auch habituell sind die Tiere völlig entsprechend denen im Tal, teilweise sogar größer. Wie erklärt sich nun dieser Widerspruch? Verglichen mit Făgăraş und Bučegi ist die Vegetation auf dem Kalkmassiv des Königsteins derart geschlossen üppig und der Biotop durch die Zerklüftung des Massivs ein soviel klimatischen Schutz gewährender, daß hier eine kräftige Form gedeihen kann und Abschleifungserscheinungen anscheinend nicht zur Geltung kommen.

3. Ein Hermaphrodit von *Decticus verrucivorus* (L.)

Auf der großen Wiese der Stâna Regale fand ich 1941, wie bereits in der ersten Arbeit erwähnt, eine Anzahl *Decticus*, unter denen sich 1 Exemplar bei der Präparation als Hermaphrodit erwies.

Er bildet morphologisch eine fast genaue Parallele zu dem von mir in den Sitzb. Ges. Nat.-Fr. Berlin, 1913, p. 83/89 ausführlich beschriebenen Hermaphroditen von *Pholidoptera fallax* (Fisch.). Der Habitus ist männlich, ebenso zeigen die Elytren eine völlig normal ausgebildete *pars stridulans*. Auch die äußeren Genitalanhänge sind — nur mit vertauschten Seiten — ganz ähnlich gebildet. Die linke Hälfte (von oben gesehen) der Genitalregion zeigt männlichen, die rechte weiblichen Charakter, scharf in der Mittellinie getrennt (Taf. II, Abb. 15).

Die Cerci sind völlig normal: auf der männlichen Seite der kräftige, gezähnte, auf der weiblichen Seite der einfach griffelförmige. Während die halbe männliche Subgenitalplatte völlig normal ausgebildet ist, zeigt die weibliche Seite einige Verkümmerungen. Diese Hälfte ist nicht voll entwickelt, am Ende etwas deformiert und geschwärzt. Der Ovipositor ist etwa auf die Hälfte verkürzt und an den Enden der einzelnen Klappen ebenfalls leicht deformiert. Erhalten ist nur die rechte untere Klappe der äußeren Scheide, von der inneren Scheide nur ein entsprechender Teil. Eine reguläre Eiablage erscheint kaum im Bereich der Möglichkeit, da ja die gegenüberliegenden Klappen der linken Seite nicht vorhanden sind. Das Ovar lag naturgemäß auf der Seite des Ovipositors und enthielt nur 10 einen durchaus normalen Eindruck machende Eier (Taf. II, Abb. 16).

Ich habe dann ein weiteres Ausweiden unterbrochen (denn hierbei bemerkte ich erst den hermaphroditischen Charakter des Stückes!), um die Möglichkeit zu haben, durch Schnitte auch die Verhältnisse der männlichen Seite klarzulegen, doch muß ich diese Untersuchung vorläufig zurückstellen und einem späteren Zeitpunkt vorbehalten.

4. Weitere Ergebnisse zur Frage „Macropterie und Fruchtbarkeit bei Orthopteren"

Unter den *Tettigoniidae* und *Acrididae* Europas und der angrenzenden Gebiete, die wir hier nur in Betracht ziehen wollen, befinden sich eine Anzahl von Arten mit verkürzten Flugorganen, die individuell oder subspezifisch eine Verlängerung dieser Organe über die Normallänge der Art hinaus zeigen können; es kommt auch vor, daß unter der normal vollgeflügelten Art Individuen mit überlangen Flugorganen auftreten. Während bei den normalen Exemplaren die Flugorgane die Hinterknie schon ziemlich weit überragen, steigert sich hier deren Länge bei einzelnen Individuen in einem gewissen Prozentsatz der Population noch weit über dieses Maß hinaus. Die Diskrepanz der Längenwerte ist erheblich und diese überschneiden sich nicht. Als Beispiele seien hier *Conoce-*

phalus fuscus (F.), ferner *Tettigonia caudata* (Charp.) und *Gampsocleis schelkovnikovae* Adel. genannt.

Puschnig (Zool. Jahrb., Allg. Zool. u. Phys., Bd. XXXIV, 1914, p. 516) hat den verdienstvollen Vorschlag gemacht, den Grad der Beflügelung durch eine Anzahl von Bezeichnungen festzulegen. Er stellt den „macropteren" Orthopteren die „hypopteren" gegenüber und bezeichnet mit macropter alle Formen, deren Flugorgane „die Hinterleibspitze überragen oder mindestens erreichen" und die flugfähig sind. Die hypopteren Formen umfassen 4 Stufen der Flügelreduktion: bei den mesopteren Formen erreichen die Flugorgane die Hinterleibspitze nicht mehr, ohne daß „die typische Langflügelform und die Gebrauchsfähigkeit derselben verloren gegangen ist"; als brachypter bezeichnet er die Arten „mit weitgehender, bis zur Flugunfähigkeit reichender, häufig auch mit Hinterflügelverlust einhergehender Elytrenreduktion", als micropter solche mit nur schuppenförmigen Elytren und schließlich als apter die gänzlich flügellosen Formen.

Diese Definitionen reichen aber für die Bezeichnung aller Möglichkeiten und damit für die praktische Verwendung nicht aus, vor allem, weil das Verhältnis zwischen Elytren- und Hinterflügellänge nicht ausreichend berücksichtigt ist. Es können beispielsweise Arten mit Elytren von typischer Langflügelform, die sogar das Abdomen[1]) etwas überragen, zu stark reduzierte Hinterflügel besitzen, um noch zum Fliegen befähigt zu sein. Hinzu kommt u. a. auch der eingangs erwähnte Fall der Überlangflügeligkeit.

Ich schlage also folgende 4 Hauptgruppen und 6 Untergruppen vor und möchte bezeichnen als:

1. Apter: Keinerlei Flügelreste (Beispiele: *Micropodisma* ♂♀, *Nocarodes* ♂♀, *Saga* ♀).
2. Hypopter: Bei gleichzeitig verkürzten Elytren und Hinterflügeln oder wenigstens starker Verkürzung der letzteren flugunfähige Formen.
   a) Squamipter: Elytren (schmal oder lanzettlich oder rundlich) schuppenförmig, seitlich oder einander genähert ohne Berührung der Innenränder (in situ), Hinterflügel ganz oder bis auf Reste reduziert (Beispiele: *Miramella alpina alpina* bis *alpina carinthiaca* [Taf. IV, Fig. 1a u. b; *Podismopsis transsylvanica* ♀ [Taf. I, Fig. 2]); *Pholidoptera aptera* ♀ [Taf. V, Fig. 1a].
   b) Micropter: Elytren nur ein wenig unter dem Pronotum vorragend oder höchstens bis zur Abdomenmitte reichend, sich mit den Innenrändern überdeckend; Hinterflügel bis auf Reste reduziert oder höchstens entsprechend den Elytren entwickelt. (Beispiele: *Miramella alpina collina* [Taf. IV, Fig. 1c]; *Poecilimon* [Taf. VII, Fig. 10]; *Roeseliana roeselii* [Taf. III, Fig. 1a u. b]; *Pholidoptera aptera* ♀ [Taf. V, Fig. 1]).
   c) Brachypter: Elytren bis zum Abdomenende oder noch ein wenig darüber hinausragend jedoch die Hinterflügel bis auf Reste oder wenigstens bis zur Flugunfähigkeit reduziert, (Beispiele: *Podismopsis poppiusi* ♂ [Taf. I, Fig. 6]; *Chorthippus montanus* [Taf. XXXII, Fig. 6]; *Roeseliana roeselii f. prisca* [Taf. III, Fig. 1c u. d][1]).

[1]) Es ist dabei zu beachten, daß bei unsachgemäß konservierten Stücken, besonders bei Tettigoniiden, das Abdomen einschrumpft, bei ausgeweideten und ungeschickt ausgestopften Stücken, insbesondere bei Acrididen, das Abdomen oft unnatürlich gedehnt wird; man muß dann, was bei einiger Erfahrung nicht schwierig ist, die Abdomenlänge im lebenden Zustand der Art abschätzen, um die relative Elytrenlänge zu ermitteln.

3. Eupter: Bei gleichmäßig entwickelten Elytren und Hinterflügeln flugfähige Formen.
   a) Mesopter: Flugorgane das Abdomenende nahezu erreichend oder ein wenig überragend, bei den *Acrididae* auch die Hinterknie. (Beispiele: *Chorthippus apricarius* ♀; *Bohemanella frigida var.* [Taf. IV, Fig. 2b]; *Tessellana tessellata*; *Drymadusa recticauda* [Taf. VIII, Fig. 2]).
   b) Holopter: Flugorgane die Hinterknie[1]) wesentlich überragend. (Beispiele: *Mecostethus grossus* [Taf. XXXII, Fig. 7]; *Metrioptera roeselii f. diluta* [Taf. III, Fig. 1e u. f]; *Tettigonia caudata* [Taf. IV, Fig. 4b]).
   c) Hyperpter: Flugorgane die Normallänge der holopteren Art individuell erheblich überschreitend. (Beispiele: *Conocephalus fuscus*; *Tettigonia caudata* [Taf. IV, Fig. 4c]).
4. Parapter: Die holopteren Hinterflügel überragen die (micropteren bis mesopteren) Elytren. (Beispiele: *Tetrix*; *Phaneroptera*)[2]).

Als „Macropterie" möchte ich ganz allgemein die Tendenz der Flügelverlängerung über das normale Maß der Art hinaus bezeichnen.

Aptere Arten sind in beiden Geschlechtern nicht in der Lage, wieder irgendwelche Andeutungen von Flugorganen hervorzubringen. Hypoptere Arten können sich individuell und subspezifisch zu eupteren (sowohl mesopteren wie holopteren) Formen entwickeln. Der mesoptere *Chorthippus apricarius* bildet in Transkaukasien eine *holoptere* Subspezies aus (*maior* Zub.) und anderwärts gelegentlich holoptere Einzelindividuen, die mesoptere *Tessellana tessellata* in Westasien eine holoptere Subspezies. Euptere Arten neigen ganz allgemein zu individuellen Schwankungen innerhalb der mesopter-holopteren Kategorie; außerdem können holoptere Formen nach dem oben Gesagten hyperptere Formen ausbilden, aber auch mesopter vorkommen, wie das Beispiel von *Tettigonia caudata* (Charp.) zeigt (Tafel IV, Abb. 4). Ferner können innerhalb der gleichen Art die Geschlechter verschieden geflügelt sein; beispielsweise ist bei *Psophus stridulus* das ♂ holopter, das ♀ brachypter, im Gegensatz zum — besonders gern und lebhaft — fliegenden ♂ also nicht flugfähig; bei der afrikanischen Pamphaginengattung *Lamarckiana* ist das ♀ apter, das ♂ holopter.

In unserem Fall interessieren besonders die squamipteren bis micropteren Arten, die — unter gelegentlicher Einschaltung auch eines mesopteren Stadiums — holoptere Formen ausbilden können. Es sind dies in Europa, soweit bisher wohl bekannt, unter den *Tettigoniidae*: *Metrioptera brachyptera* (L.), *Bicolorana bicolor* (Phil.), *Roeseliana roeselii* (Hgb.) und *brunneri* Rme sowie *Conocephalus dorsalis* (Latr.), unter den *Acrididae Chrysochraon dispar* (Germ.), *Euthystira brachyptera* (Ocsk.), die *Chorthippus*-Arten *pullus* (Phil.), *parallelus* (Zett.) und *montanus* (Charp.), *Arcyptera brevipennis* (Br.), *Podisma pedestris* (L.) und *Bohemanella frigida* (Boh.).

[1]) Bei Tettiigoniiden mit sehr langen Hinterschenkeln können auch bei holopteren Arten die Hinterknie gelegentlich von den Flugorganen nicht ganz erreicht werden, diese überragen dann aber jedenfalls sehr weit das Abdomenende!

[2]) Hierher wäre auch der umgekehrte — anscheinend äußerst seltene — Fall der Gattung *Yendia* Rme zu rechnen, bei der die Elytren holopter, und zwar ganz besonders lang, die Hinterflügel aber auf micropteré Reste reduziert sind.

Nun hat Karny (Zool. Jahrb., allg. Zool. u. Phys. XXXIII, 1912, pp. 27—40) in einer verdienstvollen und in ihrer Beweisführung zunächst bestechenden Untersuchung den Versuch gemacht, das Dolloscche Gesetz der Irreversibilität auf die Macropterie der Orthopteren in Anwendung zu bringen. Das Gesetz besagt, daß

„die phylogenetische Entwicklung nicht umkehrbar sei, daß also in einer bestimmten Richtung abgewandelte Organe niemals wieder auf einen ihrem früheren vollkommen gleichen Zustand zurückgebracht werden können."

Als Hauptargument führt Karny an, daß die gelegentlich macropteren Formen „keineswegs eine Rückkehr zum ursprünglichen macropteren Ahnentypus darstellen, sondern sich die bereits durchgemachte Rückbildung im Bau und Geäder der Flügel deutlich widerspiegelt."

Karny glaubt, vor allem eine durch geringere Verästelung des Geäders im Apikalteil der Elytren sich dokumentierende Primitivität der Aderung feststellen zu können. Insbesondere gegen diese These wendet sich Puschnig (l. c.) in einer kritischen Untersuchung und meint, eine derartige Primitivität nicht erkennen zu können; er bemängelt hierbei insbesondere, daß Karny zum Beweis dieser Behauptung ungeeignete Vergleichsformen herangezogen habe, in welchem Sinne sich später auch Zeuner (Mitt. Zool. Mus. Berlin, 15. Bd., 1929, pp. 201 bis 235) in einer sorgfältigen Untersuchung äußert. Ich selbst schließe mich im allgemeinen der Ansicht der letztgenannten beiden Autoren an. Auf der anderen Seite gibt es auch Vergleichsmöglichkeiten mit anderen Gattungen der gleichen Unterfamilie, die eine prinzipiell völlige Gleichartigkeit der Elytrenaderung zeigen und nicht das Geringste von einer „Primitivität" der ersteren erkennen lassen. Ich verweise hier auf einen Vergleich holopterer *Chorthippus montanus* mit *Mecostethus grossus* (Taf. XXXII, Fig. 6b und 7), der dies beweist.

Weiterhin sind wir im allgemeinen auch nur in der Lage, Vergleiche mit rezenten Formen anzustellen, während wir die fossilen Ahnenformen nur selten kennen. Man muß Zeuner auch Recht geben, wenn er meint, daß man nicht von einer „sekundären" Macropterie sprechen könne, die eine „progressive" Form darstellen würde, sondern — mit Puschnig — eher von „Atavismen", d. h. also von einer Wiederkehr zu einer noch nicht aus dem Gedächtnis der Art entschwundenen Form. Das Dolloscche Gesetz lasse sich aus der Aderung der Elytren macropterer Individuen schon deswegen nicht beweisen, weil eben keine sekundäre Macropterie vorläge.

Was Karny's weiter oben bereits genannten Argumente betrifft, so kann man, was Zeuner (l. c., p. 224, Abs. 3) allenfalls Karny zugestehen möchte, meines Erachtens auch in der angeblich etwas stärkeren apikalen Krümmung der Elytren macropterer Individuen keinen Beweis des genannten Gesetzes erblicken, da diese teils in der Variationsbreite der Art liegen kann, teils überhaupt nicht in Erscheinung tritt.

Ebensowenig kann man dies in einer Karny nicht normal erscheinenden breiteren Abrundung des Apikalteils der Elytren, als sie sonst in der Gattung üblich sei, sehen. Er vergißt dabei, daß die brachyptere Ausgangsform (beispielsweise von *Roeseliana roeselii f. diluta*) ebenso breit gerundete Elytren zeigt (Taf. III, Abb. 1 a und e, b und f) und daß diese breite Rundung auch die übrigen 5—6 Arten der *roeselii*-Gruppe besitzen. Auffällig ist, daß die mesoptere Zwischenform *prisca* Zacher im Gegensatz hierzu stets zugespitzte Elytren zeigt (Taf. III, Abb. 1 c und d); Zacher gibt dies übrigens auch für das typische Exemplar seiner „*var. prisca*" an. Die analoge Erscheinung finden wir auch bei der Acridide *Podisma pedestris* L. (Taf. IV, Abb. 3 b); hier findet sich allerdings bei der squamipteren Nominatform (Abb. 3 a) ein kleiner apikaler Spitzenrest, während die holoptere Form (Abb. 3 c) wiederum einen gerundeten Apikalteil aufweist.

Jedenfalls sind in unserem Falle keine Anhaltspunkte zur Anwendung des Dolloschen Gesetzes vorhanden.

Als Erklärungsversuche für die Auslösung des Wachstums in macropterer Richtung stehen zwei Möglichkeiten im Vordergrund, und zwar auf der einen Seite die Annahme ökologischer Ursachen, insbesondere mikroklimatischer (Bodenfeuchtigkeit), die ich bereits früher[1]) propagiert habe, auf der anderen Seite — in Anlehnung an Uvarovs Phasenlehre — Wachstum der Flugorgane durch starke Verdichtung der Population und die damit gegebene gegenseitige Irritation.

Bevor wir uns dieser Frage zuwenden, sind jedoch erst einige hierfür wichtige neuere Funde bekanntzugeben.

Ich fand auf der letzten rumänischen Reise den überall sehr häufigen *Chorthippus montanus* auf trockenen Wiesenhängen um Sinaia (8—900 m), in den unteren Teilen des Pietriletales (5—800 m) am Retežat, dann weiter oben in der subalpinen Region (13—1500 m) nur ganz vereinzelt (höchstens vielleicht im Verhältnis 1 : 300) in der holopteren Form, dagegen unmittelbar anschließend, oberhalb der Pietrilehütte (ca. 1550 m) auf einem kleinen nassen Areal von nur ca. 30—40 qm, mit Binsen bestanden und teilweise blankem Wasser, ausschließlich holoptere Stücke (*f. explicata* Sel.-Longch.); es handelte sich um etwa 50 Exemplare (die Geschlechter in annähernd gleichem Verhältnis), die hier meistens an den Binsen saßen und ausgiebig von ihren Flugorganen Gebrauch machten.

Nehme ich meine durch zahlreiche Beobachtungen an der holopteren *f. diluta* von *Roeseliana roeselii* (Hgb.) gemachten Erfahrungen hinzu, deren zum Teil überwiegendes Auftreten auf besonders feuchtem Areal (auch inmitten teilweise trockener Wiesen) nicht zu bezweifeln ist, so möchte ich auch weiterhin dieser Erklärung der Macropterie auf ökologisch-mikroklimatischer Grundlage den Vorzug geben. Es soll dabei nicht verschwiegen werden, daß man auch auf trockenem Terrain gelegentlich holoptere Individuen findet, die aber vielleicht verflogen sind. Daß übrigens diese holopteren „Außenseiter" sehr lebhafte und eifrige Flieger sind, geht daraus hervor, daß man oft stark abgeflogene Exemplare mit Beschädigung der Flügel findet; es ist der Gedanke nicht von der Hand zu weisen, daß sie der weiteren Verbreitung der Art dienen.

[1]) Arch. f. Natg. Berlin, 1920, 12, 148.

Die Erklärungsweise auf mikroklimatischer Grundlage deckt sich auch mit den neueren Ergebnissen anderer Forscher. KLINGSTEDT[1]) hatte ein Massenauftreten von *Chorthippus parallelus f. macroptera* beobachtet und die Möglichkeit einer „alternativen Modifikation" in Betracht gezogen; SANSOME und LA COUR haben indessen durch Vererbungsversuche die genetische Fixierung der Macropterie nicht bestätigen können und wie letzterer später KLINGSTEDT mitteilte[2]), seien sie jetzt zu dem Schlusse gekommen, daß milieubedingte Faktoren entscheidend seien.

Betrachtet man alle obigen Funde unter dem Gesichtspunkt des zweiten Erklärungsversuches, erhöhtes Wachstum der Flügel durch Populationsdichte, wie dies beispielsweise REHN und REHN (Trans. Amer. Ent. Soc. 64, 1938) für *Dendrotettix quercus* annehmen, so kann ich nur sagen, daß nach meinen Erfahrungen in allen genannten Fällen an keiner Stelle eines stärkeren Auftretens von Macropterie auch eine Steigerung der durchschnittlichen Populationsdichte zu erkennen war, jedenfalls der Individuenreichtum überhaupt nicht im entferntesten so stark war, wie wir dies bei Wanderheuschrecken für den Anlaß zur Ausbildung der Wanderphase annehmen müssen.

Die Frage der Macropterie birgt noch ein zweites sehr wesentliches Problem in sich. Bei dem sehr reichen Fund holopterer *Roeseliana roeselii* in Finkenkrug (1931[3])) hatte sich bei Untersuchung der Gonaden an den gesammelten 13 ♂♂ und 24 ♀♀ herausgestellt, daß Ovarien und Testes teils bis zu einem gewissen Grade verkümmert, teils die Zahl der Eier herabgesetzt war, so daß die Fortpflanzungsmöglichkeit zum mindesten beeinträchtigt, wenn nicht teilweise ganz ausgeschaltet war. Ganz ähnliche Verhältnisse fand ich nun bei *Chorthippus montanus* (Charp.) im Tal von Sinaia (s. o.): ein ♀ besaß ein so verkümmertes Ovar, daß man kaum Reste davon entdecken konnte, das zweite ♀ anomal kleine Eier und das dritte eine geringe Anzahl anscheinend normaler; die Testes machten einen reduzierten Eindruck, konnten aber nicht genauer durch Schnitte untersucht werden. Ein etwas anderes Bild boten die Ovarien der 13 bei der Pietrilehütte gesammelten holopteren ♀♀; hier waren die Ovarien zwar auch teilweise reduziert, machten aber in manchen Fällen einen normalen Eindruck; zu einer eingehenden und exakten Untersuchung fehlte damals durch besondere Umstände leider die Zeit.

Welche Zusammenhänge zwischen Gonaden und Flugorganen hier bestehen, ist vorläufig noch nicht zu sagen. KNETSCH hat festgestellt, daß hypoptere Orthopterenarten größere Ovarien haben als holoptere, bei denen diese auch weiter anad verlagert sind, und zwar zur Verbesserung der Flugfähigkeit. Dies könnte nach meiner Ansicht auch den biologischen Sinn haben, daß fluggewandte Arten zu ihrer Verbreitung einer geringeren Zahl von Eiern bedürfen als flugunfähige.

[1]) Not. Entom, 1928, 8.
[2]) Es ist mir nicht bekannt, ob und wo inzwischen veröffentlicht.
[3]) Biol. Zentralbl. 51 : 533.

Die Reduktion der Ovarien könnte man als Folgeerscheinung der Holopterie auch in unserem Falle annehmen.

Die Beobachtung, daß die Gonaden holopterer Individuen oft nicht normal entwickelt sind, haben auch REHN und REHN (l. c.) gemacht: sie waren außerstande, holoptere *Dendrotettix*-Weibchen zum Eierlegen zu veranlassen. Dazu schreibt KLINGSTEDT (l. c. p. 9):

„Dies scheint eine Parallele zur imaginalen Diapause der Ph. gregaria der Wanderheuschrecken darzustellen. Es ist denkbar, daß in den nichtwandernden Heuschrecken die Ph. gregaria sozusagen rudimentär ist (der Wanderinstinkt ist ja nicht oder nur unvollständig entwickelt) und die Gonadenentwicklung, die bei den Wanderheuschrecken nach Uvarov den Stimulus des Wanderfluges erfordert, für gewöhnlich nicht stattfindet, die imaginale Diapause somit permanent geworden ist."

Es ist noch auf eine Beobachtung aufmerksam zu machen, die ich im vergangenen Jahr (1947) im Grunewald bei Berlin auf einer feuchten Wiese machte, auf der holoptere *roeselii* nicht selten zu finden waren. Alle im Juli kurz nach beendigter Entwicklung gefundenen holopteren ♀♀ hatten, wie üblich, stark reduzierte Gonaden, die normalen ♀♀ indessen prall gefüllte Abdomina. Als ich das Gelände Mitte August wieder aufsuchte, fand ich noch zwei holoptere Stücke, ein ♀ mit durchaus normalen Ovarien — wie ja auch BLAIR[1]) einen solchen Fund meldet — und ein ♂, das sich gerade (nach Abstoßung und Anheftung des Spermatophors) von einem normalen ♀ löste; dies entschlüpfte leider unauffindbar, so daß ich es nicht zur Eiablage verwenden konnte. Beide genannten holopteren Exemplare waren ziemlich abgeflogen, also schon „alt", und es liegt der Verdacht nahe, daß sich bei holopteren Stücken die Entwicklung der Gonaden verzögert. Auch SANSOME und LA COUR (l. c.) behaupten, daß die langgeflügelten Individuen mehr Zeit für die Entwicklung brauchen als die gewöhnlichen. Dennoch glaube ich nicht, daß sich alle zunächst einen teilweise stark reduzierten Eindruck machenden Gonaden frisch entwickelter holopterer Stücke später zu normalen zu entwickeln vermögen.

Daß ein enger Zusammenhang zwischen Gonaden und Flugorganen besteht, geht noch aus zwei Beobachtungen hervor, die hier schließlich angeführt seien. EBNER[2]) fand bei *Chorthippus rammei* Ebn. und *parallelus* (Z.) und *Metrioptera brachyptera* (L.) als Folge eines Befalls mit *Mermis* Anomalien der Flugorgane, und da *Mermis* neben dem Fettkörper vor allem die Gonaden als Nahrungsquelle benutzt, so faßt EBNER die Erscheinung als Folgen einer „parasitären Kastration" auf. Ich selbst fand die gleiche Erscheinung 1927 in Transkaukasien (bei Bakuriani) an einer größeren Population von *Chorthippus macrocerus* (F. -W.), in der starker Befall durch *Mermis* festzustellen war. Die Mehrzahl der befallenen Stücke zeigten Verkrüppelungen der Flugorgane, die sich äußerlich dadurch besonders auffällig dokumentierten, daß sich die Elytren *in situ* am Innenrande nicht mehr überdeckten, sondern auseinanderklafften (Taf. III, Abb. 2a und b)

[1]) Ent. Monthl. Mag. 19: 259

[2]) Kongreßberichte Madrid 1940, p. 341.

B. SYSTEMATISCH-FAUNISTISCHER TEIL

1. Die europäischen Arten der Blattidengenera *Ectobius* Steph. und *Ectobiola* Uv.

Über die Gattung *Ectobius* Steph. hatte ich bereits früher zwei Untersuchungen veröffentlicht unter den Titeln „*Ectobia lapponica* (L.) und ihre Verwandten; eine kritische Studie" (Arch. f. Nat. Berlin 1920, 86, Jahrg. 1920, p. 99—125) und „Vorarbeiten zu einer Monographie des Blattidengenus *Ectobius* Steph." (ibid., 89. Jahrg. 1923, p. 97—145). Letztere Arbeit war begründet auf der Untersuchung eines Materials von etwa 2500 Exemplaren.

Später ließ ich dann als Illustration zu der geplanten eigentlichen Monographie farbige Abbildungen anfertigen, und zwar durch die damalige wissenschaftliche Zeichnerin des Museums Erika v. Bruchhausen. Der vorzeitige Tod dieser begabten Zeichnerin unterbrach die Fertigstellung dieser Bilder, nachdem 29 von den in Aussicht genommenen etwa 50 vollendet waren. Da sich bisher Niemand finden ließ, der die zarten, durchsichtigen, fein gezeichneten und gefärbten Formen dieser Gattung in ähnlicher Vollendung wiederzugeben vermochte und auch vorläufig keine Aussicht dafür besteht, will ich wenigstens die fertiggestellten Abbildungen (Taf. IX und X) veröffentlichen, um so mehr als diese ausreichen, noch nicht abgebildete Arten, Unterarten und Formen durch vergleichende Hinweise zu charakterisieren und die oft schwierige Determination zu erleichtern. Da bisher nur Abbildungen europäischer Arten vorliegen, muß ich mich hier auf diese[1]) beschränken; sie enthalten im übrigen alle die Arten, die ich in sämtlichen in der vorliegenden Veröffentlichung behandelten Gebieten beobachten konnte.

Die beiden obengenannten Untersuchungen liegen jetzt 25 Jahre zurück. Seitdem ist neues Material hinzugekommen, und inzwischen gesammelte taxono-

[1]) Spanien habe ich nur zum Teil berücksichtigt, da die Angaben von I. Bolivar (Cat. Sin. Orth. Faun. Iber. 1900 p. 12ff.) nur für den unverkennbaren *E. panzeri* sicher erscheinen, während ihre Richtigkeit für „*lapponica var. pallida* Steph." (nach Bolivar = *brunneri* Seoane), „*vittiventris* Costa" und „*livida* var. *brevipennis* Br." nicht gewährleistet erscheint; nur die Untersuchung der männlichen Abdominaldrüse kann sicheren Aufschluß geben.

Bei dieser Gelegenheit möchte ich noch einmal darauf hinweisen, daß die Angaben von Fruhstorfer über die Gattung *Ectobius* in den „Orthopteren der Schweiz" (Arch. f. Natg., 81. Jahrg. 1921) zahlreiche Fehler, falsche Synonymien und infolgedessen falsche Verbreitungsangaben enthält und nur die von mir hier übernommenen Angaben Geltung haben. Leider trifft dieser Vorwurf auch das ganze Werk (vgl. auch Zeuner [Dtsch. Ent. Zeitschr. 1931, p. 36]), was um so bedauerlicher ist, als es auf Grund zahlloser Exkursionen mit größtem Fleiß zusammengestellt wurde und auch eine Fülle brauchbarer Beobachtungen enthält, zu einem Teil also durchaus verdienstvoll ist. Es fehlten aber dem Autor die nötige orthopterologische Grundlage und Erfahrung. Auch die vielen (den lepidopterologischen Gepflogenheiten entstammenden) Neubenennungen einzelner Formen und Subspezies sind unmotiviert. Eine kritische Bearbeitung und Reinigung des Werkes bedürfte aber einer umfangreichen Abhandlung.

mische Erfahrungen und ein geschärfter Blick machen es ohnehin erforderlich, die früheren Ergebnisse zu ergänzen und hier und da einer Revision zu unterziehen. Damals war ich mir der außerordentlichen Variationsbreite im Phaenotyp der Formen nicht ausreichend bewußt; auch die genauere Untersuchung der für die spezifische Beurteilung und die Determination so besonders wichtigen abdominalen Drüsengrube („Hancock'sche Drüse") des Männchens an zahlreicheren Exemplaren und mit stärkeren Vergrößerungen erwies sich als notwendig und fruchtbringend, ergab auch neue verbesserte Abbildungen anstelle der etwas zu klein wiedergegebenen in den „Vorarbeiten".

Erfreulicherweise zeigte es sich, daß die damals gewonnenen neuen Erkenntnisse an den vier verbreitetsten, bisher verkannten oder unklaren Arten *lapponicus* (L.), *sylvester* (Poda)[1]), *livens* (Turton)[2]) und *vittiventer* (Costa)[1]) auch weiterhin ihre Gültigkeit behalten, während bei anderen Formen eine spezifische „Ab- oder Aufwertung" erforderlich wurde. Ich werde mich in den folgenden Bemerkungen nur auf das Notwendigste beschränken und vor allem versuchen, die Determination soweit wie möglich zu erleichtern, die durch die weiter unten geschilderte Variationsbreite vieler Merkmale kompliziert wird. Alle näheren systematischen, synonymischen und faunistischen Angaben, soweit sie nicht eine Abänderung erfahren mußten, wolle man in den beiden obengenannten Veröffentlichungen einsehen.

Für die Determination sind folgende Punkte als wesentlich zu berücksichtigen. Wie groß die Variationsbreite in der Körpergröße ist, mag als Beispiel *lapponicus* zeigen, dessen Körperlänge (gemessen vom Pronotumvorderrand bis zur Elytrenspitze) bei dem ♂ zwischen 9,5 und 13, bei dem ♀ zwischen 6,5 und 10 mm schwankt. Für *sylvester* sind die entsprechenden Zahlen ♂ 9—14, ♀ 6—10 mm. Bezüglich der Färbung ist zu beachten, daß Formen mit schwarzer Pronotumscheibe dunkelgelbliche, hellbräunliche oder rötliche Aufhellungen, Formen mit heller Pronotumscheibe dagegen dunkelbräunliche oder schwärzliche Verdunklungen zeigen können. In solchen Fällen kann oft nur der Bau der Drüsengrube, allerdings nur für das ♂, Aufklärung über die Artzugehörigkeit geben.

Die Drüsengrube selbst ist vielleicht weniger einer morphologischen Variabilität unterworfen, als vielmehr einem wechselnden Zustand bei dem trocken konservierten Tier. Schrumpfungen und Verklebung mit Sekret können eine Beurteilung bei Einzelstücken erschweren, wenn nicht unmöglich machen; vor allem wird, wenn vorhanden, das Zäpfchen davon betroffen. Bei diesem selbst

[1]) Nach Änderung des Namens *Ectobia* in *Ectobius* sind, was ich bisher übersehen hatte, die weiblichen Endungen von *sylvestris* und *vittiventris* in männliche umzuändern.

[2]) K. Princis-Lund hatte die Freundlichkeit, mich darauf hinzuweisen, daß der bisher gebräuchliche Name *lividus* (Fabricius 1793) durch *Blatta livida* De Geer (Mém. Hist. Nat. Ins. III, 1773, p. 538, t. 44, f. 6) praeokkupiert ist, was bereits von Turton (A gen. syst. nat. II, 1806, p. 526) festgestellt wurde; er benannte die Art statt dessen als *Blatta livens*. Princis hält es für möglich, daß sich auch *Blatta pallida* Olivier auf diese Art bezieht.

kann es vorkommen, daß ein im allgemeinen apikal zweizipfliges (wie bei *lapponicus*) zu einem apikal verdickten einheitlichen Zäpfchen verwächst. Es wird bei jeder Determination daher von Vorteil sein, wenn man möglichst mehrere Exemplare von einem Fundort untersuchen kann. Die beigegebenen Abbildungen zeigen in jedem Falle die Idealform des nicht von den oben erwähnten Veränderungen betroffenen und für die Art charakteristischen Organs.

Zur Zeit können folgende europäische Arten als bekannt und feststehend gelten:

Ectobius lapponicus (L.)
— *balcani* Rme
— *siculus* Rme
— *erythronotus* (Adel.)
— *sylvester* (Poda)
— *niger* Ebner
— *aetnaeus* Rme
— *vittiventer* (Costa)

Ectobius punctatissimus Rme
— *livens* (Turton)
— *kraussianus* Rme
— *corsorum* Rme
— *albicinctus* (Br.)
— *nicaeensis* (Bris.)
— *panzeri* Steph.
Ectobiola duskei (Adel.)

Ectobius lucidus (Hgb.) halte ich, wie weiter unten auszuführen ist, jetzt nur mehr für eine aufgehellte Form von *sylvester*; *vitreus* Rme ist identisch mit *vittiventer* (Costa). Von den beiden nur nach je einem ♂ beschriebenen Arten *aetnaeus* Rme und *niger* Ebner wäre allerdings die Prüfung eines größeren Materials recht wünschenswert.

Im Folgenden sollen die notwendigen Änderungen begründet und die einzelnen Arten nur insoweit charakterisiert werden, daß ihre Determination möglichst wenig Schwierigkeiten bereitet.

Ectobius lapponicus (L.) [Taf. IX, Fig. 4a—d]

♂ Pronotumscheibe schwärzlich, mit verwaschenen Rändern, teils klein und rundlich (Taf. IX, Fig. 4a), teils breitoval mit dadurch verschmälerter durchsichtiger Umrandung (Taf. IX, Fig. 4c). Letztere Form ist besonders im alpinen Gebiet und mehr ostwärts (Niederösterreich, Ungarn) verbreitet, kann aber individuell überall auftreten, so daß eine subspezifische Abzweigung untunlich erscheint. Drüsengrube (Abb. 2) ziemlich klein, quer, Zäpfchen meist zweizipflig, bisweilen, besonders im südöstlichen Verbreitungsgebiet, zu einem stumpfen Zapfen verwachsen. ♀ Pronotumscheibe schmutzig gelblich bis bräunlich, Elytren je nach der durchscheinenden Färbung der Tergite heller oder gelegentlich dunkler wirkend. Körperlänge ♂ 9,5—13, ♀ 6,5—10 mm.

Verbreitung: Vom Nordkap durch ganz Nordeuropa ostwärts durch Westrußland bis Transkaukasien, im Zentrum durch Mitteleuropa über das gesamte Alpengebiet durch Böhmen, Österreich, die Tschechoslowakei, Ungarn bis Rumänien und im Westen von den Britischen Inseln durch Holland, Belgien bis Frankreich und Italien.

Nach briefl. Mitt. von K. Princis-Lund ist möglicherweise *Blatta rupestris* Risso (Hist. nat. Eur. mér. V, 1826, p. 210) mit *lapponicus* (L.) identisch.

Ectobius lapponicus f. pallens Steph.

♂ Pronotumscheibe im vorderen Teil bräunlich aufgehellt; ♀ der Nominatform entsprechend.

Verbreitung: Vereinzelt unter der Nominatform überall vorkommend.

Ectobius lapponicus infumatus Rme

Diese lokal wohl sehr begrenzte, vielleicht mikroklimatisch bedingte, anscheinend melanistische Subspezies zeichnet sich dadurch aus, daß bei beiden Geschlechtern Pronotum und Elytren schwärzlich übergossen erscheinen (Vorarbeiten l. c. 1923, p. 116).

Verbreitung: Nördlichstes Lappland (Torne Träsk).

Ectobius balcani Rme [Taf. IX, Fig. 5]

Ectobius lapponicus balcani Rme. Arch. f. Natg. 1923, **89**: 117

Kleine Form. ♂ Pronotumscheibe tief schwarz, nur selten, entsprechend der *f. pallens* von *lapponicus*, am Vorderrand ein wenig aufgehellt (nur 1 ♂ aus Ungarn) oder auch im ganzen graubräunlich mit verwaschenem gelblichem Mittelfleck (das einzige ♂ und Exemplar der Art aus Anatolien). Abdomenunterseite schwarz, Tergite hellgesäumt, Beine schwarz. Drüsengrube (Abb. 2) in Form und relativer Größe ähnlich wie bei *lapponicus*, mit einer flachen Längserhebung in der Mitte, auf der nahe dem Hinterrand je ein Borstenbüschel steht, das gelegentlich zu einem verschmelzen kann. ♀ *lapponicus* gleichend, nur etwas kleiner, Elytren zuweilen das Abdomenende ein wenig überragend. Körperlänge ♂ 8—10, ♀ 7—8,3 mm.

Verbreitung: Niederösterreich, Ungarn, Rumänien, Dalmatien, Montenegro, Albanien, Serbien, Mazedonien, Bulgarien, Griechenland und Anatolien.

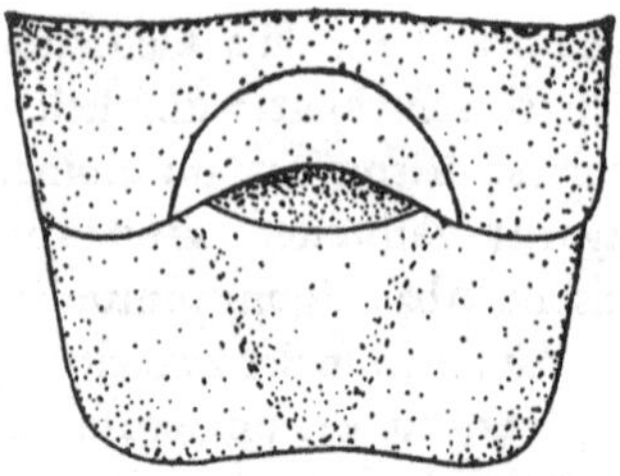

Abb. 2a. *Ectobius siculus*, ♂ Abdominale Drüsengrube

Ectobius siculus Rme

Ectobius siculus Rme. Op. Ent. Lund. 1949, p. 14.

♂. Kleine Art. Pronotum mit breiter, an den Rändern verwaschen hell besprengter Scheibe, der durchsichtige Rand graugelblich, ebenso die Elytren, diese reich dunkelbraun punktiert. Antennen und Beine schwarz, letztere mit hellen Dornen. Tergite schmutzig graubräunlich, Sternite schwarz, ebenso die Cerci. Drüsengrube fast halb so breit wie das Tergit, innen glatt, ohne Zäpfchen (Abb. 2a).

Long. corp. 9, *pronoti* 2, 1, *elytr.* 7,6 mm. *Lat. pronoti* 3,0 mm.

Sizilien (S. Cataldo).

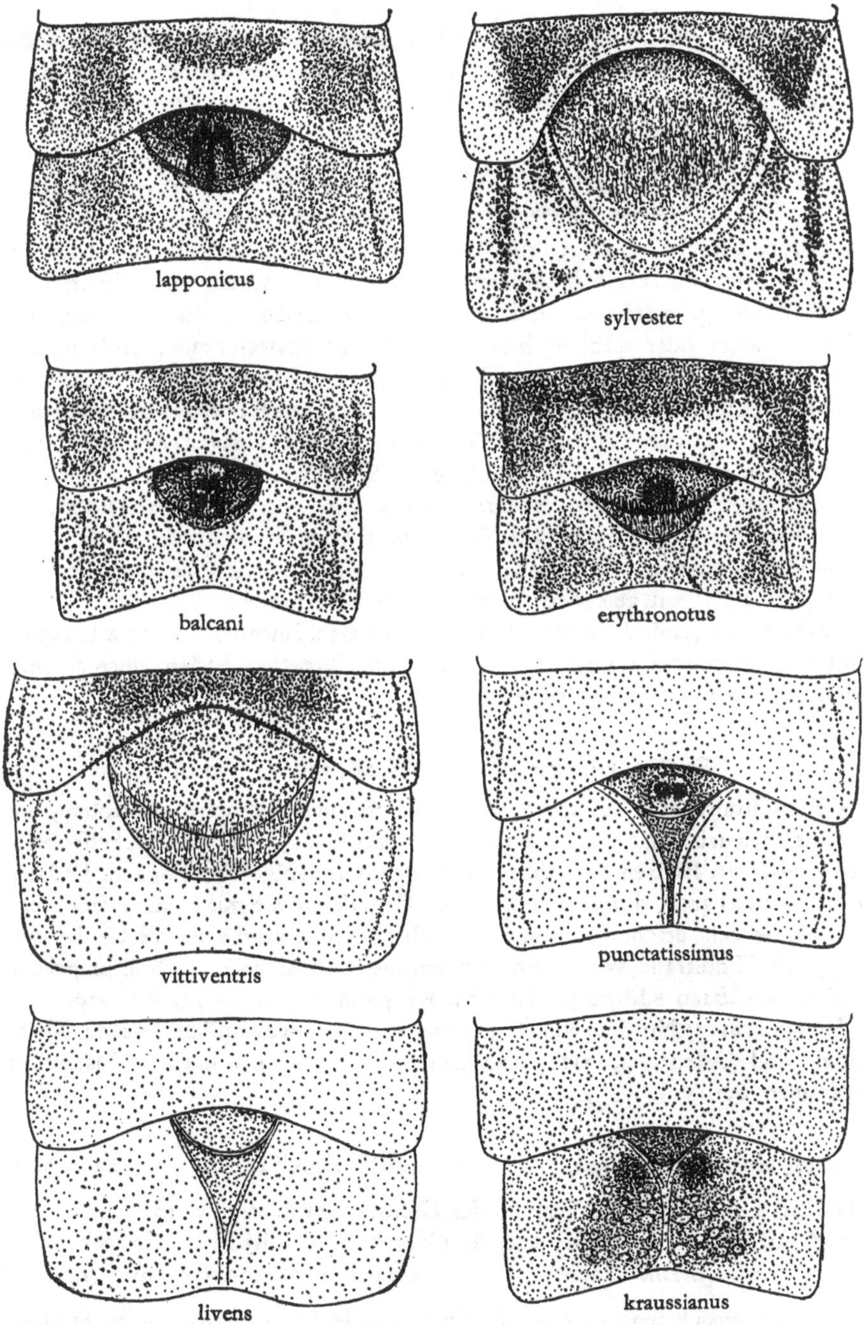

Abb. 2. *Ectobius* ♂ Abdominale Drüsengrube

Diese neue Art aus der *lapponicus*-Verwandtschaft gleicht äußerlich völlig *balcani* Rme; sie unterscheidet sich von dieser durch die breitere, zäpfchenlose Drüsengrube und neigt also in dieser Beziehung mehr zu *sylvester* (Poda).

Ectobius erythronotus Adel. [Taf. IX., Fig. 6 a und b]

Ectobius lapponicus var. burri Adel. l. c. 1916, p. 250.

♂ Pronotumscheibe klein, rundlich, dunkel- bis hellbräunlich, Abdomenunterseite schwarz, Tergite basal schwärzlichbraun, analwärts heller, Hinterränder gar nicht oder ganz schwach und verwaschen hell gesäumt; Hinterschenkel und schienen heller oder dunkler bräunlich, seltener schwarzbraun. Drüsengrube (Abb. 2) klein, quer, am Hinterrand in eine häutige, behaarte Lamelle übergehend, dicht am Hinterrand in der Mitte mit einer kleinen, apikal beborsteten Erhebung. ♀ dem von *lapponicus* äußerst ähnlich (wie das der vorigen Art kaum von *lapponicus* zu unterscheiden). Körperlänge ♂ 8,3—11,5, ♀ 7—9 mm.

Die Subspezies *burri* Adel. ist nur eine etwas kleinere lokalisierte Form, wie sie gelegentlich auch anderwärts in Einzelstücken vorkommt, so daß eine besondere Benennung überflüssig erscheint, ebenso wie bei der *f. nigricans* Rme (l. c. 1923) mit gelegentlich schwarzbrauner Scheibe.

Verbreitung: Süddeutschland, Niederösterreich, Kärnten, Steiermark, Krain, Südtirol, Südschweiz, Italien, Ungarn, Slavonien, Kroatien, Istrien, Herzegowina, Rumänien, Serbien und Bulgarien.

Ectobius sylvester (Poda) [Taf. IX, Fig. 1 a und b]

♂ Pronotumscheibe tief schwarz, beim ♀ oft auch mit tief dunkelrotem, nur bei guter Beleuchtung sichtbarem Schein, trapezförmig, ziemlich scharf elfenbeinfarbig gesäumt. Elytren das Abdomen mehr oder weniger überragend. Drüsengrube (Abb. 2) groß, rundlich, vertieft, am Grunde oft wie mit kleinen verklebten Härchen bedeckt erscheinend, ohne Zäpfchen, Vorderrand über die Grube vorspringend, Hinterrand von einem leichten, meist etwas helleren Wall umgrenzt. ♀ mit abgekürzten eiförmigen Elytren. Körperlänge[1]) ♂ 9—14, ♀ 6—10.

Verbreitung: Nordeuropa (Linie Belgien—Nordwestrußland) durch West-, Mittel- und Osteuropa, das ganze Alpengebiet und bis nach Südosteuropa (Rumänien, Serbien).

Ectobius sylvester ff. *discrepans* Adel. und *lucidus* Hgb. [Taf. IX, Fig. 2 a u. b; 3]

Dies ist das schwierigste Kapitel der Gattung. Ich hatte l. c. 1923, p. 125 auf Grund des reichen Materials von St. Goarshausen a. Rh., wo ich neben der Nominatform *sylvester* Poda — auch in Gemeinschaft mit *lapponicus* (L.) und

[1]) Gemessen vom Pronotumvorderrand bis zur Spitze der Elytren, wenn diese das Abdomen überragen.

livens (F.) — die beiden obengenannten Formen auf engstem Raum vermischt lebend fand, die artliche Selbständigkeit von *lucidus* Hgb. befürwortet und dies ausreichend begründen zu können geglaubt. Inzwischen sind mir — nach Erhalt und Untersuchung einer großen Serie vom Rosenstein (Württemberg) — Bedenken

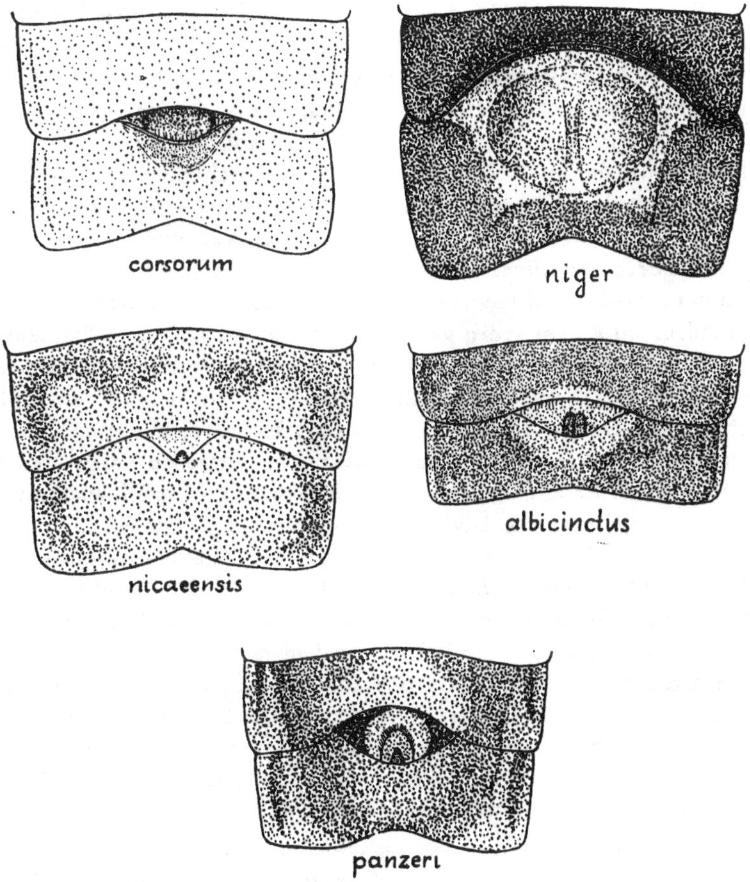

Abb. 3. *Ectobius*, ♂ Abdominale Drüsengrube

gekommen, die eine artliche Trennung von *sylvester* nicht mehr mit völliger Sicherheit rechtfertigen. Aber ebensowenig kann man, wie wir sehen werden, mit Sicherheit behaupten, daß *lucidus* keine gute Art ist.

Gegen eine artliche Trennung spricht vor allem die schon seinerzeit festgestellte und auch durch die Untersuchung des neuen Materials bestätigte Übereinstimmung im Bau der Drüsengrube — dies ist zweifellos das für die Beurteilung der Frage taxonomisch wichtigste Argument —, ferner die durch das neue Material sich ergebende Feststellung, daß die von mir angegebenen, für eine Trennung sprechenden Merkmale an anderen Fundorten eine gewisse Labilität zeigen.

Die zugunsten einer Artverschiedenheit ins Feld zu führenden Argumente trafen für das mir bislang von *lucidus* zur Verfügung stehende Material vom Rhein (und eine Anzahl von Einzelstücken) zu. Die ♀♀ von *lucidus* hatten durchschnittlich längere, das Abdomen fast erreichende Elytren, die Cerci waren ein wenig länger und die Gesamtfärbung erschien bleicher, insbesondere zeigte das Pronotum mehr gelbrötliche als dunkelrötliche Färbung und markantere helle Zeichnungen (dargestellt l. c., Taf. I). Ferner fiel auf, daß zu den *discrepans* — ♀♀ mit einer Ausnahme (Südtirol) immer nur schwarzschildige, also der Nominatform von *sylvester* angehörende ♂♂ gefunden wurden, weswegen diese Form als eine nur dem ♀ zukommende aufgefaßt wurde; auch Adelung beschrieb sie nach dem ♀. Die durchschnittliche Größe war etwas bedeutender.

Eine nun inzwischen auf meine Anregung auf dem (bereits durch 1 ♂♀ bekannten) Fundplatz am Rosenstein von A. Spaney zusammengebrachte neue Serie von 22 ♂♂ und 14 ♀♀ zeigt, daß sich hier die obengenannten Merkmale verwischen. Insbesondere finden sich unter den 22 ♂♂ von den schwarzschildigen (*sylvester*) bis zu den gelbrotschildigen (*lucidus*) Exemplaren Formen, die einen Übergang zwischen beiden bilden und als *discrepans* anzusehen wären (Verhältnis: 3 *sylvester*, 8 *discrepans* und 11 *lucidus*). Nachträglich konnte ich auch unter den Goarshausener ♂♂ 2 solche Übergänge feststellen. Die mit Rücksicht auf die der *f. discrepans* angehörigen ♀♀ zu dieser gestellten ganz hellschildigen ♂♂ aus Südtirol (schwarzschildige *sylvester*-♂♂ sind nur von der Mendel vorhanden) müßten also auch der *f. lucidus* überwiesen werden. Ebenso überschneiden sich die Längenwerte der Elytren und Cerci bei dem Material vom Rosenstein.

Die nachstehende Tabelle zeigt das Zahlenverhältnis aller 3 Formen an den Fundorten, von denen mir größere Serien vorliegen. Erst von Mitteldeutschland an treten Aufhellungen der Pronotumscheibe auf, was durch das umfangreiche Material genügend belegt erscheint. Aus der Tabelle (deren einzelne Fundorte gründlich untersucht wurden, so daß wohl eine Verallgemeinerung der

	sylvester		*f. discrepans*		*f. lucidus*	
	♂	♀	♂	♀	♂	♀
Schwarzburg (Thüringen)	4	5	—	2	—	—
St. Goarshausen (Rheinland)	8	5	2	4	3	11
Waldstetten (Württemberg)	9	13	—	7	—	5
Rosenstein (Württemberg)	3	2	9	6	11	7
Berchtesgaden (Oberbayern)	3	4	—	8	—	—
Mendel-Penegal (Südtirol)	4	25	—	8	2	—
Lavarone-Cornetto (Südtirol)	—	2	2	3	2	2
Doss dei Morti (Südtirol)	—	2	—	7	2	1
Tione (Südtirol)	—	3	—	10	3	—

Funde gestattet ist) geht weiterhin hervor, daß es in den beiden kühleren Gebieten, in Thüringen und in den Nordalpen, nicht zur Ausbildung der ganz hellen *lucidus*-Form kommt, entsprechend der allgemeinen Erfahrung, daß gewisse Tierformen im Süden oder auf xerothermischem Boden zu starker Aufhellung neigen.

Wenn wir nunmehr *lucidus* wohl nicht mehr als selbständige Art werten können, so vermögen wir sie auch nicht einmal als subspezifisch zu *sylvester* zu betrachten, da am Goarshausener Fundplatz *discrepans* und *lucidus* vermischt vorkommen; sie können nurmehr als Formen gewertet werden. Es bleibt aber immer die nicht recht erklärliche, etwas widerspruchsvolle Tatsache bestehen, daß im großen und ganzen hier beide Formen gut zu trennen sind.

Nachstehend die Charakteristik:

Ectobius sylvester f. *discrepans* (Adel.) [Taf. IX, Fig. 3]

Ectobia lapponica f. discrepans Adel. Ann. Mus. Zool. Ac. Sci. Petrograd 1916, p. 259.
Ectobius sylvestris f. ♀ *discrepans* Rme. Arch. f. Natg. 1923.

♂♀ morphologisch der Nominatform entsprechend; Pronotumscheibe mit beginnender Aufhellung in Form einer gelbrötlichen Längslinie oder eines verwaschenen Mittelflecks (vgl. auch Vorarbeiten, l. c. Taf. I, Fig. 10); ♀ Scheibe dunkelrotbraun verwaschen, schwarz umsäumt.

Verbreitung: Überall gelegentlich mit der Nominatform.

Ectobius sylvester f. lucidus (Hgb.) [Taf. IX, Fig. 2a u. b]

Blatta lucida Hgb. Symb. 1822.
Phyllodromica pallida Fieb. Syn. 1853.
Blatta germanica De Sinety. Rev. et Mag. Zool. 1861.
Ectobia ferrum-equinum Costa Atti Ac. Sci. Frs. e Mat. Napoli III, 1866, p. 3.
Ectobia lapponica f. picta Adel. l. c. 1916.
Ectobia sylvestris f. helvetica Rme Arch. f. Natg. 1920.
Ectobius lucidus Rme Arch. f. Natg. 1923.

♂♀ durchschnittlich größer als die Nominatform, Elytren des ♀ oft fast das Abdomen erreichend, Färbung im ganzen etwas fahler erscheinend als bei *discrepans*, Pronotumscheibe einfarbig gelbrötlich, an den Hinterecken immer ein verwaschener schwarzer Fleck zurückbleibend; ♀ ebenso, aber oft auch mit hellen heraldischen Zeichnungen (vgl. auch Vorarbeiten l. c. Taf. I, Fig. 6—9 u. 11—14, Zeichnung in Wirklichkeit nicht ganz so markant hervortretend).

Verbreitung: Süddeutschland, Österreich, Südalpen, Frankreich, Ungarn, Kroatien, Serbien.

Ectobius niger Ebner [Taf. IX, Abb. 7]

Ectobia lapponica subsp. nigra Ebner. D. Ent. Z. 1915, p. 565.
Ectobius nigrus (sic!) Fruhst. Arch. Natg. 1921, 87: 75.

Nur das ♂ bekannt. Einem kleinen *sylvester* sehr ähnlich, stark geschwärzt. Elytren das Abdomen überragend. Drüsengrube (Abb. 3) sehr breit, elfenbeinfarbig, in der Mitte durch einen flachen Längswulst geteilt, ohne Zäpfchen. Körperlänge 7,5—8 mm.

Verbreitung: Abruzzen.

Ectobius aetnaeus Rme

Ectobius aetnaeus Rme Eos 1927, 3: 113

Nur das ♂ bekannt. Matt bräunlich. Pronotumscheibe nußbraun, am Vorderrand und in der Mitte des Hinterrandes mit elfenbeinfarbigen Flecken, in der vorderen Hälfte mit hellem Längsstrich. Drüsengrube mit apikal beborstetem Zäpfchen (vgl. die Fig. 1 u. 2 in der Originalbeschreibung, Eos 1927, p. 113), Körperlänge 10 mm.

Verbreitung: Sizilien (Ätnagebiet).

Ectobius vittiventer (Costa) [Taf. X, Fig. 1 a—c]

Ectobia vittiventris (Costa). Ann. Acad. Asp. Natur. 1847.
Ectobius neolividus Fruhstorfer. Arch. f. Natg. 1921.
Ectobia grandis Rme Int. Ent. Z.. 1922.
Ectobius vittiventris Rme Arch. f. Natg. 1923.
Ectobius vitreus Rme *Syn. nov.* l. c. 1923.

Größere Art. In beiden Geschlechtern bernsteingelb, beim ♂ Pronotumscheibe selten (Etrusk. Apennin) individuell schwärzlichbraun verdunkelt. Elytren ♂♀ das Abdomenende überragend. Drüsengrube (Abb. 2) breitoval, am Grunde glatt, mit aufgewölbtem Vorderrand und lamellösem behaartem Hinterrand, ein Zäpfchen fehlt. Körperlänge ♂ 9,1—14,8 mm, ♀ 9,5—12 mm.

Unter Berücksichtigung der eingangs hervorgehobenen außerordentlichen Variationsbreite in den Größenverhältnissen mancher Arten (wie *lapponicus* und *sylvester*), ferner des Umstandes, daß die Drüsengruben von *vittiventer* (Abb. 2) und *vitreus* keine prinzipiellen Unterschiede aufweisen, kann ich *vitreus* nicht aufrechterhalten, auch nicht, wegen der vorhandenen Übergänge, als Subspezies. Hierzu kommt, daß ich inzwischen Gelegenheit hatte, auf einer Italienreise (1924) eine Serie von 7 ♂♂ und 3 ♀♀ im Gebiet von Neapel (Nocera, oberhalb Salerno) also topotypische *vittiventer* sowie 2 ♂♂ auf Sizilien (Cianefluß) zu sammeln, ferner 1930 im Etruskischen Apennin (Pracchia) 5 ♂♂, 2 ♀♀ und bei Sassuolo (b. Modena) 1 ♂. Diese Serien stellen mit mehreren Exemplaren die Übergänge her zwischen der größten *vittiventer*-Form aus Südtirol (Dolomiten) und den etwas kleineren und blasseren *vitreus* vom Gardasee.

Vergleicht man diese letzteren (♂ 12, ♀ 9,1—10,7 mm) mit den großen, intensiv gefärbten Südtiroler Stücken (♂ 13,1—14,8; ♀ 11—12 mm), so erscheint es nicht verwunderlich, daß ich seinerzeit Artverschiedenheit annahm. Der eigenartige Umstand, daß gerade diese beiden sehr extremen Formen so nahe beieinander wohnen, findet wohl dadurch eine zwanglose Erklärung, daß erstere von einem xerothermen Gelände am südlichen Gardaseestrand stammen, auf dem beispielsweise auch die Chrysidide *Stilbum cyanurum* in Anzahl flog, während die südtiroler Form in einem montanen Kalkgebiet mit üppigster Vegetation lebt. Die Stücke aus Mittel- und Unteritalien zeigen Körperlängen von ♂ 11—12,1, ♀ 8—9,8 mm; die kleinsten mir bekannten stammen von Sizilien (Inselform!) und messen ♂ 9,5 mm.

Auf Tafel X ist ein Paar der Südtiroler Form (1 a u. b) sowie ein ♂ (1 c) von dem topotypischen Neapeler Gebiet dargestellt; wie letztere sehen auch die Stücke aus dem Etruskischen Apennin aus. Bei den ursprünglichen „*vitreus*" ist die Gesamtfärbung und insbesondere die Pronotumscheibe fahler gefärbt.

Verbreitung: Vom südlichen Alpenrand (Südtirol und Südschweiz) durch Italien bis Sizilien, ferner in Istrien, S.-Kroatien, Dalmatien, Rumänien und Transkaukasien. Das von mir l. c. 1923 erwähnte ♀ aus Griechenland (Veluchigebirge) müßte erst zur sicheren Feststellung der Artzugehörigkeit durch das ♂ ergänzt werden. Höchstwahrscheinlich gehört auch 1 ♀ aus N.-W.-Anatolien (Kerasond 18. 6. 1926, H. Bischoff leg.) hierher.

Ectobius punctatissimus (Rme) [Taf. X, Fig. 2]

Ectobia punctatissima Rme Int. Ent. Z. 1922.

Äußerlich einem großen *vittiventer* sehr ähnlich; die starke Punktierung auf den Elytren, die das abgebildete Exemplar zeigt, ist besonders bei den dalmatinischen Stücken zu bemerken, kann aber auch fehlen. Drüsengrube (Abb. 2) klein, quer, ohne aufgewölbten Vorderrand, mit schmal lamellösem, beborstetem Hinterrand; Zäpfchen ein flacher breiter Buckel mit zwei nebeneinanderstehenden Haarbüscheln, die auch zu einem verschmolzen sein können. Körperlänge ♂ 11—14, ♀ 9,5—11 mm.

Verbreitung: Dalmatien, Herzegowina, Albanien, Italien. Das von mir l. c. 1920, p. 134 als *punctatissimus* bezeichnete Stück aus der Südschweiz (Wallis) müßte erneut geprüft werden (was z. Z. nicht möglich ist), da verbreitungsmäßig keine Wahrscheinlichkeit für dieses Vorkommen besteht; es handelt sich hier doch wohl um *vittiventer*.

Ectobius livens (Turton) [Taf. X, Fig. 3]

Blatta livida Fabr.
Ectobius lividus und *l. minor* Rme. l. c. 1923.

Einfarbig fahl bernsteingelb, auch die Pronotumscheibe, selten punktiert; Drüsengrube (Abb. 2) klein, quer, ganz flach, ohne Zäpfchen, analwärts mit zwei konvergierenden feinen Leisten, die erst beim Trocknen des Tieres deutlicher hervortreten, während sie beim lebenden Tier kaum zu bemerken sind. Elytren das Abdomenende (beim ♀ etwas weniger) überragend. Körpergröße ♂ 9,5—10,2, ♀ 7,7—8,1 mm.

Verbreitung: Südl. Rheinland, Belgien, Italien.

Ectobius livens chopardi Adel. [Taf. X, Fig. 4]

Ectobia vittiventris var. chopardi Adel. Ann. Mus. Zool. Ac. Sci. Petrograd 1916, 21: 264.

Durch die deutliche Punktierung der Pronotumscheibe, Fleckung der Elytren (♀) und die markanten Lateralbinden der Abdomenunterseite gekennzeichnet. Etwas größer als die Nominatform (♂ 10—10,5, ♀ 9—10 mm).

Verbreitung: Südtirol und Oberitalien; im Mittelmeergebiet gelegentlich auch als Individualform.

Ectobius kraussianus Rme

Äußeres und Größe wie bei *livens*, ebenfalls einfarbig bernsteingelb. Drüsengrube (Abb. 2) kleiner, mit sehr feinem Zäpfchen, beiderseits der vom Grubenhinterrand ausgehenden, vorn und hinten divergierenden feinen Leisten mit perlschnurartig angeordneten feinen Buckeln, die auch fast zu Leisten verwachsen können (vgl. auch l. c. 1923, Taf. II, Fig. 9b[1])); Körperlänge ♂ 8,8—9,5, ♀ 8,2 bis 9,2 mm).

Verbreitung: Sizilien.

Ectobius corsorum Rme

Ectobius corsorum Chopard Ann. Soc. Ent. France 1923, 92: 260.

Ähnlich *lividus*, durchschnittlich kleiner. Pronotumscheibe dunkelgelblich bis hellbräunlich, mit wechselnder dunkler Zeichnung (vgl. Abb. 1 bei Chopard), mehr oder weniger gefleckten Elytren, die in beiden Geschlechtern das Abdomen überragen. Drüsengrube (Abb. 3) schmal, quer, ohne Zäpfchen, Hinterrand etwas lamellös, fein behaart, analwärts mit bogenförmigem oder etwas winkligem Wall. Körpergröße ♂ 8,5—9,2, ♀ 7—7,5 mm.

Verbreitung: Korsika.

Ectobius albicinctus (Br.) [Taf. X, Fig. 8a u. b]

Klein; mit breiter, glänzend schwarzer, beim ♀ zuweilen dunkelrot durchscheinender Pronotumscheibe, mit schmalem durchsichtigem Rand. Elytren ♂ lanzettlich, ♀ breit eiförmig abgestutzt. Drüsengrube (Abb. 3) am Hinterrand analwärts oft spitzwinklig auslaufend, mit einem feinen, ganz kurz beborsteten zweiteiligen Zäpfchen. Körperlänge ♂♀ 6,5—6,8 mm.

Verbreitung: Italien, Kroatien, Dalmatien, Rumänien.

Ectobius nicaeensis (Bris.) [Taf. IX, Fig. 9a u. b]

Klein; ♂ mit kleiner, rundlicher, schwarzer oder dunkelrot durchscheinender Pronotumscheibe, die schmal elfenbeinfarbig umsäumt ist, mit breitem, durchsichtigem Rand; Scheibe beim ♀ zuweilen roströtlich aufgehellt, mit heller Mittellinie. Elytren ♂ das Abdomen etwas überragend, ♀ das Ende eben erreichend.

[1]) Die Fig. 9a ist nicht korrekt!

Drüsengrube (Abb. 3) analwärts winklig auslaufend, mit sehr schwachem Zäpfchen (in den „Vorarbeiten" l. c., Taf. II, Fig. 12).

Verbreitung: Südfrankreich, Spanien.

Ectobius panzeri (Steph.) [Taf. X, Fig. 5]

Kleinste Art. Mattgelblich oder graugelblich. Pronotumscheibe mehr oder weniger gefleckt; Elytren ♂ lanzettlich, das Abdomen überragend; ♀ die Abdomenmitte nicht erreichend, hinten breit abgestutzt, fein punktiert. Drüsengrube (Abb. 3) queroval, mit rundlicher Vertiefung, darin eine weitere mit feinen Borsten am Außenrand, Zäpfchen nur schwach ausgebildet. Körperlänge ♂ 6,5—6,8, ♀ 4,6—6 mm.

Verbreitung: Im ganzen Nordseegebiet einschließlich der küstennahen Inseln; im Dünengelände, aber auch auf Heide- und Waldgebiet; ferner in der Südschweiz, Spanien (einschl. der Balearen) und auf Madeira. Angeblich auch in Dalmatien, was recht unwahrscheinlich ist.

Ectobiola duskei Adel. [Taf. X, Abb. 6]

Ectobia duskei ♂ Adelung. Hor. Soc. Ent. Ross. 1904, **37**: 124.
Ectobia duskei ♀ Holdhaus. Faune distr. Walouyki 1909, **5**: 11.
Ectobiella Adelung 1916, Ann. Mus. Zool. Ac. Sci. Petrograd **21**: 247 und 1919 l. c. **23**: 129.
Ectobiola Uvarov 1940, Ann. Mag. Nat. Hist. **5**: 173.

Klein. ♂ fahl graugelblich; Pronotumscheibe sepiabraun, schmal hell umsäumt, mit heraldischer heller Zeichnung, Außenrand durchsichtig; ♀ flügellos, mattgelblich; Pronotumscheibe schwarzbraun, mit heller markanter Zeichnung; die Schenkel der dadurch entstehenden hufeisenförmigen dunklen Zeichnung setzen sich als ebenso gefärbte Fleckenbinde bis zum Abdomenende fort. Drüsengrube fein queroval, ohne Zäpfchen. Körperlänge ♂ 7—7,5, ♀ 6,5—7 mm.

Verbreitung: Südrußland, Polen, Zentralasien.

2. *Odontopodisma schmidti(i) auctt.* enthält vier Arten; revisionistische Bemerkungen zum engeren Gattungskreis um *Podisma* Latr.

Durch R. Ebner erhielt ich vor längerer Zeit ein Paar einer *Odontopodisma* aus Albanien mit dem Bemerken übersandt, daß es sich trotz äußerlich anscheinend völliger Übereinstimmung mit *schmidtii* (Fieb.) um eine neue Art handeln könne, da die Supraanalplatte des ♂ Abweichungen zeige. Die Untersuchung bestätigte diese Vermutung und ergab außerdem bei dem ziemlich umfangreichen Material von „*schmidtii*" (32 ♂♂, 56 ♀♀) des Berliner Museums die überraschende Tatsache, daß sich unter dem Namen *schmidtii auctt.* außer *schmidtii* (Fieb.) und der neuen albanischen Art noch zwei weitere, bisher nicht als solche erkannte verbergen. Alle vier Arten sind nach ihrem äußeren Eindruck zunächst in keiner Weise voneinander zu unterscheiden; nur der Bau der Genitalregion, bei dem

♂ auch der inneren Genitalien, ist in beiden Geschlechtern, zum Teil erheblich verschieden. Auf Grund meiner Angaben zur Unterscheidung der Arten wurde von Ebner freundlicherweise das reiche Material des Wiener Museums und seiner eigenen Sammlung gleichfalls durchuntersucht, ebenso von mir das Material der Sammlungen Krauss und Goetz-Stuttgart.

Bei dem ♂ ist es insbesondere die Skulptur der Supraanalplatte, der Bau des Penis, vor allem des Epiphallus und des Aedeagus, die eine leichte Unterscheidung ermöglichen, aber auch Subanalplatte, Furcula und Cerci (letztere beiden allerdings ziemlich variabel) zeigen gewisse Verschiedenheiten; bei dem ♀ sind der Bau der Subgenitalplatte und der Basis der ventralen Klappen des Ovipositors verschieden.

Was zunächst den Bau der Supraanalplatte des ♂ betrifft, so kommt sowohl ihre äußere Form — ob eingeschnürt oder nicht — in Frage, als auch vor allem die auf ihr stehenden stumpfen schwarzen skulptierten Zähnchen und ein gebogener, zuweilen unterbrochener Wulst nahe dem Apex, ebenfalls skulptiert. Bei der Untersuchung des männlichen Genitalapparates ist folgendes zu beachten. Bei der Abtötung des Tieres gerät oft der ganze Apparat in Bewegung; dabei kann zuweilen dieser samt des ihn in der Ruhelage bedeckenden Palliums, einer Schutzmembran, die das 9. und 10. Sternit verbindet und beim lebenden Tier mit dem oralen Drittel unter der Supraanalplatte liegt, emporgestülpt werden und gerät dann über den Apex der Platte, welche Lage bei Trocknung des Tieres beibehalten wird (vgl. Abb. 7A). Sehr oft wird auch der Aedeagus selbst mehr oder weniger stark ausgestülpt; bei dem Vorgang wird die Schutzhaut besonders stark in ihrer Form verändert und beim Trocknen weiter deformiert; die beigegebenen Abbildungen halten sich an möglichst regelmäßig getrocknete Häute. Dies alles ist also bei dem Vergleich mit den Abbildungen zu berücksichtigen; zu beachten ist ferner, daß auf der Abb. 4 die Cerci, die *in situ* meist schräg emporgerichtet und deren Spitzen konvergent über die Supraanalplatte geneigt sind, sämtlich so herabgebogen dargestellt sind, daß sie den Blick auf wichtige Teile der Platte nicht stören.

Es erübrigt sich, eine allgemeine Beschreibung der 4 Arten zu geben, da für alle der genügend bekannte *schmidtii*-Typ gilt; berücksichtigt werden nur die maßgebenden Unterschiede der Genitalregion.

1. *Odontopodisma schmidtii* (Fieb.) [*nec schmidti* Br. = *fieberi* Scudd.]

Podisma mendax (Fisch.).
Podisma schmidti(i) auctt. (*partim*).
Odontopodisma schmidtii Dovn.-Zap. (*partim*).

♂ Genitalregion stärker rundlich verbreitert und aufwärtsgekrümmt als bei den folgenden Arten. Furcula des Analtergits ziemlich eng beieinander stehend und mit etwas nach innen gebogenen Enden, seltener gerade, schwarz. Supraanalplatte (Abb. 4) oberhalb der Mitte stark eingeschnürt, in der Mitte oder ein wenig unterhalb derselben seitlich mit je einem schwarzen Zahn, dem vom apikalen Teil der Platte her ein länglicher gebogener schwarzer Wulst entgegen-

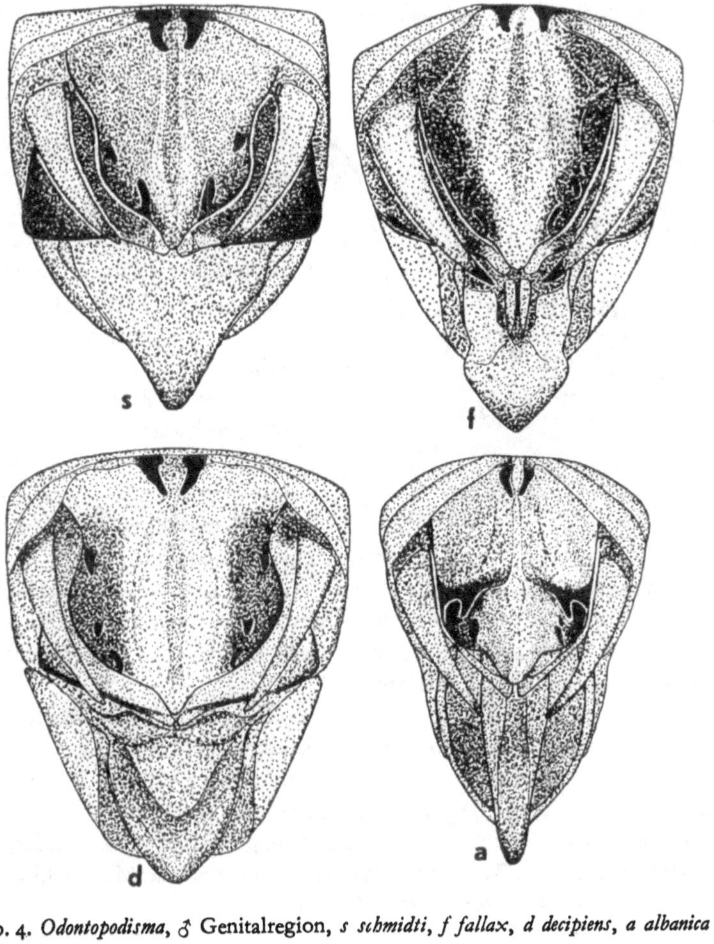

Abb. 4. *Odontopodisma*, ♂ Genitalregion, *s schmidti*, *f fallax*, *d decipiens*, *a albanica*

steht; zwischen beiden meist eine leichte Mulde. Subanalplatte seitlich breit aus, ladend und meist in größerer Ausdehnung geschwärzt. Cerci (Abb. 5) basal breitallmählich verschmälert, Spitze meist geschwärzt.

Pallium (Abb. 6), von hinten gesehen, kegelförmig stark emporgewölbt mit abgeflachten Seiten[1]); Aedeagus (Abb. 8) lang, wenn ganz ausgestülpt, ziemlich senkrecht oder auch etwas oralwärts geneigt über das Ende der Analplatte

[1]) Bei trockenen Stücken oft senkrecht — kurz vor dem Ausstülpen des Aedeagus — emporgerichtet.

ragend; oberseits glatt, Endzipfel des Aedeagus fast stets gegeneinandergebogen, so daß dieser am Ende breit abgerundet erscheint, seltener ausgestreckt.

Epiphallus mit schmalem *arcus*, die verdickten Teile an dessen Enden (*bulbi*) rund-kolbig, unregelmäßig, zuweilen mit einem rundlichen isolierten Buckel (im Bild links); *cornua* mäßig groß; *lobi papillati* aus einer hohen, ziemlich senkrecht stehenden schmalen, basal etwas verbreiterten Lamelle mit bräunlich skulptierter Ober- und Hinterkante bestehend, zum *arcus* hin in einen glatten, keulenförmigen helleren Fortsatz endigend; *epiphysis* und *pons posterior* klein.

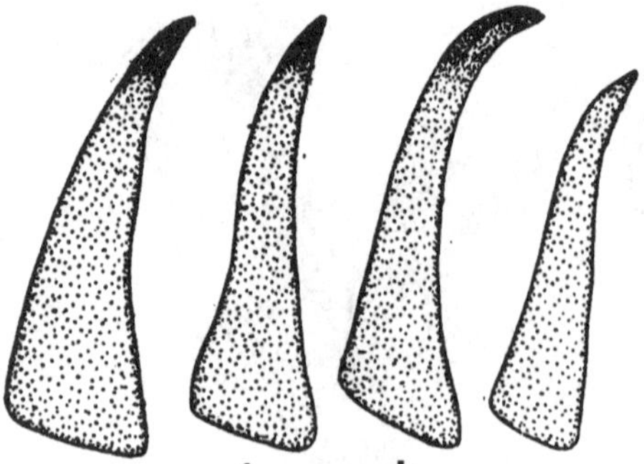

Abb. 5. *Odontopodisma*, ♂ Cerci, *s schmidtii*, *f fallax*, *d decipiens*, *a albanica*[1])

♀ Subgenitalplatte (Abb. 9) in der apikalen Hälfte mit furchenartiger flacher Einsenkung, zuweilen auch im ganzen leicht längs gefurcht, apikal in der Mitte stark eingeschnitten; die dadurch entstehenden Endlappen seitlich etwas verbreitert, oft geschwärzt. Basalglied der ventralen Ovipositorklappen seitlich mit weit vorgezogenen Zipfeln.

Körperlänge ♂ 13,5—18, ♀ 17 bis 23 mm (in Krain am größten, in Oberitalien am kleinsten).

Als sichere Fundorte können vorläufig nur die nachstehend angeführten (des untersuchten Materials) genannt werden; beschrieben wurde die Art sowohl von FIEBER als auch von FISCHER („*mendax*") aus Krain, wo ich sie selbst häufig (und anscheinend ausschließlich) antraf.

Steiermark: Stainz; Krain und Görz: Planina; Siska b. Laibach; Görz; Kroatien; Samobor b. Zagreb; Velebit (Likatal); Slavonien: Slavon. Waldgebirge; Okučani a. Psunj; Adria: Nabresina; Insel Veglia; Bosnien: Bočač südl. Banjaluka; Serbien: Belgrad; Rumänien: in der Nominatform am Domogled; in der *subsp. rubripes* Rme bei Scilagy-Cseh und Sächs.-Regen; Oberitalien: Ravina b. Trient; Caldonazzo; Brentonico a. Mte. Baldo; Recoaro; Euganeen (Castelnuovo); Mte. Ricco (Ligur.).

2. *Odontopodisma fallax n. sp.*

Podisma schmidti(i) auctt. (partim).
Odontopodisma schmidti Dovn.-Zap. (*partim*).

♂ Genitalregion (Abb. 9) etwas weniger verbreitert und weniger nach oben gekrümmt als bei der vorigen Art. Furcula weiter auseinanderstehend, ziemlich breit und kurz, apikal breit abgestumpft, schwarz. Analplatte (Abb. 4) an den

[1]) Es sei aber darauf hingewiesen, daß die Cercusform bei allen vier Arten in gewissen Grenzen variabel ist!

Seiten gerade, ohne Einschnürung. Stellung des Zähnchens und des apikalen Wulstes wie bei *schmidtii*, ersteres oft nur tuberkelartig angedeutet, ohne freistehende Spitze, Subanalplatte seitlich weniger breit ausladend als bei der ge-

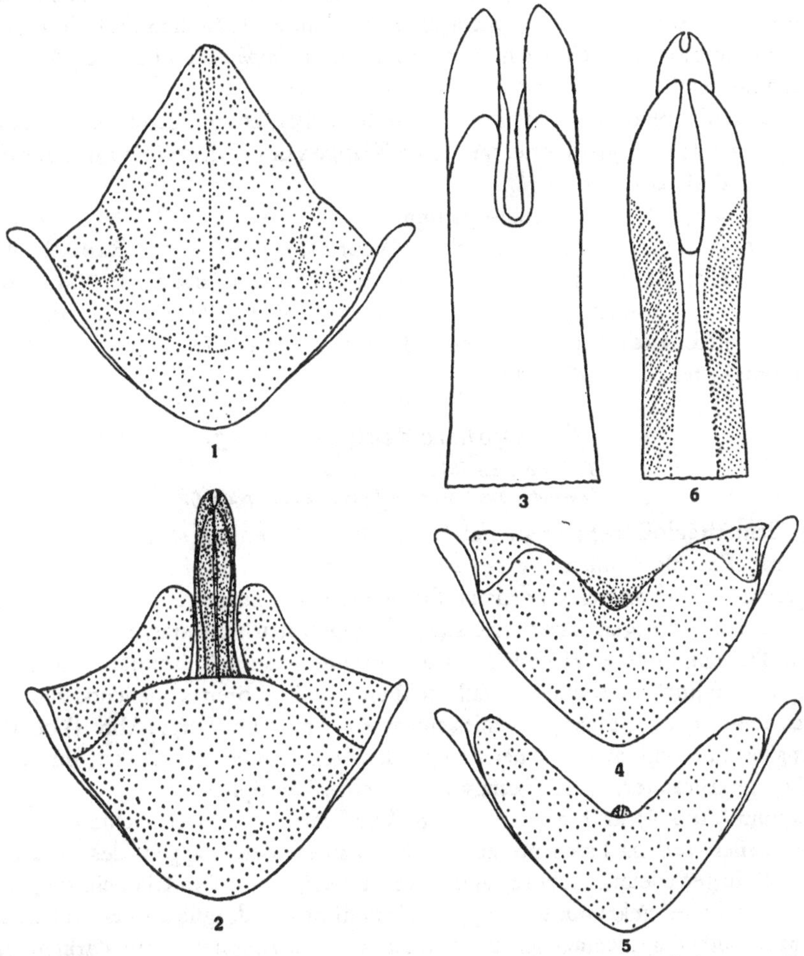

Abb. 6. *Odontopodisma schmidtii*; Kopulationsapparat ♂, 1 Pallium (*in situ*), 2 bei ausgestülptem Aedeagus (beide Ansichten schräg von hinten, Aed. also ventral), 3 Aedeagus isoliert (dorsal); *Odontopodisma fallax*; 4 Pallium (*in situ*), 5 Aed. teilweise ausgestülpt, 6 Aed. isoliert (dorsal)

nannten Art, nur mit schwarzem Randsaum. Cerci (Abb. 5) an der Basis ziemlich breit, dann verschmälert, Spitze etwas nach außen gebogen, meist geschwärzt.

Pallium (Abb. 6), von hinten gesehen, schmäler und ebenfalls dreieckig, jedoch nicht so stark emporgewölbt, von oben gesehen, in der Mitte etwas zurückspringend. Aedeagus (Abb. 8) oberseits an den Seiten fein skulptiert, apikal mit etwas gegeneinander gekrümmten spitzen Zipfeln. Epiphallus mit breitem *arcus* und starken, meist apikalwärts dunkel gebräunten *cornua*, deren Basis mit den ziemlich starken *bulbi* verschmolzen; *lobi papillati* wesentlich kürzer als bei *schmidtii*, ebenfalls auf einer (etwas breiteren) senkrechten Lamelle stehend, deren Oberkante breiter und kürzer (nicht die Hinterkante!) bräunlich skulptiert, gegen den *arcus* nur in einen schmalen Strang auslaufend; *epiphysis* und die den Aedeagus breit umschließende *pons posterior* stark entwickelt.

♀ Subgenitalplatte (Abb. 9) nicht gefurcht, apikal an den Seiten etwas zipflig vorspringend; Basalglieder der ventralen Klappen des Ovipositors mit schwacher seitlicher Zipfelbildung.

Körperlänge ♂ 15—16, ♀ 20—22 mm.

Typus ♂ Istrien, Mte. Maggiore (Veprinaz) 3. IX. 1912 (Ramme), Allotypus ♀, Paratypen 2 ♂♂, 1 ♀ Mte. Maggiore, IX. 1924 (Kuntzen); ♂ Mte. Maggiore IX. 1935 (Kramer); ♀ Triest (Opčina) IX. 1912; 4 ♀♀, Senj (Kroat. Litor.) VIII. 1929 (Ramme); 5 Paare Fiume VII. 1877 (Krauss); ferner auch von Draga (b. Fiume) und Novi (Karny).

3. *Odontopodisma decipiens n. sp.*

Podisma schmidtii auctt. (*partim*).
Odontopodisma schmidtii Dovn.-Zap. (*partim*).

♂ Genitalregion mehr oval, statt rundlich, und weniger stark nach oben gekrümmt. Furcula ähnlich wie bei *schmidtii*; Analplatte (Abb. 4) nahe der Basis eingeschnürt und an der schmalsten Stelle, die näher an der Plattenbasis gelegen ist als bei den übrigen Arten, mit stark ausgeprägtem schwarzem Zahn, im apikalen Teil ein weiterer kleiner Zahn und darunter ein gekrümmter Wulst. Subanalplatte ähnlich *schmidtii* ebenfalls seitlich ziemlich breit ausladend, aber von etwas abweichender Form, nur mit schwarzem Endsaum. Cerci (Abb. 5) deutlich schmaler und schlanker als bei den beiden vorhergehenden Arten, mit etwas stärker gekrümmter, meist geschwärzter schlanker Spitze.

Pallium (Abb. 6) flach aufliegend, am Vorderrand mit zwei leichten Buckeln, unter denen die nachstehend zu beschreibenden Seitenlappen des Aedeagus (Abb. 8) liegen; letzterer kurz, apikal verbreitert, seitlich mit lamellösen, nach innen und unten gekrümmten Lappen, Endteil des Aedeagus an der Außenseite mit nach oben eingeschlagenen dreieckigen Zipfeln. Epiphallus mit starkem *arcus* und sehr starken *bulbi*, die *cornua* nur klein; an den Seiten stark entwickelte *laminae laterales*; *lobi papillati* unregelmäßig kegelförmig, mit aufgesetztem bräunlich skulptierten kleinen Kegel, zum *arcus* in einem schmalen Strang und nach hinten in eine schmale Leiste auslaufend; *epiphysis* mittelgroß, *pons posterior* stark entwickelt.

♀ Subgenitalplatte (Abb. 9) glatt, ohne apikale Furche, zuweilen an deren Stelle nur zwei bogig divergierende schwache Linien zeigend, seitlich (leicht konvex) oralwärts abgeschrägt; Hinterrand des Basalteils der unteren Ovipositorklappen seitlich etwas ausgerandet.

Körperlänge ♂ 14—17, ♀ 19—22 mm.

Typus ♂, Allotypus ♀, Paratypus ♂, Kroatien, Krapina VIII. 1929 (Ramme); zahlreiche weitere Paratypen: Niederösterreich: Dtsch. Altenburg; Hundsheimer Berg b. Dtsch. Altenburg; Mannersdorf; Bruck a. d. Leitha; Sauerbrunn b. Wiener Neustadt; Steinbrück; Hainersdorf i. Steiermark; Slowakei: Bratislava; Podolien: Lesiecznikі a. Sereth; Ungarn: Mecsek-Geb. (Jakobsberg); Bazias (Banat); Rumänien: Kasanpaß; Mehadia; Rudina-Stubej;

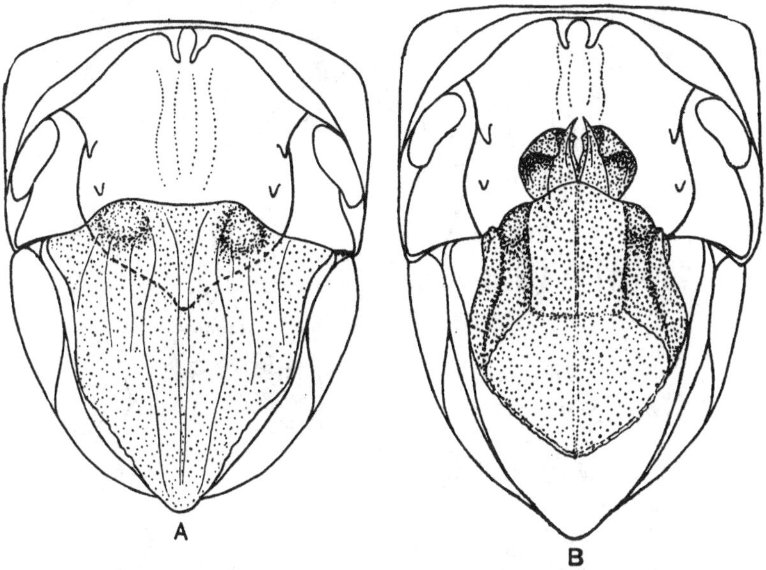

Abb. 7. *Odontopodisma decipiens* ♂, *A* Pallium *in situ*, hier über den hinteren Teil der Analplatte gestülpt; *B* Aedeagus ausgestülpt, Pallium kontrahiert

Domogled; Herkulesbad; Comana Vlasca; Tulčea; Isaccea; Mačin; Cocoš; Babadag; Kroatien: Josephstal; Carlopago; Dalmatien: Obbrovazzo; Zagora b. Budua; Bosnien: Dolat b. Serajewo; Igman-planina; Krug-planina; Konjica; Livno; Metalkasattel; Herzegowina: Bahtievica-planina; Mostar; Serbien: Belgrad (Avala und Dedinje); Suva-planina (Dušnik); Rtanj; Mazedonien: Vodno bei Skoplje; Debar-Gostivar; Kobiliza (Shar Dagh); Bulgarien: Vitoša; Schweiz (Tessin): Mte. Bré b. Ascona; Mendrisio; Capolago-Meride-Ligornetto; Lugano (S. Salvatore); Oberitalien: Voltaggio (Ligurien).

4. *Odontopodisma albanica n. sp.*

Podisma schmidtii auctt.

♂ Genitalregion schmal, langoval, nur wenig aufwärtsgebogen. Furcula eng beieinander stehend, gekrümmt, apikal nicht oder nur wenig geschwärzt. Analplatte (Abb. 4) nicht eingeschnürt, also mit geraden Seitenrändern, etwas hinter der Mitte seitlich mit je einem starken Zahn, der in eine emporgewölbte (ebenfalls geschwärzte) Lamelle übergeht, so daß darunter eine Höhlung entsteht; apikal darunter ein länglicher Wulst, der auch in zwei längliche oder rundliche Tuberkeln

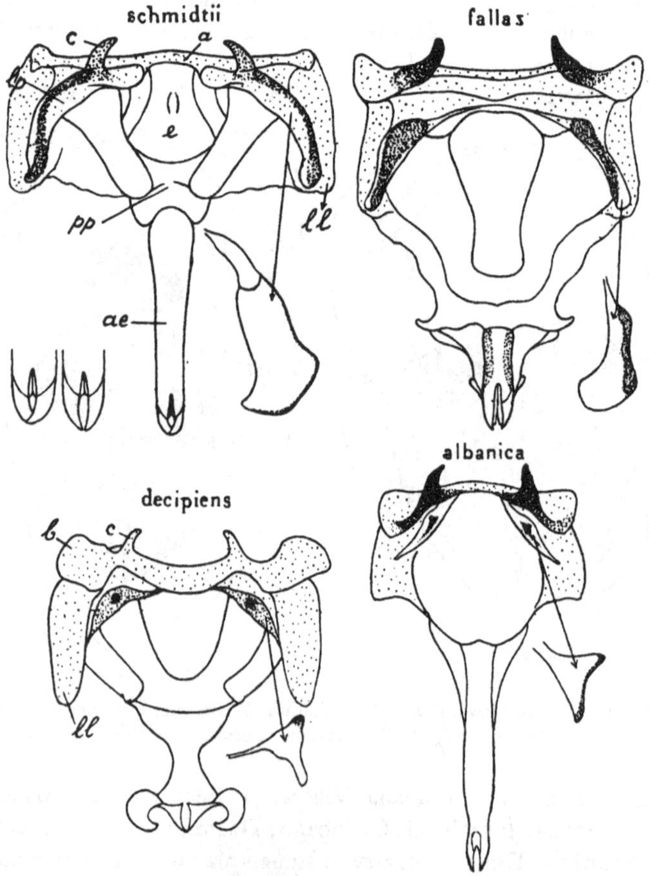

Abb. 8. *Odontopodisma*, Kopulationsapparat ♂ von *schmidtii* (*a arcus*, *c cornua*, *b bulbi*, *lp lobi papillati*, *e epiphysis*, *pp pons posterior*, *ae aedeagus*, links daneben stärker vergrößert mit meist eingeschlagenen, seltener ausgestreckten Endzipfeln, rechts ein *lobus papillatus* im Profil von innen); *fallax* (mit Profil des r. *lob. pap.*); *decipiens* (*ll lamina lateralis*), mit Profil des r. *lob. pap.*; *albanica*

aufgelöst sein kann. Subanalplatte seitlich schwach verbreitert, nicht geschwärzt, apikal an den Enden ein wenig wulstig vorgezogen. Cerci (Abb. 5) ziemlich schmal und gerade, gleichmäßig verjüngt, apikal nicht oder selten geschwärzt. Das den langen Aedeagus umschließende Pallium (Abb. 4) lang und schmal kegelförmig, weit nach hinten vorgezogen und die Hinterleibsspitze überragend. Aedeagus (Abb. 8) lang, oben glatt, in der Mitte mit feiner Längsfurche, in zwei schmale Zipfel endigend; Epiphallus mit sehr schmalem *arcus*, starken dunkelbraunen *cornua*, *lobi papillati* vorn stark erhaben (ähnlich *decipiens*) mit stark aufragendem gebräuntem Zipfel.

♀ Subgenitalplatte (Abb. 9) apikal seitlich (leicht konvex) abgeschrägt, nicht gefurcht; der kurze Basalteil der unteren Ovipositorklappen mit leicht konkavem Hinterrand. Körperlänge ♂ 14—17, ♀ 18—21 mm.

Typus ♂, Allotypus ♀, Paratypen 11 ♂♂, 8 ♀♀ Albanien: Krabapaß b. Elbassan 9. 7. 1917 (KARNY) in der Sammlung EBNER; 4 ♂♂, 6 ♀♀ Mokra-planina, Čakor (Nordalban. Alpen, 20 km westl. Peč) 8. 8. 1936 (GOETZ); je ein paratypisches Paar beider Fundorte im Berliner Museum.

In der Literatur finden sich, soweit mir bekannt, noch folgende, im vorstehend bearbeiteten Material nicht vertretene Verbreitungsangaben von *O. schmidtii* auctt. verzeichnet: Provence, Piemont und Apennin; diese Angaben sowie auch alles weitere in Sammlungen befindliche Material bedarf der Nachprüfung.

Verbreitung der vier Arten (vgl. Karte S. 54).

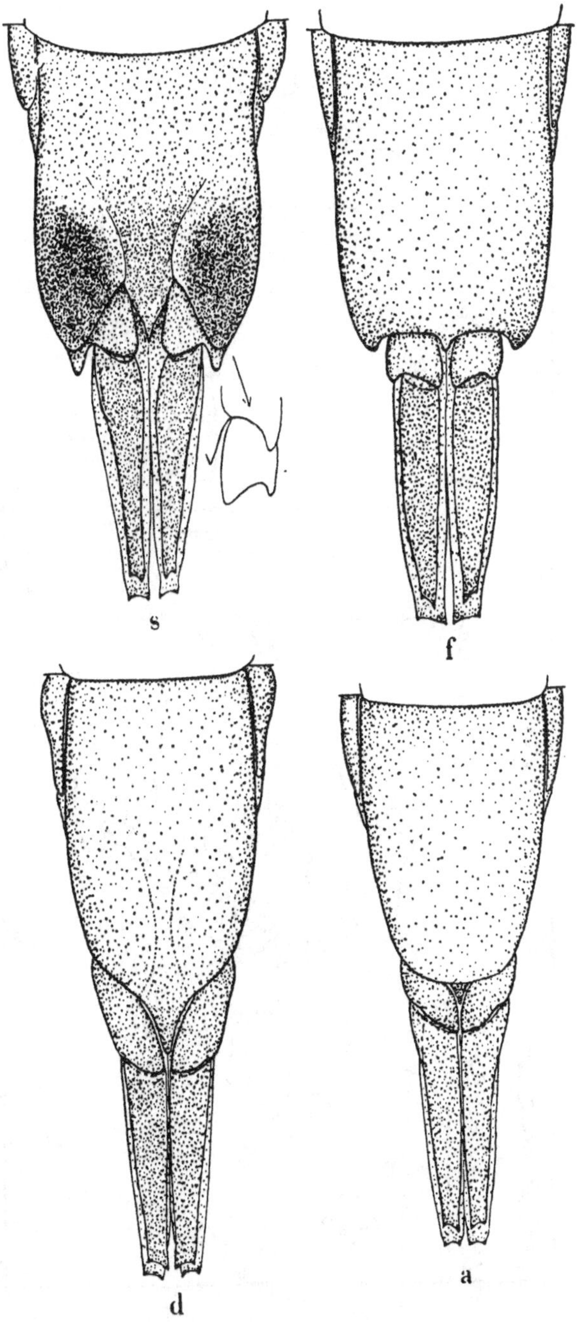

Abb. 9. *Odontopodisma* ♀, Genitalregion (ventral) *s schmidtii* (mit Variation der Hinterecken der Subgenitalplatte), *f fallax*, *d decipiens*, *a albanica*

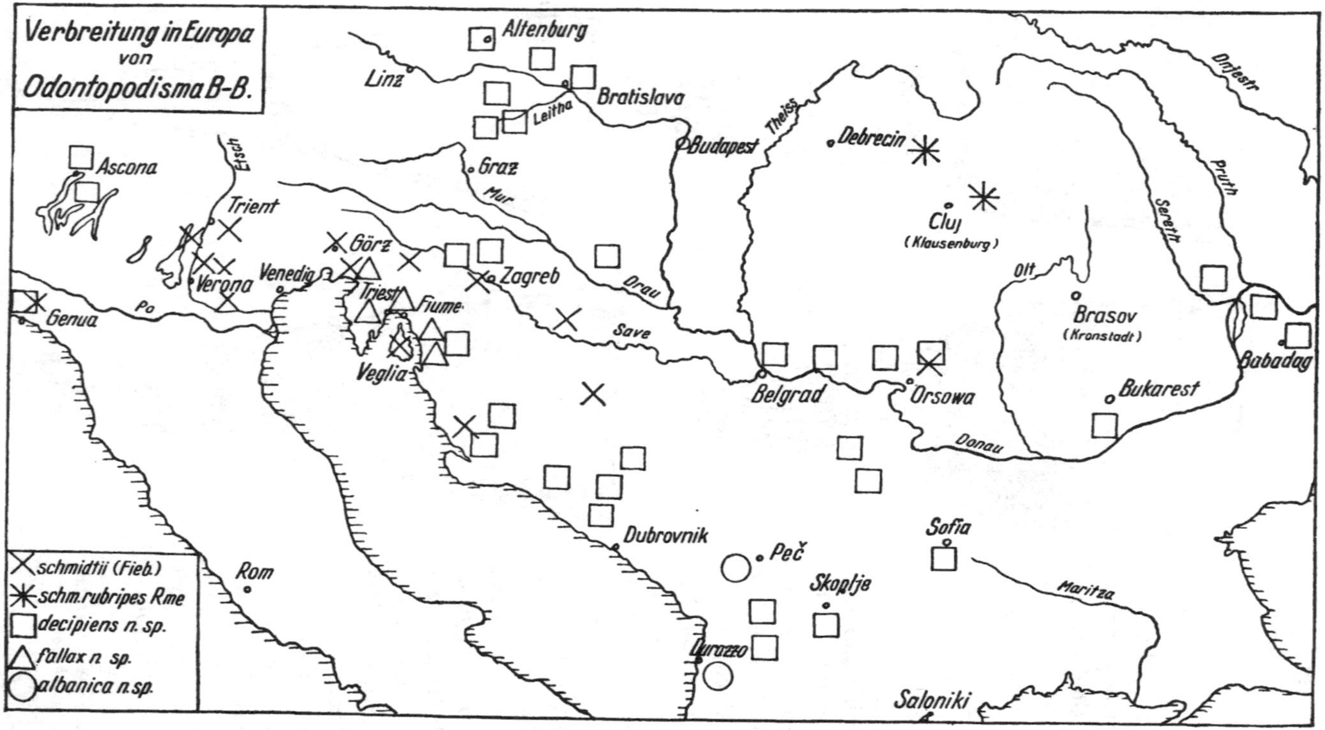

Die Funde sind nur nach nachgeprüftem Material eingetragen worden; neue Funde dürften kaum wesentliche Erweiterungen des europäischen Gesamtareals der Gattung bringen, dagegen zahlreiche neue Fundorte der Arten innerhalb desselben.

Die weitestverbreitete Art ist *decipiens*; sie kommt von Oberitalien bis nach O-Rumänien vor, geht nordwärts bis Niederösterreich und südwärts bis S-Mazedonien. Die Verbreitung von *schmidtii* ist stärker eingeengt; sie reicht von Oberitalien bis W-Rumänien und von der Linie Krain-Slavonien südwärts bis zur Linie Bosnien—S-Rumänien; ihre rotschienige subsp. *rubripes* erscheint weit abgesprengt und isoliert in O-Ungarn, und N-Rumänien. *Decipiens* und *schmidtii* kommen vielfach gemischt vor. *Fallax* konzentriert sich anscheinend ganz auf den engen Raum der nordadriatischen Künstenregion; *albanica* bewohnt, soweit bisher bekannt, nur Albanien und Mazedonien bis zu den „Nordalbanischen Alpen".

Die oben behandelten überraschenden Ergebnisse machten die Untersuchung der übrigen bisher zu *Odontopodisma* gestellten Arten — *salamandra* (Fieb.) und *fieberi* (Scudd.) — wie auch, soweit möglich, der übrigen Arten des engeren Gattungskreises um *Podisma* nach den gleichen Gesichtspunkten erforderlich[1]). Die Ergebnisse waren auch hier bemerkenswert, teils klärend, teils verwirrend und lassen die Schwierigkeiten dieses systematischen Problems erkennen.

Zur Revision der *Podismini* von Dovnar-Zapolskij (Trav. Inst. Zool. Ac. Sci. de l'URSS 1932, p. 253 ff.) hatte ich mich 1939 (Mitt. Zool. Mus. Berlin, p. 138 ff.) kritisch geäußert und einige Abänderungen vorgeschlagen. Nach den neuen Ergebnissen sind weitere Änderungen in beiden genannten Veröffentlichungen vorzunehmen. Es zeigt sich einerseits, daß eine Anzahl von Arten falsch eingruppiert ist und andererseits nach der einmal begonnenen und zweifellos prinzipiell berechtigten Aufteilung der alten Gattung *Podisma* zwangsläufig eine weitere Aufsplitterung notwendig ist, da sich mehrere Arten in den bisher aufgestellten Gattungen nicht unterbringen lassen. Die Folge ist allerdings die Erweiterung der Zahl monotypischer Gattungen. Dies ergab sich teils aus einer schärferen und korrekteren Berücksichtigung äußerlicher Merkmale, teils durch die Untersuchung der männlichen Kopulationsorgane, bei denen besonders der Endteil des Aedeagus eine Vielfalt der Formen und Bautypen aufweist.

Das Bemerkenswerte dabei ist, daß — wie bei *Odontopodisma* — teils prinzipielle Ähnlichkeit, teils starke Abweichungen des Organs bei zweifellos nahverwandten Gattungen auftreten. Es ist also keinesfalls möglich, allein auf Grund der Phallusform Arten generisch zu trennen: Pronotumform, Flugorgane, Vorhandensein oder Fehlen des Tympanums und die äußere Genitalregion spielen taxonomisch gleichfalls eine wichtige Rolle. Zur Unterscheidung der Arten, falls die äußerlichen Merkmale versagen, ist aber der Bau der inneren Genitalien des ♂ ein vorzügliches Hilfsmittel, vor allem auch zur Klärung des subspezifischen Zusammenhänge (vgl. weiter unten S. 224).

Im folgenden sollen die erforderlichen Neugruppierungen begründet werden; dazu habe ich nur die mir wenigstens im männlichen Geschlecht vorliegenden Arten berücksichtigt, da im allgemeinen die Beschreibungen der Arten ohne

[1]) Nur die palaearktischen Arten sind berücksichtigt.

Berücksichtigung der männlichen Genitalorgane für eine systematische Beurteilung nicht ausreichen; dies betrifft vor allem die Mehrzahl der ostasiatischen Arten.

Es erscheint nunmehr auch notwendig, neue Diagnosen der Gattungen zu geben, nur bezogen auf einige der wichtigsten und ausschlaggebenden Merkmale. Es dünkt mir dies um so notwendiger, als die Angaben von Dovnar-Zapolskij für das Längenverhältnis von Pro- und Metazona in manchen Fällen irrtümliche sind; beispielsweise gibt er bei *Cophopodisma* an, die Prozona sei 3—4mal so lang wie die Metazona (in Wirklichkeit etwa doppelt so lang), für *Zubovskya* 3mal (etwas mehr als doppelt so lang). Bedeutungsvoll ist zweifellos auch die Färbung, die bei den *Podismini* auf starke ökologische Zusammenhänge hinweist, denn die bräunlichen Arten bevorzugen den Aufenthalt am Boden, die grünen den auf höheren Kräutern und Gebüsch. Erst anschließend wird dann im Zusammenhang der Bau der Genitalien behandelt.

1. *Bohemanella* Ramme

Fastigium verticis ziemlich stark eingesenkt; Pronotumrücken flach, mit stumpfer Skulptur, Prozona deutlich länger als die Metazona; Hinterrand der letzteren stumpfwinklig gerundet. Elytren micropter, selten auch brachypter[1]), Tympanum vorhanden. Analsegment ♂ mit zwei Furcula; Analplatte nur in der basalen Hälfte mit einer Mittelrinne. Cerci ♂ flach, apikal löffelartig verbreitert. Oberrand der oberen Valven des Ovipositors S-förmig geschwungen, untere Valven gezähnt. Grundfärbung bräunlich. Auf Matten montan bis zum Hochgebirge.

Einzige Art:

frigida (Boh.) Alpen, Bulg. Gebirge; Skandinavien; Europ. Rußland; Sibirien; Kamtschatka; Altai; Mandschurei; Nearktis.

Die Abtrennung von *Podisma* und *Melanoplus* habe ich bereits auf S. 17 begründet.

2. *Podisma* Fieber

Fastigium eingesenkt. Prozona ein wenig länger oder ebensolang wie die Metazona, letztere runzlig skulptiert, mit Mittelkiel, dieser in der Prozona nur am Vorderrand angedeutet, bei *uvarovi* überhaupt nicht entwickelt; Hinterrand leicht konvex, in der Mitte ein wenig ausgerandet. Elytren squamipter (bei *satunini* 1 mm, kaum noch erkennbar)[2]), apikal meist etwas zipflig (bei *pedestris* gelegentlich micropter bis holopter). Tympanum vorhanden. Furcula entwickelt. Mittelrinne der Analplatte bis zu deren Ende reichend, vor demselben jederseits mit einem kleinen Höcker. Cerci ♂ sehr kurz, etwa ein Viertel bis ein Drittel

[1]) Nomenklatur vgl. S. 27.

[2]) Bei *satunini* entsteht fast der Eindruck der Apterie; Form der Schuppenreste oft bei dem gleichen Exemplar links- und rechtsseitig verschieden; Aderung kaum noch erkennbar.

so lang wie die Analplatte. Ovipositor wie bei *Bohemanella*. Grundfärbung bräunlich, gelegentlich (*emiliae*) mit leicht grünlichem Ton. Im Grase und auf niedrigen Kräutern vom Flachland bis zum Hochgebirge.

Arten:

pedestris Mittel- und Südeuropa [Genustypus]
carpetana I. Bol. Spanien
uvarovi Rme Kaukasus
rufipes F.-W. Kaukasus [*sp. incerta*!]
teberdina n. sp. Kaukasus
emiliae Rme Italien (Etrusk. Apennin)[1]
satunini Uv. Kaukasus[2]
caprai Salfi Italien
silvestrii Salfi Italien (Piemont).

Podisma teberdina n. sp.

♀. Mittelgroß. Kopf klein und ziemlich schmal. [Antennen fehlen.] Fastigium eingesenkt, etwa zwei Drittel so breit wie der Augenlängsdurchmesser; Stirnleiste etwa halb so breit wie der Augenabstand, glänzend, schwach punktiert, am Ocellus eingesenkt. Pronotum (Abb. 10) mit feinem Längskiel; Prozona in der Mitte beiderseits des Kiels mit stumpfer Skulptur, an den Seiten etwas glänzend und stellenweise etwas gerunzelt; Metazona schwach glänzend, stark (etwas runzlig) punktiert, nach hinten ziemlich stark erweitert; Prozona etwas kürzer oder höchstens ebensolang wie die Metazona, deren Hinterrand breit konvex, ganz in der Mitte etwas eingeschnitten. Die squamipteren Elytren sehr klein, lanzettlich, schräg nach innen gestellt, zuweilen fast unter dem Pronotum verborgen; kleinste Flügelrudimente vorhanden. Tergite stumpf, fast ohne Glanz. Ovipositor der Gattung entsprechend.

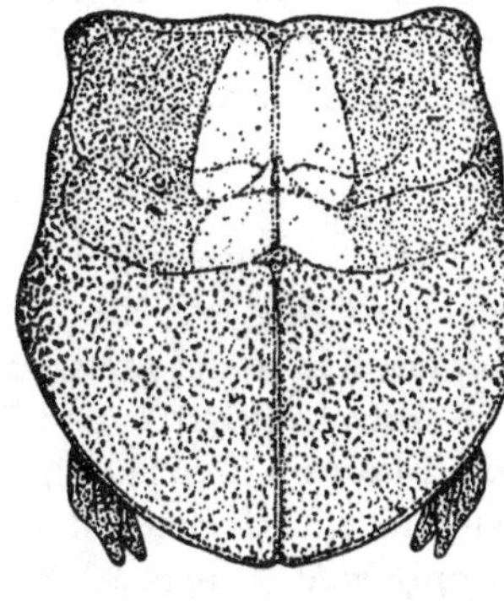

Abb. 10. *Podisma teberdina* ♀, Pronotum und Elytren

Grundfärbung dunkelbraun; Fastigium stumpf-schwärzlich, Hinterhaupt beiderseits mit einem zum Pronotum divergenten stumpf-schwarzen Streifen, ein ebensolcher hinter den Augen, der auch fast verschwinden kann. Pronotum ziemlich einfarbig, Seitenlappen dem oberen Teil der Prozona mit mehr oder

[1]) Von Dovnar-Zapolskij versehentlich für Sizilien angegeben.

[2]) Ich kann mich der Ansicht von Ebner (Act. Soc. Ent. Čechosl. 20) nicht anschließen, der *satunini* als Subspezies von *pedestris* auffaßt, da sie, wie schon bemerkt, nahezu apter ist; bei dem Vergleich gut konservierter Serien erkennt man auch deutlich und konstant den Olivton von *satunini* gegenüber dem reinbraunen von *pedestris*.

weniger großem schwarzem Fleck. Hinterschenkel innen stellenweise etwas rötlich, mit zwei verwaschenen dunklen Flecken, Unterrand kirschrot, ebenso Hinterschienen und 1. Tarsalglied (sämtlich mit leicht rotviolettem Ton); Dornen gelblich, mit schwarzen Spitzen; Endglieder der Tarsen schmutziggelblich.

Long. corp.	21	—24
— *pronot.*	6	— 6,5
— *fem. post.*	11,5	—12

Typus ♀, Kaukasus, Teberda[1]), Berg Chatinara, 2700 m, 30. 8. 1933 (KANAKOFF), ♀ Paratypus Teberda — Dambai, SW.-Abhang von Musaschtara, 2700 m, 4. 8. 1934 (OMISSIMOWA). Vielleicht identisch mit „*pedestris*" Stshelk., die ebenfalls bei Teberda (5500—8000') gefunden wurde.

Nächststehend *uvarovi*, jedoch leicht von dieser zu unterscheiden; *uvarovi* ist größer, plumper, mit dickem, breitem Kopf und stärker gewölbtem Hinterhaupt; die Prozona des Pronotums ist hier etwas länger als die Metazona, ohne Kiel, stark glänzend und etwas aufgeblasen (dadurch in der Metazona beiderseits dieser Aufblähung die Bildung einer länglichen Grube); Metazona ebenfalls ziemlich glänzend, fein skulptiert. Elytren ♀ länger (2—3 mm), eiförmig, apikal etwas zugespitzt. Die Färbung von *uvarovi* ist hell rehbraun; das Fastigium ist nicht geschwärzt und das Hinterhaupt zeigt nur hinter den Augen eine glänzend schwarze Binde; die Unterseite der Hinterschenkel ist, besonders längs der Kanten, nur leicht gerötet, Färbung der Hinterschienen wie bei *teberdina*.

3. *Cophopodisma* Dovn.-Zap.

Fastigium eingesenkt bis leicht gefurcht. Prozona fast bis etwas mehr als doppelt so lang wie die Metazona; der ganze Pronotumrücken mit runzliger Skulptur, Kiel in der Metazona deutlich, selten Reste in der Prozona; Hinterrand leicht konvex. Elytren und Tympanum fehlen. Furcula entwickelt; Analplatte wie bei *Podisma*. Cerci kurz, weniger als halb so lang wie die Analplatte, mit dicker Basis, apikal flach zugespitzt bis pfriemförmig. Obere Valven des Ovipositors mit S-förmig geschwungener Oberkante, untere Valven mehr oder weniger gezähnt. Grundfärbung heller bis dunkler bräunlich, Rücken (♀) mit leichtem Olivton.

Arten:

pyrenaea (Fisch.) Pyrenäen [Genustypus]
ibera n. sp. Pyrenäen
costae (Targ.-Tozz.) Abruzzen.

Die von DOVNAR-ZAPOLSKIJ zur Gattung gestellten *pedemontana* Br. v. W., *cobellii* Kr. und *parnassica* Scudd. sind anderen Gattungen zuzuteilen (siehe weiter unten).

[1]) Von Teberda beschreibt DOVNAR-ZAPOLSKIJ (1927) *P. pedestris sviridenkoi* als größer und mit längeren Elytren als bei der Nominatform.

Cophopodisma ibera n. sp.

♂. Etwas kleiner. [Antennen fehlen.] Fastigium zwischen den Augen ziemlich stark eingesenkt, Stirnleiste oberhalb des Ocellus etwas verschmälert, am Ocellus wieder von gleicher Breite wie am Fastigium. Pronotum und alles übrige der Gattungsdiagnose entsprechend; Analplatte zusätzlich noch mit kleinem Tuberkel am Plattenrand hinter der Mitte. Grundfärbung olivbraun; Pronotumseitenlappen an der Oberkante mit schwarzem, in die 1. Furche etwas auslaufendem Fleck; Abdomenseiten mit schwarzer, durch den schmal hellen Hinterrand der Tergite unterbrochener Binde. Hinterschenkel von der Grundfärbung, Knie und Hinterschienen schwarz, Tarsen ockerfarbig.

Long. corp.	14
— *pronot.*	3,5
— *fem. post.*	8,5

Typus ♂ Spanien, Gavarnie, 1350 m (coll. KRAUSS); im Berliner Museum. Von der nächststehenden *pyrenaea* verschieden durch das deutlich kürzere und weniger gewölbte Hinterhaupt, die etwas abweichende Analplatte, die nicht geschwärzten Abdomenseiten, die einfarbigen Hinterschenkel und das Fehlen des hellen Ringes unterhalb der Hinterknie. Abweichungen des männlichen Kopulationsapparates s. Abb. 11 und 12.

4. *Pachypodisma* Dovn.-Zap.

Gestalt etwas depress. Fastigium schwach eingesenkt, Pronotum flach, mit stumpf-seidiger Skulptur, auf der Metazona leicht gerunzelt und gekielt; Prozona einundeinhalb Mal so lang wie die Metazona, deren Hinterrand gerade abgeschnitten, gelegentlich leicht ausgerandet. Elytren und Tympanum fehlen. Furcula schwach entwickelt; Analplatte in der basalen Hälfte mit schmaler, apikal doppelt so breiter, dort jederseits mit einem Wulst begrenzter Rinne. Cerci ♂ außerordentlich klein, etwa ein Viertel so lang wie die Analplatte. Obere Valven des Ovipositors s-förmig geschwungen, untere Valven gezähnt.

Einzige Art:

lezgina (Uv.) O-Kaukasus.

5. *Oropodisma* Uvarov

Sehr kleine Formen. Fastigium ♂ ziemlich stark gefurcht, ♀ eingesenkt. Pronotumrücken ziemlich flach, ♂ mit schwachem Glanz, ♀ bis matt, spärlich grob punktiert; Prozona etwas doppelt so lang wie die Metazona, Mittelkiel nur auf der letzteren angedeutet, Hinterrand schwach konvex. Elytren und Tympanum fehlen. Furcula entwickelt; Mittelrinne der Analplatte (zuweilen nicht deutlich) basal schmal, apikal breiter, rundlich. Cerci etwa halbsolang wie die Analplatte, flach, pfriemförmig. Obere Valven des Ovipositors s-förmig geschwungen, untere Valven gezähnt.

Grundfärbung braun oder braun mit leichtem Olivton. Auf Hochgebirgsmatten.

Arten:

parnassica (Scudd.) Griechenland (Parnaß) [Genustypus]
chelmosi Uv. Griechenland (Chelmos)
macedonica n. sp. Mazedonien (Shar Dagh); S. 110.

6. *Miramella* Dovn.-Zap.

Integument glänzend. Fastigium glänzend. Fastigium ziemlich tief eingesenkt. Pronotumrücken leicht weißlich behaart, mit tiefen Querfurchen; Prozona (glatt) etwa eineinhalbmal so breit wie die Metazona (punktiert), letztere mit Mittelkiel; Hinterrand konvex, zuweilen ein wenig stumpfwinklig ausgerandet. Elytren squamipter bis brachypter. Tympanum vorhanden. Analsegment statt ausgeprägter Zäpfchen mit sehr kurzen mehr oder weniger plattenartigen Furcula[1]); Analplatte ♂ in der basalen Hälfte mit breiter flacher Grube; Subgenitalplatte mit vorgezogener Spitze. Obere Valven des Ovipositors s-förmig geschwungen, untere Valven schlank, ungezähnt.

Grundfärbung im Leben frisch grün; konserviert olivgrün; mit schwarzer Zeichnung. Auf Gebüsch und Kräutern, montan bis alpin, sehr selten im Flachland.

Arten:

solitaria (Ik.) Ostsibirien [Genustypus]
alpina (Koll.) Alpen, Pyrenäen, Balkan

Dovnar-Zapolskij stellt noch *mikado* I. Bol., *formosana* Shir., *kodamae* Shir. und — mit Vorbehalt — *aberrans* Shir. und *sapporensis* Shir. zu dieser Gattung, letztere Art auch Rehn (Trans. Am. Ent. Soc. **65** : 87). Das Fehlen von sicher determiniertem Material macht mir eine Entscheidung über die Gattungszugehörigkeit unmöglich.

Tinkham (Trans. Nat. Hist. Soc. Formosa 1936, **26** : 389ff.) stellt die formosanischen Arten *formosana* Shir., *kodamae* Shir., *kawakamii* Shir. und seine neue Art *splendida* zu *Miramella*, ebenso (Lignan Sci. J. 1936), seine ursprünglich als *Podisma* beschriebene *lofaoshana* (China).

Die Gattung *Miramella* basiert auf *solitaria* (Ik.) als Genustypus, mit der *alpina* Koll. so nahe verwandt und ähnlich ist, daß man sie nach dem äußeren Eindruck fast als subspezifisch vikariant auffassen möchte; über die Zugehörigkeit der letzteren Art zu *Miramella* kann also nicht der geringste Zweifel bestehen. Ich kenne keine der obengenannten übrigen Arten, bezweifle aber sehr, daß sie sämtlich zu *Miramella* gehören, da vieles in den Beschreibungen dagegen spricht.

[1]) Dovnar-Zapolskij sagt „*furcula absent*“, was also im obigen Sinne zu verstehen ist.

Jedenfalls muß man jede Art bei der Beurteilung ihrer Zugehörigkeit zu *Miramella* zunächst in unmittelbare Beziehung zu *solitaria* bringen; außerdem ist die Untersuchung der inneren männlichen Genitalorgane unbedingt notwendig.

7. *Pseudopodisma* Mistshenko

Fastigium ♂ etwas, ♀ nur schwach eingesenkt. Pronotumrücken ♂ ein wenig glänzend, ♀ ziemlich matt. Prozona fast doppelt so lang wie die Metazona, nur letztere schwach gekielt und fein gerunzelt; Hinterrand leicht konvex, individuell in der Mitte ein wenig ausgerandet. Elytren squamipter. Tympanum vorhanden. Furcula fehlen, an deren Stelle der Hinterrand des Analsegments nur ein wenig verdickt oder verbreitert; Analplatte mit basal dreieckig breiter; anad verschmälerter Rinne, im basalen Teil seitlich mit je einem höckrigen tiefschwarzen Wulst. Cerci ♂ das Ende der Analplatte fast erreichend, etwa zwei Drittel so lang wie diese; basale Hälfte dick, apikale schmal löffelförmig, aufwärts gerichtet. Obere Valven des Ovipositors s-förmig geschwungen, untere Valven breit gezähnt.

Grundfärbung grün mit etwas olivgelblichem Ton. Überwiegend auf Gebüsch.

Einzige Art:

fieberi (Scudd.) Slowakei, Rumänien, Serbien, Bulgarien.

Von Mistshenko 1947 mit Recht aus der folgenden Gattung herausgenommen, zu der sie von Dovnar-Zapolskij gestellt worden war; allerdings steht sie dieser am nächsten.

8. *Odontopodisma* Dovnar-Zapolskij

Schlanke Formen. Fastigium ♂ gefurcht, ♀ eingesenkt. Pronotum etwas zylindrisch; Prozona doppelt so lang wie die Metazona, beide ziemlich glatt, Kiel fast verschwindend, Metazona fein punktiert, gekielt; Hinterrand etwas ausgerandet. Elytren squamipter, schmal. Tympanum vorhanden. Furcula entwickelt; Analplatte seitlich mit Zäpfchen und Wülsten in verschiedener Form und Anordnung. Cerci ♂ mehr oder weniger flach, zuweilen etwas gekrümmt, einfach zugespitzt, etwa bis zum Ende der Analplatte reichend. Obere und untere Valven des Ovipositors schmal, langgestreckt, ungezähnt.

Grundfärbung im Leben frisch grün, selbst bei guter Konservierung in Olivgrün nachdunkelnd; ziemlich einfarbig. Auf Gebüsch.

Arten:

schmidtii (Fieb.) [Genustypus]	Verbreitung s. S. 55 und Kartenskizze S. 54
decipiens n. sp.	
fallax n. sp.	
albanica n. sp.	

dairisama (Scudd.) Japan, Korea, Sibirien.

Wie *fieberi* muß auch *salamandra* Fieb. aus der Gattung herausgenommen werden; von *dairisama* kenne ich nur das ♀, dessen sämtliche Merkmale aber ganz eindeutig auf die Gattung weisen.

9. *Micropodisma* Dovnar-Zapolskij

Schlanke Formen. Fastigium ♂ stärker, ♀ schwächer eingesenkt. Pronotum etwas zylindrisch; Prozona zweieinhalbmal so lang wie die Metazona, erstere ♂ ganz wenig gerunzelt, ♀ fast glatt, Metazona fein gerunzelt, deren Hinterrand fast gerade oder leicht ausgerandet. Elytren fehlen. Tympanum vorhanden. Furcula zu kleinen queren Wülsten reduziert; Analplatte in der basalen Hälfte, besonders gegen die Mitte mit schwarzen, erhabenen Kanten; Mittelrinne nur in Resten angedeutet. Cerci ♂ nur an der Basis oder bis zur Mitte breit, dann ziemlich, flach verschmälert und zugespitzt, nicht ganz oder bis zum Ende der Analplatte reichend; Subgenitalplatte ein wenig in eine stumpfe Spitze vorgezogen. Obere Valven des Ovipositors stark s-förmig, untere Valven ziemlich schlank, stark gezähnt.

Grundfärbung grün[1]). ♂ mit einer etwas plastischen[2]) doppelten schwarzen Punktreihe auf dem Rücken und meist einer schwarzen Seitenbinde; Schenkel bräunlich, gegen die Knie rötlich.

Arten:

koenigi (Burr) Transkaukasien [Genustypus]
salamandra (Fieb.) SO.-Alpen
svanetica Dovn.-Zap.[3]) W.-Kaukasus (anscheinend nur nach dem ♀ beschrieben, Stellung also noch nicht sicher).

10. *Epipodisma n. g.*

Mäßig schlanke Form. Fastigium breit, flach eingesenkt. Pronotum ♂ ziemlich zylindrisch, ♀ mehr abgeflacht, ungekielt; Prozona etwa doppelt so lang wie die Metazona, erstere ziemlich glatt oder dünn punktiert, Metazona dichter punktiert; Hinterrand fast gerade. Elytren und Tympanum fehlen. Furcula zu etwas zugespitzten Plättchen reduziert; basale Hälfte der Analplatte mit Randleisten; Subgenitalplatte etwas stumpfwinklig vorgezogen. Cerci kurz, etwa halb so lang wie die Analplatte, etwas flach, gleichmäßig zugespitzt. Oberrand der oberen Valven des Ovipositors ziemlich stark s-förmig, untere Valven schlank, gezähnt.

Grundfärbung ♂ olivgrün bis olivbräunlich, ♀ intensiv olivgrün; Unterrand der Hinterschenkel intensiv rot.

Arten:

pedemontana (Br. v. W.)[3]) Mittel- und Oberitalien [Genustypus]
? *turcica* (Rme) Anatolien (mit Vorbehalt, da ♂ noch unbekannt).

[1]) Die Angabe des Autors bei *svanetica* „braungelb" bezieht sich vermutlich auf ein schlecht konserviertes Exemplar.

[2]) Daher taxonomisch bedeutsam erscheinend!

[3]) Ursprünglich von mir zu *Cophopodisma* gestellt.

11. *Chortopodisma* n. g.

Kleinere, etwas gedrungene Form. Fastigium leicht eingesenkt. Pronotum kurz, Pronotumrücken ♂ ♀ ziemlich breit und flach. Prozona doppelt so lang wie die Metazona, diese bei dem ♂ mit, bei dem ♀ ohne Mittelkiel; Hinterrand gerade abgeschnitten oder ganz schwach ausgerandet. Elytren und Tympanum fehlen. Furcula entwickelt, sehr dicht beeinanderstehend; Mittelrinne der Analplatte apikal breit, etwas erhaben, mit scharfen schwarzen Seitenkanten; Cerci aufwärtsgerichtet, flach, mit breiter Basis, apikale Hälfte sehr verschmälert, an der Spitze wieder verbreitert, schräg abgeschnitten. Subgenitalplatte ♂ in eine stumpfe Spitze etwas vorgezogen. Obere Valven des Ovipositors mit s-förmiger Oberkante, untere Valven ziemlich schlank, gezähnt.

Grundfärbung im Leben vermutlich grün (Material wohl nachträglich etwas verfärbt).

Einzige Art:

cobellii (Kr.) Oberitalien.

Material: Typen und Paratypen (5 ♂♂, 7 ♀♀) vom Monte Pasubio und Cima di Posta; in den Museen Stuttgart und Berlin.

12. *Pseudoprumna* Dovn.-Zap.

Kleinere Form. Fastigium ♂ ein wenig, ♀ kaum eingesenkt. Pronotum ziemlich zylindrisch; Prozona über doppelt so lang wie die Metazona, letztere ♂ dicht, ♀ spärlich punktiert, Kiel nur bei dem ♂ in der Metazona angedeutet; Hinterrand ♂ leicht konvex, ♀ etwas ausgerandet. Elytren fehlen. Tympanum vorhanden. Abdomenende beim ♂ ziemlich stark aufwärts gekrümmt. Furcula entwickelt. Mittelrinne der Analplatte ziemlich vertieft, nur bis zur Mitte reichend; vor dem Ende der Platte am Rand je ein Höcker, Cerci etwa zwei Drittel so lang wie die Platte, deren Ende nicht erreichend, basal breit, flach, dann schlanker, an der Spitze etwas verbreitert; Subgenitalplatte mit stark erhabenen Seitenwülsten, hinten breit gerundet, an der Spitze ein wenig breit vorgezogen. Obere Valven des Ovipositors mit s-förmiger Kante, untere Valven ziemlich schlank, gezähnt. Auf Gebüsch.

Einzige Art:

baldensis (Kr.) Oberitalien (Monte Baldo)

13. *Zubovskya* Dovn.-Zap.

Schlanke Form; Gestalt ziemlich zylindrisch. Fastigium ♂ etwas, ♀ sehr schwach eingesenkt. Pronotumrücken etwas abgeflacht, im ganzen mit sehr flach gerundetem Kiel; Prozona mehr als doppelt so lang wie die Metazona; erstere beim ♂ kaum, letztere dicht feinrunzlig, bei dem ♀ der ganze Pronotumrücken nicht skulptiert, stumpf; Hinterrand etwas ausgerandet. Elytren und Tympanum fehlen. Furcula zu ganz kurzen Zäpfchen oder Plättchen reduziert; Mittelrinne der Analplatte im basalen Teil eingesenkt, apikal mehr erhaben und von seitlichen Leisten begrenzt. Cerci basal breit, dann verschmälert, an der Spitze wieder etwas verbreitert, ganz leicht s-förmig gekrümmt, die Analplatte überragend. Obere Valven des Ovipositors schlank, Oberkante ganz schwach konvex, fast gerade, gesägt; untere Valven schlank, mit ebenfalls fein gesägter Kante, ungezähnt.

Arten:

parvula (Ik.) Sibirien [Genustypus]
koeppeni (Zub.) Sibirien

Die von dem Autor der Gattung zu dieser gestellte *morii* Bei-Bienko kenne ich nur aus der Beschreibung, die nicht sicher die Zugehörigkeit erkennen läßt. Das Berliner Museum besitzt von *parvula* eine (vorzüglich konservierte) Serie aus Manchoukuo, die ohne Zweifel eine Subspezies der Art darstellt.

Zubovskya parvula mandshurica n. subsp.

Größer; Fühler auch relativ viel länger als bei der Nominatform. Färbung und Zeichnung des ♂ lebhafter, Knieregion glänzend schwarz, Integument ziemlich glänzend; ♀ intensiv olivgrün, mit auffallend stumpfem Integument. Morphologisch sonst ganz mit der Nominatform übereinstimmend, auch in bezug auf die inneren Genitalien des ♂.

Vergleichende Maße

	p. parvula		*p. mandshurica*	
	♂	♀	♂	♀
Long. corp.	15 —16,6	20 —21	16,5—19,3	23,2—24,5
— *antenn.*	7,5	9,5	10,3—13	10 —11
— *pronot.*	2,6— 2,9	3,6— 3,7	3,5	3,8— 4
— *fem. post.*	8,7— 9,3	10,5—10,8	11 —11,3	11,3—14
— *tib. post.*	7,9— 8,4	9,5—10,1	9,8—10,3	10,4—12,1

Material: Manchoukuo, 5 ♂♂, 2 ♀♀, Station Sjaolin 25. 11. 1938; 3 ♀♀ Maoershan 23. 7.—12. 8. 1939 (W. Alin).

Das männliche Kopulationsorgan der *Podismae* (Abb. 11—13).

Wie schon eingangs bemerkt, ist die Vielfalt im Bau des männlichen Kopulationsorgans außerordentlich stark, ganz besonders bei dem Aedeagus; am Epiphallus unterliegen die *cornua* in ihrer Form bis zu einem gewissen Grade ziemlich starken individuellen Schwankungen, während die *lobi papillati* in geringerem Umfang variieren. Es lassen sich mehrere Bautypen des Aedeagus erkennen, bei denen es oft schwer ist, sie vergleichend zu analysieren. Bei den auf den Abbildungen 11 und 12 dargestellten Gattungen und Arten sind folgende Typen[1]) zu erkennen:

[1]) *Odontopodisma* vgl. S. 11.

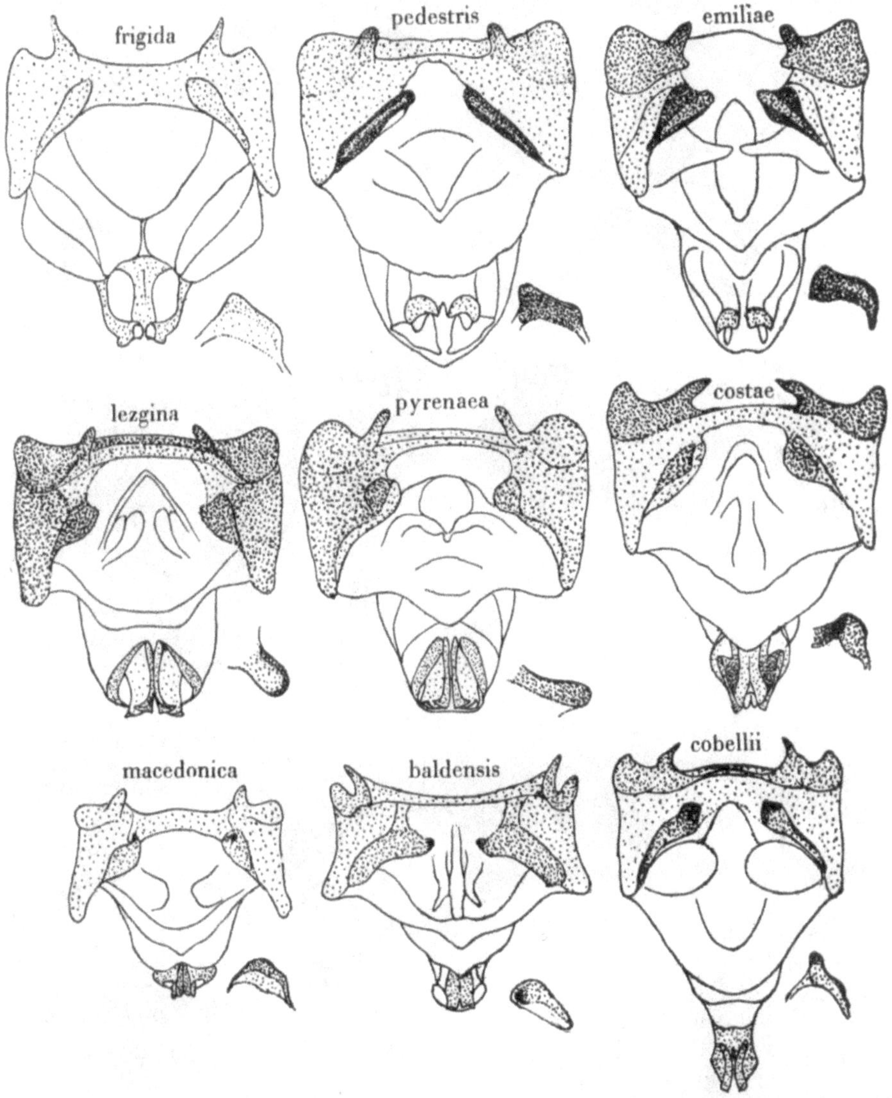

Abb. 11. Kopulationsapparat ♂ von *Bohemanella* (*frigida*), *Podisma* (*pedestris*, *emiliae*), *Pachypodisma* (*lezgina*), *Cophopodisma* (*pyrenaea*, *costae*, [*ibera* vgl. Abb. 12], *Oropodisma* (*macedonica*), *Pseudoprumna* (*baldensis*), *Chortopodisma* (*cobellii*) [daneben jeweils Profil des r. *lobus papillatus*]

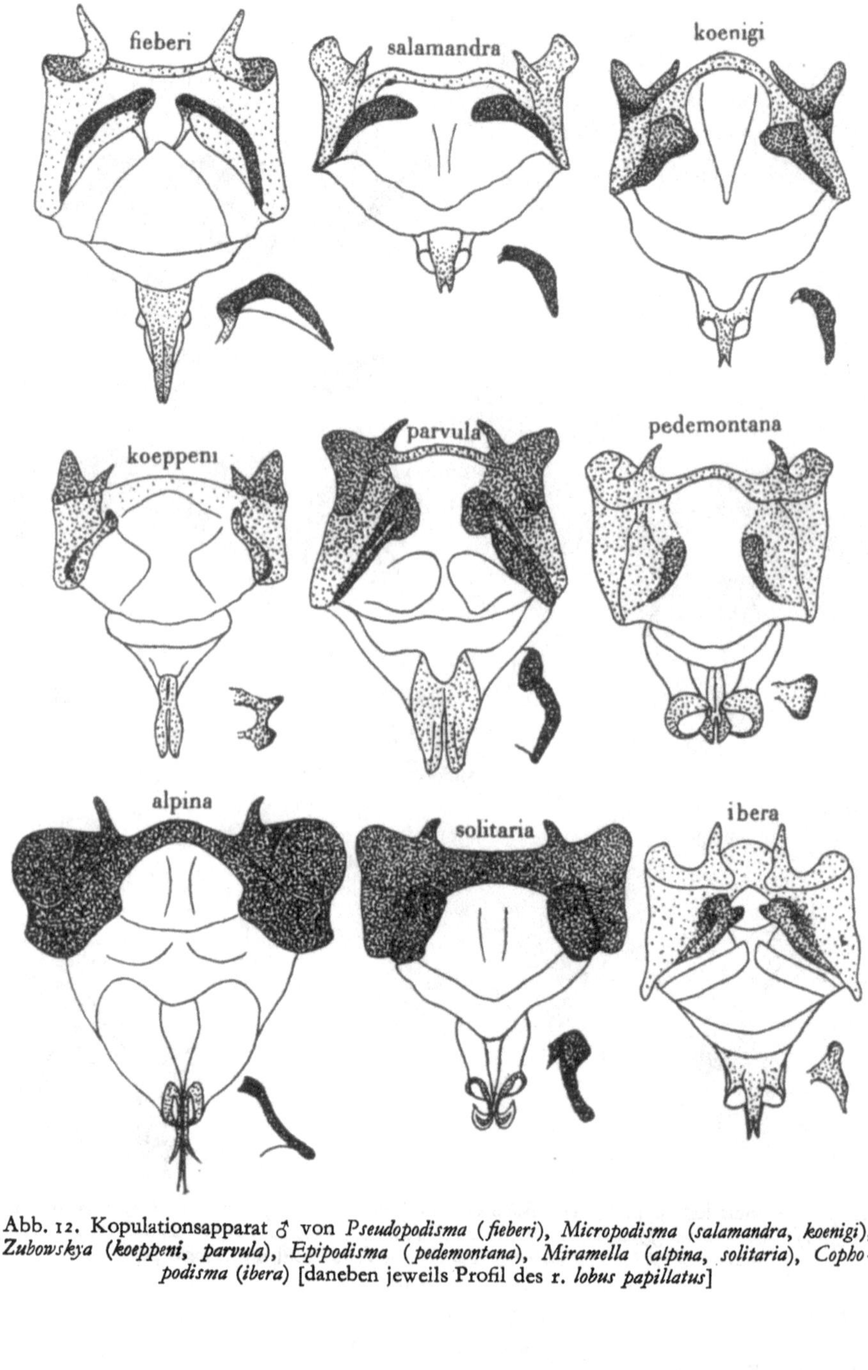

Abb. 12. Kopulationsapparat ♂ von *Pseudopodisma* (*fieberi*), *Micropodisma* (*salamandra*, *koenigi*), *Zubowskya* (*koeppeni*, *parvula*), *Epipodisma* (*pedemontana*), *Miramella* (*alpina*, *solitaria*), *Cophopodisma* (*ibera*) [daneben jeweils Profil des r. *lobus papillatus*]

1. *Bohemanella frigida*; der Aedeagus steht isoliert, denn er ist schwer mit einem der anderen in Beziehung zu bringen, er nimmt wohl, wie auch die Gattung, eine Sonderstellung ein.
2. *Podisma*; der Aedeagus ist gekennzeichnet durch den (in der Abb. 9 punktierten) mehr oder weniger halbmondförmigen Teil, unter dem kleine zungenartige Gebilde (anscheinend die Stilette[1])) hervorragen, charakteristisch bei sämtlichen Arten der Gattung, deren ♂ mir bekannt ist.
3. *Cophopodisma pyrenaea*; Typ auffallenderweise fast genau wiederholt bei der — verwandtschaftlich und geographisch ganz abseitsstehenden — *Pachypodisma lezgina*; es dürfte dies kaum eine zufällige, jedoch phylogenetisch kaum erklärbare Konvergenz sein. Demgegenüber zeigen die — nach allen sonstigen taxonomischen Gesichtspunkten — zur Gattung *Cophopodisma* gehörenden Arten *costae* und *ibera* (s. weiter unten) abweichende Typen. Auf den Typ *pyrenaea-lezgina* läßt sich zwanglos der langgestrecktere Typ des Aedeagus von *Miramella solitaria* und auf letztere wiederum der von *alpina* zurückführen, bei dem die entsprechenden Endteile nur verschmälert und ausgestreckt sind. Die enge generische Verbindung der beiden letztgenannten Arten bekundet übrigens auch der stark chitinisierte schwarze Epiphallus mit den großen, plattenförmigen *lobi papillati* her, der bei beiden ziemlich gleichartig ist.
4. *Pseudopodisma fieberi*, *Micropodisma salamandra* und *koenigi* (beide Gattungen zweifellos nahe verwandt, gekennzeichnet durch die übereinstimmende — nach meiner Ansicht hier taxonomisch bedeutsame — Rötung der Hinterschenkelunterseite nahe der Knieregion). Überraschend und schwer verständlich findet sich der gleiche Aedeagustyp bei der ziemlich fernstehenden *Cophopodisma ibera* und, durch Verbreiterung der einzelnen Teile modifiziert, bei *costae*. Aus diesem Typ läßt sich ziemlich mühelos auch der bei *Epipodisma pedemontana*, *Oropodisma macedonica* und *Pseudoprumna baldensis* ableiten, drei Gattungen, die wenig Beziehungen zueinander zu haben scheinen; ein verbindendes Glied, wenigstens mit *Micropodisma*, ist die Ähnlichkeit der äußeren Erscheinungsform und Färbung der ♀♀ von *pedemontana* und *baldensis*. In einem weiteren Schritt läßt sich der Typ von *Chortopodisma cobellii* und *Zubovskya* (*parvula* und *koeppeni*) ableiten; auch hier ähneln die ♀♀ in Form und Färbung den oben gekennzeichneten.

Weitere Gattungen und Arten

In Abb. 13 sind noch die Genitalien zweier weiterer Arten dargestellt, deren Gattungszugehörigkeit umstritten erscheint. *Kingdoni* (*Indopodisma* Dovn.-Zap.) und *assama* Uv. (war Dovnar-Zapolskij noch nicht bekannt), beide von mir mit Vorbehalt zu *Cophopodisma* gestellt, passen nicht mehr klar zu der neuen Fassung der Gattungsdiagnose. Im übrigen hat Chang 1940 in einer mir unzugänglichen

[1]) Nomenklatur vgl. S. 305

Arbeit (Not. Ent. chin. Mus. Heude 7: 31—97, 3 Taf.) die Gattung *Indopodisma* diskutiert, und ich muß mich vorläufig eines Urteils enthalten.

Vom gleichen Autor wurde für die von mir (l. c.) ebenfalls zu *Cophopodisma* gestellte *yunnanea* Rme die neue Gattung *Yunnanacris* aufgeteilt, mit Recht, wie die jetzt untersuchte sehr abwegige Aedeagus-Form (Abb. 13) beweist, in Verbindung mit noch anderen Abweichungen.

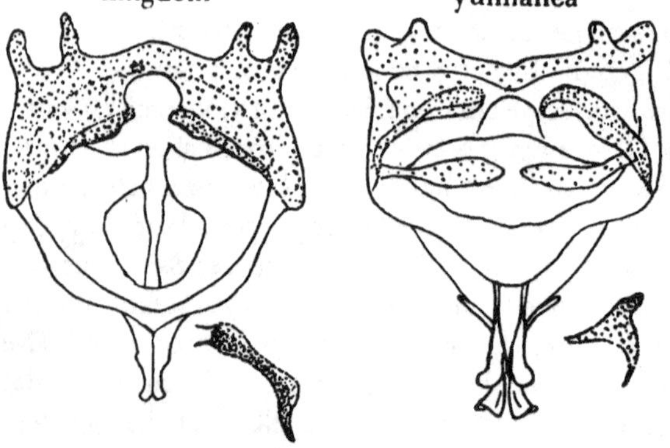

Abb. 13. Kopulationsapparat ♂ von *Indopodisma* (*kingdoni*) und *Yunnanites* (*yunnanea*)

Ferner behandelt Chang (l. c.) eine neue Gattung, *Sinopodisma*, mit den neuen Arten *tsaii*, *kelloggi* und *pieli* aus China, und stellt zu *Miramella* eine neue Art, *sinensis*.

Folgende Gattungen bzw. Arten Dovnar-Zapolskijs habe ich als mir unbekannt nicht behandelt: *Podisma rufipes* (F. W.), bisher nicht wieder aufgefunden und in ihrer Stellung umstritten; *Anapodisma miramae*, *Zubovskya morii* und *Cophoprumna surda* sowie die vom Autor zu *Miramella* gestellte *aberrans* Ik., und ferner „*Podisma*" *subaptera* Heb.

Für *mikado* I. Bol. stellt Mistshenko 1947 die neue Gattung *Parapodisma* auf.

Zu dem engeren Kreis der squamipteren bis micropteren Gattungen der *Podismini* gehören noch, etwas fernerstehend, *Podismodes* Rme (mit der Art *melli* Rme) und *Niitakacris* Tinkh. (mit den Arten *goganzanensis* Tinkh. und *Podisma rosaceanum* Shir.), während die von Dovnar-Zapolskij mitten in die engeren *Podismini* gestellte Gattung *Primnoa* Uv. (*Prumna* Motsch.) in mancher Hinsicht, besonders durch die exzeptionell verdickte und gebaute Genitalregion, etwas ferner steht.

3. Die vertikale Verbreitung der Orthopteren in den rumänischen Gebirgen

Nachstehend habe ich versucht, eine Analyse der vertikalen Verbreitung der Orthopteren auf dem von mir am genauesten untersuchten, bis in die hochalpine Zone ragenden Bergmassiv des Bučegi zu geben, der die allgemeine Besiedlung der zentralen Teile der transsilvanischen Karpaten mit Orthopteren widerspiegeln dürfte.

Nach meinen Erfahrungen, die sich ungefähr mit denen des Botanikers N. C. Bacescu (Bul. Soc. Nat. Rom. Bukarest 1932, Nr. 4, p. 24) decken, können wir am

Bučegi die einzelnen Vertikalzonen folgendermaßen fixieren (die eingeklammerten Zahlen bedeuten gelegentliche Unter- oder Überschreitungen der Werte!), die eigenen Untersuchungen beginnend bei 800 m, der Höhe von Sinaia, als Ausgangspunkt:

Montane Zone 400—1000 (—1200) m
Subalpine Zone (1000) —12—1600 (—1800) m
Untere hochalpine Zone 16—1900 m
Mittlere hochalpine Zone 1900—2350 m
Obere hochalpine Zone ab 2350 m

Die obere hochalpine Zone ist im allgemeinen frei von Orthopteren.

Bučegi (Sinaia 800 m — Stăna Regale-Casa SCHIEL-Caraiman 2250 m)

800 m	*Tettigonia viridissima*[1])
	Ephippiger ephippiger
800—1000 m	*Chorthippus brunneus*
	„ *biguttulus hedickei*
	Omocestus rufipes
	Myrmeleotettix maculatus
	Chorthippus parallelus (montane Form)
	„ *montanus*
	„ *dorsatus*
	Pseudopodisma fieberi
	Gomphocerippus rufus
	Stenobothrus lineatus
	„ *stigmaticus*
850— 950 m	*Psophus stridulus*
850—1400 m	*Barbitistes constrictus*
1000—1500 m	*Poecilimon affinis*
1000—2100 m	*Pholidoptera transsylvanica*
1200 m	*Decticus verrucivorus*
	Roeseliana roeselii
1200—2200 m	*Miramella alpina alpina*
1400—1500 m	*Metrioptera brachyptera*
1400—2000 m	*Isophya brevipennis*
2000—2200 m	*Chorthippus parallelus* (hochalpine Form)
2000—2250 m	*Polysarcus denticauda.*

Hierzu ist zu bemerken, daß diese Zahlen nur annähernd, nur für meine persönlichen Beobachtungen und nur für den von mir begangenen, im Verhältnis zu dem ungeheuren Bergmassiv kleinen Teil des Bučegi gelten. Für manche der genannten Arten, wie beispielsweise *Psophus stridulus*, ist der vertikale Spielraum an sich weit größer, vor allem abhängig vom Vorhandensein des geeigneten

[1]) Autorennamen s. Tabelle auf S. 78.

Biotops. Ich bin aber überzeugt, daß im großen und ganzen das gewonnene Bild für den gesamten Bučegi den wirklichen Verhältnissen entspricht.

Betrachten wir diese Zusammenstellung näher, so finden wir eine gewisse Artenarmut ab 1000 m, die sich aber leicht erklären läßt. Das Gros der montanen Orthopteren lebt auf den Ödländereien und Wiesen der Talsohle und den sich anschließend bis zum Wald hinziehenden Wiesenhängen. Dann läßt die Zone des mehr oder weniger geschlossenen Waldes die Zahl der dort lebenden Arten auf ein Minimum (*Barbitistes constrictus*!) zusammenschrumpfen, und nur kleine Lichtungen oder Waldwiesen bieten noch geeignete Biotope für einen Teil der montanen Arten. Erst die allmählich mehr und mehr schütter bewaldete und immer offener werdende wiesenreiche obere montane und subalpine Zone, durchschnittlich um etwa 1200 m beginnend, zeigt dann arten- und zahlenmäßig eine wieder reichere Besiedlung, die auch in die untere hochalpine Zone übergreift. Ganz arm wird die Orthopterenfauna auf den Grashalden der mittleren hochalpinen Zone, um dann in der rauhen oberen hochalpinen Zone, etwa ab 2350 m, überhaupt nicht mehr in Erscheinung zu treten.

4. Zusammenstellung des gesammelten Materials

Fundortliste

1942

Kloster Balta-Neagra b. Bukarest 3. 8.
Marculeşti (Baragansteppe) 8.—11. 8.
Sinaia (800 m) 15. 8.—10. 9.
Oberhalb Sinaia 900 m 10. 9.
Făgăraş, oberh. Sebeş-Olt 500—1000 m, 5. u. 8. 9.
Făgăraş, Surul, zwischen Surul- und Budislavsattel, 2150 m, 6. u. 7. 9.
Oberh. Braşov (Kronstadt), 11. 9.
Kl. Hangestein b. Braşov (600 m), 12. 9.
Schuler (Poiana) 12—1400 m, 13. 9.
Oberh. Žarneşti b. Braşov 6—700 m, 1. u. 16. 9.
Piatra Craiului (Königstein) 15—2200 m, 1. u. 15. 9.
Oberh. Herkulesbad 150—250 m, 19. 9.

1943

Sinaia 8—900 m, 1.—28. 8.
Untere Peleşschlucht b. Sinaia 900 m, 1.—28. 8.
Caraiman 2—2200 m, 20. 8.
Baëşti 500 m, 5. 9.
Nucşoara 6—700 m, 5. 9.
Casa Pietrile 1550—1600 m, 7.—9. 9.
Casa Pietrile (Anstieg z. Galeşsee) 1700 m, 6. 9.
Unterh. Galeşsee 1950 m, 9. 9.
Unteres Pietriletal 800 m, 10. 9.
Lempesch, 750 m, 13. 9.
Ciucaş 8—1800 m, 15. 9.
Balnoc 700—1197 m, 16. 9.
Zinne b. Braşov 950 m, 18. 9.

Blattidae

Ectobius Steph.

E. balcani Rme. In der Veröffentlichung über die Reise des Jahres 1941 hatte ich die nur in 1 ♂ am Bučegi (1500 m) und 1 ♀ bei Vojla gefundenen *Ectobius* als *lapponicus* (L.) bezeichnet. Eine 1942, wiederum im gleichen Gebiet am Bučegi gefundene Serie ermöglicht nun die Feststellung, daß es sich um *balcani* handelt, der wesentlich kleiner und gedrungener als ersterer ist und den ich 1923 (Arch. f. Natg., 89. Jahrg., p. 117) von Braşov und Cluj (als Subspezies von diesem) beschrieben hatte (vgl. auch S. 36).

Hololampra Sauss.

H. maculata subsp. et f. schäfferi (L.) Braşov, 1 ♂, 3 ♀♀, 29. 6. 1903 (LEHMANN); Zinne b. Braşov, 2 ♂♂, 7. 1921 (DEUBEL); in Rumänien anscheinend hauptsächlich als Subspezies.

Tettigoniidae

Polysarcus Fieb.

P. denticauda (Charp.) Im Gebiet des Caraiman, das weniger von Schafen beweidet wird und stellenweise eine recht üppige Vegetation aufweist, wird die Art besonders häufig und ist vielfach mit heller Doppelbinde auf dem Abdomen geziert; 1 ♂ glänzend olivschwarz, mit scharfen gelben Rückenbinden. Außer auf dem Bučegi fand sich die Art auch im Făgăraş am Surul (1800—2150 m).

Poecilimon Fisch.

P. affinis (Fieb.). Vereinzelt an den Osthängen des Bučegi zwischen Sinaia und Poiana Tapului schon in etwa 1000 m Höhe, ebenso am Königsstein (1600 bis 1800 m) und im Retežat, oberhalb Casa Pietrile (1700 m).

P. fussi Br. Lempesch, Zinne.

Barbitistes Fieb.

B. constrictus Br. Osthänge des Bučegi zwischen Sinaia und Poiana Tapului in etwa 1000 m und am Diham in etwa 1200 m Höhe in offenem Buschgelände, nicht häufig; sehr vereinzelt im Hochwald der unteren Peleşschlucht, gelegentlich auch über den Weg laufend und offenbar von höheren Fichten herabgeweht. Ich glaube daher, daß auch hier, wie in Mitteleuropa, die Koniferen wahrscheinlich den Hauptteil der Individuen beherbergen, so daß sie in der Bodenregion seltener gefunden werden.

Isophya Br.

I. brevipennis Br. Königstein 15—1900 m. Am Ende der großen zum Königstein führenden Schlucht (Crepatura) in etwa 1500 m Höhe fand ich auf einem wenige Quadratmeter messenden grasigen Platz 2 Isophya ♀♀, die durch ihren schlankeren und etwas längeren Ovipositor mehr auf *pyrenea* (Serv.) hinweisen; eine Entscheidung ist jedoch ohne Kenntnis des ♂ vorerst nicht möglich. Vereinzelt auch auf dem Ciucaş (1800 m).

Leptophyes Fieb.

L. albovittata Koll. Lempesch, Zinne.

L. discoidalis (Friv.) 1 ♂ auf *Urtica* oberhalb Braşov gegen den Kl. Hangestein.

Phaneroptera Serv.

Ph. falcata (Scop.) Lempesch, Baësti.

Tettigonia L.

T. viridissima (L.) Unteres Pietriletal, Sinaia.

Eupholidoptera Rme[1])

E. chabrieri (Fieb.). Diese Art wird von Buşteni (1 ♀), Valea Cerbului (5 ♂♂, 2 ♀♀, 1 Larve) und von Schitul Jalomicioarei (5 ♂♂, 1 ♀, 1 Larve) angegeben. Ich habe diese so auffällige, allerdings etwas verborgen auf Gebüsch lebende Art an den angegebenen Orten vergeblich gesucht, die nicht nur keinerlei mediterranen Charakter tragen, sondern teilweise sogar in der alpinen Zone liegen, was dem Biotop der Art überhaupt nicht entspricht; da sie aber eigentlich unverkennbar ist, will ich mich eines abschließenden Urteils enthalten und es muß neues Material abgewartet werden, da das Originalmaterial nicht mehr vorhanden ist. Ökologisch und faunistisch betrachtet, ist das Vorkommen der Art in dem genannten Gebiet recht unwahrscheinlich.

Pholidoptera Wesm.

Ph. fallax (Fisch.) Kl. Hangestein; Zinne.

Ph. transsylvanica (Fisch.) Făgăraş zwischen Sebeş-Olt und Surul oberhalb 1000 m; Retežat, Pietriletal 12—1700 m; Königstein oberhalb 1500 m. Im Vergleich zu dem stellenweise massenhaften Vorkommen der Art, z. B. am Bučegi, findet sie sich in den obengenannten Gebieten nur spärlich.

Ph. litoralis (Fieb.). Ich hatte (l. c. p. 330) auf eine anscheinend konstante, der grünen Seitenfärbung entbehrende und besonders kleine Form am Schuler hingewiesen. Eine erneute Untersuchung des seinerzeit erwähnten Hanges („Slalom-

[1]) S. weiter unten die Gattungsrevision.

hang“) ergab, daß auch sämtliche weiteren Stücke (außer an den stets grünen Sterniten) keinerlei Grün zeigten, daß aber neben den auffällig kleinen auch Stücke durchschnittlicher Größe der Art vorkommen. Als neuer Fundort für diese ergab sich das Gebiet oberhalb Zarneşti, auf dem Wege zum Königstein; sämtliche hier beobachteten Stücke zeigten die übliche grüne Färbung der Körperseiten und der unteren Außenfläche der Hinterschenkel, ebenso Stücke vom Balnoc. Die Stridulation der (im Grase sitzenden) Tiere ist ähnlich der von *Tettigonia caudata*, doch länger anhaltend und mit hellerem, etwas metallisch klingendem Ton; die Elytren befinden sich hierbei in sehr schneller Vibration.

Platycleis Fieb.

Pl. grisea (F.) Kl. Hangestein.
Pl. denticulata (Pz.)[1]) Pietriletal, oberhalb Nucşoara; Zinne.

Metrioptera Wesm.

M. brachyptera (L.) Balnoc.

Bicolorana Zeuner

B. bicolor (Phil.) Zinne; Balnoc, hier auch 1 ♂ der f. *sieboldii* Fisch.

Roeseliana Zeuner

R. *roeselii* (Hbg.) Nucşoara.

Decticus Serv.

D. verrucivorus (L.) Unteres Pietriletal, Lempesch.

Ephippiger Berthold

E. ephippiger (Fiebig) Sinaia; auf der Zinne eine auffallend kleine Form (Frau Elsa Wagner-Braşov 2 ♂♂, 1 ♀ leg.). Die Maße dieser Form gegenüber der durchschnittlichen Größe dieser Art (in Klammern) sind:

	♂	♀
Long. corp.	19 (22)	17,6 (24)
— *pronot.*	6 (7,1)	5,1 (7,1)
— *fem. post.*	11 (14)	17 (18,3)
— *ovipos.*	—	20 (20)

Acrididae

Tetrix Latr.

T. subulata (L.) Balnoc.

1) Nach Ander muß die Art jetzt diesen Namen statt *occidentalis* Zeuner führen (vgl. auch S. 238).

Acrida L.

A. mediterranea Dirsh[1]) Marculeşti.

Euthystira Fieb.

E. brachyptera (Ocsk.) Zinne; Balnoc (hier auch in 1 ♂ der *f. homoptera* Ev.); Lempesch, hier im Gegensatz zu der in Rumänien vorherrschenden Form mit farblosen Elytren (*f. chrysoberyllus* Fruhst.) fast ausschließlich mit roten Elytren.

Podismopsis Zub.

P. transsylvanica n. sp. (Taf. I, Abb. 1 und 2, 4 und 5).

Dem Gattungscharakter in jeder Beziehung entsprechend, so daß sich eine Beschreibung der Einzelheiten erübrigt.

♂ verschieden von *relicta* Rme. (Taf. I, Abb. 3) durch die im Verhältnis zur Prozona des Pronotums etwas längere Metazona und deren gerade statt etwas bogig nach außen gekrümmte Seitenkanten (soweit sich diese Unterschiede nach dem einzigen vorliegenden *relicta*-♂ ohne Sicherheit ihrer Konstanz verwerten lassen). Elytren apikal in deutlich größerer Breite schräg abgestutzt, meist wesentlich länger und viel breiter; bei gleicher Länge der Elytren ist die größere Breite ebenfalls wesentlich. Subcostalfeld der Elytren deutlich breiter, zuweilen fast doppelt so breit wie bei *relicta*. Subgenitalplatte — soweit auch hier ein Vergleich mit einem Einzelstück von Wert sein kann — von oben gesehen anscheinend ein wenig schlanker und spitzer.

Kopf des ♀, von oben gesehen, vorn etwas spitzer, Prozona des Pronotums deutlich länger als bei *relicta*, auch hier die Kanten mehr gerade als nach außen bogig. Hintere Pronotumquerfurche ziemlich gerade verlaufend, dagegen bei *relicta* deutlich nach hinten eingebogen. Bezüglich der Elytren kein Unterschied.

Färbungsunterschiede: Hinterschenkel an der Unterseite beim ♂ bei beiden Arten gelblich, ebenso beim ♂ von *relicta*, bei *transsylvanica* dagegen rot. Hinterschienen des ♂ bei beiden Arten schmutziggelblich, ebenso bei dem ♀ von *relicta*, bei *transsylvanica* dagegen schmutzigrötlich.

Färbung gut konservierter Stücke von *transsylvanica*: Allgemeinfärbung des ♂ hell olivbräunlich, Halsschild an den Seiten dorsal schwärzlich, ventral schmutziggelblich. Unterkante der Hinterschenkel gelblich, Hinterschienen schmutziggelblich, ♀ heller oder dunkler einfarbig braun, Unterkante der Hinterschenkel rot, Hinterschienen schmutzig rötlich.

Im Leben ist das ♂ olivgelblich mit Goldglanz, dorsale Hälfte der Wangen und der Pronotumseitenlappen schwarz, auf der ventralen Hälfte in Grünlich übergehend, das ♀ einfarbig silbergrau, gelblichgrau oder bräunlichgrau bis fast schokoladenfarbig, mit leichtem Goldglanz. Hinterbeine bei beiden Geschlechtern wie oben.

[1]) Vgl. S. 383.

	♂	♀
Long. corp.	14,8—16,5	20,3—22,5
— *antenn.*	6,3	4,5— 6
— *pronot.*	3,1— 3,6	4 — 4,4
— *elytr.*	8,9—10,5	4 — 4,8
Lat. elytr.	3,2— 3,7	2,9— 3,1
Long. fem. post.	9,5— 9,8	10,8—12,3

Typus ♂, Allotypus ♀, Paratypen etwa 35 Paare (davon eine Anzahl in der Sammlung der Zoologischen Station in Sinaia und in der Sammlung R. Ebner in Wien).

Făgăraş, zwischen Surul- und Budislavsattel, 2150 m (vgl. S. 20).

Stenobothrus Fisch.

St. crassipes (Ocsk.). Braşov, am Kl. Hangestein und auf der Zinne. Die kleine Serie des Vorjahres wurde erheblich vermehrt und die Untersuchung von 20 ♂♂ und 36 ♀♀ ergab, daß hier anscheinend niemals eine Grünfärbung auftritt, während zahlreiche Stücke aus der Gegend von Cluj (Klausenburg) und aus der ungarischen Tiefebene grünliche Kopf-, Pronotum- und Brustseiten, sowie auch eine grünliche Oberkante der Hinterschenkel zeigen.

St. stigmaticus (Ramb.). Sehr häufig oberhalb Sinaia, im Făgăraş oberhalb Sebeş-Olt (etwa 1000 m) und nahe Casa Pietrile; nur auf kurzgrasigen Wiesen.

St. lineatus (Pz.). Auf der Hochfläche des Berges (etwa 300 m) unmittelbar am Bahnhof Herkulesbad vorwiegend in auffällig strohfarbenen Exemplaren; auf Lempesch, Zinne und Ciucaş in den üblichen Färbungen.

Omocestus I. Bol.

O. rufipes (Zett.). Oberhalb Sinaia 900 m; Lempesch; Ciucaş.

O. haemorrhoidalis (Charp.). Oberhalb Sebeş-Olt, etwa 1000 m; Lempesch.

Chorthippus Fieb.

Ch. pullus (Phill.). Oberhalb Sebeş-Olt (900—1000 m), vorwiegend am spärlich bewachsenen Wegrand.

Ch. brunneus[1]) (Thbg.). Marculeşti; Sinaia; Baësti.

Ch. biguttulus hedickei Rme

1922 *Stauroderus biguttulus* Berl. & Chop. Bull. Mus. Hist. nat., p. 170.
1923 — *biguttulus* Rme. Arch. f. Natg., 89. Jahrg., p. 159, Taf. III, Abb. 2b.
1923 — *biguttulus* Uv. Trans. Ent. Soc. London, p. 159.
1942 — *hedickei* Rme. Mitt. Zool. Mus. Berlin, p. 333.

Ich hatte ursprünglich (l. c. p. 333) *hedickei* als Art beschrieben, aber dabei bereits die Möglichkeit in Betracht gezogen, daß es sich auch nur um eine Sub-

[1]) Nach Ander tritt dieser Name für *bicolor* Charp. ein.

spezies von *biguttulus* handeln könne. Nachdem ich nun auf den beiden letzten Reisen feststellen konnte, daß die Stridulationsweise völlig der sehr charakteristischen der letztgenannten Art entspricht, daß ferner die Verbreitung eine sehr allgemeine und die Individuenzahl eine außerordentlich große ist (*hedickei* ist wie *biguttulus* an jedem entsprechenden Biotop in Menge zu finden) und daß sich schließlich nicht ein einziges Exemplar der Nominatform von *biguttulus* auffinden ließ, zweifle ich nicht mehr, daß *hedickei* nur die osteuropäische Vikariante als Subspecies darstellt. Ihre bisher festgestellte Verbreitung ist also Ungarn, Rumänien und Mazedonien.

Auf Tafel II, Abb. 11 sehen wir die Elytren von *biguttulus hedickei* aus Ungarn, auf Abb. 12 aus Rumänien und auf Abb. 13 aus Mazedonien; letztere Form ist in der Erweiterung des Apikalteils des Subkostalfeldes am weitesten vorgeschritten; Abb. 1 schließlich zeigt den typischen *biguttulus biguttulus* (L.).

Neue Fundorte: Sinaia 8—900 m; Făgăraş, oberh. Sebeş-Olt 500—1000 m; Pietriletal und bei Casa Pietrile; Kl. Hangestein, Königstein oberhalb Žarneşti; Lempesch; Ciucaş; Balnoc. Wie auch aus den l. c. gegebenen Maßen hervorgeht, liegt die Durchschnittsgröße der Subspecies erheblich über der der Nominatform.

Ch. mollis (Charp.). Auf dem obengenannten Berg am Bahnhof Herkulesbad zusammen mit *St. lineatus;* Baësti.

Ch. brauneri Znojko. Als neuen Fundort in Rumänien kann ich Marculeşti melden.

Ch. parallelus (Zett.). Oberh. Sinaia, oberh. Žarneşti und am Königstein 2—2300 m, ferner oberh. Sebeş-Olt (600—1000 m). Am Surul (2150 m) zusammen mit *Podismopsis transsylvanica* in der hochalpinen Form (vgl. S. 24); unt. Pietriletal; Balnoc; Ciucaş.

Ch. montanus (Charp.). Oberhalb Žarneşti; unt. Pietriletal und Casa Pietrile; Ciucaş; Sinaia. Über die holoptere Form *f. explicata* Sel.-Longch. vgl. Abschnitt 4 im Allgem. Teil („Macropterie und Fruchtbarkeit").

Ch. dorsatus (Zett.). Nahe Balta Neagra; unt. Pietriletal; Lempesch; Ciucaş.

Euchorthippus Tarb.

E. declivus (Bris.) Oberh. Sebeş-Olt; oberh. Žarneşti; unt. Pietriletal.

Gomphocerippus Roberts

G. rufus (L.) Sinaia; Žarneşti; Herkulesbad; Balnoc.

Myrmeleotettix I. Bol.

M. maculatus (Thbg.) Sinaia.

Mecostethus Fieb.

M. grossus (L.) Retežat.

Die Erfahrung zeigt im allgemeinen, daß die Arten im Hochgebirge kleinere (und meist intensiver gefärbte) Formen herausbilden (vgl. *Chorthippus parallelus*

S. 24). Den gegenteiligen Fall bietet *M. grossus*, ein häufiger Bewohner feuchter Wiesen ganz Europas und weiter Teile Asiens vom Flachland bis zum Hochgebirge.

Dem Flachlandtyp lege ich die norddeutsche Form (der Mark Brandenburg) zugrunde, die in einer großen Serie zur Verfügung steht. Ihre Größenverhältnisse (s. untenstehende Tabelle) dürften der durchschnittlichen der Art entsprechen und auch die Färbung die übliche sein. In Kärnten (Carinthia II, 131, 1941, p. 128) an einem See der Eggeralm (1500 m) fand ich zahlreiche Exemplare der Art, die durchschnittlich kleiner und etwas dunkler gefärbt waren, also entsprechend der Erwartung. Dem gegenüber überraschte das (leider einzige) Exemplar, das sich, trotz angestrengten Suchens, im Retežat in fast 2000 m (wohl dem höchsten bisher beobachteten Standort der Art) fand, durch seine außerordentliche, noch die Flachlandform übertreffende Größe (Taf. XXXII, Fig. 7c) und helle Färbung. Man sieht auch hier wieder, daß Verallgemeinerungen nicht immer am Platze sind.

Nachstehend ein Vergleich der Maße (♂) der drei Formen:

	Brandenburg	Eggeralm	Retežat
Long. corp.	18,3—22,6	18,2—20,2	22,8
— *elytr.*	18 —19,5	15,7—18,7	21,4
— *fem. post.*	12,5—14,4	10,7—12,9	15,5

Oedipoda Latr.

O. coerulescens (L.) Oberh. Sebeş-Olt.

Oedaleus Fieb.

O. decorus (Germ.) Marculeşti (Baragansteppe).

Sphingonotus Fieb.

S. coerulans (L.) Baësti.

Psophus Fieb.

P. stridulus (L.) Ciucaş; Balnoc.

Pezotettix Burm.

P. giornae (Rossi) Marculeşti.

Miramella Dovn.-Zap.

M. alpina alpina (Koll.) Făgăraş, am Surul; Ciucaş; Balnoc.

Pseudopodisma Mistsh.

P. fieberi (Scudd.) Sinaia; Žarneşti.

Calliptamus Serv.

C. italicus (L.) Marculeşti; Sebeş-Olt; Lempesch.

Von Herrn E. BANZ-Berlin, der 1942 Gelegenheit hatte, bei Botoşani Orthopteren zu sammeln, erhielt ich sein Material zur Bestimmung. An bemerkenswerten Arten enthielt es *Poecilimon brunneri* Friv., *Isophya modestior* Br. und *Saga pedo* (Pall.).

5. Tabelle der in Rumänien nachgewiesenen Gattungen und Arten und deren Verbreitung in den Nachbargebieten

Noch harren manche Teile Rumäniens ihrer orthopterologischen Durchforschung. Die Entdeckung des neuen eigenartigen *Chorthippus acroleucus* durch ARNOLD MÜLLER sowie jetzt der *Podismopsis transsylvanica n. sp.* lassen erwarten, daß noch manche Schätze der rumänischen Fauna zu heben sind. Ich glaube indessen, daß wir im großen und ganzen nun doch über ein ziemlich abgerundetes Bild verfügen und bringe zum Abschluß eine Tabelle der in Rumänien nachgewiesenen Gattungen und Arten, deren Zahl sich nunmehr auf 154 Arten beläuft. Als endemisch für die Karpaten können wir betrachten: *Isophya brevipennis* Br., *Podismopsis transsylvanica* Rme, *Chorthippus acroleucus* A. MÜLL. und — möglicherweise — *Bradyporus montandoni* Burr und *dobrogensis* A. Müll.

Rumänien	Mitteleuropa u. Alpenländer	Balkanländer	Anatolien
Blattidae			
Hololampra maculata (Schreb.)	×		
— *punctata* (Charp.)			×
Ectobius balcani Rme		×	×
— *erythronotus* Burr.	×	×	
— *sylvester* Poda	×	×	
— *albicinctus* (Br. u. W.)		×	
— *vittiventer* (Costa)		×	
Phyllodromia germanica (L.)	×	×	×
Blatta orientalis L.	×	×	×
Mantidae			
Mantis religiosa L.	×	×	×
Ameles heldreichi Br.		×	×
Empusa sp. (Larve)		×	×
Tettigoniidae			
Polysarcus denticauda (Charp.)	×	×	
Poecilimon affinis (Friv.)		×	
— *schmidti* (Fieb.)	×	×	×
— *thoracicus* (Fieb.)		×	
— *fussi* (Br.)		×	
— *brunneri* (Friv.)		×	

Rumänien	Mitteleuropa u. Alpenländer	Balkanländer	Anatolien
Barbitistes serricauda (F.)	×		
— *constrictus* Br.	×		
— *ocskayi* (Charp.)		×	
Isophya pyrenea (Serv.)	×	×	
— *speciosa* (Fieb.)		×	
— *tenuicerca* Rme[1])		×	×
— *modesta* (Fieb.)		×	
— *modestior* Br.		×	
— *rectipennis* Br.		×	×
— *brevipennis* Br.			
Leptophyes discoidalis Friv.		×	
— *albovittata* (Koll.)	×	×	×
Tylopsis liliifolia (F.)	×	×	×
Phaneroptera falcata (Poda)	×		×
Meconema varium (F.)	×		×
Homorocoryphus nitidulus (Scop.)	×	×	×
Conocephalus dorsalis (Latr.)		×	
— *fuscus* (F.)	×	×	×
— *hastatus* (Charp.)		×	×
Tettigonia viridissima (L.)	×	×	×
— *caudata* (Charp.)	×	×	×
— *cantans* (Fuessly)	×		×
Onconotus servillei F.		×	
— *laxmanni* Pall.		×	
Gampsocleis glabra (Herbst)	×	×	
Saga pedo (Pall.)	×		
Pachytrachis[2]) *gracilis* Br.	×	×	
Rhacocleis germanica (H.-S.)		×	×
Bucephaloptera bucephala (Br.)		×	×
Pholidoptera cinerea (L.)	×	×	×
— *fallax* (Fisch.)	×	×	
— *litoralis* (Fieb.)	×	×	
— *transsylvanica* (Fisch.)		×	
— *frivaldskyi* (Herm.)		×	
Platycleis grisea (F.)	×	×	
— *denticulata* (Pz.)	×		
— *intermedia* (Serv.)		×	×
— *affinis* (Fieb.)	×	×	×
— *escalerai* I. Bol.		×	×
Tessellana tessellata (Charp.)	×	×	×
— *vittata* (Charp.)	×	×	
— *incerta* (Br.)[3])		×	×
Bicolorana bicolor (Phil.)	×	×	
— *domogledi* (Br.)		×	

[1]) vgl. S. 140

[2]) *Pachytrachis* Uv. *n. n.* für *Pachytrachelus* Fieb. (praeocc.).

[3]) Syn.: *truncata* Wern.

Rumänien	Mitteleuropa u. Alpenländer	Balkanländer	Anatolien
Metrioptera brachyptera (L.)	×	×	
Roeseliana roeselii (Hbg.)	×	×	
Decticus verrucivorus (L.)	×	×	×
— *albifrons* (F.)		×	×
Bradyporus dasypus Illig.		×	
— *dobrogensis* A. Müll.[1]			
— *montandoni* Burr.[1]			
Ephippiger ephippiger (Fiebig)	×	×	
Gryllidae			
Oecanthus pellucens (Scop.)	×	×	×
Pteronemobius heydeni Fisch.	×		
Gryllus campestris (L.)	×	×	×
Gryllulus desertus Pall.	×	×	×
— *frontalis* Fieb.	×	×	
— *burdigalensis* (Latr.)		×	×
— *algericus* (Br. v. W.[2])			×
— *domesticus* (L.)	×	×	×
Myrmecophila acervorum (Pz.)	×	×	
Gryllotalpa gryllotalpa (L.)	×	×	×
Tridactylidae			
Tridactylus variegatus Latr.		×	×
Acrididae			
Tetrix subulata (L.)	×	×	×
— *ceperoi* I. Bol.	×		
— *tenuicornis* (Sahlb.)	×	×	×
— *bipunctata* (L.)	×	×	
— *kraussi* (Saulcy)	×	×	
— *türki* Kr.	×		
— *depressa* (Bris.)		×	×
Acrida mediterranea Dirsh	×	×	×
Paracinema tricolor (Thbg.)	×	×	×
Parapleurus alliaceus (Germ.)	×	×	
Chrysochraon dispar (Germ.)	×	×	
Euthystira brachyptera (Ocsk.)	×	×	
Podismopsis transsylvanica Rme			
Stenobothrus crassipes Ocsk.	×	×	×
— *stigmaticus* (Ramb.)	×	×	×
— *nigromaculatus* (H.-S.)	×	×	×
— *fischeri* (Ev.)		×	×
— *lineatus* (Pz.)	×	×	×
— *miniatus* (Charp.)	×	×	

[1]) Vgl. S. 12.
[2]) Bestätigung wünschenswert!

Rumänien	Mitteleuropa u. Alpenländer	Balkanländer	Anatolien
Omocestus rufipes (Zett.)	×	×	×
— *viridulus* L.	×	×	×
— *haemorrhoidalis* (Charp.)	×	×	×
— *petraeus* (Bris.)	×	×	×
— *minutus* (Brullé)		×	
Stauroderus scalaris (F.-W.)	×	×	×
Chorthippus apricarius (L.)	×	×	×
— *pullus* (Phil.)	×		
— *acroleucus* (A. Müll.)			
— *vagans* (Ev.)	×	×	×
— *brunneus* (Thbg.)	×	×	×
— *biguttulus hedickei* Rme		×	
— *mollis* (Charp.)	×	×	
— *mollis ignifer* Rme	×	×	×
— *albomarginatus* (de Geer)[1]	×	×	ssp.
— *dorsatus* (Zett.)	×	×	×
— *loratus* (F.-W.)	×	×	×
— *parallelus* (Zett.)	×	×	×
— *montanus* (Charp.)	×		
— *brauneri* Znojko		×	×
Euchorthippus pulvinatus (F.-W.)	×	×	×
— *declivus* (Bris.)	×	×	
Gomphocerippus rufus (L.)	×	×	
Myrmeleotettix maculatus (Thbg.)	×	×	×
— *antennatus* Fieb.	×		
Dociostaurus brevicollis (Ev.)	×	×	×
Arcyptera fusca (Pall.)	×	×	
— *microptera* (F.-W.)	×	×	
Mecostethus grossus (L.)	×	×	×
Aiolopus[2]) *thalassinus* (F.)	×	×	×
Epacromius tergestinus (Charp.)	×		
— *coerulipes pannonicus* Karny	×		
Psophus stridulus (L.)	×	×	
Oedaleus decorus (Germ.)	×	×	×
Locusta migratoria (L.)[3])	×	×	×
— *danica* (L.)	×	×	×
Celes variabilis (Pall.)	×	×	×
Oedipoda coerulescens (L.)	×	×	×
— *germanica* (Charp.)	×	×	
Acrotylus insubricus (Scop.)		×	×
— *longipes* (Charp.)		×	×
Sphingonotus coerulans (L.)	×	×	ssp.

[1]) Syn.: *elegans* (Charp.).

[2]) Die Gattung wurde von UVAROV jüngst revidiert (Trans. Am. Ent. Soc. LXVII, 1942, p. 303ff.) und daher von mir diese und die beiden folgenden Arten mit dem jetzt gültigen Gattungsnamen versehen; *coerulipes* Ivanov ist vor *chinensis* Karny bevorrechtigt.

[3]) Vgl. S. 318.

Rumänien	Mitteleuropa u. Alpenländer	Balkanländer	Anatolien
Asiotmethis limbatus motaşi Rme			
Pezotettix giornae (Rossi)	×	×	
Podisma pedestris (L.)	×	×	×
Miramella alpina alpina (Koll.)	×	×	
— — *collina* (Br.)	×		
Pseudopodisma fieberi (Scudd.)	×	×	
Odontopodisma schmidtii (Fieb.)	×	×	
— — *rubripes* Rme	×	×	
— *decipiens* Rme	×	×	
Calliptamus italicus (L.)	×	×	×
— *barbarus* (Costa)	×	×	×
Paracaloptenus bolivari Uv.		×	×

Die nachstehenden Arten muß man als nicht sicher nachgewiesen betrachten, da die Richtigkeit ihrer Determination nicht feststeht, gleichzeitig auch wegen zoogeographischer Bedenken.

Poecilimon thessalicus Br.
Isophya costata Br.
Yersinella raymondi (Yers.)
Eupholidoptera chabrieri (Charp.)
Gryllodes sp.

Ausgesondert wurden von mir z. T. aus den gleichen, hier aber stärkeren Bedenken:

Poecilimon elegans (Fieb.)
Isophya acuminata Br.
— *abtusa* Br.
„*Jaquetia hospodar*" Sauss.
Pholidoptera punctifrons (Burm.)
Pholidoptera aptera (F.)
Ephippiger provincialis (Yers.)
Acridella nasuta (L.)
Chorthippus binotatus (Charp.)
Tmethis pulchripennis asiaticus Uv. („*cisti* (F.)")

2. Ergebnisse der Reise nach Mazedonien, Serbien und Dalmatien

Kurzer Reisebericht: Im Jahre 1939, in der Zeit vom 18. Juli bis 29. August, unternahm ich eine Reise nach Jugoslavien und zwar in dessen Landschaften Mazedonien, Serbien und Dalmatien, um zu versuchen, das stellenweise noch lückenhafte Bild der Orthopterenfauna dieser Gebiete abzurunden und manche in diesem Bilde vorhandene Unklarheit zu beseitigen. Die Reiseroute war kurz folgende.

In Mazedonien war das Hauptstandquartier Skoplje (Üsküb), dessen nähere und weitere Umgebung durchforscht wurde. Mehrfach wurde der beherrschende Höhenzug der Stadt, der Wodno, bestiegen, die Treskaschlucht besucht und der zwischen Skoplje und Veleš liegende Pčinjaberg. Weitere Unternehmungen führten dann südwärts in das Gebiet von Hudova und ostwärts nach Štip (Iştip), dessen Umgebung eine besonders reiche, vielseitige und bemerkenswerte Orthopterenfauna birgt. Alsdann ging es nach Tetowo (Kalkandelen) als Ausgangspunkt zur Besteigung des Shar-Dagh, des Grenzmassivs zwischen Mazedonien und Albanien. Hier wurde am Crni Vrh in etwa 1600 m das Zeltlager aufgeschlagen und von diesem aus die „Popovaschapka" genannte Berggruppe untersucht, während DOFLEIN (s. weiter unten) seinerzeit hauptsächlich im Gebiet der Kobiliza arbeitete.

In Serbien wurde von Belgrad aus die nahegelegene Avala, ein isolierter, meist laubbewaldeter Berg (565 m) besucht und dann das Sumpfwiesengelände bei Ostružnica an der Save, um dort zu versuchen, *Zeuneriana*[1]) (*Metrioptera*) *amplipennis* (Br.) aufzufinden, von der nur spärliches Material in den Wiener und Berliner Sammlungen vorhanden ist. Die Art ist von BRUNNER an „Wassergräben bei Semlin" aufgefunden worden, doch zeigte schon ein Blick von der über dies Gebiet führenden Bahnlinie aus, daß die vergangenen Jahrzehnte mit der wachsenden Besiedlung den Biotop ungünstig verändert hatten. Da die Art — wie ihre größere italienische Schwester *marmorata* (Br.) — sich wohl auch an Schilf und Sumpfpflanzen über dem Wasser aufhält, wurde das erwähnte ähnliche benachbarte Gebiet an der Save gewählt, ohne jedoch den erhofften Erfolg zu erzielen. Von Nisch aus wurde sodann die Suwa Planina (Ausgangspunkt das 900 m hoch gelegene Dorf Dušnik) bis zu etwa dreiviertel ihrer Höhe bestiegen, die Exkursion dann aber abgebrochen, da die zu große Trockenheit dieses Gebietes (infolge des abnorm heißen Sommers) kaum noch irgendwelche Resultate erhoffen ließ.

Die Absicht, in Montenegro von Peč (Ipeč) aus die Hajler-Planina (über Pepiči) zu besteigen, um aus eigener Anschauung den Fundplatz von *Podismopsis relicta* Rme (vgl. Zool. Anz. 93, 1931, p. 123) kennen zu lernen und das bisher spärliche Material dieser so außerordentlich bemerkenswerten boreoalpinen Art durch eine frische Serie zu ergänzen, ferner dort reichlicheres Material des gleichzeitig entdeckten *Stenobothrus posthumus* Rme zu sammeln, mußte leider aufgegeben werden, da aus Albanien zahlreiche Räuberbanden nach Montenegro übergetreten waren und dies Gebiet derartig unsicher machten, daß die Behörden von Peč dringend von diesem Unternehmen abrieten.

In Dalmatien boten die Gebiete von Kotor (Cattaro) und Dubrovnik (Ragusa) wenig Bemerkenswertes, auch gelang es nicht, an der Ombla bei Gruš (Gravosa) den dort vorkommenden, sehr lokal verbreiteten und in den Sammlungen nur selten und spärlich vertretenen *Pachytrachis frater* (Br.) aufzufinden. Zu längerem Aufenthalt wurde schließlich die Insel Hvar (Lesina) gewählt, in der Hauptsache, um die bisher in den Sammlungen nur in geringer Anzahl vorhandene *Rhacocleis bucchichi* Br. und ferner *Chorthippus lesinensis* (Kr.) an ihren Originalfundorten zu sammeln, was auch gelang. Über Split (Spalato) wurde die Heimreise angetreten.

Als wesentlichsten Teil der Reise behandle ich zunächst Mazedonien.

A. Mazedonien

1. Historische und kritische Vorbemerkungen

Die physikalisch-geographische Abgrenzung Mazedoniens ist — wie schon im Altertum — auch heute noch wechselnder Beurteilung unterworfen. Als natürlichste Grenzen kann man heute im Süden die Bucht von Saloniki, im Westen

[1]) Vgl. S. 256.

Prespa- und Ochridasee und eine nordwärts gegen den Korab verlaufende Linie, im Osten das Rhodopegebirge und im Norden die das Becken von Skoplje nördlich begrenzenden Massive des Shar Dagh und des Kara Dagh — diese beiden einbezogen — annehmen.

Das auf bulgarischem Gebiet liegende Piringebirge (einschl. Alibotusch) würde also noch dem mazedonischen Raum zuzurechnen sein. Ob dies vom tiergeographischen Standpunkt aus zu vertreten ist, erscheint allerdings zweifelhaft, denn das Piringebirge gravitiert mehr nach den bulgarischen Gebirgen: beispielsweise findet sich dort *Pholidoptera aptera karnyi*, nicht aber *macedonica*, welch letztere wiederum aus dem bulgarischen Raum bisher nicht bekannt geworden ist, ebenso wie *Poecilimon zwicki* und *orbelicus*. Der südostwärts, durch eine Senke getrennt, sich anschließende Alibotusch zeigt schon anatolische Einschläge (*Nocaracris*!). Über die Orthopterenfauna Mazedoniens sind wir nur bezüglich des südlichen (griechischen) Teiles durch die 1923 erfolgte Veröffentlichung von UVAROV „*A contribution to our knowledge of the Orthoptera of Macedonia*" (Trans. Ent. Soc. London, p. 110—169) unterrichtet worden, in der der Autor außer den bisherigen Literaturzitaten die Veröffentlichung von BERLAND und CHOPARD 1922 (Bull. Mus. Hist. Nat. Paris, p. 166—170 und 230 bis 235) und die Sammelergebnisse von BURR, CAMPBELL und WATERSTON aus der Zeit des Weltkrieges verwandt hat. Aus dem übrigen, größeren Teil Mazedoniens sind nur spärliche Einzeldaten bekannt geworden.

Nun hat, ebenfalls während des Weltkrieges (1917 und 1918), in dem letztgenannten Teil des Landes eine deutsche Forschergemeinschaft unter Führung von Prof. Dr. FRANZ DOFLEIN († 1925) ausgiebig zoologisch gesammelt. Die Orthopterenausbeute, die sich im Münchener Museum befindet, habe ich 1921 bestimmt. Die an sich ganz reichen Ergebnisse genügen aber noch nicht zu einem abgerundeten Bild der Fauna und ließen eine weitere Durchforschung des Landes wünschenswert erscheinen.

Ich habe daher auch, noch bevor ich selbst nach Mazedonien reiste, zwei junge sammelfreudige Entomologen, den Präparator am Zoologischen Museum der Universität Berlin OTTO ZWICK (leider am 13. 12. 1941 im Osten gefallen) und den damaligen stud. rer. nat., jetzigen Dr. HELMUT KNIPPER (Bremen) zu mehreren Fahrten nach Mazedonien angeregt, deren erste — ein starkes Zeichen ihrer Begeisterungsfähigkeit — die beiden Genannten von Berlin aus mit dem Fahrrad unternahmen. Sie haben manchen wertvollen Fund beigesteuert, worauf noch einzugehen ist. Außerdem lagen mir noch mehrere Einzelfunde verschiedener Sammler vor.

Die Zusammenstellung von UVAROV umfaßt 105 Arten[1]). Es ist nötig, sie in manchen Punkten einer Revision zu unterziehen, die durch einige neue, teilweise von mir schon früher veröffentlichte Erkenntnisse bedingt ist. Ich stelle die notwendigen Berichtigungen nachstehend zusammen.

[1]) Die Dermapteren habe ich nicht berücksichtigt, da neue Funde nicht vorliegen.

Für *Poecilimon bosphoricus* Br. ist *geoktschaicus* Stschelk. einzusetzen (RAMME, Mitt. Zool. Mus. Berlin 1933, p. 562).

Statt *Polysarcus denticaudus* muß es *denticauda* heißen, denn dieses Wort ist (ebenso wie beispielsweise *parricida*) nicht flexierbar.

Poecilimon berlandi Uv. ist synonym zu *brunneri* (Friv.) (l. c. p. 527).

Was der als „*flavescens*" aufgeführte *Poecilimon* (vgl. meine Bemerkungen über diese Art l. c. p. 555 und in der vorliegenden Veröffentlichung S. 336) ist, ist ohne Untersuchung des Materials nicht zu entscheiden.

Barbitistes nigrovittatus Br. und *Ancistrura truncata* Uv. sind identisch und als *Ancistrura nigrovittata* (Uv.) zu führen (Mitt. Zool. Mus. Berlin 1931, p. 172).

Für „*Saga ornata* Sauss. ?" muß *italica* Costa gesetzt werden, wie weiter unten erläutert ist (Kap. II, B, 3).

Incertana truncata (Wern.) wies ich als synonym zu *incerta* (Br.) nach (Mitt. Zool. Mus. Berlin 1939, p. 424).

„*Metrioptera* (= *Parnassiana* Zeun.) *fusca* (Br.) ?" lag UVAROV nur in einem weiblichen Exemplar (Langaza-plain) vor, und er ist selbst seiner Bestimmung ohne Kenntnis des ♂ nicht sicher. Ich glaube keinesfalls, daß es sich um diese Art handeln kann, denn sie ist ein Gebirgs-, vermutlich sogar Hochgebirgstier (Peleponnes, Taygetos) wie auch ihre nächsten Verwandten *parnassica* (Br.) und *coracis* Rme. Man kann alle drei Arten kaum in einem fast in Meereshöhe gelegenen Trockengebiet erwarten.

Das als *Metrioptera* (= *Roeseliana* Zeun.) *roeselii* Hbg. angeführte ♂ (Hortiack-Plateau) wurde 1924 von UVAROV als *n. sp. ambitiosa* beschrieben.

Für *Pholidoptera bucephala* (Br.) hat EBNER 1924 die eigene Gattung *Bucephaloptera* aufgestellt.

Callimenus obesus (F.-W.) ist nach UVAROV ein nomen nudum (Eos, Madrid X, 1934, p. 77) und identisch mit *multituberculatus* (F.-W.) [jetzt Gattung *Bradyporus*].

Euchorthippus pulvinatus declivus (Bris.) muß gegenüber *pulvinatus* als selbständige Art geführt werden; auch *pulvinatus pulvinatus* ist durch KNIPPER für Mazedonien nachgewiesen worden (vgl. S. 107).

Für *Chorthippus biguttulus* (L.) tritt die unlängst von mir beschriebene Subspezies *biguttulus hedickei* ein (Mitt. Zool. Mus. Berlin 1942, p. 333, dort zunächst als Art beschrieben).

Die Synonymie von *Aiolopus burri* Uv. mit *Aiolopus tergestinus var. crassus* Karny hat UVAROV selbst nachgewiesen und *crassus* als selbständige Art in die neue Gattung *Platypygius* gestellt (Trans. Amer. Ent. Soc. LXVII, 1942).

Zu den (nach Fortfall von 3, s. oben) nunmehr 102 sicheren Arten der Zusammenstellung von UVAROV kommen durch meine und die Ausbeuten von DOFLEIN, ZWICK und KNIPPER nicht weniger als 49 Arten hinzu, ferner durch Neufunde einzelner Sammler weitere 14 Arten (s. weiter unten), unter ihnen als neue Gattung *Apterameles* (*rammei n. sp.*) Beier sowie die neuen Arten *Oropodisma macedonica* und *Conocephalus dilatatus*. Wir können nunmehr also mit insgesamt 165 Arten in Mazedonien rechnen, doch dürfte auch diese Zahl noch keine endgültige sein.

Bei den 49 neu hinzugekommenen Arten handelt es sich im einzelnen um folgende:

Doflein

Ameles decolor (Charp.)
Isophya modesta (Fieb.)
Eupholidoptera schmidti (Fieb.)
Pholidoptera macedonica Rme
Metrioptera ebneri Rme
Psorodonotus macedonicus Rme
Arcyptera microptera (F.-W.)
Stenobothrus nigromaculatus (H.-S.)
— *stigmaticus* (Ramb.)
Omocestus minutus (Brullé)
Stauroderus scalaris (F.-W.)
Chorthippus apricarius (L.)
— *brunneus* (Thbg.)
— *vagans* (Eversm.)
— *loratus* (F.-W.)
Gomphocerus sibiricus (L.)
Psophus stridulus (L.)
Odontopodisma schmidtii (Fieb.)

Ramme

Apterameles rammei Beier
Poecilimon schmidti (Fieb.)
— *thoracicus* (Fieb.)
Andreiniimon nuptialis (Karny)
Pachytrachis gracilis (Br.)
Anterastes serbicus Br.
Pholidoptera fallax (Fisch.)
Bicolorana arnoldi Rme
Ephippiger ephippiger (Fiebig)
Euthystira brachyptera (Ocsk.)
Parapleurus alliaceus (Germ.)
Stenobothrus lineatus (Pz.)
Omocestus haemorrhoidalis (Charp.)
Notostaurus anatolicus (Kr.)
Calliptamus barbarus (Costa)
Podisma pedestris (L.)
Oropodisma macedonica n. sp.

Zwick

Ectobius erythronotus Adel.
Hololampra brevipennis (Fisch.)
Poecilimon zwicki Rme
Isophya speciosa (Fieb.)
Conocephalus dilatatus n. sp.
Pholidoptera aptera karnyi Ebn.
Stenobothrus fischeri (Ev.)
Chorthippus mollis (Charp.)
— *brauneri* (Znojko)

Knipper

Hololampra carniolica (Rme)
Poecilimon gracilis (Fieb.)
Barbitistes ocskayi (Charp.)
Bicolorana knipperi n. sp.
Euchorthippus pulvinatus (F.-W.)

Hierzu kommen, wie schon bemerkt, als Einzelfunde die bereits früher beschriebenen Arten *Poecilimon macedonicus* Rme und *chopardi* Rme, ferner vom Alibotusch *Poecilimon orbelicus* Panč., sowie *Nocaracris bulgaricus* (Dren.). Im Berliner Museum befindet sich ein ♀ von *Locusta migratoria* (L.) mit der Bezettelung „*Macedonia*, Frivaldsky". Von Chopard wurden *Dolichopoda remyi* und *bussoni* sowie *Troglophilus brevicauda* aus Mazedonien beschrieben. Bull. Soc. Ent. France 1934, p. 137.

Bei der von Doflein in seinem Buch „Mazedonien" (Jena 1921, p. 508) für das Gebiet aufgeführten Saga „*serrata* (F.)" (= *pedo* Pall.) handelt es sich um eine Verwechslung mit dem Weibchen von *Saga italica* Costa; die ferner erwähnte, als *natoliae* bezeichnete Form „olivbraun, schwarzgefleckt" ist *Saga campbelli* Uv.; *natoliae* selbst befindet sich gleichfalls in der Sammlung Doflein.

Die kleine, von Ebner (Zool. Jahrb. 1910, p. 411) veröffentlichte Zusammenstellung mazedonischer Orthopteren (Werner leg., ohne nähere Fundortsangaben) enthält nur bereits für das Gebiet bekannte Arten.

2. Zusammenstellung des gesammelten Materials

Fundortlisten für das bearbeitete Material

Nachstehend gebe ich eine Liste meiner Fundorte sowie der von Doflein, Zwick und Knipper, um im systematischen Teil die ständige Wiederholung des Datums und der sonstigen näheren Angaben zu vermeiden. Bei einzelnen Fundorten von Doflein (die im allgemeinen auch wenig spezielle Angaben aufweisen) ist auch das Datum im Augenblick nicht festzustellen, da das zugehörige Material im Münchener Museum jetzt nicht zugänglich ist; diese Fundorte sind nur im systematischen Teil aufgeführt. Auf der beigegebenen von mir zusammengestellten Kartenskizze sind die meisten der in den Atlanten oft nicht auffindbaren Fundorte vermerkt.

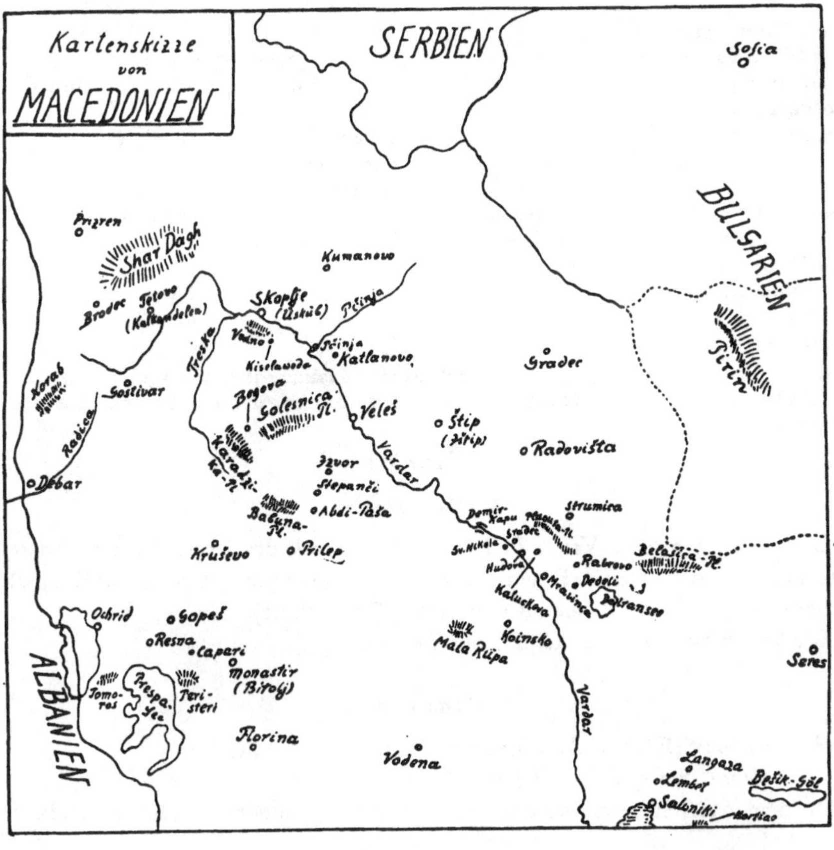

Ramme (1939):
Skoplje (nähere Umgeb.) 25. 7.—9. 8.
Treskaschlucht b. Skoplje 27. 7.
Pčinja b. Veleš, 150 m, 29. 7.
Berge östl. Pčinja 2—800 m, 29. 7.
Hudova (Ebene) 1. 8.
Shar Dagh, Crni Vrh, 1500 m, 3.—5. 8.
Shar Dagh, am Popovaschapka, 17—2000 m, 6. 8.
Wodno (b. Skoplje), 3—500 m, 9. 8.
Hügel südöstl. Štip, 2—400 m, 10. 8.

Doflein (1917):
Nikolatal 20. 5. u. 13. 6.
Ebene b. Demir Kapu 2. 6.
Ebene b. Mravinca 6.
Plauš 25. 6.
Hudova (Ebene) 4. 7.
Gradeč 5. 7.
Doiransee 9. 7.
Peluša-Planina 11. 7.
Plaguša-Planina 12.—28. 7.
Gopeš 16. 7.
Babunapaß 16. 7.
Peristeri 18. 7.
Mala Rupa 1000 m, 20. 7.
Tomoros 1800 m, 23. 7.
Shar Dagh (oberh. Tetowo) 4—1100 m, 8.
Shar Dagh, (Kobiliza) 12—2400 m, 8.
Shar Dagh, (Kobiliza) 12—2400 m, 8.
Kalučkova 23.—25. 8.
Štip 30. 8.
Prilep 6. 9.

Doflein (1918):
Katlanovo 4. u. 5.
Veleš 5.
Rabrovo 6. 6.
Topolkaschlucht b. Veleš 7.
Abdi Paşa, 1000 m, 26. 7.

Zwick (1934):
Skoplje (Friedhof) 31. 8.
Kiselavoda b. Skoplje 2. 9.
Karadžica-Planina (Elova) 1400 m, 4.—5. 9.
Elova-Mačište, 800 m, 6. 9.
Ochridasee (Ufer) 14. 9.
Gostivar-Debar, 900—1300 m, 10.—16. 9.
Radikatal, 900 m, 19. 9.

Zwick (1938):
Štip-Targovište 4. 7.
Strumica 5. 7.
Pirin (Bansko) 1800 m, 15.—25. 6.

Knipper (1936):
Unterhalb des Passes zwischen Babunatal und Prilep, 1100 m, 8.
Babunatal (Stepanči) 800 m, 8.
Katlanovo 250 m, 8.
Babunatal (Izvor-Stepanči) 8.
Golešnica-Planina, am Pepelak 1800 m, 8.
Gipfel d. Pepelak 8.

In der nun folgenden systematisch-faunistischen Zusammenstellung sind (nach meinen eigenen Funden) die von Doflein, Zwick und Knipper angeführt und durch **D**, **Z** und **K** gekennzeichnet.

Blattidae

Ectobius Steph.

E. balcani Rme Crni Vrh; **Z**: Elova; **K**: Gipfel des Pepelak; **D**: Peristeri, Kadinatal, Liseč, Pirin; Engadina (1750 m) 22. 8. 39 (P. Schulze-Rostock); Orhanié b. Skoplje (Apfelbeck); Florina, (Mus. Paris).

E. erythronotus Burr. **K**: Gipfel des Pepelak.

Hololampra Fisch.

H. brevipennis (Fisch.) **Z**: Elova; **K**: Gipfel des Pepelak.

H. carniolica (Rme) **K**: Gipfel des Pepelak.

Die beiden Arten *brevipennis* und *carniolica* habe ich seinerzeit in Krain (St. Peter), miteinander vermischt, am gleichen Biotop (auf ganz engem Raum) am Fuße einer Felswand gefunden. Dieser weitere Fall der unmittelbaren Nachbarschaft am Pepelak — ob auch hier vermischt lebend, ist nicht mehr festzustellen — legt den Verdacht nahe, daß es sich bei *carniolica* nur um eine helle Form von *brevipennis* handeln könne, etwa entsprechend der *f. discrepans* gegenüber *Ectobius sylvester*. Eine nochmalige Untersuchung bestätigte indessen die Gültigkeit der von mir angegebenen spezifischen Unterschiede (Berl. Ent. Zool. Z. 1912, p. 8); sie treffen auch voll auf die Pepelaktiere zu. Erstaunlich ist nur die außerordentlich weite vertikale Verbreitung beider Arten, die in Krain in einer Höhe von etwa 600 m, am Pepelak in einer Höhe von 2350 m angetroffen wurden.

H. marginata (Schreb.) **D**: Plauš.

Loboptera Germ.

L. decipiens Germar Hudova.

Mantidae

Mantis L.

M. religiosa (L.) **D**: Veleš; Kalučkova; Prilep; Kruševo.

Ameles Burm.

A. decolor (Charp.) Wodno; **D**: Veleš; Plauš; Kalučkova; Rabrovo; Dedeli; **Z**: Kiselawoda; Gostivar-Debar.

Apterameles Beier

A. rammei Beier (Taf. VII, Fig. 13) Wodno 250—300 m, 9. 8. 39 (Ent. Nachrichtenbl. Wien 1950, **2**: 61).

Iris L.

I. oratoria (L.) **D**: Veleš; Kalučkova; Rabrovo; **K**: Skoplje.

Empusa Illig.

E. fasciata (Brullé) **D**: Skoplje; Veleš; Katlanovo; Mravinca.

Gryllidae

Gryllus L.

L. campestris (L.) **D**: Mravinca; Plaguša-Planina; Liseč.

Gryllulus Uv.

G. desertus Pall. **D**: Veleš; Babunapaß; Doiransee.
G. burdigalensis f. cerisyi Azam. **D**: Rabrovo; Plaguša-Planina.
G. domesticus (L.) **D**: Skoplje; Prilep.

Oecanthus Serv.

Oe. pellucens (Scop.) **D**: Kalučkova.

Gryllotalpa Latr.

G. gryllotalpa (L.) **D**: Štip, Mravinca; Plaguša-Planina; Kalučkova; Dedeli.

Tettigoniidae

Polysarcus Fieb.

P. denticauda (Charp.) Shar Dagh (am Popovaschapka); **D**: Abdi-Paša; Nikolatal; **K**: Katlanovo; außerdem aus der Umgebung von Pčinja (Karaman-Skoplje leg.).

Ich benutze die Gelegenheit zu einigen Bemerkungen über die Verbreitung und die Variabilität der Art; letztere teilt sie in einer auffälligen Parallelität mit *Poecilimon ornatus* (Fieb.) [s. S. 93].

Über die ökologischen und klimatischen Grundlagen der Verbreitung von *denticauda* hat W. H. I. Goetz (Stuttgart) Aufschlüsse gebracht (Jahresh. Ver. Naturk. Württemberg, Stuttgart 1936, p. 139). Danach besteht eine sehr weitgehende Übereinstimmung ihres Gesamtverbreitungsareals mit dem der Weißtanne (*Abies alba* Mill.); nur an ganz wenigen Stellen decken sich die Areale nicht ganz. Auch vertikal sind beide in gleicher Weise von der Talsohle bis ins Hochgebirge verbreitet, obwohl allerdings *denticauda* im allgemeinen die Hochmatten der subalpinen und alpinen Region bevorzugt. Diese starke vertikale Ausdehnung und Verbreitung deckt sich auch mit meinen Erfahrungen im Balkanraum: auch hier finden wir die Art vorwiegend auf den Hochmatten der alpinen Region, aber, wenn auch viel seltener, ebenso in der montanen Region und sogar im Flachland, kaum mehr als 100 m ü. M., worauf noch zurückzukommen ist.

In dem von Goetz besonders eingehend untersuchten Gebiet der Schwäbischen Alb decken sich auch andere Pflanzenvorkommen, beispielsweise das von *Anemone narcissiflora* L. mit dem von unserer Art bewohnten Gebiet. Microklimatisch hat sie ein starkes Feuchtigkeitsbedürfnis, das sie an eine üppige Wiesenformation bindet; selbst feuchter Untergrund wird nicht gemieden. Der Anspruch gilt aber nur einer gewissen Bodenfeuchtigkeit, nicht der Luftfeuchtigkeit, bezüglich deren *denticauda* allergrößte Schwankungen verträgt, wie ich dies ganz besonders für die balkanischen Vorkommen — im Hochgebirge ebenso wie in heißen niedrigen Lagen — feststellen konnte. Gemieden werden nur Spätfrostgebiete, denen sich auch die Weißtanne entzieht.

Betrachtet man große Serien verschiedener Fundorte, wofür das über 200 Exemplare umfassende Material des Berliner Museums eine gute Grundlage bildet, so erscheint die Variabilität von *denticauda* nach Größe, Färbung und teilweise auch morphologisch, hier insbesondere bezüglich der Länge des Ovipositors, recht erheblich; auch in phaenologischer Beziehung bestehen starke Differenzen.

Was die Größenschwankungen betrifft, so gibt nachstehende Tabelle darüber Aufschluß:

	Long. corp.		*Ovipos.*
	♂	♀	
Schwäbische Alb (5—800 m)	27,5—31	31,5—33	18,2—18,8
Vogesen (11—1300 m)	28,5—33,5	31,5—36	18,8—20,5
Südtirol, Doss dei Morti	27,5—30,5	33	17,5
Transsylv. Alp., Bučegi (2—2300 m)	24 —29	24,8—31	16 —20,5
Herzegowina, Domanovič (etwa 200)	—	41,5	24
Mazedonien, Shar Dagh (19—2000 m)	28 —30	30,5	18,5
— Katlanovo (etwa 200 m)	31 —32,5	39	25,5
— Pčinja (etwa 200 m)	41,5	39	26
— Abdi-Paša (1000 m)	—	45	25,5
— Nikolatal (100 m)	34	33	21,5
Bulgarien, Batovatal (100 m)	—	33	21,5
— Karlik (19—2200 m)	28 —32,5	29,3—32,5	20 —22,5
— Tschéter Tepé (1730 m)	—	39,5	23
— Ossogowageb. (? m)	32,5	—	—
— Karlovo (etwa 300 m)	32,5	31,7	23,3

Wertet man diese Maßtabelle aus, so ergibt sich in großen Zügen, daß wir den mittelgroßen Typ von *denticauda* in Mitteleuropa finden, aber schon die beiden hierher gehörigen Formen der Schwäbischen Alb und der Vogesen (von welchen beiden besonders große Serien vorliegen) zeigen gegenseitig eine deutliche durchschnittliche Größendifferenz, mit der auch, wie wir später sehen werden, eine Färbungsabweichung einhergeht. In dieser Größenordnung bewegen sich auch die Formen aus Südtirol, vom Shar Dagh und Karlik, sämtlich aus der alpinen Region. Die kleinste Form, ebenfalls durch eine sehr große Serie belegt, ist die der Transsylvanischen Alpen, während von den obigen Fundorten im Balkanraum alle aus niedrigen Lagen stammenden Formen — die Höhen dürften sich zwischen 100 und 300 m bewegen — wesentlich, zum Teil sehr erheblich größer sind. Nur Abdi Paša liegt etwa 1000 m hoch, jedoch in einem heißen Trockengebiet, in dem auch *Saga natoliae* (Serv.) vorkommt; allein bei Tschéter Tepé findet sich eine große Form auch in der alpinen Region. Die Länge des Ovipositors entspricht in den meisten Fällen den Schwankungen der Körpergröße; eine wesentliche, nicht nur relative Verlängerung dieses Organs finden wir jedoch bei den mazedonischen Formen der niedrigen Lagen sowie bei der aus der Herzegowina. Hier haben wir Längen von 24—26 mm (demgegenüber in Rumänien kleinstes Maß mit 16 mm!), so daß man bei vergleichender Betrachtung solcher Serien geneigt wäre, eine subspezifische Trennung vorzunehmen, wovon ich jedoch absehen möchte.

Diese balkanischen Flachlandsformen nehmen auch phaenologisch eine Sonderstellung ein: wir finden sie bereits im Mai erwachsen und schon Ende Juni, wenn die Vegetation weitgehend verdorrt ist, wieder verschwunden — entsprechend dem bereits erwähnten starken Feuchtigkeitsbedürfnis der Art. Dagegen treffen wir die Formen der montanen Region in Mitteleuropa erst später als Imagines an: auf der Schwäbischen Alb erst Mitte Juni, und in der subalpinen Region der Vogesen erst ab Mitte Juli; hier verschwindet *denticauda* zuweilen erst Ende September, ja nach der Witterung. In der alpinen Region der Alpen erfolgt das erste Auftreten von erwachsenen Tieren meist erst Ende Juli.

Was schließlich die Färbung[1] betrifft, so sind alle mitteleuropäischen Formen in beiden Geschlechtern grün, aber, wie bereits bemerkt, findet sich schon bei den ♂♂ der Alb und der Vogesen ein deutlicher, serienmäßig genau wahrnehmbarer Unterschied im Farbton: das Grün der Vogesentiere neigt mehr dem Oliv zu. Bei den Formen der alpinen Region besteht bisweilen Neigung zur Ausbildung von zwei hellen Längsstreifen über den Abdomenrücken, was in den Transsylvanischen Alpen fast zur Regel wird; hier zeigen diese Erscheinung oft auch die ♀♀, die sonst im allgemeinen überall rein grün sind. Ganz bunte Stücke, teilweise in beiden Geschlechtern, teils nur im männlichen Geschlecht, mit schwarzem Hinterhaupt, rotbrauner Metazona des Pronotums, schwarzem Abdomen mit hellem Hinterrand der Tergite, einem hellen Mittel – und je einem solchen Seitenstreifen finden wir in den niedrigen Lagen Mazedoniens und Bulgariens. Mit der Schwärzung der Gesamtfärbung geht ein erhöhter Glanz gegenüber den grünen Formen einher, sogar bei den sonst ganz stumpf aussehenden ♀♀, was auf eine glattere Chitinstruktur schließen läßt (Wärmeschutz?). Vergleicht man das bunteste und größte Paar des gesamten vorliegenden Materials, das von Pčinja, dessen ♀ auch den längsten Ovipositor besitzt, etwa mit einem kleinen reingrünen Paar der Schwäbischen Alb, so erkennt man, wie außerordentlich weit sich der eine Phaenotyp der Art bereits von dem andern entfernt hat. Wären diese beiden nicht durch alle denkbaren Übergänge verbunden, so müßte man an einer Artgleichheit zweifeln. Wegen mangelnder Abgrenzungsmöglichkeiten erscheint auch hier eine subspezifische Namengebung untunlich.

An den Orten seines Vorkommens auf Hochmatten ist *Polysarcus denticauda* meist recht häufig, zuweilen 1 bis 2 Exemplare pro qm oder auch etwas mehr. Ich hatte jedoch bisher nirgends Gelegenheit, den Ausbruch eines wirklichen Massenauftretens (60—100 Individuen pro Quadratmeter) zu beobachten, wovon DELLA BEFFA 1948[2]) berichtet. Im Juni 1947 ereignete sich bei Cuneo (Piemont) ein solcher Ausbruch, und es zeigten sich dabei deutliche Analogien

[1]) Nur nach dem Leben oder nach bestkonserviertem Material beurteilt!

[2]) Ann. Sped. Agr. **2**: 567—589. Diese Arbeit war mir nicht zugänglich; CHOPARD (Ann. Biol. Paris, **25**: 105—109) berichtet über ihren Inhalt, der noch andere Beobachtungen an *Polysarcus*, *Barbitistes* und einigen anderen Gattungen behandelt. Vgl. auch CHOPARD in Bull. Soc. Hist. Nat. Afrique d. N. 1935, 65: 269—271.

zu den aus der Phasenlehre UVAROVS bekannten Erscheinungen: stark erhöhte Beweglichkeit und kleinere Massenwanderungen, Auftreten von zahlreichen Exemplaren mit dunkleren, ausdrucksvollen Färbungen (statt rein grün) und Veränderungen des Pronotumrückens zu einer leichten Sattelform; die Eiablage wurde von der zweiten Augusthälfte auf die erste Junihälfte verlegt. Außerdem wurde eine durchschnittliche Verringerung der Körpergröße, verbunden mit entsprechender Verkürzung des Pronotums, der Hinterschenkel sowie der Ovipositors beobachtet. Dies steht in direktem Gegensatz zu der oben erwähnten bunten, in allen Teilen gegenüber der montan-alpinen viel größeren Tieflandsform, die diese Intensivierung der Färbung als Solitärform zeigt.

Poecilimon Fisch.

P. ornatus (Fieb.) Treskaschlucht; **D**: Peristeri; Mala Rupa; Plaguša-Planina; Kalučkova; Rabrovo; Nikolatal; Gopeš; Ebene b. Demir Kapu; **K**: Pepelak; ferner von Pčinja (KARAMAN-Skoplje).

Wie schon eingangs bemerkt, besteht eine außerordentliche Parallelität in der Variabilität mit *Polysarcus denticauda* in jeder Beziehung. Ich habe von *ornatus* in der Berliner Sammlung 62 Exemplare vor mir aus Kärnten, Krain, Südtirol und von den zahlreichen obengenannten mazedonischen Fundorten. Auch hier finden wir neben den kleinen bis mittelgroßen mehr einfarbig grünen (allenfalls mit etwas verwaschenen hellen Rückenbinden gezierten) Stücken aus den montanen und alpinen Lagen der Alpen und den alpinen Lagen Mazedoniens (hier am Pepelak die kleinste Form überhaupt) in den niedrigen Lagen Mazedoniens große, oft ganz schwarzbunte Stücke — das bunteste (♂) wieder von Pčinja — genau entsprechend den Stücken von *denticauda*. Es handelt sich hier um eine gewisse „regionale Convergenz". Auch bei diesen bunten Stücken findet sich erhöhter Glanz durch glattere Skulptur; auch hier finden wir bei den Stücken aus diesen niedrigen Lagen einen stark verlängerten Ovipositor, und zwar Längen von 18—22 mm gegenüber 13—15 mm bei Exemplaren aus nördlicher oder vertikal höher gelegenen Gebieten. Bezüglich der Länge des Ovipositors besteht also hier eine nicht durch Übergänge oder Überschneidungen überbrückte Differenz. Dennoch möchte ich auch hier von einer Benennung absehen, da zahlreiche Färbungsübergänge vorhanden sind[1]).

In diesem Zusammenhang sei auch an *Psorodonotus macedonicus*, die mazedonische Vikariante von *fieberi* (s. daselbst) erinnert, die gleichfalls die Verlängerung des Ovipositors gegenüber dieser Art zeigt; besonders stark tritt dies auch bei der an anderer Stelle (vgl. S. 153) zu beschreibenden neuen *Isophya longicaudata* aus der bulgarischen Dobrudscha in Erscheinung. Es müssen im mazedonischen und

[1]) Im übrigen neigen mehrere *Poecilimon*arten zu starker farblicher Variation von reingrünen bis ganz bunten Stücken, beispielsweise *thoracicus* (♀), bei zahlenmäßig durchaus für die betreffende Art normalem Vorkommen, ebenso *Isophya* und *Barbitistes* (s. weiter unten).

dem benachbarten bulgarischen Gebiet irgendwelche Faktoren zur Auslösung dieser morphologischen regionalen Konvergenz vorhanden sein.

P. poecilus n. sp. (Taf. VII, Fig. 10). In unmittelbarer Nachbarschaft von *ornatus* (Fieb.) und *affinis* (Friv.), wie auch *gracilis* (Fieb.) nahestehend, wesentlich kleiner als die ersteren beiden, größer als die letztgenannte Art. Am nächsten verwandt *ornatus*, da das Pronotum des ♂ nur eine schwache Aufwölbung zeigt, allerdings etwas stärker als bei dieser. Pronotum relativ schmaler, hintere Querfurche mehr nach hinten, etwa in die Mitte verlagert. Elytren schmaler und ihre Gesamtfläche *in situ* länglich statt quer (Abb. 15). Cerci einfach, gekrümmt, mit ziemlich stumpfem Endzahn (Abb. 16). Subgenitalplatte hinten leicht ausgerandet; ♀ dem der beiden anderen Arten morphologisch ganz entsprechend, nur wesentlich kleiner; Unterrand des Ovipositors schwach gekrümmt.

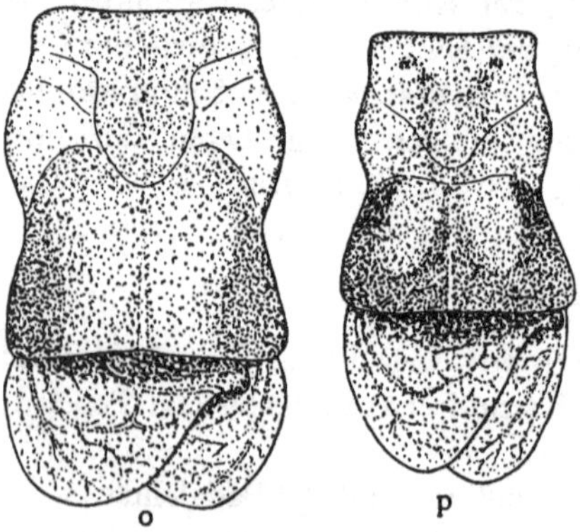

Abb. 15. *Poecilimon* ♂, Pronotum von *o ornatus*, *p poecilus*

Färbung: ♂ meist recht bunt. Kopf grünlich; Fühler in größeren Abständen scharf hell geringelt. Prozona des Pronotums meist grünlich, seltener gelbgrünlich, roströtlich oder auch schwärzlich, seitlich zuweilen breit schwärzlich gerandet; Metazona gelblich, mit rostroten Seiten und ebensolchem verwaschenen Mittelstreifen, zuweilen auch fast die ganze Metazona rostrot. Elytren hell bräunlich, oft mit grünlichem Schein. Abdomenrücken olivgrünlich, mit zwei elfenbeinfarbigen oder auch verwaschen-bräunlichen, außen zuweilen bis lackschwarz dunkelgerandeten Längsstreifen; ein Mittelstreifen des Adomenrückens grünlich, bräunlich oder lackschwarz. Cerci hellbraun. Alle Schenkel grünlich, zuweilen mit schwarzer Oberkante; ♀ einfarbig grün, nur die Metazona des Pronotums mehr oder weniger breit roströtlich gesäumt, Elytren gelblich bis grünlich.

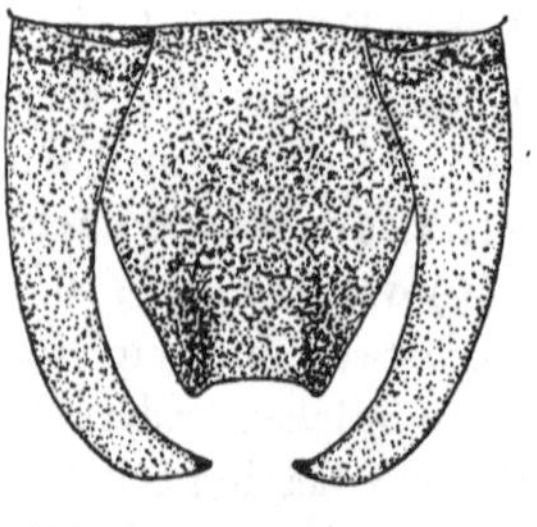

Abb. 16. *Poecilimon poecilus* ♂, Genitalregion

Von *affinis* ist die neue Art also außer durch ihre geringere Größe, das hinten nur ganz wenig emporgewölbte Pronotum, die apikal schwächer gekrümmten Cerci des ♂ sowie durch die sehr kontrastreich in weiten Abständen schwarzweißgeringelten Fühler leicht zu unterscheiden. Sonst stimmt *poecilus* in der Färbung durch seine Buntheit mehr mit *affinis* als mit *ornatus* überein, ebenso wie mit dem kleineren *gracilis*, von dem sich unsere neue Art durch erheblichere Größe, gleichfalls sehr kontrastreiche (bei *gracilis* nur ganz feine und matte) Ringelung der Fühler und eine absolut und relativ weit größere Elytrenfläche leicht unterscheiden läßt.

	♂	♀
Long. corp.	18 —22,7	20,8—22
— *pron.*	4,3— 6	6 — 6,4
— *elytr.*	3,8— 4,5	0,5— 1,5
— *f. post.*	13,5—17,5	6,7— 7,6
— *ovipos.*	—	11,4—12,8

Typus ♂, Allotypus ♀, Paratypen 24 ♂♂, 15 ♀♀, Shar Dagh, am Popovaschapka; auf den Hochmatten um 2000 m, mit Vorliebe auf niederliegenden *Juniperus*büschen, 6. 8. 1939.

P. gracilis (Fieb.) **K**: Pepelak (1800 m); etwas kleiner und bunter als kroatische und Kärntner Stücke (nach größeren Serien aus allen drei Gebieten).

P. schmidti (Fieb.) Suva Planina, oberhalb Dušnik; Shar Dagh (Crni Vrh) **Z**: Karadžica Planina (Elova-Mačiste).

P. brunneri (Friv.) **Z**: Štip.

P. fussi Br. Saloniki (Kattinger).

P. thoracicus (Fieb.) Crni Vrh; oberh. Pčinja; Pirin, Engadina (1750 m) 22. 8. (P. Schulze-Rostock).

P. macedonicus Rme. **D**: Plauš; Plaguša-Planina; Peluša-Planina.

Isophya Br.

I. speciosa (Fieb.) **Z**: Pirin (Bansko).

I. modesta (Fieb.) **D**: Veleš.

I. modestior Br. (= *fusconotata* Br., 1931 von mir synonymisiert), Crni Vrh.

Barbitistes Charp.

B. ocskayi Br. Treskaschlucht; auch von Knipper dort zahlreich gesammelt. Sie findet sich vorwiegend auf *Rubus* (Brombeere); das ♂ zeigt meist glänzend schwarze, seltener grünliche Färbung in allen Übergängen, das ♀ ist vorwiegend grün, dagegen seltener mit schwärzlichem Untergrund. Von einem Massenauftreten war hier keineswegs zu sprechen (vgl. S. 91).

Ancistrura Uv.

A. nigrovittata (Br.) **D**: Plaguša-Planina; Hudovaebene; **Z**: Štip, vorwiegend auf einer *Rosa*-Art. Färbung im Leben und bei gut konservierten Stücken: Kopf, Pronotumseitenlappen und Beine hellgrünlich; Fühler bräunlich, Hinterhaupt ebenso, mit feiner gelber Längslinie, Pronotumrücken grünlich, oft am Vorderrand sowie am Hinterrand oder auch im ganzen hellbraun, dunkel punktiert. ♂ Discus der Elytren hell schmutziggelblich, Seitenkanten breit schwarzbraun, die Ränder der Elytren wieder hell; Abdomen hellbräunlich, meist mit grünlichen Seiten. ♀ in der Färbung dem ♂ entsprechend.

Andreiniimon Capra

A. nuptialis (Karny) [Taf. VII, Fig. 11].

Leptophyes nuptialis Karny. Verh. Zool.-bot. Ges. Wien 1918, **68**: 35.
Andreiniimon permirum Capra. Boll. Soc ent. Ital. 1937, **45**: 102.
— *nuptialis* (Karny) [Capra, Boll. Soc. ent. Ital. 76, 1946].

Treskaschlucht, am Kloster Treska, 1 ♀ auf *Rubus* (Brombeere). In den Textabbildungen 17 und 18 sind die morphologischen Verhältnisse nach dem gut konservierten ♂ Typus (Karny) und dem obengenannten frischen ♀ wieder-

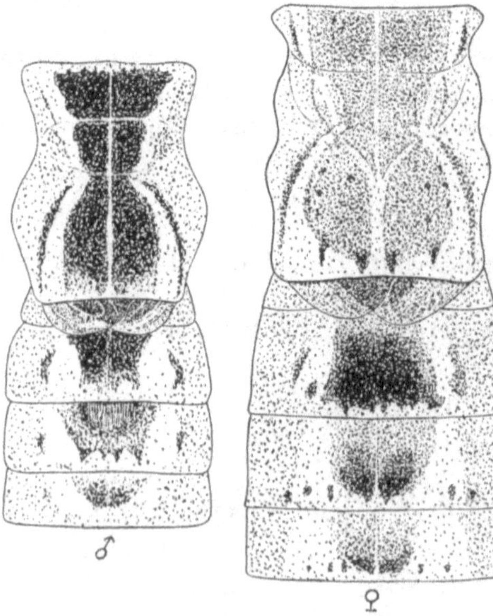

Abb. 17. *Andreiniimon nuptialis*, Pronotum und erste Tergite

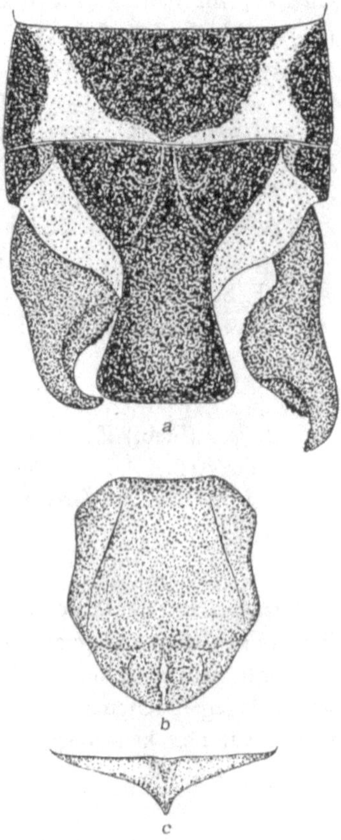

Abb. 18. *Andreiniimon nuptialis*, *a* Genitalregion ♂ (r. Cercus herausgebogen); Subgenitalplatte *b* ♂, *c* ♀

gegeben; die Abbildungen bei Capra seines *permirum*-Typus ♂ scheinen nach etwas geschrumpftem Material angefertigt zu sein.

Homorocoryphus Karny

H. nitidulus (Scop.) **Z**: Gostivar-Debar (Ebene).

Conocephalus Thbg.

C. fuscus (F.) Pčinja, Štip; **D**: Veleš; Mravinca; Hudova (an letzteren beiden Orten zum Teil in der hyperpteren Form; vgl. S. 28); **Z**: Gostivar-Debar (Ebene); Saloniki (Kattinger).

C. dilatatus n. sp. [Taf. II, Fig. 18]. ♂ äußerlich — gegenüber *fuscus* — sofort durch das apikal verbreiterte und stumpf abgeschnittene Abdomenende sowie die nicht fast horizontale, sondern stark abwärts gerichtete bis fast vertikale Stellung der Cerci zu unterscheiden. Hinterhaupt gegenüber *fuscus* hinter dem Fastigium nur wenig eingesenkt.

Stark verschieden gegenüber letztgenannter Art ist die Genitalregion des ♂ (Abb. 19d und e): in senkrechter Projektion erscheint das Analsegment hinten

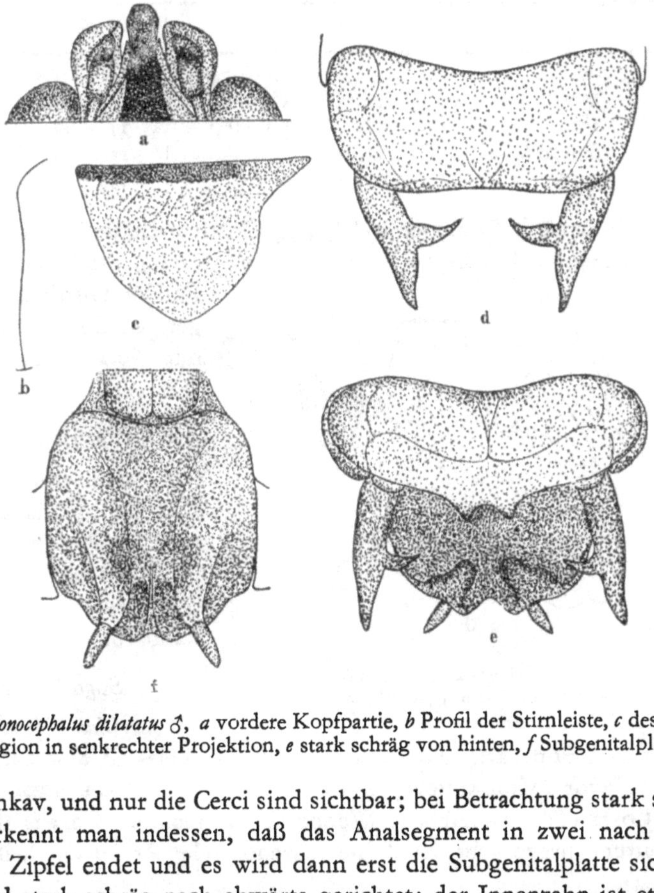

Abb. 19. *Conocephalus dilatatus* ♂, *a* vordere Kopfpartie, *b* Profil der Stirnleiste, *c* des Pronotums, *d* Genitalregion in senkrechter Projektion, *e* stark schräg von hinten, *f* Subgenitalplatte (ventral)

leicht konkav, und nur die Cerci sind sichtbar; bei Betrachtung stark schräg von hinten erkennt man indessen, daß das Analsegment in zwei nach unten gekrümmte Zipfel endet und es wird dann erst die Subgenitalplatte sichtbar. Die Cerci sind stark schräg nach abwärts gerichtet; der Innenzahn ist etwas hinter der Mitte gelegen, einfach gekrümmt. Subgenitalplatte apikal auf der Dorsalseite mit je einem nierenförmig oder ähnlich gebildeten, etwas blasig wirkenden Wulst über der Anheftungsstelle der einfach pfriemförmigen Styli, ventral mit durchgehender, orad und anad verbreiterter leichter Längsfurche.

Ebenso wie die ganze Genitalregion des ♂ ist im besonderen auch die Subgenitalplatte gegenüber *fuscus* viel breiter, und die tiefer eingeschnittene Längsfurche erreicht das Plattenende. Die Cerci von *fuscus* zeigen einen (meist auch etwas mehr apikal verlagerten) stärkeren, in sich s-förmig gekrümmten und horizontal gerichteten Innenzahn; auch die Styli zeigen eine Krümmung. Das ♀ hat morphologisch keine Besonderheiten; auch der Ovipositor entspricht in den Durchschnittswerten dem von *fuscus*.

Färbung bei beiden Geschlechtern dem in der Gattung üblichen Schema folgend, mit grünlichem Grundton.

	♂	♀
Long. corp.	15,5—17,3	16 —18,5
— *pronot.*	3,8— 4	3,6— 4,2
— *elytr.*	15,5—16,5	17 —21
— *fem. post.*	13 —13,2	12,5—15
— *ovipos.*	—	13 —16

Typus ♂, Allotypus ♀, Paratypen 4♂♂, 4♀♀ Gostivar-Debar (Ebene) (ZWICK); 1 ♂ Ombla b. Ragusa (RAMME); 1 ♀ Omiš, 7. 19. (LIEBE), die beiden letzteren Fundorte also in Dalmatien gelegen. Bei Gostivar-Debar mit *fuscus* gemischt vorkommend.

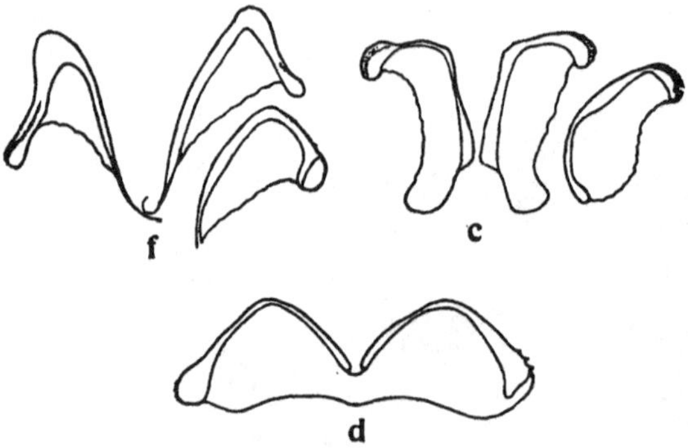

Abb. 20. *Conocephalus*, *Epiphallus* von *f fuscus*, *c cyprius*, *d dilatatus*

Tettigonia L.

T. viridissima L. Pčinja; **D**: Prilep; Katlanovo; Rabrovo; Kalučkova; Nikolatal; Hudova.

T. caudata (Charp.) **D**: Rabrovo.

Saga Charp.

S. natoliae (Serv.) Treskaschlucht; Pčinja; Štip; **D**: Abdi-Paša; Kalučkova; Veleš (P. SCHULZE-Rostock 25. 8. 1917); Ižvor (MÜLLENHOFF, 8. 1917); Doiransee (RECHINGER 6. 1936).

S. italica Costa (Taf. VI, Abb. 1) Wodno (etwa 500 m). Wie aus der Revision der Gattung hervorgeht, muß die mazedonische Art *italica* heißen (vgl. Kap. II, A, 3).

S. campbelli Uv. (Taf. VI, Abb. 2) Pčinja; Štip. Hält sich mit Vorliebe in einzelnen Büschen von *Prunus spinosa* und *Quercus coccifera* auf, wo sie oft tief im Innern sitzt und auf (gern den Schutz dieser Büsche suchende) Tettigoniiden (wie beispielsweise *Bucephaloptera*, *Rhacocleis* und *Gampsocleis*) Jagd macht. Durch Klopfen und Treten auf diese Büsche kann man die Tiere veranlassen, zum Vorschein zu kommen.

Gampsocleis Fieb.

G. abbreviata ebneri Uv. (Taf. V, Abb. 4). Štip; Pčinja; **K**: Katlanovo; Saloniki (Kattinger). Diese Subspezies fand sich besonders auf den Bergkuppen oberhalb Pčinja sehr häufig, teils auf kahlem, fast vegetationslosem Boden, teils (zusammen mit *Bucephaloptera* und *Rhacocleis*) am Rand und im Innern der bei der vorstehend genannten Art angegebenen Büsche.

Rhacocleis Fieb.

R. germanica (H.-S.) Pčinja (am Berghang in den vorstehend genannten Büschen); Wodno; **D**: Kalučkova; **Z**: Elova-Mačiste; Gostivar-Debar; **K**: Babunatal. Die mazedonische Form fällt durch ihre Kleinheit auf; sie ist meist; besonders im weiblichen Geschlecht, einfarbig hell- und graubräunlich.

Pachytrachis Uv.

P. gracilis Br. Crni Vrh.

Anterastes Br.

A. serbicus Br. Shar Dagh, auf den Hochflächen am Popovaschapka.

Eupholidoptera[1]) Rme

E. schmidti (Fieb.) Wodno; Treskaschlucht; Pčinja. **D**: Plagusa-Planina.

Pholidoptera Wesm.

Ph. macedonica Rme (Taf. V, Abb. 3) Die Schicksale dieser schwierigen Art in ihrer Beurteilung sind wechselvoll. Von mir (nach 1 ♂ von der Plaguša-Planina, Doflein leg.) ursprünglich als gute Art (D. Ent. Z. 1928, p. 303) beschrieben, hatte ich sie zunächst in die Nachbarschaft von *dalmatica* Krauss gestellt; Zeuner (Mitt. Zool. Mus. 1931, p. 430) betrachtet sie sogar als Subspezies von dieser, im Bereich der „bosnischen Rasse". Später (l. c. 1939, p. 109) habe ich sie dann als möglicherweise mit der sehr ähnlichen *aptera karnyi* Ebner identisch angesehen, mit dem Bemerken, daß erst weiteres Material die Entscheidung ermöglichen könne, ob nicht doch eine eigene, *aptera* nahestehende Art vorliege. Diese Vermutung hat sich nun durch Erbeutung einer Serie von 5 ♂♂ und 3 ♀♀ am Wodno bestätigt: *macedonica* hat mit *dalmatica* nichts zu tun, wie der Bau der Subgenitalplatte des ♀ (ohne Zäpfchen!) beweist, und auch nichts mit *aptera*; sie steht als gute Art neben dieser.[1])

Die Unterschiede gegenüber *aptera aptera*, schon im äußeren Eindruck, sind so augenfällig, daß eine Verwechslung beider Arten unmöglich erscheint, aber die *subsp. karnyi* entfernt sich in einigen Punkten ebenso von der Nominatform, wie sie sich, wenigstens phaenotypisch, *macedonica* nähert. Dies erschwert die Er-

[1]) Vgl. die Revision von *Pholidoptera* Wesm. S. 191.

kennung der letzteren und es ist daher nötig, die Unterschiede aller drei Formen gegeneinander zu fixieren.

Der hervorstechendste Unterschied zwischen *aptera aptera* und *aptera karnyi* besteht in der Form des hellen Randsaums der Pronotumseitenlappen, der sich bei der Nominatform bei Erreichen des Unterrandes der Seitenlappen scharf zuspitzt und dann abbricht, während er bei *aptera karnyi* sich breit verwaschen bis zum Vorderrand der Seitenlappen erstreckt. Der Pronotumrücken des ♂[1]) zeigt bei beiden Formen zwar gerundete, aber ziemlich scharf markierte Seitenkanten; die Metazona ist beiderseits eines mehr oder weniger ausgeprägten gerundeten Längskieles etwas eingesenkt, so daß der Pronotumhinterrand meist ein wenig aufgebogen erscheint. Die Elytren der Subspezies bedecken *in situ* eine durchschnittlich kleinere Fläche und sind deutlich heller.

Bei *macedonica* finden wir eine gleichartige Umrandung der Seitenlappen wie bei *aptera karnyi*, nur ist hier der helle Saum in seinem markanten oberen Teil meist auch ein wenig breiter. Der Pronotumrücken ist im ganzen glatter und gewölbter, mit mehr gerundeten Seitenkanten; der Hinterrand ist durchschnittlich mehr konvex. Die Elytren sind fast elfenbeinfarbig und etwas kürzer; sie machen durch weniger ausgeprägte Aderung einen deutlich glatteren Eindruck als bei *aptera* und ihrer Subspezies; *in situ* erscheinen sie durchschnittlich schmaler. Die *vena plicata* ist vom Pronotumhinterrand bedeckt und die dunkle *pars stridulans* daher viel weniger sichtbar. Das beste Unterscheidungsmerkmal bieten die Hinterschenkel; sie sind, besonders in horizontaler Richtung, deutlich dicker und, wie auch die Hintertibien, länger als bei *aptera karnyi*; man muß aber stets Stücke gleicher Größe vergleichen; augenfällig wird der Unterschied bei Serien. Auch der Ovipositor ist (absolut und relativ) länger und schmaler und fast gerade, während er bei *aptera* (s. lat.) durchschnittlich etwas mehr gekrümmt ist. In den Abbildungen 2a und 3a auf Tafel V zeigen die ♀♀ von *a. karnyi* und *macedonica* den extremsten Grad der Annäherung des Ovipositors; meist ist dieser Unterschied ausgeprägter. Die Cerci (♂) geben zur Unterscheidung keine sehr deutlichen Anhaltspunkte, doch erscheint der Apikalteil hinter dem Zahn bei *macedonica* länger und zierlicher.

Die Epiphalli von *a. aptera* und *a. karnyi* (Abb. 52) ähneln sich naturgemäß stark, nur sind sie bei letzterer sowohl bezüglich der Schenkel als auch der Bezahnung etwas zierlicher; es kommt hier gelegentlich vor, daß die Schenkel apikal etwas aufgeblasen erscheinen. Der Epiphallus von *macedonica* ist entsprechend der nahen Verwandtschaft zwar ähnlich, besitzt aber eine viel zierlichere Schenkelbasis, und ebenso sind die Schenkel selbst sehr viel feiner und die Dornen ganz klein. In der Abbildung sind die Einzelbilder der Schenkelendenprofile doppelt so stark vergrößert wie bei *aptera* und ihrer Subspezies; um das gleiche Profil zu erhalten, mußte eine viel schrägere Projektion

[1]) Die ♀♀ der Gattung zeigen fast durchweg ein weniger plastisches, mehr gerundetes Pronotum als die ♂♂.

angewandt werden, da die Schenkelenden nicht so stark nach außen gebogen sind.

Die nachstehende Tabelle gibt die Größenunterschiede von *aptera karnyi* und *macedonica* (Elytren vom Pronotumhinterrand gemessen); man erkennt deutlich, daß *macedonica* bei durchschnittlich geringerer Körperlänge meist höhere Werte der Einzelteile zeigt.

	aptera karnyi		*macedonica*	
	♂	♀	♂	♀
Long. corp.	19,5—23,3	21,5—23,3	20,7—21,3	21,5—22
— *pronot.*	7,3— 8,3	7,3— 9,4	8 — 8,6	8,4—8,6
— *elytr.*	5,3— 7	—	4,3— 4,6	—
— *fem. post.*	18,5—22,2	21,8—23,8	23,5—25	24,3—25,5
— *tib. post.*	18,7—22	20 —23,6	22,3—24	23,6—24,2
— *ovipos.*	—	17,3—21,5	—	23 —23,6
Lat. ovipos.	—	1,8	—	1,4

Die Nominatform *aptera aptera* bewohnt das gesamte Alpengebiet; alle übrigen Angaben in der Literatur dürften sich auf die Subspezies oder (in den Karpaten) auf *transsylvanica* beziehen. *Aptera karnyi*, die balkanische Vikariante, ist aus Bosnien (Čajniza, ♀, Typus), der Herzegowina (Stolač), Albanien (Pashtrik), Serbien (Tri Cuke) und Bulgarien (Vitosha; Rilagebirge; Tschéter Tepé b. Situjakovo; Klisura i. C.-Balkan; Pirin; Tschepelare i. Rhodope-Geb.; Orisare-Barakli, 30 km nördl. Burgas; Konak i. Istrandja-Balkan) bekannt geworden; Höhenlagen, soweit bekannt, 350—730 m. *Macedonica* ist bisher ausschließlich in Mazedonien (Plaguša-Planina; Wodno b. Skoplje) aufgefunden worden. Am Wodno lebt sie in etwa 5—600 m Höhe; ich fand sie in einem sehr lichten, niedrigen Eichwald nur sehr vereinzelt. Die Stridulation von *macedonica* habe ich nie gehört, während sich *aptera* überall sofort durch ihr hell metallisches Zirpen verrät; auch dies spricht für ihre Artverschiedenheit.

Ph. fallax (Fisch.) **Z**: Radikatal 900 m.

Platycleis Fieb.

P. denticulata (Thbg.) **D**: Prilep; Plauš; Kalučkova; **Z**: Pepelak; Gostivar-Debar; Radikatal.

P. intermedia (Serv). **Z**: Kiselawoda; Gostivar-Debar; **K**: Babunatal b. Prilep und Stepanči.

P. affinis (Fieb.) Pčinja und Berge oberhalb des Ortes; Štip; **Z**: Kiselawoda, Gostivar-Debar; Elova-Mačiste; **K**: Babunatal b. Prilep und Stepanči.

P. escalerai escalerai I. Bol. **D**: Stip; **Z**: Skoplje (6 km nördl.); **K**: Katlanovo.

Montana Znr.

M. macedonica (Berl. u. Chop.) [Taf. V, Fig. 9] Vodno; Pčinja; Štip; **Z**: Karadžica planina (Elova).

Incertana Znr.

I. incerta (Br. v. W.) Wodno; Pčinja; Tetowo.

Tessellana Znr.

Tessellana nigrosignata (Costa) (Taf. VIII, Abb. 7).

1863 *Decticus nigrosignatus* Costa, Ent. Calabr. Ult., p. 30 T. III, Fig. 3, 4.
1883 *Platycleis nigrosignata* Brunner v. Wattenwyl (*partim*) Prodr. p. 351.
1912 *Metrioptera orina* Karny (*partim*) Wien, Ent. Z., p. 292.
1922 *Metrioptera carinata* Berland und Chopard, Bull. Mus. Hist. Nat., p. 231.
1923 *Metrioptera nigrosignata* und *orina* Uvarov, Trans. Ent. Soc. London, p. 153.
1941 *Tessellana nigrosignata* Znr., Trans. R. ent. Soc. London, p. 36 (*partim*).

Wodno; oberhalb Pčinja; Hügel bei Štip; **Z**: Gostivar-Debar; **K**: Babunatal bei Prilep und Stepanči.

T. nigrosignata (Costa) ist nicht mit *orina* Burr (Taf. V, Abb. 7 u. 8) identisch, wie im Folgenden bewiesen werden soll. Die Art wurde von der Südspitze Italiens (Otranto) beschrieben und abgebildet; ebenso bezieht sich Brunners Beschreibung im „Prodromus" eindeutig auf diese Art. In dem von letzterem Autor angeführten Material seiner Sammlung, das ich untersuchen konnte, gehören aber nur die Stücke von Ephesus zu dieser Art, während alle übrigen (Dalmatien, Korfu und Taygetos) *orina* angehören. Die Auffindung der in diesem Material also schon vorhandenen Art in der Herzegowina (Bičeviča) und ihre Neubeschreibung durch Burr als *orina* erfolgte erst 1899. Karny führt diesen Fund 1907[1]) als *orina* auf mit der Einschränkung „? = *nigrosignata* Costa". Ebner nennt Exemplare aus Albanien (Skhodra = Skutari) *nigrosignata*, seine Beschreibung läßt aber deutlich auf *orina* schließen, was meine spätere Untersuchung der Stücke auch bestätigte.

Ausführlich läßt sich Karny 1912 über *orina* aus und bemerkt auf Grund einer Untersuchung des oben erwähnten Materials der Brunner-Sammlung und seines auf der Prenj-Planina, also dem topotypischen Gebiet der Art, gesammelten Materials, daß er „diese Spezies von *nigrosignata* nicht unterscheiden könne". Aus seinen Darlegungen geht hervor, daß er von den, wie wir später sehen werden, für die Unterscheidung wesentlichen Merkmalen nur auf die volle oder nur teilweise Ausbildung des Pronotumlängskiels Bezug nimmt, daß ihm aber die übrigen, nicht wesentlichen Merkmale das Bild immer wieder verwirren: nur zu natürlich, da er eben, ohne dies zu erkennen, beide Arten vor sich hatte. Berland und Chopard beschrieben dann 1922 aus Mazedonien *carinata*, die von Uvarov (1923 und 1924) mit Recht zu *nigrosignata* gestellt wurde; gleichzeitig stellte er aber auch *orina* auf Grund des Studiums der Burrschen Typen, ohne nähere Begründung, zu *nigrosignata*.

Allen genannten Autoren sind zwei entscheidende Unterschiede entgangen: das Verhältnis der pars stridulans (und bei dem ♀ des entsprechenden Teils)

[1]) Wiss. Mitt. Bosn. u. Herzeg., Wien, p. 653.

zu der Gesamtform und Gesamtfläche der Elytren, sowie die schwarze Fleckenlinie auf der Abdomenmitte. Dazu kommt, mit den beiden erstgenannten Merkmalen stets gekoppelt, die verschiedenartige Ausbildung des Pronotumslängskiels, die ich bereits erwähnte: bei *nigrosignata* ein gleichmäßig über das ganze Pronotum sich erstreckender Längskiel, der bei *orina* nur in der Metazona deutlich entwickelt ist.

Meiner Untersuchung lag außer dem Wiener das umfangreiche Material des Berliner Museums zugrunde, insgesamt 44 Stücke von *nigrosignata* und 24 von *orina*.

Wie aus den Abbildungen 3 und 4 auf Tafel V deutlich hervorgeht, ist der räumliche Anteil der *pars stridulans* an der Gesamtfläche der Elytren bei *orina* wesentlich größer als bei *nigrosignata*; dabei ist auf diesen Abbildungen nur der Fall der extremsten Annäherung dargestellt, während man auf den Totalbildern der Tafel V diesen Kontrast noch viel stärker erkennt. Der apikale Elytrenteil ist bei *orina* wesentlich kürzer als die *pars stridulans*; man sieht auch deutlich, daß die schwarzen Felder zwischen den Queradern bei *orina* kürzer sind und weniger ausdrucksvoll in Erscheinung treten als bei *nigrosignata*, besonders in Ruhelage der Flügel. Das zweite Merkmal für *nigrosignata*, eine scharfe, aus zwei dichten, nebeneinanderliegenden schwarzen Punktreihen gebildete Längsbinde über den Abdomenrücken wird von Costa sowohl erwähnt als auch, zwar nicht ganz korrekt, abgebildet; auch Berland und Chopard erwähnen sie für ihre mazedonische *carinata*, die sich damit klar als mit *nigrosignata* identisch erweist. Dieses Merkmal ist, wie das reiche Material beweist, völlig konstant und genügt allein zur Unterscheidung beider Arten auf den ersten Blick; *orina* hat höchstens an den Abdomenseiten je eine verwaschene Fleckenbinde.

Hinzu kommt schließlich die schon erwähnte verschiedenartige Ausbildung des Pronotumkiels; um so unkorrekter erscheint der Passus in Burr's Diagnose für *orina*: „*carina per totam longitudinem pronoti perducta*". Eine Untersuchung von 2 Paratypen im Wiener Museum ergab dann auch die Prägnanz des Kiels nur in der Metazona. Der Epiphallus (Abb. 61) ist bei beiden Arten ziemlich einheitlich gebaut, in der Form etwas variabel und kaum mit Erfolg zur Unterscheidung heranzuziehen, dazu aber auch gar nicht notwendig.

Nachstehend gebe ich die vergleichenden Maße für beide Arten:

	nigrosignata		*orina*	
	♂	♀	♂	♀
Long. corp.	14 —15,7	14 —16,3	14 —16,5	15,2—19
— *pron.*	3,9— 4,4	3,9— 4,5	4,3— 5	4,2— 5,6
— *elytr.*	4,5— 6,3	5,1— 6,3	4,5— 5,7	5 — 5,6
— *fem. post.*	13,7—15	14 —17,2	13,7—15,6	14,8—19
— *ovipos.*	—	5,4— 5,7	—	4,7— 7,2

Die Vergleichszahlen für die *pars stridulans* des ♂ *in situ* sind: Breite bei *nigrosignata* 2—2,4, bei *orina* 2,6—2,7 mm; größte Länge (nur des eigentlichen Diskus, vom Pronotumhinterrand gemessen) bei ersterer Art 1,9—2,3, bei letzterer 2,4—2,6 mm.

Nigrosignata ist also bisher nur nachgewiesen in Süditalien (Otranto), Mazedonien (vgl. die eingangs angegebenen Fundorte sowie die für „*carinata*") und Anatolien (Ephesus). Die bisher bekannten Fundorte von *orina* sind Herzegowina (Bičeviča und Gladno polje i. Prenjgebiet), Dalmatien (Ombla b. Ragusa), Albanien (Skhodra, Elbasan und Maliksee b. Korča) sowie Griechenland (Akarnanien). Das einzige Exemplar (♀) von Akarnanien geht weit über die Durchschnittsgröße hinaus (vgl. in der Tabelle die Zahlen ganz rechts).

Zur Färbung von *nigrosignata* in Mazedonien ist noch zu bemerken, daß — serienmäßig festgestellt, also anscheinend konstant — diese regionalen Schwankungen unterworfen ist: die Stücke von Skoplje und Štip sind strohfarbig, die vom Babunatal zeigen hellbräunliche, die von Gostivar-Debar dagegen eine graue Grundfärbung.

Metrioptera Wesm.

M. ebneri Rme [Taf. V, Fig. 5] Crni Vrh. (Abb. 21[1])).

Bicolorana Znr.

B. arnoldi (Rme) Wodno

B. knipperi n. sp. [*Metrioptera oblongicollis* Rme (*partim*). Mitt. Zool. Mus. Berlin 1939, p. 115.]

Nächststehend und sehr ähnlich *oblongicollis* (Br. v. W.), [Taf. V, Fig. 6] größer. Kopf dicker, Pronotum etwas robuster. Elytren ♂ bis zum Ende des 3., ♀ des 2. Tergits reichend. Analtergit ♂ (Abb. 22) nur ganz flach ausgeschnitten, Tergitfortsätze schmal und ziemlich scharf abgesetzt, auswärts gekrümmt. Cerci

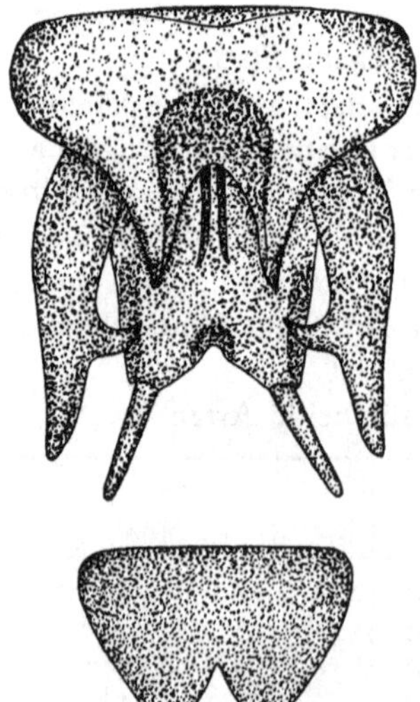

Abb. 21. *Metrioptera ebneri* ♂, Genitalregion, ♀ Subgenitalplatte ventral

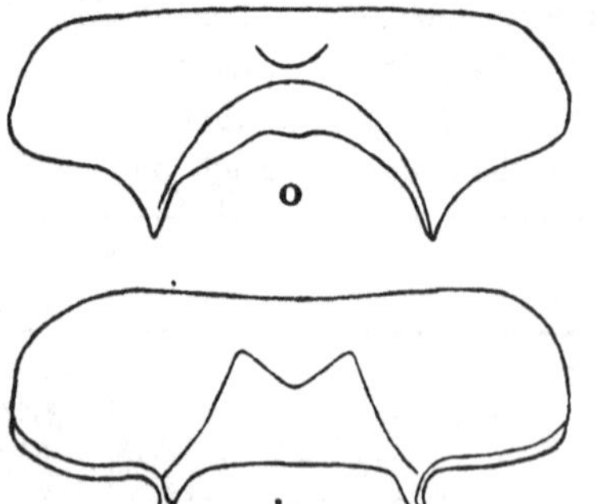

Abb. 22. *Metrioptera* Analtergit ♂, *o oblongicollis*, *k knipperi*

[1]) Als Verbesserung gegenüber früheren Abbildungen!

wie bei der genannten Art, mit etwas derberem Zahn am Ende des zweiten Drittels; Subgenitalplatte mit an der Basis etwas breiter gerundetem Einschnitt. ♀ 6. Sternit mit stark erhabenem schmalem Buckel am Vorderrand, 7. Sternit um $^1/_3$ länger als das 6., mit kleiner umwallter rundlicher Grube am Hinterrand. Subgenitalplatte mit längeren, breiter gerundeten apikalen und stärker entwickelten, etwas abweichenden basalen Zipfeln. Ovipositor länger als der Pronotumrücken. Färbung markanter als bei *oblongicollis*: Pronotumseitenlappen mit scharf abgesetzter heller Randbinde, im übrigen ziemlich stark verdunkelt. Elytren ♂ mit schwärzlich gegittertem Discoidalfeld, bei dem ♀ einfarbig.

	knipperi	
	♂	♀
Long. corp.	19	20
— *pronot.*	6,2	6,7
— *elytr.*	5,4	5,4
— *fem. post.*	18,6	23,5
— *ovipos.*	—	8,5

Typus ♂, Allotypus ♀, Golešnica-Planina, am Pepelak, 1800 m, 7. 1936 (KNIPPER); dem Entdecker gewidmet.

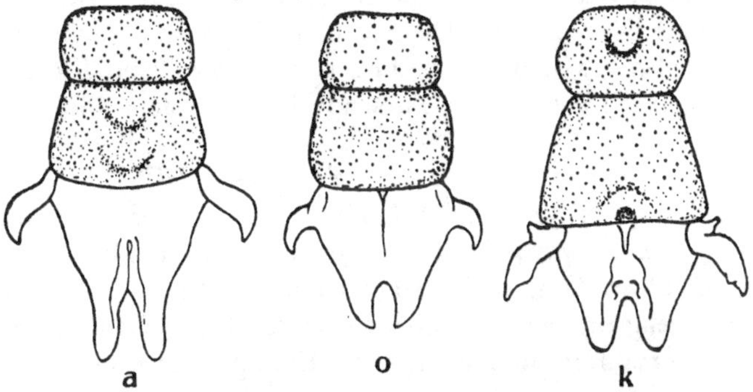

Abb. 23. *Metrioptera*. Letzte Sternite und Subgenitalplatte ♀ von *a arnoldi*, *o oblongicollis*, *k knipperi*

Ich habe dieses Paar l. c. 1939, p. 116 bereits unter *oblongicollis* erwähnt, aber die jetzt zur Abtrennung führenden Merkmale nicht ausreichend berücksichtigt. Die hierauf basierende Angabe von EBNER (Eos 1946, **22**: 23) bei *oblongicollis* „Mazedonien" muß also fortfallen. Da die Größenangaben für *oblongicollis* auch die von *knipperi* enthielten, müssen erstere folgendermaßen revidiert werden:

	oblongicollis	
	♂	♀
Long. corp.	17,7—19	17,2—21
— *pronot.*	5,2— 5,8	4,6— 5,9
— *elytr.*	5,1— 5,7	2,8— 4,3
— *fem. post.*	18 —20	17,2—21,5
— *ovipos.*	—	5,5— 6

Ich benutze die Gelegenheit zur Abbildung der letzten beiden Sternite und der Subgenitalplatte des ♀ der drei nahverwandten Arten *arnoldi*, *oblongicollis* und *knipperi* (Abb. 23), die die Unterschiede klar erkennen lassen; zur Variationsbreite der Endzipfel der Subgenitalplatte bei *arnoldi* und *oblongicollis* vgl. l. c. 1939, p. 114, Abb. 40 und p. 115, Abb. 41. Der Epiphallus von *oblongicollis* ist in der letztgenannten Abbildung von rückwärts statt von vorn wiedergegeben und führt daher im Vergleich mit den Epiphalli in obengenannter Abb. 40 zu Irrtümern; vgl. daher die neuen Abbildungen in der vorliegenden Arbeit (Abb. 63).

Bucephaloptera Ebner

B. bucephala (Br.) Pčinja, Štip; **Z**: Elova—Mačiste; **K**: Babunatal (s. a. bei *Saga campbelli* S. 97).

Psorodonotus Br.

P. macedonicus Rme Crni Vrh; **D**: Kobiliza, 2400 m; **K**: Pepelak. (Vgl. die Revision S. 260.)

Bradyporus F. W.

B. dasypus (Illig.) Hudova; **D**: Veleš; Nikolatal; Plaguša-Planina; Abdi Paša; Prilep. Ich traf (1. 8.) nur noch ein einzelnes ♂ an, frühmorgens um 5 Uhr auf einer Distel zirpend. Die Art soll in der zweiten Junihälfte bis in den Juli an vielen Stellen des Gebietes, besonders auch am Demir Kapu, sehr häufig sein; sie ist demnach Anfang August schon bis auf kleine Reste verschwunden.

Ephippiger Berthold

E. ephippiger (Fiebig) Hudova, gern auf den Spitzen niedriger Büsche von *Quercus coccifera*; Wodno (4—500 m) in lichtem Buchenwald; Crni Vrh (1500 m); **Z**: Elova; Gostivar-Debar (1300 m); **K**: Pepelak; Babunatal bei Prilep. Ich möchte annehmen, daß die von Knipper am Pepelak angegebene Höhenlage (2350 m!) nicht zutrifft; vermutlich ist das Exemplar am Aufstieg zu diesem Gipfel gefunden worden.

Acrididae

Tetrix Latr.

T. subulata (L.) **D**: Katlanovo; Mravinca; Doiransee.

T. tenuicornis (Sahlb.) [= *bipunctatum* (Saulcy) nach Kjell Ander 1931], **D**: Kruševo.

T. depressa (Bris.) **D**: Wodno; Kalučkova; Gopeš; **K**: Karadžica-Planina.

Paratettix I. Bol.

P. meridionalis (Ramb.) **D**: Kalučkova.

Acrida L.

A. mediterranea Dirsh (L.) Hudova; Wodno; **D**: Veleš; Katlanovo; Štip; Kalučkova; Babunapaß; **Z**: Skoplje; Ochridasee (Ufer); **K**: Stepanči.

Parapleurus Fisch.

P. alliaceus (Germ.) Treskaschlucht.

Euthystira Fieb.

E. brachyptera (Ocsk.) Crni Vrh.

Stenobothrus Fisch.

St. stigmaticus (Ramb.) **D**: Kobiliza (12—2400 m); **K**: Pepelakgipfel.

St. lineatus (Pz.) Crni Vrh; **D**: Peristeri; Tomoros; Kobiliza (12—2400 m); **K**: Pepelakgipfel.

St. fischeri (Ev.) **Z**: Pirin; Saloniki (KATTINGER).

St. nigromaculatus (H.-S.) **D**: Kobiliza (12—2400 m); **K**: Am Pepelak und auf dessen Gipfel.

St. miniatus (Charp.) Shar Dagh (Popovaschapka); **D**: Peristeri; Mala Rupa (1000 m); **Z**: Pirin.

Omocestus I. Bol.

O. viridulus (L.) **D**: Shar Dagh (400—2400 m).

O. rufipes (Zett.) Pčinja; Shar Dagh (Crni Vrh); Hudova; **D**: Katlanovo; Štip; Kalučkova; Mravinca; Dedeli; **Z**: Karadžica-Planina; **K**: Golešnica-Planina.

O. haemorrhoidalis (Charp.) Shar Dagh (Crni Vrh); **D**: Kalučkova; **K**: Pepelak.

O. minutus (Brullé) Wodno, 300 m; Hudova; **D**: Štip; Nikolatal; Kalučkova; Prilep; **Z**: Karadžica-Planina; **K**: Stepanči.

Stauroderus I. Bol.

St. scalaris (F.-W.) Shar Dagh (Crni Vrh); **D**: Malarupa (1000 m); Peristeri; Tomoros; **Z**: Pirin (Bansko); **K**: Golešnica-Planina.

Chorthippus Fieb.

Ch. apricarius (L.) **D**: Shar Dagh (1200 m).

Ch. brunneus (Thbg.) Crni Vrh; Hudova; **D**: Veleš; Demir Kapu; Plaguša-Planina; Rabrovo; Liseč; Dedeli; Begova; Pepelak; Prilep; oberhalb Tetovo; **Z**: Skoplje; Golešnica-Planina; **K**: Stepanči.

Ch. biguttulus hedickei (Rme) Crni Vrh; Wodno; Treskaschlucht; **D**: Kobiliza („Weißtannenhöhe" 1700 m); **K**: Pepelak (vgl. S. 268).

Ch. mollis (Charp.) **D**: Kruševo; **Z**: Elova; Gostivar-Debar; **K**: Pepelak.

Ch. vagans (Ev.) **D**: Plaguša-Planina.

Ch. parallelus (Zett.) Crni Vrh und Popovaschapka; Pčinja; **D**: Katlanovo; Mravinca; **K**: Babunatal bei Prilep.

Ch. parallelus tenuis (Brullé) **Z**: Štip; Saloniki (KATTINGER). Die Exemplare sind nicht ganz so groß wie die typischen in Griechenland und Anatolien, sind aber eher dieser Subspezies, als der Nominatform zuzurechnen.

Ch. loratus (F.-W.) Wodno; **D**: Štip; Prilep; Tomoros; **Z**: Elova.

Ch. brauneri Znojko **Z**: Skoplje (Friedhof).

Euchorthippus Tarb.

E. declivus (Bris.) **Z**: Elova; **K**: Babunatal bei Prilep.

E. pulvinatus (F.-W.) **K**: Katlanovo.

Gomphocerus Thbg.

G. sibiricus (L.) Shar Dagh (Popovaschapka); **D**: Kobiliza; **K**: Pepelak.

Myrmeleotettix I. Bol.

M. maculatus (Thbg.) **D**: Kobiliza (18—1900 m); Mala Rupa (1000 m); **K**: Golešnica-Planina.

Dociostaurus Fieb.

D. maroccanus (Thbg.) **D**: Kalučkova; Gopeš; Doiransee.

D. brevicollis (Ev.) Wodno; oberhalb Pčinja; **D**: Hudova; Kalučkova; Gopeš; Doiransee; **Z**: Elova; Štip; **K**: Babunatal bei Prilep und Stepanči; Katlanovo.

Notostaurus Tarb.

N. anatolicus (Kr.) Wodno; Stip.

Ramburiella I. Bol.

R. truchmana (F.-W.) Štip; **D**: Skoplje; Veleš; ferner von Saloniki (KATTINGER).

Arcyptera Serv.

A. fusca (Pall.) Crni Vrh; **D**: Kobiliza.

A. microptera (F.-W.) **D**: Peristeri; Tomoros; Saloniki (KATTINGER).

Paracinema Fisch.

P. tricolor (Thbg.) **D**: Štip; Mravinca; **Z**: Ebene zwischen Gostivar und Debar.

Aiolopus Fieb.

A. strepens (Latr.) Skoplje; Treskaschlucht; Hudova; **D**: Veleš; Mravinca; Rabrovo; Kalučkova; Nikolatal; Doiransee.

A. thalassinus (Rossi) **D**: Babunapaß; Mravinca; Rabrovo; Kalučkova.

Oedaleus Fieb.

O. decorus (Germ.) Wodno; Štip; Hudova; **D**: Veleš; Kalučkova; Mravinca; Doiransee.

Locusta L.

L. danica L. Skoplje; Veleš; Kalučkova; Mravinca; Doiransee (über *danica* s. weiter unten S. 318).

Acrotylus Fieb.

A. patruelis (H.-S.) **D**: Veleš; Mravinca; Rabrovo; Kalučkova; Nikolatal; Plaguša-Planina; Doiransee.

A. insubricus (Scop.) **D**: Wodno; Mravinca; Dedeli.

Sphingonotus Fieb.

S. coerulans (L.) oberhalb Pčinja; Hudova; **D**: Rabrovo; Kalučkova; Ochridasee; **Z**: Gostivar-Debar. Sehr variabel, einfarbig bleigrau bis sehr stark gefleckt.

Celes Sauss.

C. variabilis Pall. Wodno; **D**: Veleš; Plaguša-Planina; Demir-Kapu; Babunapaß; Prilep; **Z**: Štip; ferner von Saloniki (Kattinger). Die schwärzliche *f. carbonaria* nur bei dem ♂.

Oedipoda Latr.

O. coerulescens (L.) Wodno; Treskaschlucht; **D**: Kalučkova; Nikolatal; Prilep; Kruševo; Rešna; Doiransee; Ochridasee.

O. germanica (Charp.) Wodno; Treskaschlucht; **D**: Topolkaschlucht bei Veleš; Plaguša-Planina; Kalučkova; **Z**: Kiselawoda.

O. miniata (Pall.) Skoplje; **D**: Veleš; Kalučkova; Hudova; Prilep.

Psophus Fieb.

P. stridulus (L.) **D**: Kobiliza (18—1900 m).

Asiotmethis Uv.

A. heldreichi (Br.) **D**: Kalučkova; Rabrovo; Plauš; Hudova (Fehringer); Saloniki (Kattinger).

A. limbatus (Charp.) **D**: Skoplje; Demir Kapu; (Ebene); Babunapaß; **Z**: Štip; Izvor (Müllenhoff) (vgl. S. 10).

Calliptamus Serv.

C. italicus (L.) Wodno; Treskaschlucht; Pčinja; Štip; **D**: Veleš; Kalučkova; Nikolatal; Plaguša-Planina; Prilep; **Z**: Karadžica-Planina; **K**: Katlanovo; Stepanči.

C. barbarus (Costa) Pčinja; Štip; **D**: Kalučkova; **Z**: Skoplje; Kiselawoda; **K**: Babunatal; Izvor und Stepanči.

Paracaloptenus I. Bol.

P. bolivari Uv. Hügel bei Štip; Crni Vrh.

Podisma Latr.

P. pedestris (L.) Crni Vrh.

Odontopodisma Dovn.-Zap.

O. decipiens Rme (vgl. S. 50) Wodno; **D**: Kobiliza (18—1900 m); **Z**: Gostivar-Debar.

Oropodisma Uv.

***O. macedonica* n. sp.** (Taf. V, Fig. 12). Von Uvarov (Trans. Ent. Soc. LXII, 1942, p. 303) wurde für *Podisma parnassica* Scudd. und eine neue, ebenfalls griechische Art (*chelmosi*) mit Recht die neue Gattung *Oropodisma* aufgestellt, um so begründeter, als jetzt eine dritte neue Art hinzukommt. Ich selbst habe seinerzeit (Mitt. Zool. Mus. Berlin, 1933, p. 140 und 143) in der Aufteilung von Dovnar-Zapolski (Trav. Inst. Zool. Ac. Sci. URSS, 1932, p. 253) *parnassica* nicht sicher unterzubringen vermocht.

Die neue mazedonische Art, die ich am Shar Dagh auffand, unterscheidet sich von *parnassica*, deren Typen (3 ♂♂, 4 ♀♀, im Wiener Museum) ich untersuchen konnte, vor allem durch den weniger gewölbten, mehr flachen Pronotumrücken und dessen stumpfe Oberfläche, während letztere einen deutlichen, wenn auch matten Glanz zeigt; auch auf den Tergiten ist dies, zwar etwas schwächer, bemerkbar. Ein bedingtes, weil oftmals nicht ganz deutliches Unterscheidungsmerkmal kann die Analplatte des ♂ sein, die bei *macedonica* eine durchgehende flache Längsfurche zeigt, während diese bei *parnassica* in der Mitte meist unterbrochen ist. Ferner zieht sich (auch nicht immer ganz deutlich) bei letzterer Art die Subgenitalplatte in einer leichten abgestumpften Spitze ein wenig vor und trägt oben auf dieser eine flache rundliche Grube, während der Oberrand dieser Platte bei *macedonica* gleichmäßig gebogen ist und davor eine schmale längliche Einsenkung trägt. Bei den ♀♀ der beiden Arten sind nur die genannten Pronotumunterschiede verwendbar, andere wesentliche Unterschiede, außer dem der geringeren Größe, von *macedonica* sind nicht vorhanden.

Was die Färbung betrifft, so ist sie im Leben, wie auch bei gut konservierten Stücken ein dunkles Bronzeoliv, wie dies ebenso die *parnassica*-Typen zeigen. Scudders Angabe „very dark bronce green" trifft also hier das Richtige, während die Angabe von Uvarov „brownish black" vermutlich ihre Ursache in einer Nachdunklung schlecht konservierter Stücke hat. Ein wesentlicher Färbungsunterschied zwischen beiden Arten betrifft die Unterseite der Hinterschenkel: sie ist bei *macedonica* blutrot, bei *parnassica* gelblich; die Hinterschienen und Tarsen sind bei *macedonica* gelblich, am Grunde angeraucht, mit schwachem, aber deutlichem hellem Ring nahe den Knien, bei *parnassica* einfarbig gelblich.

Von *chelmosi* Uv., vom *Peloponnes* beschrieben, unterscheidet sich — wenigstens gemäß der Abbildung des Autors — *macedonica* durch kürzere „furcula" sowie durch das Fehlen der ausdrücklich erwähnten und abgebildeten seitlichen

Tuberkeln auf der Analplatte. Die Färbung der Unterseite der Hinterschenkel wird als „brownish sanguineous", die der Hintertibien als „distinctly reddish" angegeben, sodaß also auch zwischen dieser Art und *macedonica* Färbungsunterschiede bestehen.

Die Maße für *macedonica* sind folgende:

	♂	♀
Long. corp.	12,8—14	14,5—18
— *pronot.*	2,7— 2,9	3,3— 3,7
— *fem. post*	7,5— 8,1	8,5— 9,5

Typus ♂, Allotypus ♀, Paratypen 17 ♂♂, 25 ♀♀, Shar Dagh, Hochmatten des Popovaschapka, auf kurzgrasigem Boden, etwa 2000 m.

Im Wiener Museum befindet sich, von BRUNNER ebenfalls als *parnassica* bezeichnet, noch ein einzelnes ♀ vom Parnaß, das sich durch recht bedeutendere Körpergröße (21,3 : 6,8 : 10,4), braune Färbung, sowie durch rote Unterseite der Hinterschenkel von den typischen Exemplaren unterscheidet und möglicherweise einer weiteren Art angehört.

Pezotettix Burm.

P. giornae (Rossi) Pčinja; Wodno; **D**: Prilep; Babunatal; Kalučkova; Plauš; **Z**: Skoplje (Friedhof); Kiselawoda.

Anacridium Uv.

A. aegyptium (L.) Hudova; **D**: Skoplje; Veleš; Rabrovo; Gradeč; Kalučkova; Nikolatal; Doiransee; Dedeli.

3. Zur vertikalen Verbreitung der mazedonischen Orthopteren

Um einerseits die Unterschiedlichkeit der Zusammensetzung der Orthopterenfauna an einigen besonders gründlich untersuchten Biotopen zu zeigen, andererseits auf vier Gebirgsgruppen die vertikale Verbreitung, bringe ich, nur als Grundlage für spätere Untersuchungen, eine Zusammenstellung aus dem Hügelland östlich Pčinja und südöstlich von Štip, sowie vom Shar Dagh und vom Wodno, jeweils in der Reihenfolge des vertikalen Auftretens der Arten, die naturgemäß Schwankungen und Überschneidungen aufweist, im großen und ganzen aber den Tatsachen gerecht wird.

1. **Pcinja** (2—800 m)

Untere Lagen:

Tylopsis liliifolia
Conocephalus fuscus
Eupholidoptera chabrieri
Incertana incerta
Omocestus rufipes
Chorthippus parallelus

Obere Lagen:

Saga natoliae
Saga campbelli
Rhacocleis germanica

Gampsocleis abbreviata ebneri
Tessellana nigrosignata
Montana macedonica
Bucephaloptera bucephala
Dociostaurus brevicollis
Notostaurus anatolicus
Sphingonotus coerulans
Calliptamus barbarus

2. Stip (2—400 m)

Nur bis zum Frühsommer:

Poecilimon brunneri
Ancistrura nigrovittata
Asiotmethis limbatus

An üppig grasigen bis feuchten Stellen:

Conocephalus fuscus
Chorthippus parallelus tenuis
— *loratus*
Paracinema tricolor

Auf trockenen Berghängen:

Tylopsis liliifolia
Gampsocleis abbreviata ebneri
Saga natoliae
Saga campbelli
Platycleis affinis
— *escalerai*
Tessellana nigrosignata
Montana macedonica
Omocestus minutus
Oedaleus decorus
Celes variabilis
Calliptamus barbarus

3. Shar Dagh (400—2000 m)

Vorberge oberhalb Tetowo:

Chorthippus apricarius
— *brunneus*
Omocestus viridulus

Am Crni Vrh (15—1700 m)

Poecilimon schmidti
— *thoracicus*
Isophya modestior
Metrioptera ebneri
Decticus verrucivorus
Ephippiger ephippiger
Euthystira brachyptera
Stenobothrus lineatus
Omocestus rufipes
Stauroderus scalaris
Chorthippus biguttulus hedickei
— *parallelus tenuis*
Arcyptera fusca
Psophus stridulus
Paracaloptenus bolivari
Podisma pedestris

Hochmatten unter dem Gipfel des Popovaschapka (19—2000 m):

Polysarcus denticauda
Poecilimon poecilus
Anterastes serbicus
Psorodonotus macedonicus
Gomphocerus sibiricus
Oropodisma macedonica

4. Wodno (2—500 m)

Untere Trockenzone:

Apterameles rammei
Tetrix depressa
Acrida mediterranea
Omocestus minutus
Oedaleus decorus
Oedipoda miniata

Mittlere, vegetationsreichere Zone:

Leptophyes albovittata
Tylopsis liliifolia
Incertana incerta
Platycleis intermedia
Euchorthippus declivus
Odontopodisma decipiens
Notostaurus anatolicus
Aiolopus strepens
Oedipoda coerulescens
Dociostaurus brevicollis
Celes variabilis
Chorthippus biguttulus hedickei

In lichtem jungem Eichwald (mittlere Höhenlage):

Pholidoptera macedonica

Obere Zone mit kleinen offenen Grasflächen und Gebüsch:

Saga italica
Tessellana nigrosignata
Montana macedonica
Bicolorana arnoldi

4. Tabelle der in Mazedonien festgestellten Gattungen und Arten und ihre Verbreitung in den Nachbargebieten

Nachstehend bringe ich eine Zusammenstellung der in Mazedonien festgestellten Gattungen und Arten unter Zugrundelegung der Liste von Uvarov (l. c. p. 160) und unter Einbeziehung der als neu für das Gebiet nachgewiesenen Arten. Für *Ameles heldreichi*, *Chorthippus vagans* sowie für die Gattung *Gryllodes* wäre eine Nachprüfung des alten bzw. neues Material wünschenswert.

Bei den Verbreitungsangaben sind nur die Nachbargebiete berücksichtigt; als „Adriatische Küste" ist nicht nur die rein mediterrane Küstenzone, sondern auch das benachbarte Hinterland (also Südkrain, Westkroatien usw.) in den Verbreitungsbereich einbezogen, in die „Übrigen Balkanländer" auch Rumänien.

Mazedonien	Adriat. Küstenländer	Übrige Balkanländer	Anatolien
Blattidae			
Ectobius balcani Rme	×		
— *lapponicus* (L.)	×	×	×
— *erythronotus* Burr.	×	×	
Hololampra marginata (Schreb.)	×	×	×
— *carniolica* (Rme)	×	×	
— *brevipennis* (Fisch.)	×	×	
— *subaptera* (Ramb.)	×	?	
Loboptera decipiens (Germ.)	×	×	×
Phyllodromia germanica (L.)	×	×	×
Polyphaga aegyptiaca (L.)	×	×	×
Blatta orientalis (L.)	×	×	×
Periplaneta americana (L.)	×	×	×
Mantidae			
Ameles decolor (Charp.)	×	×	
— *heldreichi* Br. v. W.		×	×
Apterameles rammei Beier			
Mantis religiosa (L.)	×	×	×
Iris oratoria (L.)		×	×
Rivetina fasciata (Thbg.)		×	×
Empusa fasciata (Brullé)	×	×	×
Tettigoniidae			
Polysarcus denticauda (Charp.)	×	×	
— *scutatus* (Br. v. W.)		×	
Poecilimon ornatus (Schmidt)	×		
— *poecilus* Rme			
— *gracilis* (Fieb.)	×	×	
— *schmidti* (Fieb.)	×	×	×
— *fussi* (Br. v. W.)		×	
— *zwicki* Rme[1]			
— *thoracicus* (Fieb.)	×	×	
— *brunneri* (Friv.)		×	

[1] Im bulgarischen Teil Mazedoniens!

Mazedonien	Adriat. Küstenländer	Übrige Balkanländer	Anatolien
Poecilimon elegans (Br. v. W.)	×	?	
— *orbelicus* Panč.[1])		×	
— *chopardi* Rme			
Eupoecilimon geoktschaicus Stshelk.		×	×
Isophya speciosa (Fieb.)		×	
— *modesta* (Fieb.)		×	
— *modestior* (Br. v. W.)		×	
Barbitistes ocskayi (Br. v. W.)	×	×	
Ancistrura nigrovittata (Br. v. W.)	×	×	
Andreiniimon nuptialis (Karny)		×	
Leptophyes albovittata (Koll.)	×	×	×
Tylopsis liliifolia F.	×	×	×
Acrometopa servillea (Brullé)		×	×
Phaneroptera quadripunctata (Br. v. W.)	×	×	×
Meconema varium (F.)	×		
Conocephalus dilatatus Rme			
— *fuscus* (F.)	×	×	×
Homorocoryphus nitidulus (Scop.)	×	×	×
Saga natoliae Serv.		×	×
— *italica* Costa		×	×
— *campbelli* Uv.			
Tettigonia viridissima (L.)	×	×	×
— *caudata* (Charp.)	×	×	×
Gampsocleis abbreviata ebneri Uv.			
Rhacocleis germanica (Fisch.)	×	×	×
Anterastes serbicus (Br.)		×	×
Pachytrachis gracilis (Br. v. W.)	×	×	
Eupholidoptera chabrieri (Charp.)	×	×	
— *smyrnensis* (Br. v. W.)		×	×
Pholidoptera macedonica Rme			
— *aptera karnyi* Ebner		×	
— *fallax* (Fisch.)	×	×	
Bucephaloptera bucephala (Br. v. W.)		×	×
Platycleis grisea (F.)	×	×	
— *affinis* (Fieb.)	×	×	×
— *intermedia* (Serv.)		×	×
— *escalerai* J. Bol.		×	×
Tessellana nigrosignata (Costa)		×	
Montana macedonica Berl. & Chop.			
Incertana incerta (Br.)		×	×
Sepiana sepium (Yers.)		×	×
Metrioptera ebneri Rme			
Bicolorana arnoldi Rme		×	
Roeseliana ambitiosa Uv.		×	
Decticus verrucivorus (L.)	×	×	×
— *albifrons* (F.)		×	×
Psorodonotus macedonicus Rme			

[1]) Im bulgarischen Teil Mazedoniens!

Mazedonien	Adriat. Küstenländer	Übrige Balkanländer	Anatolien
Bradyporus dasypus (Illig.)		×	
— *multituberculatus* (F.-W.)			
Ephippiger ephippiger (Fiebig)	×	×	
Dolichopoda remyi Chop.			
— *bussoni* Chop.			
Troglophilus brevicauda Chop.			
Gryllidae			
Oecanthus pellucens (Scop.)	×	×	×
Pteronemobius gracilis (B. Jak.)			×
— *tartarus* (Sauss.)			
Gryllus campestris (L.)	×	×	×
— *bimaculatus* (De Geer)		×	×
Gryllulus desertus (Pall.)		×	×
— *burdigalensis* (Latr.)	×	×	×
— *tartarus obscurus* Uv.			
— *domesticus* (L.)	×	×	×
Gryllodes sp.			
Gryllomorpha dalmatina (Ocsk.)	×	×	×
— *uclensis* Pantel.			
Arachnocephalus yersini Sauss.			
Gryllotalpa gryllotalpa (L.)	×	×	×
Tridactylidae			
Tridactylus variegatus(Latr.)	×	×	×
Acrididae			
Tetrix subulata (L.)	×	×	×
— *tenuicornis* (Sahlb.)	×	×	×
— *depressus* (Bris.)		×	×
Paratettix meridionalis (Ramb.)		×	×
Acrida meridionalis Dirsh	×	×	×
Parapleurus alliaceus (Germ.)	×	×	
Euthystira brachyptera (Ocsk.)	×	×	
Stenobothrus stigmaticus Ramb.)	×	×	×
— *lineatus* (Pz.)	×	×	×
— *fischeri* (Ev.)	×	×	×
— *nigromaculatus* (H.-S.)	×	×	×
— *miniatus* (Charp.)	×	×	×
Omocestus viridulus (L.)	×	×	×
— *rufipes* (Zett.)	×	×	×
— *haemorrhoidalis* (Charp.)	×	×	×
— *petraeus* (Bris.)	×	×	×
— *minutus* (Brullé)		×	
Stauroderus scalaris (F.-W.)	×	×	×
Chorthippus apricarius (L.)	×	×	×
— *brunneus* (Thbg.)	×	×	×
— *biguttulus bedickei* Rme		×	
— *mollis mollis* (Charp.)[1]	×	×	

[1]) Das Vorkommen von *mollis ignifer* Rme in Mazedonien, wie überhaupt im östlichen Balkanraum, ist noch nicht belegt, jedoch sehr wahrscheinlich.

Mazedonien	Adriat. Küstenländer	Übrige Balkanländer	Anatolien
Chorthippus vagans (Ev.)	×	×	×
— *parallelus* (Zett.)	×	×	×
— *albomarginatus* (Zett.)	×	ssp	
— *dorsatus* (Zett.)	×	×	×
— *loratus* (F.-W.)	×	×	×
— *brauneri* Znojko		×	×
Euchorthippus pulvinatus (F.-W.)	×	×	×
— *declivus* (Bris.)		×	
Gomphocerus sibiricus (L.)	×	×	
Myrmeleotettix maculatus (Thbg.)	×	×	×
Dociostaurus brevicollis (Ev.)		×	×
— *génei* (Ocsk.)		×	×
— *maroccanus* Thbg.		×	×
Notostaurus anatolicus (Kr.)		×	×
Ramburiella truchmana (F.-W.)		×	×
Arcyptera fusca (Pall.)	×	×	
— *microptera* (F.-W.)	×	×	
Paracinema tricolor (Thbg.)		×	×
Aiolopus strepens (Latr.)	×	×	×
— *thalassinus* (F.)	×	×	×
Platypygius crassus (Ivan.)			
Locusta migratoria L.	×	×	×
— *danica* L.	×	×	×
Oedaleus decorus (Germ.)	×	×	×
Psophus stridulus (L.)	×	×	
Oedipoda coerulescens (L.)	×	×	
— *germanica* (Charp.)	×	×	
— *miniata* (Pall.)	×	×	×
Celes variabilis Pall.	×	×	×
Sphingonotus coerulans (L.)	×	×	
Acrotylus patruelis (H.-S.)		×	×
— *insubricus* (Scop.)		×	×
— *longipes* (Charp.)		×	×
Asiotmethis heldreichi (Br. v. W.)		×	
— *limbatus* (Charp.)		×	
Nocaracris bulgaricus (Dren.)[1]			
Tropidopola longicornis graeca Uv.		×	×
Anacridium aegyptium (L.)	×	×	×
Pezotettix giornae (Rossi)	×	×	×
Podisma pedestris (L.)	×	×	
Odontopodisma schmidtii (Fieb.)	×	×	
— *albanica* Rme		×	
Oropodisma macedonica Rme			
Paracaloptenus bolivari Uv.	×	×	×
Calliptamus italicus (L.)	×	×	×
— *barbarus* (Costa)		×	×
Euprepocnemis plorans (Charp.)		×	×

[1]) Im bulgarischen Teil Mazedoniens!

B. Serbien und Dalmatien

Sodann füge ich die nur geringfügigen Ergebnisse des kleineren serbischen und dalmatinischen Teils der Reise an, die — zusammen mit den bisher in der Literatur festgelegten faunistischen Daten — nur weitere Bausteine für eine vielleicht später einmal zu gebende Gesamtübersicht über die Zusammensetzung der Orthopterenfauna des Balkanraumes sein sollen. Hierzu wird es der Durchforschung noch zahlreicher bisher nicht untersuchter Gebiete bedürfen, die wohl noch manches Neue und Bemerkenswerte zu Tage fördern werden. So konnte ich den oben aus Mazedonien neu beschriebenen *Conocephalus dilatatus* auch für Dalmatien nachweisen.

Zusammenstellung der gesammelten Arten

1. Serbien

Fundortliste

Avala bei Belgrad, 2—300 m, 19. 7.
Ostružnica (Save), 20. 7.
Niš, oberhalb Niška Banja, 400 m, 22. 7.
Suva-Planina, oberhalb Dušnik, 900—1200 m, 24. 7.

Tettigoniidae

Poecilimon Fisch.

P. fussi Br. Avala.
P. schmidti (Fieb.) Avala.

Isophya Br.

I. tenuicerca n. sp. Avala (Beschr. S. 140).
I. modestior Br. Avala.

Leptophyes Fieb.

L. discoidalis Friv. Avala.
L. albovittata (Koll.) Avala, Suva-Planina.

Conocephalus Thbg.

C. fuscus (F.) Ostružnica (teilweise in der hyperpteren Form).

Pachytrachis Uv.

P. gracilis Br. Avala.

Eupholidoptera Rme[1])

E. schmidti (Fieb.) Suva-Planina; auffallend klein.

[1]) Vgl. die Revision von *Pholidoptera* (II, B, 4).

Pholidoptera Wesm.

Ph. fallax (Fisch.) Avala.

Platycleis Fieb.

P. denticulata (Pz.) Suva-Planina.

Bicolorana Zeun.

B. domogledi (Br.) Avala.
B. arnoldi (Rme) Suva-Planina.

Acrididae

Chorthippus Fieb.

Ch. parallelus (Zett.) Avala; Niš.

Calliptamus Serv.

C. italicus (L.) Avala; Niš.

2. Dalmatien

Fundortliste

Ombla b. Dubrovnik (Ragusa) 16. 8.
Insel Hvar (Lesina), Hügelgelände (1—500 m) gegen Brussje 18.—25. 8.

Tettigoniidae

Conocephalus Thbg.

C. dilatatus Rme (Beschreibung S. 97) Ombla.

Rhacocleis Fieb.

R. *germanica* (H. -S.) Ombla.

R. *bucchichi* Br. Hvar. Nach sehr mühevollem Suchen in dem Hügelland zwischen den Orten Hvar und Brussje gelang es, allmählich 7 Exemplare aufzufinden, und zwar nur durch Zertreten von niederliegenden Büschen von *Pistacia terebinthus*, unter denen sich die Tiere gern verbergen. Sie sind außerordentlich flüchtig und schwer zu fangen. NOVAK (Wien. Ent. Z. 1888) fand die Art auch unter *Erica*, *Cistus* und *Quercus*. Die Färbung ist ein feines Grau- oder Rötlichbraun.

Sepiana Zeuner

S. sepium (Yers.) Ombla. Während ich diese Art aus zahlreichen Gebieten ihrer Verbreitung nur in reinbraunen Farbtönen kenne, zeigen alle Stücke aus dem Gebiet der Ombla an den Pronotumseitenlappen und den Hinterschenkeln eine fein grünliche Tönung.

Acrididae

Aiolopus Fieb.

A. strepens (Latr.) Hvar.

Omocestus I. Bol.

O. haemorrhoidalis (Charp.) Hvar.

Chorthippus Fieb.

Ch. lesinensis (Kr.) Hvar. Überall der häufigste *Chorthippus* auf der Insel (endemisch). Diese gute Art hat mit *vagans* (Ev.), zu der sie manche Autoren als Subspezies stellten, nicht das Geringste zu tun.

Oedipoda Latr.

O. germanica (Charp.) Hvar (vgl. auch S. 128).

Calliptamus Serv.

C. italicus (L.) Hvar.

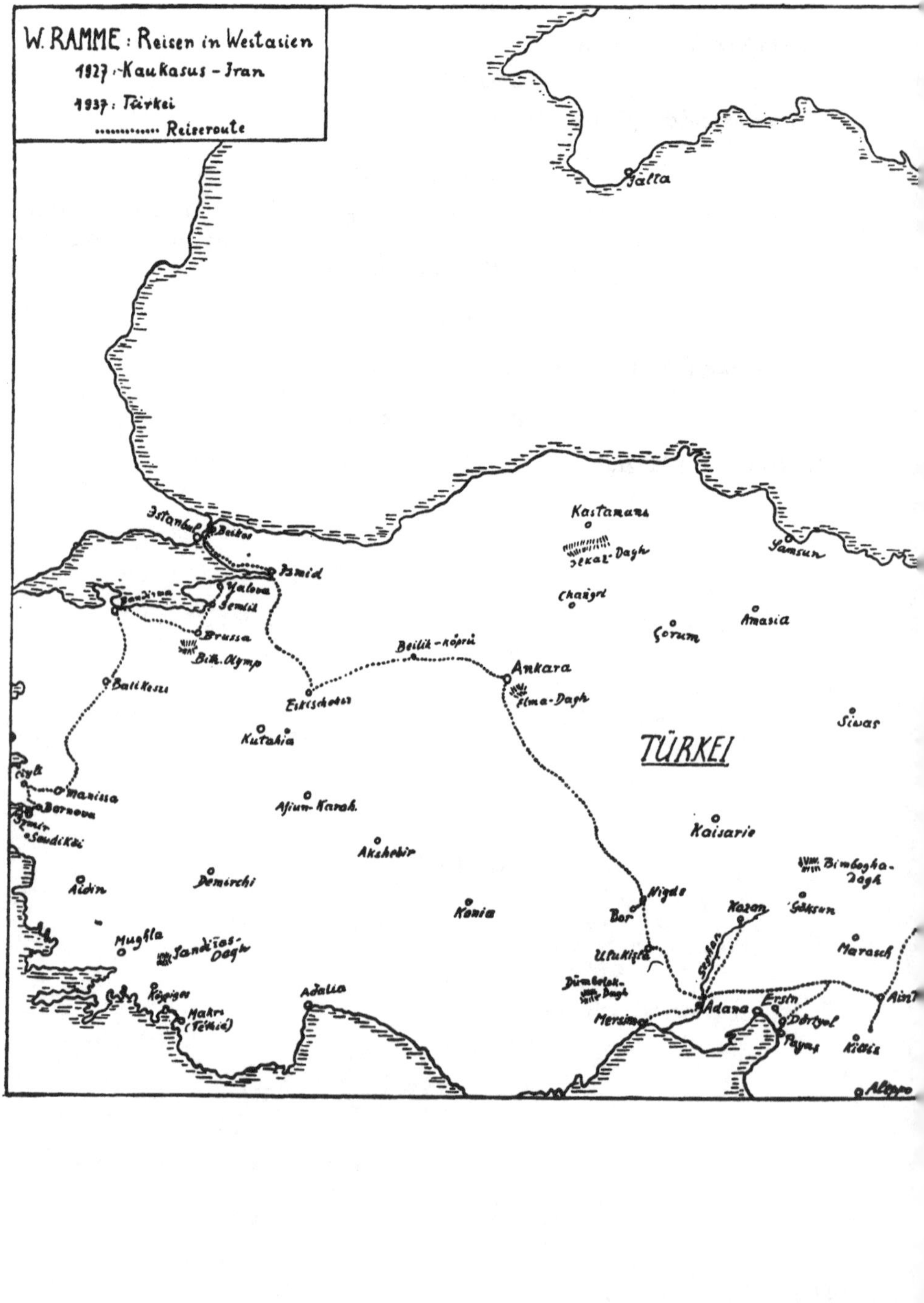
W. RAMME: Reisen in Westasien
1927: Kaukasus - Iran
1937: Türkei
Reiseroute
Jalta
Istanbul
Ismid
Yalova
Brussa
Ankara
Kutahia
Amasia
Samsun
Sivas
TÜRKEI
Kaisarie
Aidin
Konia
Bor
Adalia
Adana
Dörtyol
Aleppo

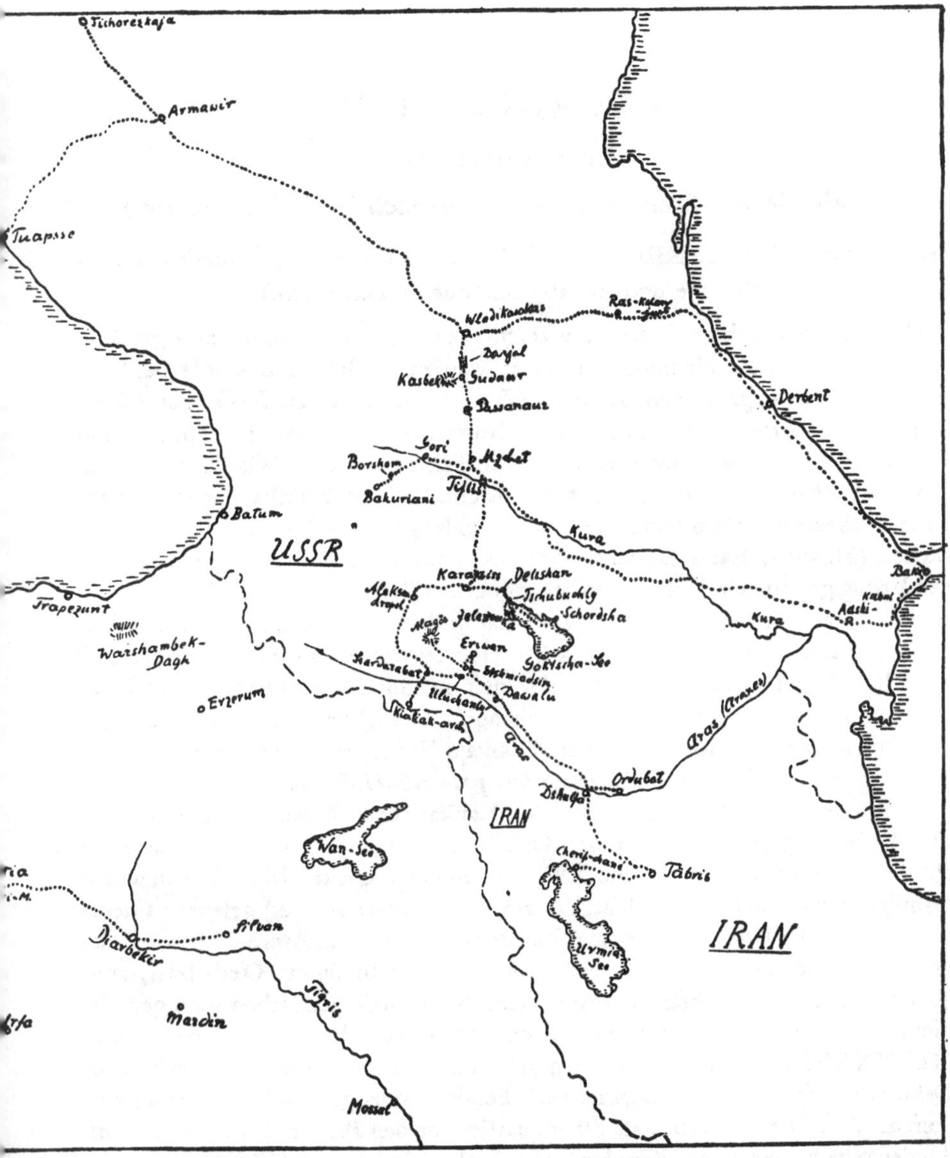
Armawir
Tuapsse
Wladikawkas
Derbent
Kasbek
Sudaur
Passanaur
Gori
Borshom
Mzchet
Tiflis
Bakuriani
Batum
USSR
Kura
Karawansarai
Delishan
Trapezunt
Tschubuchly
Schordsha
Jelenowka
Eriwan
Goktscha-See
Erzerum
Etschmiadsin
Dawalu
Kura
Baku
Aras (Araxes)
Ordubat
Dshulfa
IRAN
Wan-See
Täbris
IRAN
Urmia-See
Silvan
Diarbekir
Tigris
Mardin
Mossul

II. VORDERASIEN

Reiseberichte

1. Reise in die Kaukasusländer und nach N.W.-Persien 1927

(Hierzu die Tafeln XXXIII—XXXVIII mit Bildern einiger bemerkenswerter Biotope und Angabe der zugehörigen Arten.)

Die Reise nahm ihren Anfang am 20. 7. 1927 in Moskau, wo die nötigen Ausweispapiere und Empfehlungen besorgt werden mußten. Ich wurde begleitet von dem Oberpräparator W. Richter (Zool. Mus. Berlin) als Helfer beim Sammeln und Präparieren und vor allem als Dolmetscher der russischen Sprache und Kenner mehrerer Teile des Kaukasus. Die Fahrt ging über Wladikawkas und, um den Ostkaukasus herum, über Derbent und Baku nach Tiflis, der Hauptstadt Transkaukasiens. Schon unterwegs wurde bei längerem Aufenthalt an geeigneten Stellen (Mosdok, Ras-kalan-yurt, Petrowsk und Adshi-Kabul) vom Zuge aus mit Erfolg gesammelt. Vom ersten Standquartier Tiflis aus wurden Exkursionen in die nähere Umgebung gemacht, zunächst in den Botanischen Garten, um dort die nur nach einem Exemplar beschriebene *Atrichotmethis zaitzevi* (Uv.) aufzufinden, leider ohne Ergebnis[1]). An den nördlichen Berghängen der Stadt (in den Fundortsangaben als „Nordhänge" bezeichnet) fand sich zahlreich *Stenobothrus werneri* Adel., auf der Ploßkaja-Höhe, oft auch unter Steinen, *Paradrymadusa sordida* (Herm.), ferner *Oedipoda schochii* Sauss.

Nach einem mehrtägigen Besuch des Kaukasischen Museums in Tiflis und Durcharbeitung seiner reichhaltigen Orthopterensammlung wurde nun zunächst ein Besuch von Aserbeidshan und NW.-Persien eingeschaltet. Über Eriwan wurde Dshulfa in Aserbeidshan erreicht, der am Aras (Araxes antiqu.) gelegene Grenzort zwischen der USSR und Persien. Ziel des Aufenthalts in Aserbeidshan war das entomologisch durch viele bemerkenswerte Funde berühmte Ordubád, etwa 40 km ö. Dshulfa, gleichfalls am Aras gelegen. Die halberemischen steinigen Gebiete der Umgebung boten eine reiche Fülle von bemerkenswerten Arten (Taf. XXXVIII). Nach sechstägigem Aufenthalt dortselbst und Rückkehr nach Dshulfa wurde dann der Übertritt nach Persien vollzogen und zu mehrtägigem Aufenthalt Täbris erreicht, als Standquartier für den Besuch des Urmia-Sees. An den salzüberkrusteten Ufern bei Cherif-chané wurde das Zelt aufgeschlagen, doch waren die Ergebnisse der Exkursionen von dort aus wenig befriedigend;

[1]) Uvarov (Trans. R. Ent. Soc. London 1943, **19**: 52) hält es jetzt für wahrscheinlich, daß die Fundortsangabe irrtümlich und *zaitzevi* synonym zu *semenovi* Zub. (Transkaspien) ist.

außer *Eremopeza saussurei saussurei* (Uv.) und *Helioscirtus moseri tichomirovi* Stschelk. fand sich wenig Bemerkenswertes.

Das nächste Ziel und Standquartier, zur Durchforschung Armeniens und des Kleinen Kaukasus, wurde Eriwan, die Hauptstadt, gewählt; in den Räumen der Universität wurde uns Wohnung und Gastfreundschaft gewährt. Unter sachkundiger Führung des Entomologen der Universität, Prof. DEMOKIDOV und seiner Assistenten wurden nach allen Richtungen Exkursionen unternommen, u. a. nach Uluchanlu, Etschmiadsin und Davalu, letzterer Ort mit besonders reicher Fauna und der ersten Begegnung mit der riesigen *Saga ephippigera* F.-W., ferner *Medecticus assimilis* (Fieb.). Eine längere Exkursion führte nach Sardarabat und von dort an den nahe der türkischen Grenze liegenden Ort Kialiak-arch. Das halberemische Gelände zwischen beiden Orten war ein außerordentlich reicher Fundplatz; ich nenne hier die neue *Phytodrymadusa armeniaca*, ferner *Pyrgodera armata* (F.-W.), wiederum *Helioscirtus moseri tichomirovi* Stschelk., *Dericorys gibbosa* (F.-W.), *Sphingonotus nebulosus persa* Uv., *octofasciatus* (Serv.) und *satrapes* Sauss., letztere sehr große Art sich (ähnlich *Bryodema*) auf- und niederschwebend lange in der Luft haltend.

Ein mehrtägiger Besuch galt sodann dem höchsten Berg Armeniens, dem Alagös (4098 m), der von Etschmiadsin aus bestiegen wurde. Leider kam schon unterwegs bei mir ein heftiges gastrisches Fieber zum Ausbruch, so daß ich gegen meine Gewohnheit den sich sehr lang hinziehenden Aufstieg teilweise zu Pferde unternehmen mußte und dadurch die Sammel- und Beobachtungstätigkeit eingeschränkt wurde; ich mußte infolgedessen auch allein in unserem in etwa 3500 m Höhe an einem See aufgeschlagenen Zelt zurückbleiben, während meine Begleiter den Aufstieg zum Gipfel unternahmen. Immerhin ergab diese Exkursion manches Bemerkenswerte. Am interessantesten und ergiebigsten waren die grasig-steinigen Hänge in den Höhenlagen zwischen 2000 und 3600 m; dort wurde u. a. der winzige neue *Chorthippus demokidovi* entdeckt (Taf. XXXVI).

Den Abschluß des armenischen Teils der Reise und gleichzeitig einen Höhepunkt bildete der Besuch des Goktscha- oder Ssewangasees (Taf. XXXVII), ein gewaltiges Wasserbecken in einer Höhe von 2000 m. Jelenowka mit seiner fischereibiologischen Station, wo wir Prof. FORTUNATOFF mit seiner ihm wissenschaftlich zur Seite stehenden Gattin begrüßten und die herrlichen Forellen des Sees kosten durften, wurde erstes, Tschubuchly zweites Standquartier, beide mit teilweis eremischem Charakter. Die bemerkenswertesten Funde waren die neuen *Platycleis irritans*, *Montana armeniaca* und *Stenobothrus sviridenkoi*. Landeinwärts von Tschubuchly jenseits einiger Höhenzüge liegt der Ort Schordsha und oberhalb dieses Dorfes ziehen sich prächtige grüne Alpenmatten hin mit einer völlig anders gearteten Fauna, deren wesentlichste Vertreter *Psorodonotus specularis* (F.-W.) und *venosus* (F.-W.) sowie *Nocaracris cyanipes* (F.-W.) und *Chorthippus macrocerus* (F.-W.) waren.

Über Delishan, wo sich *Hololampra polita* (Kr.) unter dem trockenen Laub eines Waldrandes fand, und Karakliß wurde wieder Tiflis erreicht und ein kurzer

Aufenthalt daselbst zum Besuch des Gebietes um das Kloster Schaw-nabat benutzt, doch fanden sich dort im wesentlichen die gleichen Arten, wie ich sie an den Hängen um die Stadt selbst bereits festgestellt hatte. Ein ungeheuer reiches Feld bot indessen das üppige Gebiet von Bakuriani, oberhalb von Borshom (Taf. XXXV).

Auf der Rückreise über die Grusinische Heerstraße wurde in Mzchet (Taf. XXXIV) Aufenthalt genommen und dort u. a. die neue *Parapholidoptera noxia* gefunden, deren Name auf die später von anderen festgestellte Schädlichkeit an Getreide hinweist. Als Standquartier für eine kurze Durchforschung eines zentralkaukasischen Gebietes wurden Gudaur und die Paßhöhe gewählt (Taf. XXXIII) und u. a. ein Anstieg zum Kasbek bis zu etwa 3000 m Höhe am Or-zferri-Gletscher (Taf. XXXIV) unternommen.

Über Wladikawkas und Armawir wurde als Endpunkt der kaukasischen Reise Tuapsse (Taf. XXXVII) erreicht, dessen Berge u. a. mit der neuen *Scotodrymadusa pontica* sowie *Pholidoptera pustulipes* (F. W.), beide Bewohner des lichten Waldes, einen erfreulichen Abschluß der Sammeltätigkeit bildeten.

2. Reise nach Anatolien 1937
(Mit Taf. XXXIX)

Einer Einladung des türkischen Landwirtschaftsministeriums folgend begann ich die Reise nach Anatolien am 15. Juni 1937 in Mersina, begleitet von meiner Frau, die sich schon auf früheren Reisen durch sammlerisches und präparatorisches Geschick bewährt hatte. Dort wurden wir von Herrn Ministerialrat Şevket Tunçok empfangen, der uns während der ganzen Reise begleitet hat und dessen sorgsamer und umsichtiger Betreuung ein großer Teil des Erfolges zu danken ist.

Die Küstenebene von Mersina bot außer dem neuen *Xerohippus anatolicus*, auf Brachäckern, nichts Bemerkenswertes. Ein Aufstieg zum Cilicischen Taurus war mir leider nicht möglich, da dieser z. Z. militärisches Sperrgebiet war; als Ausgleich war mir aber ein Besuch des Gebietes von Diarbekir gestattet worden, obwohl dies zu dieser Zeit wegen der Kurdenaufstände nur schwer zugänglich war.

Zunächst galt jedoch ein mehrtägiger Besuch dem unweit Payas an der südwestanatolischen Küste gelegenen Dörtyol, wo wir auf dem dem Staatspräsidenten Kemal Atatürk gehörigen Landgut Aufenthalt nehmen durften, betreut von dem durch seine Funde in der Orthoptorologie schon früher in der Literatur genannten außerordentlich rührigen und gastfreundlichen Eshrew-Bey. An den unteren Hängen des Amanus im Myrtengebüsch fand sich hier die von mir kurz vorher beschriebene *Eupholidoptera şevketi*, die neue *Scotodrymadusa amani*, ferner u. a. *Scintharista brunneri miramae* Uv. und *Sphenophyma rugulosum* (Stål). Eine Exkursion nach Ersin bot mit *Saga lucasi* (Sauss.), der lange Verschollenen, und *Parapholidoptera signata* (Br. v. W.), beide im Gestrüpp abgeernteter Linsenfelder erfreuliche Ausbeute; am Strande bei Payas wurde der neue *Sphingonotus carinatus eshrewi* entdeckt; die Küstenebene gegen Dörtyol bevölkerte zahlreich *Bucephaloptera bucephala* (Br. v. W.) und vereinzelt *Platypterna acuta* (I. Bol.).

Vom folgenden Standquartier, Diarbekir, aus, dessen Umgebung den neuen *Sphingonotus kurmanus* lieferte, trotz intensiven Suchens aber leider nicht *Scotodrymadusa maculata* (Ebner) erbrachte, wurde das 40 km östlich gelegene Silvan besucht. Schon auf halbem Wege, auf einer durch ein Rinnsal bewässerten Grünfläche in dem sonst halberemischen Gelände, erfreute der Fund von *Roeseliana bispina* (I. Bol.), dem größten Vertreter des Artenkreises um *roeselii*. Im Orte Silvan selbst kam abends *Shelfordella tartara* (Sauss.) in Anzahl ans Licht geflogen. Die Berge um Silvan, zunächst einen trostlosen, weil völlig vegetationslosen Eindruck machend, zeigten in den mittleren Höhenlagen überraschend kleinere Einschnitte mit reicher Vegetation und dort eine Ansammlung recht interessanter Arten wie der neuen *Bolivaria kurda*, *Apholidoptera pietschmanni* (Ebner), der neuen *Squamiana* (?) *kurmana* sowie *Tessellana tessellata* in der neuen holopteren Subspezies *holoptera* und manches andere.

Das teilweis halberemische Gelände um Malatia, unser nächstes Ziel und Standquartier, und das nahe gelegene Gebiet um Eski Malatia wurde u. a. von *Dociostaurus hauensteini* (I. Bol.), *Sphingonotus turcicus* Uv. und *Dericorys gibbosa* (F.-W.) reich bevölkert; die umliegenden Berge wurden besonders um das Gebirgsdorf Yokarbanassiya herum durchforscht: *Prionotropis maculinervis* (Stål) sowie die schönen neuen *Drymadusa kurmana* und *Platycleis sinuata* seien hier als die wesentlichsten Vertreter der Orthopterenfauna genannt.

Sodann wurde das in hohem Maße halberemische, sehr trockene Gebiet von Aintab besucht und Exkursionen bis 40 km südwärts zu einem schönen Landgut ausgedehnt. Der teilweis mit roströtlichem Gestein bedeckte Boden lieferte *Eremiaphila gene* Lef., *Scotodrymadusa rammei* Uv., *Sphingonotus theodori* Uv. und *pilosus* Sauss., *Eremopeza gibbera* (Stål) sowie *Tmethis pulchripennis asiaticus* Uv. Dann folgte ein kurzer Aufenthalt wieder in Adana; die heiße Ebene, stark kultiviert, war recht orthopterenarm und bot außer der neuen *Empusa longicollis* nichts Besonderes; dagegen war ein Ausflug nach Kozan, einem östlichen Ausläufer des Taurus, recht erfolgreich, u. a. mit der neuen *Scotodrymadusa kozana*, *Festella festae* G.-T. und weiterem Material von *Saga lucasi* Sauss.

Die anschließende Fahrt über den Taurus, hier der „Cilicische“ genannt, gab wenigstens auf der Paßhöhe bei Ulukişla die Möglichkeit, Bekanntschaft mit der Fauna dieses uns leider nicht zugänglichen Gebirges zu machen, dessen orthopterologische Durchforschung bis auf Gelegenheitsfunde noch völlig aussteht und zahlreiche noch unbekannte Formen erbringen dürfte. Nur zwei Exkursionen in die Umgebung von Ulukişla brachten überraschend viel Gutes und Neues, *Poecilimon tauricola* und *haydari*, die bodenbewohnende, besonders im weiblichen Geschlecht auffallend depresse und in der Färbung bunte und variable *Saga cappadocica* Wern., die neuen *Drymadusa diluta* aus der *affinis*-Verwandtschaft und *Scotodrymadusa turcica*, ferner *Bradyporus dilatatus* (Stål), der besonders gern an den Bahndämmen seine Stimme ertönen ließ, im Sonnenschein wie auch zur Nachtzeit, und uns später noch auf weite Strecken während der Bahnfahrt nach

Ankara mit seinem Gesang begleitete, ferner *Dociostaurus cappadocicus* (Azam) und *Asiotmethis holtzi* Wern. Unweit des Fußes dieses Taurusteils liegt die Stadt Nigde (spr. Nide); der von der Stadt aus der Ferne völlig vegetationslos erscheinende wasserlose, aber in den mittleren Lagen schon mancherlei Vegetation zeigende Ütsch Kapular Dagh und die zum Fuße dieses Gebirgszuges ansteigende halberemische Ebene sind reich mit Orthopteren bevölkert, sowohl individuenmäßig als auch nach der Zahl der Arten (Taf. XXXIX). Der gegenüberliegende Höhenzug, der Melendis Dagh, erbrachte neben teilweis den gleichen Arten den kürzlich beschriebenen *Poecilimon excisus*, und *Stenobothrus zubowskyi* I. Bol. In einem kleinen *Urtica*-Bestand im Kulturland um Nigde fand ich, leider nur männlichen Geschlechts, in mehreren Exemplaren die neue *Tettigonia turcica*.

Von Ankara aus Exkursionen zu machen war wenig Zeit und Gelegenheit; erwähnenswert ist hier nur *Charora pentagrammica* I. Bol. Dagegen bot das folgende Standquartier Smyrna ausreichende Gelegenheit zum Besuch von Bornova, Ciyli b. Menemen, Sevdiköi und Manissa mit dem Manissa Dagh. An Orthopteren seien erwähnt *Eupholidoptera smyrnensis* (Br. v. W.), die ich meist aus sehr hohem Brombeergestrüpp mit einer langen Gerte „angeln" mußte (vgl. S. 197, Fußn.), und *prasina* (Br. v. W.), ferner *Rhacocleis anatolica* Werner und *turcica* Uv. und sehr zahlreiche *Incertana incerta* (Br. v. W.).

Einen schönen und erfolgreichen Abschluß bildete die Fahrt nach Brussa mit zweimaligem Besuch des Bithynischen Olymps, türkisch Ulu Dagh oder auch Keşiş genannt. Am ergiebigsten waren hier die Hochflächen unmittelbar unterhalb des Gipfels in der alpinen Region (Taf. XXXIX). Meine Frau fand dort die neue Gattung *Uludaghia*. Über Istanbul, dessen Umgebung beiderseits des Bosporus ich bereits 1914 besucht hatte und die infolgedessen nichts wesentlich Neues erbrachte, wurde am 21. 8. die Heimreise angetreten.

Im Verlauf der Reise wurde auch den Instituten und Pflanzenschutzstationen in Mersina, Adana, Diarbekir, Silvan, Bornova und Brussa sowie dem Zoologischen Institut der Landwirtschaftlichen Hochschule in Ankara Besuche abgestattet; den Leitern und Mitarbeitern dieser Institute gebührt für ihre Hilfsbereitschaft mein wärmster Dank.

A. BIOLOGISCHER TEIL

Zur Homochromie der Orthopteren

Über die Homochromie der Orthopteren liegen bereits viele Veröffentlichungen vor, und es würde zu weit führen, diesen ganzen Komplex der Erscheinungen, der in verschiedene Bereiche ausstrahlt, der Mimese, Genetik, Oekologie usw., hier darzustellen. Ich gehe daher im allgemeinen auf Einzelergebnisse anderer Autoren nicht ein, sondern verweise auf die zusammenfassende Darstellung und das Literaturverzeichnis in Chopards vorzüglicher „Biologie des Orthoptères" (Paris 1938).

Zwei Probleme sind es, die hier vorwiegend interessieren, der mimetische Wert dieser Anpassungserscheinung und deren Entstehung, ersterer viel umstritten, letztere noch nicht geklärt. Wohl selten sind die Ansichten der Forscher so diametral verschieden aufeinander gestoßen wie in der Frage nach dem biologischen Wert der Mimikry und Mimese: HEIKERTINGER, der zwar in vieler Beziehung klärend gewirkt hat, als Extrem der einen mehr ablehnenden Richtung und demgegenüber als anderes Extrem eine Kritiklosigkeit, die bis zur berüchtigten „Museumsmimikry" führt, die diese Erscheinung bei Formen feststellen zu müssen glaubte, die geographisch überhaupt nicht miteinander in Berührung kommen. Die Wahrheit liegt wohl, wie so oft, auch hier in der Mitte.

Es ist aber unumgänglich notwendig, alles Tatsächliche der äußeren Erscheinungen möglich vielseitig zusammenzutragen, um zu einem objektiven Urteil gelangen zu können, und so sollen im folgenden die von mir in Südosteuropa und Vorderasien gemachten Erfahrungen bezüglich der Homochromie der Orthopteren Raum finden, um ähnliche Beobachtungen — ich denke vor allem an die Arbeiten von VOSSELER[1]) und EISENTRAUT[1]) — zu ergänzen und zu bestätigen.

Meine Beobachtungen betreffen folgende Gattungen und Arten (hierzu die bunten Tafeln XI—XX):

Oedipoda coerulescens (L.)
— *schochii* Sauss.
— *germanica* (Charp.)
Sphingonotus coerulans (L.)
— *nebulosus persa* Uv.
Pyrgomorpha brevipennis I. Bol.
Eremopeza gibbera (Sauss.)
Scotodrymadusa rammei (Uv.)
Eremiaphila gene Lef.

Hierbei sind zwei Kategorien zu unterscheiden, was für die Erklärungsversuche der Homochromie von prinzipieller Bedeutung ist.

Kategorie I

a) Die gleiche Art auf räumlich getrennten Biotopen mit verschiedenfarbigem, in sich einheitlichem[2]) Untergrund.

b) Arten verschiedener Orthopterenfamilien auf einem Biotop mit einheitlichem[2]) Untergrund.

Kategorie II

Die gleiche Art auf einem Biotop mit gemischtfarbigem Untergrund.

Kategorie Ia

Oedipoda coerulescens (L.) [Taf. XI]

Persien (Urmiasee, b. Cherif-chané); auf einem mit verdorrtem rotbraunem *Astragalus* bedeckten Terrain waren etwa 70% der Individuen gleichmäßig intensiv rotbraun.

Kaukasus (Tuapsse); in der mit weißlichem Steingeröll bedeckten Strandregion waren etwa 90% von gleicher Färbung.

[1]) Zool. Jahrb. 16/17, 1902/03 (VOSSELER) u. Z. f. Morph. Ök. 7, 1927 (EISENTRAUT).
[2]) Das heißt einer vorherrschenden Färbung, etwa grau oder ockerfarbig oder bräunlich.

Mazedonien (am Vodno); auf der schokoladenbraun gefärbten „*Terra rossa*" eines Brachackers waren etwa 50% der Individuen gleichartig gefärbt, die meisten zum mindesten mehr oder weniger bräunlich verdunkelt, nur einzelne Exemplare zeigten die für die Art im allgemeinen typische hell- bis dunkelgraue Färbung.

Zu erwähnen wäre noch der — hier nicht abgebildete — Fall, daß in der Mark Brandenburg der größte Teil der auf (von der Sonne verbranntem) schwärzlichem Moosboden lebenden *coerulescens* ebenfalls stark geschwärzt ist, während die Stücke von helleren Sandböden vorwiegend graue oder hellbräunliche Farbtöne zeigen.

Oedipoda schochii Sauss. [Taf. XII u. XIII]

Diese Art fand ich an vier verschiedenen halberemischen Biotopen mit verschiedenfarbigem Untergrund in einer bei 40—70% der Individuen entsprechenden Färbung; die Farbnuancen und einzelne Besonderheiten in der Färbung der Steine waren überraschenderweise bis ins Kleinste kopiert.

Armenien (b. Etschmiadsin); Gestein vorwiegend grau, ebenso 60—70% der Individuen.

Armenien (b. Schordsha); Gestein ockerfarbig, mit helleren oder dunkleren Schattierung; 40—50% der Individuen von überraschend genau übereinstimmender Färbung.

Anatolien (b. Nigde, am Fuß des Ütsch-Kapular Dagh); Gestein weißlichbräunlich bis hell rötlichbraun, teilweis mit schwarzblauer Sprenkelung; 50—60% der Individuen mit entsprechender Färbung; einzelne Individuen (Taf. XII, 3. Tier von links) kopieren sogar genau die dunkelblaue Sprenkelung.

Anatolien (b. Diarbekir); rötliche bis rotbraune „*Terra rossa*"; mit vorwiegend ebenso gefärbten Individuen.

Oedipoda germanica (Charp.) [Taf. XIV u. XV]

Anatolien (Vorberg des Bithyn. Olymp, auf dessen Gipfel, etwa 1000 m); die Gipfelregion bedeckt mit grau-schwärzlichem Gestein und die *Oedipoda* vorwiegend ebenso gefärbt.

Anatolien (der gleiche Berg, aber der nach Süden unmittelbar anschließende Hang mit ockerfarbigem Gestein); hier die Individuen nicht mehr grau, sondern vorwiegend ockerfarbig.

Dieser Fall ist besonders bemerkenswert, da hier sinnfällig erkennbar wird, wie eine Art auf einem sich unmittelbar anschließenden anders gefärbten Gelände sich dieser Färbung anpaßt.

Dalmatien (Insel Hvar, gegen Brussje); der eigenartig rötliche Ton des Gesteins wird von 30—40% der Individuen außerordentlich genau kopiert.

Rumänien (Dobrudscha, b. Murfatlar); die vielseitige Abstufung der Gesteinsfärbung in sämtlichen Nuancen, auch die dunkle Sprenkelung, wird genauestens von 20—30% der Individuen kopiert; ein weiterer Teil paßt sich wenigstens dem Allgemeinkolorit an.

Sphingonotus coerulans (L.) [Taf. XVI]

Mazedonien: Trockene Flußbetten bei Demir Kapu bzw. Tetowo mit einheitlich rötlichem bzw. grauem Geröll; die Mehrzahl der Tiere angepaßt.

Pyrgomorpha brevipennis I. Bol. [Taf. XVII]

Aserbeidshan (b. Ordubat); auf halberemischem Gebiet mit grauweißlichem Gestein, spärlichem, teils noch grünem, teils vergilbtem Grasbewuchs waren etwa 60% der Individuen grau, etwa 30% grünlich und etwa 10% gelblich.

Armenien (b. Etschmiadsin); auf Stoppelfeldern waren 90% der Individuen strohfarbig (die Tiere bei ruhigem Verhalten kaum zu entdecken) und 10% grau.

Kategorie Ib

Eremiaphila gene Lef. (Mant.), ***Scotodrymadusa rammei*** (Uv.) (Tettigon.) und ***Eremopeza gibbera*** (Sauss.) (Acrid.) [Taf. XVIII]

Anatolien (b. Aintab); auf halberemischem Gebiet mit weißlichrötlichem Gestein zeigten die oben genannten, gemeinsam auf diesem Untergrund vorkommenden Vertreter dreier Familien auch übereinstimmende Färbung. Die Tarnung der kleinen Wüstenmantide *Eremiaphila gene* war so gut, daß man meist nur den Schatten der flink dahinhuschenden Tiere sah.

Dazu kommen noch (auf der Tafel nicht abgebildet) *Sphingonotus theodori* Uv. und *pilosus* Sauss., die auf dem Gestein von Aintab die entsprechende Färbung zeigen, während ersterer auf grauem Grunde bei Malatia graue, letzterer bei Ordubat, dem Untergrund entsprechend, graubräunliche Farbtöne zeigt (durch größere Serien belegt).

Kategorie II

Sphingonotus coerulans (L.) [Taf. XIX]

Rumänien (b. Herkulesbad); auf einem ausgedehnten alten Geröllbett der im Sommer fast versiegten Černa, das mit Steinen in allen erdenklichen Farben übersäet war, wurden diese zum Teil mit einer bis in Einzelheiten gehenden Genauigkeit kopiert oder waren wenigstens alle Grundfärbungen dieser Steine bei den *Sphingonotus* vertreten.

Sphingonotus nebulosus persa Uv. [Taf. XX]

Aserbeidshan (b. Ordubat); auf halberemischem Gebiet mit vielfarbigen (meist grauen, rotbraunen oder blauschwärzlichen) Steinen fanden sich auch die gleichen Färbungen bei den *Sphingonotus*.

Die Originale zu den Exemplaren und Gesteinsproben der bunten Tafeln werden im Zoologischen Museum in Berlin aufbewahrt; die Übereinstimmung der lebenden Tiere mit dem Untergrund ist noch genauer als die des mit besonderer Sorgfalt präparierten und gut erhaltenen Materials.

Der Schutzwert der Homochromie — wenigstens bis zu einem gewissen Grade — steht außer jedem Zweifel. Der Einwand, daß die Hauptfeinde der *Acrididae*, insbesondere der *Oedipodini* und *Thrinchini*, vorwiegend Vögel[1]) (Turm- und Rötelfalk, Blaurake und Bienenfresser) viel schärfere Sinne als der von seinem Standpunkt urteilende Mensch haben und ihnen so leicht nichts entgehen könne, ist durchaus nicht stichhaltig.

Hierbei muß man zunächst einen Unterschied machen zwischen der dem Menschen nicht gegebenen Suchmethode aus der Vogelschau und dem Suchen vom Boden aus. Daß, aus der Vogelschau betrachtet, sowohl die einem einheitlichen Bodenkolorit angepaßten Tiere (Kateg. I) wenigstens zu einem großen Teil nicht die Aufmerksamkeit etwa des rüttelnden Turmfalken auf sich ziehen und ebensowenig auf einem gemischtfarbigen Boden die Mehrzahl der Tiere, die sich dem Gesamteindruck durch die entsprechenden Färbungen angleichen (Kateg. II)[2]), liegt auf der Hand. Es werden in jedem Falle vorwiegend die sich bewegenden Tiere die Aufmerksamkeit erregen.

Fällt nun ein Vogel an irgendeiner Stelle des ihm entweder aus der Vogelschau durch Beobachtung günstig erscheinenden oder ihm als solches bekannten Gebietes ein, so sucht er dies, es ganz unsystematisch in der einen oder anderen Richtung durchstreifend, ab und wird auch hier vor allem die aufspringenden oder sich sonst irgendwie bewegenden Tiere zuerst entdecken und gewiß auch manches stillsitzende; aber die farblich gut getarnten Stücke werden zweifellos öfters übersehen[3]). Der sammelnde Zoologe vergleichsweise wird dem wenig zielstrebig suchenden Tier sogar überlegen sein, denn er wird systematisch und rationell Quadratmeter für Quadratmeter des Geländes absuchen, und doch werden auch ihm besonders gut getarnte Exemplare entgehen, wenn sie sich nicht durch Aufspringen oder Auffliegen verraten.

Im Endergebnis kann man also sagen: die Tarnung durch die Homochromie — teilweis in ganz überraschend genauer Form — läßt einen viel höheren Prozentsatz der Individuen der Vernichtung entgehen, als dies ohne die homochrome Färbung der Fall wäre; der Wert der Homochromie als arterhaltenden Faktors und damit ihr biologischer Wert kann also nicht bestritten werden[4]).

[1]) Die Feinde unter den Reptilien und Amphibien spielen bei unserer Betrachtung eine untergeordnete Rolle.

[2]) Ein recht gutes Beispiel bietet hier auch die „*Parallelochromie*" der kleinen Grashüpfer (*Stenobothri* und *Gomphoceri*), die individuell die Färbungen in Wiese und Feld (alle Nuancen des Grün, Grau, Braun usw. in allen Variationen zeigen (RAMME, Vortrag auf d. IX. Int. Ent. Kongr. Stockholm 1949, erscheint in Madrid in der Eos-Festschrift 1951).

[3]) Käfigversuche sind meines Erachtens in diesem Fall nicht beweiskräftig.

[4]) Wie sehr manche Einwände von falschen Voraussetzungen ausgehen, dafür zwei Beispiele. CHOPARD (l. c. p. 422) fand etwa ein Dutzend vorzüglich getarnter *Bacillus* auf einem Stachelginster und kein Exemplar war der Eibelegung durch eine Tachinide entgangen. GRIMPE (Zool. Jahrb. Syst., XLIV, 1922, p. 227ff.) legte ein Gemisch von *Phyllium*-Eiern und ganz gleich aussehenden Körnern einer *Acomys* vor; mit unfehlbarer Sicherheit wurden sofort die Eier herausgefunden. In beiden Fällen war es natürlich nicht das Auge, sondern der Geruchssinn, der die Tiere leitete.

Weit schwieriger ist das Problem der Entstehungsweise der Homochromie. Ich schließe mich jedenfalls voll und ganz HEIKERTINGER an in der Ablehnung der Selektion als erzeugenden Faktors, was der genannte Autor 1942 (Z. angew. Ent. 29) erneut betont. Ich selbst möchte vor allem den Einwand machen, daß nach meinen Beobachtungen an den verschiedensten Örtlichkeiten die Dezimierung durch Feinde für eine selektive Auswirkung im allgemeinen doch wohl zu gering erscheint; auch dürfte die notwendige Voraussetzung für eine Selektion, nämlich die genetische Fixierung der Homochromie, nicht gegeben sein.

Für die dann verbleibende Erklärungsmöglichkeit der Homochromie durch direkte Einwirkung der Färbung des Untergrundes auf das auf ihm lebende Individuum ist bezüglich der von mir angeführten Beispiele zunächst auf die prinzipielle Verschiedenheit der näheren Umstände in den Kategorien I und II hinzuweisen. Wenn wir annehmen, daß die homochrome Färbung durch dauernde Einwirkung der Untergrundfärbung während des Individuallebens, und zwar des larvalen, entsteht, — wie, ist allerdings noch nicht bekannt[1]) — so wäre dies, auf einem im großen und ganzen einheitlich gefärbten Boden irgendwie vorstellbar. Wie ist es aber auf gemischtfarbigem Boden? (Kateg. II). Wie kommt beispielsweise die haargenaue Kopie eines bunten Steines (vgl. das bereits angeführte Beispiel auf Taf. XIII, obere Reihe, 3. Tier von links) zustande; soll man dazu noch annehmen, daß sich die Larve ständig neben diesem Stein aufgehalten hat?

Ein neues Licht auf diese Frage werfen aber nun (bisher noch nicht veröffentlichte) Versuche — laut mündlicher Mitteilung von UVAROV — mit einer nordamerikanischen grünen Acridide, und zwar — und das ist das Erstaunliche — mit Imagines, angestellt wurden: auf schwarzen Untergrund gesetzt, nahmen die Tiere binnen drei Tagen die gleiche Färbung an. Hier ergeben sich ganz neue Perspektiven, die vielleicht eine Erklärung der Homochromie bringen können. Ich möchte es nicht für ausgeschlossen halten, daß ein Sinneseindruck durch das Auge des Tieres hormonal die entsprechende Färbung auslöst, wie dies beispielsweise bei gewissen Dekapoden der Fall ist, die im Augenstiel ein diesem Zwecke dienendes Organ tragen (vgl. auch die Nachträge S. 430,1).

B. SYSTEMATISCHER TEIL

1. Die europäisch-vorderasiatischen Arten der Gattung *Empusa* Illig.

In der Gattung *Empusa* Illig. herrscht viel Unklarheit, ganz besonders bei den europäisch-vorderasiatischen Arten, die hier nur untersucht werden sollen. Für

[1]) Die Hypothese von VOSSELER einer Einwirkung der Umgebungsfarben auf die unmittelbar nach der Häutung weißliche Larve (also eine Art „Farbenphotographie") erscheint mir wenig einleuchtend.

die Beurteilung der Arten sind folgende Merkmale als taxonomisch ausschlaggebend zu beachten: die Länge des *Processus verticis* und das Längenverhältnis von dessen Apikalteil gegenüber dem Basalteil; der teils gerundete, teils scharf winklige oder mit einem Höcker verschieden starker Ausbildung versehene Übergang des Basalteils zum Apikalteil; die Länge, Breite und Stellung der Seitenlamellen des Apikalteils; die Länge des Pronotums; die Form und Breite der Lappen an den Mittel- und Hintercoxen und schließlich die Größe und Form der Seitenlappen der Tergite des 4.—6. Abdominalsegments.

Aus den genannten Gebieten sind bisher beschrieben (mit bisher geltender Synonymie und Verbreitungsangaben[1]):

pennicornis Pall. (= *orientalis* Burm., = *stollii* Sauss.), S. Rußland, Türkei, Persien;

pennata Thbg. (= *egena* Charp.), westl. Mediterrangebiet;

fasciata Brullé, Balkan, Kleinasien;

uvarovi Chop., Mesopotamien.

hedenborgii Stål, Palaestina, Aegypten, Arabien, Ostafrika.

E. pennicornis Pall.

Pennicornis Pall. gehört wohl zu den am meisten verkannten Arten; deren Originaldiagnose lautet: „*♂ capitis cornu simplici conico, ♀ in apice membranaceo, emarginato*". Brunner v. W. (Prodr. p. 71) sagt: „*processus verticis parte basali gracili, latere non dentatus, parte apicali illa breviore, distincte apice decurva, in ♂ terete, acuminata, haud lobata, in ♀ anguste lobata, lobis compressis, acuminatis*". Beide Autoren betonen also, daß der Vertikalfortsatz des ♂ am Ende nicht eingeschnitten ist. Glücklicherweise ist der Pallassche Typus erhalten, allerdings nur das ♂ („*Rossia meridionalis*") und befindet sich im Berliner Museum; in der Originaldiagnose ist als Herkunft angegeben „*in desertis australibus versus mare Caspium*". Dieses ♂ ist gleichzeitig der Typus für *orientalis* Burm., während die von diesem Autor dazugestellten beiden ♀♀ („Syria", Ehrenberg) in Wirklichkeit zu *fasciata* gehören.

Die Untersuchung des Typus ergab, daß im Gegensatz zu der obigen Diagnose die Spitze des Fastigium verticis apikal leicht eingekerbt ist (Abb. 24); charakteristisch ist der gegenüber dem Basalteil kürzere Apikalteil, mit ersterem mit gerundetem Übergang verbunden, der Diagnose entsprechend leicht abwärts gekrümmt; ausgeprägte Seitenlamellen fehlen, unterseits befindet sich nur eine leichte Furche. Die Angabe bei Brunner „*coxae intermediae subtus anguste lobatae, posticae haud lobatae*" trifft auch nicht ganz zu, denn auch die Hintercoxen tragen einen allerdings sehr schmalen Lappen (Abb. 26). Die seitlichen Tergitlappen sind ziemlich kurz und apikal stumpf (Abb. 27).

[1]) Wytsman, Genera Insectorum, *Empusinae*, M. Beier 1934.

E. uvarovi Chop.

Es erscheint nach der Beschreibung und Abbildung möglich, daß *uvarovi* Chop. (Journ. Bombay Nat. Hist. Soc. 1921, p. 52, Taf. II, Fig. 17) mit *pennicornis* Pall. identisch ist; allerdings ist das Fundgebiet dieser Art, Mesopotamien, räumlich recht weit vom kaspischen Gebiet getrennt und faunistisch abweichend.

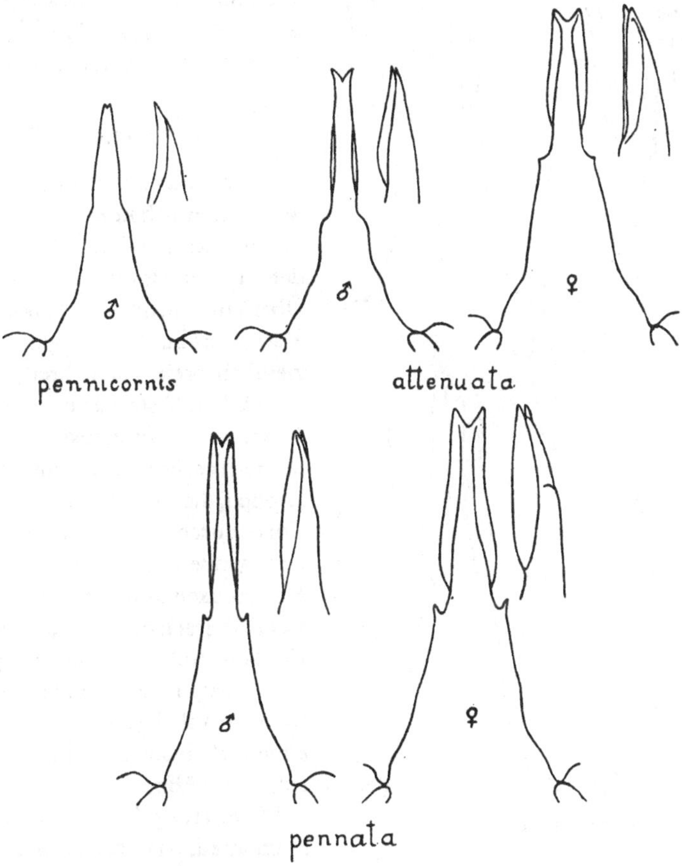

Abb. 24. *Empusa, Processus verticis* (daneben Apikalteil im Profil)

E. pennata Thbg. (= *egena* Charp.)

Diese Art bewohnt ausschließlich das westliche Mediterrangebiet; die Angabe bei Brunner (Prodr., p. 71) „Syrien" dürfte sich auf die weiter unten beschriebene *longicollis n. sp.* beziehen; die Angabe bei Fischer-Waldheim „am Caspischen Meere" vielleicht auf *pennicornis* Pall. *Pennata* ist eine größere Form; sie ist charakterisiert durch die gänzlich ungelappten Hintercoxen und die schmal gelappten Mittelcoxen (Abb. 26), langen *Processus verticis*, dessen Apikalteil ebenso lang ist wie der Basalteil, am Übergang beider Teile (♂ ♀) mit dornigen Fortsätzen, der Apikalteil ♂ schmal, mit schmalen Seitenlamellen, bei dem ♀ beides breiter, ♂♀ ziemlich stark eingekerbt (Abb. 24). Die Seitenlappen des 4. bis 6. Tergits sind oro-anal schmal, zugespitzt und die Spitzen meist nach hinten gekrümmt (Abb. 27). Das mir vorliegende Material (4 ♂♂, 3 ♀♀) stammt aus Spanien, Sardinien und Algier.

E. fasciata Brullé

Etwas kleinere Form. *Processus verticis* ziemlich kurz, Apikalteil kürzer als der Basalteil, ♂ mit gerundetem, unbedorntem Übergang, ♀ Übergang bedornt; Apikalteil im Verhältnis zu den übrigen Arten, ♂ ziemlich breit, ♀ sehr breit, apikal ♂ schwächer, ♀ stärker eingeschnitten (Abb. 25). Mittelcoxen mit sehr breiten (variierend bis mittelbreiten) Lappen, die meist breiter sind als der Coxendurchmesser, Außenrand mit zwei großen verwaschenen Flecken; Hintercoxen mittelbreit gelappt, mit zwei bis drei kleineren verwaschenen Flecken (Abb. 26). Tergitlappen des 4.—6. Segments oro-anal ziemlich breit, apikal abgestumpft, ♀ auch die entsprechenden Sternitlappen meist sichtbar (Abb. 27).

Material: 3 ♂♂, 11 ♀♀ aus Kroatien, Dalmatien, Herzegowina, Mazedonien, Griechenland, Anatolien und Syrien.

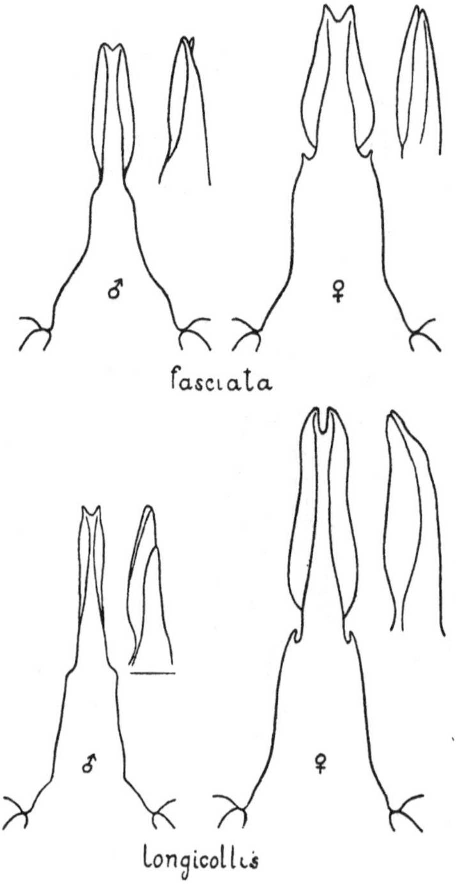

Abb. 25. *Empusa, Processus verticis* (daneben Apikalteil im Profil)

E. longicollis n. sp.

Größere Art. *Processus verticis* lang, mit langem Apikalteil; ♂ Übergang des Apikalteils zum Basalteil etwas eckig, aber nicht bedornt, ♀ mit ziemlich langem, etwas stumpfem und einwärts gekrümmtem Dorn (Abb. 25). Seitenlappen des Apikalteils ♂ mit ziemlich breiten, abwärtsgerichteten Lappen (so daß diese,

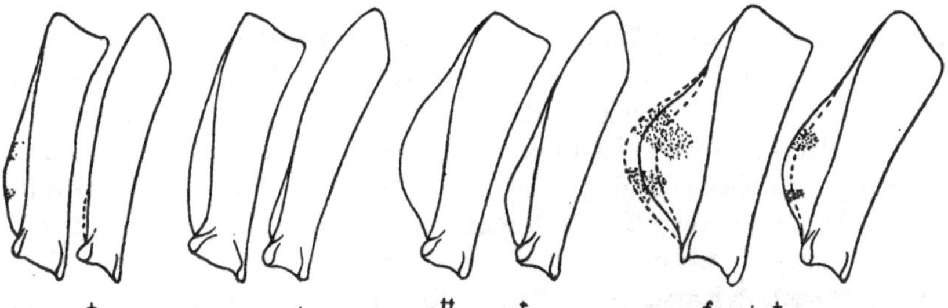

Abb. 26. *Empusa*, Mittel- und Hintercoxen ♂♀

von oben gesehen, schmaler erscheinen), Lappen des ♀ breit, auch hier von oben schmaler erscheinend (Abb. 26). Mittel- und Hintercoxen wie bei *fasciata* gelappt. Lappen des 4.—6. Tergits ♂♀ schmal, oro-anal zugespitzt, meist auch die Sternitlappen sichtbar (Abb. 27). Maße s. Tabelle weiter unten.

Typus ♂ Palästina, Jerusalem (Samml. unbek.), Allotypus ♀, Paratypus ♀ Anatolien, Adana 25. 6. 37 (Ramme); ♂♀ Cilic. Taurus 1895 (Holtz).

E. attenuata n. sp.

Kleinere Form. *Processus verticis* ziemlich kurz, Übergang vom Basalteil zum Apikalteil gerundet, Apikalteil ♂ ebensolang wie der Basalteil, sehr schmal, ebenso die Seitenlappen, die bei senkrechter Betrachtung nur ganz schmal sichtbar werden; Apikalteil ♀ kürzer als der Basalteil, Übergang zwischen beiden mit feiner Ecke, Seitenlappen breiter als bei dem ♂, Apex ♂ spitzwinklig ziemlich tief, ♀ rechtwinklig eingeschnitten; die Seitenlappen des Apikalteils ♂♀ ziemlich schräg abwärts gerichtet (Abb. 24). Belappung der Mittelcoxen lang und schmal, der Hintercoxen nur

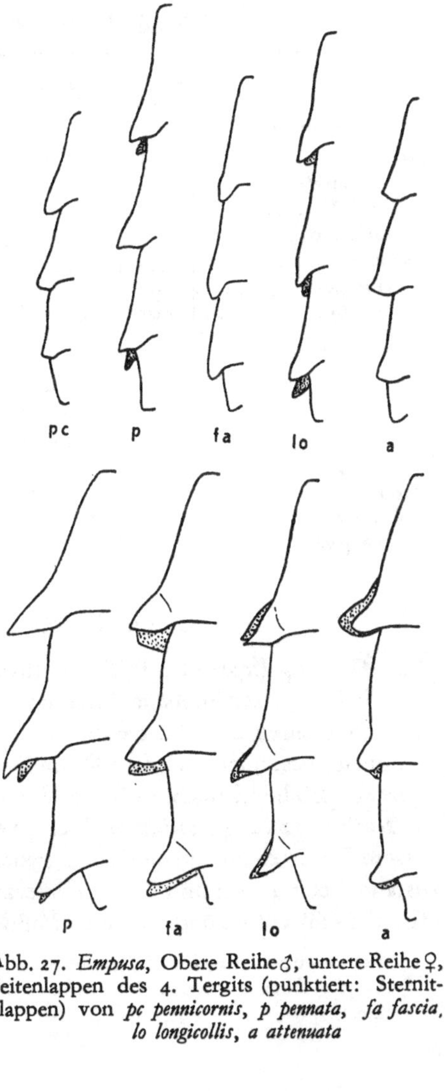

Abb. 27. *Empusa*, Obere Reihe ♂, untere Reihe ♀, Seitenlappen des 4. Tergits (punktiert: Sternitlappen) von *pc pennicornis*, *p pennata*, *fa fascia*, *lo longicollis*, *a attenuata*

aus einem ganz schmalen Läppchen im letzten Drittel des Apikalteils bestehend (Abb. 26). Lappen des 4.—6. Tergits ♂ ♀ oro-anal ziemlich breit, apikal etwas rechtwinklig, meist leicht abgerundet; bei dem ♀ fällt der Sternitlappen des 4. Segments auf, der (konstant ?) viel breiter und größer ist als der Tergitlappen (Abb. 27).

Typus ♂ Anatolien, Eregli 31. 5. 1907 (NIEDIECK), Allotypus ♀ Aserbeidshan, Adshi Kabul, 25. 7. 1927 (RAMME), Paratypen ♂ Eregli 1600 m (SIEHE), ♂ Sendschirli a. Amanus 500 m (Frau v. LUSCHAN), ♂ C. Mesopotamien 3. 6. 1918 (v. OPPENHEIM), ♂ Karacabey b. Brussa (GROHMANN); ♀ Yokarbanassiya b. Malatia 6. u. 7. 6. 1907 (RAMME).

Vergleichende Maßtabelle der untersuchten 5 Arten

♂	*penni-cornis*	*attenuata*	*pennata*	*fasciata*	*longicollis*
Long. corp.[1])	46,3	54 —57	51 —52	44,5—45,5	52
— *proc. vert.*	2,9	4	4,3— 5	4	5
— *pronot.*	18,5	19 —22	21,5—22,3	18,5—19,3	22,4
Lat. max. pron.	3,4	3,4— 3,7	2,7— 3,9	3,8— 3,9	4,2
Long. elytr.	33,3	38	38,2—40,1	36,2—36,5	40
— *fem. post.*	13,7	13 —14,5	14,1—15,5	12,5	14,5
— *tib. post.*	13,1	14 —16	15,2—16,4	13,8	16,5
♀					
Long. corp.	unbek.	54 —62	61,3—65,5	52,3—58,5	62 —67,5
— *proc. vert.*	—	5,2— 6,2	8,7— 8,8	6,1— 7	7,4— 9,8
— *pronot.*	—	21 —27	25,8—28,5	22,5—25,5	28,6—29,3
Lat. max. pron.	—	4 — 4,4	4,8— 4,9	4,4— 4,9	4,9— 5,3
Long. elytr.	—	34 —38	36,6—37,5	33,2—40	38,5—40
— *fem. post.*	—	14 —18	18,8	15,5—17	16,3—19
— *tib. post.*	—	14 —22	20,8	14,7—17,5	18,6—21

2. Revision der Gattung *Isophya* Br. v. W.

Die Gattung *Isophya* Br. v. W[2].) enthält — einschließlich der neu zu synonymisierenden — 44 beschriebene Arten und weist zahlreiche Fehlbeschreibungen und Unstimmigkeiten auf, die daraus resultieren, daß einerseits die taxonomischen Merkmale, besonders bei dem ♀, infolge einer ziemlich weitgehenden morphologischen Einheitlichkeit nicht sonderlich stark ausgeprägt sind, im Gegensatz zur Nachbargattung *Poecilimon* Fisch., bei der Habitus und männliche Cerci viel bessere Unterscheidungsmerkmale geben. Hinzu kommt, daß der Erhaltungszustand vieler Typen und des den Literaturangaben zugrundeliegenden Materials oft recht schlecht ist und zu vielen Mißdeutungen Anlaß gegeben hat, denn diese

[1]) Vom vorderen Augenrand gemessen.

[2]) Ausschließlich der neotropischen Arten, die ich als einer besonderen Gattung angehörig betrachte.

zarten Tiere erfordern eine besonders sorgfältige Präparation. Des weiteren ist die Variationsbreite mancher Merkmale ziemlich erheblich und nur aus Serien zu erkennen, die vielfach fehlen; insbesondere variiert auch die Färbung sehr stark, denn selbst bunte Arten können, auch hier wieder besonders das ♀, bis zu fast völliger Einfarbigkeit abändern. Es müssen daher einige weitere Synonymisierungen vorgenommen werden.

Die nachstehende Revision basiert auf einem reichen Material: 350 Exemplaren aus dem Berliner und etwa 120 aus dem Wiener und dem Britischen Museum sowie aus der Privatsammlung EBNER. So war es möglich, zahlreiche Typen und Exemplare, die den Literaturangaben zugrunde lagen, zu untersuchen. Im ganzen konnte ich von den 44 bisher beschriebenen Arten 31 nach eigenem Augenschein prüfen; 3 von den 44 gehören überhaupt nicht der Gattung an, 3 mußten neu synonymisiert werden und 12 werden neu beschrieben, so daß die Gattung jetzt 50 anscheinend gut fundierte Arten umfaßt.

Seit Erscheinen des KIRBYschen Kataloges, Bd. II, 1906, wurden synonymisiert:

tölgi Ebner	= *Poecilimon gracilis* Fieb.
caucasica Uvarov	= *schneideri* Br. v. W.
transcaucasica Ramme	= *schneideri* Br. v. W.
festae Giglio-Tos	= *savignyi* Br. v. W.

Auszuscheiden aus der Gattung sind:

1. *Isophya brunneri* I. Bol.[1]) (nec Ret.) = *bolivari* Kirby. Der Autor ist selbst im Zweifel über die Zugehörigkeit der Gattung und weist auf die Ähnlichkeit mit *Leptophyes* hin. Die Maße (*Long. corp.* 12; *pron.* 2,5; *elytr.* 2; *fem. ant.* 5 mm) schließen jedenfalls die Gattung *Isophya* aus.

2. *Isophya kattabica* Giglio-Tos[2]) gehört keinesfalls dieser Gattung an, sondern dürfte zu *Poecilimon* gehören, denn der Autor sagt von dem Typus (♂, Rhodos) „*elytra a pronoto tota obtecta*".

3. *Isophya isidori* Giglio-Tos[3]). Die Diagnose (*elytra in ♀ a pronoto tota abscondita, in ♂ nigro vittata, vix prominentia*) würde auf einen *Poecilimon* der *fussi-thoracicus-varicornis* usw.-Gruppe schließen lassen, was jedoch die Bemerkung, „*ovipositor pronoto vix longior, incurvus, basi angustata, apice dilatato laevissimo, margine integerrimo*" ausschließt. Fest steht nur, daß es sich um keine *Isophya* handeln kann.

Isophya brunneri Ret. 1888 (nec I. Bol., s. oben) wurde von MIRAM (Ann. Mus. Zool. Ac. Sci. URSS, 1929, p. 455) zugunsten *chersonensis* Ramme 1920 (Arch. Natg., p. 131) synonymisiert mit der Begründung „*n. praeocc.*". Gemeint ist damit *brunneri* I. Bol.[4]) 1899, deren Name als Homonym zu betrachten ist, was KIRBY durch das *n. nov. bolivari* bereits richtigzustellen versucht hat. Wie oben dargelegt, ist diese Letztere überhaupt keine *Isophya*.

[1]) Ann. Soc. Ent. Belg. 1899, p. 598.
[2]) Boll. Mus. Torino 1914, p. 14.
[3]) Boll. Mus. Torino 1914, p. 14.
[4]) Ann. Soc. Ent. Belg. 1899, p. 598.

In der nachstehenden Revision werden neu synonymisiert:

tschirpanensis Nedelkow	= *burmewi* Nedelkow
nigrosignata Miram	= *redtenbacheri* Adelung
stshelkanovzevi Miram	= *caspica* Ramme

Die als Subspezies von *pyrenea* beschriebene *altaica* Bei-Bienko dürfte, da sie nach Miram (l. c. p. 456) nicht mit *pyrenea* übereinstimmt, eine selbständige Art darstellen, während dies bei *pyrenea nemausensis* Bérenguier ohne Materialprüfung nicht zu klären ist.

Unter Berücksichtigung der vorstehenden Ausführungen verbleiben folgende Arten (die von mir gesehenen sind mit einem * gekennzeichnet):

1839 **pyrenea* Serville (Genustypus)
1853 **straubei* Fieber
1868 **speciosa* Frivaldsky
— **modesta* Frivaldsky
1878 **acuminata* Br. v. W.
— **amplipennis* Br. v. W.
— **savignyi* Br. v. W.
— **taurica* Br. v. W.
— **costata* Br. v. W.
— **brevipennis* Br. v. W.
— **schneideri* Br. v. W.
— **rectipennis* Br. v. W.
— **pavelii* Br. v. W.
— **major* Br. v. W.
1882 **modestior* Br. v. W.
— **obtusa* Br. v. W.
1891 **triangularis* Br. v. W.
1899 **rodsjankoi* I. Bolivar
1907 **redtenbacheri* Adelung
1907 **kalischewskii* Adelung
— **burmewi* Nedelkow
— **medimontana* Nedelkow
1909 *adelungi* Stshelkanovzev
1920 **chersonensis* Ramme
1920 **bivittata* Uvarov
1926 *altaica* Bei-Bienko
1929 **caspica* Ramme
1931 **brevicauda* Ramme
1933 **lemnotica* Werner
1936 **mavromoustakisi* Uvarov
1938 **vulgaris* Miram
— **zernovi* Miram
— **armena* Miram
— **boldyrevi* Miram
— *pylnovi* Miram
— *gracilis* Miram
— **shaposhnikovi* Miram
1942 *karabaghi* Uvarov

Nachstehend beschrieben werden:

tenuicerca n. sp.
longicaudata n. sp.
sureyai n. sp.
rhodopensis n. sp.
stenocauda n. sp.
sikorai n. sp.
anatolica n. sp.
reticulata n. sp.
nervosa n. sp.
ilkazi n. sp.
obtusidens n. sp.
pentheri n. sp.

Im Folgenden bringe ich zunächst die Beschreibung der gesehenen und der neuen Arten, dann anschließend die mir nur aus der Literatur bekannten. Ich habe mich dabei zur Erleichterung der Determination nur auf die taxonomisch wichtigsten Merkmale beschränkt und die allgemeinen, wenig veränderlichen meist vernachlässigt, um ständige Wiederholungen zu vermeiden. Wichtig sind Fastigium (es ist immer das *f. verticis* gemeint), Pronotum, *vena plicata* (Brunner) der Elytren, Cerci und Subgenitalplatte und Ovipositor, für den nur die Maße angegeben werden, ferner im bedingten Maße die Färbung. Die Abbildungen geben die charakteristische Form wieder, und eine gewisse Variationsbreite muß gegebenenfalls in Rechnung gestellt werden.

Eine wirklich zuverlässige Bestimmungstabelle für die Arten anzufertigen (die auch nur das ♂ betreffen könnte), halte ich für kaum möglich; unzuverlässige richten mehr Schaden an, als sie nützen. Ich glaube, daß man aus der Beschreibung, der Abbildung der Genitalregion und der Verbreitung (s. a. Tabelle S. 173) besser zum Ziele kommt.

Zunächst die erweiterte Diagnose der Gattung:

Isophya Br. v. W.

Fastigium meist viel schmaler als das basale Fühlerglied, seltener ebenso breit, meist mehr oder weniger gefurcht. Pronotum ♂ nach hinten stärker, ♀ weniger oder gar nicht erweitert, ♂ eingesenkt, ♀ wenig oder gar nicht, hinten abgestutzt. Elytren stark verkürzt, ♀ nur lappenförmig, in der Mitte sich etwas überdeckend, nur im basalen Teil ein wenig vom Pronotumhinterrand verdeckt. Vorderhüften ohne Dorn. Mittel- und Hinterbrust breit, quer, hinten kaum ausgerandet. Cerci ♂ im basalen Teil zuweilen gerade, erst im apikalen Teil gekrümmt oder auch im ganzen gleichmäßig gekrümmt, am Ende zugespitzt oder abgestumpft, meist mit einfachem Dorn, seltener mit 2 oder mehr Dornen. Subgenitalplatte ♂ mehr oder weniger ausgerandet. Ovipositor im basalen Teil gleichmäßig gekrümmt, am Ober- und Unterrand des Endes gesägt.

Isophya speciosa Friv.

Odontura speciosa Friv. Orth. Hung. 1867, p. 98.

Mittelgroß. Fastigium halb so breit wie die basalen Fühlerglieder, gefurcht. Pronotum ♂ nach hinten erweitert, eingesenkt, ♀ wenig erweitert, nicht eingesenkt. *Vena plicata*[1]) sehr schmal, etwa 3/4 so lang wie der Pronotumhinterrand. Cerci ♂ (Abb. 28) ziemlich fein und zierlich, apikal etwas nach oben gekrümmt, nur an der äußersten Spitze geschwärzt, mit feinen gegeneinander gerichteten Zähnen; Subgenitalplatte ♂ lang und schmal, bogig ausgerandet; ♀ Subgenitalplatte am Ende in der Mitte mit (oft sehr schwach ausgeprägter) kurzer Spitze. Färbung ♂ grünlich mit roströtlich gemischt, seltener fast einfarbig grün, nur die Metazona und der Diskus der Elytren rotbraun gesäumt; ♀ meist einfarbig grün, seltener bunt. ♂ Pronotum in der Prozona gelblichgrün, punktiert, Vorder-

	♂	♀
Long. corp.	17 —20	19
— *pron.*	3,5— 3,8	4,2
— *elytr.*	4 — 5	2,1
— *fem. post*	15	17
— *ovipos.*	—	6—6,5

[1]) Teil der *v. axillaris*.

rand roströtlich, seitlich mit 1 bis 2 verwaschenen schwarzbraunen Flecken, Metazona rostbräunlich bis rötlich. Elytren seitlich roströtlich angehaucht. Abdomenrücken dunkelbräunlich mit 2 hellbraunen Längsbinden, bei grünen Stücken die beiden Längsbinden meist nur durch helle Flecke angedeutet.

Material. Rumänien: Mehadia, Domogled; Serbien: Rtanj (Brunner); Albanien: Pashtrik (Alban. Exped.); Bulgarien: Vitoš; Rilo (Brunner); Situjakowo a. Tschetér Tépé (v. Boetticher); Pirin, Bansko 1000—1800 m (Zwick und Roehl).

Literaturangaben. Rumänien: Balvanyosfürdö, Paringul (Arn. Müller).

Verbreitung: Rumänien, Serbien, Albanien, Bulgarien.

Isophya tenuicerca n. sp.

Isophya speciosa auctt. (partim).

Mittelgroß; äußerlich *speciosa* zum Verwechseln ähnlich. Fastigium wie bei genannter Art. Pronotum schmaler als bei dieser, mehr lang rechteckig, ♂ etwas nach hinten erweitert und eingesenkt, ♀ nicht. *Vena plicata* wie bei *speciosa*. Cerci ♂ (Abb. 28) sehr fein, noch zierlicher als bei der vorigen und meist etwas stärker bogig gekrümmt, stets im ganzen apikalen Viertel geschwärzt. Zähne fein, gegeneinander gerichtet. Subgenitalplatte ♂ kürzer als bei *speciosa*, apikal meist etwas schmaler und meist stärker ausgerandet, ♀ wie bei *speciosa*. Färbung (ausdrucksvoller als bei der vorigen) ♂ ♀ grünlich, mit schwärzlicher oder schwarzer, roströtlicher und ockergelblicher Zeichnung. Pronotum sehr bunt (genau wie bei *amplipennis*), in der Prozona ockerfarbig, ringsherum verwaschen, schwärzlich oder schwarz begrenzt, so daß der lang-rechteckige ockerfarbige Fleck scharf hervortritt; Metazona im vorderen Teil ebenfalls schmal ockerfarbig, hinten scharf abgesetzt, breit braunrot. Abdomen ockerfarbig oder grünlich, mit feiner, oft in Punkte aufgelöster heller Mittelbinde und je einer breiten ockerfarbigen bis gelblichen Seitenbinde.

	♂	♀
Long. corp.	18 —21	18 —21
— *pronot.*	3,8— 4	4,1— 4,8
— *elytr.*	4,1— 5	2 — 2,5
— *fem. post.*	17 —18	15 —18
— *ovipos.*	—	7 — 8

Typus ♂, Allotypus ♀ Thrazien, Tschataldscha 15. 7. 1930 (Brit. Museum); Paratypen 2 ♂♂, 2 ♀♀; Rumänien, Veterani-Höhle am Kasan-Paß (Lorenz); Wiener Museum; ♂ Dobrudscha, Dimiciana 5. 1930 (Georgescu), coll. Ebner; ♀ Serbien, Avala b. Belgrad (Ramme); Samothraki 1.—6. 7. 1933 (Kattinger), Museum Berlin.

Diese verkannte, mit *speciosa* verwechselte Art ist viel bunter und durch das etwas mehr lang-rechteckige Pronotum, vor allem aber durch die noch zierlicheren Cerci und deren stets geschwärztes Apikalviertel leicht zu unterscheiden.

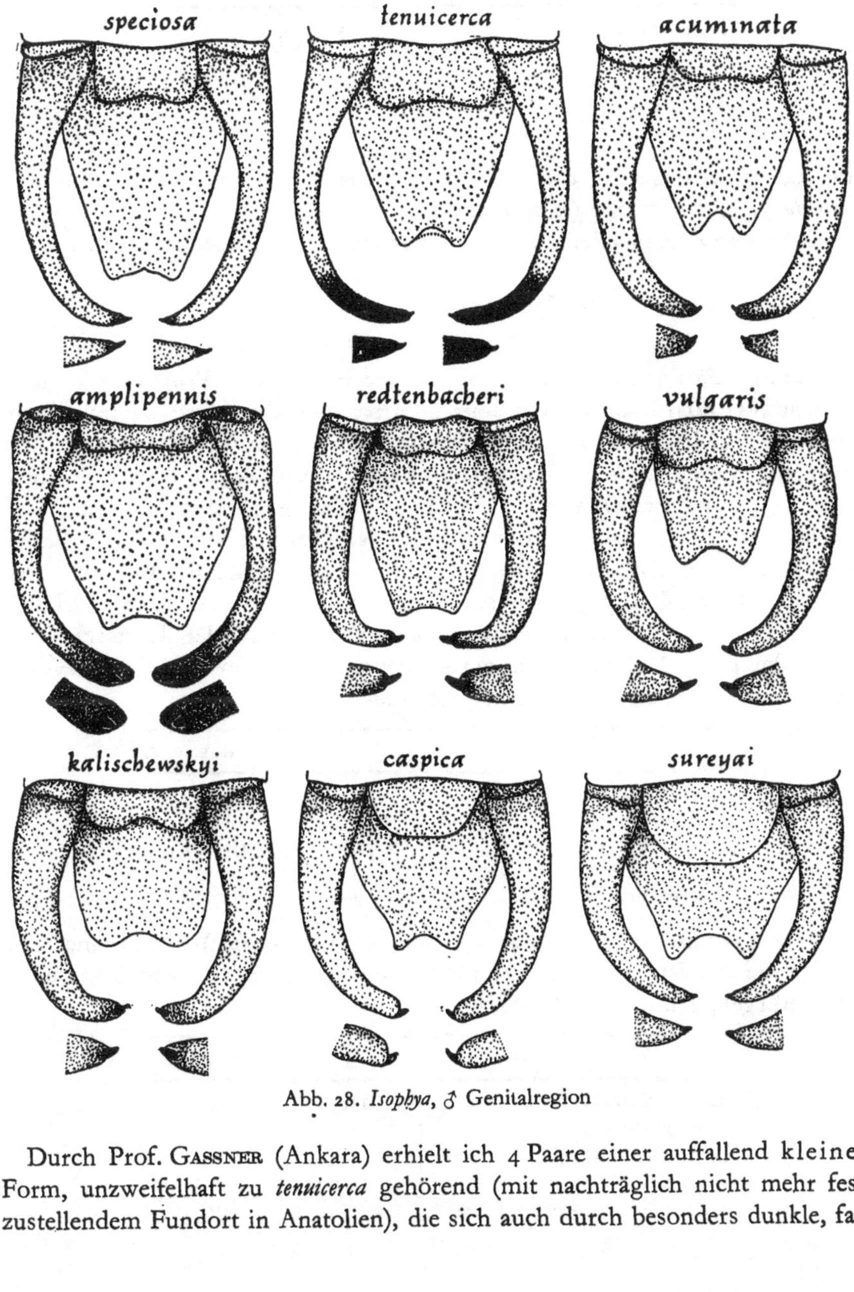

Abb. 28. *Isophya*, ♂ Genitalregion

Durch Prof. Gassner (Ankara) erhielt ich 4 Paare einer auffallend kleinen Form, unzweifelhaft zu *tenuicerca* gehörend (mit nachträglich nicht mehr festzustellendem Fundort in Anatolien), die sich auch durch besonders dunkle, fast schwärzliche Allgemeinfärbung von der europäischen Form unterscheidet. Cerci genau wie bei dieser geformt und gefärbt.

	♂	♀
Long. corp.	15	16
— *pronot.*	3,1	4 — 4,6
— *elytr.*	4,3	2,1— 2,3
— *fem. post*	13,2	14,6
— *ovispos.*	—	5,8

Besonders auffallend ist, daß an gleicher Stelle eine genaue Parallelform von *acuminata* gefunden wurde (s. unten).

Verbreitung: Rumänien, Serbien, Griechenland, Thrazien, Anatolien.

Isophya acuminata Br. v. W.

Isophya acuminata Br. v. W. Mon. Phan. 1878, p. 69.

Mittelgroß. Fastigium und Pronotum ♂ wie bei *speciosa*; Pronotum ♀ (liegt mir nicht vor) nach Brunner mit einer „horizontalen Querleiste, die im dritten Viertel der Scheibe das Pronotum gleichsam faltet". *Vena plicata* schmal, $^3/_4$ bis fast so lang wie der Pronotumhinterrand. Cerci ♂ (Abb. 28) im ganzen deutlich breiter als bei den beiden vorigen Arten (besonders gegenüber *tenuicerca*), viel schwächer gekrümmt; apikal etwas aufwärts gebogen und am äußersten Ende, zuweilen auch etwa das ganze letzte Sechstel geschwärzt; Zähne etwas oralwärts gerichtet. Subgenitalplatte ♂ apikal schmal, ziemlich bogig ausgerandet. Färbung (auch des Pronotums) wie bei *speciosa*; Abdomenbinden zuweilen durch schwarze Grundfärbung des Abdomens sehr ausdrucksvoll. Elytren mit ziemlich markant hervortretender netziger, meist heller Aderung.

	♂	♀ nach Br. v. W.
Long. corp.	16 —18	15 —18
— *pronot.*	3,8— 4	4,3
— *elytr.*	6,5	2,2— 2,4
— *fem. post*	15	15 —16
— *ovipos*	—	7,5

Die der anatolischen Kleinform von *tenuicerca* (s. daselbst) in Färbung und Größe genau parallele Form, von der 3 Paare von der gleichen unbekannten Fundstelle vorliegen, zeigt folgende Maße:

	♂	♀
Long. corp.	15,5	14,5
— *pronot.*	3,9	4,2
— *elytr.*	4,2	1,9
— *fem. post*	13,3	14,3
— *ovipos.*	—	6

Es ist anzunehmen, daß irgendwelche ökologische Besonderheiten der Fundstelle die Ausbildung der beiden genannten Kleinformen begünstigt haben.

Material: Anatolien: Amasia (MANN, LEDERER).

Literaturangaben: Transkaukasien: Mangliß (STSHELKANOVZEV); Bot. Garten, Tiflis (ZAITZEV).

Verbreitung: Anatolien, Transkaukasien.

Isophya amplipennis Br. v. W.

Isophya amplipennis Br. v. W. Mon. Phan. 1878, p. 68

Mittelgroß. Pronotum wie bei *speciosa*, nur etwas breiter, auch beim ♀ ein wenig eingesenkt. Elytren etwas aufgebläht, *Vena plicata* wie bei *speciosa*. Cerci ♂ (Abb. 28) nur im basalen Teil stärker und dann wieder apikal verdickt und abgestumpft; Zahn plump, bereits vor der Spitze dorsal ansetzend, letztes Fünftel der Cerci oft geschwärzt. Subgenitalplatte ♂ apikal ziemlich breit und flach ausgerandet. Färbung, insbesondere des Pronotumrückens wie bei *tenuicerca*, sehr markant. Schenkel grün, stark punktiert. Elytren stark rostrot angehaucht. Abdomenrücken mit zwei elfenbeinfarbigen Binden, deren jede zuweilen in ganz schmale Doppel-Längsstreifen aufgelöst ist, auf schwarzem Grunde, Seiten grünlich.

	♂	♀
Long. corp.	19 —20	18 —19
— *pronot.*	3,2— 3,5	4
— *elytr.*	4,5— 5	2,3
— *fem. post.*	16,5—17	16,5—17
— *ovipos.*	—	9

Material: Thrazien: Belgrader Wald b. Istanbul; Bosporus (BISCHOFF); Anatolien: Kozan (FAHRINGER); Bozyuk, Tokat und Urfa (SUREYA).

Literaturangaben: Bosnien (BURR); Anatolien: Brussa, Amasia (Br. v. W.), Ismid; Transkaukasien: Bakuriani (BURR). Ich halte bei dem transkaukasischen Fundort eine Verwechslung mit der folgenden Art für höchst wahrscheinlich, wie ich auch der Angabe „Bosnien" etwas skeptisch gegenüberstehe.

Verbreitung: Thrazien, Anatolien; Bosnien (?), Transkaukasien (?).

Isophya redtenbacheri Adelung [Taf. VII, Fig. 3]

Isophya redtenbacheri Adel. Horae Soc. Ent. Ross., 38, 1907, p. 68.
Isophya nigrosignata Miram. Trud. Zool. Inst. Azerbaidshan Fil. Ac. SSSR 1938, p. 357.

Mittelgroß. Fastigium wie bei *speciosa*. Pronotum ♂ kleiner als bei genannter Art, ♂ stärker, ♀ nur etwas eingesenkt. Elytren wie bei *speciosa*. Cerci ♂ (Abb. 28) im ganzen wenig gekrümmt, erst im apikalen Teil ziemlich unvermittelt nach innen gebogen, so daß die Enden ziemlich in einer Ebene gegeneinander gerichtet sind. Zahn ziemlich kräftig, schwach nach vorn gebogen. Subgenitalplatte ♂

hinten flach ausgerandet. Färbung und Zeichnung ♂ ♀ im allgemeinen wie bei *tenuicerca*, nur ist die Prozona des Pronotums hinten nicht schwarz begrenzt, so daß ein trapezförmiger einheitlich heller (matt ockerfarbiger) Fleck entsteht, der bis an den rötlichbraunen Hinterrand des Pronotums heranreicht. Abdomen elfenbeinfarbig, mit breiter, meist mit feiner heller Mittellinie versehener rötlichbrauner, oft etwas verwaschener Binde und verwaschenen rötlichbraunen und schwärzlichbraunen Abdomenseiten. Hinterrand der Tergite fein hell gesäumt, geperlt. Es kommen auch weitgehend grünlich gefärbte Stücke vor, bei denen der Pronotumrücken nur an den Seitenkanten dunkel gesäumt ist und die Abdomenbinden nur angedeutet sind.

	♂	♀
Long. corp.	17 —18,5	18 —19
— *pron.*	3 — 3,4	3,8— 4
— *elytr.*	4,6— 4,8	2,2— 2,3
— *fem. post*	13 —14	18 —19
— *ovipos.*	—	5 — 6

Die Beschreibung von *nigrosignata* (nach einem einzelnen ♂, ebenfalls von Bakuriani), stimmt sehr gut mit *redtenbacheri* überein.

Material. Westkaukasus: 40 W. südlich Tuapsse (BOLDYREV); Transkaukasien: Bakuriani (RAMME); Mzchet (BOLDYREV).

Verbreitung: Westkaukasus, Transkaukasien.

Isophya vulgaris Miram

Isophya vulgaris Mir. Trud. Zool. Inst. Adzerbaidzhan Fil. Ac. Nauk SSSR, 1938, p. 359 und 369, Abb. 12.

Mittelgroß. Fastigium etwa zwei Drittel so breit wie die basalen Fühlerglieder, gefurcht. Elytren wie bei *speciosa*. Pronotum ♂ ♀ nach hinten etwas erweitert und eingesenkt. Cerci ♂ (Abb. 28) gleichmäßig gekrümmt, apikal etwas stumpf, mit ziemlich kräftigem, etwas nach vorn gerichtetem Zahn. Subgenitalplatte ♂ etwas stärker ausgerandet. Färbung (nach einem mäßig konservierten ♂ ♀): Abdomenrücken ♂ einfarbig gelblichgrün, mit je einer seitlichen, schmalen schwärzlichbraunen Fleckenbinde, sonst wie *redtenbacheri*, ♀ ziemlich einfarbig.

Die Art steht *redtenbacheri* äußerst nahe; sie unterscheidet sich außer durch die

	♂	♀
Long. corp.	18,5—19	20,5—21
— *pronot.*	3,2	4 — 4,6
— *elytr.*	4 — 4,5	2 — 2,7
— *fem. post*	5	15,5—16
— *ovipos.*	—	5,3[1])—9

[1]) Diese Angabe bei MIRAM dürfte wohl auf einem Schreib- oder Druckfehler beruhen; der Ovipositor des vorliegenden Paratypus weist eine Länge von 9 mm auf.

etwas abweichende Zeichnung des Abdomens durch die Form der Cerci, die apikal gleichmäßig gekrümmt und allmählich zugespitzt sind, während bei *redtenbacheri* die orale Cercusbasis des Zahnes deutlich wulstig hervortritt. Die Subgenitalplatte des ♂ reicht nur etwas über die Cercusmitte.

Material. Nordkaukasus: Paratypus ♂ Vasyutinskaja bei Krasnodar (Kusnezov), ♀ Berg Atsishko bei Krasnaja Poljana (Bartenev), letzteres, nicht in der Beschreibung erwähnt, mit dem Paratypus von Miram erhalten.

Literaturangaben. Typus ♂ Stavropolskaja bei Krasnodar (Anderson und Surov) s. Miram.

Verbreitung: Nordkaukasus.

Isophya kalischewskyi Adelung

Isopyha kalischewskyi Adel. Ann. Mus. Zool. Ac. Sci. St. Petersburg 1907, p. 137

Mittelgroß. Fastigium sehr schmal (schmaler als bei *speciosa*) und etwas zugespitzt, nicht gefurcht. Pronotum sehr kurz, in der Metazona erweitert, Rücken eingesenkt. Elytren etwas stärker entwickelt als bei den vorhergehenden Arten, besonders der ziemlich netzig geaderte Endlappen; doppelt so lang wie das Pronotum; *vena plicata* nur sehr schwach entwickelt, kaum dreiviertel so lang wie der Pronotumhinterrand. Cerci (Abb. 28) erst apikal stärker nach innen gekrümmt, die ziemlich kräftigen Endzähne etwas nach vorn gerichtet. Subgenitalplatte breit, mit gerundeten Endlappen, bogig ausgerandet. Färbung (des mäßig konservierten ♂) grünlichgelb, Pronotum einfarbig, mit schwarzen, in der Mitte verbreiterten, außen hell gesäumten Seitenkanten. Elytren hellbräunlich, am Vorderrand etwas grünlich, *vena plicata* schmutzigrot. ♀ unbekannt.

Long. corp.	16,5—17,5
— *pronot.*	3,6— 3,8
— *elytr.*	6,5— 7
— *fem. post.*	14 —14,5

Material. Paratypus ♂ Abchasien, Berg Maruch.

Verbreitung: Westkaukasus.

Isophya caspica Ramme

Isophya caspica Rme. Eos 1929, p. 147.
— *caspica* Uvarov. Ann. Mus. Zool. Ac. Sci. URSS. 1929, p. 626.
— *stshelkanovzevi* Miram l. c. 1938, p. 360. (*Syn. nov.*)

Über mittelgroß. Fastigium sehr klein, schmal dreieckig, leicht gefurcht. Pronotum ♂ nach hinten kaum erweitert, leicht, ♀ kaum eingesenkt. Elytren mit seitlich ziemlich breiten Endlappen, *vena plicata* wie bei *speciosa*. Cerci ♂ (Abb. 28) am Ende ziemlich abgestumpft. Zahn am äußersten Ende inseriert, schräg nach vorn gerichtet. Subgenitalplatte mäßig breit, bogig ausgerandet. Färbung ockergelblich bis rötlichbraun, mit scharfer schwarzer und gelblicher Zeichnung. Pronotum ♂ schwarz, auf dem Diskus mit breitem gelblichbräunlichem, braungesprenkeltem Fleck (Uvarov) oder ockergelblich, schwärzlich gesprenkelt, mit verwaschen schwärzlicher, ventral gelblich gesäumter Binde am Vorderrand und an den Kanten und breitem rotbraunem Hinterrand; Rand der Seitenlappen und eine schmale Binde längs der Seitenkanten gelblich, Hinterrand breit dunkelrötlich gesäumt. Elytren mit ockergelblichem (Uvarov: gelblichgrünem) Diskus, rotbraun gesäumt; Vorderrand breit ockergelblich. Abdomen schwarz, mit zwei blaß-rötlichbraunen Binden, Hinterrand der Tergite gelblich (Uvarov) oder schmutzig-gelblich, mit undeutlichen, verwaschen rotbräunlichen Rücken und je einer Seitenbinde. Schenkel hellbräunlich, oben apikal etwas verdunkelt oder schwarz. Die schwärzliche Grundfarbe kann auch reduziert und durch grünliche Tönung ersetzt sein.

	♂	♀
Long. corp.	21 —22	26,5
— *pronot.*	3,9— 5	5,5
— *elytr.*	4,3— 5	3
— *fem. post.*	17 —18,5	19
— *ovipos.*	—	9,5

Ich glaube, daß *stshelkanovzevi* Miram identisch mit *caspica* ist, da beide Formen in wesentlichen Punkten, zumal im Bau der Cerci, übereinstimmen und auch ihr Verbreitungsgebiet das gleiche ist.

Material. Persien: Barferusch, ♂ Typus (Heinrich).

Literaturangaben. Persien: Astrabad (Uvarov); (?) Gebiet von Lenkoran, mehrere Fundorte (Miram).

Verbreitung: Aserbeidshan (russ.); Persien.

Isophya sureyai n. sp.

Mittelgroß. Fastigium wie bei *speciosa*. Pronotum ziemlich kurz, ♂♀ nach hinten etwas erweitert und schwach eingesenkt. Elytren wie bei *speciosa*. Cerci ♂ (Abb. 28) verhältnismäßig kürzer als bei den vorhergehenden Arten, gleichmäßig rundlich gebogen, mit nur schwachem Zahn. Färbung (der mäßig konservierten Stücke) ähnlich wie bei den vorhergehenden Arten ziemlich bunt, jedoch dunkler und mehr verwaschen. Pronotum in der Prozona mit schwärzlicher Zeichnung und Punktierung auf ockerfarbigem Grunde, Hinterrand rötlichbraun. Abdomen bis auf zwei verwaschene schmutzig-ockerfarbige Längsbinden und etwas ockerfarbig aufgehellte Seiten schwärzlich, zuweilen aber im ganzen etwas heller und dadurch weniger ausdrucksvoll erscheinend.

	♂	♀
Long. corp.	20	20 —21
— *pronot.*	4	3,7— 3,9
— *elytr.*	4,2	1,8— 2,2
— *fem. post.*	15	15,5—17
— *ovipos.*	—	8

Typus ♂, Allotypus ♀, Paratypus ♀, Anatolien, Šebin-Karahissar (Prov. Sivas) 1931 (Sureya-Bey).

Verbreitung: Anatolien.

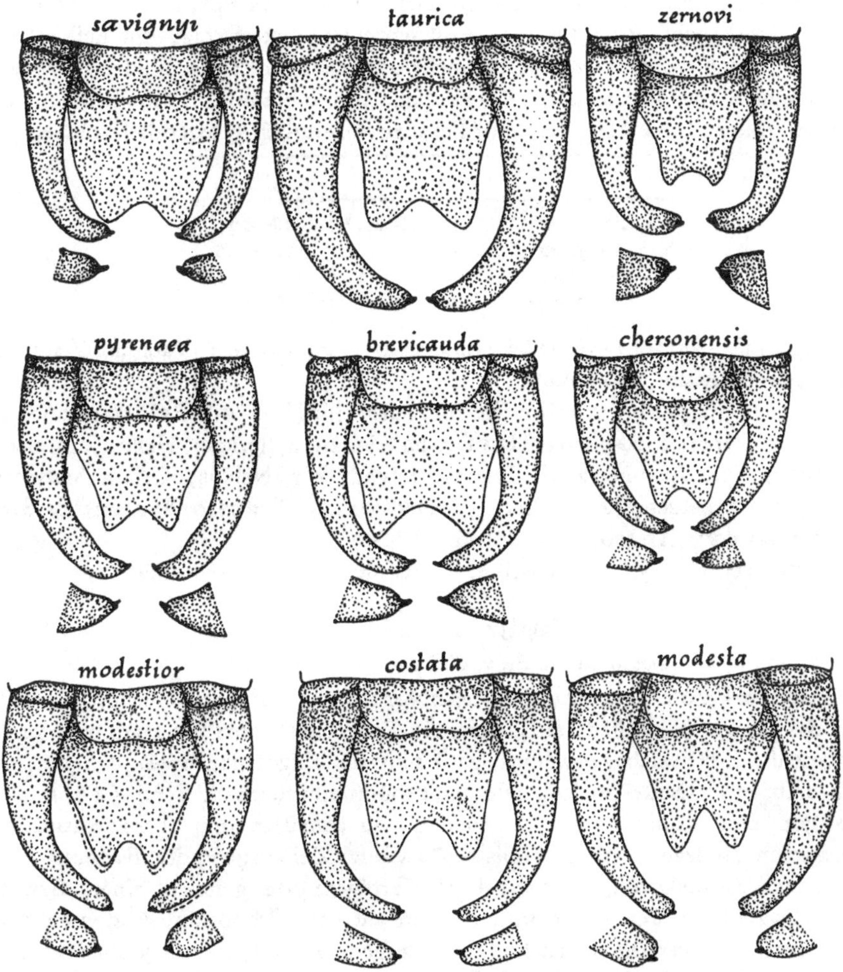

Abb. 29. *Isophya*, ♂ Genitalregion

Isophya savignyi Br. v. W.

Isophya savignyi Br. v. W. Mon. Phan. 1878, p. 70.
— *festae* Giglio-Tos. Boll. Mus. Torino 1893, p. 1.

Etwas über mittelgroß. Fastigium dreieckig, an der Basis fast so breit wie das Basalglied der Fühler, gefurcht. Pronotum ziemlich kurz und breit, ♂ in der Metazona etwas erweitert, eingesenkt (nur nach dem ♂ beschrieben, ♀ mir nicht bekannt). *Vena plicata* nur angedeutet, tief eingesenkt, etwa zwei Drittel so lang wie der Pronotumhinterrand. Cerci ♂ (Abb. 29) verhältnismäßig kurz, wenig gebogen, mit ziemlich stumpfem Ende und mäßig starkem, ziemlich am hinteren Rande inseriertem Zahn. Färbung grünlich bis ockergelblich, stellenweise roströtlich überhaucht. Pronotumrücken ♂ schmutzig-ockerfarbig, mit hell-ockerfarbigen, innen rotbraun gesäumten, mehr oder weniger breiten Binden längs der Seitenkanten, zuweilen der ganze Rücken einfarbig rotbräunlich. Abdomen von der Grundfärbung, ohne Längsbinden (die aber vermutlich gelegentlich auftreten).

	♂[1])
Long. corp.	18—20
— *pronot.*	4— 4,8
— *elytr.*	5
— *fem. post.*	16—17

Material. Syrien: Gebellié (Leuthner); Palästina: Tabgha (Amsel); Anatolien: Adana (Werner).

Literaturangaben. Syrien: Beirut; Antiochia (Krauss); Palästina: Wadi Hammam; Tiberias; Kaubab el Hawa, nahe Kinnereth; Jericho; Haifa; Jerusalem (Uvarov); Jerusalem-Nazareth; Djerasch; Wadi Seir; Nablus; Kirjath Anavim; Artuf; Ben Schemen; Rosch Pinah (Bodenheimer); Transjordanien: Es Salt (Bodenheimer); Anatolien: Göksün (Werner).

Verbreitung: Syrien; Palästina; Transjordanien; O.-Anatolien.

Isophya taurica Br. v. W.

Isophya taurica Br. v. W. Mon. Phan. 1878, p. 64.

Größte bekannte Art. Fastigium nach vorn etwas verjüngt, ungefähr so breit wie das basale Fühlerglied, leicht gefurcht. Pronotum ♂ ziemlich stark erweitert, eingesenkt, ♀ schwächer erweitert, ganz schwach eingesenkt. *Vena plicata* ziemlich derb, zwei Drittel so lang wie der Pronotumhinterrand. Cerci ♂ (Abb. 29) ziemlich dick, apikalwärts gleichmäßig verschmälert, mit verhältnismäßig schwachem Endzahn. Subgenitalplatte ♂ ziemlich tief ausgerandet. Färbung sehr bunt und ausdrucksvoll, auf dunkel-ockerfarbigem oder gelblichgrünem Grund mit schwärzlicher Zeichnung und Flecken auf dem Pronotum; Abdomen mit schwarzer, von einer hellen Mittellinie durchzogener Längsbinde und je einer Seitenbinde, die dazwischenliegenden einfarbig ockergelblichen Felder trapezförmig;

	♂	♀
Long. corp.	27	29
— *pronot.*	5,2	6
— *elytr.*	4,7	3— 3,3
— *fem. post.*	21	21
— *ovipos.*	—	15—16,5

[1]) ♀ liegt mir nicht vor!

Abdomenseiten stark schwarzbraun punktiert. Elytren dunkelrotbräunlich, mit breitem weißlichem Vorderrand. In der südlichen Krim oft mit grünlicher Tönung.

Material. Krim: Feodossia; Dwuch-Jakornij (RAKOVSKY); Karadag (DIAKONOV).

Literaturangaben. Krim: Babugan-Jaila; Tschatyr Dagh; Kisiltasch (MIRAM).

Verbreitung: Krim.

Isophya zernovi Miram

Isophya zernovi Mir. l. c. 1938, p. 356 u. 367, Abb. 8.

Unter Mittelgröße. Fastigium dreieckig verjüngt, halb so breit wie das basale Fühlerglied, gefurcht. Pronotum ziemlich breit und kurz, ♂ nach hinten erweitert, etwas eingesenkt, ♀ nicht erweitert und eingesenkt. Elytren wie bei *speciosa*, jedoch etwas kürzer und flacher. Cerci ♂ (Abb. 29) zunächst ziemlich gerade, im letzten Viertel stärker nach innen gekrümmt, apikal vor dem nach hinten abgeschrägten Ende ein wenig verdickt, der derbe Zahn schräg nach vorn gerichtet. Subgenitalplatte ♂ schmal, bogig ausgerandet. Färbung des (mäßig konservierten) ♀ schmutzig-gelblich bzw. hellbräunlich (im Leben vermutlich grünlich). Pronotumrücken mit schwärzlichen, ventral hell gesäumten Seitenbinden. Elytren schmutzig grünlich, Vorderrand etwas roströtlich. Abdomen mit schmaler verwaschener heller Seitenbinde, daneben je eine verwaschene breite schwärzliche Binde und je eine in dunkle Flecken aufgelöste Seitenbinde; ♀ einfarbig grünlich.

	♂	♀
Long. corp.	18 (22,2)	19 (32,2)[1]
— *pronot.*	4,1 (4,5)	4,2 (5)
— *elytr.*	4 (4,2)	2,1 (2)
— *fem. post.*	17 (19,2)	15 (19,4)
— *ovipos.*	—	7 (6,5)

Material. Kaukasus: ♂ Paratypus Batum (NESTEROV); ♀ Agundir b. Olty (letzteres ebenfalls von MIRAM erhalten).

Literaturangaben. Kaukasus: Artwin und Gurzhany b. Batum; Waragchan-Berge und Opiza-Porta b. Artwin (MIRAM).

Verbreitung: W.-Kaukasus.

Isophya pyrenea (Serv.)

Barbitistes pyrenea Serv. Ins. Orth. 1839, p. 481.
— *camptoxypha* Fieb. Lotos III 1853, p. 185.
Isophya kraussi Br. v. W. Monogr. Phaner. 1878, p. 65.
— *camptoxipha* Br. v. W. Prodr. 1882, p. 280.
— *pyrenaea* Shugurov (teste Adelung). Hor. Soc. Ross. 1907, p. 121.

Mittelgroß. Fastigium schmal oder etwas konisch, kaum halb so breit wie die Basalglieder der Fühler. Pronotum ♂ in der Metazona erweitert, eingesenkt,

[1]) Soll wohl (b. MIRAM) 22,2 heißen!

♀ etwas erweitert, nicht eingesenkt. *Vena plicata* ♂ gleichmäßig fein, an der Basis fast bis an den Hinterrand des Pronotums reichend. Cerci (Abb. 29) mäßig gekrümmt, vor dem Apex oft nach innen leicht verdickt, Endzahn schwach, am Vorderrand des Endes inseriert, etwas nach vorn gerichtet. Subgenitalplatte ♂ apikal ziemlich schmal, stumpfwinklig ausgerandet. Färbung ♂ ♀ einfarbig grün, Pronotum mit schwacher gelblicher, innen schmal rotbraun gesäumter Kantenbinde; Diskus der Elytren stellenweise gebräunt.

	♂	♀
Long. corp.	16 —19	17 —21
— *pronot.*	3,2— 4,2	4,2— 5
— *elytr.*	3,2— 3,8	1 — 1,5
— *fem. post.*	15 —15,5	16 —17
— *ovipos.*	—	8,5—10

Material. Deutschland: Harz: Hasserode (Walter) und Hohe Geiß (Zwick); Württemberg: Schwäb. Alb, Rosenstein (Spaney) und Glems (Krauss); Bayern: Hirschaid, Staffelstein, Bamberg (Schneid); Gößweinstein i. Fr. (Eisentraut); Münnerstadt b. Kissingen (Heinrich); Österreich: Wiener Wald (Mannersdorf, Buchberg, Hohewand, Anninger, Laxenburg, Eichkogl); Steiermark (Stainz, Premer Gscheid, Mürztal) (Ebner); Tschechoslowakei: Böhmen (coll. Charpentier); Hof i. Mähren; Cşorbasee, Poppersee; Gloč-Kaposztafalu (Ebner); Polen: Buczacz b. Trembowla; Podolien (Roman Kuntze); Rumänien: Königstein b. Braşov (Ramme); Bukowina (coll. Wien).

Literaturangaben. Deutschland: Altmark (Rogätz); Harz (Ballenstedt); Thüringen (Freyburg a. Unstrut; Jena); Erzgebirge (Geisingberg) (Weidner); Schlesien: Riesengebirge; Zobten (Zeuner); Württemberg: Tübingen, Dreifürstenstein, Wanne, Uracher Alb (Krauss); Bayern und Hessen-Nassau: Eichstätt; Waltitz i. Mittelfr.; Isartal (Knörzer); Wiesbaden; Mainz; Lohr; Gamburg o. T.; Spessart; Röhn; Unt. Main; Würzburg (Weidner); Niederösterreich: Rekawinkel; Gutenstein; Heiligenkreuz; Baden; Gaden, Reichenau; Kranichberg (Redtenbacher); Südtirol: (bis Rovereto) (Dalla-Torre); Schweiz: Jura; Basel; Zürich; Burgdorf; Bern (Meyer-Dür); Graubünden; Domleschg (Schultess); Frankreich: Vogesen; Pyrenäen; Haute Garonne; Puy de Dôme; Deux-Sèvres; Yvonne; Gard; Vaucluse; (Chopard); Tschechoslowakei: Bielowitz; Adamstal; Altvater (Mähren) (Czizek); Böhmen; Slovakei (Obenberger); Ungarn: (Brunner); Polen: Galizien (Zacher); Jugoslavien[1]); Rumänien: Siebenbürger Karpaten (zahlreiche Fundorte) (Arn. Müller); USSR: Cherson; Krim (Simferopol) (Miram); Dongebiet (Miram); Walouyki (Woronesh) (Velitschkovsky); Batum (Retowski) (Nachprüfung der russ. Angaben wünschenswert!).

[1]) Die Angaben bei Brunner „Krain" und „Zagreb" und bei Zacher „Kroatien" beziehen sich wahrscheinlich auf *brevicauda* (vgl. die Angaben bei der Art); auch das Vorkommen in Montenegro (Redtenbachrr) erscheint fraglich.

Verbreitung: Mitteleuropa (vom Harz und der Altmark an südlich); Südeuropa (bis zum südlichen Alpenrand); Westeuropa (bis zu den Pyrenäen); Osteuropa (bis SW.-Rußland und Rumänien).

Isophya brevicauda Ramme

Isophya brevicauda Rme (Mitt. Zool. Mus. 1931, p. 168)
— *pyrenea auctt.* (partim)
— *brevicauda* Rme (Carinthia 1941, **131**: 121)
— *brevicauda* Ebner (Ann. Nat. Mus. Wien 1949, **56**: 551)

Mittelgroß. ♂ von der vorigen nicht ganz leicht zu unterscheiden: Elytren am Innenwinkel mehr spitz statt rundlich (Ebner l. c., mit Abb.). Cerci (Abb. 29) durchschnittlich etwas schlanker und gleichmäßiger gekrümmt, Subgenitalplatte etwas breiter. ♀ leicht kenntlich durch den wesentlich kürzeren Ovipositor. Färbung wie bei der vorigen Art.

	♂	♀
Long. corp.	19,5—20	17,4—22
— *pronot.*	3,4— 3,5	3,7— 4,4
— *elytr.*	3,2— 3,5	1,2— 1,6
— *fem. post.*	17 —18	15,8—18
— *ovipos.*	—	7,1— 7,6

Material. Kroatien (Sámobor b. Zagreb und Krapina) mit den Typen (Ramme); Slovenien: Sevniča (Lichtenwald) ♀ (Knipper); Krain: Laibach (teste Ebner); Steiermark: Stainz (Ebner), Steinbrück (teste Ebner); Kärnten: Radniger Alm ♀ (Ramme).

Verbreitung: Kroatien, Slovenien, Krain, Steiermark, Kärnten.

Ökologisch unterscheidet sich im allgemeinen *brevicauda* von der vorhergehenden *pyrenea* dadurch, daß sie höheres Gebüsch, mit Vorliebe *Cornus*, bewohnt, während letztere ein Bewohner des Grasbodens und niedriger Kräuter ist.

Isophya chersonensis Rme

Isophya chersonensis Ramme Arch. f. Natg. 1920, p. 131
— *brunneri* Retowski (nec Bolivar) *n. praeocc.* Bull. Moscou, 1888, p. 402
— *chersonensis* Miram Ann. mus. Zool. Ac. Sci. USSR, 1929, p. 455

Klein. Fastigium schmal, nur fast halb so breit wie das basale Fühlerglied, gefurcht. Pronotum schmal, meist lang rechteckig, nach hinten ♂ etwas, ♀ nicht erweitert, ♂ schwach, ♀ nicht eingesenkt. Elytren ♂ kürzer als das Pronotum, Gesamtfläche verhältnismäßig sehr klein, *vena plicata* kräftig ausgebildet, kaum $^2/_3$ der Länge des Pronotumhinterrandes erreichend. Cerci ♂ (Abb. 29) fein und zierlich, besonders im apikalen Teil, mit feinem, etwas nach vorn gebogenem Zahn. Subgenitalplatte apikal schmal, rechtwinklig bogig ausgerandet. Ovipositor verhältnismäßig lang. Färbung einfarbig mattgrün.

	♂	♀
Long. corp.	17 —18	20 —21
— *pronot.*	3,2— 3,7	4 — 4,5
— *elytr.*	2,8— 3,4	1,7— 2
— *fem. post.*	15,5—18,5	19,5—20
— *ovipos.*	—	12,7—13

Material: Südrußland: Falzfeinowo am Dnjepr (Ramme, Typus etc.). Cherson (Evert); Krim: Dorf Mamak im Salgirtal (Kusnezov); Koktebel bei Feodosia (Iljin).

Literaturangaben. Krim: Eupatoria; Simferopol; Tschatyr-Dagh; Kikeneïs (Jaila); Tauschan-Bazar bei Jalta; Aluschta (Miram); Friedental (Typen v. *brunneri*).

Verbreitung: Südrußland (Dnjepr) und Krim. Bewohner des Grasbodens.

Isophya modestior Br. v. W.

Isophya modestior Br. v. W. Prodr. Eur. Orth. 1882, p. 276
— *fusconotata* Br. v. W., ibid.
— *modestior* Br. v. W. Add. Mon. Phaner. 1891, p. 36
— *modestior* Ramme Mitt. Zool. Mus. Berlin 1931, p. 170

Etwas über mittelgroß. Fastigium wie bei *speciosa*. Pronotum ♂ nach hinten etwas erweitert, eingesenkt, ♀ nicht. Elytren mit wulstig ausgeprägter *vena plicata*. Cerci (Abb. 29) in der distalen nach innen gebogenen und etwas nach oben gerichteten Hälfte ziemlich gerade, leicht abgestumpft mit kurzem, etwas plumpem Zahn, der mehr gegen den Hinterrand des Cercusendes inseriert und dessen Basis vorn etwas auf die Cercusfläche verlagert ist. Subgenitalplatte ♂ ziemlich schmal, tief eingeschnitten. Ovipositor verhältnismäßig lang. Färbung grün, rotbraun punktiert, Pronotumkanten mit schmaler, innen schmal rostrot gesäumter Längsbinde; Vorderrand der Elytren verwaschen gelblich gesäumt.

	♂	♀
Long. corp.	18 —22	19 —21
— *pronot.*	4,1— 4,6	4,8— 5
— *elytr.*	3,2— 4,2	1,5— 1,9
— *fem. post.*	18 —19	18 —19
— *ovipos.*	—	11,5—12

Material. Serbien: Avala; Mazedonien: Crni Vrh a. Shar Dagh (Ramme); Rumänien: Botoşani (Banz); USSR.: Saratov (Boldyrev); ferner die Typen von *modestior* 1 ♂, 2 ♀♀ Serbien, Ak Palanka; *fusconotata* Serbien 2 ♂♂, 1 ♀ Rtanj; 2 ♂♂, 2 ♀♀ Suha Planina; 1 ♂ Pirot; 2 ♂♂ Tri Čuke.

Verbreitung. Serbien, Mazedonien, Rumänien, Südrußland.

Isophya costata Br. v. W.

Isophya costata Br. v. W. Mon. Phaner. 1878, p. 64

Größere Art. Fastigium fast oder ebenso breit wie die Basalglieder der Fühler, tief gefurcht. Pronotum ♂ nach hinten, besonders in der Metazona, stark verbreitert und eingesenkt, ♀ etwas verbreitert, nicht eingesenkt. *Vena plicata* ♂ stark und markant entwickelt, $^3/_4$ so lang wie die Pronotumhinterrand und ihre Basis etwas unter diesem verborgen[1]). Cerci (Abb. 29) verhältnismäßig zierlich, in den basalen drei Vierteln wenig gekrümmt, apikal stärker, mäßig stumpf, Zahn leicht nach vorn gerichtet. Subgenitalplatte breit, ziemlich tief ausgerandet. Färbung wie bei *modestior*.

	♂	♀
Long. corp.	24	22—24
— *pronot.*	5	5,5
— *elytr.*	4,2	1,9
— *fem. post.*	20	20—21
— *ovipos.*	—	14—15

Material. Niederösterreich: Eichkogl (BRUNNER).

Literaturangaben. Ungarn: Schwabenberg bei Ofen; Psz. Kis Szt. Mihély; Rákos (EBNER); Mähren: (OBENBERGER); Rumänien: Vajdahunyad (ARN. MÜLLER).

Verbreitung: Sehr lokalisiert, in Niederösterreich, Mähren, Ungarn, Rumänien.

Isophya modesta (Friv.)

Odontura modesta Friv. Ertek. Termész. Kör. 1867, p. 96

Fastigium kaum halb so breit wie die basalen Fühlerglieder, ziemlich tief gefurcht. Pronotum nach hinten, besonders in der Metazona, stark verbreitert, leicht eingesenkt; ♀ gleichmäßig etwas schwächer verbreitert, nicht eingesenkt. *Vena plicata* ♂ schwächer ausgeprägt als bei der vorigen Art und kürzer, nur etwa $^2/_3$ der Länge des Pronotumhinterrandes erreichend. Cerci ♂ (Abb. 29) ziemlich robust, bereits gleich hinter der Mitte ziemlich scharf nach innen gebogen, apikal breit schräg nach hinten abgestumpft, der schwache Zahn der Mitte dieser Abschrägung aufsitzend, etwas nach hinten gerichtet. Subgenitalplatte ♂ schmaler als bei der vorigen und tiefer, mehr spitzwinklig, ausgeschnitten, Ovipositor lang. Färbung wie bei den beiden vorigen Arten.

[1]) Bei *costata* ist die Elytrenbasis stärker unter das Pronotum verlagert als bei den übrigen Arten; daraus erklärt sich einmal die erwähnte Lage der *vena plicata* wie auch der Umstand, daß die Elytrenaußenecken unmittelbar am Pronotumhinterrand liegen, was REDTENBACHER in seinem Bestimmungsschlüssel zu der etwas irreführenden Kennzeichnung „innen spitzwinklig“ veranlaßt hat.

	♂	♀
Long. corp.	22 —26	23 —26
— *pronot.*	5 — 5,1	5,5— 6
— *elytr.*	5,1— 5,5	2,5— 3
— *fem. post.*	19 —20	22 —23
— *ovipos.*	—	15 —17

Die kleinsten obigen Maße des ♂ beziehen sich auf polnische Stücke; auch Cerci und Subgenitalplatte des ♂ sind im Verhältnis kleiner, doch bestehen kaum Zweifel an der Artzugehörigkeit.

Material. Rumänien: Domogled (Ramme); Polen: Lysa Gora (Roman Kunze); Bulgarien: Tschepelare im Rhodopogeb. (Heinrich).

Literaturangaben. Rumänien: Stolzenburg; Balán; Verestó (Békás); Mezohavas; Nagyfalu; Görcsön; Mezoszakall; Udvarhély; Zilah; Mezózak; Fiatfalva; S.-Regen (Arn. Müller); Dobrudscha (Redtenbacher), (wahrscheinlich *longicaudata* Rme!); Bosnien: Velika Kapa bei Serajevo (Werner); USSR.: Kiew (Dirsh) ♀, vielleicht *modestior*.

Verbreitung. Rumänien, Bulgarien; die übrigen Angaben unsicher.

Isophya longicaudata n. sp.

Isophya modesta auctt. (partim).

Große Art. Fastigium ♂ ♀ schmaler als die basalen Fühlerglieder. Pronotum ♂ stärker, ♀ wenig analwärts verbreitert, ♂ ein wenig, ♀ kaum eingesenkt. Elytrenfläche ♂ *in situ* ziemlich groß, quadratisch, *vena plicata* stark ausgeprägt, basal nicht bis zum Pronotumhinterrand reichend, Aderung der Elytren ziemlich grob runzlig, ♂ bis zur Mitte des 1. Tergits reichend, etwas grob netzig geadert. Cerci wie bei *modesta* (Abb. 29), jedoch apikal etwas zierlicher; Subgenitalplatte gleichfalls wie bei der genannten Art. Alle Schenkel ♂ ♀ besonders lang. Ovipositor mehr als doppelt so lang wie das Pronotum, mit gleichmäßig ziemlich stark gebogenem Unterrand. Färbung wie bei *modestior*.

	♂	♀
Long. corp.	24 —27	25 —27
— *pron.*	6 — 6,1	6 — 6,4
— *elytr.*	6,8	2,3— 2,4
— *fem. post.*	22 —23	23 —26
— *ovipos.*	—	18 —20

Das Verhältnis der durchschnittlichen Schenkellänge zu *modesta* ist folgende: Vorderschenkel 8,2 : 7,8; Mittelschenkel 11 : 10; Hinterschenkel 25 : 22,5.

Typus ♂, Allotypus ♀, Paratypen 1 ♂, 2 ♀♀ Bulgarien, Orisare (Barakli), 30 km nördlich Burgas 10. 7. 1935 (Heinrich); ♂ ♀ Batovatal (Bulg. Dobrudscha) 5.—6. 1914 (Knechtel-Bukarest).

Es ist anzunehmen, daß sich die Angaben „Bulgarien" bei *modesta* immer auf die neue Art beziehen.

Isophya obtusa Br. v. W.

Isophya obtusa Br. v. W. Prodr. Orth. europ. 1882, p. 279.

Größere Art. Fastigium etwa halb so breit wie die basalen Fühlerglieder, gefurcht. Pronotum ♂ hinten kurz, ziemlich stark verbreitert und eingesenkt, ♀

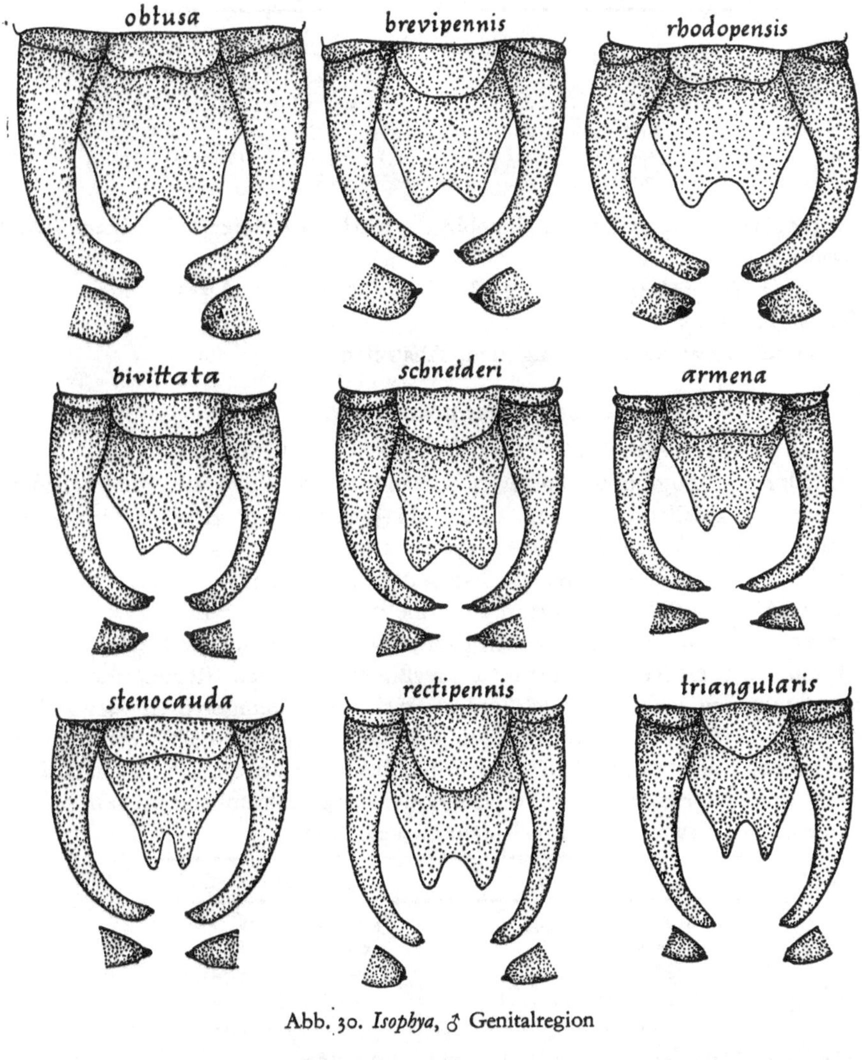

Abb. 30. *Isophya*, ♂ Genitalregion

etwas erweitert, schwach eingesenkt. Elytren ♂ ziemlich runzlig, mit stark entwickelter *vena plicata*. Cerci ♂ (Abb. 30) im apikalen Drittel ziemlich scharf nach innen gebogen, mit sehr stumpfem Ende, in dessen Mitte der Zahn inseriert ist, mit seiner Basis etwas auf die dorsale Fläche des Cercus verlagert, ziemlich schwach und kurz. Subgenitalplatte ♂ breit, tief ausgeschnitten. Färbung ♂ hellbräunlich, ♀ mehr grünlich; Pronotumkanten mit schmaler gelblicher, innen sehr schwach rötlich gesäumter Binde. Elytren ♂ rotbräunlich, Rand verwaschen gelblich, Endlappen grünlich, ♀ grün mit schmalem gelblichem Vorderrand; Abdomen ♂♀ einfarbig; Cerci ♂ rotbraun.

	♂	♀
Long. corp.	22 —24	22 —24
— *pron.*	3,1— 4,5	5,1— 5,2
— *elytr.*	5 — 5,1	2 — 2,2
— *fem. post*	19 —20	19 —20
— *ovipos.*	—	13

Material. Bulgarien: Lülingebirge; Karlovo-Kalofer, C. Balkan (DRENOWSKY).

Literaturangaben. Serbien: Ilatibor (BRUNNER); Anatolien: Sinope; Samsun (RETOWSKI).

Verbreitung: Serbien, Bulgarien, Anatolien.

Isophya brevipennis Br. v. W.

Isophya brevipennis Br. v. W. Mon. Phaner. 1878, p. 66.

Mittelgroß. Fastigium schmal, etwa halb so breit wie die basalen Fühlerglieder, ziemlich steil abfallend, gefurcht. Pronotum ♂ nach hinten ziemlich, ♀ schwach erweitert, ♂ ziemlich stark, ♀ kaum eingesenkt, *Vena plicata* schwach entwickelt, zwei Drittel, zuweilen nur die halbe Länge des Pronotumhinterrandes erreichend. Cerci ♂ (Abb. 30) schräg abgestumpft, nahe dem Vorderrand der Abschrägung mit ziemlich kräftigem Zahn, dessen Basis etwas auf die dorsale Fläche der Cercusspitze verlagert ist. Subgenitalplatte mäßig ausgerandet. Färbung moosgrün, Pronotumkanten schmal gelblich und oft mehr oder weniger breit verwaschen rötlich gesäumt. Elytren ♂ mit breitem, gelblichgrünem oder gelblichem Vorderrand, grünen Endlappen und hellbräunlichem bis teilweise rotbräunlichem Discus. Abdomen moosgrün, entweder einfarbig oder mit zwei ziemlich scharfen, ockerfarbigen oder verwaschen dunkelroten Rückenbinden.

	♂	♀
Long. corp.	19 —24	18 —26
— *pronot.*	3,5— 3,9	3,8— 4,2
— *elytr.*	2,6— 3,1	1,5— 2
— *fem. post.*	15 —16	15 —17
— *ovipos.*	—	8,5— 9

Material. Rumänien: Schuler (Poiana); Königstein; Ciucaş; Bučegi (RAMME).

Literaturangaben. Zilah; Hargita; Rodnaergebirge (ARN. MÜLLER).

Verbreitung: Karpaten.

Isophya rhodopensis n. sp.

Größere Art. Fastigium etwa $^2/_3$ so breit wie die basalen Fühlerglieder, gefurcht. Pronotum nach hinten etwas verbreitert, ♂ schwach, ♀ nicht eingesenkt. *Vena plicata* ♂ gut entwickelt, etwa oder kaum $^2/_3$ der Länge des Pronotumhinterrandes erreichend. Cerci ♂ (Abb. 30) im letzten Drittel ziemlich scharf nach innen gekrümmt, schräg nach hinten abgestumpft, mit kräftigem, ziemlich kurzem und gedrungenem Zahn, dessen Basis auf die Oberseite des Cercusendes verlagert. Subgenitalplatte ziemlich breit, ziemlich tief bogig ausgeschnitten. Färbung bräunlichgrün bis moosgrün. Pronotum entweder einfarbig, Seitenkanten nur mit schmaler heller, innen schmal schwärzlich gesaumter Binde, in diesem Fall auch das Abdomen einfarbig, oder aber Pronotumrücken längs der Kanten mit breiter verwaschener hellbräunlicher Binde und das Abdomen mit zwei ebensolchen ziemlich scharf ausgeprägten Rückenbinden.

	♂	♀
Long. corp.	20 —22	22 —26
— *pronot.*	4,5— 5	5 — 5,2
— *elytr.*	5,1— 6	2,2— 2,3
— *fem. post.*	17 —20	18 —19
— *ovipos.*	—	12,2—13

Typus ♂, Allotypus ♀, Paratypen 9 ♀♂, 6 ♀♀, Bulgarien, Rhodopegebirge, Karlik 1900—2200 m, 8. 1935, HEINRICH leg.

Verbreitung: Bulgarien.

Isophya bivittata Uv. [Taf. VII, Fig 2]

Isophya bivittata Uv. Ent. Monthl. Mag. 1920, p. 47.
Isophya transcaucasica Rme. Mitt. Zool. Mus. Berlin 1930, p. 396.
Isophya bivittata Rme, ibid. 1931, p. 170.

Etwas unter Mittelgröße. Fastigium ♂ sehr schmal, wenig mehr als $^1/_4$ so breit wie das erste Fühlerglied, leicht gefurcht. Pronotum nach hinten verbreitert (♀ weniger), ♂ etwas, ♀ nicht eingesenkt. *Vena plicata* sehr fein, nur die Hälfte bis $^2/_3$ der Länge des Pronotumhinterrandes erreichend. Cerci ♂ (Abb. 30) ziemlich gleichmäßig (apikal etwas stärker) gekrümmt, etwas abgestumpft, mit etwas nach vorn gerichtetem Zahn. Subgenitalplatte apikal schmal, mäßig ausgerandet. Färbung ♂♀[1]) stumpf resedagrün; Pronotumrücken hell ockerfarbig, mit feiner schwarzer Binde längs der Seitenkanten, die innen verwaschen rötlich ockerfarbig gesäumt ist; Discus der Elytren einfarbig hellbräunlich oder mit grünlich ge-

[1]) Der Typus (Lagodechi) zeigt durch die schlechte Konservierung außer Schrumpfungserscheinungen einheitlich bräunliche Färbung; die oben beschriebene Färbung entspricht der des lebenden und des gut konservierten Tieres.

mischt, scharf gegenüber den grünlichen Endlappen abgesetzt; Abdomen stets mit zwei ziemlich scharf abgesetzten ockerfarbigen (der Pronotumfärbung entsprechenden) Längsbinden, die außen schmal schwärzlich gesäumt sind. Alle Schenkel hellbräunlich mit grünlichem Anflug, Hinterschienen meist hell rötlichbräunlich.

	♂	♀
Long. corp.	18 —21	18 —24
— *pronot.*	3,5— 3,8	3,5— 3,8
— *elytr.*	3,5— 3,9	1,5— 2,1
— *fem. post.*	15 —17	15 —15,5
— *ovipos.*	—	8 — 9

Material. Transkaukasien: Chotchal-Dagh bei Lagodechi 7000', 3. 8. 1916 (UVAROV, Paratypus ♂); Bakuriani 6 ♂♂, 20 ♀♀; Armenien: Schordsha am Goktschasee ♀ (RAMME).

Literaturangaben. Transkaukasien: Typen 4 ♂♂, 3 ♀♀ Chotchal-Dagh (s. oben); ♂ Bakuriani 6000', 7. 8. 1914 (UVAROV l. c.).

Verbreitung: Transkaukasien, Armenien.

Isophya schneideri Br. v. W. [Taf. VII, Fig. 1]

Isophya schneideri Br. v. W. Mon. Phaner. 1878, p. 67.
Isophya caucasica Uv. Ent. Monthl. Mag. 1920, p. 46. Syn. nov.

Mittelgroß. Fastigium etwa halb so breit wie die basalen Fühlerglieder, gefurcht. Pronotum nach hinten ♂ etwas, ♀ nicht erweitert. Elytren verhältnismäßig stark entwickelt, wesentlich breiter ausladend als der Pronotumhinterrand; *vena plicata* lang, fast in der ganzen Elytrenbreite entwickelt und sehr fein, Endlappen mit ziemlich hervortretender Aderung. Cerci ♂ (Abb. 30) im apikalen Teil ziemlich zierlich, zugespitzt, mit ziemlich langen, schlanken, gegeneinander gerichteten Zähnen; Subgenitalplatte ♂ tief ausgeschnitten, mit ziemlich großen Endlappen. Färbung grünlich-bräunlich, Pronotumrücken hellbräunlich, mit feiner heller Binde, die längs der Seitenkanten, meist nur in der Metazona schmal schwarzbraun gesäumt ist. Elytren einfarbig grünlich, mit etwas bräunlich gemischt. Abdomen mit zwei matten (schmaleren und gegenüber der vorigen Art enger stehenden) schmutzig-hellbräunlichen Längsbinden, die außen verwaschen dunkler gesäumt sind.

	♂	♀
Long. corp.	17 —20	15 —20
— *pronot.*	3,2— 4	3,4— 4,2
— *elytr.*	3,9— 5	1,5— 1,8
— *fem. post.*	12 —15	12 —16
— *ovipos.*	—	8,5— 9

Material. Aserbeidshan: Baku (Typen ♂♀, Mus. Wien); Transkaukasien: Bakuriani 4 ♂♂, 21 ♀♀ (RAMME); C.-Kaukasus: Gudaur am Kasbek 25. 8. 1915 (UVAROV, ♂♀ Typen v. *caucasica*).

Literaturangaben. C.-Kaukasus: Gudaur (s. oben) 6 ♂♂, 4 ♀♀; Kasbek 26. 8. 1915; Mlety 17. 8. 1916 (UVAROV l. c.); Anatolien (I. BOLIVAR), richtige Bestimmung fraglich.

Verbreitung: Aserbeidshan, Transkaukasien, C.-Kaukasus; Anatolien (?).

Isophya armena Miram

Isophya armena Miram. Trud. Zool. Inst. Azerb. Fil. SSSR., 1938, p. 361 u. 371, Abb. 15.

Kleinere Art. Fastigium schmal, etwa 1/3 so breit wie die basalen Fühlerglieder, gefurcht. Pronotum nach hinten etwas verbreitert, ♂ kaum, ♀ nicht eingesenkt. Elytren ♂ mit langer, fast über die ganze Elytrenbreite entwickelten sehr feinen *vena plicata*. Cerci ♂ (Abb. 30) im letzten Drittel ziemlich kräftig nach innen gebogen, in diesem Teil zierlich, zugespitzt, mit feinen gegeneinander gerichteten Zähnen. Subgenitalplatte ♂ schmal, ziemlich tief eingeschnitten. Färbung (der mäßig gut konservierten Stücke) im Leben wahrscheinlich grün oder hellbräunlich, Pronotum einfarbig mit feinen hellen, außen dunkel gesäumten Binden längs der Seitenkanten. Elytren ♂ einfarbig grün oder hellbräunlich, stellenweise mit dunkelrötlichem Anflug. Abdomen einfarbig oder mit nur angedeuteten verwaschenen etwas helleren Längsbinden (die Angabe „hellbräunlich" bezieht sich immer auf das kurdistanische ♂, dessen Artzugehörigkeit nicht völlig sicher erscheint).

	♂	♀
Long. corp.	18 —19	16 —19
— *pronot.*	3,6— 4,8	3,5— 4,8
— *elytr.*	4,5— 4,8	1,2— 2
— *fem. post.*	15 —16	14 —16
— *ovipos.*	—	6 — 7

Material. Armenien: 2 ♂♂, Eriwan (SCHELKOVNIKOV); ♂♀ Sivas, türk. Armen. (ROSENBOHM); Transkaukasien: ♂ Sakatschaba bei Borshom, 4500', 30. 6. 1916 (FILIPIEW); Russ. Kurdistan: ♂ Parna Vezne, 15. 6. 1914 (Mus. Tiflis), höchstwahrscheinlich dieser Art angehörend.

Literaturangaben. Armenien: Typen 1 ♂, 3 ♀♀ Eriwan (MIRAM, l. c.).

Verbreitung. Armenien, Transkaukasien, Russ.-Kurdistan (?).

Es ist möglich, daß die Art synonym zu *adelungi* Stshelk. ist (vgl. S. 171).

Isophya stenocauda n. sp.

Mittelgroß. Fastigium ♂ fast so breit, ♀ etwa 2/3 so breit wie die basalen Fühlerglieder, ziemlich tief gefurcht. Pronotumrücken ♂♀ nur wenig und allmählich verbreitert, nicht eingesenkt. Elytren ♂ mit ziemlich kräftig entwickelter *vena plicata* (etwa ²/₃ der Länge des Pronotumhinterrandes erreichend). Cerci ♂ (Abb. 30) zierlich, allmählich gebogen, apikal leicht schräg nach hinten abgestutzt, mit sehr schwach entwickelten Zähnen. Subgenitalplatte ♂ apikal sehr schmal, tief ausgeschnitten. Färbung ♂♀ einfarbig grün, nur die Pronotumseitenkanten mit feiner heller, innen rötlich gesäumter Binde. Ovipositor (Abb. 31) auffallend schmal und ziemlich lang, am Ende kräftig bezahnt.

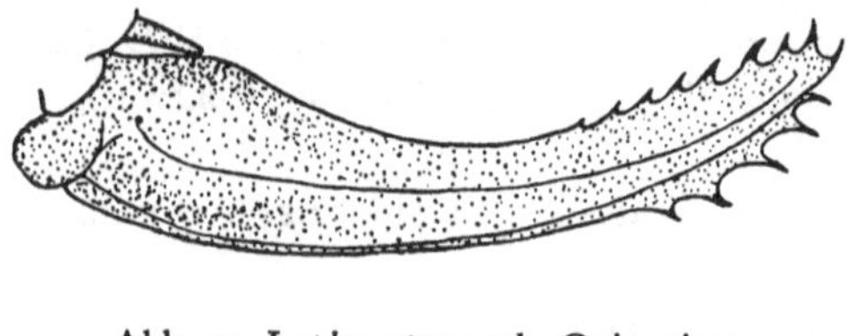

Abb. 31. *Isophya stenocauda*, Ovipositor.

	♂	♀
Long. corp.	18	18 —20
— *pronot.*	4,4	4,5— 4,6
— *elytr.*	4,9	2,2— 2,8
— *fem. post.*	16	19
— *ovipos.*	—	10 —10,2

Typus ♂, Allotypus ♀, Paratypus ♀, Anatolien, Čorum (Sammler unbekannt), 15. 6. 1931.

Isophya rectipennis Br. v. W.

Isophya rectipennis Br. v. W. Mon. Phaner. 1878, p. 68.

Mittelgroß und etwas darüber. Fastigium ebenso oder fast so breit wie die basalen Fühlerglieder, leicht gefurcht; Pronotum nach hinten, ♂ nur wenig, ♀ nicht verbreitert oder eingesenkt. *Vena plicata* der Elytren ♂ mäßig entwickelt und sehr kurz, nur halb so lang wie der Pronotumhinterrand. Cerci ♂ (Abb. 30) in ganzer Ausdehnung schlank, ziemlich lang und nur verhältnismäßig schwach gekrümmt, apikal ein wenig verdickt, mit kurzen, schwachen, nach hinten gerichteten Zähnen. Subgenitalplatte ♂ ziemlich schmal, tief ausgeschnitten. Hinterschenkel verhältnismäßig lang. Färbung hellgrün; Pronotum mit sehr ausgeprägter hellgelblicher, innen rötlich gesäumter Binde längs der Kanten; auch die helle verwaschene Binde am Elytrenvorderrand beim ♂ sehr deutlich. Abdomen einfarbig oder mit zwei scharfen ockerfarbigen Längsbinden.

	♂	♀
Long. corp.	20 —24	19 —22
— *pronot.*	4 — 4,5	4,2— 5
— *elytr.*	4,2— 5	1,8— 2
— *fem. post.*	18,5—20	18 —19
— *ovipos.*	—	7,3— 9

Material. Rumänien: Comana (Ramme); Bulgarien: Panicovo, 10 km nördlich Burgas; Orisare (Barakli), 30 km nördlich Burgas (Heinrich); Anatolien: Karačabey bei Brussa (Grohmann).

Literaturangaben. Anatolien: Brussa (Türk, Mann, Werner); Petrota bei Smyrna; Balukli (Werner).

Verbreitung: Rumänien, Bulgarien, Anatolien.

Isophya triangularis Br. v. W.

Isophya triangularis Br. v. W. Verh. Zool. Ges. Wien 1891, p. 33, 36.

Mittelgroß. Fastigium ziemlich abfallend, 2/3 so breit wie das basale Fühlerglied, gefurcht. Pronotum ♂ wenig, ♀ gar nicht apikal verbreitert und eingesenkt. *Vena plicata* ♂ ziemlich schwach entwickelt, etwa 2/3 der Länge des Pronotumhinterrandes erreichend. Cerci ♂ (Abb. 30) nur sehr wenig gekrümmt, zierlich, mäßig zugespitzt, mit schwachem, etwas nach hinten gerichtetem Zahn. Subgenitalplatte ♂ apikal schmal, tief eingeschnitten. Färbung einfarbig bräunlich, im Leben und bei gut konservierten Tieren grünlich; Pronotum mit hellen, dunkel gesäumten Seitenkanten; Elytren grün, ♂ mit teilweis bräunlichem Discus und verwaschen hellgesäumtem Vorderrand.

	♂	♀
Long. corp.	18 —19	20
— *pronot.*	3,6— 4	4,5
— *elytr.*	3 — 3,6	1,6
— *fem. post*	16 —17	18
— *ovipos.*	—	8

Material. Syrien: Ladakia (Leuthner).

Literaturangaben. Die Bestimmung von Werner „*triangularis var.*" eines in Alkohol konservierten und später getrockneten ♂ aus Mesopotamien (Djebel Sindjar) erscheint zweifelhaft.

Verbreitung. Syrien; ? Mesopotamien.[1])

Isophya pavelii Br. v. W.

Isophya pavelii Br. v. W. Mon. Phan. 1878, p. 60.

Größere Art. Fastigium ebenso breit wie die basalen Fühlerglieder, vorn gerade abgeschnitten. Pronotum ♂♀ allmählich verbreitert, nicht eingesenkt. Elytren ♂ mit stark ausgeprägter *vena plicata*, diese etwa 3/4 so lang wie der Pronotumhinterrand. Cerci ♂ (Abb. 32) in der apikalen Hälfte zierlich und verhältnismäßig wenig gekrümmt, apikal zugespitzt, mit feinem Zahn. Subgenitalplatte ♂ für die Gattung auffallend kurz, breit und tief ausgeschnitten. Färbung (nach den schlecht

[1]) Uvarov führt die Art auch für Armenien (ohne nähere Angabe) an (Proc. Zool. Soc. London 1921, p. 459), erscheint zweifelhaft!

konservierten Typen) bräunlich, nach BRUNNER grün; einfarbig bis auf die schmalen hellen dunkelgesäumten Binden an den Kanten des Pronotums und den verwaschen aufgehellten Elytrenvorderrand.

	♂	♀
Long. corp.	20—22	20—22
— *pronot.*	5	6
— *elytr.*	5,8	2
— *fem. post.*	20	22
— *ovipos.*	—	9

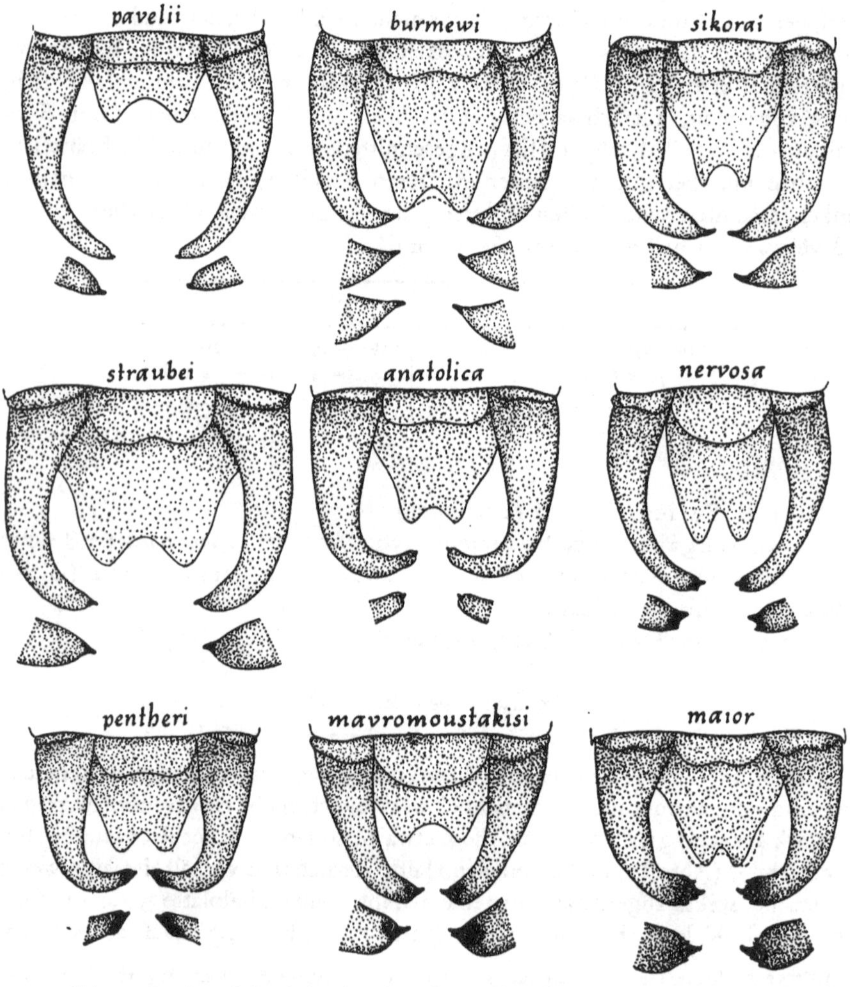

Abb. 32. *Isophya*, ♂ Genitalregion (*anatolica*: mehr schräg von hinten gesehen)

Material. Europ. Türkei: Therapia (BRUNNER, ♂ Typus); Anatolien: Gallipoli (MARTIN).

Literaturangaben. Europ. Türkei: Istanbul; Anatolien: Gemlik, Brussa (BRUNNER), Elma Dagh bei Ankara (UVAROV).

Verbreitung. Europ. Türkei und Anatolien.

Isophya burmewi Nedelkov

Isophya burmewi Nedelkov Period. Spiss. Bolgarsk. Knizhn. Druzh. 68.
— *tschirpanensis* Nedelkov Ibid.

Etwas über Mittelgröße. Fastigium breiter als die basalen Fühlerglieder. Pronotum kurz, ♂ nach hinten wenig, ♀ gar nicht verbreitert, ♂ kaum, ♀ nicht eingesenkt. *Vena plicata* nur sehr schwach angedeutet und auch sehr kurz (etwa von halber Länge des Pronotumhinterrandes); Elytrenfläche *in situ* lang rechteckig. Cerci ♂ (Abb. 32) mehr oder weniger gedrungen, erst im apikalen Teil stärker gekrümmt, kurz zugespitzt, mit meist etwas nach vorn gerichtetem Zahn. Subgenitalplatte relativ lang, hinten mehr oder weniger tief ausgeschnitten. Färbung einfarbig grün, die hellen Kantenbinden des Pronotumrückens nur in der Metazona deutlicher.

	♂	♀
Long. corp.	20 —23	24 —26,5
— *pronot.*	4,3— 5	5,5— 6
— *elytr.*	6	3 — 3,5
— *fem. post.*	17 —20	21 —23
— *ovipos.*	—	15 —16

Material. Bulgarien: Tschirpan (♂♀ Typen v. *burmewi* und ♂♀ Typen v. *tschirpanensis*); Sofia 2 ♀♀ (DRENOWSKI) aus der Sammlung EBNER; nach letzteren wurde die Textabbildung hergestellt.

Verbreitung. Bulgarien.

Isophya sikorai n. sp.

Etwas unter Mittelgröße. Fastigium wenig erhaben, stark abwärts geneigt, an der Basis ungefähr so breit wie die basalen Fühlerglieder, nach vorn ziemlich verschmälert, leicht gefurcht. Pronotum kurz, ♂ in der Metazona erweitert, nur wenig eingesenkt, ♀ sehr wenig erweitert, nicht eingesenkt, fast zylindrisch. Elytrenfläche *in situ* lang rechteckig, *vena plicata* wenig ausgeprägt, etwa $^{2}/_{3}$ der Länge des Pronotumhinterrandes erreichend. Hinterschenkel und vor allem die Hinterschienen auffallend kurz, letztere bei dem ♂ vertikal und horizontal breiter als bei den übrigen Arten, auch beim ♀, wenn auch schwächer, bemerkbar. Cerci ♂ (Abb. 32) ziemlich plump und kurz, letztes Drittel ziemlich scharf nach innen gebogen, apikal mehr zugespitzt und etwas nach oben gerichtet, mit kräftigem, etwas nach innen gerichtetem Zahn. Subgenitalplatte apikal stark verschmälert, tief bogig ausgerandet. Färbung ziemlich einfarbig grün, teilweis etwas bräunlich gezeichnet, Discus der Elytren verwaschen bräunlich umrandet.

	♂	♀
Long. corp.	18 —20	25
— *pronot.*	3,5— 3,8	4,8— 5
— *elytr.*	4,5— 5	2,2— 3
— *fem. post.*	12,5—13	14 —15
— *tib. post.*	13 —14	14
— *ovipos.*	—	7,2— 8,2

Typus ♂, Allotypus ♀, Paratypen ♂♀ Söört (Siirt) bei Bitlis, Armenien (Sikora); im Wiener, Paratypus ♂ im Berliner Museum.

Verbreitung. Armenien.

Isophya straubei (Fieb.)

Barbitistes straubei Fieb., 1853 Syn., p. 53.
Isophya straubei Br. v. W. Mon. Phan. Wien, 1878, p. 62.

Über Mittelgröße. Fastigium vorn breit gerundet, wesentlich breiter als die basalen Fühlerglieder, zuweilen doppelt so breit wie diese, im hinteren Teil leicht gefurcht. Kopf groß und dem Pronotum entsprechend breit, letzteres bei dem ♂ mit etwas aufgebogenem Hinterrand (Profil dadurch leicht konkav, bei dem ♀ gerade). Elytren ♂ ziemlich stark entwickelt, um ein Viertel länger als das Pronotum; *vena plicata* ganz schwach entwickelt, sehr schmal, nur etwas mehr als halb so lang wie der Pronotumhinterrand; Elytren ♀ etwa $^2/_3$ so lang wie das Pronotum, mit ziemlich ausgeprägter Aderung. Cerci ♂ (Abb. 32) ziemlich gedrungen, in der Dicke des basalen Teils individuell etwas schwankend, im letzten Drittel allmählich nach innen gekrümmt, mit einfachem Enddorn. Subgenitalplatte ♂ rechtwinklig oder etwas bogig eingeschnitten. Ovipositor ziemlich breit.

Einfarbig grün, oder Pronotum mit hellen, außen rot gesäumten Seitenbinden und schmalen hellen Seitenbinden des Abdomenrückens.

	♂	♀
Long. corp.	20 —22	21 —25
— *pronot.*	4,2— 4,5	4,2— 5,2
— *elytr.*	5 — 6	2 — 2,5
— *fem. post.*	18 —19	16 —20
— *ovipos.*	—	9 —10

Material: Anatolien. ♂♀ Typen (Abdomenenden sehr stark defekt) ex coll. Fieber, daher als Neotypus gewählt: ♂ Bosdagh bei Smyrna (Lederer); ♂ „Kleinasien" (Krüper); ♂♀ Alachehir 5. 1901 (Werner); ♂ „Kešiš" (türk. Name für Bithyn. Olymp), 1930; ♀ Orhan-ili 10. 6. 1930 (Sureya); ♀ Petrota 5. 1901 (Werner); ♀ Magnesia (Lederer); ♀ Bithyn. Olymp 19—2000 m 13. bis

14. 8. 1937 (RAMME). (♂ von SUREYA im Britischen, ♀ von RAMME im Berliner, das übrige Material im Wiener Museum.)

Ein ♀ des Wiener Museums trägt den gedruckten Zettel „TÜRK 1870“ und einen von KRAUSS geschriebenen Vermerk „Graecia“; da das Material von TÜRK aber meist aus Anatolien stammt und mir kein Vorkommen der Art in Griechenland bekannt ist, bin ich wegen der Richtigkeit dieser Angabe im Zweifel.

Verbreitung: Anatolien (Griechenland?).

Isophya anatolica n. sp.

Gedrungen, etwas über Mittelgröße. Fastigium ♂ apikal etwas, ♀ wesentlich breiter als die basalen Fühlerglieder, stark abwärts geneigt, bis zum Vorderrand breit und flach gefurcht. Pronotum kurz, ♂ nach hinten allmählich etwas erweitert, nur wenig eingesenkt; ♀ nur ganz wenig nach hinten verbreitert, nicht eingesenkt. Elytren ♂ mit ziemlich schwach ausgeprägter *vena plicata*, die wenig länger ist als der Pronotumhinterrand. Cerci ♂ (Abb. 31) ziemlich kurz, in den basalen zwei Dritteln plump, das letzte Viertel scharf nach innen, nach vorn und etwas nach oben gekrümmt, leicht abgestumpft, mit schwachem, etwas nach vorn gerichtetem Zahn (die auf der Textabbildung dargestellte schwache Einschnürung vor der Spitze ist zuweilen undeutlich und mehr bei schräg seitlicher Betrachtung zu erkennen, auch kann der Endteil etwas dicker, als dargestellt, sein). Subgenitalplatte apikal ziemlich schmal, bogig ausgerandet. Färbung (Material schlecht konserviert) im Leben wohl moosgrünlich, auf dem Pronotum bräunlich gemischt, Seitenkanten mit schmaler, verwaschen braunroter Längsbinde.

	♂	♀
Long. corp.	19	24
— *pronot.*	4— 4,2	5
— *elytr.*	5— 5,7	2,3— 2,5
— *fem. post.*	17—18	19 —20
— *ovipos.*	—	11,5—17

Typus ♂, Allotypus ♀, Paratypen 4 ♂♂, 1 ♀ Beyschehir (Prov. Konia) 5. 6. 1930 u. 1931. Im Londoner, ♂ Paratypus im Berliner Museum.

Verbreitung: Anatolien.

Isophya reticulata n. sp.

♀. Klein. Fastigium schmal, schwach konisch, $^1/_4$ so breit wie die basalen Fühlerglieder. Pronotum in der Metazona etwas erweitert; im ganzen eingesenkt, Hinterrand leicht konkav. Elytren für das weibliche Geschlecht relativ lang (etwa $^3/_4$ der Pronotumlänge), stark runzlig geadert, am Innenrand sich breiter als gewöhnlich überdeckend, an der Basis fast mit Andeutung einer *pars stridulans*. Ovipositor mit leicht gebogenem Unterrand, ein wenig länger als Pronotum und Elytren zusammen. Färbung fahl grünlich, nur die Metazona des Pronotums an den Kanten verwaschen braunrot gesäumt.

Long. corp.	9,5
— *pronot.*	4,1
— *elytr.*	2,8
— *fem. post.*	15,9
— *ovipos.*	9,2

Typus ♀, Anatolien, Berge südl. Kerasonda, 18. 6. 1926, H. Bischoff leg. Obwohl es gerade bei einer *Isophya* mißlich ist, eine Art nur nach dem ♀ zu beschreiben, zögere ich in diesem Falle nicht, da der Bau der Elytren sehr charakteristisch und von den sonst bekannten Arten etwas abweichend ist. Es dürfte keine Schwierigkeit bereiten, in dem angegebenen Fundgebiet weiteres Material, vor allem das ♂, zu sammeln.

Isophya nervosa n. sp. [Taf. VII, Fig. 4]

Mittelgroß oder etwas darunter, Fastigium basal ebenso breit, apikal etwas schmäler als die basalen Fühlerglieder, gefurcht. Pronotum nach hinten, in der Metazona etwas stärker, erweitert, leicht eingesenkt. *Vena plicata* ♂ ziemlich ausgeprägt, etwa $^3/_4$ der Länge des Pronotumhinterrandes erreichend; Aderung ♂ sehr markant, besonders durch die helle Färbung der Adern auf dunklem Grunde, beim ♀, insbesondere bei grün gefärbten Elytren, etwas schwächer ausgeprägt. Cerci ♂ (Abb. 32) zierlich, verhältnismäßig schwach gekrümmt, apikal zuweilen wieder schwach verdickt, mit zwei durch eine chitinöse Leiste verbundenen Zähnen. Subgenitalplatte schmal, tief ausgeschnitten. Färbung einfarbig intensiv moosgrün oder mit hellen markanten Zeichnungen. Pronotumrücken grünlich oder grünlich mit roströtlicher Punktierung oder Prozona grünlich, Metazona grau, zuweilen mit feinem hellem Mittelstreifen, stets an den Seitenkanten mit einer hellgelblichen, in der Metazona fein rostrot gesäumten Längsbinde. Elytren ♂ grünlich mit roströtlich gemischt, ♀ meist einfarbig grasgrün, oder bräunlich, dann mit hell markierter Aderung. Abdomenrücken ♂ hellmoosgrün, mit zwei ganz schmalen scharfen oder breiteren verwaschenen sandfarbigen Längsbinden an der Rückenkante. Eine für die Art charakteristische, bei anderen Arten weniger beobachtete bunte Form zeigt (♂♀) zuweilen eine feine helle Mittellinie über den Abdomenrücken und zwei scharf gezeichnete, aus trapezförmigen hellen Flecken bestehende Kantenbinden (außen dadurch gezackt erscheinend) auf rein moosgrünem oder rotbraunem Grunde; Seiten ventralwärts hellgrün.

	♂	♀
Long. corp.	18 —19	19 —20
— *pronot.*	4	4 — 4,5
— *elytr.*	3,5— 5,2	1,8— 2
— *fem. post.*	15	15 —16,5
— *ovipos.*	—	8 — 9

Typus ♂, Allotypus ♀, Paratypen ♂♀ Huseyn Gazi Dagh bei Ankara; 13. bis 17. 6. 1941; ♀ Etlik 10. 6. 1941; ♀ Dikmen (KARABAG); im Berliner Museum; ♂ Elma Dagh bei Ankara, 30. 7. 1930 (UVAROV); 2 ♂♂ Ankara 10. 6. 1931 (SUREYA), im Brit. Museum.
Verbreitung: Anatolien.

Isophya ilkazi n. sp.

Habituell und im Färbungs- und Zeichnungstyp wie *nervosa* (vgl. deren Abb. Taf. VII, Fig. 4), etwas zierlicher, nur durch die mit einfachem Endzahn versehenen Cerci verschieden (Abb. 33).

	♂	♀
Long. corp.	18—19	18 —19
— *pronot.*	3,5	4
— *elytr.*	4	1,8— 2
— *fem. post.*	15	15 —15,5
— *ovipos.*	—	8 — 8,5

Typus ♂, Allotypus ♀, Paratypen 2 ♂♂, 8 ♀♀, Anatolien, Ilkaz Dagh (nördlich Ankara) 6500', 12. 8. 1931 (UVAROV). Im Brit., 1 ♂♀ im Berlin. Museum.

Isophya obtusidens n. sp.

♀. Gleichfalls vom Habitus und Färbungstyp von *nervosa*, aber scharf verschieden durch den ganz stumpf gezähnten Ovipositor (Abb. 33); ♂ unbekannt.

Long. corp.	19
— *pronot.*	4
— *elytr.*	2
— *fem. post.*	15,5
— *ovipos.*	9

Typus ♀, Paratypus ♀, Anatolien, Kai Dagh (zwischen Ankara und Changri), 10. 8. 1931 (UVAROV). Im Brit. Museum.

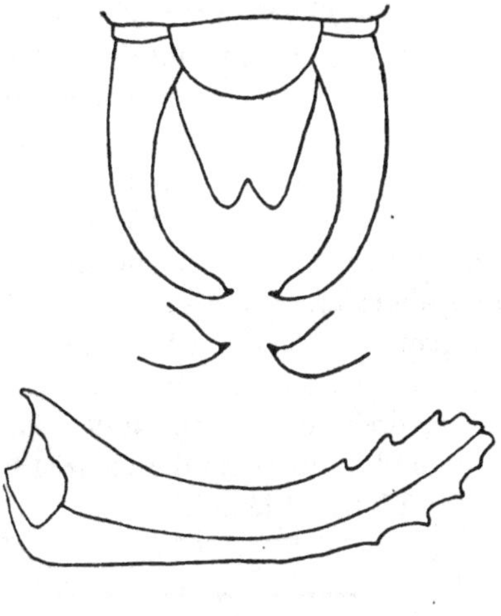

Abb. 33. Genitalregion ♂ von *ilkazi*; Ovipositor von *obtusidens*

Isophya pentheri n. sp.

Unter Mittelgröße. Fastigium fast doppelt so breit wie die an sich schmalen basalen Fühlerglieder, leicht gefurcht. Pronotum ♂ etwas eingeschnürt, in der Metazona erweitert, ♀ wenig erweitert, nicht eingesenkt. Elytrenfläche *in situ* verhältnismäßig klein, etwas länger als das Pronotum; *vena plicata* sehr fein, etwa $^2/_3$ so lang wie der Pronotumhinterrand. Cerci ♂ (Abb. 32) kurz, basal ziemlich dick, apikal scharf nach innen gekrümmt, am Ende schräg nach hinten abgestutzt, die schräge Kante stark chitinisiert, nahe dem Vorderrand in den schräg nach vorn gerichteten Zahn übergehend. Subgenitalplatte ziemlich tief, fast rechtwinklig ausgerandet. Hinterschenkel absolut und relativ kurz. Färbung (Material anscheinend durch alkoholische Behandlung entfärbt) im Leben wahrscheinlich grün, Pronotumkanten mit sehr feiner, rotbrauner, innen schmal hellgesäumter Binde. Abdomen entweder mit je einer schmalen verwaschenen rotbraunen, den Rücken begrenzenden Binde oder mit je einer breiten hellen Binde.

	♂	♀
Long. corp.	18 —19	21
— *pronot.*	3,2— 3,5	3,8
— *elytr.*	4 — 4,5	2
— *fem. post.*	12,5—13	15
— *ovipos.*	—	9

Typus ♂, Allotypus ♀ Erdschias Dagh (im Wiener Museum), Paratypus ♂ ebendaher (im Berliner Museum).
Verbreitung: Anatolien.

Isophya mavromoustakisi Uv.

Isophya mavromoustakisi Uvarov Ann. Mag. Nat. Hist. 1936, p. 508
Isophya maior ♀ Br. v. W. Mon. Phan., p. 71
Isophya sp. Werner Zool. Anz. 1936, p. 16.

Gedrungen, etwas unter Mittelgröße. Fastigium ziemlich klein, dachförmig, Basis etwa so breit wie die basalen Fühlerglieder. Pronotum kurz, nach hinten, besonders in der Metazona, erweitert, bei dem ♀ schwächer; ♂ mit deutlichen, ♀ schwächer ausgeprägten Seitenkielen. *Vena plicata* schmal, aber gut ausgeprägt, etwa 3/4 so lang wie der Hinterrand des Pronotums. Cerci ♂ (Abb. 32) ziemlich kurz, anfangs schwach, im letzten Viertel etwas stärker gekrümmt, schräg abgestumpft mit starkem schräg nach vorn gerichtetem, gelegentlich zweispitzigem Zahn und 1 oder 2 ebenfalls nach vorn gerichteten weiteren kleinen Zähnchen, die auf der Oberseite des Cercusendes entspringen. Subgenitalplatte ♂ kurz, breit, breit ausgerandet. Färbung dunkel moosgrün, Pronotumseitenkanten und Vorderrand der Elytren fein gelblich gesäumt; hinterer Teil des Diskus der Elytren bräunlich.

	♂	♀
Long. corp.	16 —17	20
— *pronot.*	3,8— 4	4,5
— *elytr.*	4,3— 4,5	3
— *fem. post.*	14 —16	18
— *ovipos.*	—	9,5

Material: ♂♀ Mesopotamos a. Cypern (Mavromoustakis).
Literaturangaben: Kykou b. Limassol a. Cypern (Uvarov).
Verbreitung: Cypern.

Isophya maior Br. v. W.

Isophya maior Br. v. W. Mon. Phan. 1878, p. 70

Gedrungen, mittelgroß. Fastigium nur als breiter, flacher und stumpfer Höcker, wenig vorragend, ungefurcht. Pronotum kurz, ♂♀ nach hinten erweitert, schwach eingesenkt. *Vena plicata* gut ausgeprägt, Basis bis etwa unter das Pronotum reichend, etwa $^2/_3$ so lang wie der Pronotumhinterrand. Cerci ♂ (Abb. 32) kurz, gedrungen, im letzten Viertel scharf nach innen gebogen und verbreitert, mit einem starken, etwas nach vorn gebogenen Hauptzahn und dahinter ein bis zwei schwachen Zähnen, darüber (mit der Basis auf der Cercusfläche) eine Reihe von 4—5 kleinen Zähnen. Subgenitalplatte ♂ apikal mehr oder weniger verschmälert und ausgeschnitten. Färbung heller oder dunkler olivgrünlich, Pronotumrücken mit breiter verwaschener bräunlicher Längsbinde oder auch im ganzen bräunlich gezeichnet, Seitenlappen grün. Elytren grünlich, ♂ zuweilen grasgrün mit hellbräunlichem Vorderrand. Abdomen entweder einfarbig grünlich, mit etwa $^1/_2$ mm breiter hellgrünlicher oder hellbräunlicher zusammenhängender Binde oder bräunlich, mit 2 aus hellbräunlichen trapezförmigen Zeichnungen bestehenden Rückenbinden.

	♂	♂
Long. corp.	18 —19	19
— *pronot.*	3,5— 4,2	4— 4,5
— *elytr.*	4,5— 5	2,2
— *fem. post.*	14	15—16
— *ovipos.*	—	11—12

Material: Anatolien: Ulukişla i. Cilic. Taurus (Ramme)[1]; Efrenk i. Cilic. Taurus; Konia bis Kaisarié (Penther); Karaman (Schaefer).

Verbreitung: Anatolien.

Nicht untersuchte oder nicht hinreichend geklärte Arten.

Ich schließe hier eine Anzahl von Arten an, die mir entweder nicht vorgelegen haben oder nicht hinreichend geklärt erscheinen.

Isophya rodsjankoi I. Bolivar

Isophia rodsjankoi I. Bol. Ann. Soc. Ent. Belg. 1899, p. 599

Die Art wurde nach einem einzelnen ♂ (Anatolien, Yenidje-Kalé, 40 km w. Marasch) beschrieben; die Zugehörigkeit des (schlecht erhaltenen) ♀ erscheint nach Angabe des Autors ungewiß. Da der Typus voraussichtlich in Madrid und z. Z. unerreichbar ist und die Beschreibung (ohne Abbildung) kein klares Bild gibt, so ist diese Art schwer zu beurteilen.

[1]) Bei einem Massenauftreten im Juni gesammelt und mir in Anzahl übergeben; durch die Konservierung schwärzlichgrün verfärbt.

Von Ebner erhielt ich ein von ihm als *rodsjankoi* bestimmtes ♂ (Arch. Natg. 1919, p. 161) von Jarbaschi, Anatolien (7. 1914, Tölg), das teilweise, aber eben nicht restlos mit der Beschreibung Bolivars übereinstimmt. Ich gebe nachfolgend die Beschreibung:

♂. Mittelgroß. Fastigium konisch, ziemlich weit vorspringend, in der Mitte etwa ein Drittel so breit wie das basale Fühlerglied, leicht gefurcht. Pronotum kurz, in der Mitte etwas eingesenkt, Metazona erweitert. Elytren etwas länger als das Pronotum, Gesamtfläche verhältnismäßig klein. *Vena plicata* fein, etwa $^3/_4$ der Länge des Pronotumhinterrandes erreichend. Hinterschenkel verhältnismäßig kurz. Cerci (Abb. 34) ziemlich gleichmäßig und nicht allzusehr gekrümmt, zugespitzt, am äußersten Ende leicht abgestumpft, Endzahn etwas nach vorn gerichtet. Subgenitalplatte ♂ apikal breit, flach ausgerandet. Färbung ziemlich glänzend schwarz, bunt gezeichnet. Gesicht einfarbig hellbräunlich, Hinterhaupt schwarz, mit sehr feiner heller Mittellinie, die sich auf den größten Teil des Pronotums fortsetzt. Antennen einfarbig schwarz, im basalen Teil kaum angedeutet hell geringelt. Pronotum schwarz, in der Prozona mit hellbräunlichem Fleck in der Mitte, Metazona mit dreieckigen rotbraunen, außen gelblich gebänderten Flecken an den Ecken und einem kleinen, schmal queren in der Mitte. Elytren sandfarbig, an den Seiten rötlich, Vorderrand wieder hell. Abdomen schwarz, Rücken einfarbig rötlich-hellbraun, nur in der Mitte der Tergite am Hinterrand etwas geschwärzt. Tergite ventralwärts mit schmaler, heller, dunkelpunktierter Binde am Hinterrand; Bauch einfarbig hell. Alle Schenkel oben schwarz, seitlich heller, dunkel punktiert; Hinterschienen schmutzigbraun. Cerci hellbraun, apikales Viertel schwarz; Subgenitalplatte einfarbig hell. Die Maße sind folgende (in Klammern die des Typus):

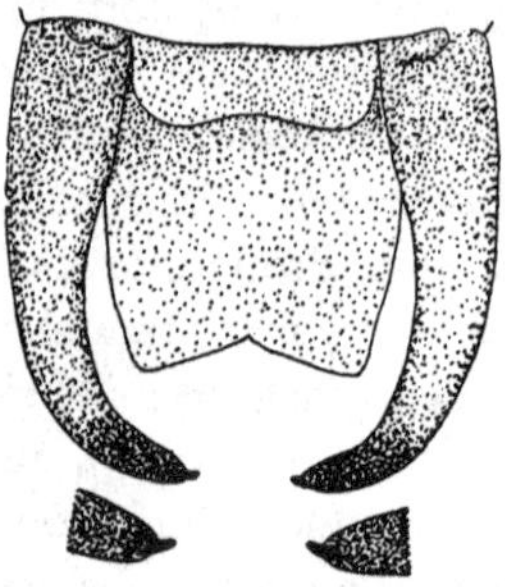

Abb. 34. *Isophya rodsjankoi* I. Bol. ♂ Genitalregion

Long. corp.	18	(19)
— *pronot.*	3,2	(4)
— *elytr.*	4	(3)
— *fem. post.*	13,5	(17,5)

Die Maße stimmen, wie man sieht, besonders in den relativen Werten von Pronotum und Elytren, nicht sonderlich gut überein, doch können diese im Rahmen der Variationsbreite liegen. Das — ebenfalls etwas variable — Fastigium soll bei dem Typus „compressum, angustum“ sein, ist aber bei dem ♂ von Jarbaschi mehr konisch. Am bestechendsten sind vielfache Übereinstimmungen in der Färbung und Zeichnung, insbesondere des Abdomens. Ich halte es immerhin für möglich, daß das Ebner'sche Stück einer besonderen neuen Art angehört; in der Coll. Ebner (vgl. die Nachträge S. 430,2).

Isophya medimontana Nedelkov.

Isophya medimontana Nedelkov, Period. Spiss. Bolgarsk. Knizhn. Druzh. 68, 1907.

Die Typen (1 ♂, 2 ♀♀) habe ich vor langen Jahren gesehen und nach Sofia zurückgesandt, so daß ich keine genaue Abbildung der ♂ Genitalregion zu geben vermag. Die seiner Zeit gemachten rohen Skizzen zeigen, daß die Cerci nur etwa $^1/_3$ der Länge der Cerci der nahverwandten *burmewi* haben und in dem gekrümmten apikalen Teil verhältnismäßig etwas dicker sind. Die Subgenitalplatte ist nur ganz flach ausgerandet. Da die Veröffentlichung von Nedelkov meist schwer zu beschaffen ist, bringe ich nachstehend die Originaldiagnose:

„Magna, viridis. Fastigium verticis depressum, late sulcatum, in ♂ articulo basali antennarum aeque latum, in ♀ latius. Antennae unicolores vel fusco – annulatae. Occiput et pronotum rufo – adspersa. Pronotum breve, postice ampliatum, elevatum, truncatum, leviter emarginatum, lobis deflexis margine postico subrotundato. Elytra ♂ pronoto longiora, viridia, margine exteriore dilute viridia vel albida, in ♀ truncata. Lamina supraanalis ♂ transversa, margine postico rotundato emarginata. Cerci ♂ apice incurvi. Lamina subgenitalis ♂ medio carinata, apice triangulariter emarginata. Lamina subgenitalis ♀ transversa triangularis. Ovipositor sensim incurvus, pronoto duplo longior."

	♂	♀
Long. corp.	19	21 —22
— *pronot.*	4	5
— *elytr.*	6,5	3 — 3,5
— *fem. post.*	17,5	19 —20
— *ovipos.*	—	12,5—13

Typen: ♂♀ Bulgarien, Lülingebirge bei Sofia, ♀ Lozengebirge bei Sofia (Germansky Monastir).

Isophya adelungi Stschelk.

Isophia adelungi Stschelk., Arb. Zool. Labor. Warschau [russ. Titel] 1909, p. 58.

Die Art wurde nach einem schlecht erhaltenen ♂ („*Ex. alcoholicus*") aus Transkaukasien (Mangliss) ohne Abbildung beschrieben. Es dürfte schwer sein, diese Art zu identifizieren, um so mehr, als dies auch Miram (briefl. Mitt.) nicht möglich zu sein schien. Ein mir von dieser Autorin übersandtes, als „*adelungi* ?" bezeichnetes ♂ aus Transkaukasien (Sakatschaba bei Borshom) stimmt jedoch genau mit *armena* Miram überein, so daß sich die Frage erhebt, ob nicht *armena* und *adelungi* artgleich sind. Leider scheint aber für eine Klärung der Frage der Typus nicht mehr vorhanden zu sein und man muß topotypisches Material abwarten.

Isophya lemnotica Werner

Isophya lemnotica Wern. Vorl. Mitt. in Akad. Anz. Wien Nr. 27, 1933
Isophya lemnotica Wern. Mitt. Zool. Mus. Berlin 1933, p. 400.

Nach einem ♂♀ und später nach einem weiteren ♀ von Lemnos (Werner) beschrieben, „nächstverwandt *triangularis* Br. v. W.", von dieser durch die „zugespitzten Cerci und trapezförmige Subgenitalplatte" unterscheidbar.

Isophya boldyrevi Miram

Isophya boldyrevi Mir. Trud. Zool. Inst. Aserbaidsh. Fil. SSSR, 1938, p. 353 und 367, Abb. 6.

Aus der Umgebung von Saratov; über verwandtschaftliche Beziehungen wird nichts gesagt.

Isophya pylnovi Miram

Isophya pylnovi Mir. Ibid. p. 356 und 368, Abb. 10.

Aus der Umgebung von Tuapsse (40 km südl.), *gracilis* nahestehend.

Isophya gracilis Miram

Isophya gracilis Mir. Ibid., p. 358 und 369, Abb. 11.

Aus dem Gebiet von Krasnodar; von *gracilis* ♂ durch fast doppelt so lange Elytren und längere Cerci, ♀ durch — mir sehr unwesentlich erscheinende — Merkmale an Subgenitalplatte und Ovipositor verschieden.

Isophya shaposhnikovi Miram

Isophya shaposhnikovi Mir. Ibid., p. 360 und 370, Abb. 13.

Von dieser aus dem Kubandistrikt (Maikop) stammenden Art konnte ich nur ein paratypisches ♀ untersuchen, das morphologisch und in der Färbung *redtenbacheri* nahesteht, sich aber durch das kaum nach hinten erweiterte Pronotum, fast doppelt so lange Elytren und den gleichmäßig gekrümmten Ovipositor unterscheidet. Bezüglich der Färbung und Zeichnung fehlt der große viereckige helle Fleck auf der Prozona des Pronotums; auffallend ist der bei den ♀♀ der Gattung sonst nicht zu beobachtende Glanz des Integuments, auch des Abdomens.

Isophya karabaghi Uvarov

Isophya karabaghi Uv. Ann. Mag. Nat. Hist. 1940, p. 522.

Diese durch exzeptionelle Länge und Schlankheit des Ovipositors ausgezeichnete Art dürfte, wenigstens bezüglich dieses Merkmals, *stenocauda* Rme am nächsten stehen.

3. Revision der Gattung *Saga* Charp.

Obwohl die Arten der Gattung *Saga* Charp. zu den größten Orthopterenformen überhaupt gehören und so ihre morphologischen Merkmale besonders klar erkennen lassen, ist die Systematik der Gattung noch immer in einem reich-

Verbreitungstabelle der *Isophya*-Arten	Deutschland	Österreich	Südtirol	Schweiz	Frankreich	Ungarn	Böhmen	Mähren	Slovakei	Krain	Kroatien	Polen	Rumänien	Bosnien	Serbien	Mazedonien	Albanien	Bulgarien	Griechenland	Thrazien	Anatolien	Cypern	Mesopotamien	Syrien	Palästina	Transjordanien	Europ. Rußland	Kaukasus	Transkaukasien	Armenien	Aserbeidshan	Russ. Kurdistan	Persien	Altai
speciosa													×		×		×	×																
tenuicerca													×		×				×	×	×													
acuminata																					×								×					
amplipennis																				×	×								?					
rodsjankoi																					×													
redtenbacheri																													×					
shaposhnikovi																												×						
vulgaris																												×						
kalischewskyi																												×						
caspica																																	×	
sureyai																					×													
savignyi																					×			×	×	×								
taurica																											×							
zernovi																												×						
gracilis																												×						
pylnovi																												×						
pyrenea	×	×	×	×	×	×	×	×	×				×		×	?											×	×	?					
altaica																																		×
brevicauda		×								×																								
chersonensis																											×							
modestior													×		×	×											×							
costata		×																																
modesta											×	×	×					×									×							
longicaudata																		×																
obtusa															×			×			×													
brevipennis													×																					
rhodopensis																		×																
bivittata																													×	×				
schneideri																					?								×		×			
armena																													×	×		×		
adelungi																													×					
stenocauda																					×													
karabaghi																					×													
rectipennis													×								×													
triangularis																							?	×						?				
lemnotica																			×															
pavelii																				×	×													
burmewi																		×																
medimontana																		×																
sikorai																					×													
straubei																			?		×													
anatolica																					×													
reticulata																					×													
boldyrevi																												×						
nervosa																					×													
ilkazi																					×													
obtusidens																					×													
pentheri																					×													
mavromoustakisi																						×												
maior																					×													

lich verworrenen Zustande. Dies liegt vor allem daran, daß manche Arten nach dem ♀ beschrieben sind und dies Geschlecht in der Gattung taxonomisch nur recht geringe Anhaltspunkte bietet. Erschwerend macht sich auch der Umstand bemerkbar, daß die individuellen Größenschwankungen oft ganz außerordentlich sind, beispielsweise bei *natoliae*, *ephippigera* und *lucasi* (s. unten) und fast alle Arten neben einfarbigen Formen auch mehr oder weniger bunte aufweisen, besonders im weiblichen Geschlecht (im Gegensatz zu den Phaneropterinen wie etwa *Poecilimon*, wo diese Buntfarbigkeit im männlichen Geschlecht stärker ausgeprägt ist). Auch die Bedornung der Schenkel ist nur selten ein gutes Kriterium. Ich glaube aber, daß das reiche mir vorliegende Material jetzt die Möglichkeit gibt, zu einem im großen und ganzen zutreffenden Bild der Gattung gelangen zu können, auch bezüglich der Synonymie mancher umstrittenen Art.

Mit der Systematik der Gattung haben sich ausführlicher und kritisch mehrere Autoren beschäftigt und zwar:

H. de Saussure, Ann. Soc. Ent. France 1888, p. 127
H. Krauss, Sitzb. Ak. Wiss. Wien 1879, p. 506
Brunner v. Watt, Prodr. europ. Orth. 1882, p. 407
F. Werner, Sitzb. Ak. Wiss. Wien 1901, p. 297
— Zool. Anz. Leipzig 1903, p. 529
R. Ebner, Ann. Nat. Hist. Hofmus. Wien 1912, p. 443.

Als Grundlage für die vorliegenden Untersuchungen stand mir das reiche Material des Berliner (106 Expl.) und des Wiener Museums (156 Expl.) zur Verfügung, das auch Paratypen und klassische Exemplare aus den obengenannten Veröffentlichungen enthält, ferner Einzelstücke aus der Coll. Ebner. Den Kollegen Chopard und Revilliod verdanke ich nähere Angaben über die Typen von *lucasi* Sauss. (Mus. Paris) und *ledereri* Sauss. (Mus. Genf), Uvarov über *gracilipes* Uv. Im Folgenden seien zunächst die umstrittenen Formen einer kritischen Besprechung unterzogen.

Vittata F.-W. Sie ist sowohl mit *ornata* Burm. zusammengeworfen als auch fälschlich mit *italica* Costa identifiziert worden. Letztere ist in Wahrheit die Art, der wir außer in Süditalien, von wo sie beschrieben wurde, in Mazedonien und Griechenland häufig begegnen. Die bunte Abbildung von *vittata* bei Fischer-Waldheim (*Notice sur le Tettigopsis*, Moskau 1830) läßt deutlich eine markante helle Rückenlinie erkennen, die sich erfahrungsgemäß, wenn arteigentümlich, bei bunten Formen konstant dokumentiert. Diese helle Linie fehlt den — der genannten Abbildung sonst ähnlichen — bunten Formen von *italica* stets. Als sicheres Exemplar von *italica* Costa (beschrieben von Otranto) liegt mit ein ♀ von Ficuzza (Sizilien, Mus. Wien) vor. Auch tiergeographisch ist eine Identität der Wolgaart „*vittata*" mit einer süditalienischen nicht sehr wahrscheinlich.

Von größter Wichtigkeit für die Beurteilung der *vittata*-Frage ist Folgendes. Es befindet sich im Berliner Museum ein großes entomologisches Manuskript von Pallas, mit einem ziemlich umfangreichen orthopterologischen Teil, das sowohl Originalabbildungen wie auch nicht veröffentlichte Tafeln (Holzschnitte) enthält; eine Veröffentlichung desselben kam durch den vorzeitigen Tod des Autors nicht mehr zustande.

In dem Manuskript ist *Saga pedo*, von PALLAS bereits 1771 kurz beschrieben, noch einmal ausführlich behandelt und auf der (nicht veröffentlichten) Tafel 9, Fig. 12 unverkennbar abgebildet. (Abb. 35.) Der Ovipositor ist hier zwar als ziemlich kurz dargestellt, jedoch im Rahmen der sehr großen Variationsbreite dieses

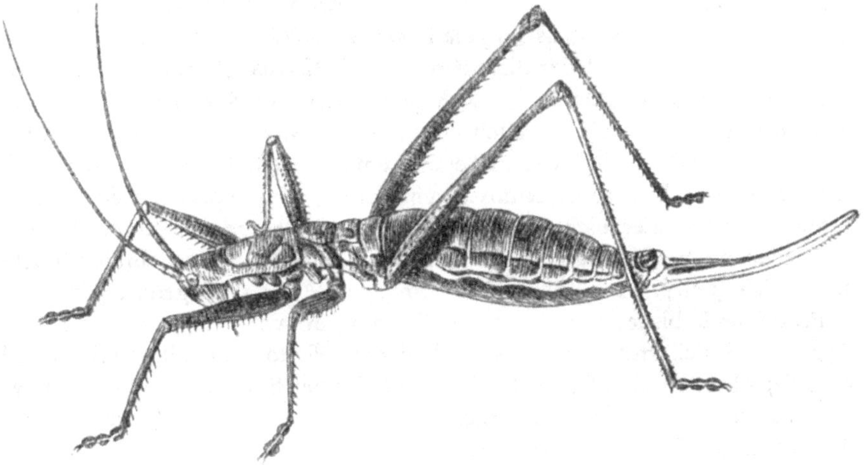

Abb. 35. *Saga pedo* (Pallas); nach einer unveröffentlichten Tafel aus einem Manuskript von PALLAS

Organs bei der Art liegend. Von seinem Material sagt der Autor „*in herbis apricis Rossiae temperatae et australioris, ad Tanaim, Volgam, Jaicum, circum Uralense jugum, in provincia Isetensi et nuper (etiam cum varietate coloris) in Tauriae pratis a me lecta ... frequentissimus ad Sarpam, copiosiores semper foeminae*“. Letztere Bemerkung würde darauf schließen lassen, daß auch ♂♂ in Anzahl gefunden wurden, was an sich für *pedo* (von der als äußerste Seltenheiten bisher nur 2 ♂♂ bekannt wurden), sehr unwahrscheinlich wäre. PALLAS beschreibt dann aber nur das ♀ ausführlich und sagt nur beiläufig „*abdomen maris cylindricum, foeminae medio ventricosum*“; nirgend erwähnt oder beschreibt er die Elytren des ♂, sondern sagt allgemein „*elytrorum alarumve nullum vestigium*“, beschreibt auch nicht die Genitalregion des ♂. Es ist also zum mindesten anzunehmen, daß ihm in seinem Material kein ♂ vorgelegen hat; vielleicht hat er gelegentlich einmal ein solches gesehen und obige Bemerkungen über das ♂ aus der Erinnerung gemacht. Gleichzeitig kann hier auch festgestellt werden, daß durch diese ergänzende Beschreibung die Art *pedo* Pallas sicher gekennzeichnet ist und vor *serrata* Fabr. die Priorität hat.

FISCHER-WALDHEIM beschreibt (nach kurzer Erwähnung von *pedo* Pall., *serrata*

Fabr. und *nudipes* n. sp., die wohl sämtlich mit der erstgenannten identisch sind) *vittata* (♀) von den „*Steppes près de la Sarpa*" und damit sicher die gleiche Art, die Pallas ebenfalls vom Gebiet der Sarpa (s. oben) vorgelegen hat; also *pedo* Pall. Seine Beschreibung basiert ausschließlich auf der Färbung, und es dürfte kaum zweifelhaft sein, daß es sich bei „*vittata*" um ein buntes ♀ von *pedo* handelt. Weiterhin spricht die helle Rückenlinie seiner Abbildung, wie schon oben bemerkt, gegen die Identität mit der fälschlich immer als *vittata* bezeichneten *italica* Costa. Die sehr zierlich dargestellten Hinterschenkel beweisen ebenfalls, daß hier nur *pedo* Pall. und nicht eine dickschenklige Art vorliegen kann. Wir können solche Stücke also höchstens als *pedo* f. *vittata* F.-W. bezeichnen.

Saga ornata Burm. Über diese Art hat sich Krauss (Verh. Zool.-Bot. Ges. Wien 1890) bei Untersuchung der Orthopterentafeln von Savigny (Taf. 4, Fig. 11) eingehend geäußert und bezweifelt — wie auch Uvarov (Trans. Ent. Soc. London 1923, p. 151) — mit Recht, daß es sich um ein Exemplar aus Ägypten handle, wo die Gattung keinesfalls heimisch sein könne; auch andere der dort abgebildeten Arten stammen nicht daher, sondern aus Syrien oder Palästina. Er findet weitgehende Übereinstimmung der genannten Abbildung mit mehreren Stücken aus Syrien (Beirut) des Wiener Museums; diese mir vorliegenden Exemplare (3 Paare) sind, bisher unerkannt, die Paratypen von *ledereri* Sauss., deren Typen (♂ ♀) sich im Genfer Museum befinden (Photographie liegt mir vor). Es unterliegt keinem Zweifel, daß *ledereri* mit der bei Savigny abgebildeten, von Burmeister als *ornata* beschriebenen Form identisch ist; ihre Heimat sind nach den bisherigen Funden Palästina und Syrien.

Saga lucasi Sauss. Diese der vorigen nächstverwandte und bisher vernachlässigte Art kann ich weiter unten in ihre Rechte einsetzen; identisch mit ihr ist *gracilipes* Uv.

Saga savignyi Sauss. Sie ist nur im Bestimmungsschlüssel nach einem bein- und fundortlosen ♀ erwähnt (l. c. p. 132) und die Beschreibung der Art im weiteren Text nicht vermerkt, so daß eine Identifizierung nicht möglich ist.

Saga kraussi Kirby n. n. für „*ornata* Krauss (nec Burm.)" muß nach dem oben Gesagten in Fortfall kommen.

Saga brunneri Sauss. und *rodiensis* Salfi. Sie sind synonym zu *natoliae* Serv.; von ersterer konnte ich die Typen (2 ♂♂ Ephesus, Brunner v. W. leg.) untersuchen, ebenso wie die von Werner l. c., p. 299 angeführten und richtig zu *natoliae* gestellten Stücke. Es handelt sich in allen Fällen nur um eine kleinere, etwas schlanker erscheinende, fast rein grüne Individualform, wie man sie vielerorts, auch mit großen grünen oder bunten Exemplaren zusammen, antrifft, ähnlich wie bei der folgenden Art.

Saga ephippigera F.-W. Sie ist die schwierigste Art der Gattung, da sie ganz außerordentlichen, sowohl absoluten als auch relativen Größenschwankungen der einzelnen Körperteile, morphologischen Verschiedenheiten, insbesondere bezüglich Stärke und Winkel der Aufbiegung des Pronotumhinterrandes des ♂ sowie weiterhin starken Färbungsunterschieden (von einfarbig grünen oder ockergelblichen bis zu stark schwarzbraun gefleckten Exemplaren) zu unterliegen scheint — vorausgesetzt, daß sich neben *uvarovi n. sp.* (s. unten) nicht noch eine weitere Art unter dem bisher als *ephippigera* F.-W. angegebenen Komplex verbirgt. Sehr erschwerend ist es, daß, wenn auch in einzelnen Gebieten gewisse Formen vorherrschen — wie beispielsweise im Kaukasus solche mit besonders stark aufgebogenem Pronotumhinterrand und stark mit Schwarz, Schwarzbraun und Weiß gezeichnete Stücke — doch die meisten Formen wohl überall zu finden sind; neben den Riesenformen in Palästina kommen ganz kleine Stücke vor, ohne daß man irgendwelche taxonomisch wertvolle Merkmale zur spezifischen Trennung finden könnte. Es wird eines sehr umfangreichen, von sehr vielen Fundorten des ganzen Verbreitungsgebietes serienmäßig gesammelten Materials bedürfen — für dessen Erlangung auf lange Sicht keine Aussicht besteht —, um vielleicht diese Frage lösen zu können. Da die *Saginae* keinen chitinisierten Epiphallus besitzen, scheidet auch dieses wertvolle Hilfsmittel aus. Im Falle der weiter unten zu beschreibenden, *ephippigera* äußerst ähnlichen *uvarovi n. sp.* hat die Feststellung einer abweichenden Chromosomenzahl Uvarov auch auf eine Verschiedenheit der Cerci ♂ aufmerksam werden lassen. Es ist also heute kaum möglich, zu entscheiden, ob *syriaca* I. Bol. oder *monstrosa* Kr. spezifisch abzutrennen sind oder ob nicht auch noch eine besondere kaukasische Art existiert. Ich habe daher weiterhin zunächst beide obige Namen als Synonyme zu *ephippigera* aufgeführt.

Bestimmungsschlüssel der Arten (♂)[1]
(Abb. 36 u. 37)

1. Elytren mit breit chitinisierten, glänzend dunkel bis heller braunen Seitenwülsten

1\. 1. Elytren mit schmalen, mehr lamellösen Seitenkanten 3

2. Cerci mit kurzem, gedrungenem Endzahn .... *ephippigera*

2\. 2. Cerci mit langem, allmählich zugespitztem Endzahn .... *uvarovi*

3. Cerci in der basalen Hälfte gegenüber der apikalen stark verdickt

3\. 3. Cerci ziemlich gleichmäßig breit, basal allenfalls sehr schwach verdickt 7

4. Oberrand der Elytren im Profil vor den Endlappen konkav; *pars stridulans* ziemlich weit über den Oberrand der Elytren hinausragend.

4\. 4. Oberrand der Elytren im Profil ziemlich gerade bis leicht konvex, *pars stridulans* nicht oder nur ganz wenig den Oberrand überragend 6

5. Größere Art, mit ziemlich stumpfem, glanzlosem Integument (besonders deutlich bei dem ♀); Pronotum mindestens 1,5 mm lang, Gesicht mit 4 hellbräunlich verwaschenen, zuweilen gerade eben noch erkennbaren Punkten .... *italica*

5\. 5. Mittelgroße Art, mit leicht glänzendem Integument, Pronotum höchstens 10,5 mm lang Gesicht einfarbig .... *cappadocica*..

6. Kleinste Art, Metazona des Pronotums höchstens 4,7 mm breit, Elytren etwa 6,5 mm lang (Ovipositor, nur bei dieser Art, bis fast zur Basis gezähnt oder tuberkuliert) *puella*

[1]) Außer für *pedo*, von der mir keines der bisher nur bekannten beiden ♂♂ vorliegt. Für die ♀♀ von *Saga* ist ein wirklich brauchbarer Schlüssel m. E. nicht aufzustellen.

6. 6. Mittelgroße Art, Metazona mindestens 5,7 mm breit, Elytren etwa 7,9 mm lang *campbelli*
7. Elytren mit ziemlich stark entwickeltem Endlappen, Länge der Elytren 6,4—7,4 mm, Breite (in der Mitte) 2,2—2,6 mm .... *ornata*
7. 7. Elytren mit mehr oder weniger schwach entwickelten Endlappen 8
8. Elytren 2,3—5,5 mm lang, in der Mitte 2 mm hoch, Endlappen schwach entwickelt *longicaudata*
8. 8. Elytren 4—5 mm lang, in der Mitte 1,3—1,6 mm hoch, Endlappen sehr schwach entwickelt .... *lucasi*

Nachstehend eine Charakteristik der Arten, besonders bezüglich der für die Determination wichtigen Merkmale; es handelt sich um 10 bekannte und 1 neue Art.

1. *natoliae* Serv.
2. *italica* Costa
3. *campbelli* Uvar.
4. *cappadocica* Wern.
5. *puella* Wern.
6. *pedo* (Pall.)
7. *ornata* (Burm.)
8. *longicaudata* Wern.
9. *lucasi* Sauss.
10. *ephippigera* F.-W.
11. *uvarovi* n. sp.

Saga natoliae Serv.

Saga natoliae Serv. Ins. orth. 1839, p. 541.
— *synophrys* Charp. Germar, Zeitschr. Ent. 1841, p. 319.
— *brunneri* Sauss. l. c., p. 131.
— *brunneri* Wern. l. c. 1901, p. 299.
— *brunneri* Uvar. Eos 1930, p. 352.
— *rodiensis* Salfi Arch. Zool. Ital. 1929.
— *rodiensis vel brunneri* Wern. Sitzber. Ak. Wiss. Wien 1933, p. 191[1]) nec 203 (Tabelle).
— *brunneri* Wern. Mitt. Zool. Mus. Berlin 1933, p. 405.
— *natoliae* Wern. Ibid., p. 406.
— *natoliae* Wern. l. c. 1933, p. 336 (Tabelle).
— *rhodiensis* = *brunneri* Wern. l. c. 1936, p. 11.

Sehr große bis mittelgroße massige Art. Hinterrand des Pronotums ♂ breit und meist senkrecht, ♀ schwächer und mehr schräg aufgebogen. Elytrenprofil (Abb. 36) mit konvexem Oberrand in ganzer Ausdehnung und nur schwach entwickeltem Endlappen; Speculum nicht den Oberrand überragend. Cerci ♂ (Abb. 37) an der Basis etwas abgesetzt verdickt, apikal stark verjüngt, mit starkem schwarzem, im ganzen etwas abwärts gebogenem Zahn; Spitze etwas nach oben gekrümmt. Subgenitalplatte ♀, (die bei der Gattung im weiblichen Geschlecht recht einheitlich gebaut ist und nur selten gute Unterscheidungsmöglichkeiten bietet) bei *natoliae* breit und flach ausgerandet (Abb. 40). Färbung: aufgebogener Hinterrand des Pronotums mehr oder weniger geschwärzt, oft nur am äußersten Rande; bei rein grünen Stücken nur noch ein kleiner dunkler Fleck an den Randbasen, in seltenen Fällen ohne die geringste Schwärzung. ♂ selten ziemlich einfarbig grün, meist mit schwarzbrauner Färbung an der Hinterhauptbasis, den

[1]) Wohl infolge eines Schreibfehlers mit *ephippigera* verglichen statt mit *natoliae*.

Basen des Meso- und Metanotums, den Tergitseiten sowie den Schenkelbasen und nahe den Knien; ♀ meist einfarbig grün oder gelblichgrün, nur mit schmalem, schwarzbraunem Ring an den Schenkelenden.

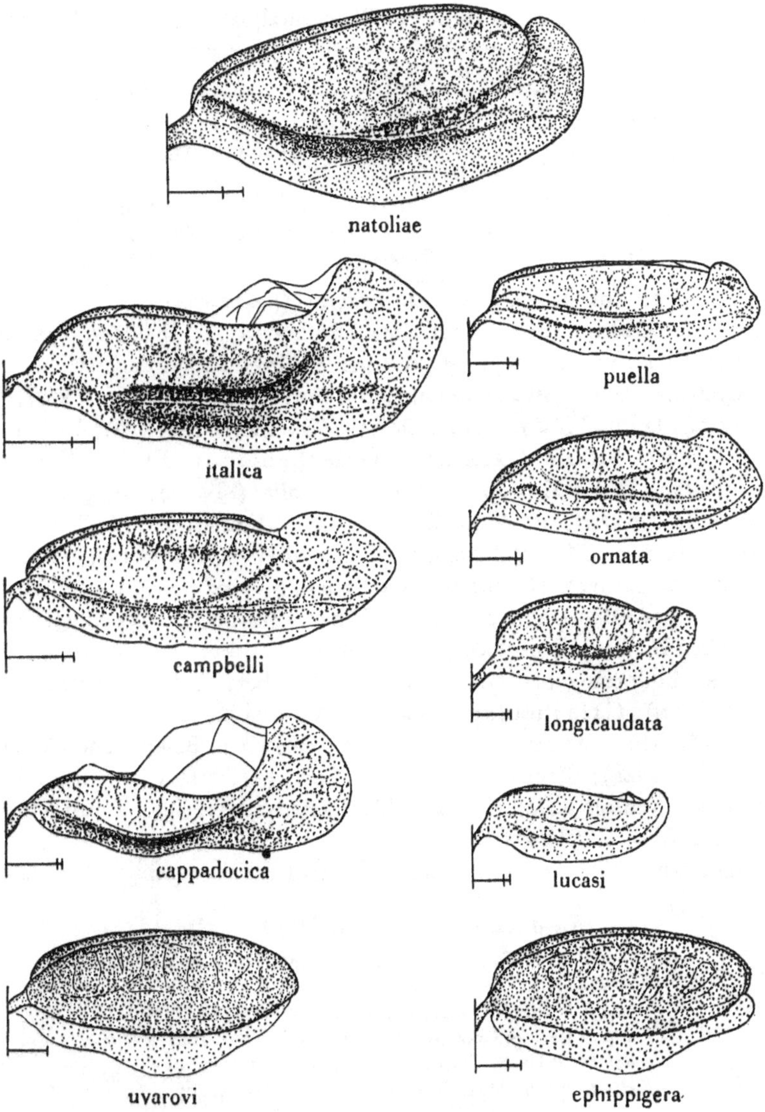

Abb. 36. *Saga* ♂ L. Elytren (6 : 1), mit Maßstäben der natürlichen Größe mit Variationsbreite (nicht punktiert: *pars stridulans*)

Das ♀ von *natoliae* kann man von dem äußerst ähnlichen ♀ von *ephippigera* in den meisten Fällen durch die erwähnte Schwärzung am aufgebogenen Pronotumhinterrand und im Zweifelsfall zusätzlich durch die Zahl der Dornen am Außenrand der Vorderschenkel unterscheiden, deren *natoliae* fast immer 10 oder seltener 11, *ephippigera* dagegen fast stets 9 zeigt; weiterhin kann man als ganz brauchbares Merkmal gegenüber *ephippigera* das Ende der Subgenitalplatte (Abb. 40) heranziehen.

	♂	♀
Long. corp.	64 —76	61 —85
— *pron.*	11,9—16,3	11,5—17,5
— *elytr.*	7,2—10	—
— *fem. post.*	43,3—46,5	37 —49,5
— *tib. post.*	46 —52,5	40,5—53
— *ovipos.*	—	29 —36

Beschrieben aus dem Gebiet von Smyrna (LEFEBVRE).

Material. Dalmatien: Castellastua (BUCCHICH); Albanien: Skutarisee (WALTER); Elbassan (EBNER); Mazedonien (inkl. des griechischen Teils): Treskaschlucht, Pčinja, Štip (RAMME); Abdi Paša, Kaluckova (DOFLEIN); Veles (P. SCHULZE); Izvor (MÜLLENHOFF); Doiran, Kavalla (RECHINGER); Bulgarien: Varna, Sliwno - Balkan (LEDERER); Griechenland: Epirus (BRUNNER); Samos (RECHINGER); Europ. Türkei: Plovdiv (KAUTZ); Belgrader Wald (FAHRINGER); Anatolien: Aidos-Dagh a. Bosp. (FAHRINGER); Beikos a. Bosp. (WERNER); Brussa (MANN; LEDERER); Karačabey (GROHMANN); Göz Tepe (coll. BRUNNER); Smyrna (BRUNNER); Sevdiköi b. Smyrna (LA BAUME); Kordelio; Aidin (BRUNNER); Bos-Dagh (LEDERER); Ephesus (BRUNNER, Typen von *brunneri* Sauss.); Gjöl Banhi (v. LUSCHAN); Gülek-Dagh (GAHEIS).

Sonstige Fundortangaben: Mazedonien: Lembet; Hortiack-Plateau; Karaburun (BUXTON); Griechenland: Kierki b. Marathokampos a. Samos (BRUNNMÜLLER); Mytilene (WERNER); Anatolien: zwischen Beikos und Adampol; Alachehir (WERNER); Memenen-Bayindir b. Smyrna (SUREYA); Lagina i. Karien (v. LUSCHAN); Yenidje Kalé; Bimbogha Dagh (ESCALERA); Cilic. Taurus (HOLTZ); Cannamat a. Rhodos (WERNER).

Verbreitung. Von Dalmatien durch das ganze Balkangebiet bis Anatolien.

Saga italica Costa (Taf. VI, Fig. 1)

Saga italica Costa Faun., Nap., Ort. Locust. 1871, pp. 4, 7
— *vittata* Ebner Zool. Jahrb. 1910, p. 412
— *vittata* Wern. Verh. Zool.-bot. Ges. Wien 1912, p. 111
— *vittata* Berl. & Chopard, Bull. Mus. Hist. Nat. 1922, p. 168
— *ornata* (?) Uvar. Trans. Ent. Sauc. London 1923, p. 151
— *vittata* Wern. Mitt. Zool. Mus. Berlin 1833, p. 405

Größere, ziemlich robuste Art. Hinterrand des Pronotums ♂ ziemlich breit, senkrecht, ♀ wesentlich schwächer und schräg aufgebogen, Elytrenprofil (Abb. 36) am Oberrand in den basalen zwei Dritteln konkav, im zweiten Drittel das Speculum stark sichtbar werden lassend, Endlappen der Elytren stark ausgebildet; Radialader stark verdickt. Cerci ♂ (Abb. 37) bis zur Mitte sehr stark (etwas schwankend) verdickt, vor dem Apex stark verschmälert, mit gegeneinander

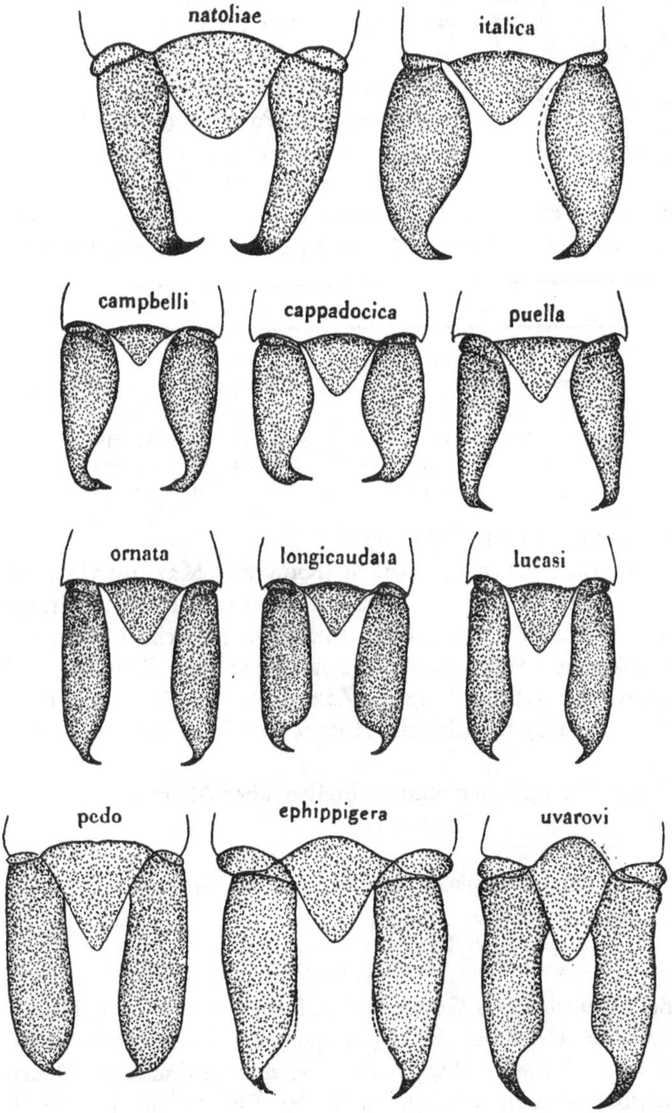

Abb. 37. *Saga* ♂ Cerci

gerichteten Zähnen. Färbung: ♂ einfarbig grünlich oder bräunlich, ♀ ebenso, Tergite jedoch oft mit einer aus einer Doppelreihe nach hinten keilförmig erweiterter schwärzlicher oder dunkelbräunlicher Flecke bestehenden Längsbinde, jedoch keinem schmalen hellen Mittelstreifen, sowie je einer ebenfalls aus verwaschenen Keilflecken bestehenden Längsbinde (Abb. 38). Hinterrand der Tergite schmal hell gesäumt. Unterrand der Pronotumseitenlappen nur ganz schmal hell gesäumt. Gesicht in der Mitte mit 4 matten, meist hellbräunlichen Punkten (gutes Merkmal gegenüber der nächststehenden *natoliae*!).

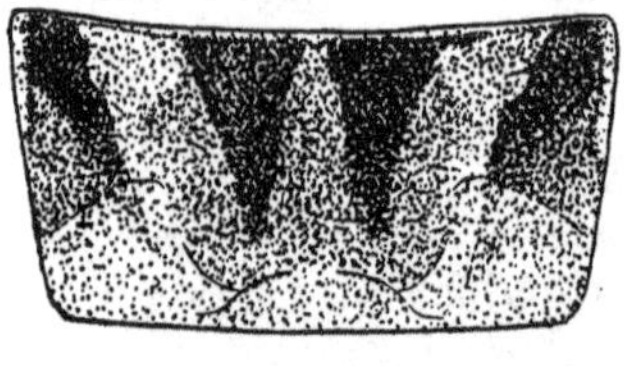

Abb. 38.
Saga italica ♀, mittleres Tergit

Ein besonderes Charakteristikum der Art ist das ganz stumpfe, glanzlose Integument aller Körperteile, besonders stark ausgeprägt bei dem ♀, jedoch auch bei dem ♂ gegenüber anderen Arten erkennbar.

	♂	♀
Long. corp.	55—60	65—75
— *pron.*	10—13,5	12—14
— *elytr.*	9—11	—
— *fem. post.*	40—42	43—46
— *tib. post.*	42—44	46—55
— *ovipos.*	—	22—32

Beschrieben aus Süditalien (Otranto).

Material. Italien: Ficuzza a. Sizilien (KRÜGER); Mazedonien: Vodno b. Skoplje (RAMME); Albanien: Skutari; Griechenland: Korfu; Epirus (ERBER); Chalkis a. Euboea (HOLTZ); Volo Leonis (BRUNNER); Vrachori i. Akarn.; Parnaß (KRÜPER); Akrokorinth; Hymettos (L. MÜLLER); Latraki b. Athen (Graf ATTEMS).

Sonstige Fundortangaben: Griech.-Mazedonien: Excissou (RIVET); Ak Bunar; Lembet; Aivatli; Kirechkeui; Hortiack-Plateau; Karaburun (BURR und CAMPBELL).

Verbreitung: Von Sizilien und Süditalien über Albanien und Mazedonien bis Griechenland.

Saga campbelli Uvarov (Taf. VI, Fig. 2)

Saga campbelli Uv. Ent. Rec. 1921, p. 158
— *campbelli* Uv. Trans. Ent. Soc. London 1923, p. 151
— *campbelli* Wern. Sitz. Ak. Wiss. Wien 1934, p. 325

Mittelgroße, im weiblichen Geschlecht gedrungene Art. Pronotumhinterrand ♂ schwach, ♀ noch schwächer, schräg aufgebogen. Elytrenprofil (Abb. 36) am Oberrand zu zwei Dritteln schwach konvex, nur den äußeren Oberrand des Speculum sichtbar werden lassend, Ende der Elytren ziemlich breit lappig. Cerci ♂ (Abb. 37) in der basalen Hälfte dick, dann apikalwärts scharf verschmälert, vor der Ansatzstelle der beiden gegeneinander gerichteten Enddornen noch einmal ein wenig verdickt. Subgenitalplatte ♀ ganz schmal und schwach ausgerandet. Färbung und Zeichnung sehr wechselnd. Beide Geschlechter mit schmaler heller, etwas verwaschener abdominaler Mittelbinde, beim ♀ meist nur in der apikalen Hälfte (analwärts allmählich verbreitert) ausgeprägt; Pronotumseitenlappen am Unterrand schmal hell gesäumt, ebenso der Hinterrand der Tergite. ♂ matt grünlich oder hellbräunlich, mit je einer verwaschenen hellen, ventral dunkel gesäumten Seitenbinde; ♀ seltener in der Färbung des ♂, meist intensiver grünlich oder hellbräunlich gefärbt und mit ausdrucksvoller ausgeprägter Längsbinde. Gesicht in der Mitte mit 4 matten hellbräunlichen Punkten.

In der Färbung und Zeichnung und deren Abänderungen ähnelt das ♀ von *campbelli* sehr dem der folgenden Art. Es ist im übrigen nicht depress wie *cappadocica*[1]); die Subgenitalplatte ist bei *campbelli* nur geringfügig, bei *cappadocica* ziemlich stark ausgerandet.

	♂	♀
Long. corp.	47 —53	47 —62
— *pronot.*	9 —10,5	8,5—10,5
— *elytr.*	7,5— 9	—
— *fem. post.*	36 —39	35,5—39
— *tib. post.*	39 —44	39 —42
— *ovipos.*	—	20 —22

Beschrieben aus Griech.-Mazedonien: Hortiack-Plateau; Lembet; Langaza-Ebene.

Material. Mazedonien: Pčinja; Štip (Ramme); Hudova (Doflein); Griechenland: Saloniki (Kattinger); Samothrake (Werner).

Literaturangaben: Werner gibt l. c. p. 326 an, daß seine l. c. 1933, p. 191 für Lemnos festgestellte „*brunneri*" der Art *campbelli* angehöre; hierfür ist eine Nachprüfung dringend erforderlich, ebenso für seine Angabe „Samothrake".

Verbreitung: Mazedonien bis N.-Griechenland.

Saga cappadocica Wern. (Taf. XXIV, Fig. 2)

Saga cappadocica Werner Zool. Anz. XXVI, 1903, p. 529
— *cappadocica* (?) Uvar. Eos 1934, p. 45

Etwas kleiner als die vorige Art; ♂ ♀ in den gleichen Proportionen wie diese, jedoch das ♀ deutlich depreß. Pronotumhinterrand ♂ schmal schräg aufgebogen, beim ♀ dies ziemlich schwach ausgeprägt. Außenrand der Vorderschenkel meist reicher bedornt als bei den übrigen Arten (10—14 Dornen). Elytrenprofil (Abb. 36) am Oberrand zu drei Vierteln stark konkav eingeschnitten, in dieser Einbuchtung ein großer Teil des Speculum sichtbar, Endlappen der Elytren stark ausgeprägt,

[1]) Hier nur bei lebenden oder sehr korrekt ausgestopften Stücken erkennbar.

breit bogig gerundet. Cerci ♂ (Abb. 37) zur Mitte hin stark verdickt, apikalwärts stark verschmälert, vor den gegeneinander gerichteten Dornen etwas verdickt. ♀ Subgenitalplatte tief ausgerandet. Färbung und Zeichnung sehr wechselnd; ♂ einfarbig mattgrün oder grün mit schwachen weißlichen Seitenbinden oder hellbräunlich mit feiner verwaschener abdominaler Mittelbinde und breiten hellen bis weißlichen Seitenbinden. Pronotumunterrand schwach aufgehellt. ♀ entweder einfarbig bräunlich-grünlich, gelegentlich mit schmaler, zusammenhängender verwaschener, etwas hellerer Mittelbinde oder aber mit sehr intensiven milchweißen Zeichnungen auf spangrünem oder olivbräunlichem Grunde, mit einer aus tropfenförmigen, milchweißen, außen dunkelbräunlichen gesäumten Längsflecken bestehenden Mittelbinde auf den Tergiten, sowie ähnlichen mehr verwaschenen Seitenbinden; Hinterrand der Tergite mit teilweis durch braune Flecke unterbrochener weißlicher Binde.

	♂	♀
Long. corp.	43—49	47 —55
— *pronot.*	7— 8	8 — 9,5
— *elytr.*	7— 7,5	—
— *fem. post.*	29—30	34 —35
— *tib. post.*	33—36,5	34,5—42
— *ovipos.*	—	23 —25

Beschrieben vom Cilic. Taurus (Eregli).

Material. Anatolien: Cilic. Taurus, Ulukişla (RAMME); Eregli (♂ ♀ Typen, Mus. Wien); Ütsch-Kapular Dagh (RAMME); Huseyn Dagh b. Ankara (KARABAGH).

Sonstige Fundortangaben: Ankara (UVAROV). Der obengenannte Fund von KARABAG erweist, daß auch die fraglichen Stücke von UVAROV zu *cappadocica* gehören.

Verbreitung: C.- und S.-Anatolien.

Saga puella Wern.

Saga puella Wern. l. c., p. 529
— *puella* Uvar. Eos 1930, p. 352
— *puella* Uvar. Ibid., 1934, p. 46

Kleinste bekannte Art. Pronotumhinterrand ♂ nur ganz schwach, ♀ noch weniger aufgebogen. Elytrenprofil (Abb. 36) mit schwach konvexem Oberrand, nur ganz wenig vom Speculum sichtbar werden lassend, Endlappen der Elytren schwach entwickelt, Cerci ♂ (Abb. 37) an der Basis verdickt, apikalwärts allmählich verschmälert, Zähne etwas nach hinten gerichtet. Färbung grünlich oder bräunlich, einfarbig oder auch mit heller abdominaler Längsbinde und je einer hellen Seitenbinde; ♀ ausdrucksvoller gezeichnet. Pronotumunterrand hell bis weißlich gesäumt.

	♂	♀
Long. corp.	38 —48	46 —52
— *pronot.*	6,8— 7,9	7,5—10
— *elytr.*	5,5— 6,5	—
— *fem. post.*	35 —37,5	35 —39
— *tib. post.*	38 —41	37,5—41
— *ovipos.*	—	19 —22

Beschrieben von Ephesus und Aidin (Anatolien).

Material. Anatolien: Ephesus (Brunner), Typen 4 ♂♂ 1 ♀ im Museum Wien; Demirci (Haydar; Sureya); Karačabey b. Brussa (Grohmann); Tschibuk-Tal b. Ankara (Fuss, Mus. Bonn); Illany Dagh b. Kaisarié (Penther).

Sonstige Fundortangaben: Menemen-Bayindir b. Smyrna; Demirči (Sureya).

Verbreitung: Anatolien.

Saga pedo (Pall.)

Gryllus pedo Pallas, Reise I, 1771, p. 467, n. 51 (Synonymie vgl. Kirby Cat.)

Mittelgroße Art. ♂ schlank, ♀ mäßig robust, Pronotumhinterrand ♂ stärker, ♀ weniger (schräg) aufgebogen. Elytren ♂ (Abb. 39) mit einem anscheinend außerordentlich schmalen häutigen Außenrand (vgl. auch Krauss, l. c. Taf. III, Abb. 4 u. 4A). Cerci ♂ nach der Abbildung bei dem gleichen Autor (l. c., Abb. 4B u. 4C) etwas denen von *longicaudata* (Abb. 37) entsprechend. Färbung in Mitteleuropa meist einfarbig grün, gelegentlich mit schmaler heller Binde an den Abdomenseiten, die oft am Hinterrand der Tergite dorsal und ventral verwaschene bräunliche Flecke trägt. Elytren matt gelblich oder grünlich. Im Südosten (vgl. Padewieth, Glasn. Narav. Drustv., Zagreb 1900, p. 6) meist bunter „strohgelb, grün gefleckt oder ungefleckt, graubraun und rotbraun"; diese bunten Formen dürften zum Teil der „*f. vittata*" (vgl. S. 180) entsprechen.

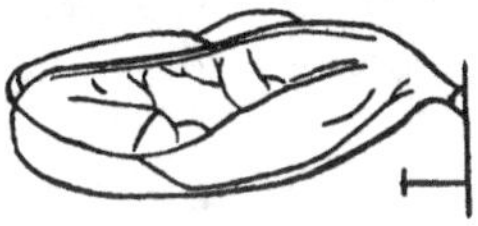

Abb. 39. *Saga pedo* ♂, Profil des r. Elytrums

Bisher sind nur ganz wenige ♂♂ bekannt geworden, eines von Mann im Jahre 1853 bei Fiume gesammelt, das im Wiener Museum aufbewahrt wird; es wurde von Krauss genau untersucht. Dr. M. Beier war so freundlich, mir eine Skizze des linken Elytrums (das rechte fehlt) zu übersenden, nach der ich die Abb. 39

	♂	♀
Long. corp.	60	61 —67
— *pronot.*	11,5	11,5—12
— *elytr.*	4,5	—
— *fem. post.*	40	38 —50
— *ovipos.*	—	34 —36

angefertigt habe. Je ein weiteres ♂ wurde bei Znaim[1]) (Mähren) gesammelt (Nickerl, im Museum Prag) und auf der Krim bei Kinburn[2]), 8. 8. 1926 (Lebedev).

Beschrieben aus dem europ. SO.-Rußland.

Material. Österreich: Dtsch.-Altenburg (Ebner); Ungarn (Koy); Rumänien: Domogled (Türk); Kroat. Litorale: Zengg = Senj (Padewieth; Ramme); Südrußland: Falzfeinowo a. Dnjepr (Ramme); Walouiki (Velitchkowsky).

Sonstige Fundortangaben: Österreich: Wiener Wald (Bisamberg, Leopoldsberg, Kalenderberg, Eichkogl, Otterberg, Anninger); Baden b. Wien; Leithagebirge (nach Redtenbacher); Ungarn: Harhegg, oberhalb d. Szep Juhazne (Kl. Günther); Tschechoslowakei: Znaim; Rumänien: Klausenburg; Györayfalva; Rákoser Töpe (Arn. Müller); Adriagebiet: Martinschizza; Búccari (Krauss); Novi; Jablanac (Padewieth); Muggia b. Triest (Rogenhofer); Pola-Medolino (Krauss); Inseln Veglia; Lussin (Brunner); Italien: (ohne nähere Angabe, *teste* Krauss); Südfrankreich: Alpes Maritimes; Basses-Alpes; Var; Bouche du Rhône, Gard; Hérault; Pyrenées Orientales; Lot; Spanien: Uclès; Serrania de Cuencas; Talavera de la Reina; Escorial; Ribas; Rußland: Südruss. Steppe; Krim; Kaukasus; Transkaukasien (Mangliss, Geoktscha, Mzchet); Steppen bei Saratov und am Ural (Orenburg); Südsibirien; Syr Darja; Semirjetshje; Turgai; Semipalatinsk; nach Bei-Bienko bis zu 54° 30′ nördl. Breite.

Verbreitung (sehr diskontinuierlich): durch ganz Europa (außer dem nördl. Europa und dem nördl. Mitteleuropa) bis W.- und N.-Asien.

Saga ornata Burm.

Saga ornata Burm. Handb. Ent. II, 1838, p. 716
— *ledereri* Sauss. l. c. 1888, p. 716
— *ornata* Krauss Verh. Zool.-bot. Ges. Wien 1890, p. 26 [Savigny, Taf. 4, Fig. 11]
— *vittata* Giglio-Tos Boll. Mus. Torino 1893, p. 17

Größere schlanke Art. Pronotumhinterrand ♂ nur wenig, ♀ kaum aufgebogen. Elytrenprofil (Abb. 36) zu drei Vierteln mit konvexem Oberrand, Speculum über den Elytrenoberrand ragend, Endlappen ziemlich entwickelt. Cerci ♂ (Abb. 37) breit, flach, hinter der Mitte noch leicht verbreitert und erst kurz vor dem Apex zu den etwas nach hinten gerichteten Zähnen verschmälert. Subgenitalplatte ♀ ziemlich tief eingeschnitten[3]). Vorderschenkel beiderseits mit 9, selten 8 Dornen. Färbung grünlich oder hellbraun, mit schmaler heller Längsbinde über die Abdomenmitte sowie daneben je einer breiten hellen Seitenbinde; Hinterrand der Tergite fein hell gesäumt. (Vgl. S. 176.)

[1]) Obenberger (Bull. Int. Ac. Sci. Bohéme Prag 1926, p. 33 m. Abb. 6).

[2]) Miram (Ann. Mus. Zool. Ak. Sci. USSR 1929, p. 460).

[3]) Bei der Beurteilung der Breite des Einschnittes ist bei allen *Saga*-Weibchen zu berücksichtigen, daß bei trockenen Exemplaren oft eine seitliche Kompression der Subgenitalplatte eingetreten ist, die eine Verschmälerung des Einschnittes bewirkt.

	♂	♀
Long. corp.	60 —75	75 —80
— *pronot.*	12 —14	14 —16
Lat. max.	7,7— 8,6	8,1— 9,7
Long. elytr.	5 — 7	—
— *fem. post.*	45 —52	50 —54
— *tib. post.*	52 —59	48 —57
— *ovipos.*	—	31 —35

Material. Syrien: Beirut (LEDERER) 2♂♂, 2♀♀ (Wiener Paratypen von *Saga ledereri* Sauss.); ♂ Beirut, ♀ Haifa (REITTER); Palästina: ♀ Deganjah (See Tiberias) 1942 (PALMONI), Brit. Mus.

Verbreitung: Syrien, Palästina.

Saga longicaudata Krauss.

Saga longicaudata Kr. l. c. 1879, p. 508

Größere, ziemlich schlanke Art. Pronotumhinterrand ♂ schmal, ein wenig, ♀ kaum aufgebogen. Elytrenprofil (Abb. 36) mit ziemlich stark konvexem Oberrand, Speculum nicht über diesen hinausragend, Endlappen ziemlich schwach. Cerci ♂ (Abb. 37) fast in ganzer Ausdehnung gleich breit, gelegentlich apikal noch etwas verbreitert, kurz vor den etwas nach hinten gerichteten Enddornen stark bogenförmig eingebuchtet. Subgenitalplatte ♀ ähnlich der von *ornata*. Färbung meist einfarbig grünlich oder bräunlich, ♀ seltener auch mit bräunlicher, in der Mitte etwas aufgehellter abdominaler Mittelbinde. Tergite hinten sehr schmal hell gesäumt, ebenso der Unterrand der Pronotumseitenlappen.

	♂	♀
Long. corp	55 —60	55 —70
— *pronot.*	11,8—12,5	11 —14
Lat. max.	7,2— 7,8	6,4— 8,8
Long. elytr.	4 — 5	—
— *fem. post.*	45 —46,5	45 —46
— *tib. post.*	50 —51	47 —50
— *ovipos.*	—	41 —48,5

Beschrieben: Vom Cilic. Taurus (KOTSCHY).

Material. Anatolien: 3♂♂, 7♀♀, Typen Cilic. Taurus (KOTSCHY); Gülek (LEDERER).

Verbreitung: Ostanatolien.

Saga lucasi Sauss. (Taf. XXIV, Fig. 1)

Saga lucasi Sauss. l. c. 1888, pp. 132, 135
— *gracilipes* Uv. Bull. Soc. Ent. Egypte 1923, p. 17
— *ornata* Wern. (?) l. c. 1901, p. 298

Sehr zierliche Art mit bedeutenden Größenschwankungen. Pronotumhinterrand nur wenig, ♀ kaum noch aufgebogen. Elytrenprofil (Abb. 36) mit ziemlich geradem, bisweilen konkavem Oberrand, ein kleiner Teil des Speculum meist über diesen hinausragend, Endlappen der Elytren schwach entwickelt. Cerci ♂ (Abb. 37) hinter der Mitte stärker verbreitert, Zähne nur auf kurzer Basis sitzend, schräg nach hinten gerichtet. Subgenitalplatte ♀ etwas weniger eingeschnitten als bei *ledereri*. Färbung olivgrünlich, mit schmaler, hellbrauner seitlich dunkelbraun gesäumter Mittelbinde, diese wiederum verwaschen hell gesäumt oder zuweilen (♂) auch die Abdomenseiten rötlichbraun und die Beine hellbräunlich, dann ohne jede Grünfärbung. Pronotumunterrand ziemlich breit hell, oft milchweiß gesäumt, auch Meso- und Metanotum mit breiten hellen oder meist milchweißen Schrägstreifen.

	♂	♀
Long. corp.	46—62 (60)	48 —65
— *pronot.*	9—13,5 (11,2)	9,5—14
Lat. max.	5— 7,6 (6,9)	6,8— 7,3
Long. elytr.	3— 5	—
— *fem. post.*	40—51	38 —48
— *tib. post.*	42—55 (48)	40 —51
— *ovipos.*	—	27 —30

Beschrieben aus Syrien; Typus ♂ (ursprünglich in Alkohol, dann getrocknet und deformiert) im Pariser Museum; die mir von Chopard freundlichst mitgeteilten Maße oben in Klammern.

Material. Anatolien: Ersin b. Dörtyol 8 ♂♂, 2 ♀♀; Kozan a. Taurus 1 ♂♀ (Ramme); Syrien: Ladikije 2 ♂♂ (Leuthner); Palästina: Mishmar Haemek (Valley of Esdraëlon) ♂ (m. Typus von *gracilipes* vergl.) und ♀, 8. 6. 46 (Costa), Brit. Mus.

Sonstige Fundortangaben: Beisan (Jordantal); Nahr es Zerka (Typen von *gracilipes* Uv.).

Verbreitung: Ostanatolien, Syrien, Palästina.

Saga ephippigera F.-W.

Saga ephippigera F.-W. Orth. Ross. 1846, p. 185
— *syriaca* Lucas Bull. Soc. Ent. France 1864, p. 5
— *ephippigera* Krauss Sitzb. Akad. Wiss. Wien, 1879, p. 506
— *monstrosa* Krauss Ibid.
— *ephippigera var. de Syrie* Sauss. Ann. Soc. Ent. France 1888, p. 104
— *syriaca* Sauss. Ibid.
— *monstrosa* Sauss. Ibid., p. 136
— *syriaca* I. Bol. Rev. Biol. Nord France 1892—93, p. 18
— *syriaca* Ebner Ann. Nat. Hof. Mus. Wien 1912, p. 443
— *ephippigera* = *syriaca* Ebner Arch. f. Ntg. 1919, p. 160
— *syriaca* Uv. Ann. Mag. Nat. Hist. 1927, p. 274
— *ornata* Uv. (?) Bull. Soc. R. Ent. Egypte 1924, p. 178

Größte und massigste Art, mit erheblichen Größenschwankungen. Pronotumhinterrand ♂ mäßig oder sehr breit, schräg oder fast senkrecht, bei dem ♀

schwächer aufgebogen. Elytren (Abb. 36) mit Ausnahme eines schmalen häutigen weißlichen Randes und Endlappens zu einem bräunlichen ziemlichen glatten Chitinwulst verdickt, im Profil Oberrand in ganzer Ausdehnung konvex, Speculum diesen nicht überragend. Cerci ♂ (Abb. 37) in den basalen drei Vierteln ziemlich gleichmäßig breit, im apikalen Viertel verschmälert, Zähne schräg nach hinten gerichtet. Subgenitalplatte ♀ (Abb. 40) tiefer und meist spitzer eingeschnitten als bei *natoliae*. Färbung gelblich bis olivgrünlich oder hellbräunlich mit leichtem olivgrünlichem Anflug; entweder fast einfarbig — Gesicht immer mattgelblich bis hellbräunlich — oder zuweilen das ♂ mit markanter braunschwarzer bis schwarzer Färbung auf Wangen, Hinterhauptbasis und Metazona des Pronotums sowie weißen Flecken auf Meso- und Metanotum. Aufgebogener Teil des Pronotumhinterrandes, wenn stark geschwärzt, immer mit hellem Rand; Pronotumränder zuweilen schmal hell gesäumt (vgl. auch das bei *natoliae* zur Unterscheidung der ♀♀ beider Arten Gesagte). Tergite am Hinterrand meist nur im dorsalen Teil mit zwei meist schmalen, oralwärts verwaschenen, in der Mitte hell unterbrochenen Längsbinden, die höchstens etwa die halbe Länge des Tergits erreichen. Basen der Schenkel und ein schmaler Apikalrand derselben ebenfalls verwaschen braunschwarz; auch das ♀ zuweilen nach diesem Schema, jedoch weniger ausdrucksvoll gefärbt.

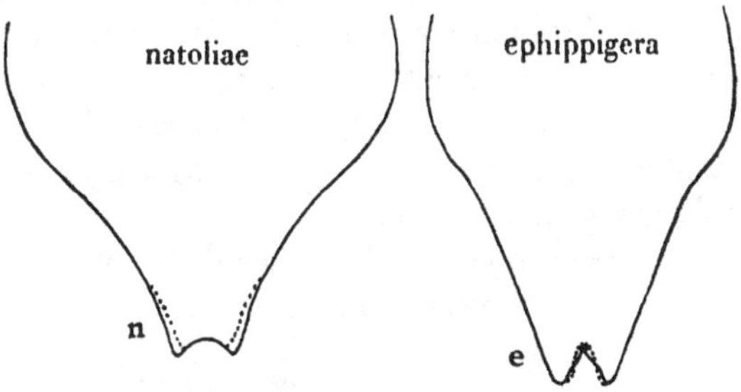

Abb. 40. *Saga* ♀ Subgenitalplatte (Variationsbreite)

	♂	♀
Long. corp.	60 —87	58 —97
— *pronot.*	14 —21	11,5—22
— *elytr.*	4,2— 6,1	—
— *fem. post.*	41 —51	34 —52
— *tib. post.*	45 —57	40 —60
— *ovipos.*	—	30 —34

Beschrieben von Karabag, Aserbeidshan (KOLENATI).

Material: Anatolien: Ersin b. Dörtyol; Silvan; Yorkarbanassiya b. Malatia (RAMME); Mardin (ŠEVKET); Makri (KRÜPER); Adana (WERNER); Illany-Dagh b. Kaisarié (PENTHER); Sendschirli a. Amanus (v. LUSCHAN); Mesopotamien: Hsitale a. Chabur; Assur (= Kal at Schergat); Tell Afar (PIETSCHMANN); Palästina: Tabgha (AMSEL); Deganjah a. See Tiberias (PALMONI); Transkaukasien: Tiflis (BENTHIN; ZELEBOR); Elisabethpol (LEDERER); Armenien: Davalu

(Ramme); Eriwan (Christoph); Karabagh (Kolenati); NW.-Persien: Djulfa; Täbris (Zugmayer).

Sonstige Fundortangaben: Anatolien: Harunje-Ebene (Tölg); Marash (Sureya); Rhodos (Salfi); Mesopotamien: Mossul; Ain Ghasal; Chatunye; Rakka (Pietschmann); Syrien: Aleppo; Palästina: Kaubab el Hawa (Buxton); Nazareth; Djerasch; Migdal; Tiberias; Tawabije; Mischmar Hajarden; Rosch Pinah; Jericho (nach Bodenheimer); Transkaspien: Kobuleti b. Batum (Fabri); Mugan (Zawadsky).

Im Material des Wiener Museums befindet sich eine weibliche Larve mit der Angabe „Chiwa, Plason", demnach also aus Transkaukasien stammend; die allgemeine Verbreitung von *ephippigera* spricht jedoch meines Erachtens völlig gegen die Richtigkeit dieser Angabe, die vielleicht auf einer irrtümlichen Bezettelung beruht; nach Uvarov kommt bei dem ganzen Material mit obiger Fundortangabe Persien als Ursprungsland in Frage [s. weiter unten bei *Paranocarodes opacus* (Br. v. W.)].

Verbreitung: Von Anatolien durch Mesopotamien und Syrien bis Palästina, und durch Transkaukasien bis NW.-Persien.

Saga uvarovi n. sp.

♂. Ganz vom *ephippigera*-Typ, habituell etwas schlanker erscheinend (konstant?). Elytren (Abb. 36) ebenfalls mit stark chitinisiertem Randwulst, dieser

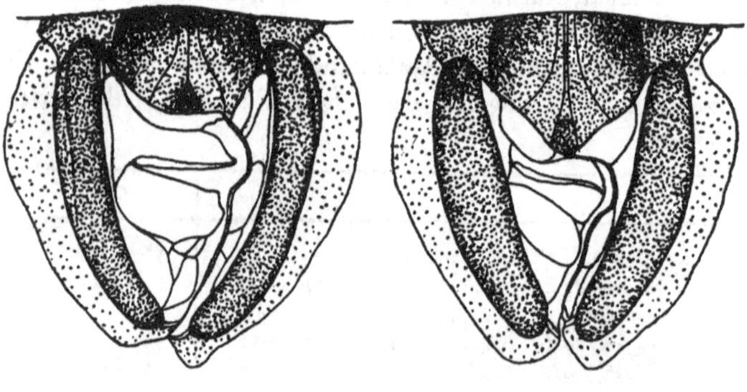

Abb. 41. *Saga* ♂, Elytren *in situ*

etwas niedriger und länger (doch Annäherungen hieran gelegentlich auch bei *ephippigera* vorkommend) Speculum größer und einen erheblichen Teil des Raumes zwischen den Wülsten ausfüllend (bei *ephippigera* meist nur etwas über die Hälfte; Abb. 41). Cerci (Abb. 37) im ganzen etwas schlanker, mit längerem und schlanker zugespitztem, etwas schwächer gekrümmtem Enddorn. Die Bedornung der Vorder- und Mittelbeine wie bei der genannten Art.

Long. corp.	80
— *pronot.*	19,5
Lat. max.	11,7
Long. elytr.	6,9
— *fem. post.*	47
— *tib. post.*	57

Typus ♂ Palästina, nahe Menara, Galiläa 17. 6. 46 (Kushmir).

Diese durch ihre Chromosomenzahl von *ephippigera* abweichende Art wurde mir von Uvarov zur Beschreibung überlassen.

4. Superrevision und Aufteilung der Gattung *Pholidoptera* Wesm.

Ich hatte 1930 (Mitt. Zool. Mus., p. 798) eine Teilrevision der Gattung, die damals 30 bekannte Arten umfaßte, und Artengruppierung, sodann 1939 (l. c. p. 94) nach inzwischen durch Neubeschreibungen vermehrter Artenzahl auf 37 eine Neugruppierung veröffentlicht; durch Untersuchung der Epiphalli (Titillatoren) zahlreicher Arten wurde versucht, die verwandtschaftlichen Verhältnisse weiter zu klären. Die aufgestellten Gruppen ergaben zwar — sowohl in sich als auch gegeneinander — vielfach ein systematisch klares Bild, das aber insgesamt nicht so befriedigte, daß es mir angängig erschienen wäre, die Gruppen als Gattungen zu etablieren. Nunmehr glaube ich jedoch, die Aufteilung von *Pholidoptera* in eine Anzahl wohldefinierter Gattungen vornehmen zu können. Vorerst möchte ich jedoch im Verfolg schon früher von mir angedeuteter Gedankengänge einiges Prinzipielle über die Aufteilung artenreicher Gattungen vorausschicken, da ich es ganz allgemein für notwendig halte, die nachstehenden Erwägungen vor einer solchen anzustellen, um eine zu weitgehende Zersplitterung der Gattungen zu vermeiden, die in der Entomologie mehr und mehr Platz greift.

Die „Wertigkeit" als systematischer Begriff.

Solange man bei der Aufteilung einer artenreichen, heterogen zusammengesetzten „Sammelgattung" nicht in der Lage ist, die neuaufzustellenden Gattungen klar gegeneinander abzugrenzen, entweder durch ein taxonomisch gravierendes konstantes Merkmal, bzw. durch die konstante Koppelung mehrerer weniger wesentlicher, ist eine solche Aufteilung nicht angebracht, und es ist vorzuziehen, nur phylogenetisch zusammengehörige Gruppen zu bilden, wie ich dies beispielsweise bei *Poecilimon* Fisch. getan habe und Mistshenko bei *Sphingonotus* Fieb. Diese Gruppen kann man bei fortschreitender Klärung der Arten, sei es durch neues Material, durch neuentdeckte Arten oder durch intensivierte Untersuchung usw., jederzeit verändern und die Arten umgruppieren. Erhebt man aber eine solche Gruppe zur Gattung und gibt ihr einen Namen, so übernimmt man die Verantwortung für eine Behauptung, die auch in die Nomenklatur eingeht. Eine weitere Folge ist dann, um solche Fehler zu umgehen, eine Aufteilung der ursprünglichen Gattung in zu viele neue, unter denen sich dann als Verlegenheitslösung meist eine Anzahl zum Teil monotypischer „Splittergattungen" befinden, die nur durch unwesentliche und nicht sonderlich charakteristische Merkmale gekennzeichnet sind. Trotz dieser vielen Gattungen lassen sich dann doch nicht sämtliche Arten zwanglos und klar in ihnen unterbringen wie dies die Revisionen von *Podisma* durch Dovnar-Zapolski (vgl. S. 55) und *Platycleis-Metrioptera* durch Zeuner (vgl. S. 224) dargetan haben. So wird dann die ohnehin schwer belastete Nomenklatur durch viele neue Namen und Fragezeichen weiter aufgebläht.

Es ist dem nur abzuhelfen, indem man einer Gattung eine gewisse Breite zugesteht innerhalb aller taxonomisch nicht sehr wesentlich erscheinender Merkmale, wie dies ja logisch schon im Gattungsbegriff — im übrigen ein Begriff, der eindeutig überhaupt nicht zu fixieren ist — eingeschlossen ist. Man kommt dann zu einer geringeren Gattungszahl, und diese Gattungen müssen gut fixiert und zu definieren sein; die Unterbringung der Arten soll möglichst zwanglos zu vollziehen sein. Dabei sei ohne weiteres zugegeben, daß auch dies nicht immer leicht ist, und kein Systematiker ist vor Fehlern geschützt, einmal weil er im allgemeinen nicht alle Arten kennen wird und natürlich taxonomische Anschauungen immer irgendwie subjektiv sind. Es wird eben zuweilen ein mit menschlichen Mitteln niemals klärbarer Rest bleiben. Treibt man jedoch die Gattungsaufteilung nach zu eng gezogenen taxonomischen Grenzen zu weit, so müßte folgerichtig eine allgemeine uferlose „Gattungsfabrikation" einsetzen, denn was der einen Gattung recht ist, ist der anderen billig. Leider sind in der gesamten zoologischen Systematik schon vielfach Ansätze hierzu vorhanden.

Innerhalb der neu aufgestellten, breiter gefaßten Gattungen besteht dann ohne weiteres die Möglichkeit, eine Gruppierung der Arten in sich vorzunehmen, die jederzeit korrigiert werden kann, ohne nomenklatorische Änderungen vornehmen zu müssen.

Bei zu weitgehender Aufteilung ergeben sich aber noch andere sehr beachtliche Nachteile verschiedener Art: man wird in diesem Fall der „Wertigkeit" — um hier einen chemischen Ausdruck anzuwenden — d. h. hier dem phylogenetischen Wert der Gattungen nicht gerecht; wir koordinieren zu stark, was in Wirklichkeit nur subordiniert ist. Es ist ja doch nomenklatorisch so, daß die ursprüngliche Gattung den neu aufgestellten nicht übergeordnet, sondern der Gesamtkomplex der alten wie der neuen Gattungen in sich koordiniert erscheint, ebenso wie gegenüber den Nachbargattungen; beispielsweise: die aus *Pholidoptera* gebildeten in sich koordinierten neuen Gattungen werden gleichzeitig koordiniert beispielsweise *Decticus* oder *Platycleis*. Diese Idealforderung der Systematik kann natürlich weder phylogenetisch noch nomenklatorisch restlos erfüllt werden; sind aber innerhalb einer aufgeteilten Gattung die Wertigkeiten den neuen Gattungen schon in sich sehr different und manche von diesen in Wirklichkeit nur subordiniert, so verschiebt sich das Verhältnis zu anderen, etwas ferner stehenden Nachbargattungen völlig. Es wäre auch kein Ausweg, die neu aufgestellten Gattungen als „Untergattungen" einzuführen, da ihnen ja doch die alte Nominatgattung koordiniert ist, und es bleibt nur der Ausweg, einen solchen geschlossenen Gattungskomplex als „*Tribus*" zu kennzeichnen, in unserem Fall also als Tribus *Pholidopterini*, wie dies Zeuner ja auch für die von ihm aufgeteilten Gattungen *Platycleis-Metrioptera* als „*Platycleidini*" tut.

Ähnlich liegen die Verhältnisse auch bei der Beurteilung und Benennung der Arten und Unterarten. Hier besteht bei einer zu weiten Fassung des ersteren Begriffs die Gefahr, daß einer Art Unterarten zugeteilt werden, die gar nicht zu ihr gehören. Der Bereich einer Art ist eben weit enger begrenzt als der der Gattung, die schon durch ihre Vielfalt eine gewisse Breite fordert. Hier wirkt sich daher die Zuteilung einer Form, die in Wirklichkeit selbst eine Art darstellt, als Subspezies zu einer anderen Art als noch bedeutsamerer Fehler aus, der sich gegebenenfalls durch die Literatur vieler Jahrzehnte schleppt. Es ist jedoch weniger gefährlich, eine neue Form zunächst als Art zu benennen.

Diese hier dargelegten Ansichten sind in ihren Kernpunkten ja keineswegs neu, ich glaubte aber sie hier nicht unerwähnt lassen zu sollen, angesichts noch zahlreicher vorhandener aufteilbarer Gattungen und der Tendenz, dem oben Gesagten zuwiderzuhandeln. Im Verfolg dessen habe ich seinerzeit in meiner Revision der — in der Zusammensetzung der Arten auch bis zu einem gewissen Grade heterogen erscheinenden — Gattung *Poecilimon* (l. c. 1933, p. 497—575) nicht gewagt, eine weitergehende Aufteilung als in „Gruppen" vorzunehmen, denn diese sich zwar etwas gegeneinander abzeichnenden Artenkreise sind derart durch Übergänge verbunden, daß eine scharfe Trennung nicht möglich ist.[1]) Hier läßt sich allenfalls die von Tarbinsky abgespaltene Gattung *Eupoecilimon* (s. im systematischen Teil) vertreten, für meine „Gruppe VIII". Noch schwieriger liegt der Fall bei der in vorliegender Arbeit revidierten Gattung *Isophya*, da hier ein sehr wesentliches Merkmal, die Cerci des ♂, eine weitgehende Einheitlichkeit zeigen. Dagegen trug ich kein Bedenken, die *Drymadusae* weitergehend in mehrere Gattungen aufzuspalten, da hier so eindeutige Unterscheidungsmerkmale vorliegen, daß eine klare Abgrenzung möglich ist und nur 4 Arten nicht sicher einzugliedern waren. Inzwischen hat Uvarov in einer neuen Gattung (*Calopterusa*) drei derselben (eine mit Vorbehalt) untergebracht (Trans. Am. Ent. Soc. 1942, p. 308).

[1]) Es ist auch nicht möglich, für Gattungen dieser Art (*Poecilimon*, *Isophya*) einen Bestimmungsschlüssel zu konstruieren, wegen der zahlreichen gleitenden Übergänge der Merkmale. Viele solcher Schlüssel kranken daran, daß sie nur nach wenigen Exemplaren, oft nur nach einem aufgestellt sind, was meist geringe Schwierigkeiten macht. Sie versagen oft aber sofort, wenn man die Bestimmung von Serien versucht, weil nicht die ganze Variationsbreite der Merkmale berücksichtigt worden ist oder werden konnte. Unzählige Fehlbestimmungen, besonders von Nichtspezialisten, die sich auf solche Schlüssel verlassen, sind die Folge und belasten die Literatur mit falschen Namen (Beispiele: *Sphingonotus* bei Mistshenko und *Acrida* bei Dirsh).

Die Gattung *Pholidoptera* Wesm. (s. lat.)

Seit der letzten, oben erwähnten Artengruppierung 1939 ist die Gattung (s. lat.) — unter Berücksichtigung der Ergebnisse der vorliegenden Arbeit — auf 43 Arten angewachsen und ich glaube, sie nunmehr auf Grund nochmaliger eingehendster Untersuchung in 5 Gattungen aufteilen zu können, die sich gut gegeneinander abgrenzen lassen; auch die geographischen und ökologischen Verhältnisse stehen einigermaßen im Einklang mit dieser Einteilung. Des weiteren kann hier auch der Bau des Epiphallus mit einem gewissen Erfolg zur Unterscheidung der Gattungen sowie als Hilfsmittel zur Trennung der ♂♂ sonst schwer unterscheidbarer Arten herangezogen werden; über die systematisch-phylogenetische Bedeutung dieses Organs gebe ich auf S. 224 Näheres.

Außerordentlich ist die morphologische Variationsbreite in der Gattung, sowohl in den Größenverhältnissen im allgemeinen (Länge des Körpers und der Gliedmaßen) als auch in der Form und Größe einzelner Teile (Elytren, Fortsätze des Analtergits und Cerci). So finden wir folgende außerordentliche Extreme beispielsweise bei *schmidti* im Vergleich eines ♂ aus Senj (Kroatien) mit einem von der Suva-Planina (Mazedonien) und bei *litoralis* eines ♂ aus Planina (Krain) mit einem von Braşov (Rumänien).

	schmidti	*litoralis*
Long. corp.	17—38	17—25
— *pronot.*	9—13	6— 8,5
— *fem. post.*	19—25	21—25

Von den 48 Arten besitzt das Berliner Museum 41; weitere 3 Arten, *ledereri* (Fieb.), *palaestinensis* Rme und *anatolica* Rme, kenne ich von Ansehen, die drei Arten *kerketa* Uv., *bakthiara* Uv. und *tahtalica* Uv. sind so beschrieben, daß ihre Eingliederung in die neuen Gattungen keine Schwierigkeit bereitet. Auch *augustae* Tarb. ist einigermaßen zu erkennen, während ich für *crassicerca* Tarb. wegen des von der Gattung völlig abweichenden ♂ die neue Gattung *Schizonotinus*[1]) aufstellen mußte. Es ist mit der Entdeckung noch zahlreicher weiterer Arten in den vielen unerforschten Gebieten, besonders des vorderasiatischen Verbreitungsraumes, zu rechnen.

Die neue Gattungseinteilung ist folgende:

Eupholidoptera n. g.
Apholidoptera n. g.
Uvarovistia n. g.
Parapholidoptera n. g.
Pholidoptera Wesm.

[1]) Proc. R. Ent. Soc. 1948, **17**: 133 und 1949, **18**: 217

Bestimmungsschlüssel der Gattungen (♂, partim ♀)[1].

1. Analtergit einfarbig schwarz (schwarzbraun) oder schwarz (schwarzbraun) mit teilweise weißlicher oder hellgelblicher Zeichnung

1. 1. Analtergit von der gleichen Färbung wie die übrigen Tergite 3

2. Nur das Analtergit (♂) einfarbig schwarz (schwarzbraun) Abdomenende gleichmäßig verschmälert; Ovipositor meist viel länger als das Pronotum, von oben gesehen dünn, Breite in der Mitte höchstens 1,6 mm .... *Eupholidoptera n. g.*

2. 2. Analtergit (♂ ♀) entweder einfarbig schwarz (schwarzbraun) oder mit heller Zeichnung, die Schwärzung auch auf die Seiten des vorletzten Tergits übergreifend; Abdomen ♂ hinten abgestumpft. Ovipositor höchstens um ein Viertel länger als das Pronotum, von oben gesehen ziemlich dick, Breite in der Mitte 2 mm .... *Uvarovistia n. g.*

3. Außenseite der Hinterschenkel (♂ ♀) einfarbig (matt hellbräunlich), nahe den Knien deutlich und ziemlich scharf abgesetzt geschwärzt; Abdomen einfarbig gelbbräunlich, in der Mitte jedes Tergites (♂ stets, ♀ meist) ein feiner dunkler Punkt ..... *Apholidoptera n. g.*

3. 3. Außenseite der Hinterschenkel (♂ ♀) mit schwarzer Längsbinde oder schwarz gestreift oder, wenn ziemlich einfarbig, Knie nicht abgesetzt geschwärzt, höchstens verwaschen leicht verdunkelt

4. Metazona des Pronotums stark vorgezogen, mit seitlich stark abgeschrägten Hinterecken und stark konvexem Hinterrand, Pronotum im ganzen mehr zylindrisch; Elytren unter dem Pronotum verborgen oder nur wenig vorragend, selten (*punctifrons* und *distincta*) bis zum Ende des 2. Tergits reichend. Analtergit ♂ in der Mitte in zwei abwärts gekrümmte, mehr oder weniger fein bedornte Zipfel endigend (Abb. 53) ..... *Parapholidoptera n. g.*

4. 4. Metazona des Pronotums weniger vorgezogen, mit seitlich mehr rechtwinklig gerundetem und nur schwach konvexem bis gerade abgeschnittenem Hinterrand, Rücken der Metazona etwas bis stark abgeflacht (auch im Gegensatz zur Prozona in dieser Gattung). Elytren niemals unter dem Pronotum verborgen, selten halb bedeckt, meist (im Rahmen der an sich hypopteren Gattung) frei und mehr oder weniger stark *in situ* quadratisch oder lang-rechteckig entwickelt. Analtergit ♂ in zwei apikal einfach winklige oder etwas gerundete Lappen endigend .... *Pholidoptera* Wesm.

Die Aufteilung in diese 5 Gattungen nach obigen Merkmalen erscheint klar, so daß für keine Art Zweifel über die Eingruppierung auftreten. Die beiden Gattungen mit verdunkeltem Analtergit, *Eupholidoptera* und *Uvarovistia*, sind leicht gegeneinander und gegen die übrigen 3 Gattungen abzugrenzen. Dieses an sich unwesentlich erscheinende, aber ganz konstante Färbungsmerkmal ist taxonomisch völlig zuverlässig. Die Gattung *Apholidoptera* möchte ich trotz des hellen Analtergits verwandtschaftlich näher an *Eupholidoptera* anlehnen als an die übrigen Gattungen mit hellem Analtergit, da sie ihr im Gesamteindruck, vor allem auch in ihrem hellen Kolorit, recht ähnelt. Die Seitenlappen des Pronotums sind gleichfalls in ganzer Ausdehnung unten breit gelblich scharf gesäumt (bei *Uvarovistia* nur am Hinterrand) und zeigen wie bei *Eupholidoptera* oft eine etwas orange getönte äußerste Kante. Der Bauplan des (ebenfalls hellen) Epiphallus bei *kurda*

[1]) Im allgemeinen nur für das ♂ geltend; das ♀ zeigt in der Gattung viel größere Einheitlichkeit und ist oft schwer unterscheidbar; bei dem ♀ der Gattung *Pholidoptera* ist beispielsweise der Hinterrand des Pronotums fast stets etwas konvexer als bei dem ♂, individuell sogar bei den Arten mit gerade abgeschnittenem Hinterrand oft auch etwas konvex, die Metazona oft gewölbter als bei dem ♂.

schließt sich engstens an den von *Eupholidoptera*; die Modifikation bei *pietschmanni* läßt sich davon ableiten. *Parapholidoptera* zeichnet sich durch das im Verhältnis zum Gesamtkörper längere, ziemlich zylindrisch wirkende Pronotum aus; die Metazona ist weit nach hinten vorgezogen, gewölbt, mit stark parabolischem Hinterrand. Die Elytren sind teils fast ganz unter dem Pronotum verborgen, teils ragen sie höchstens bis zu 2 mm vor. Wesentlich ist die Endigung des Analtergits ♂ in mehr oder weniger fein bedornte abwärtsgekrümmte Zipfel. *Pholidoptera* Wesm., die ursprüngliche „Sammelgattung", zeigt eine weniger nach hinten vorgezogene Metazona des Pronotums, mit schwach konvexem oder geradem Hinterrand; sie ist oben mehr oder weniger abgeflacht. Die Elytren sind niemals verborgen; von starker Verkürzung (bis zum Ende des 2. Tergits) bis zu völliger (brachypterer) Entwicklung finden sich alle Zwischenstufen. Das Analtergit ♂ endigt in einfach winklige oder etwas gerundete Lappen; dieser Unterschied gegenüber *Parapholidoptera* ist eindeutig.

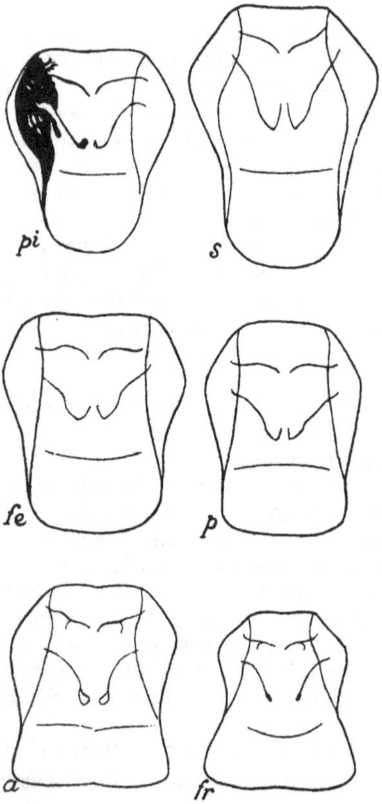

Abb. 42. Pronotumrücken ♀ von *pi Apholidoptera pietschmanni*; *s Parapholidoptera signata*; *p Pholidoptera pustulipes*; *a aptera*; *fr frivaldskyi*

Der Bau des Epiphallus[1]) ist in den 5 Gattungen (vgl. S. 207 *etc.* und Abb. 50, *chabrieri*) außerordentlich vielgestaltig, doch kann man ein gewisses differentes Prinzip für jede der Gattung feststellen. Bei *Eupholidoptera* bestehen — neben einer einheitlichen Gruppe — zum Teil erhebliche

[1]) Ich habe nunmehr die Epiphalli von allen im männlichen Geschlecht mir zu Verfügung stehenden Arten (40) untersucht und auch die bereits veröffentlichten neu abgebildet, einmal um durch einheitliche Gesamtübersicht die Bestimmung der Arten zu erleichtern, dann aber auch (bei etwa 30facher Vergrößerung mit dem Binocular) eine größere Genauigkeit zu geben; bei einfacher Lupenuntersuchung ist die Projektion zu schwankend. Über die taxonomische Bedeutung des Epiphallus Näheres auf S. 224.

Zur Präparation dieses Organs unter Vermeidung der Beschädigung oder Zerstörung des Exemplars empfehle ich folgende Methode: nachdem das Stück in einer feuchten Kammer aufgeweicht ist, damit bei den Manipulationen keine Gliedmaßen abbrechen können, übergießt man das Abdomenende tropfenweise vorsichtig etwa 1—2 Minuten mit kochendem Wasser; es lassen sich dann die inneren Genitalien insgesamt mit einer kräftigen Nadel, an der Subgenitalplatte vorbeigleitend, aus der Tiefe leicht herausdrücken und daraus unter dem Binocular dann der Epiphallus isolieren.

Abwandlungen, aber in einer Form, die sich bei den anderen Gattungen nicht wiederholt (Abb. 50 u. 51). Der Epiphallus von *Apholidoptera* (Abb. 51) steht in seinem Bau zwischen *Eupholidoptera* und *Parapholidoptera*; bei *Uvarovistia* (Abb. 51) ist er sehr einheitlich und nähert sich ebenfalls dem von *Parapholidoptera* (Abb. 52); bei *Pholidoptera* (Abb. 53) finden wir wiederum eine außerordentliche Vielfalt, bei ziemlich

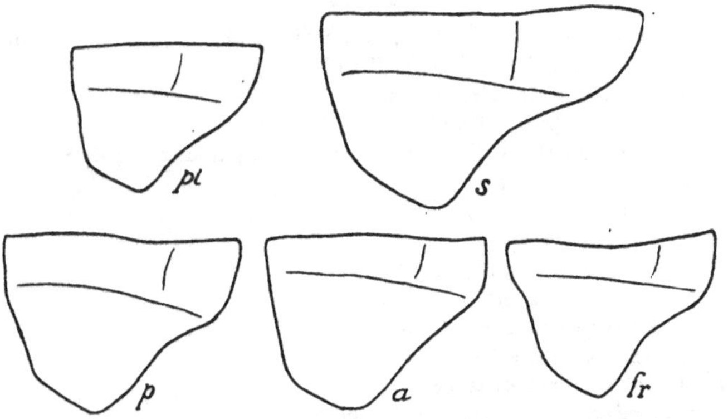

Abb. 43. Pronotumprofile ♀ von *pi Apholidoptera pietschmanni*, *s Parapholidoptera signata*, *p Pholidoptera pustulipes*, *a aptera*, *fr frivaldskyi*

gemeinsamem Grundprinzip: meist einen kurzen zierlichen Basalteil mit vielgestaltiger Form und Bedornung der Schenkelenden. Im ganzen gesehen gibt der Bau des Epiphallus bei den *Pholidopterini* ein ausgezeichnetes Bild der verwandtschaftlichen Beziehungen der Gattungen — bei gleitenden Übergängen das Fortschreiten der Differenzierung.

Eupholidoptera n. g.

Analtergit schwarz oder schwarzbraun gegen die hellen übrigen Tergite abgesetzt. Metazona des Pronotums ziemlich stark nach hinten vorgezogen, etwa ebenso lang wie die Prozona, oben etwas gewölbt, Hinterrand stark konvex. Elytren ♂ vom Pronotum völlig oder fast völlig, ♀ völlig bedeckt. Ovipositor langgestreckt (wenigstens stets die Hinterknie überragend), leicht gebogen.

Biotop. Niedrige oder höhere Buschvegetation[1]) (individuell selten im Grase

[1]) Fangmethode. Es erscheint die Erbeutung oft ganz aussichtslos, wenn man beispielsweise Arten wie *chabrieri* und *smyrnensis* in Brombeergestrüpp antrifft, das sie gern bewohnen und in dem sie oft bis zu den höchsten Spitzen (über 2 m) steigen; die sehr wachsamen und scheuen Tiere ziehen sich schon bei Annäherung der Hand sofort in das Innere der Büsche zurück und sind dann verloren. Eine von mir versuchte und meist zum Ziele führende Methode besteht darin, daß man sich je nach Bedarf eine 1—2 m lange dünne Gerte schneidet, an deren Spitze man ein Blättchen beläßt. Man nähert sodann diese Spitze sehr vorsichtig und langsam dem Kopf des Tieres, gegebenenfalls bis zur Berührung; fast stets kriecht das Tier auf diese ihm unverdächtige Spitze, mit der man es dann ebenso vorsichtig aus dem Bereich des Busches heraus auf freies Gelände befördert, wo man es dann meist leicht mit dem Netz decken kann.

oder in reiner Krautvegetation); *prasina* (*teste* Werner) „in Bachschluchten, bei Gefahr sich regelmäßig ins Wasser rettend“, von mir auch auf trockenem Gelände in Gebüsch beobachtet.

Verbreitung. Von ganz Südeuropa (ab Südfankreich) ostwärts bis Anatolien, Syrien und Palästina; das Verbreitungszentrum dürfte in Anatolien zu suchen sein.

Arten

1. *chabrieri* (Charp.) Südeuropa (ab Südfrankreich) bis Griechenland.
2. *bimucronata* (Rme) Sizilien (Sardinien ?)[1]).
3. *epirotica* (Rme) Griechenland.
4. *megastyla* (Rme) Zante.
5. *smyrnensis* (Br. v. W.) Griechenland (Mazedonien, Ägäis)[2]), Anatolien.
6. *cypria n. sp.* Cypern.
7. *ledereri* (Fieb.) Syrien.
8. *werneri n. sp.* Syrien.
9. *palaestinensis* (Rme) Palästina.
10. *lyra* (Uv.) Palästina.
11. *astyla* (Rme) Kreta; Naxos.
12. *annulipes* (Br. v. W.) Anatolien.
13. *şevketi* (Rme) Anatolien, Syrien[3]).
14. *spinigera* (Rme) Kythera (Cerigo)[4]).
15. *tauricola* (Rme) Anatolien.
16. *krüperi* (Rme) Anatolien.
17. *anatolica* (Rme) Anatolien.
18. *tahtalica* (Uv.) Anatolien.
19. *prasina* (Br. v. W.) östl. Ägäis (Samos, Chios); Anatolien.
20. *cretica n. sp.* Kreta.

Zu dieser Liste sind zunächst einige Erläuterungen zu geben.

Eupholidoptera chabrieri (Charp.), *smyrnensis* (Br. v. W.) und *lyra* (Uv.)

Ich hatte schon einmal (Eos 1927, p. 125) die Frage aufgeworfen: „Was ist *Pholidoptera chabrieri* (Charp.)?“ auf Grund der im Berliner Museum als Typen bezeichneten Exemplare. Zwei neu eingetretene Umstände verlangen aber eine Revision meiner seinerzeit geäußerten Ansichten: die Beschreibung der neuen Art *lyra* aus Palästina durch Uvarov (Trans. Am. ent. Soc. 1942, 67: 317) und die Übersendung eines Exemplares (♂) von „*chabrieri*“ aus Chabrières in Südfrankreich durch Dr. L. Chopard, den ich um südfranzösisches Material gebeten hatte.

Äußerliche Übereinstimmung der Beschreibung von *lyra* mit dem „Typus I“ von *chabrieri* Charp. veranlaßte dessen erneute Untersuchung, und es ergab sich folgende überraschende Tatsache.

[1]) Vgl. S. 206.

[2]) Bisher bekannt von Ikaria, Karpathos, Skopelos, Mytilini, Nisyros, Lemnos und Samos.

[3]) Im Material des Wiener Museums fand ich jetzt die Art auch aus Syrien (Saida).

[4]) Meine Angabe (l. c. 1939, p. 819), daß ein ♀ von Gjöl bashi (Anatolien) wahrscheinlich zu dieser Art gehöre, möchte ich jetzt aus geographischen Gründen und ohne Kenntnis des zugehörigen ♂ stark in Zweifel ziehen.

Ich hatte diesen Typus seinerzeit mit *smyrnensis* Br. v. W. identifiziert, weil ich annahm, daß die Fortsätze des Analtergits von *Anthrenus*-Larven befressen seien (wie dies bei dem r. Cercus, der Subgenitalplatte und den Epiphallusspitzen tatsächlich der Fall ist) und die Fortsätze, ihrer Krümmung entsprechend, zwanglos in der bei *smyrnensis* üblichen Form rekonstruiert. Die Tergitfortsätze sind jedoch nicht befressen; bei wesentlich stärkerer Vergrößerung, als damals angewandt,

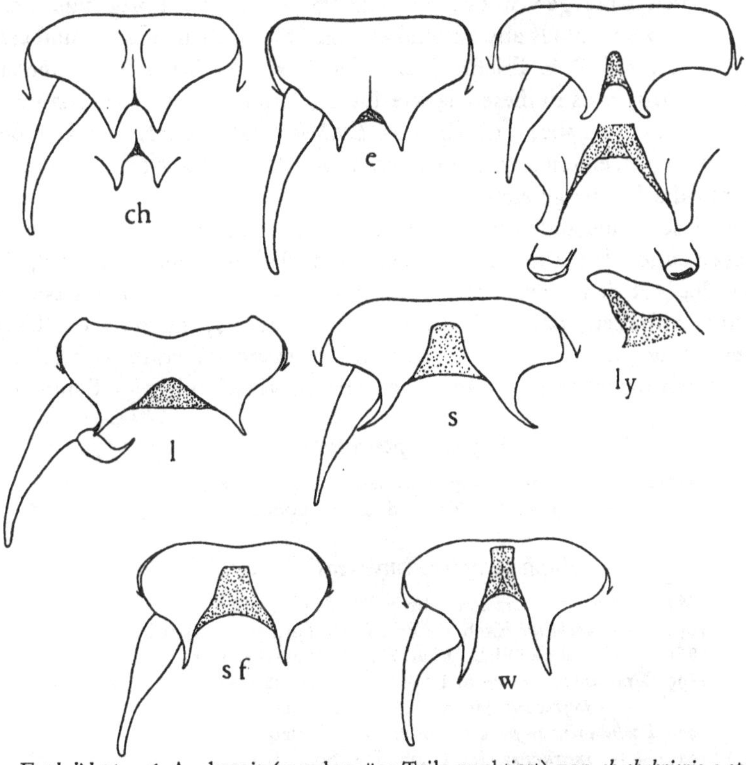

Abb. 44. *Eupholidoptera* ♂, Analtergit (membranöse Teile punktiert) von *ch chabrieri*; *e epirotica*; *ly lyra* (darunter Endzipfel stärker vergr., Apex der Endzipfel von hinten in senkr. Projektion und r. Zipfel von unten gesehen); *l ledereri*; *s smyrnensis*; *sf smyrn. festae*; *w werneri*

und genau senkrechter Projektion auf die Endfläche erkennt man, daß dieser Eindruck nur äußerlich erweckt wird durch deren apikale unregelmäßige quere Abstumpfung (Abb. 44). Von oben gesehen erscheinen die Fortsätze lyraförmig und durch eine kleine Drehung der Spitze mehr stumpf zugespitzt als breit abgestumpft, wie Uvarov dies auch bei dem Typus seiner neuen Art abbildet. Zu dem ♂ („Typus I", l. c.) gehört das ♀ („Typus III"), das zweite ♂ („Typus II") mit Wahrscheinlichkeit zu *werneri* n. sp. (vgl. S. 201) aus Syrien. Alle drei Stücke sind vermutlich vom gleichen Fundort in Palästina oder Syrien; beide Länder haben ja zahlreiche Arten gemeinsam.

Die fehlerhafte Fundortsangabe „*Gallia merid.*, Chabrier" an den Typen, deren wahre Herkunft durch die Entdeckung von *lyra* nunmehr gesichert ist, findet Aufklärung durch das erwähnte ♂ aus Chabrières in Südfrankreich. Die Sachlage ist nunmehr mit Sicherheit folgende: es hat Charpentier zweifellos Material aus Chabrières vorgelegen, durch das der Name „*chabrieri*" seine einzige Erklärung findet. Dies Material muß verlorengegangen sein. Die in der Beschreibung mitverwandten 4 übrigen Stücke (eines zu Ph. femorata gehörig, vgl. l. c. 1927) hat Charpentier nicht als abweichend erkannt. Sie blieben erhalten und erhielten erst später durch I. P. E. Friedr. Stein, den Verfasser des Orthopterenkatalogs des Berliner Museums in diesem sowie auf den Etiketten der Tiere irrtümlich die handschriftliche Angabe: „*Gallia mer. Chabrier, typ. Charp.*", wobei der Ort Chabrières also zu einem Sammler Chabrier wurde, bei Stein offensichtlich veranlaßt durch die Namengebung.

Unter diesen Umständen wäre es unsinnig, hier einen gewissen „Typenkult" zu treiben und den südfranzösischen (und dadurch allen südeuropäischen) Stücken der Art den ihnen vom Autor gegebenen sinngemäßen Namen *chabrieri* vorzuenthalten; *schmidti* Fieb. wird also wieder synonym. *Lyra* (Uv.) wird damit eine neue gute Art, und für diese und für *smyrnensis* ergibt sich folgende — durch meinen damaligen verständlichen Irrtum verschuldete — Synonymie.

Eupholidoptera lyra (Uv.)

1825 *Locusta chabrieri* Charp. Hor. ent. p. 119 (*partim*).
1942 *Pholidoptera lyra* Uv. Trans. Soc. ent. London, p. 317.

Eupholidoptera smyrnensis (Br. v. W.)

1882 *Thamnotrizon smyrnensis* Br. v. W. Prodr., p. 336.
1853 — *chabrieri* Fisch. — Frb. Orth. eur., p. 263 (partim).
1861 — *chabrieri* Fieb. Wien. Ent. Monatsschr. V, p. 197.
1899 *Olynthoscelis smyrnensis* I. Bol. (partim) Ann. Soc. Ent. Belg., p. 601.
1903 — *smyrnensis* Jac. u. Bianch., p. 404.
1920 *Pholidoptera smyrnensis* Ebner Arch. f. Natg., p. 157.
1923 — *smyrnensis* Uv. Trans. Ent. Soc., p. 152.
1927 — *chabrieri* Rme Eos., p. 127.
1933 — *chabrieri* Wern. Sitzb. Ak. Wiss. Wien., p. 194.
1933 — *chabrieri* Wern. Mitt. Zool. Mus. Berlin, p. 407.
1934 — *chabrieri* Uv. Eos 10: 59.
1936 — *chabrieri* Wern. Sitzb. Ak. Wiss. Wien, p. 12.
1937 — *chabrieri* Wern. Ibid., p. 109.
1939 — *chabrieri* Rme Mitt. Zool. Mus. Berlin, p. 94, 99; Abb. 26, p. 100.

Außer in der Form der Analtergitfortsätze unterscheiden sich *lyra* und *smyrnensis* in deren Stellung; die Fortsätze sind bei ersterer mehr zur Mitte verlagert und die membranöse Partie infolgedessen viel schmaler. Das Pronotum ist durchschnittlich kürzer: *lyra* ♂ 10—10,5; ♀ 9,5—10,5 mm; *smyrnensis* ♂ 10,8—12; ♀ 9,2—11,5 mm, wobei zu beachten ist, daß die niedrigen Zahlen bei *smyrnensis* von sehr kleinen Exemplaren stammen. Der Cercuszahn (Abb. 45) ist bei *lyra* wesentlich zierlicher als bei *smyrnensis*; der Ovipositor bei ersterer 23—27, bei letzterer 17,5—20 mm lang. Die Zeichnung des Gesichts ist verschieden; charakteristisch für *smyrnensis* ist die ganz oder fast geschlossene U-Form und der von der Spitze des äußeren Schenkels schräg nach unten gerichtete Strich, bei *lyra* zeigt das Gesicht nur Längsstriche, ob konstant, läßt sich nach dem geringen Material letzterer Art nicht sagen.

Drei Arten sind neu zu beschreiben:

Eupholidoptera cypria n. sp.

♀. In Habitus und Färbung *smyrnensis* nahestehend, abweichend durch die Form der Subgenitalplatte, die viel kürzer und breitwinklig ausgeschnitten ist (Abb. 46); Ovipositor kürzer. Färbung und Zeichnung (auch des Gesichts) ebenfalls der genannten Art entsprechend; Subgenitalplatte mit breiter, geschwärzter, nach innen verwaschener Binde längs des Außenrandes.

Long. corp.	25
— *pronot.*	9,5
— *fem. post.*	25
— *ovipos.*	16,5

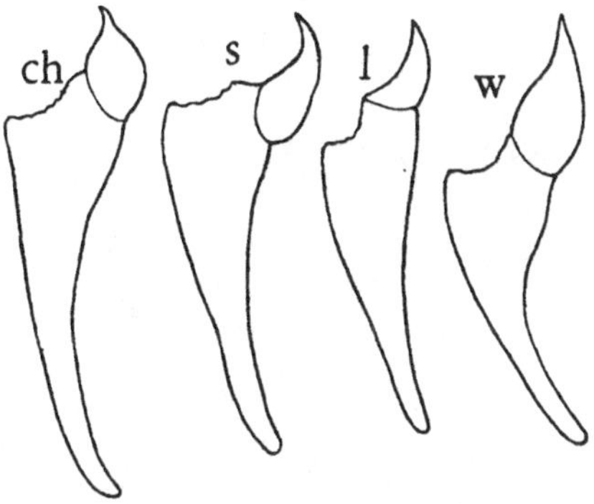

Abb. 45. *Eupholidoptera* ♂, Cerci von *ch chabrieri*; *s smyrnensis*, *l lyra*; *w werneri*

Typus ♀ Cypern, Agias Joannis, 4000', 9. 1930 (Mavromoustakis).

Ich zögere nicht, die Art nur nach 1 ♀ zu beschreiben, da die genannten Abweichungen erheblich sind und auf Cypern mehrere Gattungen Endemismen ausgebildet haben; es dürfte leicht sein, das zugehörige ♂ aufzufinden.

Eupholidoptera werneri n. sp.

♂. *Smyrnensis* nahestehend, Abweichungen in der Genitalregion. Analtergit (Abb. 44) mit wesentlich enger stehenden, langen, kräftigen, erst apikal etwas nach außen gebogenen Fortsätzen; auf dem Tergit zwischen den Fortsätzen eine schmale, seitlich ziemlich scharfkantig begrenzte und tief eingesenkte membranöse Partie. Cerci (Abb. 45) mit sehr starkem Zahn unmittelbar an der Basis. Subgenitalplatte mit etwas breiteren Innenlappen; die der Basis der Styli aufsitzenden Dornen basal breiter und apikal stumpfer, der innere Dorn stärker nach vorn gekrümmt. Epiphallus (Abb. 50) mit ziemlich eng beieinander stehenden, divergierenden Schenkeln[1]). Färbung wie bei *smyrnensis*, Gesichtszeichnung wie bei *chabrieri*.

[1]) Die basalen Teile konnten nicht untersucht werden.

Long. corp.	24
— *pronot.*	10,3
— *fem. post.*	15

Typus ♂ Syrien, Abde, 19. 5. 1935 (Werner) im Wiener Museum. Dem Gedächtnis Franz Werners gewidmet; hierher vielleicht der (schlecht erhaltene) „Typus II" von *chabrieri* Charp. (S. 199).

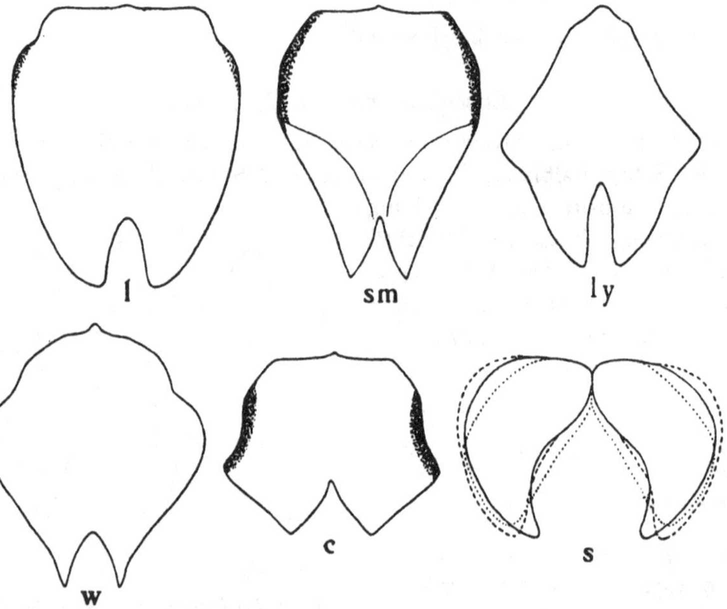

Abb. 46. *Eupholidoptera* ♀, Subgenitalplatte von *l ledereri*; *sm smyrnensis*; *ly lyra*; *w werneri*; *c cypria*; *s sevketi*

Eupholidoptera cretica n. sp.

♂, größere Art. Kopf, auch seitlich, breit vorquellend. Pronotum ziemlich zylindrisch; Metazona (im Rahmen der Gattung) nach hinten stark vorgezogen, aber apikalwärts verschmälert; Hinterrand stark konvex. Elytren fast völlig verdeckt, seitlich durch die Verschmälerung des Pronotums etwas stärker sichtbar. Hinterschenkel verhältnismäßig kurz und gedrungen. Analtergit (Abb. 47) mit breit stumpfwinklig gerundetem Einschnitt, die so entstehenden Lappen etwas wulstig verdickt und rauher skulptiert, von oben nicht sichtbar, nach unten und oralwärts eingebogen, mit kurzem Dorn. Cerci pfriemförmig, nach innen und etwas nach oben gekrümmt, ohne Zahn. Subgenitalplatte in der apikalen Hälfte ziemlich schmal, der verschmälerte Teil etwa zur Hälfte fast rechtwinklig eingeschnitten; Styli auffallend lang, etwa so lang wie die Cerci, derb, nach außen und nach oben gekrümmt, daneben keine Dornen auf der Subgenitalplatte.

Grundfärbung bräunlich, leicht dunkel marmoriert. Gesicht und Clypeus stärker marmoriert, Hinterhaupt mit feiner heller Mittelbinde. Pronotumrücken mehr rotbräunlich, Seitenlappen im hinteren Teil mit schmaler, heller verwaschener, nach oben etwas schwärzlich begrenzter Binde, die sich im vorderen Teil verwaschen auflöst. Analplatte schwarz, Cerci und Styli dunkelbräunlich. Alle Schenkel von der Allgemeinfärbung, Hinterschenkel oben an der Basis und längs der unteren Hälfte schwarz quergestreift.

Long. corp.	27
— *pronot.*	11,2
— *fem. post.*	23

Typus ♂, Kreta, Sanmaria, 13. 6. 1942 (KL. ZIMMERMANN).

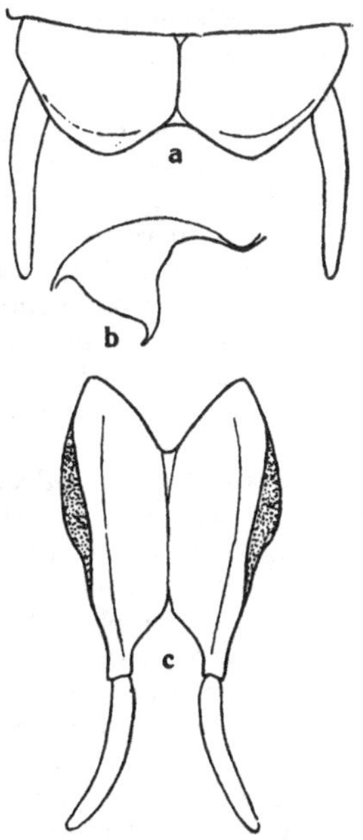

Abb. 47. *Eupholidoptera cretica* ♂ *a* Analtergit und Cerci; *b* r. Zipfel des Analtergits schräg von unten und hinten gesehen; *c* Subgenitalplatte (ventral)

Bestimmungsschlüssel für *Eupholidoptera*[1])

1. Prozona des Pronotumrückens mit ausgedehnter schwarzer Zeichnung

1. 1. Pronotumrücken einfarbig (höchstens die Hinterecken etwas geschwärzt) 3

2. Styli völlig fehlend, Enden der Subgenitalplatte lappenförmig, breit abgestumpft (Ovipositor höchstens 15 mm) *astyla*

2. 2. Styli vorhanden (Ovipositor mindestens 22 mm). *epirotica*

3. Styli fehlend oder höchstens 1,5 mm lang, die Cercusenden nicht erreichend 5

3. 3. Styli mindestens 2,4 mm lang, die Cercusenden erreichend oder überragend

4. Analtergit spitzwinklig eingeschnitten, in zwei ziemlich nahe beieinander stehende, spitzdreieckige, nur wenig abwärts geneigte Fortsätze endigend; die langen spitzen Enden des Epiphallus zwischen diesen herausragend. Hell olivbräunlich, Elytren und Hinterknie schwarz. Zante... *megastyla*

4. 4. Analtergit stumpfwinklig eingeschnitten, mit zwei breit gerundeten, wulstigen Lappen, die, von oben nicht sichtbar, breit nach unten und oralwärts umgeschlagen sind, mit kurzem Enddorn. Bräunlich bis rotbräunlich, Elytren und Hinterknie nicht geschwärzt. Kreta .... *cretica*

5. Seitenlappen des Pronotums einfarbig grünlichgelb oder (meist) mit mehr oder weniger großen dreieckigem schwarzem Fleck hinter der Mitte der Oberkante (Enden der Subgenitalplatte in spitz-dreieckige, am Ende bedornte Zipfel endigend, Styli nahe den Dornenbasen inseriert; Cerci innen mit Verdickung hinter der Mitte) .... *prasina*

5. 5. Seitenlappen des Pronotums bis auf eine helle Binde längs des Unterrandes schwarz, der schwarze Teil meist mit heller Zeichnung

6. Endzipfel der Subgenitalplatte in einen Stiel verlängert, der in eine rundlich keulenförmige Verdickung endet; Styli fehlend .... *tauricola*

6. 6. Endzipfel der Subgenitalplatte nicht mit einem am Ende keulenförmig verdickten Stiel

7. Endzipfel der Subgenitalplatte spitzwinklig vorgezogen und in feine, kürzere oder längere Dornen endigend

[1]) Mit Ausnahme von *cypria*, deren ♂ noch nicht bekannt ist. Diese und die folgenden Bestimmungstabellen in der Hauptsache nur für das ♂ geltend.

7. 7. Endzipfel der Subgenitalplatte mehr oder weniger abgestumpft, nach innen in zwei kurze winklige Lappen vorgezogen oder innen schräg bogig abgestumpft 10
8. Styli fehlend .... *tahtalica*
8. 8. Styli vorhanden
9. Endzipfel der Subgenitalplatte spitzwinklig vorgezogen, innen in feine Dornen endigend; Styli (etwas länger als der Dorn) außen neben deren Basis inseriert;[1]) Cerci gleichmäßig pfriemförmig .... *krüperi*
9. 9. Endzipfel der Subgenitalplatte in lange, etwas nach oben und mit der Spitze nach außen gekrümmte Dornen endigend; Styli (kaum halb so lang wie die Dornen) außen neben deren Basis inseriert. Cerci innen mit starker Verdickung hinter der Mitte .... *spinigera*
10. Cerci etwa am Ende des 1. Viertels mit ziemlich langem, schlankem Zahn (länger als die Breite des Cercusteils, dem er aufsitzt); Styli etwa halb so lang (1,4 mm) wie die Subgenitalplatte, deutlich gebogen .... *annulipes*
10. 10. Cerci mit unmittelbar an der Basis oder wenigstens ganz nah derselben (stets *in situ* von dem Analtergit verdeckt) aufsitzendem Zahn oder ganz ohne Zahn; Styli weit kürzer (höchstens 1 mm lang) als die Subgenitalplatte
11. Cerci ohne Zahn; Subgenitalplatte an der Stylusbasis unbedornt
11. 11. Cerci mit Zahn; Subgenitalplatte an der Stylusbasis mit 1—2 Dornen 12
12. Größere und derbere Art. Analtergit in 2 mehr seitlich stehende spitze Fortsätze endigend; Cerci ziemlich derb, wenig gekrümmt, innen hinter der Mitte verdickt *anatolica*
12. 12. Kleinere, zierliche Art. Analtergit in der Mitte mit 2 unmittelbar nebeneinander stehenden, ganz kurzen, mäßig spitzen Fortsätzen; Cerci zart, gleichmäßig allmählich zugespitzt, ziemlich stark in sich gebogen .... *şevketi*
13. Zahn dicht vor der Basis (aber nicht unmittelbar an dieser) inseriert; Analtergit in 2 weit auseinanderstehende feine, nach außen gekrümmte Dornen endigend[2]) ..... *ledereri*
13. 13. Zahn unmittelbar an der Basis des Cercus inseriert (diese weit überragend)
14. Vor der Stylusbasis ein auf einem Kegel sitzender längerer Einzeldorn bzw. daneben noch ein kleinerer Dorn (Abb. 48)
14. 14. Vor der Stylusbasis auf einer niedrigen Leiste mit 2 in der Länge nicht wesentlich verschiedenen kurzen Dornen (Abb. 48) 16
15. Vor der Stylusbasis auf niedrigem Kegel ein Einzeldorn, selten noch ein zweiter sehr feiner daneben (Abb. 48); Elytren schwarz oder dunkelbraun .... *chabrieri*
15. 15. Vor der Stylusbasis auf hohem Kegel ein Einzeldorn und daneben ein zweiter kürzerer, aber ziemlich derber Zahn (Abb. 48); Elytren hellbräunlich .... *bimucronata*
16. Analtergit in zwei in der apikalen Hälfte ziemlich gleichmäßig breite abgestumpfte (lyraförmige) Fortsätze endigend (Abb. 44) .... *lyra*
16. 16. Analtergit in zwei gleichmäßig zugespitzte, am Ende dornenförmige Fortsätze endigend (Abb. 44)
17. Fortsätze des Analtergits weit auseinander (ganz seitlich) stehend, stark gekrümmt, mit der Spitze die Cerci etwas umgreifend (Abb. 44) .... *smyrnensis*
17. 17. Fortsätze des Analtergits mehr zur Mitte gerückt, gerade oder nur apikal gekrümmt
18. Fortsätze des Analtergits nur durch eine leichte Einsenkung getrennt, ziemlich kurz und zierlich. (Vgl. Mitt. Zool. Mus. Berlin, 1939, p. 95, Abb. 25) ...... *palaestinensis*
18. 18. Fortsätze des Analtergits sehr kräftig und ziemlich lang, durch eine schmale, lang rechteckige, ziemlich tiefe und an den Seiten scharfkantige membranöse Einsenkung getrennt, apikal etwas auswärts gekrümmt (Abb. 44) .... *werneri*

Die Arten 1—10 der Liste auf S. 198 (*chabrieri-lyra*) bilden durch den Besitz von 1—2 Dornen auf der Subgenitalplatte (♂) neben der Stylusbasis, durch un-

[1]) Vgl. Mitt. Zool. Mus. Berlin 1933, p. 420, Abb. 4.
[2]) Vgl. Ibid., Abb. 5 und 6.

mittelbar an oder ganz dicht an der Basis gezähnte Cerci sowie durch gleichartigen Bau des Epiphallus eine geschlossene Gruppe.

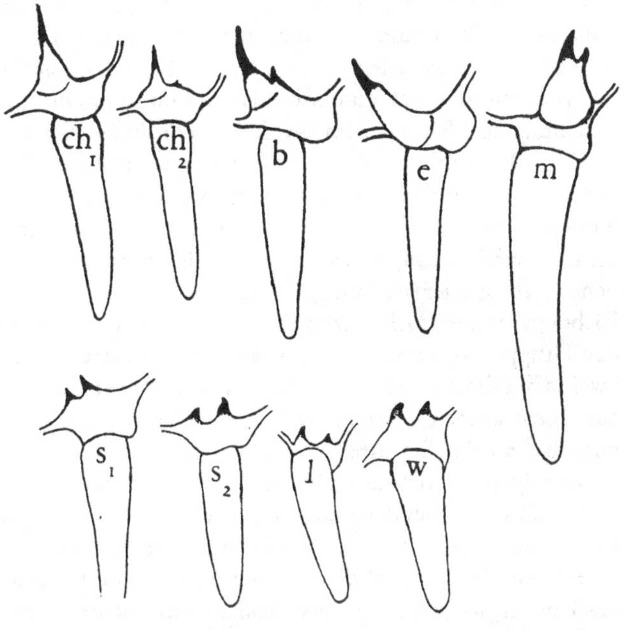

Abb. 48. *Eupholidoptera* ♂, Dornen der Subgenitalplatte an der Basis der rechtsseitigen Styli; *ch chabrieri* (1 Istrien, 2 Gardasee); *b bimucronata*; *e epirotica*; *m megastyla*; s_1, s_2 *smyrnensis* (Variat.); *l lyra*; *w werneri*

Die ursprünglich als subsp. zu *schmidti* [recte *chabrieri!*] gestellten *bimucronata* und *epirotica* haben sich durch die konstant abweichende Form der Dornen auf der Subgenitalplatte (s. weiter unten) und des Epiphallus als gute Arten erwiesen; die Schenkelbasen des Epiphalli (Terminologie vgl. S. 207; Abb. 50) sind recht verschieden. Beide Arten sind auch durchschnittlich wesentlich größer; *epirotica* insbesondere hat etwas längere Analtergitfortsätze und zwischen diesen einen breiter membranösen Einschnitt (Abb. 44). Durch die schwarz gezeichnete Prozona des Pronotums fällt sie ohnehin aus dem Rahmen. *Chabrieri* und *bimucronata* dürften als „Doppelarten" anzusehen sein, letztere auch ökologisch abweichend, da sie kein scheuer Bewohner mehr geschlossener, auch höherer Büsche ist, sondern mehr in offener, mit niedrigem Gebüsch durchsetzter Vegetation lebt und leicht zu erbeuten ist. Über die abweichende Form der Dornen der Subgenitalplatte beider Arten ist weiter unten Näheres gesagt. *Megastyla* steht durch die ungewöhnlich langen Styli etwas abseits. Diese 4 erstgenannten (europäischen) Arten der Gruppe bilden durch die einfach spitz-dreieckigen Fortsätze des Analtergits und die auf einem kegelförmigen Sockel sitzenden Dornen der Subgenitalplatte einen engeren Artenkreis. Die folgenden (vorderasiatischen) Arten *smyrnensis* (mit der wohl als Subspezies zu ihr zu stellenden *festae* S.-T. von Rhodos), *ledereri*, *werneri*, *palaestinensis*[1]) und *lyra* bilden durch die lang vorgezogenen und, mit Ausnahme bei letztgenannter Art, in einen Dorn endigenden

[1]) Nach Uvarov ist *ledereri hebraea* Uv. synonym zu *palaestinensis* Rme (Trans. Am. Ent. Soc. LXVII, 1942, p. 317).

Fortsätze des Analtergits sowie die Form und Anordnung der Dornen der Subgenitalplatte (s. weiter unten) einen weiteren Artenkreis.

Über die der ganzen Gruppe eigentümlichen, auf der Subgenitalplatte oberhalb der Stylusbasis befindlichen Dornen (Abb. 48) ist zusammenfassend noch einiges zu bemerken. Bei *chabrieri*, *bimucronata*, *epirotica* und *megastyla* (1. Artenkreis) sitzt ein großer und in einigen Fällen daneben ein kleinerer Dorn auf einem kegelartigen Sockel. *Chabrieri* zeigt in der Regel einen großen Dorn; im Gebiet der oberitalienischen Seen kann, aber auch nur individuell, daneben accessorisch ein zweiter kleinerer auftreten, worauf bereits Nadig (Jahrsber. Nat. Ges. Graubünden 1933/34, p. 14) durch Material von Lecco (L. di Como) hinwies; ich habe die gleiche Erscheinung an Material vom Gardasee beobachtet. Bei *bimucronata* indessen ist ein zweiter, aber derberer Zahn, soweit sich übersehen läßt, regelmäßig vorhanden. Nadig (l. c.) glaubt *bimucronata* auch auf Sardinien gefunden zu haben, doch ist hier dieser zweite Zahn viel zierlicher und nicht konstant vorhanden, so daß man daran zweifeln kann, ob es sich wirklich um die gleiche Art handelt. Die bräunliche, statt grüner Färbung, ist nicht entscheidend, da auch bei *chabrieri* beide Färbungsformen vorkommen. Bei den vorderasiatischen bisher bekannten Arten der Gruppe *smynensis*[1]), *ledereri*, *werneri*, *palaestinensis* und *lyra* finden sich stets zwei in der Größe nicht wesentlich verschiedene niedrigere und plumpere Dornen auf einem flachen Querwulst; bei *lyra* (coll. Charp.) sitzen die Dornen fast unmittelbar an der Stylusbasis, ähnlich auch bei *ledereri*.

Die folgende, noch europäische und den europäischen Arten der obigen Gruppe auch habituell näherstehende *astyla* erscheint durch das ungewöhnliche völlige Fehlen der Styli sowie durch die asymmetrisch gedrehten Epiphalli (s. weiter unten) und den Mangel eines Cercuszahns isoliert. *Annulipes*, durch die Form des Analtergits (Abb. 49), den Besitz eines allerdings nicht mehr unmittelbar an der Basis stehenden Cercuszahns und prinzipiell ähnlichen Bau des Epiphallus in gewisser Weise auch noch der obigen Gruppe nahestehend, trägt aber auf der Subgenitalplatte keine Dornen und gleicht in ihrem äußeren Eindruck (geringelte Hinterschenkel) und auch habituell viel mehr mancher der folgenden Arten.

Diese Arten, und zwar *sevketi*[2]), *tauricola*, *krüperi*, *anatolica*, *spinigera*, *tahtalica* und *prasina* haben sämtlich zahnlose Cerci; bei den vier letztgenannten ist die Reduktionsstelle des Zahnes durch eine mehr oder weniger starke Vorwölbung der Cercusfläche angedeutet; *tahtalica* besitzt keine Styli. Einige der genannten 6 Arten haben recht verschiedenartig und ungewöhnlich gebildete Subgenitalplatten; bei *prasina* (Abb. 49) und *krüperi* (Mitt. Zool. Mus. Berlin 1933, p. 420, Abb. 4) enden die zipflig vorgezogenen Seiten der Subgenitalplatte in einen feinen spitzen Dorn unmittelbar neben der Ansatzstelle der Styli; bei *spinigera* enden die Seiten der Subgenitalplatte in einen sehr langen gekrümmten

[1]) Zweifellos anatolischen Ursprungs und nach Europa (Griechenland) nur ausstrahlend.

[2]) Nicht, wie l. c. 1930, p. 813 u. Abb. 5 von mir angegeben, „einfach winklig gerundet", sondern mit 2 (von oben nicht sichtbaren) abwärts gekrümmten Fortsätzen.

Dorn, über doppelt so lang als die an dessen Basis inserierten Styli (Abb. 49)[1]). Bei *tauricola* sind die Endzipfel der Subgenitalplatte stielartig und tragen apikal eine rund-keulenförmige Verdickung (l. c., 1930, p. 815, Abb. 8), die offenbar ein Verschmelzungsprodukt von Enddorn und Stylus darstellt; die Subgenitalplatte von *tahtalica* läuft — ohne Styli — in Spitzen aus. *Spinigera* und *tauricola* zeigen in der Mitte des Analtergits (Abb. 49)[1]) eine etwa herzförmige, querrunzlig-membranöse braune Partie, die bei letzterer apikal in einen stumpfen Kegel endet.

Sämtliche oben angegebenen Merkmale aller Arten beziehen sich nur auf das ♂; das ♀ zeigt einen durchweg einheitlicheren Bau, was die Bestimmung recht erschwert; auch der Ovipositor ist einheitlich, nur seine Länge wechselt.

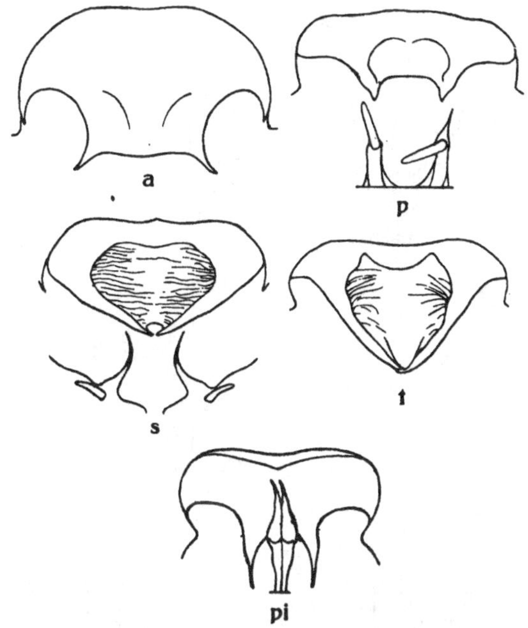

Abb. 49. *Eupholidoptera* Analtergit ♂ von *a annulipes*; *p prasina* (darunter Enden der Subgenitalplatte ventral, r. Stylus seitwärts gebogen, um den Dornenfortsatz sichtbar zu machen); *s spinigera* (darunter Enden der Subgenitalplatte schräg ventral gesehen); *t tauricola*; *pi pietschmanni* (zwischen den Fortsätzen der Epiphallus sichtbar)

Der Bau des Epiphallus[2]) (Abb. 50 und 51) in dieser Gattung zeigt ziemlich eigenartige Verhältnisse. In der Gruppe der Arten 1—10 (der Liste S. 198) *chabrieri* bis *lyra* (♂ von *cypria* noch unbekannt) ist sehr einheitlich: auf dem etwas gestielten Hauptteil der Basis (Abb. 50, *B*) stehen zwei zugespitzte mehr oder weniger lange und gebogene Schenkel (*S*); die Basallappen (*L*) sind, außer bei *megastyla*, ziemlich schmal, meist etwa so lang wie die Basis, apikal meist unregelmäßig, an der eigenen Basis oft schwarzbraun, während alle übrigen Teile des Epiphallus heller oder dunkler bernsteinfarbig sind. Die Basis besteht aus einem mehr oder weniger breiten geschlossen chitinisierten Mittelwulst und einer meist unregelmäßigen fest-lamellösen beiderseitigen Verbreiterung (in der Abbildung durch Punktierung gekennzeichnet), die nur bei *epirotica* fehlt; im Bereich dieser Verbreiterung ist die Basis hinten offen und liegt nur einer feinen Haut auf. Die Breite des Wulstes ist wesentlich für die Unterscheidung von *chabrieri* und *smyrnensis*; bei letzterer ist er, am deutlichsten in der

[1]) Korrektere Wiederholung der Abbildungen von 1930.

[2]) Vgl. S. 196.

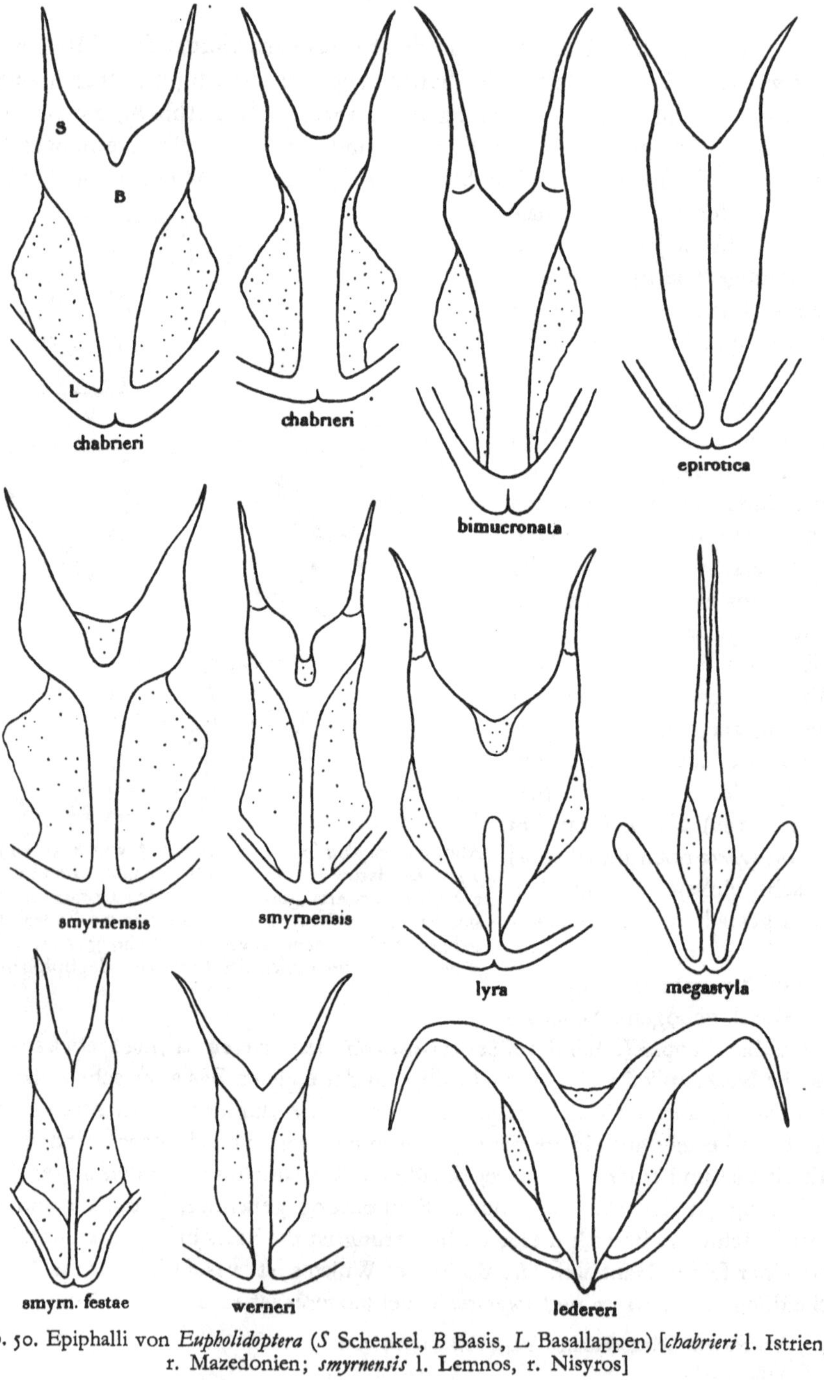

Abb. 50. Epiphalli von *Eupholidoptera* (*S* Schenkel, *B* Basis, *L* Basallappen) [*chabrieri* l. Istrien, r. Mazedonien; *smyrnensis* l. Lemnos, r. Nisyros]

mittleren Partie, stets schmaler. Die Breite der gesamten Basis ist bei beiden Arten recht variabel; die durchschnittliche Breite bei *chabrieri* ist auf der linken Abbildung nach einem Exemplar aus Istrien dargestellt, während der rechts dargestellte Epiphallus von einem Exemplar aus Mazedonien (wie bei allen Stücken dieser Herkunft) schmaler und im ganzen kleiner und zierlicher ist. Ähnliche Verhältnisse finden wir bei *smyrnensis*, wie die beiden dargestellten Beispiele (links von Lemnos, rechts von Nisyros) zeigen. Auch die Breite, Länge und Divergenz der Schenkel variiert bei beiden Arten in gewissen Grenzen; diese Unterschiede lassen sich also nicht, wie dies früher[1]) von mir angegeben wurde, diagnostisch heranziehen. Charakteristisch scheint bei *smyrnensis* gegenüber *chabrieri* die leichte Grube an der Innenbasis der Schenkel zu sein; diese fehlt allerdings bei *smyrnensis festae*, doch ist nach dem einzigen zur Verfügung stehenden Exemplar nicht zu erkennen, ob dies hier nur individuell ist. Der Epiphallus von *bimucronata* ist (ganz konstant) viel länger und schlanker als der von *chabrieri* und bekräftigt so die Artverschiedenheit. Sehr massig und breit, mit dachförmig abfallenden Seiten ist die Basis bei *lyra*, die Schenkel sind dagegen verhältnismäßig kurz, umgekehrt bei *megastyla* die Basis sehr schmal, dagegen die Schenkel sehr lang und spitz, kaum gekrümmt. Ebenfalls breit ist die Schenkelbasis bei *ledereri*; die Schenkel sind hier stark ausgebildet und gehörnartig gekrümmt. Der Epiphallus von *palaestinensis* (vgl. l. c. 1939, p. 99, Abb. 26) konnte nicht noch einmal untersucht werden; die Abbildung zeigt nur den oberen Teil der Basis mit den Schenkeln, was jedoch zur Charakterisierung ausreichen dürfte.

Unter den folgenden Arten zeigen *anatolica* und *annulipes* noch das gleiche Prinzip wie die eben behandelte Gruppe; bei ersterer fehlt (wie bei *epirotica*) der lamellöse Teil, bei letzterer sind die Schenkel gekreuzt; *anatolica* distanziert sich jedoch von dieser Gruppe, wie schon bemerkt durch die zahnlosen Cerci, *annulipes* durch das Abrücken des Zahnes von der Cercusbasis, beide durch das Fehlen der Dornen neben der Stylusbasis. Ganz eigenartig ist der Epiphallus von *astyla*, an sich entwickelt aus dem Prinzip der ersten Gruppe, jedoch mit ganz asymmetrischen, in sich gekrümmten, nach einer Seite gedrehten sehr stark ausgebildeten Schenkeln, die auf der Rückseite teilweise ein weißliches, stark querrunzliges membranöses Integument zeigen; *krüperi*, *prasina* und *cretica* fallen durch die massige Basis und die kaum entwickelten Schenkel auf. Ganz abwegig und mit dem Bau des Epiphallus bei den übrigen Arten schwer zu analogisieren ist der von *sevketi*. (Von *spinigera* und *tauricola* gingen die Epiphalli leider durch ein Mißgeschick verloren; ich glaube — mit Vorbehalt — mich zu erinnern, daß der der ersteren Art sehr ähnlich dem von *prasina*, der letztere mehr dem von *sevketi* war.

Bezüglich der Färbung und Zeichnung der *Eupholidoptera*-Arten ist noch zu bemerken, daß *epirotica* und *astyla* durch die starke Schwärzung der Prozona des Pronotums auffallen; die Arten 12—17 (*annulipes*, *sevketi*, *spinigera*, *tauricola*,

[1]) l. c. 1939, p. 99.

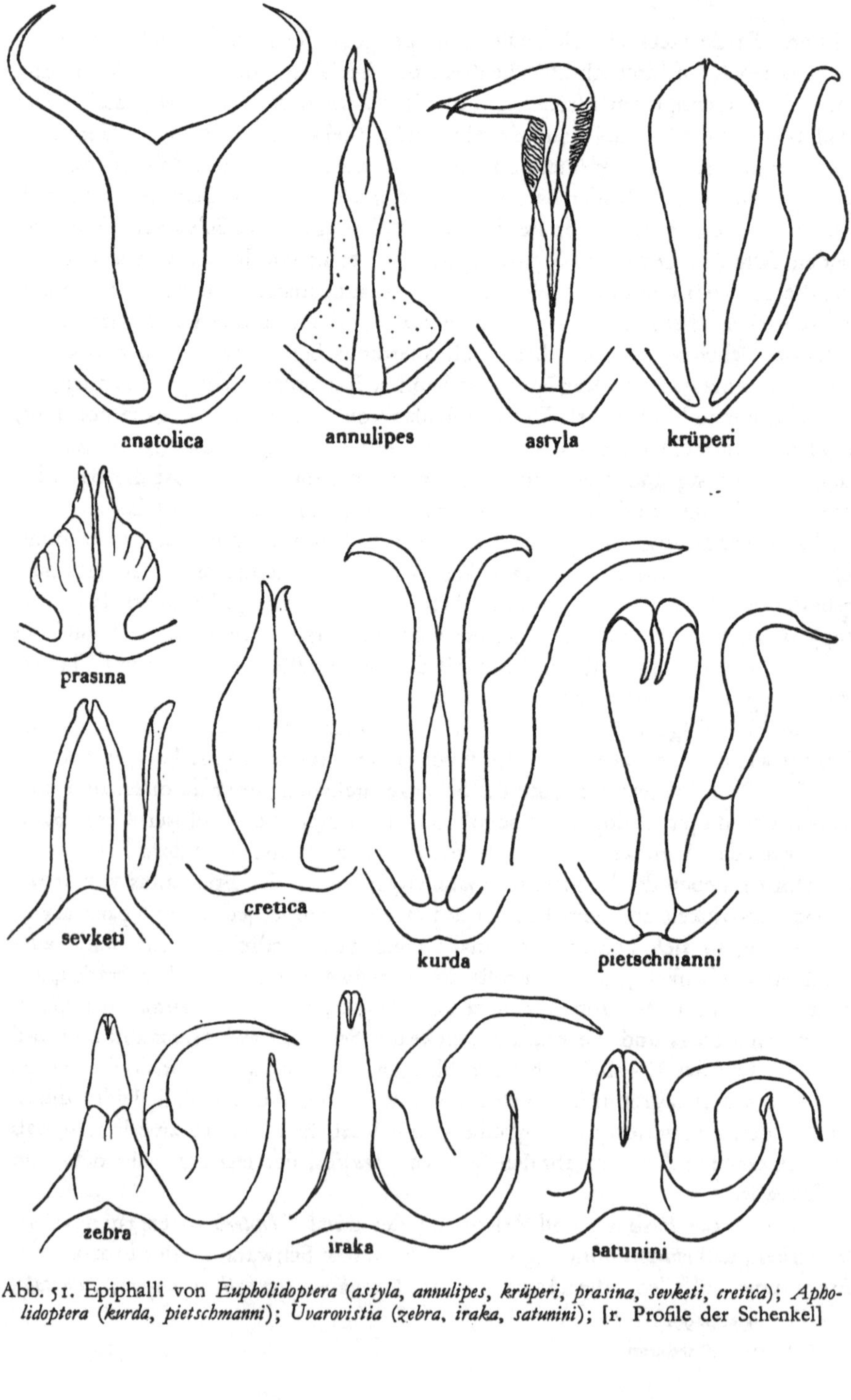

Abb. 51. Epiphalli von *Eupholidoptera* (*astyla, annulipes, krüperi, prasina, sevketi, cretica*); *Apholidoptera* (*kurda, pietschmanni*); *Uvarovistia* (*zebra, iraka, satunini*); [r. Profile der Schenkel]

krüperi, *anatolica*, meist auch *prasina*) zeigen auf der Mitte der Hinterschenkel einen breiten schwarzen Ring oder Fleck; *cretica* steht durch das einfarbig graue Kolorit, in dem nur die schwarze Analplatte auffällt, in der Gattung ganz abseits. Die äußerlich vielfach einander recht ähnlichen Arten 12—17 zeigen gegenseitig im einzelnen ein derartiges Überlappen wesentlicher Merkmale, daß eine nähere Verwandtschaft einzelner Arten miteinander nicht erkennbar ist.

Die besonders stark spezialisierten Arten sind entweder Inselformen (*megastyla*, *astyla*, *spinigera*, *cretica* und *prasina* [*partim*]) oder Arten mit anscheinend sehr begrenzter oder stark lokalisierter Verbreitung (*annulipes*, *prasina*, *tauricola*, *krüperi*, *anatolica*, *tahtalica* und *sevketi*).

Apholidoptera n. g.

Analtergit nicht verdunkelt, wie die übrigen Tergite gefärbt. Metazona des Pronotums etwas weniger vorgezogen als bei *Eupholidoptera*, aber im Prinzip sehr ähnlich (Abb. 42 u. 43), nur etwas länger als die Prozona. Elytren ♂ vom Pronotum bedeckt oder kaum vorragend, ♀ völlig bedeckt. Cerci unbedornt oder nur mit ganz feinem Dorn; Styli auffallend kurz; Ovipositor die Hinterknie weit überragend, wenig gekrümmt. Gesamtfärbung ockerfarbig bis hellbräunlich; Pronotumseitenlappen mit schwarzer scharfer heraldischer Zeichnung, die auch auf den Rücken der Prozona übergreift; Abdomen einfarbig, mit feiner dunkler Punktreihe in der Mitte der Tergite, nur beim ♀ zuweilen fehlend. Hinterschenkel vor den Knien ziemlich abgesetzt geschwärzt.

Biotop. In Bodennähe auf und in niedriger, offener Buschvegetation.

Verbreitung: O.-Anatolien; Irak; Mesopotamien.

Arten

1. *kurda* (Uv.) Kurdistan (Irak).
2. *pietschmanni* (Ebner) O.-Anatolien, Mesopotamien [Taf. XIX, Fig. 8].

Bestimmungsschlüssel (♂) für *Apholidoptera*

Vorletztes Tergit[1]) in der Mitte vorgezogen, mit rundem Ausschnitt; Analtergit mit kurzen abwärtsgekrümmten Fortsätzen; Cerci ungezähnt .... *kurda*

Vorletztes Tergit glatt; Analtergit mit langen abwärtsgekrümmten Fortsätzen; Cerci mit ganz feinem Zahn am Ende des 1. Drittels .... *pietschmanni*

Die beiden bisher bekannten Arten sind typische Doppelarten. Der Epiphallus, stets von außen sichtbar, ragt bei *kurda* über die Analplatte ziemlich weit hinaus, bei *pietschmanni* umgreift er *in situ* meist mit den Schenkeln den Raum zwischen den Analtergitfortsätzen (Abb. 49), in seinem Bau steht er zwischen *Eupholidoptera* und *Parapholidoptera* (Abb. 51).

[1]) Vgl. l. c. 1938, p. 419, Abb. 2.

Uvarovistia n. g.

Analtergit ♂ breit rechteckig, ♂♀ schwarz oder mit schwarzer Zeichnung, die auch auf die Seiten des vorhergehenden Tergits übergreift. Gestalt gedrungen, Abdomen ♂ hinten mehr oder weniger abgestutzt. Pronotum einen etwas zylindrischen Eindruck machend; Metazona nach hinten weit vorgezogen, länger als die Prozona, mit stark konvexem Hinterrand und sehr abgeschrägten Seitenecken, oben gewölbt. Elytren ♂ vom Pronotum bedeckt oder wenig vorragend[1]), ♀ bedeckt. Cerci ♂ gezähnt. Ovipositor gedrungen, kürzer, breiter und seitlich (von oben gesehen) dicker als bei den übrigen Gattungen. Hinterhaupt schwarz, meist mit einigen hellen Längslinien; Seitenlappen des Pronotums nur am Hinterrand hell gesäumt; ganze Oberkante der Hinterschenkel schwarz, deren Seiten auf der ganzen Fläche stark schwarz gestreift. Epiphallus (Abb. 51) ganz einheitlich gebaut, massiger und größer als bei allen übrigen Gattungen der *Pholidopterini*, stark tiefbraun chitinisiert, von der Basis an gekrümmt, Enden glatt.

Biotop. Am Boden und auf höherer Krautvegetation (*zebra* und *iraka* gern auf Disteln, teste UVAROV).

Verbreitung: Armenien, Irak und Persien.

Es ist mir eine Freude, diese schöne, morphologisch und koloristisch sehr einheitliche Gattung dem Autor sämtlicher bisher bekannten Arten derselben zu widmen.

Arten

1. *zebra* (Uvar.) Kurdistan (Irak); W.-Persien.
2. *iraka* (Uvar.) Kurdistan (Irak).
3. *bakthiara* (Uvar.) W.-Persien.
4. *satunini* (Uvar.) Armenien[2]); NW.-Persien.

Die taxonomischen Verhältnisse in dieser Gattung hat UVAROV (Eos 1934, pp. 59) klargestellt; unerwähnt bleibt nur die — gegenüber den anderen Gattungen der *Pholidopterini* — deutlich erkennbare Abstutzung des Abdomenendes des ♂.

Bestimmungsschlüssel (♂) für *Uvarovistia*

1. Analtergit in zwei spitze, senkrecht abwärts, gerichtete Fortsätze endend. Meist rotbraun, seltener braun[3]) . . . . *zebra*

1. 1. Analtergit in der Hinterrandmitte nur ausgerandet.

2. Analtergit ganz schwarz. Olivbräunlich . . . . *satunini*

2. 2. Analtergit apikal mit hellem Feld.

3. Cerci gerade. Rotbraun, seltener braun . . . . *iraka*

3. 3. Cerci apikal vom Zahnansatz an auswärts gebogen. Braun . . . . *bakthiara*

[1]) Ein ♂ aus einer Serie vom Demavend zeigt eine Art individueller Macropterie; die Elytren reichen hier bis zum Ende des 2. Tergits.

[2]) Alagös (Piragan) 1600 m, 2 ♂♂, 3 ♀♀, im Berliner Museum.

[3]) UVAROV macht l. c., p. 60 einen Unterschied zwischen „*reddish-castaneous*" und „*castaneous*", und meint mit letzterer Bezeichnung wohl ein reines, nicht rotes Braun, während kastanienbraun im deutschen Sprachgebrauch auch ein Rotbraun bedeutet.

Parapholidoptera n. g.

Gesamteindruck des Pronotums zylindrisch. Metazona (Abb. 42 und 43) nach hinten weit vorgezogen, länger als die Prozona, mit abgeschrägten Seitenecken, Hinterrand ziemlich stark konvex; Seiten des Rückens leicht konvergent, höchstens parallel. Elytren ♂ vom Pronotum bedeckt oder nur ganz wenig vorragend, ♀ bedeckt. Cerci ♂ gezähnt. Analtergit ♂ in 2 kleine Fortsätze (Abb. 53) auslaufend, wie die übrigen gefärbt. Hinterschenkel außen quergestreift. Ovipositor fast körperlang oder länger, fast gerade oder nur schwach gebogen.

Biotop. Im Grase (*distincta*, *noxia*), höherer Krautvegetation, vielfach an Getreide, Linsen usw. (*punctifrons*, *syriaca*; *noxia* auch als Schädling an Getreide).

Verbreitung: Bulgarien, Anatolien, Syrien, Palästina, Transkaukasien.

Arten

1. *castaneoviridis* (Br. v.W.) Bulgarien; NW.-Anatolien.
2. *signata* (Br. v.W.) O.-Anatolien; Syrien.
3. *noxia* (Rme) Transkaukasien.
4. *syriaca* (Rme) Syrien.
5. *punctifrons* (Burm.) Syrien; Palästina.
6. *distincta* (Uvar.) Transkaukasien.

Bestimmungsschlüssel (♂, partim ♀) für *Parapholidoptera*

1\. Gestalt klein, schlank. Hinterschenkel ♂ höchstens 18,5; ♀ 20 mm lang; Randbinde der Pronotumseitenlappen schmal, am Hinterrand höchstens 0,6 mm breit ...... *distincta*

1\. 1. Gestalt mittelgroß bis groß, gedrungener. Hinterschenkel ♂ mindestens 22, ♀ 24 mm lang; Randbinde der Pronotumseitenlappen an der gleichen Stelle mindestens 1 mm breit.

2\. Elytren fast oder bis zum Ende des 2. Tergits reichend, mit breitem weißlichem, scharf gegen den schwarzen Discus abgesetztem Außenrand; Fortsätze des Analtergits (Abb. 53) nur schwach entwickelt, Innenränder der Fortsätze am Grunde etwas konvergent oder parallel, die Entfernung zwischen den Spitzen etwa $^1/_5$ der Länge des seitlichen Hinterrandes des Tergits betragend .... *castaneoviridis*

2\. 2. Elytren ♂ bedeckt oder höchstens bis zum Ende des 1. Tergits reichend, sehr selten (*punctifrons*) bis nahe zum Ende des 2. Tergits (dann aber nur mit schmalen verwaschen aufgehellten Seitenrändern); Fortsätze des Analtergits (Abb. 53) stärker entwickelt, Innenränder von der Basis an deutlich divergent, die Entfernung zwischen den Spitzen höchstens etwa $^1/_3$ der Länge des seitlichen Tergithinterrandes betragend.

3\. Randbinde der Seitenlappen in ganzer Ausdehnung hell, scharf abgegrenzt gegen den Pronotumrücken 4

3\. 3. Randbinde der Seitenlappen nur am Hinterrand der Seitenlappen hell und scharf abgegrenzt, in der Prozona entweder ganz fehlend oder nur matt verwaschen angedeutet oder zum mindesten durch einen breiten bräunlichen Fleck (an der tiefsten Stelle) unterbrochen 5

4\. Prozona des Pronotums ♂ deutlich stärker erweitert (von oben am Unterrand der Seitenlappen gemessen 7,5—8,5 mm breit); Hinterschenkel ♂ 25—27 mm; (Epiphallus mit langen gleichmäßig zugespitzten Enden, s. Abb. 52); Ovipositor mindestens 27 mm (Anatolien) .... *signata*

4\. 4. Prozona des Pronotums ♂ weniger erweitert (6,5—7 mm breit); Hinterschenkel ♂ 21,5 bis 23 mm; (Epiphallus mit kurzen, vor der Spitze stark verdickten Enden, s. Abb. 52); Ovipositor höchstens 24 mm lang (Transkaukasien) .... *noxia*

5. Hinterschenkel ♂ höchstens 25, Hinterschienen 24 mm lang; (Epiphallus langgestreckt, schlank, Enden wenig gekrümmt, s. Abb. 52) Ovipositor höchstens $1^1/_2$mal so lang wie das Pronotum, in der Mitte 2,5 mm breit .... *punctifrons*

5. 5. Hinterschenkel ♂ mindestens 30, Hinterschienen mindestens 27 mm lang; (Epiphallus in der Mitte verdickt, mit kurzen Enden, s. Abb. 52) Ovipositor doppelt so lang wie das Pronotum, in der Mitte 1,7 mm breit .... *syriaca*

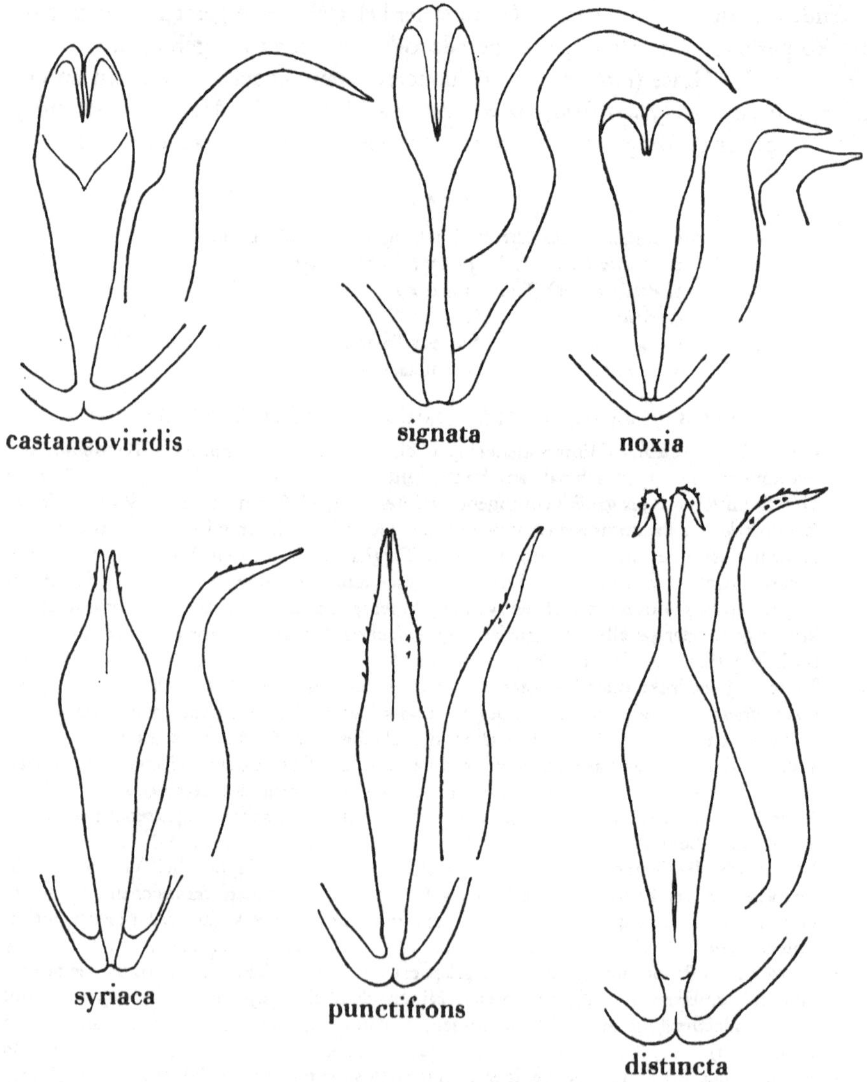

Abb. 52. *Epiphalli* von *Parapholidoptera* (daneben Profile der Schenkel und Schenkelenden)

Die Gattung enthält zwei typische „Doppelarten“ (vgl. S. 317), *signata-noxia* und *punctifrons-syriaca*, die beiden Arten jeweils äußerlich sehr ähnlich, das ♂ jedoch durch den Bau des Epiphallus, im Falle *syriaca-punctifrons* auch das ♀ durch die Länge des Ovipositors klar spezifisch zu trennen. Die Elytren sind im allgemeinen in der Gattung schwärzlich oder dunkelbräunlich, mit weißlichem Rand, was bei *castaneoviridis*, bei der sie weiter vorragen, besonders deutlich in Erscheinung tritt; nur bei *distincta* sind sie mehr einfarbig bräunlich.

Der Epiphallus (Abb. 52) erscheint recht einheitlich gebaut und schließt stark an *Uvarovistia* an; die beiden Artenpaare *signata-noxia* und *syriaca-punctifrons* zeigen auch im Bau des Epiphallus die nahe verwandtschaftliche Bindung beider Arten. Es beginnt in der Gattung die Bedornung der Schenkel; der Epiphallus von *distincta* leitet schon stark zur folgenden Gattung *Pholidoptera* über (der ebenfalls kaukasischen Art *pustulipes*).

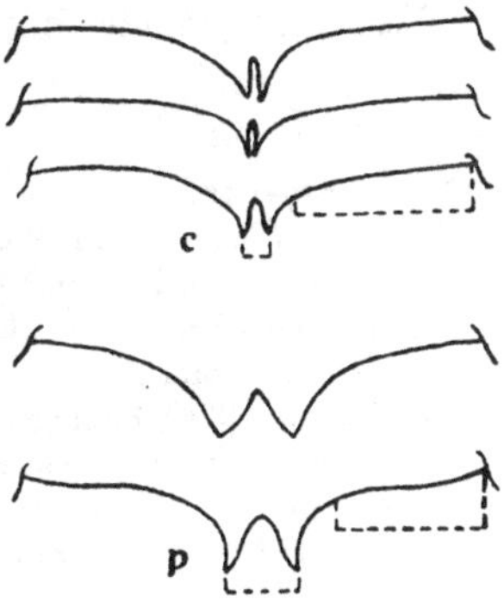

Abb. 53. *Parapholidoptera*, Analtergitfortsätze von *c castaneoviridis*; *p punctifrons*

Zu einigen Arten der Gattung sind noch Berichtigungen früherer Angaben von mir (l. c. 1939, p. 104) zu geben. Die Unterschiede von *noxia* gegenüber *signata*, insbesondere die Breite der hellen Binde der Pronotumseitenlappen und der Fortsätze des Analtergits, haben sich bei Gegenüberstellung der jetzt in Anatolien gesammelten großen Serie von *signata* als zu labil und daher nicht zuverlässig erwiesen; ich verweise auf die in dem Bestimmungsschlüssel angegebenen besser verwendbaren Merkmale. *Signata* kommt auch in Syrien vor, wie einige jetzt untersuchte Stücke (2 ♂♂, 1 ♀) aus dem Wiener Museum (Gebellié, Leuthner) beweisen; am gleichen Fundort finden sich also, mit *punctifrons* und *signata*, gemeinsam 3 Arten. Auf der oben zitierten Seite muß es (im 3. Absatz) statt *punctifrons* heißen „*syriaca* auch in Palästina“.

Pholidoptera Wesm.

Metazona des Pronotums (Abb. 42 und 43) ziemlich kurz, gegen die Prozona plastisch etwas abgesetzt (Rücken der Metazona mehr oder weniger abgeflacht[1]) bis etwas eingesenkt, zuweilen auch etwas matt skulptiert), Hinterrand nur schwach konvex bis gerade abgeschnitten, die Seitenecken nur leicht abgeschrägt oder fast rechtwinklig gerundet. Elytren ♂ micropter, stets deutlich unter dem Pronotumhinterrand vorragend (mindestens zu einem Drittel) bis fast ganz frei, ♂ squamipter. Cerci gezähnt. Ovipositor von wechselnder Länge, ziemlich gerade bis fast sichelförmig.

[1]) Bei den übrigen Gattungen der *Pholidopterini* nicht oder kaum merkbar.

Der Epiphallus zeichnet sich — gegenüber den anderen Gattungen der Tribus — dadurch aus, daß die Apices der Schenkel vielseitig gestaltet und bedornt sind (Abb. 54).

Biotop. In Bodennähe zwischen und auf niedrigem Gebüsch (gern an Waldrändern, auch in lichtem Wald), auf montanen und alpinen Wiesen, auch auf leicht bewachsenem Karstgeröll.

Verbreitung: In ganz Europa bis zum Ural, in Westasien bis Anatolien und im Kaukasus (angeblich auch in Palästina).

Arten und Unterarten

1. *pustulipes* (F.-W.) Krim und W.-Kaukasus.
2. *fallax* (Fisch.) Von Südfrankreich, dem südl. Alpenrand und Niederösterreich durch Italien, die Adria- und Balkanländer bis Anatolien und zum W.-Kaukasus.
3. *femorata* (Fieb.) Von Südfrankreich, Italien durch die Adria- und Balkanländer bis Anatolien und (?) Palästina[1]).
4. *dalmatica* (Kr.) Kroatien, Istrien.
5. *maritima* Zeuner Kroatien, Dalmatien, Bosnien, Herzegowina.
6. *brachynota n. sp.* Kroatien, Dalmatien, Bosnien, Herzegowina.
7. *brevipes* Rme Bulgarien.
8. *ebneri* Rme Albanien.
9. *macedonica* Rme Mazedonien.
10. *aptera* (F.) Alpen, mit subsp. *karnyi* Ebner Bulgarien.
11. *transsylvanica* (Fisch.) Karpaten.
12. *frivaldskyi* (Herm.) Galizien, Tatra, Karpaten, Südrußland (Bessarabien und Ukraine), Bosnien, Serbien, Bulgarien.
13. *kerketa* Uvar. N.-Kaukasus.
14. *litoralis* (Fieb.) Südungarn, Rumänien, Görz, Krain, Adriaraum bis Griechenland.
15. *cinerea* (L.) In ganz Nordeuropa von Nordfrankreich und England bis Lappland, ostwärts bis zum Ural, südwärts bis Südfrankreich durch die Alpen, Ungarn, Adrialänder bis Transkaukasien.
16. *augustae* Tarb. Aserbeidshan[2]).

Bemerkungen zu *Pholidoptera dalmatica* (Kr.) und Verwandten

Zeuner (Mitt. Zool. Mus. Berlin 1931, p. 427) hatte *dalmatica* (Kr.) in die Subspezies *dalmatica dalmatica* und *dalmatica maritima* aufgeteilt und ich selbst später mich dem angeschlossen (l. c. 1939, p. 107). Nach neuerlichen Untersuchungen des Berliner und eines Teiles des Wiener Originalmaterials von Krauss (u. a. der von Zeuner gewählten Lectotypen), insbesondere auch bezüglich des Epiphallus, bin ich zu der Überzeugung gelangt, daß es sich um zwei verschiedene Arten handelt, um so mehr als auch andere gravierende Unterschiede hinzukommen. Der Epiphallus von *dalmatica* (also *dalmatica dalmatica* im Zeunerschen Sinne) trägt apikal 3, gelegentlich einseitig auch 4 kleine, ziemlich

[1]) Es erscheint notwendig, diese Angabe von Bodenheimer (Arch. f. Ntg. 1935, p. 168) nachzuprüfen, da die Wahrscheinlichkeit für dieses Vorkommen der Gattung gering ist.

[2]) Salt. Orth. Azerbaidshan SSR 1940, 4 figs; nach dem Autor „*nearest griseoaptere* Deg.“ (= *cinerea* L.).

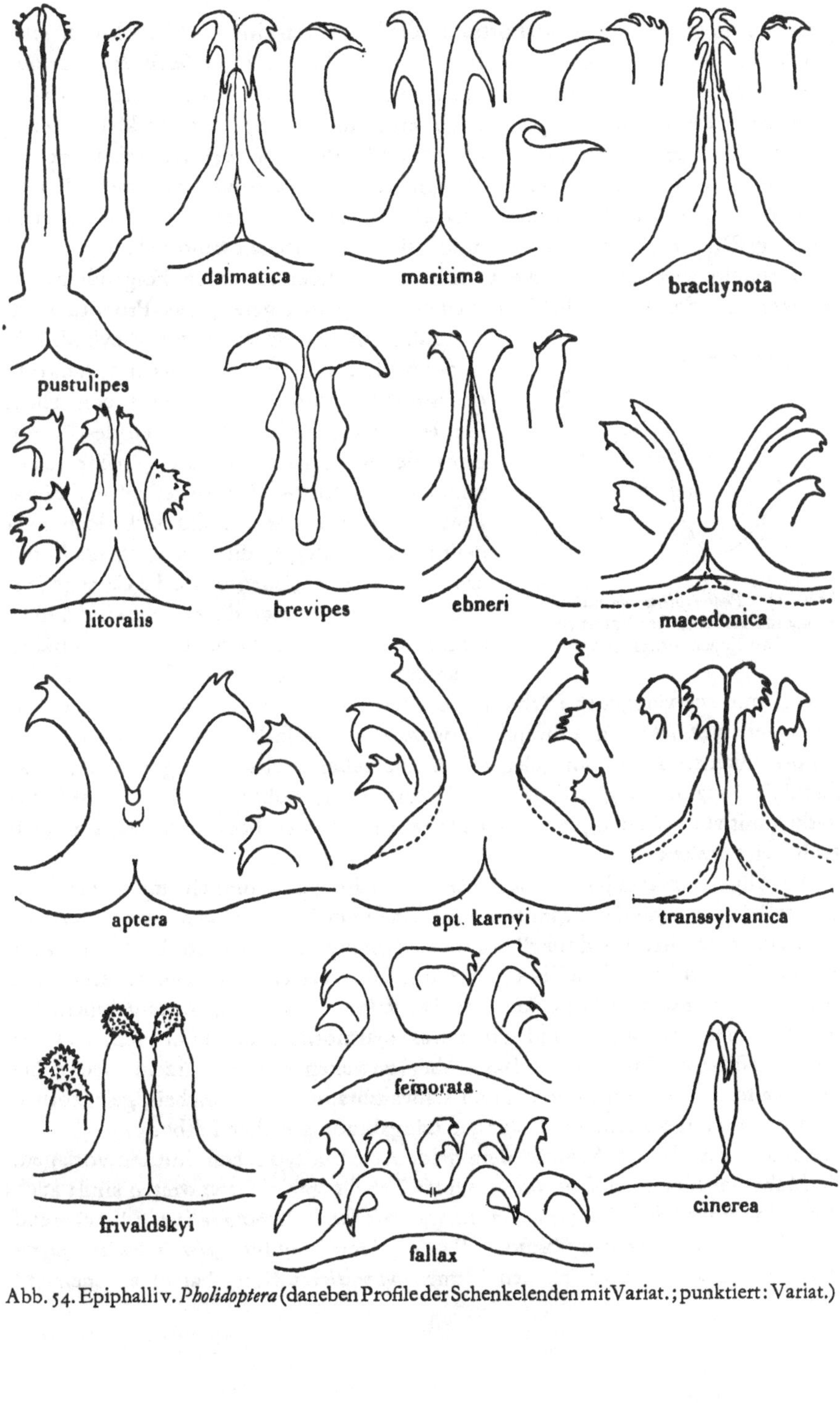

Abb. 54. Epiphalli v. *Pholidoptera* (daneben Profile der Schenkelenden mit Variat.; punktiert: Variat.)

gleichmäßig große zahnartige Fortsätze, die im ganzen einschließlich ihrer basalen Fläche nach außen gebogen sind, während bei *maritima* (*dalmatica maritima* Zeuner) die Epiphallusschenkel in einen lang vorgezogenen flachen Zahn endigen, unterhalb dessen ein (gelegentlich einseitig auch zwei) weiterer kleiner Zahn auftritt; alle Zähne liegen ziemlich in einer Ebene (Abb. 54). Der seinerzeit von mir untersuchte und abgebildete Epiphallus von *maritima* war, wie sich jetzt herausstellte, an den Dornenenden verstümmelt, wie dies nicht selten — vielleicht nach der Paarung — der Fall ist, und gab einen falschen Eindruck.

Morphologisch bestehen die Unterschiede beider Arten in Folgendem: bei *dalmatica* ist der Gesamthabitus kleiner und gedrungener, das Pronotum ist, besonders in der Prozona, mehr zylindrisch, in der Mitte fast etwas aufgeblasen wirkend; in der Metazona ist der Mittelkiel fast eingeebnet (bei *maritima* sind die Seitenkanten des Pronotums ziemlich scharf markiert — mehr rechtwinklig gerundet — der Mittelkiel der Metazona ist, wenn auch weich und flach, doch noch deutlich ausgeprägt); die Hinterschenkel sind erheblich verkürzt, ebenso wie die Cerci gegenüber letzterer Art, auch die Elytren sind durchschnittlich kürzer. Sie sind zudem — auffällig — anders gefärbt, weißlich bis dunkelelfenbeinfarbig, mit schwärzlicher Färbung der Vertiefungen zwischen den Adern (dadurch genetzt wirkend), während sie bei *maritima* einfarbig hell ockerfarbig oder hellbräunlich sind und nur gelegentlich eine äußerst schwach angedeutete, etwas dunklere Netzung zeigen (Taf. XXXII, Fig. 1—3). Subgenitalplatte ♀ (Abb. 55) seitlich mit stumpfzipfligen in der Dicke wechselnden Fortsätzen, ganz ähnlich auch bei *maritima*.

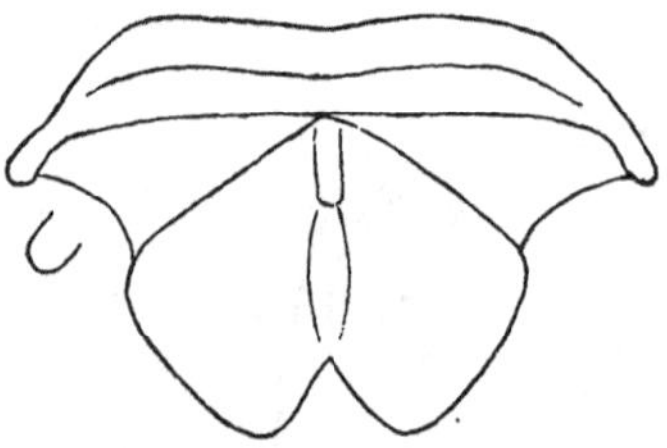

Abb. 55. *Pholidoptera dalmatica* ♀, Subgenitalplatte (links: Variation des seitlichen Fortsatzes)

Die Allgemeinfärbung von *dalmatica* ist mehr gelbbräunlich, mit etwas bleigrauer Tönung, und das Pronotum zeigt einen gewissen fettigen Glanz; *maritima* zeigt eine mehr hell bis dunkelbräunliche Tönung; diese Unterschiede sind aber gut nur im Leben und bei besonders gut konservierten Stücken zu erkennen. Die Vorder- und Mittelschenkel sind bei *dalmatica* einfarbig ockergelblich, bei *maritima* mehr bräunlich und oft etwas marmoriert, die Hinterschenkel bei ersterer einfarbig (nur an der Basis oben zuweilen mit schwarzem Fleck), bei *maritima* fast stets mehr oder weniger schwarzbraun quergestrichelt, gelegentlich auch mit breiter zusammenhängender Längsbinde gleicher Färbung.

Auffällig ist, daß bei Krauss, dem beide Arten in typischen Stücken vorlagen, die Maße der kleineren *dalmatica* in seiner Tabelle gar nicht vertreten sind; auch sagt er in seiner Diagnose von *dalmatica* „*elytris fuscis, testaceo reticulatis*", während diese bei *dalmatica* (sensu Zeuner, Ramme) lauten müßte „*elytris albidis, nigroreticulatis*". Da Krauss auch den Namen *dalmatica* wählte, hat er anscheinend mehr Stücke dieser Herkunft berücksichtigt und die aus dem kroatischen Litorale vernachlässigt, obwohl der von ZEUNER gewählte Typus von Buccari von KRAUSS selbst handschriftlich mit *dalmatica* Krauss bezeichnet ist. Es wäre also natürlicher gewesen, wenn ZEUNER als Lectotypen für *dalmatica* die große dalmatinische Art gewählt hätte; die Typen der jetzt als *dalmatica* zu betrachtenden Art stammen von Buccari (2 ♂♂) und Grobniko (♀).

Neben der „kroatischen Rasse", wie ZEUNER seine „*dalmatica dalmatica*" nennt, und der „dalmatischen Rasse" (*dalmatica maritima*) unterscheidet dieser Autor, ohne sie zu benennen, noch eine „bosnische Rasse" und rechnet zu dieser letzteren die häufig auftretenden kleineren montanen Stücke, meist aus dem Inland. Bei der nochmaligen Überprüfung eines Teiles des den ZEUNER-schen Untersuchungen zugrunde liegenden Materials, das ich auch seinerzeit gesehen hatte, ergab sich nun überraschend, daß sich unter der zur „bosnischen Rasse" rechnenden Stücken 3 ♂♂ und 1 ♀ einer dritten Art befinden (zu denen später noch zahlreiche Exemplare anderer Herkunft hinzu kamen), die nicht, wie die „bosnische Rasse", mit *maritima* spezifisch verbunden, sondern selbständig sind. Trotz mehrerer prinzipieller Übereinstimmungen sowohl mit *dalmatica* als auch *maritima*, vermag ich sie keiner dieser beiden Arten etwa als Subspezies zuzuteilen, sondern will sie, was noch näher zu begründen sein wird, nachstehend als neue Art beschreiben.

Pholidoptera brachynota n. sp. (Taf. XXXII, Fig. 2a)

Pholidoptera dalmatica maritima Zeuner (*partim*) Mitt. Zool. Mus. Berlin 1931, 17: 430

In der allgemeinen Größe mehr wie *dalmatica*, in mehreren relativen Körperproportionen sowohl von dieser als auch von *maritima* abweichend. Pronotum kürzer und flacher als bei diesen, Seitenkanten und Kiel der Metazona wie bei der letztgenannten Art; Metazona etwas kürzer, gegen die Prozona (deutlicher bei dem ♂) etwas eingesenkt, Hinterrand nur schwach konvex. Elytren ♂ fast oder mindestens 4/5 so lang wie das Pronotum (statt etwas mehr als halb so lang oder höchstens 2/3 so lang). Hinterschenkel in den Maßen ähnlich wie bei *dalmatica*, jedoch zierlicher, ♂ mit mehr oder weniger stark ausgeprägter dunkler Längsbinde, ♀ meist einfarbig, nur mit dunklem Basalfleck. Cerci ♂ in der Form wie bei den beiden vorgenannten Arten, längenmäßig in der Mitte zwischen beiden stehend. Epiphalli ähnlich denen von *dalmatica*, jedoch die Schenkel statt mit drei apikalen Zähnen, mit vier (selten, meist einseitig, auch mit drei), im ganzen zierlicher gebaut (Abb. 54). Subgenitalplatte ♂ gleichfalls wie bei den genannten Arten, seitlich breit ausladend, mit schmalem, kurzem, dreieckigem Einschnitt in der Mitte und kurzen Styli; Subgenitalplatte ♀ im Prinzip gleichfalls mit der der beiden Arten (Abb. 55) übereinstimmend, jedoch die basalen seitlichen Fortsätze weniger stark ausgeprägt. Ovipositor wie bei *maritima*, doch etwas zierlicher. Färbung wie bei genannter Art.

	dalmatica		brachynota		maritima[1])	
	♂	♀	♂	♀	♂	♀
Long. corp.	24 —25	25,5—30	18 —23	22 —24	24 —29	28 —35
— *pronot.* ...	9,7—10,8	10,4—11,2	7 — 8,2	8,3— 8,5	9,3—12	10,5—12,5
— *elytr.*	5,4— 6	—	5 — 6,7	—	6,7— 9	—
— *cerc.*	3,5— 4,2	—	4 — 4,7	—	5 — 7	—
— *fem. post.* .	18,5—19,8	20,7—21,5	18 —21	21 —21,7	24,5—27,5	28 —31
— *tib. post.* ..	17,3—19,3	19,2—21	17,5—20	20 —21	23 —26,5	27,5—29
— *ovipos.*	—	20 —23,5	—	21 —22	—	26 —28

Typus ♂ Kroatien, Senj 4—500 m, 8. 1929 (RAMME); Allotypus ♀, Paratypus ♂, Velebit, Visočica 6. 8. 1939 (NOVAK); Paratypen (Mus. Wien) Bosnien ♀ Serajewo; Herzegowina 3 ♂♂, Tisovica (Prenj-plan.); ebendaher 1 ♂♀ (Slg. EBNER). Aus dieser Sammlung dürften (laut briefl. Mitt. von R. EBNER) zu der gleichen Art gehören Dalmatien, ♂ Cattaro; Bosnien, ♂ Leingebiet; Herzegowina, ♂ Bjelašica Vucja bara (südwestl. Gacko); ♂, 2 ♀♀ Baba planina; ♂ Nevesinje.

Verbreitung: Kroatien, Bosnien, Herzegowina und Dalmatien.

Dalmatica lebt in den Küstengebieten der nördlichen und mittleren Adria (von Monte Maggiore bis — soweit bekannt — zu den nördlichen Ausläufern des Velebit) und geht auch in die montane Region dieser Gebiete; *maritima* bewohnt — teilweise in sehr großen, aber auch untermischt mit kleineren Exemplaren — die dalmatinische Küstenregion und einige Inseln (Korčula und Hvar, soweit bekannt); kleinere Stücke finden sich vor allem montan bis in die Herzegowina. Hierher gehört auch das von ZEUNER erwähnte Stück von Jablanca a. d. Narenta, von ihm irrtümlich zu *macedonica* Rme gestellt; *brachynota* ist bisher vom Velebit bis zum Innern von Bosnien und der Herzegowina, bekannt, selten auch in Dalmatien, in der montanen Region. *Dalmatica* und *maritima* sind auch in ihrer Verhaltensweise verschieden: *dalmatica* (kurzschenklig!) ist nicht so wild und springfreudig wie *maritima*; über *brachynota* liegen keine Beobachtungen vor.

Als vierte Art dieses Kreises dürfte die sehr ähnliche *brevipes* Rme anzusehen sein, die jedoch geographisch (Bulgarien) und durch die Form des Epiphallus diesen etwas ferner steht; auch fehlt bisher die Kenntnis des ♀ zur Beurteilung der Subgenitalplatte, deren Form entscheidend ist für die Zugehörigkeit zu diesem Artenkreis. Der Epiphallus weicht etwas von dessen Typ ab.

Bestimmungsschlüssel (♂, partim ♀) für *Pholidoptera*[2])

1. Unterrand der Seitenlappen des Pronotums ohne helle Binde, dann aber die äußerste Kante deutlich hell abgesetzt (Ovipositor kürzer als das Abdomen, fast sichelförmig gebogen) .... *cinerea*

[1]) Die hohen Werte von der Küsten-, die niedrigen von der Montanform.
[2]) Mit Ausnahme von *augustae* Tarb., die ich nicht genügend kenne.

1\. 1. Unterrand der Seitenlappen des Pronotums ganz oder wenigstens in der hinteren Hälfte mit scharf abgesetzter heller Binde (Ausnahme: *frivaldskyi*)[1]) (Ovipositor nur bei *fallax* zuweilen kürzer als das Abdomen und kurz-säbelförmig gekrümmt, sonst länger als das Abdomen, lang-säbelförmig bis gerade).

2\. Elytren (im Rahmen der an sich hypopteren Gattung) voll entwickelt, fast ganz frei, sodaß die *vena plicata* noch sichtbar wird (individuell gelegentlich verdeckt), dreiviertel so lang[2]) bis länger als das Pronotum.

2\. 2. Elytren mindestens zu einem Drittel vom Pronotum bedeckt, höchstens zwei Drittel so lang wie das Pronotum, *vena plicata* nicht sichtbar 8

3\. Cerci am Ende zugespitzt, Zahn zierlich, im ersten Drittel inseriert.

3\. 3. Cerci abgestumpft, Zahn derb, gegen die Mitte inseriert .... *kerketa*

4\. Seitenlappen des Pronotums in ganzer Ausdehnung am Unterrand mit heller, scharf gegen den schwarzen oder schwarzbraunen oberen Teil abgesetzt; Elytren mehr feinaderig, die das Speculum außen begrenzende Axillarader hell abgesetzt ..... *litoralis*

4\. 4. Seitenlappen höchstens in der hinteren Hälfte scharf hell abgesetzt oder ohne helle Randbinde; Elytren grobadrig.

5\. Seitenlappen ohne helle Randbinde, Elytren etwas aufgeblasen wirkend, meist länger als das Pronotum, Endlappen sehr stark entwickelt, in der Diagonale ungefähr so lang wie die *pars stridulans* Hinterschenkel außen ohne schwarze Längsbinde, untere Hälfte bräunlich oder hellgrünlich (Gesamtfärbung: grünlich oder gelbbräunlich) .. *frivaldskyi*

5\. 5. Seitenlappen nur im hinteren Teil mit scharf abgesetzter heller Binde; Hinterschenkel außen mit geschlossener oder streifiger schwarzer Längsbinde, nur die schmale Unterkante elfenbeinfarbig oder hellbräunlich, niemals grünlich (Gesamtfärbung: heller bis dunkler braun).

6\. Die helle Binde nach vorn zugespitzt, gegen den vorderen Teil der Seitenlappen ziemlich scharf abgeschnitten.

6\. 6. Die helle Binde nach vorn nur wenig oder gar nicht verschmälert und dann breit verwaschen auf den vorderen Teil der Seitenlappen übergehend .... *aptera karnyi*

7\. Elytren hellbräunlich, gegen die mehr oder weniger verdunkelte *pars stridulans* kontrastierend (♀ Elytren seitlich) .... *aptera aptera*

7\. 7. Elytren einfarbig dunkelbraun; (♀ Elytren wesentlich größer, am Innenrand sich berührend oder überdeckend) .... *transsylvanica*

8\. Seitenlappen des Pronotums in ganzer Ausdehnung mit heller, scharf abgesetzter Randbinde.

8\. 8. Seitenlappen des Pronotums nur in der hinteren Hälfte mit heller, scharf abgesetzter Binde, im vorderen Teil verwaschen in den auch im ganzen helleren (nicht schwarzen oder schwarzbraunen) Vorderteil der Seitenlappen übergehend, dadurch oft in diesem Teil sehr stark verbreitert erscheinend 11

9\. Hinterrand der Elytren (*in situ*) in ganzer Ausdehnung breit weißlich[3]) gegen die dunkle, meist nur wenig unter dem Pronotum vorragende *pars stridulans* abgesetzt *pustulipes*

9\. 9. Hinterrand der Elytren (*in situ*) nur in der Mitte mit hellem Fleck oder fast einfarbig.

10\. Hinterrand der Elytren in der Mitte mit größerem weißlichem oder hell isabellfarbigem Fleck; Elytren zur Hälfte unter dem Pronotum verborgen; Körperlänge mindestens 21,5 mm (bis 25 mm) .... *femorata*

[1]) Die feine Außenkante niemals hell abgesetzt; die Art ist mit *cinerea* ohnehin nicht zu verwechseln.

[2]) Gemessen vom Hinterrand des Pronotums.

[3]) Bei schlecht konservierten Stücken mehr schmutzig-weißlich.

10. 10. Hinterrand der Elytren in der Mitte nur mit schwacher angedeuteter Aufhellung oder auch einfarbig[1]) Elytren zu $^2/_3$ frei; Körperlänge höchstens 20 mm[2]) (geringste 15 mm) ... *fallax*

11. Elytren[3]) (5,4—6 mm, weißlich, deutlich schwärzlich genetzt; Hinterschenkel 18,5 bis 19,8 mm) ... *dalmatica*

11. 11. Elytren[3]) 6,7—9 mm, Elytren hell ockerfarbig, nicht oder kaum bräunlich genetzt; Hinterschenkel 21,5—27 mm ... *maritima*

12. Hinterschienen höchstens 20 mm lang.

12. 12. Hinterschienen mindestens 22 mm lang ... 14

13. Elytren etwa halb so lang wie das Pronotum; *pars stridulans* der Elytren nur ganz wenig unter dem Pronotum vorragend, Cerci 2,5 mm ... *brevipes*

13. 13. Elytren fast so lang wie das Pronotum; *pars stridulans* der Elytren mindestens zur Hälfte sichtbar, Cerci 4—4,7 mm ... *brachynota*

14. Cerci vom Zahn an ziemlich gleichmäßig breit, mit leicht abgestumpftem, davor ein wenig verbreitertem Ende ... *ebneri*

14. 14. Cerci gleichmäßig zugespitzt ... *macedonica*

Diese Gattung hat in den allgemeinen Merkmalen ihrer Arten (Pronotum, Elytren und Ovipositor) eine größere Breite als die übrigen Gattungen der *Pholidopterini*, doch sind die Arten so lückenlos miteinander verbunden, auch im Bau des Epiphallus (Abb. 54), daß eine klare weitere Aufteilung unmöglich, aber ohnehin auch nicht nötig erscheint. Die stärkste Abkürzung der Elytren (♂) zeigen *pustulipes* und die Doppelarten *femorata-fallax*, diese beiden auch einen leicht gerundeten Hinterrand des Pronotums, aber eine kurze Metazona, die sie klar von *Parapholidoptera* trennt. Bei *fallax* (♂) besteht individuell, und im Süden fast subspezifisch (s. Fußnote 2), die Neigung zu etwas stärkerer Entwicklung der Elytren, dennoch ist die Art in Habitus, Färbung, Zeichnung und im Bau des Epiphallus eng mit *femorata* verbunden. *Dalmatica*, *maritima*, *brachynota brevipes*, *ebneri* und *macedonica* zeigen auch noch, oft nur individuell, einen leicht konvexen Pronotumhinterrand, aber die Elytren (♂) sind schon stärker entwickelt, die *vena plicata* jedoch noch unter dem Pronotum verborgen. *Aptera*, *transsylvanica*, *frivaldskyi*, *kerketa*, *litoralis* und *cinerea* haben einen gerade abgeschnittenen Pronotumhinterrand und (♂) freie, im Rahmen der an sich hypopteren Gattung gut entwickelte Elytren. Unter diesen Arten bilden *aptera*, *transsylvanica*, *frivaldskyi* und *kerketa* durch ihre besonders stark entwickelten grobrunzligen Elytren eine engere Gruppe, während *litoralis* durch die zarteren und glatteren Elytren etwas abseits steht, aber durch den Bau des Epiphallus mit ihnen verbunden ist. *Cinerea* endlich ist stärker isoliert; sie ist gestaltlich sehr klein; es fehlt ihr jede Andeutung einer hellen Binde auf dem Pronotumseitenlappen. Sie teilt dies zwar mit *frivaldskyi*, doch finden sich bei dieser letzteren gelegentlich Andeutungen einer breiten Randbinde wie bei den anderen Arten; bei *cinerea* ist

[1]) Bei Serien aus Südtirol und Sizilien, deren Elytren auch etwas länger sind als durchschnittlich in den anderen Verbreitungsgebieten.

[2]) Nur auf Sizilien, sonst 15—18 mm groß.

[3]) Von der Basis an gemessen.

stets nur die äußerste Kante hell. Ich halte dies Merkmal hier für durchaus wesentlich. Der Epiphallus (Abb. 53) ist ganz unbedornt und zeigt als einzige in der Gattung eine paarige, nicht verwachsene Schenkelbasis; der Ovipositor ist sehr kurz und fast sichelförmig.

Nachstehend ein Gesamtbild der Gattungen und Arten; die „Doppelarten" sind durch runde, weitere sich besonders nahestehende Artengruppen durch eckige Klammern gekennzeichnet (vgl. S. 313).

Tribus: *Pholidopterini*

Eupholidoptera Rme

[*chabrieri* (Charp.)
bimucronata (Rme)
epirotica (Rme)
megastyla (Rme)
smyrnensis (Br. v. W.)
cypria (Rme)
ledereri (Fieb.)
palaestinensis (Rme)
werneri Rme
lyra (Uv.)]

astyla (Rme)

annulipes (Br. v. W.)
prasina (Br. v. W.)
spinigera (Rme)
tahtalica (Uv.)
tauricola (Rme)
krüperi (Rme)
anatolica (Rme)
şevketi (Rme)

cretica Rme

Apholidoptera Rme

{ *kurda* (Uv.)
pietschmanni (Ebner) }

Uvarovistia Rme

{ *zebra* (Uv.)
iraka (Uv.) }
bakthiara (Uv.)
satunini (Uv.)

Parapholidoptera Rme

castaneoviridis (Br. v. W.)
{ *punctifrons* (Burm.)
syriaca (Rme) }
{ *signata* (Br. v. W.)
noxia (Rme) }
distincta (Uv.)

Pholidoptera Wesm.

pustulipes (F.-W.)
{ *femorata* (Fieb.)
fallax (Fisch.) }
[{ *dalmatica* (Kr.)
maritima Zeuner }
brachynota Rme
brevipes Rme]
[[*ebneri* Rme
macedonica Rme]
[*aptera* (F.)
transsylvanica (Fisch.)]
[*frivaldskyi* (Herm.)
kerketa Uv.]
litoralis (Fieb.)]

cinerea (L.)
augustae Tarb.

Die Gesamtverbreitung der *Pholidopterini* erstreckt sich vom äußersten Norden des nichtarktischen Europa durch den ganzen Erdteil (mit Ausnahme der Pyrenäischen Halbinsel) und fast ganz Vorderasien (Linie Palästina—Mesopotamien—W.-Persien). Die weiteste Verbreitung nach Westen und Norden in Europa hat *Pholidoptera*; sie erreicht, wahrscheinlich nur mit einer Art (*cinerea*;

femorata zweifelhaft) Vorderasien und findet mit dieser ihre Ostgrenze schon in Transkaukasien, eher als die übrigen Gattungen. *Apholidoptera* und *Uvarovistia* erreichen Europa überhaupt nicht, *Parapholidoptera*, von NW.-Anatolien ausstrahlend, nur mit einer Art (*castaneoviridis*) Bulgarien. *Eupholidoptera* schließlich, deren Ursprungszentrum anscheinend Anatolien ist, dringt weit in Europa vor, bis zur Linie Südrand der Westalpen—Kroatien (*schmidti*), in Vorderasien mit mehreren Arten bis zur Linie Syrien—Palästina. (Vgl. auch Nachträge S. 429,3).

5. Kritisches zu Zeuner's „*Classification of the Decticinae hitherto included in Platycleis* Fieb. *or Metrioptera* Wesm."

mit Bemerkungen über die taxonomische und phylogenetische Bedeutung des männlichen Kopulationsorgans

F. E. Zeuner hat 1941 (Trans. R. ent. Soc. London 91, p. 1—50) eine Revision, Aufteilung und phylogenetische Gruppierung der bisher in den Gattungen *Platycleis* Fieb. und *Metrioptera* Wesm. eingeschlossenen Arten unternommen. Diese verdienstvolle Arbeit erweitert wesentlich die Basis unserer Kenntnisse über diesen Artenkreis, in den ich bereits früher (Eos 1927) durch eine Teilrevision und Aufstellung einiger „Gruppen" Ordnung zu bringen versucht hatte. Aber unter Hinweis auf das bereits oben (S. 191) über die systematische Bedeutung der „Wertigkeit" Gesagte befriedigt diese Revision insofern nicht ganz, als die bis jetzt in Frage kommenden Arten in nicht weniger als 16 Gattungen, unter diesen eine Anzahl sehr artenarmer „Splittergattungen" aufgeteilt wurden, in denen dennoch 16 Arten nur mit Vorbehalt untergebracht werden konnten.

Als wesentlichstes Kriterium benutzt Zeuner den taxonomisch natürlich wichtigen Ovipositor, gekoppelt mit einer Anzahl weniger wichtiger Merkmale, besonders des Pronotums, der Elytren und einiger relativer Größenverhältnisse. Viele dieser Merkmale unterliegen aber in der Gattung einer außerordentlichen Variabilität, deren Grenzen oft nicht scharf zu fixieren sind, und selbst der Ovipositor ist nicht immer in Länge und Krümmung zuverlässig als Gattungsmerkmal brauchbar. Es ist auch nur zu natürlich, daß gerade bei diesem in ein gewisses Schema eingeengten Organ Konvergenzen auftreten, die das Bild verwirren. Ein sehr wichtiges taxonomisches Kriterium, der Bau der männlichen Kopulationsorgane, hier insbesondere des Epiphallus, ist von Zeuner leider gänzlich vernachlässigt worden. Es sind darüber zunächst einige allgemeine Bemerkungen zu machen.

Der Bau der männlichen Kopulationsorgane, insbesondere des Epiphallus und des Aedeagus, ist in der Koleopterologie und Lepidopterologie seit langem als taxonomisches Hilfsmittel mit Erfolg herangezogen, dagegen in der Orthopterologie bisher verhältnismäßig wenig beachtet worden, obwohl die bedeutungsvolle Arbeit Arbeit von Snodgrass (1937) eine vorzügliche Grundlage dafür bietet. Eine moderne Gattungsrevision ohne Untersuchung dieser Organe, soweit sie durch ausreichende Chitinisierung von Epiphallus und Aedeagus die Möglichkeit zur taxonomischen Verwendung bieten,[1]) ist meines Erachtens aber nicht mehr denkbar. Die vorstehenden Revisionen der *Podismae* (S. 45) und der *Pholidopterini* (S. 191) haben das zur Genüge erwiesen, wie dies auch weiter unten die Revisionen bzw. Superrevisionen der *Platycleidini*, von *Psorodonotus*, *Nocarodes* und Verwandten sowie von *Calliptamus* zeigen werden. Im letzteren Fall hat die Untersuchung des Aedeagus im Prinzip die gleichen Resultate (Aufteilung in zwei Gruppen) gezeitigt wie, in engerem Rahmen, die Arbeit von Grassé und Hollande über die französischen Vertreter dieser Gattung; diese Veröffentlichung, auf die noch ausführlich zurückzukommen ist, ist erst nach Abschluß meiner Untersuchungen zu meiner Kenntnis gelangt.

Der Bau der männlichen Kopulationsorgane bei den *Acrididae* und den *Tettigoniidae* ist grundverschieden, demgemäß auch die taxonomische Auswertung der Einzelteile; während bei den ersteren der Aedeagus die stärksten Differenzierungen zeigt, ist dies bei den Tettigoniidae, soweit vorhanden, der Epiphallus (Titillatoren), insbesondere der der *Decticinae*.

Es ist nun nicht so, daß dem Systematiker mit der Untersuchung der Kopulationsorgane ein nie versagendes Hilfsmittel für die Systematik an die Hand gegeben ist. Besonders bei den *Acrididae* ist dieser gelegentlich (beispielsweise bei manchen *Acridinae* und *Oedipodinae*) so uniform, daß er zu Differenzialdiagnosen nicht heranzuziehen ist. In den meisten Fällen aber, ganz besonders bei vielen *Pamphaginae* und *Catantopinae* und von den *Tettigoniidae* bei den *Decticinae* ist er hervorragend geeignet zur spezifischen Trennung der Arten. Ein weiterer Vorteil liegt darin, daß die so oft rein gefühlsmäßig auf Grund von Äußerlichkeiten vorgenommene Zuteilung der Subspezies eine reale Basis erhält und zahlreiche Fehler berichtigt und neue vermieden werden können.

Dagegen versagt besonders der Bau des Aedeagus oft bei Beurteilung der Gattungsgrenzen, wie sich dies bei den *Podismae* (vgl. S. 64) deutlich gezeigt hat. Bei den *Pholidopterini* hinwiederum erwies sich der Epiphallus zu diesem Zwecke als recht gut brauchbar, ebenso bei den *Thrinchini* (Uvarov 1943), bei den *Platycleidinae* zwar im einzelnen nicht immer, jedoch in der Mehrzahl der Fälle.

Höchst auffallend ist, daß in manchen Fällen — als krasseste seien *Tessellana stricta* (S. 227) und *Odontopodisma decipiens* (S. 50) genannt — eine sprunghafte, wahrscheinlich mutativ auftretende Abwandlung im Bau des Epiphallus (in ersterem Falle) oder des Aedeagus (in letzterem Falle) auftritt.

Daß aber alles in allem der Bau des männlichen Kopulationsorgans wertvollere phylogenetische Aufschlüsse zu geben vermag als viele andere Merkmale, u. a. auch der Bau des Ovipositors, liegt auf der Hand, und die außerordentliche Vielseitigkeit des erstgenannten Organs ist ja auch leicht erklärbar durch seinen zusätzlichen Zweck der Vermeidung von Hybridationen. —

[1]) Die *Phaneropterinae* und *Saginae* haben beispielsweise eine solche nicht.

Nach dieser Abschweifung kehren wir zurück zu ZEUNERS Revision der *Platycleidinae*.

Jede Gattungsrevision kann immer nur gewissermaßen eine vorläufige sein, da dem Revisor nur ein begrenzter Teil der Arten zur Verfügung steht und die für die Phylogenie wichtigen fossilen sowie die noch nicht entdeckten Arten ohnehin ausfallen. Da das Material des Berliner Museums (insgesamt etwa 1800 *Platycleidini*) eine Anzahl von Arten enthält, die ZEUNER nicht vorlagen bzw. neu zu beschreiben sind, und der Versuch, auf dem Wege über den Bau des Epiphallus Aufklärung zu erhalten, erfolgreich war, soll im folgenden diese Revision ergänzend und berichtigend behandelt werden. Ich habe dabei die von ZEUNER eingeleitete Methodik der weitgehenden Aufteilung der *Platycleidini* notgedrungen weiter beschritten und noch eine weitere neue — allerdings sehr gut fundierte — Gattung herauslösen und aufstellen müssen; wenn wir diese Methodik konsequent weiter führen, um alle Arten, zum Teil auf Grund nicht allzu wesentlicher Merkmale klar unterzubringen, so müßten wahrscheinlich noch weitere, teilweis monotypische Gattungen abgetrennt werden. Eine Anzahl der ZEUNERschen Gattungen sind natürlich gut vertretbar, aber es erscheint fraglich, ob im ganzen nicht mit einer geringeren Anzahl von Gattungen breiterer Basis auszukommen gewesen wäre, die man ihrerseits in Gruppen hätte aufteilen können. Jedenfalls enthält die nunmehr stark aufgeblähte Zahl der Gattungen solche von ganz verschiedener Wertigkeit in allen Abstufungen, was keinen idealen Zustand bedeutet. Auch die nachstehenden Ergänzungen und Berichtigungen führen zunächst nur einen Schritt vorwärts und geben noch kein abschließendes Bild.

Mit dem phylogenetischen Aufbau der *Platycleidini*, wie ZEUNER ihn auffaßt (l. c., p. 12), kann ich mich gleichfalls nicht in allen Punkten einverstanden erklären. Es bedarf aber zum Verständnis meiner Begründung zunächst einer Auseinandersetzung über den Epiphallus der *Decticinae* im allgemeinen und der *Platycleidini* im besonderen.

Es sind im allgemeinen Aufbau des Epiphallus der *Decticinae* 3 Hauptteile zu erkennen, die ich für die Kennzeichnung im praktischen Gebrauch folgendermaßen (vgl. Abb. 50, 56 u. 57) benannte: 1. die beiden Schenkel (*S*), die völlig frei in den Raum ragen, entweder senkrecht nebeneinander oder divergent stehend, mit seltener geraden, meist (*in situ*) oralwärts,[1]) seltener seitwärts gekrümmten Spitzen, seltener glatt, meist im ganzen oder nur apikal bedornt; 2. die (verdickte) die Schenkel tragende Basis (*B*), die, ebenfalls paarig, bei den *Platycleidini* in der Mitte durch eine Haut verbunden, bei den *Pholidopterini* chitinös im ganzen oder nur an der Basis, sehr selten nicht verwachsen ist, mehr oder weniger bedornt oder glatt; die orale Seite der Basis ist bei letzterer Tribus geschlossen chitinisiert die dorsale liegt (oft mehr oder weniger offen) einem (nicht immer seitlich sicht-

[1]) In allen Textabbildungen sind die Epiphalli von der oralen Aufsicht her gezeichnet; man erkennt die Vorderseite des Epiphallus, auch wenn er schon isoliert ist, immer am besten, wenn die meist teilweise konkave Fläche der Basallappen dem Beschauer zugewandt ist.

baren) feinen Häutchen auf (Abb. 50); 3. die **Basallappen** (L); diese sind chitinös, aber ringsherum durch eine Haut mit den übrigen Epiphallusteilen verbunden.[1])

Die Einteilung ZEUNERS in eine „*Platycleis*-Gruppe" und eine „*Metrioptera*-Gruppe" wird auch vom allgemeinen Habitus des Epiphallus gestützt, ohne daß es aber möglich wäre, eine wirklich scharfe morphologische Abgrenzung zu finden, wie dies angesichts der so engen und gleitenden Verwandtschaft der Gattungen nur natürlich ist.

Bei den holopteren Arten von *Platycleis* finden wir von einem Typ mit schlanken, bis auf den oberen Teil der Basis bedornten Schenkeln (*intermedia*) bis zu einem gedrungenen Typ (*romana*) alle Übergänge; auffallend ist die schaufelartige Form der Schenkel und ihre starke Bedornung auf der Kante sowie einer daneben liegenden Leiste bei *escalerai*. Bei den hypopteren Arten ist der basale Teil der Basis ebenfalls bedornt und diese Bedornung teilweise bis weit auf den Bereich der Basallappen ausgedehnt. Diese Formen führen in direkter Linie zu *Montana*, die ja auch nächstverwandt und in ihren holopteren Arten äußerlich denen von *Platycleis* sehr ähnlich ist. Ganz aus dem Bautyp des *Montana*-Epiphallus fällt *stricta* (vgl. S. 227) heraus, in geringerem Maße auch *macedonica*; bei diesen beiden Arten sowie ferner bei *striata* sind die Basen unbedornt. *Sepiana* (nur noch vertreten durch die Art *sepium* (vgl. S. 250), läßt im Typ des Epiphallus die Verwandtschaft mit *Platycleis* erkennen, trotz dessen auffällig modifizierter Form. *Parnassiana*, obwohl habituell mehr ein Typ der *Metrioptera*-Gruppe, erweist sich als anscheinend näher *Platycleis* stehend. *Tessellana* bietet eines der einheitlichsten Bilder innerhalb der Gattung; die Basen sind am Innenrand nach unten mehr oder weniger zipflig verlängert und, durch einen mehr oder weniger tiefen Einschnitt getrennt, an der Außenseite oft fast flügelartig verbreitert, mit kurzen Basallappen. *Incertana*, morphologisch durch den schmalen, ziemlich parallelkantigen Pronotumrücken und den gleichartigen Ovipositor zweifellos *Tes*-

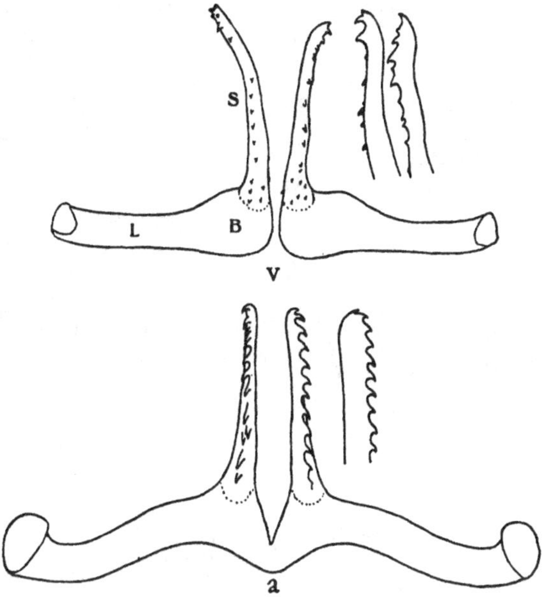

Abb. 56. Epiphalli von *v Decticus verrucivorus*; *a Medecticus assimilis* (*S* Schenkel, *B* Basis, *L* Basallappen)

[1]) Es sind bei den *Platycleidini* nur die chitinisierten Teile des Epiphallus abgebildet.

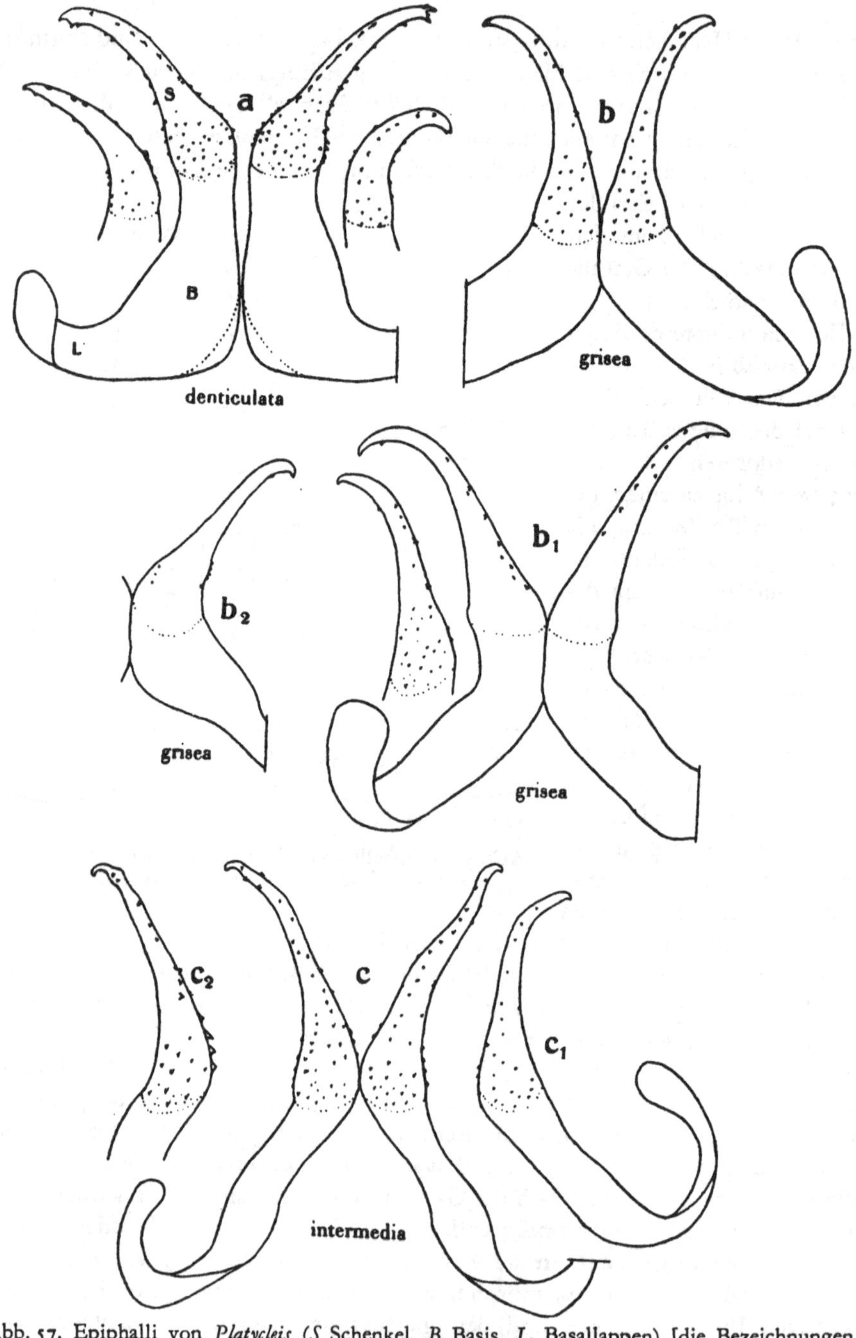

Abb. 57. Epiphalli von *Platycleis* (*S* Schenkel, *B* Basis, *L* Basallappen) [die Bezeichnungen *a*, *b*, b_1 u. b_2 *c*, c_1 u. c_2 für die Tabelle S. 245]

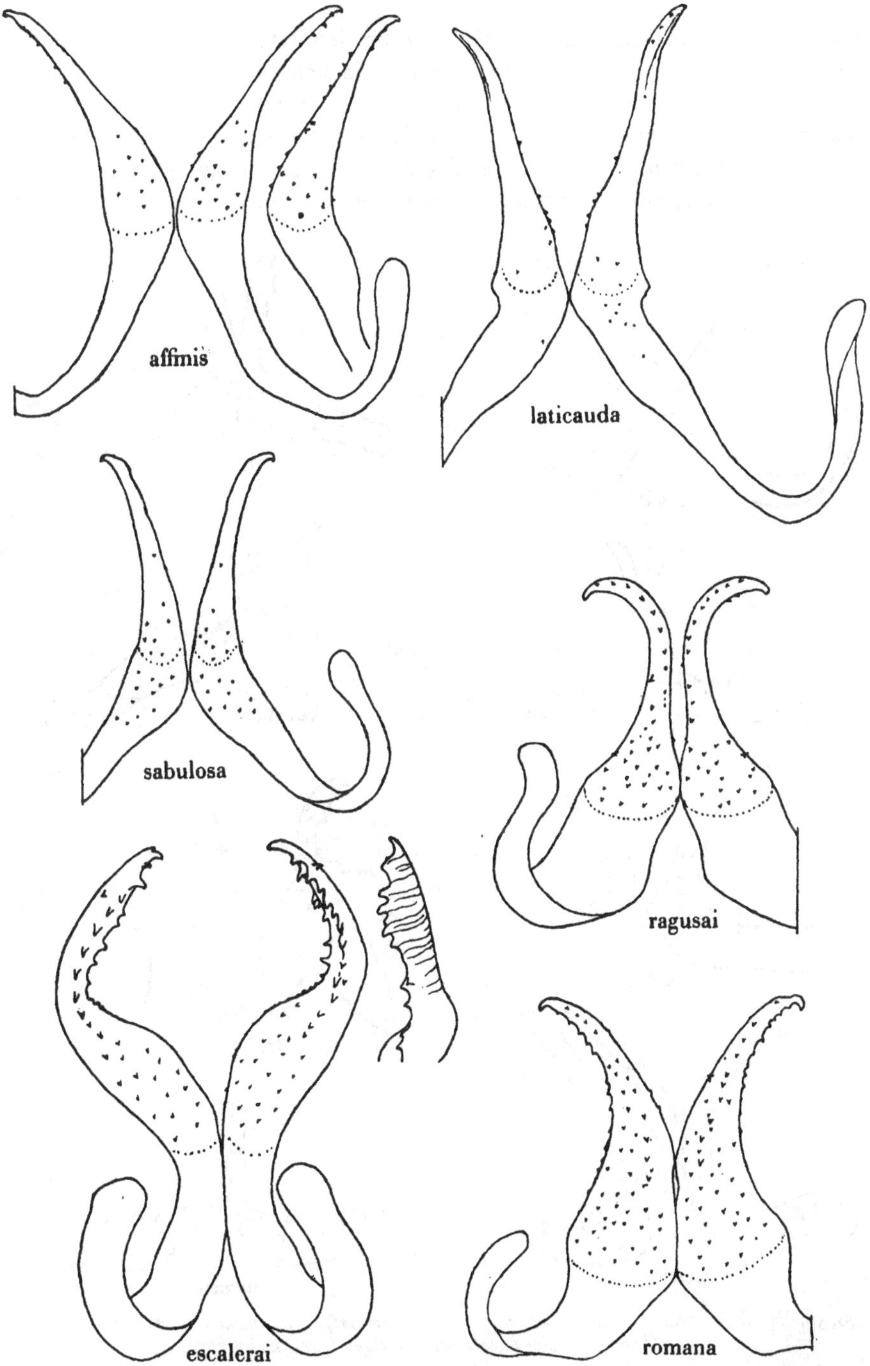

Abb. 58. Epiphalli von *Platycleis* (bei *affinis* r. Variat., bei *escalerai* r. Profil des Schenkelendes)

sellana nahestehend, neigt andererseits auch zu den hypopteren Arten von *Platycleis*; die weiter unten zu beschreibende neue holoptere Form von *Incertana versica* (Uv.) ähnelt auch außerordentlich einer holopteren *Platycleis*. Bei *Semenoviana* (vgl. S. 252), wenigstens bei der mir bekannten *tamerlana*, zeigt der Epiphallus die gleichen zipfligen Verlängerungen der Basis nach unten wie *Tessellana*, ähnlich *tessellata* (Charp.); auch *Sporadiana* bietet in der Form des Epiphallus ähnliche

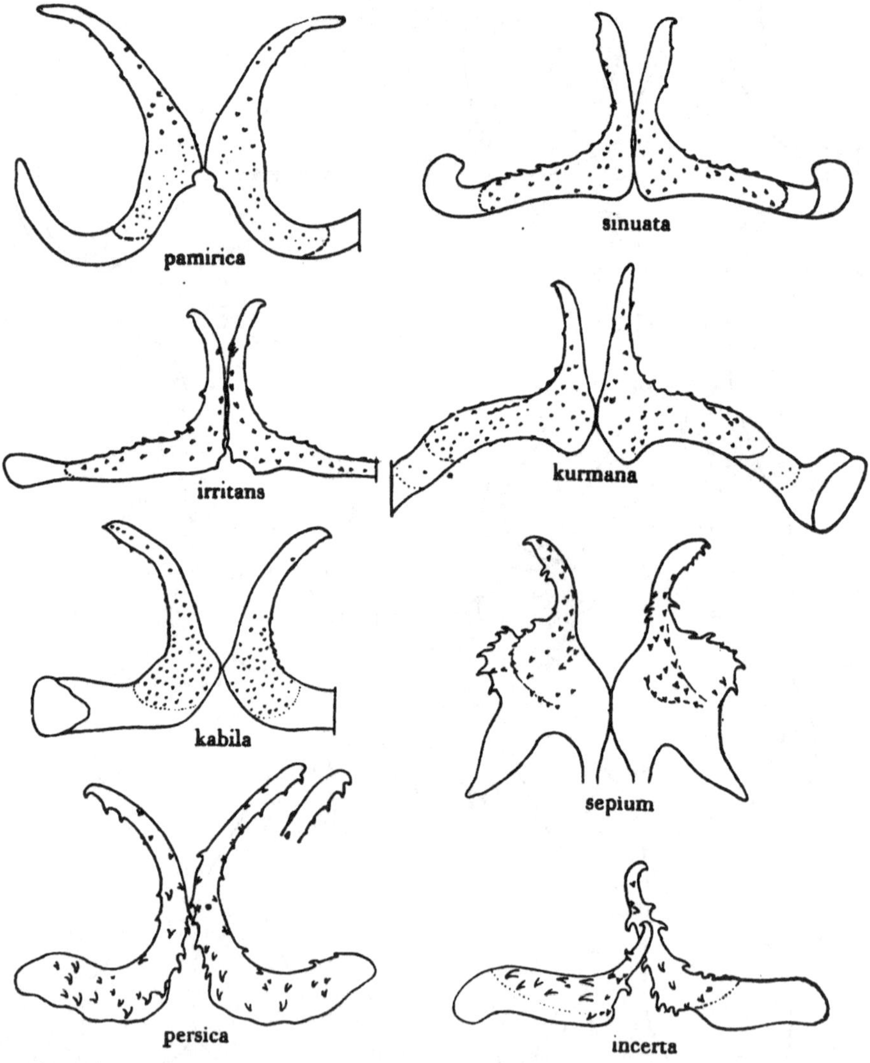

Abb. 59. Epiphalli von *Platycleis* (*pamirica*, *sinuata*, *irritans*), *Squamiana* (?) *kurmana*, *Decorana* (*kabila*), *Sepiana* (*sepium*), *Incertana* (*persica*, *incerta*)

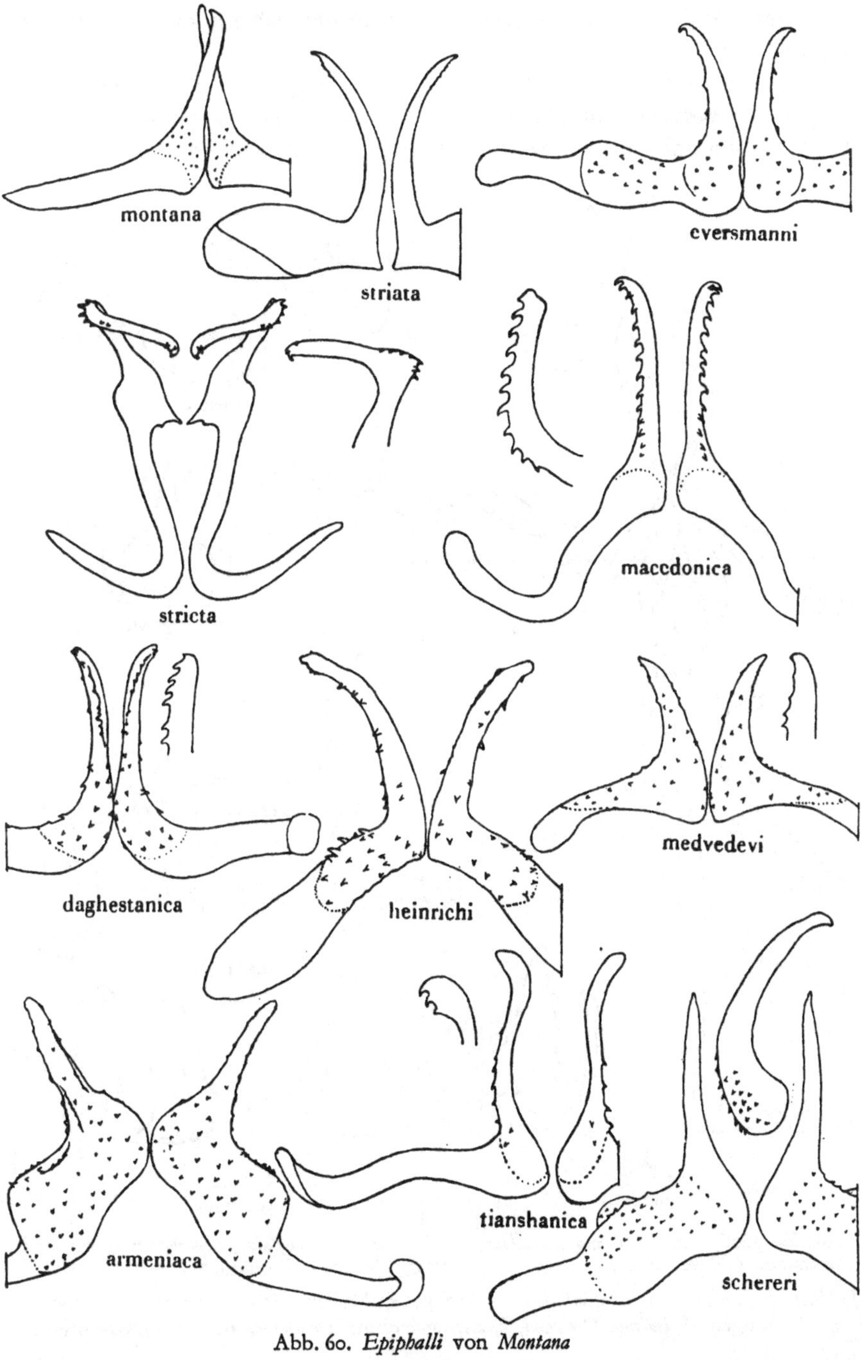

Abb. 60. *Epiphalli* von *Montana*

Verhältnisse. Beide letztgenannten Gattungen dürften daher in die Nachbarschaft von *Tessellana* zu stellen sein.

Die folgenden Gattungen der „*Metrioptera*-Gruppe" mit den Gattungen *Metrioptera*, *Zeuneriana*, [*Sphagniana*[1])], *Bicolorana* und *Roeseliana* besitzen Epiphalli mit meist völlig unbedornten Basen (Ausnahmen: *Metrioptera prenjica*, *oblongicollis*

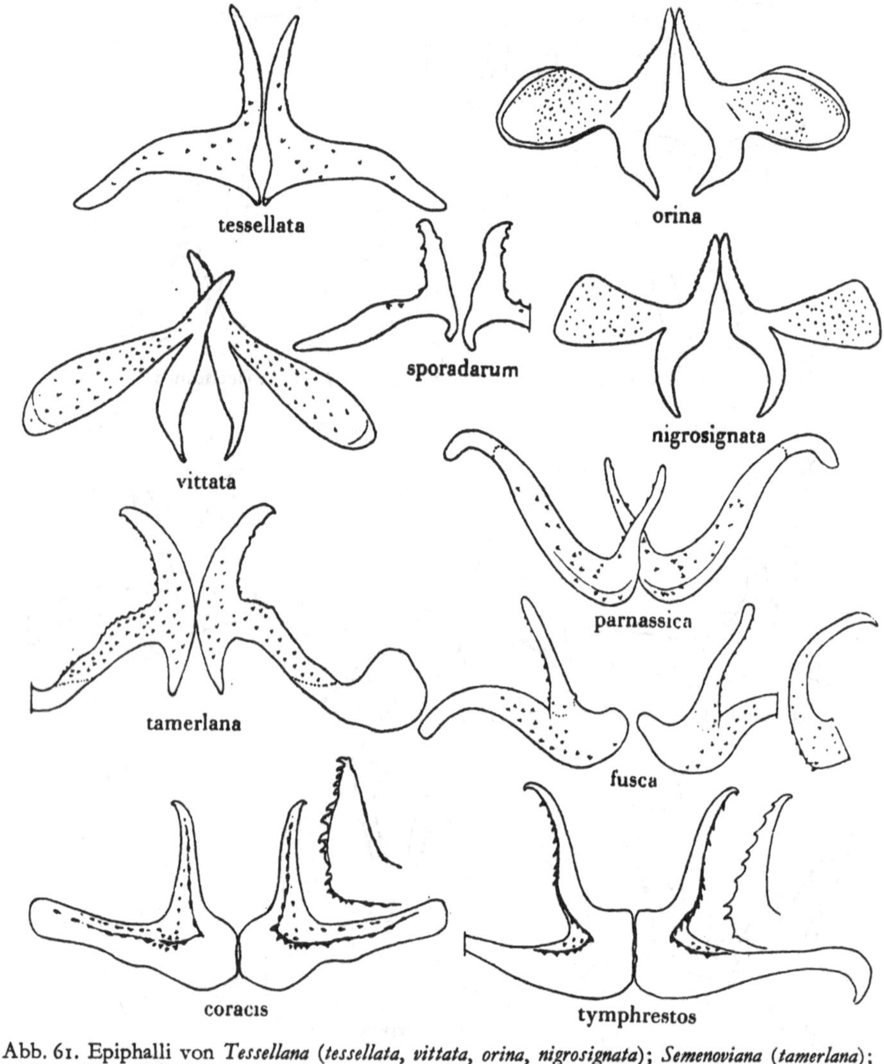

Abb. 61. Epiphalli von *Tessellana* (*tessellata*, *vittata*, *orina*, *nigrosignata*); *Semenoviana* (*tamerlana*); *Parnassiana* (*parnassica*, *fusca*, *coracis*, *tymphrestos*) [daneben: Profile der Schenkelenden]

[1]) Vorläufig hier belassen, Epiphallus aus Mangel an Material nicht untersucht, ebensowenig bei den Gattungen *Alticolana*, *Decorana*, *Eumetrioptera* und *Sphagniana* der „*Platycleis*-Gruppe".

und *knipperi*), schlanken, meist nur apikal bedornten Schenkeln, die meist nur im apikalen Teil gekrümmt sind (Ausnahme: *Metrioptera bonneti*). Eine scharfe Abgrenzung der Gattungen allein durch die Epiphallusform ist nicht möglich; dagegen läßt sich innerhalb *Bicolorana* die Gruppengrenze gut erkennen.

Es folgen kritische Bemerkungen und Ergänzungen zu Zeuners Revision bezüglich der einzelnen Gattungen und Arten, soweit notwendig und einer Beurteilung durch vorliegendes Material zugänglich.

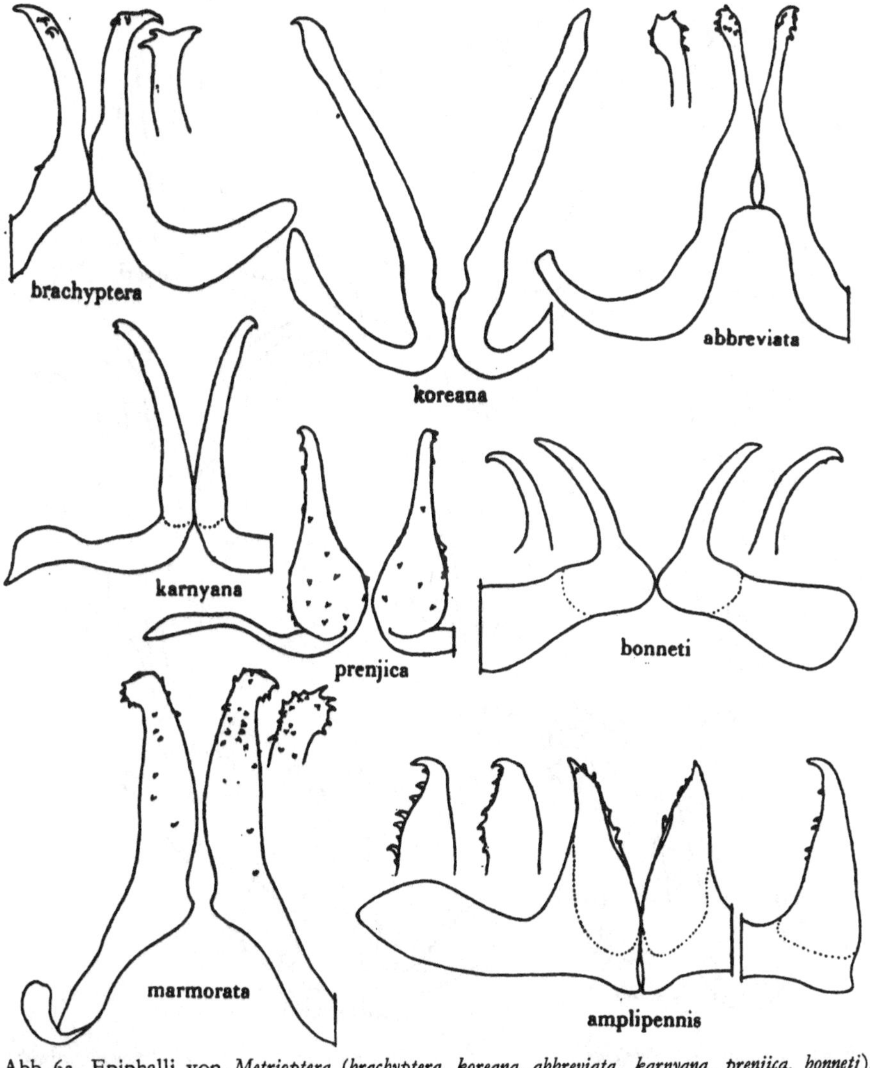

Abb. 62. Epiphalli von *Metrioptera* (*brachyptera*, *koreana*, *abbreviata*, *karnyana*, *prenjica*, *bonneti*), *Zeuneriana* (*marmorata*, *amplipennis*) [daneben: Profile der Schenkel und Schenkelenden]

Platycleis Fieb.

Die Gattung *Platycleis* Fieb., deren Abtrennung von *Metrioptera* Wesm. (im alten Sinne) ich schon seinerzeit befürwortet hatte — welcher Auffassung Tarbinsky (Zool. Anz. 1930, 91 : 328) mit kaum ausreichender Begründung widersprach — wird nun auch von Zeuner als eigene Gattung betrachtet, da sie klar

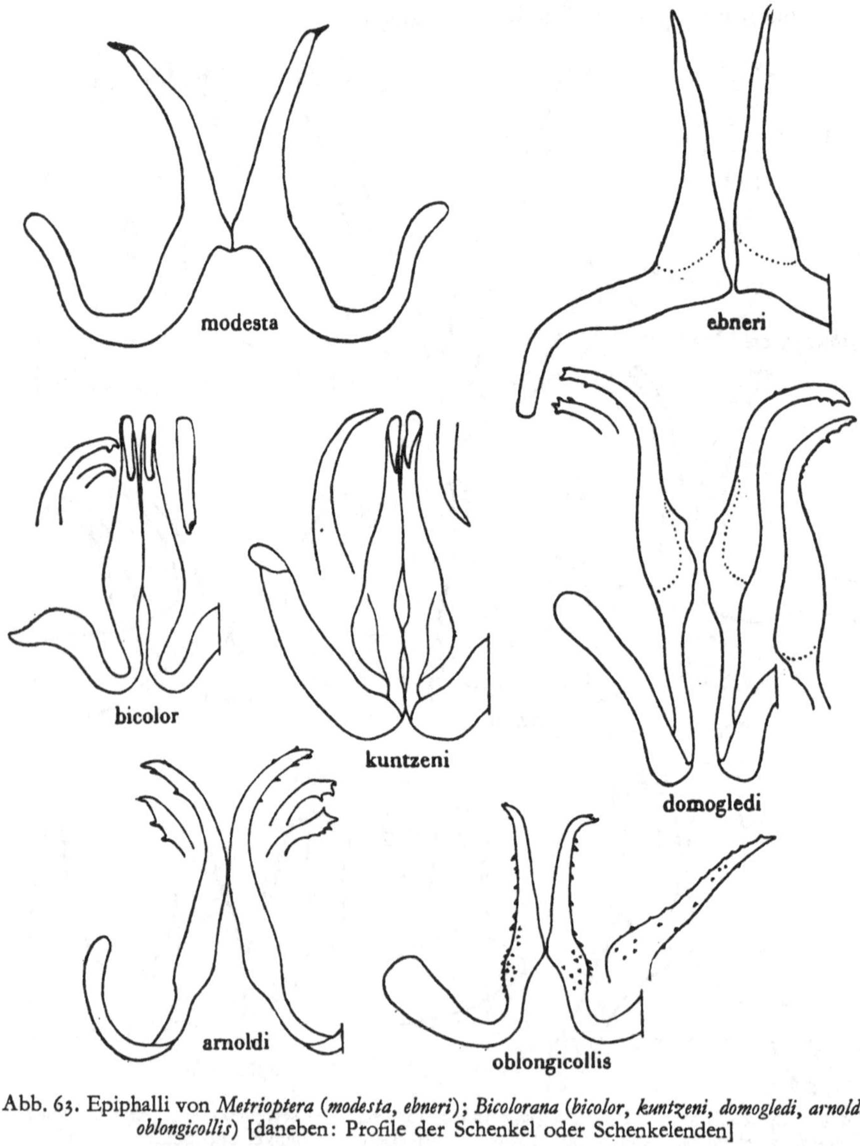

Abb. 63. Epiphalli von *Metrioptera* (*modesta*, *ebneri*); *Bicolorana* (*bicolor*, *kuntzeni*, *domogledi*, *arnoldi*, *oblongicollis*) [daneben: Profile der Schenkel oder Schenkelenden]

zu diagnostizieren ist, wenigstens was die holopteren Arten betrifft. Von diesen unterscheidet der Autor 3 Gruppen (p. 23, 31 u. 33), doch glaube ich nicht, daß man diese als natürliche auffassen kann, da dieser Einteilung nur die Form der in der Gattung ungemein vielgestaltigen und variablen Subgenitalplatte des ♀ zugrunde liegt; der Bau des Epiphallus läßt jedenfalls keine engere Zusammen-

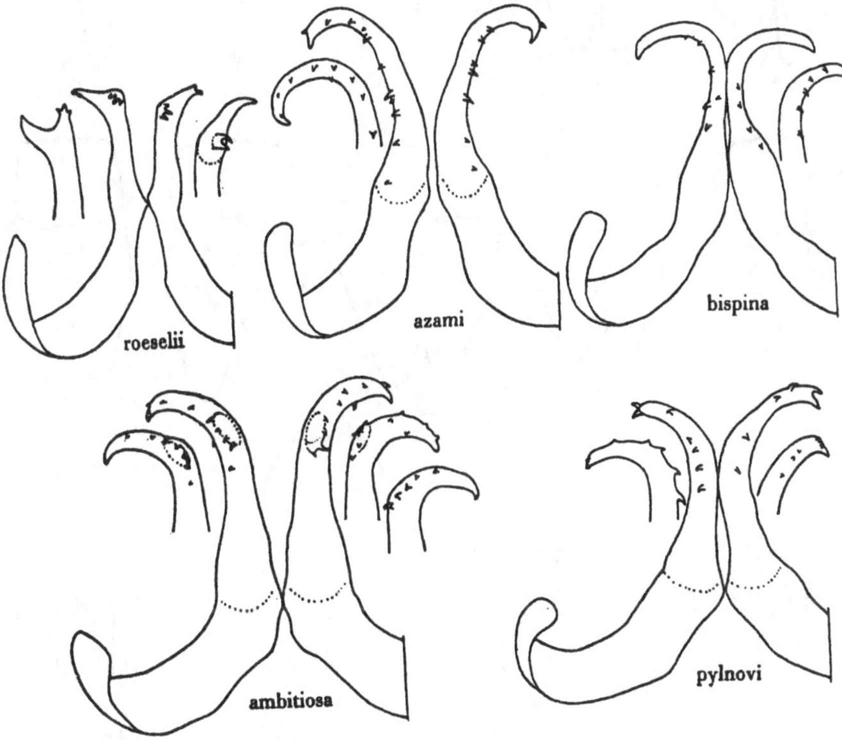

Abb. 64. Epiphalli von *Roeseliana* [daneben: Profile der Schenkelenden, zum Teil mit Variat.]

gehörigkeit von Artengruppen im obigen Sinne erkennen. Dagegen zeigt die Gruppe IV der hypopteren Arten eine Modifikation des Epiphallus; eine Überleitung zu den drei anderen bildet aber der von *pamirica*. Rechtmäßig, gemessen an der sonstigen Gattungsaufteilung bei ZEUNER, müßte auch für diese Artengruppe eine eigene Gattung aufgestellt werden, doch sei davon abgesehen, um deren Zahl nicht noch weiter zu vergrößern; der enge Anschluß an *Platycleis* ist immerhin ersichtlich. Hierher gehören außer der genannten *pamirica* und *heinrichi*, beide mit Vorbehalt von ZEUNER zur Gattung gestellt, noch *iljinskii* Uv. und die nahestehende *irritans n. sp.* (vgl. S. 372).

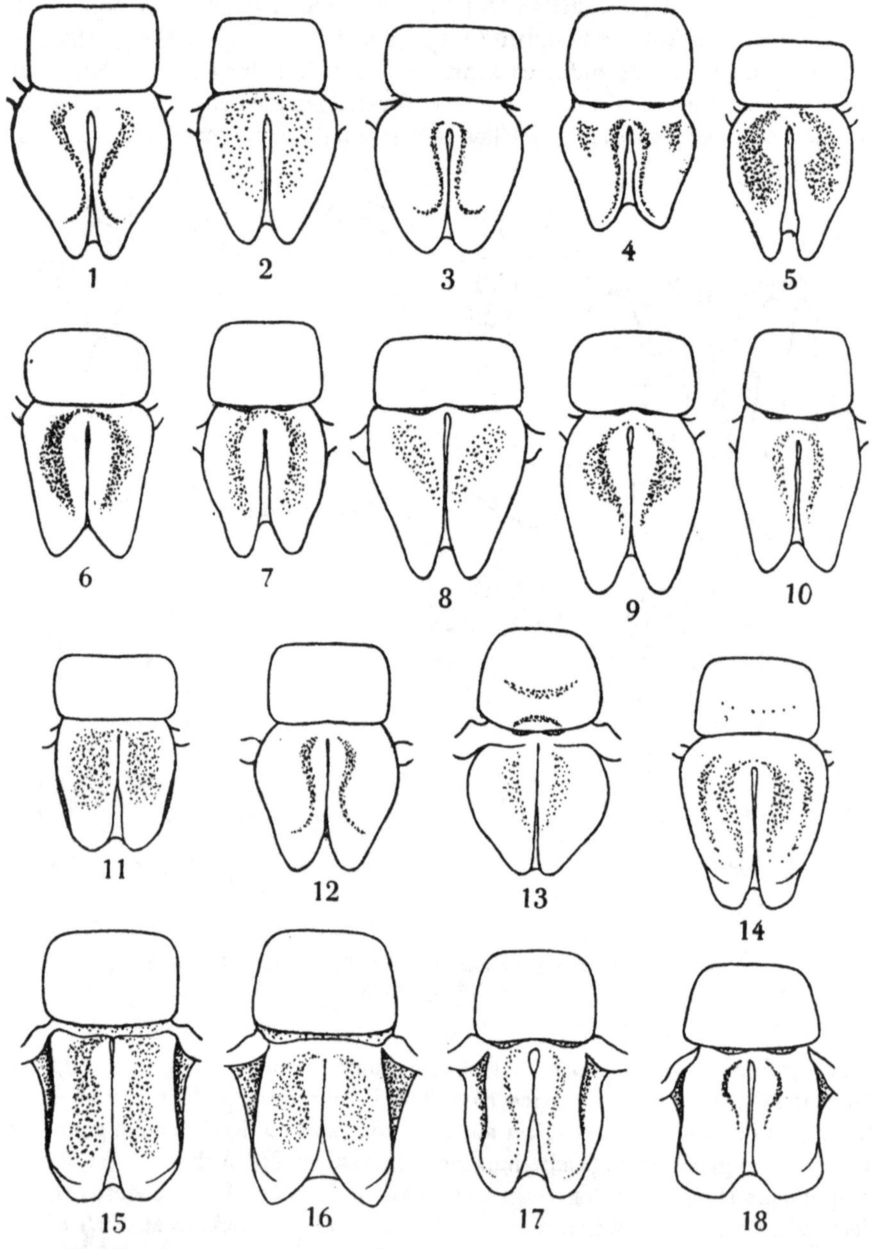

Abb. 65. *Platycleis*, Subgenitalplatte ♀ (ventral) und 7. Sternit: 1—12 von *denticulata*, 13, 14 *dent. hispanica*, 15—18 *grisea*

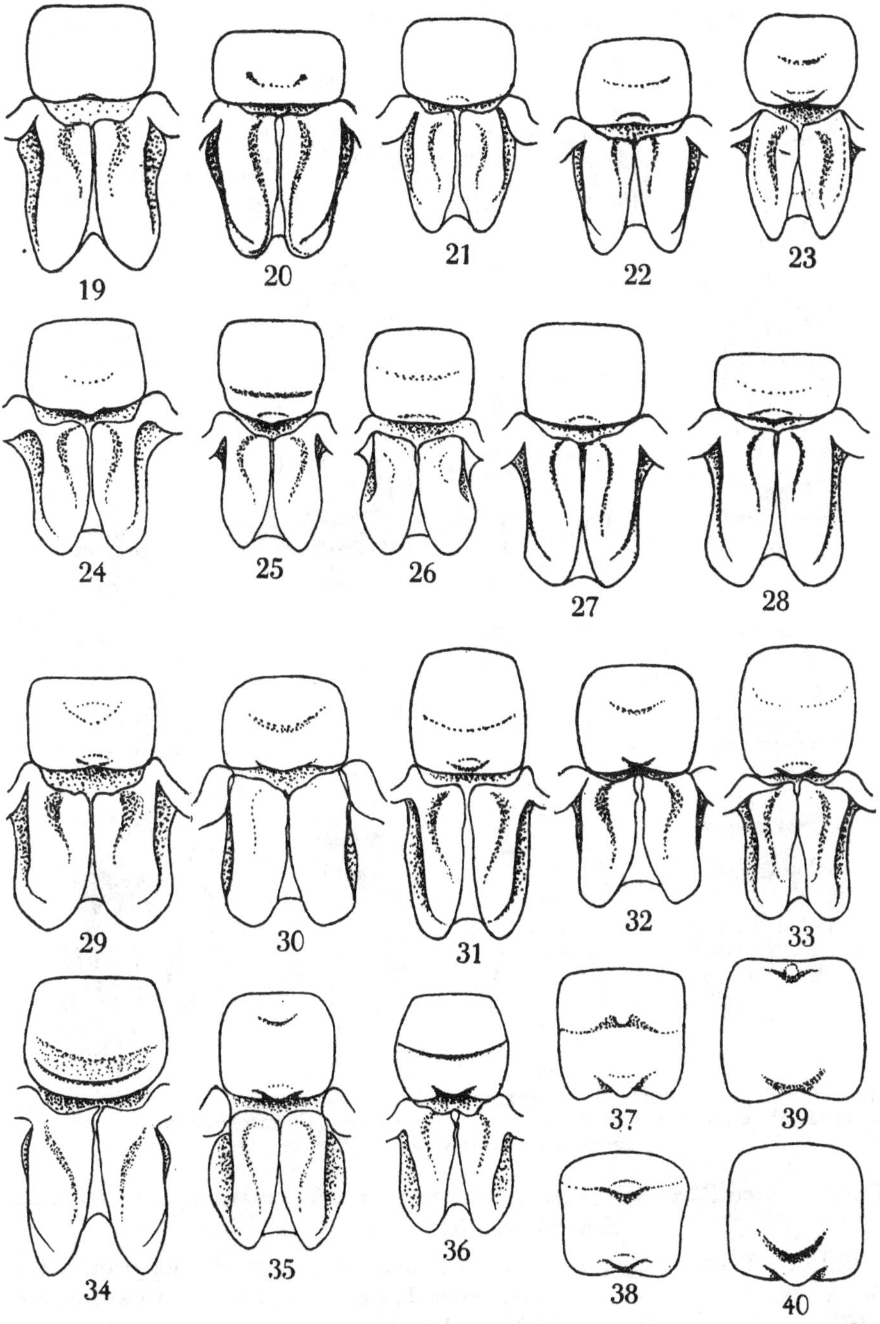

Abb. 66. *Platycleis*, Subgenitalplatte ♀ (ventral) und 7. Sternit: 19—21 von *grisea*, 22—28 *grisea f. transiens*, 29—40 *intermedia* (33, wenn nur schwach skulptiert, *int. f. transiens*)

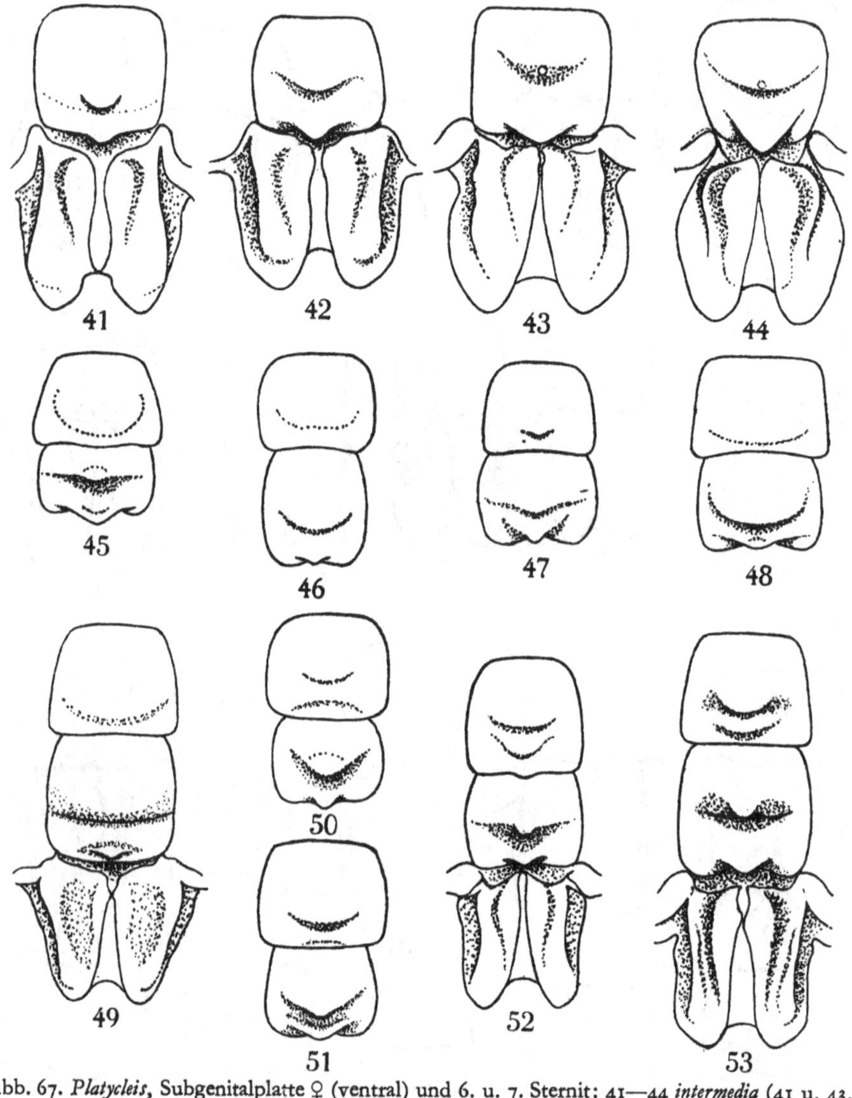

Abb. 67. *Platycleis*, Subgenitalplatte ♀ (ventral) und 6. u. 7. Sternit: 41—44 *intermedia* (41 u. 43, wenn nur schwach skulptiert *int. f. transiens*); 45—49 *intermedia*, Übergänge zu *int. f. mesopotamica*; 50—53 *int. f. mesopotamica* (53 Typus)

Der Artenkreis *Pl. grisea* F., *occidentalis* Zeuner (nach Ander synonym zu *denticulata* Panzer) und *intermedia* (Serv.)

Es ist das Verdienst Zeuners, durch Serienuntersuchungen der Subgenitalplatte des ♀ erkannt zu haben, daß sich unter *Platycleis grisea* auctt. zwei Formen verbergen, die er zunächst (Mitt. Zool. Mus. Berlin 1931, p. 435) als *subspp. grisea*

grisea und *grisea occidentalis* (s. oben), und jetzt in seiner Revision der Gattung als gute Arten auffaßt. Er hat weiterhin darauf hingewiesen, daß sich bei *grisea* „Übergangsformen“ zu *intermedia* mit Annäherungen an deren Skulptur des 7. Sternits „*grisea transiens*“ finden und von *intermedia* wiederum Übergänge zu *mesopotamica* Rme, bei der die Skulptur des 7. Sternits, etwas abgewandelt, auf dem 6. Sternit wiederholt wird.

Ander (Opusc. Ent. 1948, p. 36ff.) behandelt (neben *affinis* Fieb.) vergleichend die Arten *intermedia* (Serv.), *grisea* (F.) und *denticulata* (Panzer).

Nomenklatorisch begründet der Autor seine bereits 1945 (Ent. Tidskr., p. 161) geäußerte Ansicht noch einmal, daß *occidentalis* Zeun. identisch sei mit *denticulata* Panzer. Es sei anzunehmen, daß das der Beschreibung Panzers zugrunde liegende Material entsprechend seinem Wohnsitz aus Süddeutschland stamme, wo *grisea* bisher nicht gefunden sei, wie es überhaupt zweifelhaft sei, daß diese Art in Deutschland vorkomme. Daß letztere Ansicht allergrößte Wahrscheinlichkeit hat, betrachte ich — unabhängig von Ander — auf Grund der nachstehenden Untersuchung eines sehr umfangreichen Materials als ziemlich sicher und schließe mich daher der vorgeschlagenen Synonymisierung durchaus an.

Ander begründet ferner in seiner sorgfältigen Untersuchung die von Zeuner (l. c.) bereits vorgenommene spezifische Trennung von *grisea* und *denticulata* (*occidentalis*) durch Unterschiede im Bau des Epiphallus sowie der weiblichen Subgenitalplatte bei der er — entsprechend meinen eigenen gleichzeitigen, hiervon unabhängig gewonnenen Ergebnissen — feststellt, daß der von Zeuner erwähnte Längswulst der Platte der eigentliche Außenrand ist, an den sich dann eine als Fortsetzung der weichen Pleuralhaut anzusehender weiterer weichhäutiger Teil anschließt, der bei *denticulata* nur etwa bis zur Hälfte der Loben, bei *grisea* bis nahe zu deren Ende erstreckt. Sehr wesentlich ist der ganz neue Hinweis Anders auf das „Seitensklerit“ der Platte, dessen Verschiedenheit bei *denticulata* und *grisea* in der Tat das beste Unterscheidungsmerkmal für das ♀ beider Arten darstellt. Im Zusammenhang mit diesem Seitensklerit erscheint mir am sinnfälligsten die Trennung und ventralwärts etwas tiefere Lage dieses Gebildes bei *denticulata*, während sich das Sklerit bei *grisea* unmittelbar auf die Platte in einer flachen Mulde erstreckt. Die Verschiedenheit der sagittalen Breite kommt — wegen einer gewissen Variabilität — nicht so klar zum Ausdruck, da sich durch Schrumpfungserscheinungen[1]) das Sklerit oft unter den Hinterrand des letzten Tergits schiebt.

Ich bin, wie schon bemerkt, ganz unabhängig von Ander durch Untersuchung des Epiphallus und der Subgenitalplatte (♀) zur spezifischen Trennung von *grisea* (F.) und *denticulata* (Pz.) gelangt. Ebenso gibt die Form des Epiphallus die Möglichkeit, wenigstens annähernd die *grisea transiens*-Form von *intermedia* zu trennen, die ihrerseits Übergänge (*intermedia n. f. transiens*) zu *grisea* entsendet; hier verwischen sich die Unterschiede der Subgenitalplatten beider Arten aller-

[1]) Vor allem bei nicht gut präparierten Exemplaren!

dings erheblich. *Mesopotamica*, die ich seinerzeit nur nach 1 ♀ beschrieben hatte, möchte Zeuner nur für eine Subspezies von *intermedia* halten, was in der Tat die Form des Epiphallus zu bestätigen scheint; in diesem Fall muß man aber noch weiter gehen und kann *mesopotamica* nur als Individualform werten, da sie gelegentlich gemeinsam mit typischen *intermedia* vorkommt und ein unvermischtes subspezifisches Vorkommen noch nirgends festgestellt werden konnte. Allerdings erreichen die mir bis jetzt bekanntgewordenen Formen nicht die Stärke der plastischen Bildungen auf dem 6. Sternit wie der Typus. Daß sich beispielsweise in Anatolien (Yokarbanassiya) neben kleinen *intermedia* auch eine große *mesopotamica* sehr ähnliche Form findet, kompliziert wiederum diese Frage. Auch *grisea transiens* kann, wie weiter unten darzulegen ist, nur als Form gewertet werden.

Zeuner hat mit seinen Untersuchungen (l. c.) hier ein morphologisches und phylogenetisches Problem angeschnitten, dessen voll befriedigende Gesamtlösung im Augenblick aussichtslos erscheint. Um aber eine gewisse Grundlage für die notwendigen weiteren Untersuchungen zu schaffen und wenigstens zu versuchen, die Determinationsschwierigkeiten zu verringern, habe ich eine genaue Analyse des Berliner Materials (320 Expl.) aller drei Arten, insbesondere des Epiphallus, sowie der ♀-Subgenitalplatte und der letzten beiden Sternite des ♀ vorgenommen und in größter Breite bildlich und in einer Variationstabelle dargestellt.

Ohne Heranziehung des Epiphallus sind die ♂♂ dieser Arten meist überhaupt nicht zu unterscheiden; die Zugehörigkeit zu den entsprechenden ♀♀ ist nur unter Berücksichtigung der durchschnittlichen Größenverhältnisse und des Fundortes mit einer gewissen Sicherheit zu erkennen.

Die Variationstabelle auf S. 245 (in Verbindung mit der bildlichen Darstellung aller möglichen Formen der Subgenitalplatten des ♀ der drei Arten (Abb. 65—67) sowie der Epiphalli) soll, gleichzeitig als warnendes Beispiel, die bei den Orthopteren im allgemeinen und in Einzelfällen oft ganz besonders große und gerade in neueren systematischen Arbeiten und Revisionen viel zu wenig beachtete Variationsbreite vieler morphologischer Merkmale zeigen; eine Parallele hierzu bietet aus dem Bereich der *Acrididae* der Artenkreis um *Chorthippus biguttulus* (vgl. S. 268).

In beiden Fällen handelt es sich um „Ubiquisten", also Arten, die sehr weit verbreitet, eurytop und individuenmäßig sehr häufig sind. Diese Erscheinung wird ermöglicht durch eine außerordentliche Lebenskraft der betreffenden Art, bei größter Anspruchslosigkeit an den Lebensraum und große, eine starke Verbreitungsmöglichkeit fördernde Fluggewandtheit; die vorzüglich angepaßte unscheinbare Tracht, wie sie gerade beide Artenkreise zeigen, bietet stärkeren Schutz gegen Feinde zur weitgehenden Erhaltung der Art, als wenn die Tiere auffällig gefärbt wären.

Die genannten Umstände geben auch den Schlüssel für die große Variabilität in diesen Artenkreisen, für die vor allem drei Faktoren eine Rolle spielen dürften:

1. Die weiträumige Verbreitung (von Nordeuropa bis weit in das Mediterrangebiet mit seinen vielseitigen Biotopen) bringt die Arten mit sehr extremen Klimabedingungen bezüglich der Temperatur und der Luftfeuchtigkeit, ferner mit sehr differenter Ernährungsbasis in Berührung; dies findet sicher seinen Ausdruck in starken Schwankungen der Größenverhältnisse und vielleicht gewissen morphologischen Veränderungen; so erklären sich zum Teil auch die zahlreichen gleitenden Übergänge.

2. Der Individuenreichtum, oft auf engem Raum, könnte — entsprechend der Phasenlehre Uvarovs — durch gegenseitige Irritation ebenfalls gewisse morphologisch verändernde Auswirkungen haben, wie dies auch bei *Chorthippus albomarginatus* von Rubtzov (Bull. Ent. Res. 26, 1935) und bei *Chorthippus bicolor* (*brunneus* Thbg.) und *biguttulus* von Klingstedt (Notul. Ent. XIX, 1939, p. 6) an Elytren und Pronotum beobachtet wurde.

3. Es ist die Möglichkeit nicht von der Hand zu weisen, daß Hybridationen vorkommen, um so mehr als die ziemlich einheitlichen Epiphalli eine Kopulation zwischen diesen nah verwandten Arten leicht gestatten. Hier ist es allerdings außerordentlich schwer, am Phaenotyp sichere Feststellungen zu treffen; die Untersuchung der Chromosomen, wie sie von Klingstedt bei Hybriden von *Chorthippus brunneus* und *biguttulus* angestellt wurden, führte zwar anscheinend zum Erfolg, doch meine ich, daß sichere Resultate nur durch weitere umfangreiche Versuche gewonnen werden können. Ich bin nicht völlig davon überzeugt, daß der „wilde Hybrid" wirklich ein solcher war (vgl. S. 269).

Wir finden für die oben geschilderten Verhältnisse eine gewisse Parallele in der Ornithologie bei *Passer domesticus* (L.) und *hispaniolensis* (Temm.), deren Tracht[1]) und übrige Lebensverhältnisse als Ubiquisten mit denen bei den genannten *Platycleis*- und *Chorthippus*-Arten viele gemeinsame Züge tragen und die — *mutatis mutandis* — zu ähnlichen Auswirkungen führen, wie Meise in einer genauen Untersuchung (Journ. f. Ornith. Berlin 1936, p. 631—672) dargelegt hat.

In der Pflanzenwelt ergibt sich ebenfalls eine gewisse Parallele, und zwar bei den „Unkräutern", die bei meist unscheinbarer Tracht größte Anspruchslosigkeit an die Bodenbeschaffenheit, geringe Klimaabhängigkeit und außerordentliche Verbreitungsmöglichkeiten bei starker morphologischer Variabilität zeigen. —

Eigene Untersuchungen

Für die Erkennung der drei Arten *denticulata*, *grisea* und *intermedia* sind die habituelle Größe, die Elytrenlänge und deren Aderung sowie die Form des Ovipositors von untergeordneter Bedeutung, wesentlich dagegen die Form des Epiphallus, für das ♀ die Subgenitalplatte und die Skulptur des 7. und des 6. Sternits.

[1]) Als Beispiele für unscheinbare Tracht seien hier auch Hausmaus, Haus- und Wanderratte erwähnt.

1. Die habituelle Größe

Der Größenunterschied ist innerhalb der Arten oft sehr erheblich, besonders bei *intermedia*, die gelegentlich nicht größer ist als *grisea*. Die Differenzen zeigen sich sowohl in der horizontalen als auch vertikalen Richtung der Verbreitung: im Flachland, südwärts sich steigernd, meist größere Individuen, in der montanen Region Absinken der Größe. Es ist dies nur eine Tendenz, keine Regel, und man findet oft am gleichen Fundplatz starke Divergenzen innerhalb einer Art.

2. Die Elytrenlänge

Sie steht im allgemeinen naturgemäß in Korrelation mit der allgemeinen Körpergröße; vielfach finden sich aber unter normal holopteren Serien eines Fundplatzes auch hyperptere Stücke, besonders wiederum bei *intermedia*, teilweise sogar dominant. Ich glaube sicher, daß diese Erscheinung im Sinne der Phasenlehre von Uvarov zu deuten ist und daß diese besonders flugfähigen hyperpteren Stücke stärkerer räumlicher Verbreitung dienen; es sei hier an die hyperpteren Phasen von *Dociostaurus maroccanus* (Thbg.) und *Calliptamus italicus* (L.) erinnert. Die relativen Größenverhältnisse der Hauptfelder der Elytren, wie sie Zeuner (Mitt. Zool. Mus. Berlin 17, 1931, p. 226) bei den *Decticinae* variationsstatistisch untersucht hat, können kaum zur Trennung der drei Arten mit Erfolg herangezogen werden.

3. Der Ovipositor

Ebensowenig ist dies für den Ovipositor der Fall, der in gewissen Grenzen ebenfalls Schwankungen in Länge und Form in gleitenden Übergängen unterliegt. Nur subspezifisch kommen wesentliche Längensteigerungen und Formveränderungen ohne Übergang zur Nominatform vor, wie etwa bei *denticulata hispanica* Znr.

4. Der Epiphallus

Der Epiphallus ist bei den drei Arten — bei sonst einheitlichem Bau — doch soweit modifiziert, daß er ein gutes Unterscheidungsmerkmal bietet, besonders für *denticulata* und *grisea*. Bei ersterer (Abb. 57) sind die Schenkel (*S*) verhältnismäßig gedrungener, insbesondere ihr basaler Teil stärker gewölbt als der meist etwas flach erscheinende von *grisea*; die Schenkel sind bei dieser letzteren Art etwas schlanker und länger, deren Spitze einfach hakenförmig gekrümmt, während bei *denticulata* oft eine leichte Verbreiterung der Spitze und eine doppelte hakenförmige Bedornung zu erkennen ist; die allgemeine Bedornung der Schenkel ist bei *grisea* schwächer. Völlige Sicherheit zur Unterscheidung gewähren diese Merkmale jedoch nicht, da Annäherungen vorkommen. Dagegen sind die Basen (*B*) stets deutlich verschieden; sie sind bei *denticulata* basal wesentlich breiter als apikal und ihre Innenflächen berühren sich fast bis zum Grunde, erst ganz unten divergieren sie mehr oder weniger etwas; die Basallappen (*L*) sind kurz. Bei *grisea* (b und b 1) sind die Basen ziemlich gleichmäßig breit, die Breite an sich etwas wechselnd (in seltenen Fällen findet sich die Form b 2), sie berühren sich nur apikal eine kürzere Strecke; die Basallappen sind länger und schmaler. Der Epiphallus von *intermedia* ist im ganzen länger und schlanker, die Schenkel apikal mit meist stärker entwickelter hakenförmiger Krümmung, die Bedornung der Schenkel in ihrer Dichte wechselnd (c und c 1), seltener (c 2) ist die Innenkante kräftig bedornt. Die Basen sind lang und schmal, berühren sich nicht, die Lappen schmal und ziemlich lang. Es ist nicht immer leicht, diesen Epiphallus von schlankeren *grisea*-Formen klar zu unterscheiden.

5. Die Subgenitalplatte (♀) [Abb. 65—67]

Diese ist bei allen drei Arten so außerordentlich variabel, daß erst die Gegenüberstellung der Formen bei zahlreichen Individuen ein gewisses Grundprinzip, wenigstens zur Unterscheidung von *denticulata* und *grisea* erkennen läßt[1]). Die Platte von *denticulata* zeigt mehr oder weniger Herzform und eine ziemlich glatte Oberfläche, da der beiderseits der — wechselnd divergenten — Mittelfurche liegende Wulst kaum oder schwach entwickelt ist und auch ein Randwulst fehlt oder nur eben angedeutet ist; die Platte schließt seitlich mit dem Außenrand ab. Bei *grisea* ist die Form der Platte mehr rechteckig, die Wülste neben der Mittelfurche mehr oder weniger stark entwickelt, ebenso an den Seiten der Platte ein Randwulst, neben dem, etwas tiefer liegend, auf eine kürzere oder längere Strecke ein schmaler lamellöser Lappen sichtbar wird. Der Mitteleinschnitt am Hinterrand der Platte ist bei beiden Arten wechselnd breit und tief. Bei *intermedia* sind die genannten Merkmale im allgemeinen noch stärker entwickelt und vielfach die Endlappen der Platte seitlich breit ausladend.

6. Das 7. Sternit (♀) [Abb. 65—67]

Das 6. Sternit (♀) ist bei *denticulata* ganz glatt, nur bei *d. hispanica* findet sich oft eine der Skulptur von *grisea f. transiens* Znr. entsprechende Plastik; *grisea grisea* hat ebenfalls ein glattes 6. Sternit. Die für *intermedia* charakteristische Skulptur des 6. Sternits besteht aus zwei Teilen, dem unmittelbar am Hinterrand befindlichen und dem mehr auf die Platte selbst verlagerten Teil. Der Teil am Hinterrand ist schmaler oder breiter zungenförmig, er kann dann entweder über den Sternithinterrand etwas hinausragen (Beispiel: Abb. 67, Nr. 50) oder schräg nach oben gerichtet sein (Nr. 39), oder er hat auch mehr die Form eines einfachen Querwulstes (Nr. 29), besonders bei den Übergangsformen. In selteneren Fällen besteht dieser Skulpturteil in einer scharf ausgeprägten bogigen Querfurche (Nr. 34). Der zweite Skulpturteil kann von der unmittelbaren Nachbarschaft des ersteren (Nr. 40) in allen Abstufungen bis fast zum Vorderrand des Sternits rücken (Nr. 39); er kann zungen-, buckel- oder wulstförmige Gestalt in wechselnder

[1]) Hierzu kommt jetzt noch der obenerwähnte von Ander gefundene Unterschied in der Form der „Seitensklerite" der Subgenitalplatte ♀ bei *denticulata* und *grisea*.

Größe und Ausprägung besitzen, zuweilen mit einer kraterartigen Vertiefung in der Mitte (Nr. 39) oder auch, entsprechend der oben erwähnten Skulptur am Hinterrand bei Nr. 34 eine gleichartige bogige Furche (Nr. 36) zeigen. Die Übergangsformen *grisea f. transiens* und *intermedia f. transiens* zeigen alle Skulptierungen in abgeschwächter Form.

Die von Zeuner bedingt zur Unterscheidung von *denticulata* und *grisea* herangezogene äußere Form des 7. Sternits hat keinen taxonomischen Wert, wie ein Blick auf die Abbildungen zeigt, sondern variiert regellos in allen Abstufungen.

7. Das 6. Sternit (♀) [Abb. 67]

Das 6. Sternit, dessen äußere Form ebenso wandelbar ist wie bei dem 7., gewinnt systematische Bedeutung erst bei *intermedia f. mesopotamica*, durch Wiederholung der Plastik des 7. auf dem 6. Sternit (Abb. 67, Nr. 50—53) und den Übergängen (Nr. 45—49) von der Nominatform zu dieser.

Die nachstehende Tabelle analysiert das gesamte zur Verfügung stehende Material des Artenkreises.

Erläuterung der Tabelle

Sie umfaßt die drei Arten *denticulata*, *grisea* und *intermedia* mit den gültigen Subspezies oder Formen, jede in sich geographisch geordnet (Lage der Fundorte siehe weiter unten). Die römischen Zahlen I—IV bedeuten die durchschnittliche Größe (vom Kopf bis zu den Hinterknien gemessen: I etwa 22—23, II etwa 26—28, III etwa 30—33, IV etwa 37—41 mm. Spl. bedeutet Subgenitalplatte des ♀ und bezieht sich auf die Textfiguren Nr. 1—53; wenn mehrere Zahlen angegeben sind, auf eine Anzahl von Exemplaren. Die Buchstaben a, a^1, b, b^1, c und c^1 nehmen Bezug auf die Abbildung 57 der Epiphalli. Die Zahlen 1—53 beziehen sich ferner auf die Form des 6. und 7. Sternits; die fett gedruckten Zahlen weisen auf die für das betreffende Exemplar gültige Gesamtabbildung hin, die schwach gedruckten Zahlen nur auf den jeweils angegebenen Teil. Die in der letzten Spalte angegebenen Buchstaben bedeuten *g. t.* = *grisea f. transiens*, *i. t.* = *intermedia f. transiens*, *i. m.* = *intermedia f. mesopotamica*, *i.* (*m*) = den Übergang zur *f. mesopotamica*.

Lage der Fundorte

Deutschland. Pommern: Ahlbeck; Mark Brandenburg: sämtl. Fundorte bei *denticulata* von Oranienburg bis Bellinchen; Rheinland: St. Goarshausen; Württemberg: Graneg, Michelsberg.

Frankreich. Elsaß: Wildenstein; Savoyen: Bioney; Provence: Grénoble, Malataverne.

Spanien. Salamanca; Sierra de Guadarrema (Cercedilla); Sierra de Gredos; Sierra Nevada.

Portugal. Porto.

Marokko. Asni; Ifrane. Algier. Constantine.

Italien. Süd-Tirol: Klausen, Atzwang, Brentonico, Val di Genova, Caldonazzo, Trient; Ober-Italien: Sirmione, Sassuolo, Fanano, Ospitale, Murano, Castelnuovo; Süd-Italien: Capri, Siena, Pietrasanta, Massatra; Sizilien: Syracus, Fontanamurata; Sardinien: Fontanamela, Aretzo.

Schweiz. Ascona, Soglio.

Österreich. N.-Österreich: Perchtoldsdorf, Mödling, Deutsch-Altenburg; Kärnten: Nötsch.

Ungarn. Szechenyi-Berg; Tass.

Jugoslavien. Krain: Planina, Präwald; Slavonien: Okučani; Istrien: Veprinaz, Monte Maggiore; Kroatien: Senj, Plitvitzer Seen; Dalmatien: Hvar, Knin; Montenegro: Hajler-Planina; Serbien: Suva-Planina; Mazedonien: Pčinja, Gostivar-Debar, Pepelak, Radikatal, Prilep, Kiselawoda bei Skoplje; Kobilitza (Shar-Dagh); Moravatal; Stepanči.

Rumänien. Braşov (Zinne, Hangestein); Retežat, Calimaneşti, Comana, Herkulesbad.
Bulgarien. Kamtschija, Orisare, Keramlek.
Griechenland. Saloniki, Taygetos, Rachi, Chalkis, Karpenision, Kythera, Jerapetra (Kreta), Zante, Rhodos.
Türkei. Tabelle: Brussa bis Silvan.
Cypern. Limassol.
Irak. Chabur (Euphrat).
USSR. Orenburg; Walouiki; Jekaterinoslav; Tuapsse; Transkaukasien: Mzchet, Tiflis; Armenien: Karakliss, Alagös, Jelenovka; Aserbeidshan: Ordubad.
Persien. Täbris; Suledeh; Kiassar.
Chin. Turkestan. Jarkand; Karamuk.

	Gr.	Spl. ♀	Ep.
denticulata denticulata (Pz.)			
Porto	II	3	
Salamanca	II		a
Malataverne	II	1, 8	
Grénoble	I—II	7, 8, 9, 12	
Bioney	II	12	
Ascona	I		a
Wildenstein	I—II	2, 5, 12	
Graneg	I	5	
Michelsberg	I	1	
St. Goarshausen	I	2, 5	
Oranienburg	I	2	
Hermsdorf	I	7, 10	a
Heiligensee	I	6	a
Tegel. Schießplatz	I	2, 6, 10	a
Schorfheide	I	5	
Finkenkrug	I	7	
Potsdam	I	4, 11	
Beelitz	I		a
Grunewald	I	3, 5, 7	a
Wünsdorf	I	2, 7, 6	a
Fangschleuse	I	7	
Königswusterhausen	I	2, 5	
Schwante	I	6	
Kagel	I	6, 10	
Oderin	I	6	
Zühlsdorf	I	2, 6	
Bellinchen	I	5	
Ahlbeck	I	2	a
Retežat	I		a
denticulata hispanica Znr.			
Cercedilla (S. d. Guad.)	I—II	13, 14	a
Sierra de Gredos	I—II	2, 8	a
Sierra Nevada	I	7	
Asni	II	6	

	Gr.	Spl. ♀	Ep.	7. St.	6. St.	f.
denticulata maura Znr.						
Ifrane	III		a			
Constantine	III	12	a			
denticulata yerseyana Znr.			a			
Jersey	I	12	a			
denticulata oelandica Ander	sub I[1])	3	a			
grisea (F.)						
Soglio	I		b			
Ascona	II	22				
Sassuolo	II—III	15				
Fanano	II—III	14, 15, 17				
Ospitale	II—III	**16**				
Murano	III		b			
Castelnuovo	II	14				
Sirmione	II	15				
Trient	II—III	15, 16				
Caldonazzo	II	16				
Val di Genova	II	14, 15, 16				
Brentonico	II	17				
Atzwang	II—III	**15**, 17, **18**, 24	b			
Klausen	II—III	14, 15	b			
Nötsch	I—II	15, 18				
Planina	I—II	15	b			
Dtsch.-Altenburg	I—II		b			
Perchtoldsdorf	II	15, 16				
Mödling	I—II	29	b_1			
Szechenyibg.	I—II	22	b			g. t.
Szechenyibg.	II	28, 30		31		g. t.
Tass	II		b			
Okučani	II		b			
Hangestein	II	25		25		g. t.
Zinne	II	15		23		g. t.
Calimanešti	II	24	b_1	24, 26		g. t.
Comana	II	**24, 26**, 29		**24, 26**		g. t.
Herkulesbad	II	**22, 23**	b_1	**22, 23**		g. t.
Herkulesbad	II	**21**	b_1	**21**		
Mte. Maggiore	III	29		22		g. t.
Mte. Maggiore	II—III	**19**		**19**		
Senj	II—III	15, 16				
Plitvitzer Seen	II	43		33		g. t.
Hajler	II	28	b_1			
Pčinja	II		b			
Kobiliza	III	31				
Pepelak	II	20				

[1]) Zwergform, nur 18,5—20 mm.

	Gr.	Spl. ♀	Ep.	7. St.	6. St.	f.
grisea (F.) [Fortsetz.]						
Gostivar-Debar	I—II	17	b	21		g. t.
Radikatal	II	18	b	22		g. t.
Suva planina	II	**27, 28**		**27, 28**		g. t.
Orisare	III	15, 16		22		g. t.
Kamtschija	III	29		22		g. t.
Karamlek	II—III	29		23		g. t.
intermedia (Serv.)						
Syrakus	III	41		33		
Fontanamurata	IV	43		42		
Capri	II—II	43		37, 43		
Fontanamela	III	42		42		
Aritzo	III	31		31		
Aritzo	III	43	c	49		
Siena	III	46		33		
Pietrasanta	III	39		41		
Massatra	II—III	29		**37**		
Präwald	II	34		32		
Veprinaz	III	41		42		
Hvar	IV	**43**		**43**		
Knin	II—III	41		43		
Zara	III		c			
Gostivar-Debar	III	**34**		**34**		
Gostivar-Debar	IV	**30**		**30**		
Stepanči	III	30		30		
Prilep	II	**29**		**29**		
Kiselawoda	III		c			
Moravatal	III	43		38		
Saloniki	II—IV	32	c	43		
Taygetos	III		c			
Rachi	II		c			
Chalkis	II—III	41		43		
Karpenision	II	44		43		
Kythera	III	44		43		
Jerapetra	III		c			
Zante	III	44		41		
Rhodos	II	41		49		
Brussa	II	43		43		
Smyrna	IV	42		**48**	**48**	i(m)
Sevdiköi	III	32		39		
Manissa Dagh	III	**32**		**32**		
Ankara	III	44		40		
Nigde	III	35		**45**	**45**	i(m)
Melendis Dagh	II—III	30	c_1	37	45	
Melendis Dagh	II	**52**		**52**	**52**	i(m)
Ulukişla	I	41	c_1	43		
Malatia	I	41	c_1	43		
Yokarbanassiya	I—II	**35**	c_1	**35**		

	Gr.	Spl. ♀	Ep.	7. St.	6. St.	f.
intermedia (Serv.) [Fortsetz.]						
Yokarbanassiya	II—III	44	c	**51**	**51**	i(m)
Aintab	III	50	c	**50**	**50**	i(m)
Diarbekir	II—III	32		32		
Silvan	II—III	33	c	33		
Chabur (Euphr.)	III	**53**		**53**	**53**	i. m.
Limassol	III	41	c	33		i.t.
Limassol	III	41		43		
Limassol	III—IV	43		42	45	i(m)
Orenburg	III	43		37		
Walouiki.......................	II—III	36		34	47	i(m)
Jekaterinoslav	II—III	43		41		
Tuapsse........................	II	42		45		
Tuapsse........................	II—III	24		45		
Tuapsse........................	III	43		46		i.t.
Mzchet	II—III	43		49		
Mzchet	II	42		42		
Tiflis (Ndh.)	II	**33**	c_1	**33**		i.t.
Tiflis (Ndh.)	II	**49**		**49**	**49**	i(m)
Tiflis (Plossk.)	II	**36**		**36**		
Tiflis (Plossk.)	II	31		35		
Tiflis (Bot. Gt.)	II	33		42		
Karakliss......................	II	35		43		
Alagös.........................	III	29		37		
Jelenovka	II	41		**47**	47	i(m)
Ordubat	II—III	**31**		**31**		
Täbris	I	52		35		
Suledeh........................	IV	25		37		
Kiassar	III—IV	40	c	37		
Jarkand	III	**44**		**44**		
Karamuk	III	44		44		

Im einzelnen ist zu den vorstehend behandelten Arten noch zu bemerken: *Denticulata denticulata* (Pz.) kommt von Portugal über Spanien und Frankreich, die Schweiz bis Deutschland vor, außerdem, ganz abgesprengt, auch in Rumänien, hier dokumentiert durch ein völlig sicheres von mir gesammeltes Belegexemplar vom Retežatgebiet.

Denticulata hispanica Znr. Ich halte *d. sculpta* Znr. für identisch mit *d. hispanica*, aus mehreren Gründen. Das mir vorliegende Material beider Formen von der Sierra de Gredos und der Sierra de Guadarrama (3 Paare, darunter paratypische *hispanica*) zeigt, daß auch *hispanica* individuell die Skulptur des 7. Sternits von *sculpta* besitzen kann; beide Formen haben den gleichen *denticulata*-Epiphallus und langen gestreckten Ovipositor. Es ist auch außerordentlich unwahrscheinlich, daß am gleichen Platz (Cercedilla) zwei Subspezies der gleichen Art vorkommen. Ich vereinige daher beide unter dem Namen *hispanica*. Die Subgenitalplatte des ♀ schwankt wie die der Nominatform stark, wie dies Abb. 65, Nr. 13 und 14 zeigt.

Ander (K. Fys. Sällsk Lund, 1949, 19: 13) unterscheidet noch die skandinavischen „Lokalformen" *dent. scandinavica*, *oelandica*[1]), *gotlandica* und *falcata*.

Grisea grisea (F.) kommt von der Südschweiz durch Oberitalien, Südtirol, Kärnten, N.-Österreich, Ungarn, Rumänien, Jugoslavien bis Bulgarien vor, die *f. transiens* (Tabelle: g. t.) in Österreich vereinzelt, weiter südöstlich dominant vor. Sie fehlt anscheinend ganz in Deutschland; die von Zeuner als *grisea* angesprochenen märkischen Exemplare sind sämtlich zu *denticulata* zu rechnen.

Grisea f. mirabilis Rme. Den diagnostischen Bereich dieser aus Südtirol beschriebenen Form, mit einfarbig hellbraunem Kolorit und spangrünem Pronotumrücken, möchte ich insofern erweitern, als ich auch die seinerzeit als „Übergangsform" von *grisea* zu *mirabilis* bezeichneten einfarbig hellbraunen Stücke mit elfenbeinfarbigem Pronotumrücken und auch die nur einfarbig hellbraunen in den Namen *mirabilis* einbeziehe, da das Grün ausnahmslos mit dem einfarbigen Hellbraun gekoppelt ist. Wie sich jetzt herausgestellt hat, kommt diese Form nicht nur bei *grisea*, sondern auch bei *intermedia* und *sabulosa* vor.

In der südtiroler Originalserie sind alle drei Phaenotypen vertreten; den mit grünem Pronotum fand G. Heinrich 1935 in Bulgarien (♀ Strandja-Balkan, Keramlek), den einfarbig hellbraunen Spaney bei Hermsdorf bei Berlin (1 ♀; in der Mark Brandenburg offenbar äußerst selten). Von *intermedia* kommt die einfarbig hellbraune Form auf Rhodos und bei Tiflis (Schaw-nabat), die grünbraune Form in Anatolien (Melendis-Dagh), die einfarbig hellbraune von *sabulosa* auf Sizilien (Fontanamurata und Balestrate) vor. Es dürfte sich im Falle der grünen *mirabilis* um Reminiszenzen an eine früher vorhandene ganz grüne Form aus der holopteren *Platycleis*-Gruppe handeln, wie sie in dieser Gruppe jetzt völlig fehlt, wir sie aber noch bei *Decticus* und *Montana* (*montana*) kennen.

Intermedia (Serv.). Vom südl. Mitteleuropa an über Westasien bis Chin.-Turkestan verbreitet. Die *n. f. transiens* (Tabelle: i. t.) als Übergang zu *grisea* und die Übergänge der Nominatform zu *mesopotamica* [*i* (*m*)] und die eigentliche *f. mesopotamica* (i. m.) sind bisher nur aus dem westasiatischen Gebiet vertreten.

Den phylogenetischen Zusammenhang der drei Arten könnte man sich folgendermaßen vorstellen:

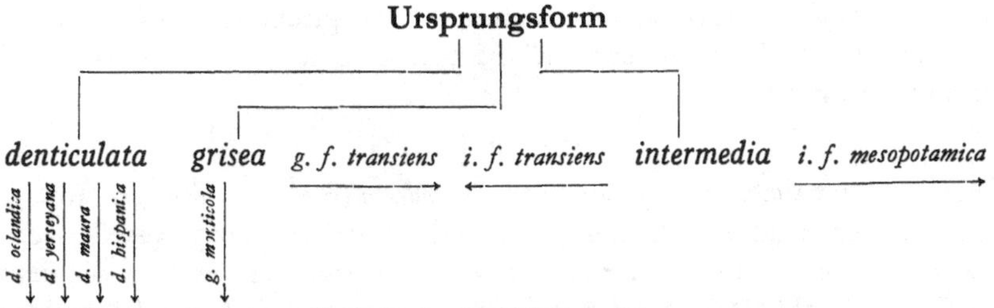

[1]) Nur *oelandica*, die mir vorliegt, ist in der Tabelle aufgenommen.

Intermedia turanica Znr. Ich bin mir im Zweifel, ob diese nicht vielleicht als gute Art aufzufassen ist und habe sie in die Tabelle nicht einbezogen; nach einer früheren Aufzeichnung von mir gehen die Basallappen des Epiphallus fast senkrecht von der Basis ab; der einzige verfügbare Epiphallus ging leider verloren. Auch bei *turanica* kommt die *f. mirabilis* vor (einfarbig hellbraun).

Pl. ragusai Rme. Die Vermutung Zeuners, *ragusai* könnte mit *intermedia* subspezifisch verbunden sein, ist irrig; der Epiphallus zeigt einen ganz abweichenden Bau. Im übrigen ist *ragusai* auch habituell verschieden (gedrungener, kurz- und dickbeiniger) und kommt stellenweise vermischt mit typischen *intermedia* auf Sizilien vor.

Pl. sabulosa Azam. Die Art kommt, von mir 1927 gemeldet, auch auf Sizilien vor, dort auch, entsprechend der Form bei *grisea* (s. oben), als *n. f. mirabilis*, ferner in Ägypten (Anders 1927, Mus. Berlin).

Pl. falx (F.). Ich halte es nicht für erwiesen, daß *falx* und *laticauda* (Br. v. W.) identisch sind; zwei ♀♀ von den Azoren zeigen übereinstimmend gegenüber der nordafrikanischen *laticauda* den kleineren gedrungeneren Habitus typischer *falx*, auch die Elytren sind wesentlich kürzer; ein typisches *falx*-♂ zur vielleicht entscheidenden Untersuchung des Epiphallus stand nicht zur Verfügung.

Pl. affinis (Fieb.) Für die ohne zugehöriges ♀ bisher kaum unterscheidbaren ♂♂ von *affinis* und *intermedia* sei ein bisher nicht beachtetes Unterscheidungsmerkmal angegeben: die Elytren sind im ganzen viel markanter gezeichnet, im Kontrast der hellen Aderung zu den dunklen Zwischenfeldern, vor allem aber hebt sich der das Speculum außen begrenzende Teil der Axillaris-Ader hell elfenbeinfarbig ab.

Squamiana Znr.

Die Gattung ist mir nur bekannt durch *kurmana* n. sp. (Zeuner: „*Squamiana* n. sp. Ramme *i. litt.*"), falls sie überhaupt zu dieser für *squamiptera* (Uv.) aufgestellten Gattung gehört; Gestalt und Färbung des Ovipositors und Bau des Epiphallus weisen sie zur hypopteren Gruppe von *Platycleis*, von der sie das stark gerundete und etwas aufgetrieben erscheinende Pronotum unterscheidet.

Alticolana Znr.

Warum der Autor für die nach meiner Ansicht gut bei *Platycleis* unterzubringende *alticola* (Tarb.) eine besondere monotypische Gattung aufstellt, ist nicht recht ersichtlich, es sei denn, daß die noch zu untersuchende Form des Epiphallus dies rechtfertigt.

Sepiana Znr.

Gegründet auf die Arten *sepium* (Yers.), *modesta* (Fieb.), und *ebneri* (Rme), zu denen mit Vorbehalt *bodenheimeri* (Uv.) und *kraussi* (Padew.) gestellt werden. Trotz sehr weitgehender äußerer Ähnlichkeit von *sepium* mit *modesta*, die deshalb immer in die Nachbarschaft der ersteren gestellt wurde (während ich wiederum an *modesta* die ähnliche *ebneri* anschloß), zeigt der Bau des Epiphallus sowie der weiblichen Subgenitalplatte und in geringerem Maße auch des Ovipositors, daß *sepium* auf der einen Seite und *modesta* und *ebneri* auf der anderen, nichts miteinander zu tun haben. *Sepium* muß als eigene Gattung, der *Platycleis*-Gruppe zugehörig, betrachtet werden (zunächst also monotypisch), denn der Epiphallus (Abb. 59), prinzipiell auch dem Typ dieser Gruppe angehörig, ist völlig verschieden von dem der beiden anderen Arten; deren Epiphallus (Abb. 63) weist auf die *Metrioptera*-Gruppe. Auch die an sich schon eigenartig modifizierte Subgenitalplatte des ♀ (Abb. 68) von *sepium* weicht ganz von der der beiden genannten Arten ab; weiterhin ist die starke Skulptierung des 6. und 7. Sternits bemerkenswert. Der Ovipositor paßt nach Form und Färbung gut zur *Platycleis*-Gruppe. Die äußere Ähnlichkeit mit der kleinen *modesta* wird vor allem durch die sehr gleichartige Form und Färbung des Pronotums bewirkt, doch handelt es sich hier zweifellos um eine Konvergenz; die *modesta* nächststehende *ebneri* entfernt sich in dieser Beziehung bereits von *sepium*. Ich stelle *modesta* und *ebneri* zu *Metrioptera*, wohin die beiden Arten habituell und bezüglich des Epiphallus ohne Zweifel gehören (vgl. S. 255). *Bodenheimeri* (Uv.) ist nach dem oben Gesagten keinesfalls eine *Sepiana* (im neuen Sinn) und dürfte zwanglos bei *Platycleis* unterzubringen sein (Uvarov: „*fully winged and in habitus reminiscent of Platycleis*“); der in der Originalbeschreibung nur teilweise abgebildete Epiphallus weist ebenfalls stark auf *Platycleis*. Über *kraussi* s. S. 255.

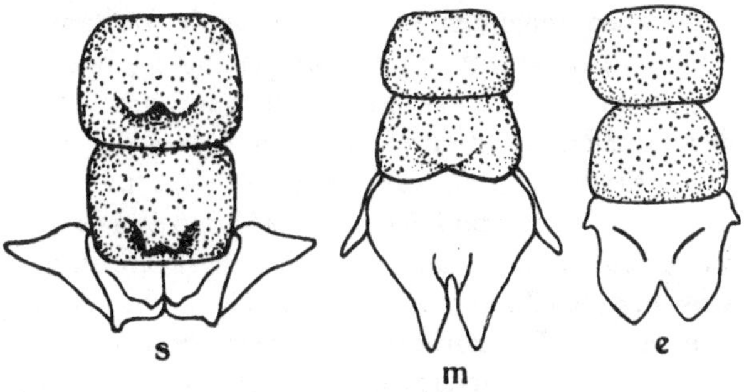

Abb. 68. Letzte Sternite und Subgenitalplatte ♀ von s *Sepiana sepium*; *Metrioptera* m *modesta*; e *ebneri*

Montana Znr.

Die Gattung ist ziemlich heterogen zusammengesetzt, was die äußere Form betrifft; sie enthält holoptere bis stark mikroptere, sehr kleine (*medvedevi*) und sehr große (*heinrichi*) Arten. Als Hauptmerkmal ist hier — wohl mit Recht — der langgestreckte, wenig gekrümmte, nur apikal mehr oder weniger verdunkelte Ovipositor, mit oft geschwärzter Oberkante herangezogen. Wir finden aber auch in anderen Gattungen gewisse Annäherungen an diesen Typ, beispielsweise bei *Metrioptera karnyana* und *prenjica* sowie *modesta* und *ebneri*; dies dürften aber nur Konvergenzen sein und ich glaube, daß *Montana* ein gut vertretbarer Gattungsbegriff ist. Der Ovipositor von *Montana* unterscheidet sich trotz ähnlicher Form grundsätzlich von dem von *Decticus* und *Medecticus*, auch der Bauplan des Epiphallus ist verschieden. (Näheres darüber vgl. S. 258.)

M. eversmanni (Kitt.). Es ist mir nicht verständlich, warum Zeuner die von mir bereits selbst synonymisierte *falzfeini* (Rme) noch als selbständige Art aufführt, obwohl er die Synonymisierung vermerkt; an der Identität ist nicht zu zweifeln.

M. stricta (Zell.). Die Art besitzt den eigenartigsten Epiphallus aller *Platycleidini*; er ist — vielleicht mutativ — in der Mitte mit einer Drehung spitzwinklig nach innen und unten geknickt und an der Knickstelle sowie apikal bedornt (vgl. Abb. 60); nach ihrer ganzen Morphologie gehört aber *stricta* sicher zu *Montana*.

M. armeniaca (Rme), von Zeuner mit Vorbehalt zu *Montana* gestellt, gehört in der Tat hierher, unmittelbar neben *daghestanica* (vgl. S. 377).

M. macedonica (Berl. & Chop.), ebenfalls mit Vorbehalt zu *Montana* gestellt, gehört nach Form und Färbung des Ovipositors wohl zur Gattung; der Epiphallus weicht durch die auffällige Form der Basallappen allerdings von dem bei *Montana* Üblichen ab, läßt sich aber doch im Gesamtbau des Organs ziemlich zwanglos auf den *Montana*-Typ zurückführen; seine Annäherung an den *Decticus*-Typ dürfte auch nur eine Konvergenz sein, denn habituell und morphologisch hat die Art nicht das Geringste mit der genannten Gattung gemeinsam.

M. medvedevi (Mir.). Diese kleinste Art, auch vorbehaltlich zu *Montana* gestellt, dürfte hier wohl auch am besten unterzubringen sein, obwohl das Pronotum in Form (relativ etwas niedrigere Seitenlappen) und Färbung (Verlauf der hellen Randbinde der Seitenlappen) etwas abweicht; der Bau des Epiphallus spricht jedenfalls nicht dagegen.

M. montenegrina (Rme). Ich glaube, daß Zeuners Vorbehalt betreffs dieser nur im weiblichen Geschlecht bekannten Art fallen gelassen werden kann, da sie sich morphologisch gut eingliedert.

M. heinrichi (Rme) gehört nicht zu *Platycleis*, sondern muß zu *Montana* gestellt werden, was sowohl die Form des Ovipositors als auch der Bau des Epiphallus dokumentieren. (Zu *Montana* vgl. auch Nachträge 430,3).

Semenoviana Znr.

Die Gattung wurde von Zeuner wegen des ziemlich langen Ovipositors nächst *Montana* gestellt und von ihr wegen des basalen Knicks dieses Organs generisch abgetrennt. Ich halte jedoch die Länge des Ovipositors an sich nicht für wesentlich, dagegen für taxonomisch bedeutsamer den eine besondere Spezialisierung einiger Gattungen darstellenden basalen Knick, der *Semenoviana* in die Nähe von *Tessellana* (und *Incertana*) weist, auch die Form des Epiphallus (vgl. Abb. 59 u. 61), deutet stark darauf hin.

Sporadiana Znr.

Das gleiche gilt für diese Gattung bezüglich des Ovipositors und des Epiphallus und ihre Stellung in der Nähe von *Tessellana*. Ob dies auch für die zweite Art der Gattung, *brevipes* Uv. zutrifft, vermag ich nicht zu sagen, da ich sie nicht kenne; die beiden Arten eigentümliche Kürze der Hinterschenkel darf taxonomisch nicht zu hoch bewertet werden.

Tessellana Znr.

Ich habe bereits bemerkt, daß diese Gattung sowohl im Bau des Ovipositors wie auch des Epiphallus besonders gut fundiert ist. *Orina* (Burr) ist neben *nigrosignata* (Costa) eine gute Art (vgl. S. 102); *seniae* (Fin.) von Zeuner mit Vorbehalt hierhergestellt, kenne ich nicht.

Incertana Znr.

Die Gattung erscheint — zum mindesten für *incerta* (Br. v. W.) und *persica* (Uv.) — ebenfalls gut fundiert; der schmale, ziemlich parallelkantige Pronotumrücken und der — vom Autor in der Diagnose nicht erwähnte — Ovipositor weisen auf nächste Verwandtschaft mit *Tessellana*. Der Epiphallus zeichnet sich bei beiden Arten durch auffallend starke, oft fast hakenförmige Bedornung aus; in seiner äußeren Form weist er mehr in die Gegend von *Platycleis*. *Chopardi* (Jann.) dürfte, entsprechend Zeuners Annahme, identisch mit *incerta* sein, doch wäre die Untersuchung des Epiphallus notwendig.

Parnassiana Znr.

Die von Zeuner neu beschriebene *tymphrestos* vom Veluchigebirge (Tymphrestos) ist *coracis* Rme äußerlich so ähnlich, daß ich auf Grund des nur einen mir zur Verfügung stehenden paratypischen ♂ der ersteren nicht voll von der Artverschiedenheit überzeugt bin, es sei denn, daß die Verschiedenheit der — prinzipiell sehr ähnlichen — Epiphalli (Abb. 61) sich als konstant erweist. Kompliziert wird die Frage durch das von mir 1931 zu *coracis* gestellte einzelne ♂ vom Veluchigebirge (*nec „misidentification“* Zeuner 1941). *Tymphrestos* hat längere Elytren als *coracis* (50 : 35—39 mm) durch die vom Speculum an längeren Endlappen; die Cerci beider Arten sind recht ähnlich, der Innenzahn bei *thymphrestos* ist etwas länger (konstant ?). Das obengenannte ♂ vom Veluchigebirge zeigt nun die Elytren von *coracis*, die Cerci vielleicht etwas mehr von *tymphrestos*; leider ist der Epiphallus durch den Sammler beim Ausweiden zerstört worden, so daß die Frage der Artzugehörigkeit dieses Stückes nicht voll zu klären ist. Das mir von Zeuner brieflich mitgeteilte Argument, das Vorkommen der gleichen Art auf der Insel Paros und in Zentral-Griechenland sei unwahrscheinlich, mag zutreffen, kann aber nicht als entscheidend gewertet werden.

Der Bestimmungsschlüssel bei Zeuner ist für diese beiden Arten nicht gut brauchbar, woran ich jedoch selbst Schuld trage, und zwar durch die (bereits 1920) von mir nicht ausreichend korrekt hergestellten, von Zeuner in Abb. 35, 38 und 41 wiedergegebenen Zeichnungen, die, mit der Handlupe angefertigt, nicht immer die für den Apex des Cercus wichtige gleiche Projektion zeigen. So wurde bei *coracis* (und *fusca*) der innere nach unten gebogene Apikaldorn nicht bis zu seiner Spitze sichtbar, und es ergab sich ein falsches Bild, das einen wesentlichen Unterschied gegenüber *tymphrestos* vortäuscht. Auch das letzte Tergit von *coracis* habe ich nicht korrekt wiedergegeben; nach dem jetzt erfolgten Aufweichen einiger Stücke zeigte sich, daß der herzförmige Ausschnitt nur eine plastische Kante darstellt (wie bei *tymphrestos*) und der eigentliche Einschnitt des Tergits viel schmaler ist; dadurch fällt auch dieser Unterschied gegenüber *tymphrestos* fort. Ich habe die Darstellung der Genitalregion der vier mir bekannten Arten (Abb. 69) in einheitlicher Projektion (etwas schräg von hinten) wiederholt.

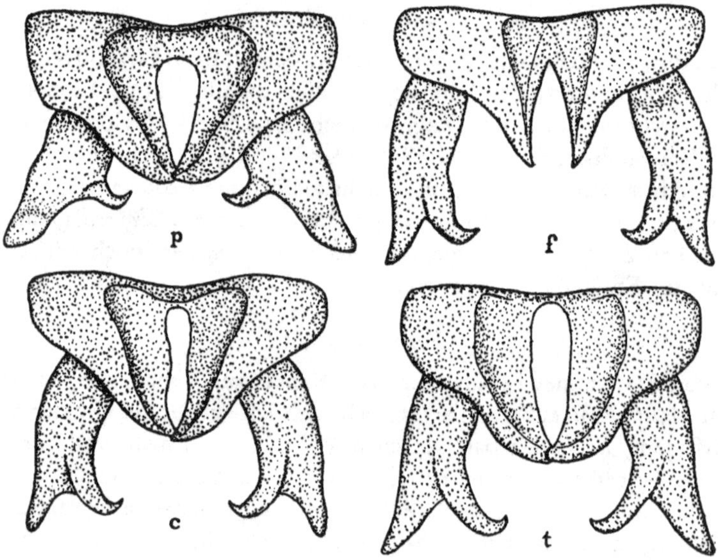

Abb. 69. *Parnassiana* Genitalregion ♂ von *p parnassica*; *f fusca*; *c coracis*; *t tymphrestos*

Zeuner setzt *Parnassiana* zwischen *Montana* und *Semenoviana* einerseits und die *Platycleis*-Gruppe anderseits mit dem Bemerken „*related of Pholidoptera*". Dies halte ich für ganz abwegig; ich kann nicht einmal die äußerliche Ähnlichkeit mit *Pholidoptera* als besonders sinnfällig empfinden und, wenn vorhanden, ist dies sicher nur eine zufällige Konvergenz. Der Epiphallus hat mit dem von *Pholidoptera* nichts gemeinsam und gehört klar zu dem Typ der *Platycleis*-Gruppe. Die Vereinigung der vier habituell einheitlichen und das gleiche engbegrenzte Verbreitungsgebiet bewohnenden Arten zu einer besonderen Gattung kann wohl vertreten werden.

Decorana Znr.

Aus der Gattung steht mir nur je 1 ♀ von *decorata* (Fieb.) und *capitata* (Uv.) und 1 ♂ von *kabila* (Fin.) zur Verfügung, so daß ich mir ein Urteil nicht erlauben kann. *Capitata* wurde nach dem ♀, aus Nordpersien (Astarabad), beschrieben; das obenerwähnte ♀ (Elburs) der Berliner Sammlung [Taf. XXII, Fig. 7] wurde vom Autor selbst als *capitata* determiniert; ich würde es bedenkenlos zu *Platycleis* (neben *iljinskii*, *irritans* und *pamirica*) stellen. Das ♂ von *capitata* wurde von Bei-Bienko später aus dem Gebiet von Lenkoran (5 ♂♂, 6 ♀♀) beschrieben[1]), doch halte ich es nicht für erwiesen, daß es sich wirklich um die gleiche Art handelt, da die Abbildung des Ovipositors eine allmähliche Krümmung des Unterrandes zeigt. Es ist mir nicht bekannt, auf Grund welchen Materials Zeuner *capitata* zu der neuen Gattung stellt. Der Epiphallus von *kabila*, von Zeuner mit Vorbehalt zur Gattung gestellt, weist auf die *Platycleis*-Gruppe und in die unmittelbare Nachbarschaft von *Platycleis* und *Montana*. Die Verbreitung der Gattung *Decorana* erscheint recht heterogen.

Eumetrioptera Mir.

Diese Gattung wurde mit der Art *pavlovskyi* Mir. aufgestellt, von der mir ein paratypisches ♀ vorliegt; sie fällt zwar morphologisch und koloristisch in der Tat etwas aus dem Rahmen der übrigen Gattungen, ich würde aber die Art mit Zeuner auch zu der *Platycleis*-Gruppe stellen. Die von der Autorin hervorgehobene (nicht sonderlich starke!) Ähnlichkeit mit *Pholidoptera* ist natürlich nur konvergenter Natur; die Untersuchung des Epiphallus wäre hier besonders wünschenswert. Bey-Bienko beschrieb 1947 eine weitere, von ihm zu dieser Gattung gestellte Art, *monochroma*[2]).

Metrioptera Wesm.

Hierher sind (aus *Sepiana*) *modesta* (Fieb.) und *ebneri* (Rme) [Abb. 69], ebenso die folgende in ihrer Gültigkeit noch etwas umstrittene *kraussi* (Padew.) zu stellen.

B. kraussi (Padew.). Zeuner möchte diese Art mit *modesta* synonymisieren wegen der „ungenügenden und widersprechenden“ Beschreibung; da aber ein Autor wie Krauss die Art gesehen und Padewieth gegenüber selbst als neu bezeichnet hat, und da ferner einige der angegebenen Merkmale dies zu rechtfertigen scheinen, glaube ich doch, daß es sich um eine gute Art handelt. Es kommt hinzu, daß als Biotop „feuchte Wiesen und Felder“ angegeben sind, was gegen Identität mit *modesta* spricht; ich habe diese Art im topotypischen Gebiet von Senj nur in höheren Lagen (um 500 m) auf ganz trockenem, buschigem Gelände gefunden, wo sie bei starker Bora gern in den Büschen Schutz sucht.

M. prenjica (Burr). Der Epiphallus mit seinen breiten Basen erscheint zunächst als nicht gut zur Gattung passend, doch zeigt die schmale Ansatzstelle der Basallappen, daß die Basen wohl nur sekundär verdickt sind.

Sphagniana Znr.

Den Genustypus *sphagnorum* (Walk.) kenne ich nicht, ebensowenig *ussuriana* (Uv.), so daß ich mir über den Wert dieser Gattung kein Urteil erlauben kann. Es geht aber aus der Diagnose hervor, daß *marmorata* (Fieb.) und *amplipennis*

[1]) Bol. Soc. Esp. Hist. Nat. 33, 321, Fig. 3.

[2]) Veröffentl. war mir nicht zugänglich.

(Br. v. W.), auch von Zeuner mit Vorbehalt zur Gattung gestellt, keinesfalls hierher gehören, sondern eine eigene, und zwar hochspezialisierte neue Gattung darstellen, gegründet auf eine Anzahl vom Üblichen stark abweichender Merkmale; auch ihr Verbreitungsgebiet ist ein ganz anderes.

Zeuneriana n. g.

Pronotumkanten scharf ausgeprägt, besonders in der Metazona stark nach hinten divergierend. Elytren ♂ hinter der *pars stridulans* sehr stark entwickelt, etwas aufgeblasen, das Abdomen ♂ etwas, ♀ nicht überragend, hinten breit gerundet. Abdomenende des ♂ breiter abgestutzt als gewöhnlich. Cerci ♂ ganz abweichend vom Typ der *Platycleidini*, mit dickem, breitem Basalteil und unvermittelt angesetztem kurzem schmalem Ende; Innenzahn stark gekrümmt, kurz, an einem konisch vorgezogenen Teil am Grunde der Basis des Cercus aufsitzend (vgl. Mitt. Zool. Mus. Berl. 1939, p. 110, Abb. 36). Subgenitalplatte ♂ vom üblichen Typ, ♀[1]) breit, mit breitem Ausschnitt und stumpf pfriemförmigen Zipfeln. Ovipositor dick chitinisiert, kurz[2]) und breit. Färbung bräunlich bis fast schwarz.

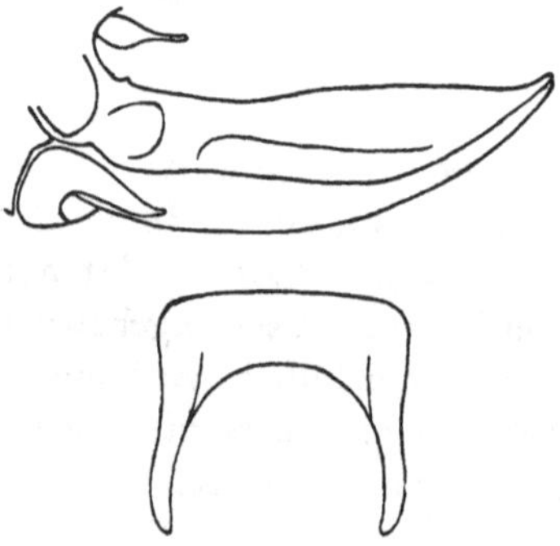

Abb. 70. *Zeuneriana marmorata* ♀ Ovipositor und Subgenitalplatte (ventral)

Arten:

1. *marmorata* (Br. v. W.) Genustype.
2. *amplipennis* (Br. v. W.).

Der Epiphallus ist außergewöhnlich stark entwickelt, aus sehr dickem, ganz blankem, tiefbraunem Chitin; dies verbindet beide Epiphalli prinzipiell. Habituell ähnelt der von *marmorata* stark dem von *Metr. abbreviata*, während der von *amplipennis* zunächst ganz abwegig und als eigentlich keiner der bekannten Typen zuteilbar erscheint; er läßt sich aber doch als eine komprimierte und modifizierte Form des *marmorata*-Typs deuten. Beide Arten sind gegenüber den anderen Gattungsvertretern der *Metrioptera*-Gruppe auffallend stenotopisch spezialisiert: sie leben an Wassergräben, oft im Schilf über dem Wasserspiegel.

Bicolorana Zeuner

Die beiden Gruppen I (*bicolor-kuntzeni-burri*) und II (*oblongicollis-knipperi*[3])-*arnoldi-domogledi*) kann man nicht, wie Zeuner dies entsprechend früherer Hin-

[1]) In der erwähnten Abb. 36 versehentlich „♂".
[2]) Gattungsdiagnose *Sphagniana* „*long*".
[3]) Beschreibung s. S. 104.

weise von mir tut, durch die Färbung („*green species*" und „*brown species*") trennen, da frisches Material von Arten der Gruppe II zeigt, daß auch hier sehr oft Grünfärbung auftritt.

Roeseliana Znr.

R. ***brunneri* n. sp. (n. f. *holoptera*)** ♀. Neben *bispina* die größte Art der Gattung, von *roeselii* leicht durch ihre bedeutendere Größe und die ringsherum nur ganz schmal hellgesäumten Pronotumseitenlappen zu unterscheiden. Kopf dick, stark vorquellend. Elytren bei dem einzigen vorliegenden Exemplar holopter, die Hinterknie überragend (entsprechend der *f. diluta* Charp. von *roeselii*), normalerweise sicher hypopter und vermutlich die Elytren bis zur Abdomenmitte reichend. Subgenitalplatte breit und weniger spitzwinklig eingeschnitten, mit viel breiter abgestutzten Endlappen. Ovipositor breiter und länger. Färbung wie bei dunklen *roeselii*, ohne Grün, aber vermutlich auch in einer mit Grün gemischten Form vorkommend. Nachstehend die Größenangaben (für *roeselii f. diluta* in Klammern).

Long. corp.	25	(18,5)
— *pronot.*	6,4	(4,7)
— *elytr.*	30	(24,5)
— *fem. post.*	21,5	(16)
— *tib. post.*	20	(18,5)
— *ovipos.*	8	(7)
Lat. ovipos.	1,9	(1,35)
— *lam. subg.*	4,4	(2,5)

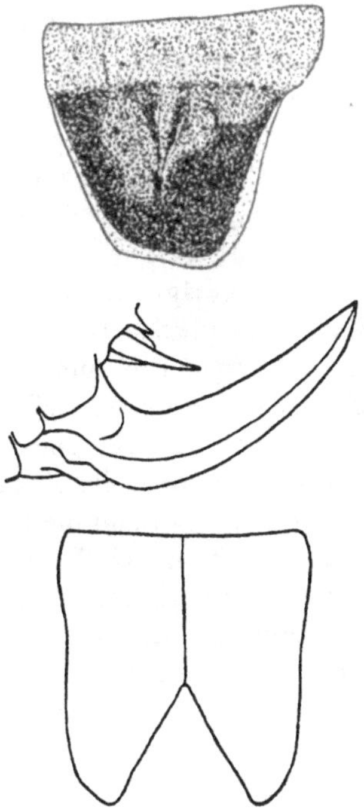

Abb. 71. *Roeseliana brunneri* ♀ Pronotum, Ovipositor und Subgenitalplatte (ventral)

Typus ♀, Italien, zwischen Adria und Chioggia (Brunner v. W. leg.). Im Wiener Museum; Brunner erwähnt dieses Exemplar bereits im „Prodromus" (p. 359) und gibt an, daß es „aus den Schilfgräben der Lagunen bei Chioggia" stamme und beschreibt die auffällige Zeichnung der Seitenlappen. Es sei hier bemerkt, daß aus dem gleichen Gebiet dieser Schilfgräben auch *Zeuneriana marmorata* stammt, und es scheint mir, daß es sich lohnen würde, dieses Gebiet gründlicher zu untersuchen, auch um das noch unbekannte ♂ von *brunneri* aufzufinden, sowie die normal sicher hypoptere Form der Art.

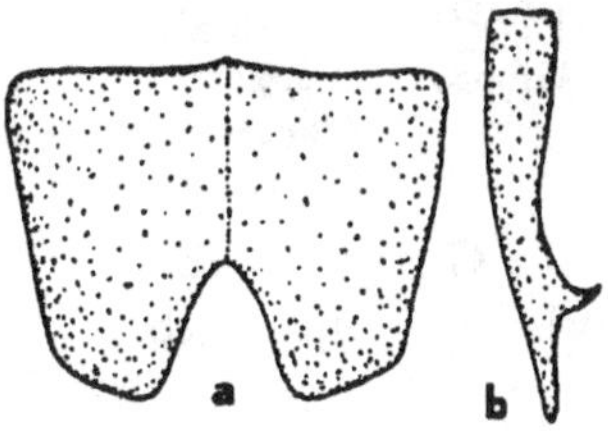

Abb. 72. *Roeseliana azami* a Subgenitalplatte (♀, ventral); b Cerci ♂

R. *azami* (Fin.). R. Ebner machte mich darauf aufmerksam, daß auch diese Art zu *Roeseliana* gehört und sandte mir zwei von Azam selbst gesammelte Paare, nach denen ich auf Abb. 64 den Epiphallus, auf Abb. 72 die Subgenitalplatte (♀) und einen Cercus (♂) darstellte. Es erscheint nicht ganz ausgeschlossen, daß *azami* synonym mit *oporina* (I. Bol.) ist, doch fehlt es mir an Vergleichsmaterial.

Bezüglich der von Zeuner (l. c., p. 12) gegebenen phylogenetischen Gruppierung der Gattungen halte ich im Verfolg des oben Gesagten einige Abänderungen für notwendig, die ich nachstehend noch einaml kurz zusammenfasse. Die Ähnlichkeit des Ovipositors bei *Montana* mit dem von *Decticus* betrifft nur die allgemeine, langgestreckte Form; ersterer ist aber apikal stärker allmählich zugespitzt. Viel wesentlicher jedoch ist folgendes: während der Ovipositor von *Montana* — wie bei allen *Platycleidini* — im apikalen Teil nur auf der Unterseite gesägt ist, ist der der *Decticini* auch oberseits gesägt, und die Seitenflächen des apikalen Teils des Ovipositors sind tuberkuliert, während diese Partie bei den *Platycleidini* durchweg glatt ist; für die von Zeuner an *Montana* angeschlossene *Semenoviana* trifft das Gleiche zu. Wie schon S. 258 bemerkt, unterscheidet sich auch der Epiphallus von *Decticus* und *Medecticus* (Abb. 56) von dem von *Montana* durch die bis zu ihrer Basis bedornten Schenkel (*S*), die erheblich kleinere Basis (*B*) und die horizontal von dieser abgehenden Basallappen (*L*).

Die Beziehung von *Parnassiana* auf *Pholidoptera* durch Zeuner ist, wie bereits bemerkt, abwegig (vgl. S. 254); sie gehört klar zu den *Platycleidini*, wie auch die Form des Epiphallus zeigt.

Ich würde demnach folgende Gruppierung vorziehen:

Tribus: ***Decticini***

Decticus
Medecticus

Tribus: ***Platycleidini***

	Platycleis	*Sporadiana*		*Metrioptera*
	Squamiana	*Incertana*		*Sphagniana*[1])
Platycleis-Gruppe:	*Alticolana*[1])	*Tessellana*	*Metrioptera*-Gruppe:	*Zeuneriana*
	Sepiana	*Parnassiana*		*Bicolorana*
	Montana	*Decorana*[1])		*Roeseliana*
	Semenoviana	*Eumetrioptera*		

Die Gesamtgruppierung der Gattungen und Arten würde nachstehendes vorläufiges Bild ergeben:

Tribus: ***Platycleidini***

Platycleis Fieber
Gruppe I (holopter)
denticulata (Pz.)
grisea (F.)
intermedia (Serv.)
ragusai Rme
sabulosa (Azam)
pathana Znr.

[1]) Einstufung mit Vorbehalt, da mir *Alticolana* und *Sphagniana* gar nicht, *Decorana* nur im ♀ bekannt ist; auch erscheint die artliche Zusammensetzung dieser Gattungen teilweise heterogen, und manche Arten wären vielleicht bei den übrigen Gattungen unterzubringen (vgl. das bereits weiter oben bei den Gattungen Gesagte).

falx (F.) [= *laticauda* Br. v. W ?]
fatima Uv.
kashmira (Uv.)
escalerai I. Bol.
affinis (Fieb.)
longicauda (Tarb.)
romana Rme
iberica Znr.
bodenheimeri (Uv.)

Gruppe II (micropter)
{ *iljinskii* Uv.
{ *irritans* Rme
pamirica Rme
alexandra (Uv.)
sinuata Rme

**Squamiana* (Zeuner)
squamiptera (Uv.)
?*kurmana* Rme

**Alticolana* Zeuner
alticola (Tarb.)

Sepiana Zeuner
sepium (Yers.)

Montana Zeuner
montana Koll.)
striata (Kitt.)
eversmanni (Kitt.)
dubia (Uv.) [*bon. sp.* ?]
elegans (Uv.)
stricta (Zett.)
carpetana (I. Bol.)
decticiformis (Stschelk.)
taurica (I. Bol.)
schereri (I. Bol.)
{ *daghestanica* (Uv.)
{ *armeniaca* (Rme)
heinrichi (Rme)
tomini (Pyln.)
tianshanica (Uv.)
barretii (Burr)
macedonica (Berl. & Chop.)
montenegrina (Rme)
medvedevi (Mir.)

Semenoviana Zeuner
tamerlana (Sauss.)
similis (Tarb.)
tadzhika (Bei-Bienko)
tricarinata (Tarb.)
plotnikovi (Uv.)

Incertana Zeuner
persica (Uv.)
incerta (Br. v. W.)
chopardi (Jann.) [= *incerta* ?]
erecta (Uv.)

Tessellana Zeuner
{ *tessellata* (Charp.)
{ *vittata* (Charp.)
{ *nigrosignata* (Costa)
{ *orina* (Burr)
seniae (Fin.)

Parnassiana Zeuner
parnassica (Rme)
chelmosi Znr.
{ *coracis* (Rme)
{ *tymphrestos* Znr.
fusca (Br. v. W.)

**Decorana* Zeuner
decorata (Fieb.)
capitata (Uv.)
concinna (Walk.)
himalayana (Rme)
buxtoni (Uv.)
kabila (Fin.)

**Sporadiana* Zeuner
brevipes (Uv.)
sporadarum (Wern.)

Eumetrioptera Miram
pavlovskyi Mir.
monochroma Bei-Bienko

Metrioptera Wesmael
{ *brachyptera* (L.)
{ *saussuriana* (Fr.-Gessn.)
abbreviata (Serv.)
koreana Mori
buyssoni (Saulc.)
engelhardti Uv.
prenjica (Burr)
karnyana Uv.
börmanni (Wern.)
burriana Uv.
modesta (Fieb.)
ebneri Rme

kraussi (Padew.) [*bon. sp.*?]
bonneti (I. Bol.)
japonica (I. Bol.)

**Sphagniana* Zeuner
sphagnorum (Walk.)
ussuriana (Uv.)

Zeuneriana Ramme
{ *marmorata* (Fieb.)
{ *amplipennis* (Br. v. W.)

Bicolorana Zeuner
Gruppe I
{ *bicolor* (Phil.)
{ *kuntzeni* (Rme)
burri (Uv.)

Gruppe II
{ *oblongicollis* (Br. v. W.)
{ *knipperi* Rme
arnoldi (Rme)
domogledi (Br. v. W.)

Roeseliana Zeuner
roeselii (Hgb.)
brunneri Rme
oporina (I. Bol.)
azami (Fin.) [= *oporina* (I. Bol.) ?]
ambitiosa (Uv.)
pylnovi (Uv.)
bispina (I. Bol.)
fedtchenkoi (Sauss.)

6. Superrevision der Gattung *Psorodonotus* Br. v. W.

Die Gattung wurde von Ebner (Konowia 1923, p. 249—256) revidiert; dazu sind einige Ergänzungen und Berichtigungen notwendig. Tarbinsky (Bull. Leningr. Inst. Contr. Farm Forest Pests, 1933, p. 181 ff.) hat für die Arten *specularis* (F.-W.) und *inflatus* Uv. die Gattung *Semenovites* abgetrennt. Wenn auch diese beiden Arten besonders durch das glattere Pronotum, die etwas weiter unter dem Pronotum vorragenden und etwas stärker aufgeblasenen Elytren der ♂♂ etwas von den übrigen abweichen, so stimme ich doch mit Uvarov (Eos, 1934, p. 66) überein, daß diese Unterschiede eine generische Abtrennung nicht rechtfertigen, um so mehr als auch die Untersuchung der Epiphalli keinerlei prinzipielle Abweichung ergab.

Bis jetzt sind — als Ergebnis der nachstehenden Superrevision — folgende 6 kaukasische Arten und Unterarten der Gattung festzustellen:

1. *specularis* F.-W
2. *specularis inermis n. subsp.*
3. *inflatus* Uv.
4. *venosus* F.-W.
5. *brunneri* Stschelk.
6. *caucasicus* F.-W.

Im balkanischen Gebiet kommen 3 Arten vor:

7. *fieberi* Friv.
8. *macedonicus* Rme
9. *illyricus* Ebner

Die Untersuchung des Epiphallus (Abb. 73) ergab Folgendes: er ist in der Gattung prinzipiell ziemlich einheitlich gebaut, in der Bezahnung jedoch recht verschieden; etwas isoliert steht nur *fieberi*. Jeder Schenkel trägt hier eine mit starken Zähnen bewehrte Mittelleiste und beiderseits derselben je eine weitere, mit schwachen Zähnen besetzte, so daß sich *in situ* ringsherum 6 Zahnleisten ergeben und das ganze Gebilde an einen „Morgenstern" erinnert. Der Vergleich mit dem Epiphallus des äußerst ähnlichen, von mir als Subspezies zu *fieberi* gestellten *macedonicus* zeigt, daß es sich hier angesichts der sehr starken Verschiedenheit dieses Gebildes um eine besondere Art handelt. Auch die Unterschiede der

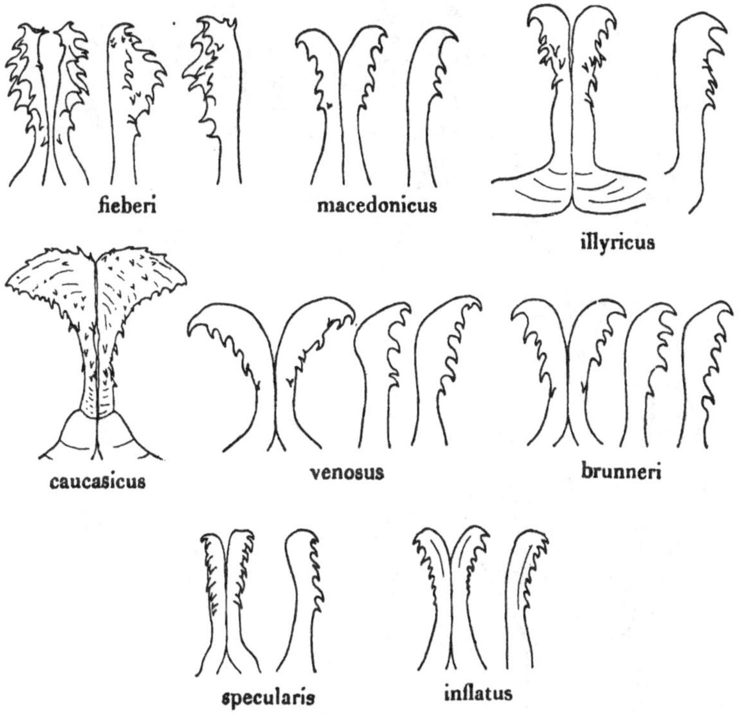

Abb. 73. *Psorodonotus*, Epiphallus von *fieberi* (daneben r. Schenkel im Profil von beiden Seiten); *macedonicus*; *illyricus* (daneben r. Schenkel im Profil); *caucasicus*; *venosus* und *brunneri* (daneben r. Schenkel im Profil mit Variat.); *specularis* und *inflatus* (daneben r. Schenkel im Profil)

Cerci und des Ovipositors [Taf. XXXI, Fig. 7 u. 8] erweisen sich hiermit als spezifisch wesentlich (ursprünglich von mir nur subspezifisch aufgefaßt). Der ebenfalls nahestehende *illyricus* trägt die Zähne nicht, wie alle weiteren Arten, durchweg auf oder ganz nahe der Außenkante, sondern auch teilweise auf die Fläche des Schenkels verlagert; außerdem ist hier der Sockel besonders breit und mit feinen Querfurchen besetzt. Unter den kaukasischen Arten weicht *caucasicus* am meisten von den übrigen Arten dieses Gebietes ab, da hier nicht nur der Vorderrand, sondern auch der Hinterrand im oberen Teil Zähnchen trägt; die Schenkel der Epiphalli aller übrigen kaukasischen Arten sind nur am Vorderrand gezähnt. Die sich äußerst nahestehenden *venosus* und *brunneri* unterscheiden sich dadurch, daß bei ersterem die Endteile der Schenkel *in situ* stark divergieren und in der ganzen apikalen Hälfte nach innen verbreitert sind; auch im Profil erkennt man, daß der Apikalteil länger vorgezogen ist als bei *brunneri*. Während bei den beiden letztgenannten Arten die bezahnte Außenkante schräg nach außen gebogen ist, ist sie bei *specularis* direkt nach vorn gerichtet, so daß die Zähne dem Beschauer zugekehrt sind; außerdem zeigt das Profil eine Krümmung des ganzen

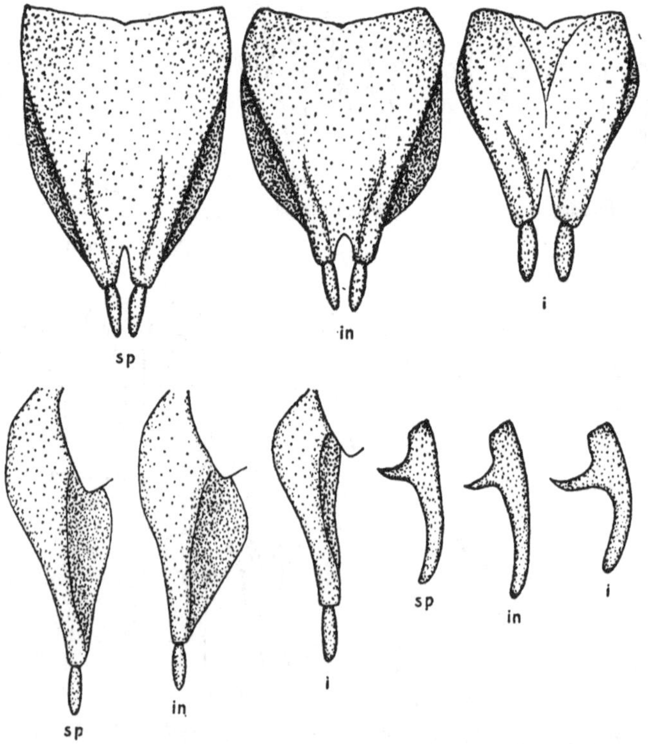

Abb. 74. *Psorodonotus* ♂, Subgenitalplatte (ventral und im Profil von rechts) und Cerci von *sp specularis*; *in spec. inermis*, *i inflatus*

Epiphallus nach hinten. Der Epiphallus des *specularis* nächststehenden *inflatus* schließlich nähert sich wiederum mehr dem *venosus-brunneri*-Typ, ist aber zierlicher und etwas in sich gedreht, so daß die Zahnkante nicht, wie bei diesem, schräg nach vorn, sondern mehr nach der Außenseite gerichtet ist; außerdem ist auf der Vorderfront eine feine stumpfe Längskante zu bemerken.

Es sei noch darauf hingewiesen, daß *in situ* Krümmung und Zähne des Epiphallus oralwärts gerichtet sind; die Angaben „rechts" oder „links" beziehen sich also nur auf die Zeichnungen; die Zahnkanten sind hier dem Beschauer zugewandt.

P. specularis specularis (F.-W.) [Taf. XXIII, Fig. 2]. Bakuriani 20 Paare; Schordsha 5 ♂♂, 2 ♀♀. Das ♂ kommt ausschließlich in der allen ♂♂ der Gattung eigentümlichen braunen Form, das ♀ etwa zu 40% auch in einer olivgrünlichen Form vor. Ein besonderes Charakteristikum der Art, das ganz aus dem Rahmen dre Gattung fällt, ist die Bedornung der Innenkante der Unterseite der Hinterschenkel mit 2—5 schwarzen Dornen; alle übrigen Arten haben unbedornte Hinterschenkel.

P. specularis inermis n. subsp. Die Untersuchung der 12 zentralkaukasischen *specularis* meiner Ausbeute ergab nun die überraschende Tatsache, daß diese durchweg völlig unbedornte Hinterschenkel zeigen. Dazu kommen — bei etwas geringerer Durchschnittsgröße — als weitere unterscheidende Merkmale: ♂ ♀ Metazona des Pronotums durch stärker eingesenkte Punkte zwischen den ebenfalls nur angedeuteten Runzeln einen etwas rauheren Eindruck machend. ♂ Speculum der Elytren, bei der Nominatform ganz oder fast ganz vom Pronotumhinterrand bedeckt, fast stets zu einem erheblicheren Teil frei (in senkrechter Projektion 1—2,5 mm sichtbar gegenüber 0—0,5 mm); Cercusteil hinter dem Innenzahn (Abb. 74) etwas länger, so daß er die Styli etwas überragt; Subgenitalplatte kürzer und breiter, besonders auch die Seitenteile neben den Längswülsten.

Alle diese Merkmale sind konstant, was der Vergleich von 47 *sp. specularis* und 12 *sp. inermis* wohl zur Genüge erweist. In Verbindung mit der fehlenden Bedornung erhebt sich die Frage, ob hier nicht eine spezifische Trennung beider Formen am Platze wäre. Dagegen spricht aber einerseits die so außerordentlich große äußere Übereinstimmung beider Formen und ferner der Umstand, daß ein von Ebner in seiner Revision (l. c., p. 254) erwähntes einzelnes ♂ von Adshi-Kent gleichfalls die die Styli überragenden Cerci und die breitere Subgenitalplatte besitzt (wie *inermis*), aber nur einen unbedornten Hinterschenkel; der linke trägt 3 kleine Dörnchen. Dies dürfte den spezifischen Zusammenhang beider Formen erweisen, ebenso die Übereinstimmung der Epiphalli.

Nachstehend nur die hier wesentlichen Maße von Pronotum und Hinterschenkel beider Formen:

	sp. inermis		*sp. specularis*	
	♂	♀	♂	♀
Long. pronot.	10,1—11,3	10,3—12,4	11,5—13,5	10,7—12,5
— *fem. post.*	21,8—23,3	23,6—28	22,6—25,7	23,8—27,5

Typus ♂, Paratypen 3 ♂♂, 4 ♀♀ Gudaur; 2 ♂♂, 3 ♀♀ Kasbek 1800—2000 m.

P. inflatus Uv. Der Ansicht von Ebner (l. c., p. 255), daß *inflatus* eine gute Art sei, kann ich voll beipflichten. Die Unterschiede sind — bei aller Anlehnung an *specularis* — recht erheblich. Bei allgemein geringerer Körpergröße ist das Pronotum in beiden Geschlechtern etwas gröber gerunzelt, die Fläche der Elytren ♂ *in situ* absolut und relativ viel kleiner, die Cerci kürzer, deren Innenzahn dagegen wesentlich länger als bei der genannten Art (Abb. 74) Epiphallus vgl. Abb. 73. Hinterschenkel und Schienen sind wesentlich kürzer, kürzer auch der Ovipositor.

Das mir vorliegende (aus dem Museum in Tiflis eingetauschte) ♂ stammt von Richva (Schwarzmeergebiet) 30. 7. 1912, das ♀ aus Abchasien, Jugum Sanžara 9500', 30. 8. 1913 (Satunin).

	♂	♀
Long. corp.	20	38
— *pronot.*	10,4	12
— *elytr.*	7,5	—
— *fem. post.*	18,5	23
— *tib. post.*	17	22
— *ovipos.*	—	18

P. venosus (F.-W.) [Taf. XXIII, Fig. 3]. Bisher nur aus dem zentralen und dem Transkaukasus bis Armenien bekannt; ein ♂ vom NW.-Oschten, etwa 1800 m, (Schaposchnikov) im Berliner Museum beweist das Vorkommen auch im Nordkaukasus.

Im Zusammenhang mit der Beschreibung der neuen kaukasischen Gattung *Schizonotinus* (Proc. R. ent. Soc. London 1948, 17 : 133; 1949, 18 : 217) habe ich auf die eigenartige Spaltung der apikalen Tergite des Abdomens bei dieser und der folgenden Art hingewiesen, wie auch auf eine gewisse Ähnlichkeit der Epiphalli.

P. brunneri Stschelk. (*venosus* auctt. partim [nec. F.-W.]). In der genannten Revision (p. 254) hält Ebner die Art für identisch mit *venosus*, was nur nach der Beschreibung von Stshelkanovtzev, ohne Kenntnis des zugehörigen Materials, nicht weiter verwunderlich ist; vermutlich trifft dies auch auf andere Literaturzitate von *venosus* zu. Schon seinerzeit sind mir im Tifliser Museum bei flüchtiger Untersuchung der „*brunneri*“-Serien Bedenken gekommen, daß sämtliche Stücke der gleichen Art angehören sollten, und eine mit den fraglichen Stücken übereinstimmende Serie von 4 Paaren aus dem Museum in Erivan, das der nachstehenden Untersuchung zugrunde liegt, benimmt jeden Zweifel, daß die Originalserie des Autors gleichzeitig *venosus* F.-W. und — als gute Art — *brunneri* Stshelk. enthält. Die genannten 4 Paare sind von der „Sewanga-Expedit. 1903“ am 7. 6. 1903 bei Semenovka gesammelt worden.

In einer Fußnote zu seiner Beschreibung (Bull. Mus. Caucase 1914, p. 125) verweist Stshelkanovtzev selbst auf die Ähnlichkeit mit „*Pelastes*“ *venosus* F.-W., der aber „ungenügend beschrieben“ sei. So ist sich der Autor gar nicht dessen bewußt geworden, daß ein Teil seiner *brunneri*-Serie in Wirklichkeit zu *venosus* gehört. Der bei äußerer Betrachtung sofort ins Auge fallende Unterschied liegt zunächst in der außerordentlich dunklen und kontrastreichen Färbung (s. weiter unten) und der Autor sagt auch „daß die Exemplare aus verschiedenen Gegenden eine verschiedene Färbung haben, von derselben Gegend aber immer nur eine bestimmte“. Dies ist zutreffend und wird an Hand des reichen Materials des Berliner Museums und des Tifliser Materials klar erkennbar sein. Sowohl die 4 Paare von *brunneri* als auch die 20 von mir gesammelten *venosus* (von 3 Fundorten, s. oben) zeigen in sich völlig einheitlichen Färbungscharakter, einschließlich der Stücke von Schordsha, die also (wie die *brunneri*-Serie von Semenovka) vom Gebiet des Goktschasees stammen; es ist schon deshalb nicht anzunehmen, daß *brunneri* etwa nur als Subspezies von *venosus* zu werten sei.

Nachstehend die Beschreibung von *brunneri* im Vergleich mit *venosus*:

Venosus sehr nahestehend; morphologisch nur verschieden durch den deutlich größeren Kopf (vor dem Pronotumrand weiter vorspringend [3,5—3,8 : 2,8 bis 3 mm], Hinterhaupt mehr kugelförmig gewölbt), das in der Metazona — bei Vergleich mit gleich großen Stücken von *venosus* — etwas schmalere (♂) und stark lackartig glänzende (♂♀) Pronotum und die, wenn auch prinzipiell gleichartigen, doch deutlich abweichenden Epiphalli (Abb. 73); Ovipositor etwas länger.

Ganz abweichend in der Färbung: Gesicht hellbraun, Hinterhaupt und Wangen seidig schwarzbraun, gelegentlich mit eben sichtbarer feiner heller Mittellinie, Pronotumrücken glänzend schwarzbraun, Seitenlappen bis zum Hinterrand mit breiter hellbrauner, in der Prozona dorsalwärts verwaschener, zu Schwarzbraun übergehender Randbinde. Elytren hellbraun. Alle Beine von reinem Hellbraun, Hinterschenkel außen rotbraun angehaucht. Ovipositor ebenfalls rein braun, apikal etwas dunkler, Oberrand an der Basis schwärzlich. Gegenüber dieser kontrastreichen Hell-Dunkelfärbung ist *venosus* einheitlich von fahl bräunlicher oder olivgrauer oder (♀) olivgrünlicher Färbung, nur die Elytren sind ebenfalls stets hellbraun; der Ovipositor ist olivgrünlich, apikal gebräunt, mit brauner Oberkante.

	brunneri		*venosus*	
	♂	♀	♂	♀
Long. corp.	29,5—31,5	32 —33	23,5—28	32 —33
— *pronot.*	12,5—12,6	11,2—11,5	11,1—13,7	11,2—11,5
— *fem. post.*	16,5—17	17,9—19,2	16 —18,8	17,9—19,2
— *tib. post.*	14,7—15	15,9—16	13,8—16	15,9—16
— *ovipos.*	—	23,3—24,1	—	23,3—24,1

Mit Sicherheit gehört hier auch die vom Autor erwähnte Serie von 16 Exemplaren vom Tabits churi-See (Gouv. Tiflis) 6520', während die 3 ♀♀ vom Kalkberg Kapäz (Kr. Elisabethpol) sicher *venosus* angehören.

Ps. caucasicus (F.-W.).

Pterolepsis caucasica F.-W. (*partim*, ♂) Orth. Ross. 1846, p. 215.
Pholidoptera caucasica Kirby Syn. Orth. Cat. Orth. II, p. (*partim*).
Paradrynadosa (l. typogr., = *Paradrymadusa*) *caucasica* Kirby l. c., p. 180 (*partim*).
Psorodonotus fieberi Ebner (*partim* ♂) Konowia 1923, p. 250.
Psorodonotus uvarovi Ebner l. c., p. 251 ♀.
Psorodonotus uvarovi Ramme Mitt. Zool. Mus. Berlin, p. 168, Fig. 7b und 8b ♂.
Psorodonotus uvarovi Uvarov Eos 1934, p. 65.

Tarbinsky hat 1932 (Bull. Leningr. Inst. Contr. Farm For. Pests., p. 196) obige Synonymie (bis 1931) gegeben, und zwar nach meiner Ansicht mit Recht. Nur das ♂ von *Pterolepis caucasica* F.-W. gehört zu dieser Art, das ♀ ist eine (unbekannte) *Pholidoptera*. Die Art steht *fieberi* so nahe, daß das ♂ kaum von diesem unterscheidbar ist, was EBNER veranlaßte, die 3 ♂♂ von Kasikoparan in seiner Revision als *fieberi* aufzuführen, während er das zweifellos zugehörige ♀ (beide vom gleichen Fundort, s. unten) als *uvarovi n. sp.* beschreibt. Der einzige äußerliche Unterschied, soweit man dessen Konstanz nach dem einzigen mir vorliegenden ♂ beurteilen kann, besteht darin, daß der Pronotumrücken nicht etwas glänzend wie bei *fieberi*, sondern matt ist. Dagegen sind die Epiphalli völlig verschieden voneinander (Abb. 73).

Wenn UVAROV l. c. argumentiert, daß der Botaniker STEVEN, dessen Material FISCHER-WALDHEIM bei seiner Beschreibung zugrunde lag, nur im Zentral-Kaukasus war und nicht im transkaukasisch-armenischen Gebiet, aus dem *caucasicus* beschrieben ist, so ist die Wahrscheinlichkeit, daß diese Art auch im zentralen Kaukasus vorkommt, ungleich größer, als daß es sich hier um die rein balkanische *fieberi* handeln könnte, deren Vorkommen in Kaukasien keinesfalls in Frage kommt. Auch *venosus* bewohnt beide kaukasischen Gebiete, außerdem, wie schon bemerkt, auch den NW.-Kaukasus.

Daß die 3 ♂♂ von „*fieberi*" (EBNER) und das ♀ von *uvarovi* EBNER, sämtlich von Kasikoparan (Armenien), aus dem obengenannten Grunde zusammengehören, kann wohl nicht dem geringsten Zweifel unterliegen. Auch im transkaukasisch-armenischen Gebiet ist *caucasicus* sehr lokalisiert, so daß die Art STEVEN und den wenigen späteren Beobachtern im zentralen Kaukasus sehr wohl entgangen sein kann.

Das ♀ von *caucasicus* ist ausgezeichnet charakterisiert durch den für die Gattung außerordentlich breiten Ovipositor; dessen Länge und Dicke schwanken etwas (2,5—2,8 und 3,9—4,3 mm). Die Art kommt im weiblichen Geschlecht ebenfalls in einer hellbraunen und einer olivgrünen Form vor; an den Abdomenseiten zuweilen große, lang rechteckige, tiefschwarze, dem Hinterrand der Segmente angelagerte Flecken. Der Pronotumrücken ♂♀ ist — im Gegensatz zu dem etwas glänzenden von *fieberi* — stumpf; nur die Kanten und der Mittelkiel zeigen etwas Glanz.

	♂	♀
Long. corp.	34,5	37,8—38,8
— *pronot.*	13,3	14,1—14,3
— *fem. post.*	22	23,7—26,3
— *ovipos.*	—	25,3—27,3

Material. ♂♀ Transkaukasien (Mangliss) 13. 8. 1918 (ex Mus. Tiflis), ♀ Armenien, Kashkash Dagh 3200 m, Geröllfeld am Südhang, 7. 7. (KOTSCH).

Bestimmungstabelle

♂

1. Pronotumrücken im ganzen rauh. Hinterschenkel zusammengedrückt, das Abdomen nur wenig überragend.
2. Pronotumlänge 11,5 bis höchstens (*caucasicus*) 13,4 mm, größte Breite 7—8,8 mm.

2\. 2. Pronotumlänge 15—17,5, größte Breite 9,8—10,8 mm. Cerci die Subgenitalplatte nur wenig überragend .... *illyricus* Ebner
3\. Cerci die Subgenitalplatte weit überragend 4
3\. 3. Cerci die Subgenitalplatte nur wenig überragend 5
4\. Pronotumrücken ziemlich glänzend 5
4\. 4. Pronotumrücken fast stumpf .... *caucasicus* (F.-W.)..
5\. Cerci 5—6,1 mm lang; Epiphallusschenkel im apikalen Teil mit 3 bedornten Leisten (Abb. 73) .... *fieberi* (Fieb.)
5\. 5. Cerci 5,5—8 mm lang; Epiphallusschenkel einfach bedornt (Abb. 73) .. *macedonicus* Rme
6\. Hinterhaupt und Pronotumrücken grau- bis bräunlicholiv, Hinterrand der Seitenlappen etwas heller, matt graugelblich .... *venosus* (F.-W.)..
6\. 6. Hinterhaupt und Pronotumrücken tief schwarzbraun; Hinterrand der Seitenlappen schärfer hell gelblichbraun abgesetzt .... *brunneri* Stshelk.
1\. 1. Pronotumrücken ziemlich glatt, nur in der Metazona schwach skulptiert. Hinterschenkel an der Basis stark verdickt, das Abdomen weit überragend.
7\. Hinterschenkel unten mit schwarzen Dornen .... *specularis specularis* (F.-W.)
7\. 7. Hinterschenkel unten glatt.
8\. Cerci apikal ziemlich spitz; Innenzahn kaum so lang wie die Breite des Cercus an der Ansatzstelle des Zahnes .... *specularis inermis n. subsp.*
8\. 8. Cerci apikal abgestumpft; Zahn deutlich länger als die Breite des Cercus an der Ansatzstelle .... *inflatus* Uvarov

♀

1\. Pronotumrücken im ganzen rauh, Hinterschenkel zusammengedrückt, das Abdomen wenig überragend.
2\. Ovipositor in der Mitte höchens 2,9 mm breit 3
2\. 2. Ovipositor in der Mitte mindestens 3,9 mm breit .... *caucasicus* (F.-W.)
3\. Pronotum 2,7—3,6 mm lang 4
3\. 3. Pronotum 4,2—7 mm lang .... *illyricus* Ebner
4\. Ovipositor in der Mitte mindestens 2,5 mm breit .... *fieberi* (Fieb.)
4\. 4. Ovipositor in der Mitte höchstens 2 mm breit .... *macedonicus* Rme
1\. 1. Pronotumrücken ziemlich glatt, nur in der Metazona schwach skulpiert, Hinterschenkel an der Basis stark verdickt, das Abdomen weit überragend.
5\. Hinterschenkel unten mit schwarzen Dornen .... *specularis specularis* (F.-W.)
5\. 5. Hinterschenkel unten glatt.
6 Ovipositor mindestens 22 mm lang .... *specularis inermis* n. subsp.
6\. 6. Ovipositer höchstens 19 mm lang .... *inflatus* Uvarov

Verbreitung von *Psorodonotus*	Kroatien	Istrien	Bosnien	Herzegowina	Montenegro	Serbien	Mazedonien	Albanien	Bulgarien	Rumelien	W.-Kaukasus	N.-Kaukasus	C.-Kaukasus	Transkaukasien	Armenien
fieberi									×	×					
macedonicus					×	×	×	×							
illyricus	×	×	×	×											
caucasicus														×	×
venosus												×	×	×	×
brunneri														×	×
specularis specularis														×	×
specularis inermis													×		
inflatus											×				

Betrachtet man nach obiger Tabelle die Verbreitung von *fieberi*, *macedonicus* und *illyricus*, so erscheint hier in Hinsicht auf die geographische Vikarianz eine subspezifische Beurteilung der drei Formen gegeben. Dennoch halte ich im Hinblick auf die starke Verschiedenheit der Epiphalli eine spezifische Trennung für notwendig, um so mehr als auch einige andere, wenn auch taxonomisch nicht so gravierende Unterschiede hinzutreten; der robuste *illyricus* entfernt sich auch habituell erheblich von den beiden anderen Arten.

7. Der Artenkreis um *Chorthippus biguttulus* (L.); Klingstedts Hybriden

Der engste und der Determination oft Schwierigkeiten bereitende Artenkreis um *Chorthippus biguttulus* umfaßt im europäisch-vorderasiatischen Gebiet (einschließlich einer weiter unten neu zu beschreibenden Art) 7 Vertreter.

biguttulus (L.) mit der *subsp. hedickei* Rme
mollis (Charp.) mit der *subsp. ignifer* Rme
eisentrauti Rme
brunneus Thbg.)[1]) mit der *subsp. brevis* Klingstedt
miramae n. sp. (S. 389)
ilkazi Uv.
bosdaghi Uv.

Die Schwierigkeiten einer sicheren Identifizierung in dieser Gruppe sind oft außerordentlich groß, und insbesondere die Determination von Einzelstücken (sowie im allgemeinen des ♀ ohne zugehöriges ♂) besonders schwierig, da das wichtigste Kriterium, die Form des Interradialfeldes, eine gewisse Variationsbreite zeigt. Die Determination birgt vor allem Gefahren, wenn man nicht größere Serien zur Verfügung hat und Erfahrungen in diesem Artenkreis fehlen. Leicht sind die ♂♂ der Nominatformen von *biguttulus*, *mollis* und *brunneus* zu erkennen, besonders wenn das Material aus dem gleichen Verbreitungsgebiet stammt, insbesondere im allgemeinen in Nord- und Mitteleuropa, während in Südeuropa in einem gewissen Rahmen leichte Modifikationen auftreten. Die ♀♀ bieten in der Form des Interradialfeldes kaum Anhaltspunkte; man muß hier, mehr gefühlsmäßig, auf das Verhältnis der Länge und Breite der Elytren, die absolute Länge derselben zurückgreifen, und die Schwierigkeiten sind dann geringer, wenn auch die zugehörigen ♂♂ vorliegen. Diese werden erhöht durch *mollis ignifer*, der in der Form des Interradialfeldes eine allerdings nur scheinbare Zwischenstufe zu anderen Arten zeigt. Leicht ist der südosteuropäische *biguttulus hedickei* durch die Erweiterung der apikalen Zellengruppe des Interradialfeldes zu erkennen, ebenso *brunneus brevis* Klingstedt aus Finnland, der die gleiche Erscheinung zeigt, als bemerkenswerte Konvergenz.

Der von mir aus Kärnten beschriebene *eisentrauti*, der auch in Südtirol (neben dem sehr ähnlichen *mollis ignifer*) vorkommt und neuerdings überraschenderweise von G. Heinrich auch nördlich der Alpen (Berchtesgaden, 7. 1947, 2 ♂♂, 1 ♀)

[1]) Muß nach Ander für *bicolor* Charp. eintreten.

gefunden wurde, sowie die neue Art *miramae* erschweren die Determination in dieser Gruppe noch weiter und mögen vielleicht Zweifel auslösen, ob hier gute Arten vorliegen. *Eisentrauti* ist jedoch eine gute Art, wie jetzt auch die Untersuchung des Epiphallus bestätigt hat, dessen *partes posteriores* der *lobi papillati* massiger und meist stark dunkelbraun chitinisiert sind. Bei *miramae* sind in dieser Beziehung, wie bei den meisten übrigen Arten der Gruppe, keine klar zu fixierenden Unterschiede festzustellen; das Interradialfeld steht in der Mitte zwischen dem von *mollis* und *brunneus*, ist aber doch von beiden konstant verschieden; die Stridulationsweise weicht von beiden Arten ab, leider ist mir jedoch die genaue Aufzeichnung hierüber verloren gegangen. Was *ilkazi* Uv. betrifft, so unterscheiden sich typische Stücke durch das besonders stark erweiterte Interradialfeld und den sehr kurz abgeschrägten Apikalteil der Elytren von dem vielleicht am nächsten verwandten *biguttulus*; doch enthält eine topotypische Serie (vgl. S. 389) scheinbar klare Übergänge zu *biguttulus* und *mollis*, aber die gedrungene Gestalt, der auffallend dicke Kopf und die nur bis zum Abdomenende reichenden Elytren, besonders auch das ♀, sprechen doch für eine gute Art. Wichtig wäre die Kenntnis der Stridulationsweise. *Bozdaghi* Uv. schließlich, nur nach einem ♂ beschrieben, wäre gut gekennzeichnet durch den sehr deutlich hinter der Mitte des Pronotumrückens liegenden *sulcus typicus*, vorausgesetzt, daß dieses Merkmal sich als konstant erweist[1]); die Elytrenaderung ist ziemlich ähnlich der von *mollis*.

Bei der Determination aller dieser Arten wird man den Fundort zu Hilfe nehmen müssen und man sollte beim Sammeln des Materials nicht versäumen, bei den ♂♂ dieser Arten die Stridulationsweise zu beobachten und falls, wie oftmals, mehrere Arten durcheinander vorkommen, diese für jedes einzelne Exemplar festzustellen und an dem Stück zu vermerken. Dies bedeutet allerdings eine sehr zeitraubende Arbeit. Ich möchte bei dieser Gelegenheit davor warnen, den bequemen Weg mancher früherer Autoren zu gehen und bei auftretenden Schwierigkeiten der Bestimmung einzelne dieser Arten wieder zusammenwerfen, wie dies in früherer Zeit mehrfach mit *biguttulus* und *brunneus* als „*variabilis* Fieb." geschehen ist, hauptsächlich verursacht durch den viele Jahrzehnte vernachlässigten *mollis* Charp.

Mancher Autor wurde durch den ihm unbekannten *mollis* auch veranlaßt, eine häufige Hybridation zwischen *brunneus* und *biguttulus* anzunehmen. Diese ist aber äußerst selten; bisher wurde nur von Klingstedt ein „wilder" Hybrid festgestellt, auf den weiter unten einzugehen ist. Ich selbst habe außerordentlich zahlreiche Beobachtungen an den verschiedensten Fundplätzen gemacht, an denen nebeneinander oft alle drei Arten vorkamen; alle Exemplare, die dem Aussehen nach vielleicht hätten Hybriden sein können, erwiesen sich stets durch ihre Stridulationsweise eindeutig als *mollis*.

Klingstedt (Journ. of Genetics XXXII 1939, p. 389) hat den von ihm in

[1]) Bei *vagans* (Ev.), der im allgemeinen das gleiche Kennzeichen hat, sind Verschiebungen des *sulcus* bis zur Pronotummitte nicht allzuselten; so könnte bei *bosdaghi* das Umgekehrte der Fall sein.

Finnland gefundenen Hybriden (zwischen *brunneus brevis* Klingst. und *biguttulus* L.) und ferner zwei in England aus finnischen *biguttulus* und englischen *brunneus* in der Gefangenschaft erzielte Hybriden cytologisch bezüglich der mitotischen Vorgänge untersucht. Die gezüchteten, also zweifellos sicheren Hybriden zeigten Störungen und Unregelmäßigkeiten bei der Kernteilung gegenüber den normalen Vorgängen bei den Elternarten, und ähnliche Störungen fanden sich auch bei dem wilden Hybriden; dennoch halte ich diese — von Fehlerquellen bedrohte — Untersuchung an nur einem Exemplar nicht für völlig beweiskräftig für dessen Hybridennatur. Diese bei der Hybridation auftretenden Störungen dürften auch die Erklärung abgeben für den Ausfall einer weiteren Fortpflanzungsmöglichkeit. Phaenotypisch erinnert der wilde Hybrid sehr an *mollis*; diese Art wurde jedoch in Finnland bisher nicht beobachtet.

Bemerkenswert ist noch folgender Umstand. Während die durchschnittliche Zahl der Stridulationszäpfchen bei deutschen und finnischen *biguttulus* sich zwischen 102 und 109 bewegt, sind die entsprechenden Zahlen bei englischen und deutschen *bicolor* 56 und 60, also nur etwas mehr als halb so hoch. Die Zahl der Zäpfchen bei der südfinnischen subsp. *brunneus brevis* ist nach Klingstedt auffälligerweise doppelt so hoch wie bei der Nominatform, nämlich 120; da jedoch der Autor, allerdings nur an einem ♂ in der Gefangenschaft, die *brunneus* entsprechende typische Stridulationsweise festgestellt hat, kann man wohl kaum die Zugehörigkeit zu dieser Art bezweifeln; immerhin wäre es wünschenswert, die Stridulationsweise an Freilandexemplaren nachzuprüfen. Die dritte Art *mollis* hat mit 116 eine ähnlich hohe durchschnittliche Zäpfchenzahl. Nun ist aber das Überraschende, daß der wilde Hybrid zwischen *brunneus brevis* (mit 120) und *biguttulus* (mit 109) nicht eine intermediare oder wenigstens reduzierte Zäpfchenzahl, sondern die noch höhere Zahl von 127—128 Zäpfchen aufweist; die gezüchteten Hybriden zwischen englischen *brunneus brevis* (mit 56) und finnischen *biguttulus* (mit 109) zeigen dagegen die genau intermediären Zahlen 71—73 Zäpfchen. Es wäre zu begrüßen, wenn versucht würde, weitere Hybriden zu erzielen und festzustellen, inwieweit die Stridulationsweise beeinflußt wird, denn es ist kaum anzunehmen, daß der Hybrid die so völlig unterschiedlichen Strophen der elterlichen Arten „rein" singen könnte, was im übrigen ja durchaus nicht allein von der Höhe der Zäpfchenzahl abhängen dürfte.

Es bleibt auf jeden Fall sehr bemerkenswert, daß die Hybridation in der Gefangenschaft so verhältnismäßig leicht gelang, und dies kann seine Erklärung nur darin finden, daß sie aus sexueller Not geschah, eine Konstellation, die im Freiland angesichts der großen Häufigkeit der Arten kaum eintreten dürfte.

8. Die anatolischen Arten der Gattung *Asiotmethis* Uvarov.

Uvarov hat 1943 (Trans. Soc. Ent. London 93 : 52) in seiner Revision der *Thrinchini* für einige ehemals zur Gattung *Tmethis* Fieber gestellte Arten die neue Gattung *Asiotmethis* aufgestellt. Einen Teil dieser Arten, sämtlich anatolischer

Herkunft, stellte der Autor schon 1934 (Eos 10: 106) als Subspezies zu der micropteren mazedonisch-griechischen *heldreichi* Br. v. W. (1882), doch vermag ich mich dieser Auffassung nicht anzuschließen, da diese Art in wesentlichen Punkten von den anatolischen Arten abweicht, wie auch letztere untereinander bedeutende Verschiedenheiten zeigen. Sie hat (im Gegensatz zu den stets rot- oder blauschienigen anatolischen Arten) innen mattgelbliche, außen ockerfarbige, gelegentlich ganz leicht orange getönte Hintertibien — ein taxonomisch wesentliches Merkmal, wie es sich auch beispielsweise bei *Calliptamus* gezeigt hat. Es kommt hinzu, daß die Hinterschienen bei *heldreichi* trotz durchschnittlich gleicher Körpergröße wesentlich robuster und horizontal breiter sind und eine viel stärkere bürstenartige Behaarung auf der Unterkante zeigen; auch die Antennen erscheinen durchschnittlich länger. Als einzige Subspezies ist zu *heldreichi* eine neue thessalische Form[1]) zu stellen.

In seiner ersten Revision 1934 mit den als Subspezies zu *heldreichi* angesehenen Formen *ovipennis*, *inermis*, *adaliae*, *escherichi* und *dimorphus*, sämtlich mit kirschroten Hinterschienen, wird nur *holtzi* als gute Art aufgefaßt, vor allem wegen der vorwiegend bläulichen Hinterschienen. In der obengenannten Gesamtrevision stellt Uvarov auch *holtzi* ohne besondere Begründung als Subspezies zu *heldreichi* und betont die Möglichkeit, daß *dimorphus* mit *holtzi* identisch ist. Dies ist jedoch nicht der Fall (s. weiter unten); dagegen ist der dort (p. 57) neu beschriebene *pulchripes* nur eine Subspezies von *holtzi*. Diese Feststellung ermöglichte mir eine im Berliner Museum befindliche paratypische Serie von 6 ♂♂ letzterer Art und dazu eine von mir selbst gesammelte große, annähernd topotypische Serie, im Vergleich zu einer (ebenfalls von mir gesammelten) großen Serie von *pulchripes*. Nach Prüfung einiger von mir an Uvarov gesandter Belegstücke wurde meine Ansicht von Diesem brieflich bestätigt.

Die obengenannten „Subspezies" und Arten zeigen in der Ausbildung der Flugorgane bei dem ♂ alle Stadien von der Micropterie bis zur Hyperpterie, bei dem ♀ durchweg nur die erstgenannte Form. Die sehr verschiedenartige Form der micropteren bis annähernd mesopteren Elytren (♂) bei einzelnen Arten und Unterschiede in der Aderung der Hinterflügel bei den meso- und eupteren Arten geben beste Anhaltspunkte zur spezifischen Unterscheidung, die teilweise durch Merkmale der Plastik des Pronotums ergänzt werden; allerdings ist hier in manchen Punkten eine ziemliche starke individuelle Variabilität zu beobachten, teils bezüglich des Grades der Tuberkulierung, teils hinsichtlich der von Uvarov stark herangezogenen lateralen Tuberkeln der Mesozona des Pronotums. Bei den ♀♀ vieler Arten schwankt Größe und Form der Elytren, letzteres in gewissen Grenzen, zum Teil erheblich. Wenig aussichtsreich für die Beurteilung der Arten ist der — von der Nachbargattung *Glyphanus* (*obtusus*) durch wesentlich reichere

[1]) *A. heldreichi rubrescens n. subsp.* Innenseite der Hinterschenkel an der Basis rosa bis rot (statt dunkelblau) gefärbt. Typus ♂, Allotypus ♀ Thessalien, Volo (Brunner v. W.) im Berliner, Paratypen ♂ ♀ ebendaher (Stussiner) im Wiener Museum.

Bedornung etwas abweichende — ziemlich einheitliche Epiphallus (Abb. 75) mit starker individueller Variabilität der Form seiner Bedornung; auch der Aedeagus bietet als sehr einheitlich gebautes Organ keinen Anhaltspunkt.

In biologischer Beziehung erscheint mit eine stärkere Beachtung der Phaenologie notwendig, denn es gibt anscheinend jahreszeitlich sehr früh und erst später auftretende Arten, was übrigens auch gegen eine subspezifische Vereinigung aller Arten spricht. So ist beispielsweise *adaliae* bei Adalia und bei Ankara (Emir Göl) um Mitte Juni voll entwickelt, ist aber, wie am Emir Göl festgestellt wurde, dort

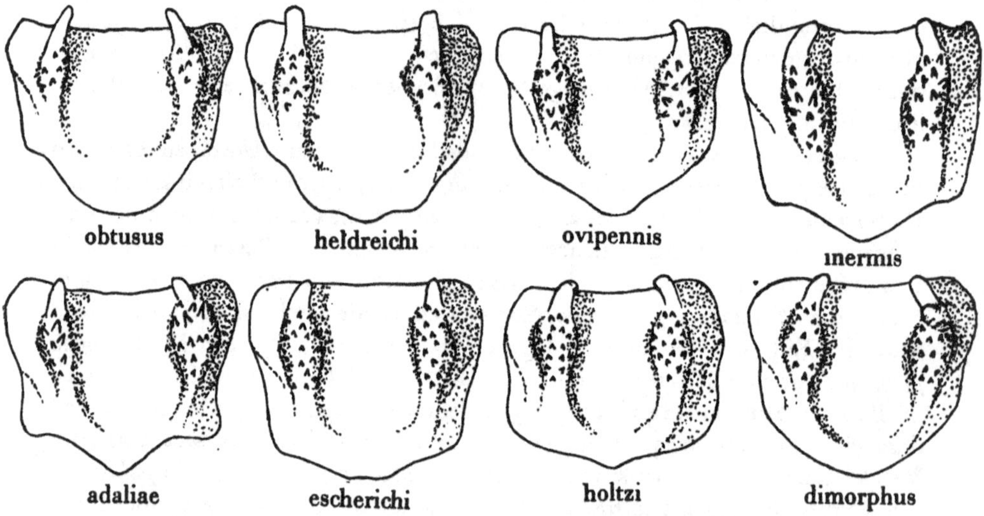

Abb. 75. Epiphallus von *Glyphanus* (*obtusus*) und *Asiotmethis*

Anfang August bereits verschwunden, während *inermis* (auch im Gebiet von Ankara), *brevipes n. sp.* und beide *holtzi*-Subspezies um diese Zeit noch in überreicher Menge vorhanden sind, obwohl das Verbreitungsgebiet der letzteren Art sehr weit südlicher liegt. Leider sind über die meisten Arten noch wenig Angaben in dieser Beziehung vorhanden.

Nach meiner Ansicht würde sich folgendes Bild der anatolischen Arten von *Asiotmethis* ergeben:

Asiotmethis ovipennis Uv.

Tmethis heldreichi ovipennis Uv. l. c. p. 111.

Gute Art, mit sehr eigenartig geformten (Abb. 76) apikal ganz abgestutzten Elytren (besonders deutlich bei dem ♀) und Reduktion (♂) der nur sehr schmal entwickelten Hinterflügel auf 4,5 mm (also stark verkümmert); Prozona des Pronotums mit hohem und breit aufgewölbtem Mittelkiel (Material: 2 ♂♂, 2 ♀♀, Paratypen).

Asiotmethis inermis (Uv.)

Tmethis heldreichi inermis Uv. l. c. p. 110.

Gute Art, mit breitovalen, weniger stark abgestutzten Elytren (Abb. 76), deren breiteste Stelle auch hinter der apikalen Hälfte liegt, und (♂) auf 7,5 mm reduzierten, etwa 2/3 der Elytrenlänge erreichenden Hinterflügeln; Hauptmerkmal das allgemein schwach skulptierte Pronotum und dessen ziemlich flache, wenig höckrige Prozona (Material: ♂♀, Paratypen).

Asiotmethis adaliae (Uv.)

Tmethis heldreichi adaliae Uv. l. c. p. 111.

Gute Art, mit deutlich schmalen ovalen Elytren (Abb. 76), deren breiteste Stelle (♂) etwa in der Mitte liegt. Hinterflügel im normalen Verhältnis zur Elytrenlänge auf 8,5—9,5 mm reduziert; 1. und 2. *vena axillaris* einander stark genähert (vgl. Abb. 76 A). Pronotum des ♂ mehr oder weniger tuberkuliert mit ziemlich hohem, jedoch längst nicht die Höhe und Breite wie bei *ovipennis* erreichenden Mittelkiel der Prozona, beim ♀ ziemlich flach, mit nur schwach ausgeprägter Querfurche. (Material: ♂♀ Typen, Museum Dahlem.)

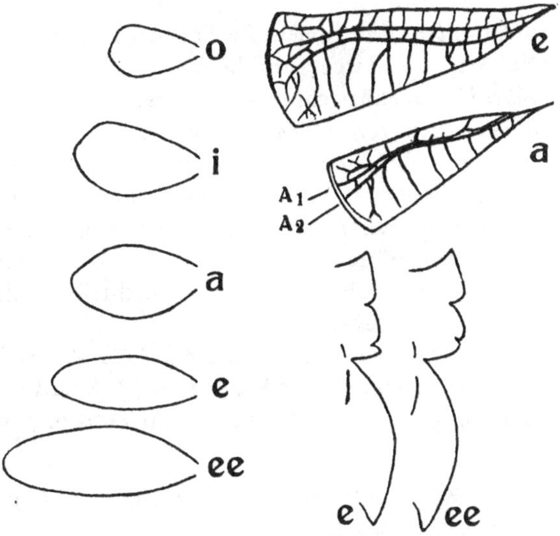

Abb. 76. *Asiotmethis* ♂, Elytren, 2. Sektor der Hinterflügel und Pronotumprofil von *o ovipennis*; *i inermis*; *a adaliae*; *e escherichi*; *ee esch. elatior* (A_1 und A_2 = 1. u. 2. *vena axillaris*)

Ich stelle zu dieser Art ein ♂♀ Ankara (Emir Göl) 22. 6. 35, 2 ♂♂, 1 ♀ Ankara (Sureya), ♂♀ Angora (Wiedemann) ♀ Çorum 8. 1934 (Sureya); ♀ Josgad. Es scheint dies die in Anatolien verbreitetste der micropteren Arten zu sein, die daher auch eine starke Variabilität zeigt.

Asiotmethis sevketi n. sp.

Kleiner, von der vorigen Art durch kleineren Kopf, schlankere Gestalt verschieden. Pronotum, besonders bei dem ♂, mehr (und etwas spitzer) winklig statt rundlich, Metazona verhältnismäßig kürzer und flacher, Mittelkiel der Prozona ♂♀ mit ziemlich scharfspitzigen Erhebungen. Elytren ♂ mehr gleichmäßig langoval, etwa so lang wie Kopf und Pronotum zusammen; Hinterflügel entsprechend abgekürzt (8,4—8,7 mm), 1. und 2. *vena axillaris* stark einander genähert (Abb. 76 A)

Hinterschenkel und ganz besonders die Hinterschienen kürzer. Färbung wie bei den übrigen Arten.

Typus ♂, Allotypus ♀, Paratypus ♂, Anatolien, Çorum; 2. 8. 1931, (Ševket-Tuncok).

Asiotmethis escherichi (Krauss)

Eremobia escherichi Krauss (Zool. Jahrb. 1896, 9: 565, Taf. 8, Fig. 5, 5A—D).
Tmethis heldreichi escherichi Uv. l. c., p. 110.

Mit *escherichi* beginnen die Formen mit meso- bis hyperpteren Flugorganen. Die Art — dadurch ganz besonders als gute Art, ohne Zusammenhang mit *heldreichi*, gekennzeichnet — unterscheidet von allen vorhergehenden, insbesondere auch von *adaliae* und *sevketi*, durch die Verdickung der Metazona des Pronotums dicht vor dem hellgefärbten Hinterrand, bei dem ♂ stärker ausgeprägt als bei dem ♀, bei dem individuell diese Verdickung auch fehlen kann. Elytren langoval (Abb. 76). Ein weiterer gravierender Unterschied ist der deutlich doppelt so breite Abstand zwischen der 1. und 2. *vena axillaris*. Beide Merkmale kommen auch in der Originalbeschreibung durch die beigegebenen Figuren klar zum Ausdruck.

Beschrieben wurde die Art nach 4 ♂♂, 2 ♀♀ aus dem Gebiet um Angora, woher auch das mir vorliegende Material, 6 ♂♂ (Sureya 1931) stammt. Ich stelle hierzu auch ein ♀ vom Tschibuktal bei Ankara, 7. 7. 1935 (Fuss).

Asiotmethis escherichi elatior n. subsp. [Taf. XXIX, Fig. 3]

Diese neue Subspezies unterscheidet sich außer durch etwas bedeutendere durchschnittliche Größenverhältnisse, auch etwas längere Elytren (Abb. 76) von der Nominatform durch den deutlich höheren Mittelwulst der Prozona des Pronotums (Abb. 76); im übrigen finden sich keinerlei Unterschiede, so daß eine spezifische Trennung nicht am Platze sein dürfte.

Typus ♂, Allotypus ♀, Paratypen 1 ♂, 2 ♀♀, Eskischehir 800 m, 1917 (La Baume); ♀ Eskischehir 10. 6. 1934 (Sureya); ♀ Uşak 23. 7. 1933 (Labor. d. Zuckerfabrik); ferner ♂♀ Eskischehir 8. 1900 (Werner), im Stockholmer Museum.

Asiotmethis holtzi Wern. [Taf. XXIX, Fig. 1]

Tmethis holtzi Wern.
Asiotmethis heldreichi holtzi Uv. l. c., p. 56.

Es liegen mir vor 5 paratypische ♂♂ und eine große Serie (9 ♂♂, 17 ♀♀), von mir 1937 bei Ulukişla gesammelt. Die Elytren erreichen die Knie fast oder überragen sie etwas. Charakteristisch ist die karminrote zur Oberkante hin blau angehauchte oder auch im ganzen stark blau überhauchte Innenseite der Hinterschienen.

Asiotmethis holtzi pulchripes (Uv.) [Taf. XXIX, Fig. 2]

Tmethis holtzi Uv. l. c., p. 111.
Asiotmethis pulchripes Uv. l. c., p. 57.

Beschrieben aus dem Gebiet zwischen Ankara und Tuz Göl und von mir in einer sehr großen Serie (26 Paare) bei Nigde (vgl. S. 410) 1937 gesammelt. Diese und die oben erwähnte *holtzi*-Serie ermöglichen es — besonders durch ihre gute Konservierung — den subspezifischen Zusammenhang der an sich in Größe, Elytrenlänge, Allgemein- und Hinterschienenfärbung variierenden beiden Formen zu erkennen. Die Subspezies ist durchschnittlich etwas kleiner, in der Gesamtfärbung meist von weißlichgrauer, statt, wie bei der Nominatform, von grauer oder hellbräunlicher Grundfärbung. Bemerkenswert ist eine Erscheinung, wie ich sie auch bei *Prionotropis hystrix* beobachtet habe, daß nämlich diese Subspezies dazu neigt, beim Trocknen (nach sorgfältiger Konservierung durch Ausweiden und Ausstopfen) besonders auf Hinterhaupt, Metazona des Pronotums und Hinterschenkeln eine — im Leben nur durch hellere Tönung angedeutete — kalkweiße Färbung anzunehmen; diese Verfärbung findet sich bei der Nominatsubspezies niemals, so daß hier Zweifel an der spezifischen Zusammengehörigkeit beider Formen aufkommen könnte. Vielleicht hängt aber dieses Färbungsphänomen mit den ökologischen Verhältnissen zusammen: der Biotop von *pulchripes* trägt stärker halberemischen Charakter und ist wesentlich lufttrockener als der der Nominatsubspezies.

Bei beiden Formen ist die Metazona des Pronotums vor dem Hinterrand verdickt und läßt nur eine schmale kleine Zunge mit weißlicher Färbung frei; der Hinterrand des Pronotums ist bei dem ♂ ziemlich spitzwinklig, bei dem ♀ etwas mehr gerundet. Die Hintertibien sind in dem basalen Teil blau, im apikalen rot, doch kann das Verhältnis beider Färbungen in der Ausdehnung alle Abstufung zeigen bis zu einem geringen apikalen Rest von Rot, selten tritt auch eine allgemeine Mischfärbung auf. Die Elytren (♂) erreichen die Knie selten und überragen sie niemals, während letzteres gelegentlich bei der Nominatsubspezies vorkommt.

Asiotmethis dimorphus Uv.

Tmethis heldreichi dimorphus Uv. l. c., p. 109.
Asiotmethis heldreichi dimorphus Uv. l. c., p. 56.

Die gleichfalls stärker voneinander entfernten 1. und 2. *vena axillaris* der Hinterflügel (Abb. 76) schließen den Zusammenhang mit *heldreichi* und den übrigen micro- und *meso*pteren Arten aus. Die Elytren sind voll entwickelt und überragen stets die Hinterknie — im Gegensatz zu *holtzi* — wesentlich. Die Art unterscheidet sich von letzterer ferner durch den (spitzwinklig) breitgerundeten Hinterrand des Pronotums, dessen gröbere Skulptur und im Verhältnis zur Prozona längere Metazona; an Stelle der verdickten Partie nahe dem Hinterrand findet sich hier nur eine Tuberkelreihe; die Hinterschienen sind rot.

Maßtabelle der Arten und Unterarten

Long.		*heldreichi*	*ovipennis*	*inermis*	*adaliae*	*sevketi*	*escherichi*	*e. elatior*	*holtzi*	*h. pulchrip.*	*dimorphus*	*d. armenus*
corp.	♂	24 –29	22,5–24,3	29 –29,5	26,7–28,6	24 –24,3	24,5–27	27,5–33,5	25 –28	22,4–26	26,5–30	26 –30
	♀	34,5–42	34 –34,5	37,5–38	32,5–40	25 –34,4	38,5	35 –40	31 –35,4	30 –32	34	36,5
pronot. ..	♂	7,5–7,8	7,9–8,2	8,6–9	9,2– 9,9	7,8– 8,3	8,5– 9,2	9– 9,7	7,8– 8,8	5,8– 8	8,5	8,9– 9,9
	♀	10,5–10,8	10,3–11,6	9,9–12	11 –11,5	11 –12,2	11,7	10,4–11,6	9,8–10,4	9 –10,5	11,3	12,5
elytr.	♂	9 –9,5	6,7 –7	9 – 9,6	9,9–10,4	10,3–10,4	11,5–13	14 –16,3	17,5–23	13,6–18,6	22,3–24,5	26,5–30,5
	♀	7,5–10	7,7– 8	7,5– 8,1	8,4– 9,9	6,6– 8,1	7,9	55– 8,3	6,3– 8,4	5,5– 6,8	7	9,4
alar.	♂	7,8	4,5	7,5	8 – 8,5	8,4– 8,7	10,5–13	12,4–16	14,5–20	12 –15	19,5–21,5	24 –28
fem. post.	♂	13 –15	12,8–13,5	13,4–16	15,4–15,6	12,6–12,9	12,9–13,7	13,5–14,4	11 –13,7	10,5–12,5	13 –14,2	12,5–13,7
	♀	19,4–19,7	17 –17,3	17,4	15,9–19	16,8–17,5	16,6	15 –18,5	14,8—17,8	15 –15,5	17	19,3
tib. post. .	♂	10,3–12,2	11,7–12,3	12,1	12,9–13,8	11,1–11,4	11 –11,9	11,6–12,3	10,3–12,7	9 –11	12 –12,3	11,6–12,8
	♀	16,3–18,4	14,3–14,9	15,2	14 –16,7	14,8–14,9	15	13,8–16,2	13,6–15,6	13 –14,5	15,2	16,4

***Asiotmethis dimorphus armenus* n. sp.**
[Taf. XXIX, Fig. 4]

Von der Nominatsubspezies durch die bei dem ♂ die Mitte der Hinterschienen konstant noch wesentlich überragenden, also hyperpteren Flugorgane verschieden; sonstige Unterschiede fehlen, so daß die subspezifische Verbindung mit *dimorphus* anzunehmen ist.

Typus ♂, Allotypus ♀, Paratypen 3 ♂♂, Anatolien, Siwas 7. 1934 (ROSENBOHM).

9. Kritisches und Neues zum Gattungskreis um *Nocarodes* F.-W.

Die Gattung *Nocarodes* wurde von FISCHER-WALDHEIM 1846 aufgestellt und eine Anzahl von Arten von I. BOLIVAR 1916 (Gen. Ins. **170**: 22) als *Paranocarodes*, und von UVAROV 1928 (Rev. Russe Ent. **22**: 144) weitere Arten als Gattung *Nocaracris* abgetrennt. In seiner jüngsten Veröffentlichung über diesen Gattungskreis bemerkt der letztgenannte Autor (Bull. Soc. Fouad Ier Ent. XXXIII, 1949 [1]) mit Recht „*the remaining species do not all appear to be congeneric, and further subdivision may be required*". In der Tat erfordert der Zuwachs von einer ganzen Anzahl inzwischen oder nachstehend neu beschriebener Arten, sowie die in der bisherigen Form jetzt unmöglich gewordene Abgrenzung von *Nocaracris* und *Nocarodes* nunmehr eine weitere Aufteilung der Gattungen. Zweifellos ist noch die Entdeckung einer sehr großen Zahl weiterer Formen im vorderasiatischen

Raum zu erwarten, und die nachstehende Neuorientierung kann somit auch nur eine vorläufige sein. Schwierig ist vor allem auch die Beurteilung des subspezifischen Verhältnisses einiger Formen, deren es besonders in Anatolien eine ganze Anzahl geben dürfte.

Eine Hilfe in der Beurteilung dieser Verhältnisse kann der ziemlich differenzierte Bau des Aedeagus und zum Teil auch des Epiphallus (Abb. 81—83) leisten, der in manchen Fällen den spezifischen Charakter einer Form erkennen läßt, während man ohne dieses Merkmal ein subspezifisches Verhältnis annehmen würde. Dagegen ist eine Abgrenzung der Gattungen gegeneinander im Bau dieser Organe nicht erkennbar; so tritt auch der (oft skulptierte) seitliche Vorsprung des Aedeagus wahllos auf.

Bezüglich des teils vorhandenen, teils fehlenden abdominalen Tympanums bemerkt Uvarov in seiner letzten Veröffentlichung, daß die Beurteilung des generischen Wertes des Tympanums noch abzuwarten sei. Diese Frage glaube ich nunmehr beantworten zu können: der Besitz oder das Fehlen des Tympanums allein kann nicht ausschlaggebend sein, so taxonomisch gravierend dieses Merkmal auch erscheinen mag. Aber der Fall des nachstehend zu beschreibenden *Paranocarodes atympanicus*, den man ohne jeden Zweifel unmittelbar neben den zum Verwechseln ähnlichen *fieberi* stellen muß und der in jeder Weise den reinsten Typ der Gattung verkörpert, deren übrige zahlreiche bekannte Arten sämtlich ein großes Tympanum besitzen, zeigt deutlich, daß man diesem Merkmal allein keine ausschlaggebende Rolle in der generischen Beurteilung zubilligen darf. Auch die Gattung *Nocaracris* mit ihren zahlreichen tympanumlosen Arten bietet mit dem Außenseiter *rimansonae*, der ein wohlentwickeltes Tympanum besitzt, ein ähnliches Beispiel. In den übrigen Fällen, in denen bei der Abtrennung und Neuaufstellung von Gattungen das Vorhandensein oder Fehlen eines Tympanums wesentlicher Wert beigelegt wurde, kommen noch andere Merkmale unterstützend hinzu.

Was die Abgrenzung von *Nocarodes* und *Nocaracris* gegeneinander betrifft, so haben die zahlreich bekannt gewordenen neuen Arten bezüglich jedes der vom Autor angegebenen einzelnen Merkmale letzterer Gattung durch gleitende Übergänge die Grenzen so verwischt, daß nur noch ein Kennzeichen, die Form der Hinterschenkel, eine Trennung der Gattungen, jedoch in anderer Weise als bisher, ermöglicht. Demgemäß muß die Diagnose für *Nocaracris* stark erweitert werden, denn zwischen *cyanipes* F.-W. mit seinem sehr kleinen Kopf, flachen Rücken, sehr niedrigen Pronotumseitenkanten, schmalen langen Hinterschenkeln und etwas glänzendem Integument ist über *pontica*, *rubripes*, *tibialis* und *burri* bis zu den dickköpfigen, gedrungenen Formen mit dachförmigen Pronotumseiten wie *bulgaricus* und *tecticollis* oder *sureyana*, *cinerascens* und *sabulosa* mit ihrem stumpfen Integument jeder nur denkbare Übergang vorhanden, ohne die geringste Möglichkeit einer Abgrenzung an irgendeiner Stelle. *Nocarodes* bevorzugt halberemisches Gebiet, *Nocaracris* alpine Matten.

Auch *Paranocarodes* mit seinen von mir an den Schluß gestellten Arten *aser-*

beidshanicus n. sp., *opacus* (I. Bol.) und *apicalis* (I. Bol.) zeigt einen gewissen Übergang zu *Nocaracris* Uv.

Überhaupt ungeklärt erscheint mir der kaukasische *Nocarodes variegatus* F. W.[1]), und ich stimme mit Uvarov in der gleichen Beurteilung von *opacus var. nigripes* Stshelk[1]) und *tridentatus* Stshelk[1]) überein; *femoralis* F.-W. ist nach Uvarov eine Larve von *Psophus stridulus* (L.).

Gattungsschlüssel

1 Tympanum vorhanden (Ausn. *Paranocarodes atympanicus*).
— Tympanum fehlend (Ausn. *Nocaracris rimansonae*) 5
2 Pronotummittelkiel oder, wenn fehlend, Mittelkante oben gleichmäßig gekörnt (ohne jede zusammenhängende glatte Partie, ungefurcht).
— Pronotumkiel mehr oder weniger glatt, höchstens hier und da unterbrochen und etwas skulptiert, gefurcht oder ungefurcht 4
3 Pronotumkiel scharf ausgeprägt; die meisten Fühlerglieder von der Basis an stark geperlt *Granulodes n. g.*
— Pronotumkiel nur auf dem auf das Hinterhaupt ragenden Teil des Pronotums eben angedeutet, sonst gleichmäßig unter der körnigen Skulptur des Pronotumrückens völlig verschwindend; Fühlerglieder quadratisch oder rechteckig mit nur leicht abgerundeten Ecken *Ebnerodes n. g.*
4 Basale und mittlere Tergite mit spitzen mehr oder weniger vorgezogenen und zum Teil etwas nach unten gebogenen Hinterecken (bei *opacus* nur bei dem ♂) .. *Paranocarodes* I. Bol.
— Tergite ohne Fortsätze am Hinterrand .... *Nocaropsis n. g.*
5 Hinterschenkeloberkante in den basalen zwei Dritteln, besonders aber am Ende des zweiten Drittels mehr oder weniger zackig erweitert (bei *ebneri*, *niethammeri* und *woronowi* individuell nicht immer sehr deutlich), Unterrand ebenfalls zackig oder breit-wellig *Nocarodes* F.-W.
— Hinterschenkeloberkante mehr oder weniger gleichmäßig konvex und gesägt, Unterkante glatt oder ganz schwach gleichmäßig wellig .... *Nocaracris* Uv.

Im Folgenden stelle ich die bisher beschriebenen Arten zu den für sie in Frage kommenden alten (neu diagnostizierten) oder neuen Gattungen. Die mir nur aus der Literatur bekannten 5 Arten sind mit einem * bezeichnet; bei diesen ist die generische Stellung nicht sicher; in eckigen Klammern die Gattungen, in die die Arten von ihren Autoren gestellt wurden.

Paranocarodes I. Bol.
straubei (Fieb.) Anatolien
sulcatus I. Bol. Anatolien
cilicicus n. sp. Anatolien
paphlagonicus n. sp. Anatolien
tolunayi n. sp. Anatolien
fieberi (Br. v. W.) Europ. Türkei u. Anatolien
brevipes n. sp. Anatolien
atympanicus n. sp. Anatolien
aserbeidshanicus n. sp. Aserbeidshan (USSR)
opacus (Br. v. W.) [*Nocarodes*] Persien (*nec* „Chiwa", vgl. S. 190)
apicalis (I. Bol.) Persien
**margaritae* (Miram) [*Nocaracris*] Armenien (USSR)
**armeniacus* (Bei-Bienko) [*Nocaracris*] Armenien (USSR)

Granulodes n. g.
beieri n. sp. Anatolien

[1]) *Nocarodes opacus var. nigripes* und *tridentatus* Stschelk., deren Beschreibung mir nicht zugänglich ist, sind nach Uvarov 1918 (Bull. Mus. Caucase 12 : 8, Fußnote) derart ungenau beschrieben, daß man sie nicht erkennen kann und sie ignorieren muß.

Ebnerodes n. g.
tölgi (Ebner) [*Nocarodes*] Anatolien

Nocaropsis n. g.
gotvendicus (I. Bol.) [*Nocarodes*] Persien
demawendi n. sp. Persien (Elburs)
persicus n. sp. Persien (Elburs)
elbursianus n. sp. Persien (Elburs)

Nocarodes F.-W.
serricollis F.-W. Armenien u. Aserbeidshan (USSR), Persien
armenus n. sp. Armenien, Aserbeidshan (USSR)
transcaucasicus n. sp. Transkaukasien
daghestanicus Uv. Transkaukasien (Daghestan)
urmianus Rme Persien
keredjensis (Wern.) [*Lativertex*] Persien
ebneri n. sp. Persien
woronowi Uv. Aserbeidshan (USSR)
niethammeri n. sp. Anatolien

Nocaracris Uv.
cyanipes (F.-W.) [*Nocarodes*] Transkaukasien, Armenien (USSR)
pontica n. sp. Anatolien
rubripes (F.-W.) [*Nocarodes*] Armenien (USSR)
tibialis n. sp. Armenien (USSR)
tauricola n. sp. Anatolien
burri (Uv.) [*Nocarodes*] Anatolien
bulgaricus (Dren.) [*Nocarodes*] Bulgarien
rimansonae (Uv.) Transkaukasien
**latipes* Uv. Nordkaukasus
schelkovnikovi (Uv.) [*Nocarodes*] Persien
bodenheimeri (Uv.) [*Nocarodes*] Anatolien
**citripes* (Uv.) [*Nocarodes*] Anatolien
bicoloripes (Uv.) [*Nocarodes*] Anatolien
subrubrata n. sp. Anatolien
cinerascens n. sp. Anatolien
tecticollis n. sp. Anatolien
sabulosa n. sp. Anatolien
**znojkoi* (Miram) [*Nocarodes*] Armenien (USSR)

Es folgen Bemerkungen über einige bekannte und Beschreibungen neuer Arten und Subspezies.

Paranocarodes I. Bol.

Die Charakteristika dieser Gattung sind das seitlich steil abfallende Pronotum, der stark erhabene meist ungefurchte (Ausnahmen *sulcatus* und *aserbeidshanicus*) fast gerade bis sehr stark gebogene (Abb. 77a—e) Mittelkiel, in der Metazona 2 parallele, schräg nach hinten zum Mittelkiel laufende Wülste, ferner durch die mehr oder weniger stark ausgebildeten spitzdreieckigen Fortsätze oder Dornen des Metanotum und der meisten Tergite (Abb. 78), deren Enden gekrümmt meist nach hinten überragen. Großes abdominales Tympanum (außer bei *atympanicus*) vorhanden.

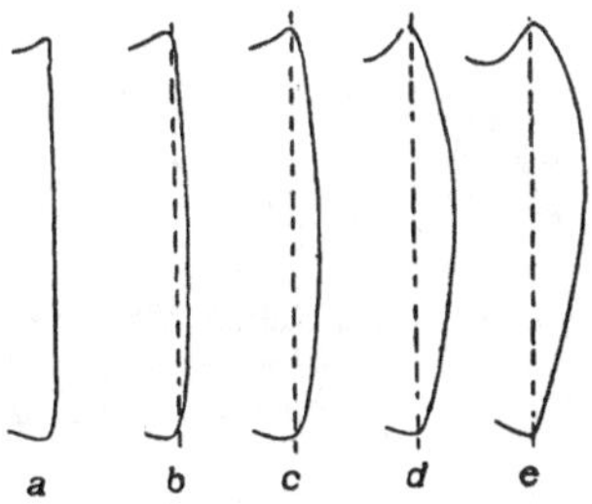

Abb. 77. *Nocarodes* und verwandte Gattungen; Profile des Pronotumrückens in den vorkommenden Abstufungen

Die Gattung steht verwandtschaftlich *Nocaracris* am nächsten; man erkennt dies am besten, wenn man *bulgaricus* oder *burri* etwa mit *straubei* vergleicht.

Paranocarodes straubei Fieb. (Genustypus)

Die Vermutung Uvarovs (l. c. 1949, p. 5), daß Nordanatolien die *terra typica* dieser nach einem gemischten Material „Türkei (Straube) und Cypern" beschriebenen Art sei, findet Bestätigung durch zwei zweifellos paratypische ♂♂ des Berliner Museums mit der Bezeichnung „Brussa, Straube"; ich selbst fand ein ♀ bei Adampol am Bosporus (20. 6. 1914), jedoch trotz intensiven Suchens kein weiteres Exemplar. Die meisten Arten der Gattung sind zweifellos sehr frühzeitig im Mai erwachsen, und man findet zu der genannten Zeit anscheinend nur hier und da überlebende ♀♀, der Grund, warum auch Burr beiderseits des Bosporus vergeblich gesucht hat.

Die Krümmung des Pronotumkiels variiert stark und bewegt sich zwischen c und e (Abb. 77 und 78, hier auch Metanotum und Tergite).

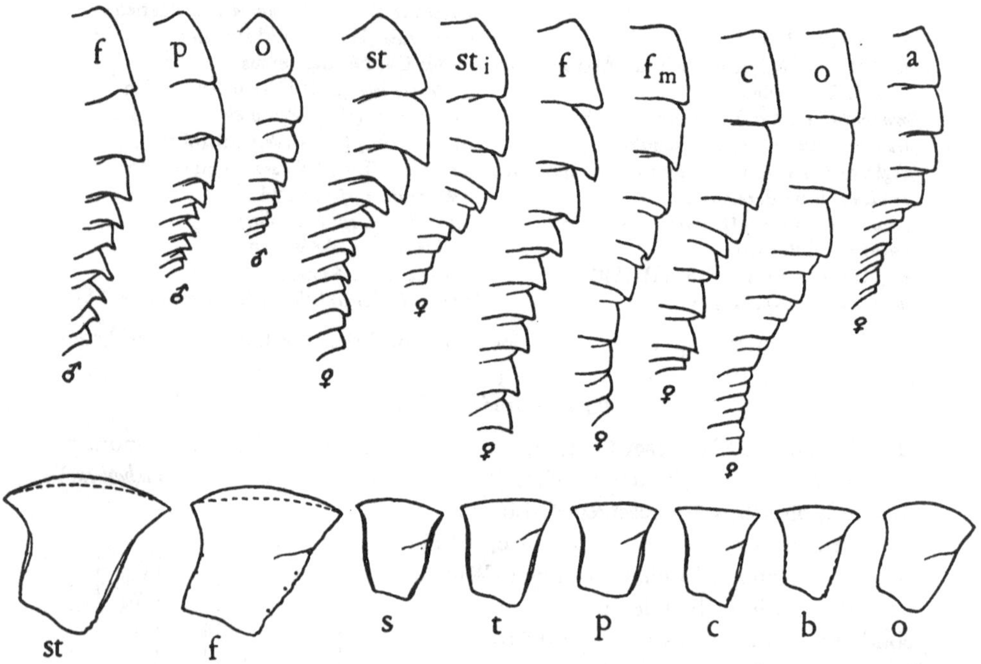

Abb. 78. Obere Reihe: Metanotum und 1.—9. Tergit, untere Reihe: Pronotumprofile (♂) von *Paranocarodes f fieberi*; *p paphlagonicus*; *o opacus*; *st straubei*; *sti straubei insularis*; *fm fieberi mytilenensis*; *c cilicicus*; *a aserbeidshanicus*; *s sulcatus*; *t tolunayi*; *b brevipes*

Paranocarodes straubei insularis n. subsp.

Nocarodes fieberi Wern. Sitzb. Ak. Wiss. Wien 1934, 143 : 329 u. 333

Von den in obigem Zitat von Werner erwähnten drei Stücken (♀♀) liegen 1 ♀ von Mytilini, Leptymnosgebirge, 5. 1927 (Rechinger) und 1 ♀ von Chios, Berg Plaka, 5. 1934 (Rechinger) vor. Durch die innen schwärzlichen (statt roten) Hintertibien hat sich Werner täuschen lassen; die Zugehörigkeit zu *straubei* als eine insulare Subspezies dürfte jedoch nicht zweifelhaft sein. Ein weiterer, bei beiden Exemplaren bestehender Unterschied sind die apikal weniger vorgezogenen, mehr gerundeten Tergite (Abb. 78); alle sonstigen Merkmale stimmen mit denen der Nominatform überein.

Als Typus wähle ich das ♀ von Mytilini, als Allotypus das von Chios.

Paranocarodes sulcatus I. Bol.

Der Vergleich der ♂ Genitalien (Abb. 82) mit der nächstverwandten *straubei*[1]) bestätigt meine Auffassung, daß diese kleine, sehr reizvolle Form eine gute Art ist; deren wesentlichste Merkmale sind der scharfgefurchte Pronotummittelkiel (Krümmung Abb. 77c) und die bis unmittelbar zu diesem reichende, scharfe helle Umrandung der Hinterkante des Pronotums (Abb. 78), während sie bei *straubei* nur das Ende der Seitenlappen erreicht.

Paranocarodes cilicicus n. sp.

Paranocarodes straubei Rme 1939, Mitt. Zool. Mus. **24**: 137

Äußerst nahe und ähnlich *straubei*, jedoch durch den ganz abweichenden Genitalapparat des ♂ (Abb. 83) als besondere Art ausgewiesen. Etwas kleiner als genannte Art; Fühler ♂ dünner, Kopfbildung sonst entsprechend, ♂ Scheitel weniger und weniger spitzwinklig vorragend, ♀ wie bei *straubei*. Pronotum, auch relativ, kürzer und die Seiten niedriger, Profil des (ungefurchten) Mittelkiels ♂ fast gerade (Abb. 77a—b), ♀ etwas konvex (b). Hinterecken der Pronotumseitenlappen gleichfalls ziemlich stark auswärts gebogen und apikal am Hinterrand wellig, zum Teil stumpf bedornt (Abb. 78); Ecke zwischen Hinterrand und Unterrand rechtwinklig. Mittelkiele auf Metanotum und Tergiten (Abb. 78) gleichfalls spitzwinklig nach hinten überragend. Hinterschenkel mit ziemlich stark verbreiterter Unterkante.

Färbung wie bei *straubei*, ♂ dunkelbraun, teilweis heller, insbesondere die Tergite, ♀ mehr graubraun und etwas einfarbiger. Vorderkante der Seitenlappen fast bis zum Mittelkiel, Hinterkante bis zum Ende der Seitenlappen hell gesäumt. Hinterschenkel unterseits leicht geschwärzt.

	♂	♀
Long. corp.	21	38,5
— *pronot.*	5,5	11
— *fem. post.*	9,5	13,7

Typus ♂, Allotypus ♀, Paratypen ♂ ♀ Anatolien, Cilic. Taurus 1895 (Holtz). Durch die große Ähnlichkeit getäuscht, hatte ich ursprünglich die Stücke als *straubei* identifiziert.

Paranocarodes paphlagonicus n. sp.

Gleichfalls *straubei* nahestehend, aber in einigen Punkten stärker abweichend, gleichfalls durch abweichenden Bau des Genitalapparates des ♂ (Abb. 83) als eigene Art ausgewiesen. Kleiner; Stirnleiste vor dem Ocellus kaum eingeschnürt (bei *straubei* deutlich) um den Ocellus etwas stärker verbreitert, nicht so tief gefurcht, mehr flach; Kanten der Stirnleiste unterhalb des Ocellus deutlich weniger eingesenkt, Scheitel etwas weniger vorragend, gleichfalls mit spitzwinkligen Vorderkanten.

[1]) Mitt. Zool. Mus. **24**: 136.

Pronotum (Abb. 78) wesentlich kürzer, Rücken etwas flacher; Seiten (von der Mitte des Mittelkiels bis zum Unterrand gemessen) niedriger, ♂ 6 : 8, ♀ 12,5 : 13,8; Profil des Mittelkiels konvex (Abb. 77, ♂ b, ♀ c); Mitte des Hinterrandes viel weniger vorgezogen, Hinterecken der Seitenlappen ♂ etwas weniger auswärts gebogen und am Ende des Hinterrandes nur etwas tuberkuliert; Ecke zwischen Hinterrand und Unterrand stumpfwinklig. Kiele der Tergite mit kürzeren, nach hinten gerichteten kantigen Vorsprüngen (Abb. 78). Hinterschenkel mit ziemlich gerader, gesägter Oberkante.

Färbung graubräunlich; Pronotumseitenlappen vorn und hinten bis zum Beginn des Rückens hell gesäumt, der Winkel zwischen Hinterrand und Seitenkante der Metazona des Pronotumrückens zuweilen schwarzbraun verdunkelt; Tergite etwas heller abgesetzt. Hinterschenkel ♂ unterseits leicht schwärzlich, ♀ matt ockerfarbig (wie die ganze Körperunterseite), Innenkante leicht rötlich angehaucht; Hintertibien ♂ außen wie die Grundfarbe, basalwärts gerötet (♀ nur ganz am Apex), oberseits und innen rot, Hintertarsen oben rot.

	♂	♀
Long. corp.	23	31,5—41
— *pronot*..................	5,3	9,8—11,4
— *fem. post*...............	9,5	13,5—16,2

Typus ♂, Allotypus ♀, Paratypus ♀, Anatolien, Kastamuni 2. 6. 1933 (Kummerlöwe und Niethhammer).

Paranocarodes tolunayi n. sp.

Gleichfalls *straubei* nahestehend, Genitalapparat des ♂ (Abb. 82) abweichend. Ungefähr von gleicher Größe; Stirnleiste bis zum Clypeus ziemlich gleichmäßig allmählich verbreitert, unterhalb des Ocellus kaum merklich verschmälert; Vorderkante des Scheitels spitzwinklig. Pronotum (Abb. 78) wie bei *straubei* stark dachförmig, Pronotummittelkiel im Profil nur schwach konvex (Abb. 77b), vorn und hinten ziemlich stark vorgezogen, hinten insbesondere in einer schmalen, leicht welligen Partie, beiderseits davon Hinterrand etwas konkav. Prosternum mit feinem kegelförmigem Fortsatz. Tergite in spitzwinklige, nach hinten vorgezogene den Hinterrand überragende Fortsätze endigend, kürzer als bei genannter Art.

Färbung (im Gegensatz zu den bisher genannten meist bräunlich gefärbten Arten) im ganzen schwärzlich, mit sehr feiner, beim ♀ stark die Färbung aufhellender weißlich-sandiger Skulptur auf Kopf, Pro-, Meso- und Metanotum; Tergite bräunlich aufgehellt. Vorder- und Hinterkante der Pronotumseitenlappen hell gesäumt. Hinterschenkel ♂ innen und unten schwarz, ♀ mehr bräunlich, Hintertibien in der basalen Hälfte schwarz, dann allmählich in Blutrot übergehend einschließlich der Hintertarsen.

Long. corp.	22,8—24
— *pronot*..................	5,7— 6,1
— *fem. post*...............	10 —11,5

Typus ♂, Paratypus ♂ (und eine fast erwachsene ♀-Larve) Anatolien, Kisilcahaman 25. 5. 1940 (Karabag). Durch die schwärzliche Färbung und die schwarzroten Hintertibien unverkennbar.

Paranocarodes fieberi Br. v. W.

Paranocarodes serratus Uv. 1949, l. c., p. 7

Es liegen mir vom typischen Material des Wiener Museums vor (mit den jetzt von mir den einzelnen Stücken gegebenen Bezeichnungen): Typus I ♂ Türkei, coll. Fieber, Typus II ♂ Bos Dagh (Lederer), Allotypus ♀, Paratypen 2 ♂♂, 1 ♀ gleicher Herkunft; 2 ♂♂, 1 ♀ Smyrna 12. 5. 1871 (Schlüter *ded.*). An weiterem Material liegen vor aus dem Wiener Museum ♂ Amasia (Lederer?); ♀ Kreta (Frivaldsky); Samos, Kierki bei Marathokampos 18. 6. (Brunnmüller); aus dem Brit. Museum ♂ Orhan ili, 10. 6. 1930 (Sureya); ♂ Demirchi, S. of Simav, about 3000', 3.—4. 8. 1931 (Uvarov); im Berliner Museum 3 ♂♂, 1 ♀, Sevdiköi bei Smyrna, 26. 5. 1917 (La Baume); diese Serie „*serratus* Uv." (Gallipoli) genau entsprechend.

Vergleicht man mit obigem typischen Material Brunners Diagnose (Prodr. 1882, p. 189) „*crista pronoti, a latere visa, recta*", so stimmt diese nur für einige Stücke, beispielsweise Typus I und II, während die übrigen ein mehr oder weniger konvexes Profil der *crista* zeigen, aber ohne Zweifel zu dieser, besonders regional, auch in der Färbung sehr variablen Art gehören. Schließlich deckt sich auch die Herkunftangabe „Südküste von Kleinasien" schlecht mit den genannten Fundorten. Durch diese vielen Ungenauigkeiten Brunners wird die Neubeschreibung von *serratus* Uv. durchaus begreiflich. Ich gebe nachstehend eine neue Diagnose.

Größere Art, seitlich stark kompreß. Fühler 12—13 gliedrig, ♂ etwa so lang wie der Pronotumkiel, ♀ kürzer als dieser; 4. Glied ungefähr quadratisch. Profil der Stirnleiste leicht konvex, über dem Ocellus etwas vorspringend, im ganzen gefurcht, zum Ocellus erweitert, dann etwas verengt und zum Clypeus stärker divergent. Scheitel spitz vorspringend, eingesenkt, Scheitelkanten vorn spitzwinklig; Hinterhaupt in der hinteren Hälfte mit schwachem, etwas geperltem Kiel. Pronotum rauh, bei den ♀ sehr grobkörnig, mit scharfem, teils lateral etwas welligen und gekörnten (besonders bei dem ♀!) Längskiel, bei den ♀ fein längsgefurcht; Profil desselben, individuell schwankend, fast gerade bis ziemlich stark konvex (Abb. 77b—d u. 78); mit fein sandiger Skulptur, ebenso wie Meso- und Metanotum; Pronotumvorderrand in der Mitte stark spitzwinklig, Hinterrand etwas weniger und weniger spitzwinklig vorgezogen, Meso- und Metazona bis nahe an den Mittelkiel eingesenkt, so daß dadurch 2 schräg zum Mittelkiel verlaufende Wülste entstehen[1]). Unterrand der Seitenlappen tuberkuliert, besonders gegen das ventrale Ende, so daß dieser etwas gesägt erscheint;

[1]) Diese Wülste sind etwas auch bei *Nocaracris*, und ganz schwach gelegentlich auch bei den anderen Gattungen dieses Kreises ausgeprägt.

Meso- und Metanotum spitzwinklig, Tergite (Abb. 78 ♂ u. ♀) fast dornförmig nach hinten vorgezogen und überragend, Metanotum und 1. Tergit mit leicht angedeuteten gekörnten bogigen Seitenleisten. Tympanum groß, rundlich. Prosternum mit spitz-dornförmigem Fortsatz. Hinterschenkeloberkante gesägt, Unterkante leicht wellig, etwas tuberkuliert und gesägt. Kopulationsapparat ♂ vgl. Abb. 83.

Färbung braunschwärzlich, zuweilen mit dichter weißlicher Körnelung; Tergite ♂ hell ockerbraun bis hellgrau, Seiten schwärzlich oder schwarz, ♀ mit hellerem, mehr bräunlichem Untergrund mit weißlich körnigen Flecken marmoriert. Vorder- und Hinterrand des Pronotums nicht oder ganz schwach und schmal etwas heller gesäumt. Hinterschenkel innen und unten schwarz, ebenso bei dem ♂ die Hinterschienen und Tarsen, erstere bei dem ♀ blauschwärzlich bis schwarz (auch die Angabe von Brunner „♀ *tibiis posticis violaceis*" ist nicht korrekt).

Die Größenverhältnisse sind individuell, und auch wohl lokal, recht unterschiedlich.

	♂	♀
Long. corp.	25 —31	40 —55
— *pronot.*	7 — 8	11 —15
— *fem. post.*	11,5—12,5	17 —20
— *tib. post.*	10 —11,7	15,5—17

Paranocarodes fieberi mytilenensis n. subsp.

Von der Nominatform verschieden durch das wesentlich weniger plastische Pronotum (besonders bezüglich der Seitenkanten und der Schrägleisten des Rückens), die gleichmäßig sandig-körnige Skulptur desselben, den infolgedessen gleichmäßigeren, nicht so wie bei der Nominatform teilweis grobkörnigen Mittelkiel (Krümmung, Abb. 77c—d), die weniger starke apikale Zuspitzung der Tergite (8. und 9. Tergit nur gerade abgestutzt) und die deutlich kürzeren Hinterschenkel und -schienen. Die Färbung ist ein einförmiges Graubraun statt bräunlich-weißlicher Marmorierung.

Paranocarodes brevipes n. sp.

Äußerst nahe der vorigen Art und ganz entsprechend[1]), etwas kleiner. Pronotumprofil vgl. Abb. 78; Kiel schwach konvex oder fast gerade (Abb. 77 ♂ b, ♀ a). Hinterschenkel und Hinterschienen wesentlich kürzer. Durch abweichend gebauten Aedeagus (mit Seitenwülsten) als gute Art gekennzeichnet (Abb. 83).

	♂	♀
Long. corp.	23	34
— *pronot.*	5,4— 5,8	10,4
— *fem. post.*	9,3— 9,7	15
— *tib. post.*	8 — 8,9	13,9

[1]) Färbung, vermutlich durch Behandlung mit Alkohol, bei dem ♂ heller, ♀ völlig entfärbt und auch geschrumpft.

Typus ♂, Paratypus ♂, Allotypus ♀ Anatolien, Serai Dagh bei Konia 1620 m, 13. 5. 1902 (Penther), ♂ Maden Chehir 6. 1924 (Brit. Museum); Typus und Allotypus im Wiener, Paratypus im Berliner Museum.

Paranocarodes atympanicus n. sp.

♀. Täuschend ähnlich in jeder Beziehung, auch der Färbung, *fieberi* (S. 283), jedoch Tympanum fehlend. Tergitfortsätze etwas schwächer ausgeprägt.

Long. corp.	37,5—42,5
— *pronot.*	11 —11,5
— *fem. post.*	16 —17,5
— *tib. post.*	15,5

Typus ♀ Angora (Wiedemann) im Berliner, Paratypus ♀ Acibadem, Denižli (Sureya) im Britischen Museum.

Paranocarodes aserbeidshanicus n. sp.

♀. Mittelgroß; Fühler 12-gliedrig, das 3.—5. Glied gleichmäßig etwas verbreitert, 3. und 5. lang rechteckig, 4. etwas länger als breit. Stirnleiste bis zum Ocellus ziemlich stark erweitert, gefurcht, unter dem Ocellus ein wenig verengt, dann stark bogig divergent zum Clypeus hin nur schwach erhaben, so daß dieser Teil nicht gefurcht erscheint; Profil annähernd gerade, in dem Teil oberhalb des Ocellus ein wenig vorspringend; oben mit dem Scheitel im Profil einen scharfen stumpfen Winkel bildend. Vorderkanten des Scheitels schwach spitzwinklig, dieser eingesenkt, vorn längsgefurcht, anschließend über das Hinterhaupt mit unregelmäßiger ungefurchter Leiste; Scheitelbreite ♂ etwas größer als der Augenlängsdurchmesser, ♀ doppelt so breit wie dieser. Pronotumkiel konvex (Abb. 77, zwischen c und d), mit feiner aber deutlicher Längsfurche; Pronotum am Vorderrand stumpfwinklig vorgezogen, hinten breit stumpfwinklig gerundet, wellig, etwas tuberkuliert; Pro- und Metazona gegen die Seitenlappen mit deutlichen, aber unregelmäßigen körnigen Leisten abgegrenzt. Pro-, Meso- und Metanotum im ganzen mit grobkörniger Skulptur; Meso- und Metanotum mit geraden, hinten nicht vorgezogenem Kielen, 1. und 2. Tergit mit spitzwinkligen, etwas nach hinten überragenden Erhebungen; 3. bis 5. Tergit mit schwächer werdenden, zuletzt nur tuberkelartigen Erhebungen (Abb. 78). Prosternum mit einem ziemlich langen spitzdreieckigem Fortsatz. Tympanum groß, rundlich. Hinterschenkel mit gesägter Ober- und etwas welliger Unterkante.

Färbung im ganzen weißlichgrau, schwärzlichgrau marmoriert; Hinterschenkel innen und unten einfarbig hellgrau, die untere Innenkante und, etwas auf die Innenseite der Hinterschenkel übergehend, karminrosa; Hinterschienen apikal etwas in mattgelbliche Färbung übergehend; Tarsen gelblich.

Long. corp.	35—36
— *pronot.*	8,5
— *fem. post.*	14,5

♀ Typus, ♀ Paratypus, Aserbeidshan, Aza (Arastal) 1923 (Aras-Exped. d. Museum Eriwan); im Berliner Museum.

Diese charakteristische Art zeigt nicht mehr so ausgeprägt den Charakter der Gattung; Tympanum und Tergitfortsätze weisen aber auf diese.

Paranocarodes opacus (Br. v. W.)

Nocarodes opacus Br. v. W. 1882, Prodr., p.

♀ groß, ♂ verhältnismäßig klein; Fühler fast so lang wie der Pronotumkiel, 14-gliedrig, schlanker als sonst in der Gattung, besonders bei dem ♀. Kopf groß, Stirnleiste ziemlich tief gefurcht, zum Ocellus allmählich etwas erweitert, darunter etwas eingeschnürt, weiterhin bogig stark divergent; im Profil der Teil zwischen Scheitel und Ocellus ziemlich stark vorspringend; vordere Fastigiumkanten ♂ spitz-, ♀ rechtwinklig, mit einem unregelmäßigem, mehr oder weniger gefurchten Kiel von der Scheitelspitze bis zum Pronotum; Fastigium selbst breit, Augenabstand ♂ einundeinhalbmal, ♀ über doppelt so breit wie der Augenquerdurchmesser. Pronotumseiten stark abfallend; Mittelkiel scharf ausgeprägt, in ganzer Länge gefurcht, in der oralen Hälfte stärker als in der apikalen, im Profil konvex (Abb. 77c, oder etwas stärker). Pronotumrücken ziemlich grob runzlig und granuliert, Seitenkanten ♂ stärker, ♀ mäßig ausgeprägt. Prosternum spitz dreieckig. Metanotumkiel ebenfalls fein gefurcht; Metanotum und erste zwei Tergite ♂ stark konvex, ohne vorspringende Hinterecken, vom dritten Tergit an nach hinten vorgezogen, ♀ Tergite mit Ausnahme des ersten ohne Vorsprünge (Abb. 78). Tympanum vorhanden, oval. Alle Beine, besonders auch die mittleren, kräftig und lang (weniger bei dem ♂); Hinterschenkelkanten gleichmäßig gesägt.

Färbung ♂ schwärzlich, ♀ bräunlich, ziemlich einfarbig. Hinterschenkel ♂ innen schwärzlich, ♀ bräunlich, mit leicht rosa gefärbten Kanten; Hinterschienen ♂ rötlich, ♀ mattrosa.

	♂	♀
Long. corp.	21,5	37 —43
— *pronot.*	5,7	10,7—11
— *fem. med.*	5,6	8 — 9
— *fem. post.*	10,7	18,5—19
— *tib. post.*	9,6	16,3—17

Material. Von den mir vorliegenden sämtlichen Brunnerschen Typen, 1 ♂, 6 ♀♀, letztere teilweis entfärbt, habe ich das ♂ als Typus und ein in der Farbe gut erhaltenes ♀ als Allotypus gewählt, die übrigen als Paratypen bezeichnet; im Wiener und 1 ♀ im Berliner Museum.

Der angegebene Fundort „Chiwa" (Plason) dürfte irrtümlich sein, ebenso wie für das gesamte Material des Wiener Museums mit dieser Angabe; vgl. auch auf S. 190; Uvarov, der für *Iranotmethis cyanipennis* (Sauss.) die gleiche Ansicht äußert, nimmt an, daß statt des transkaspischen ein persischer Fundort in Frage kommt.

Ich stelle die Art mit Rücksicht auf das ♂ zu *Paranocarodes* (ebenso auch *aserbeidshanicus n. sp.*, S. 285), obwohl das ♀ durch das Fehlen der Tergitfortsätze und die besonders langen Gliedmaßen sich von dieser Gattung etwas entfernt.

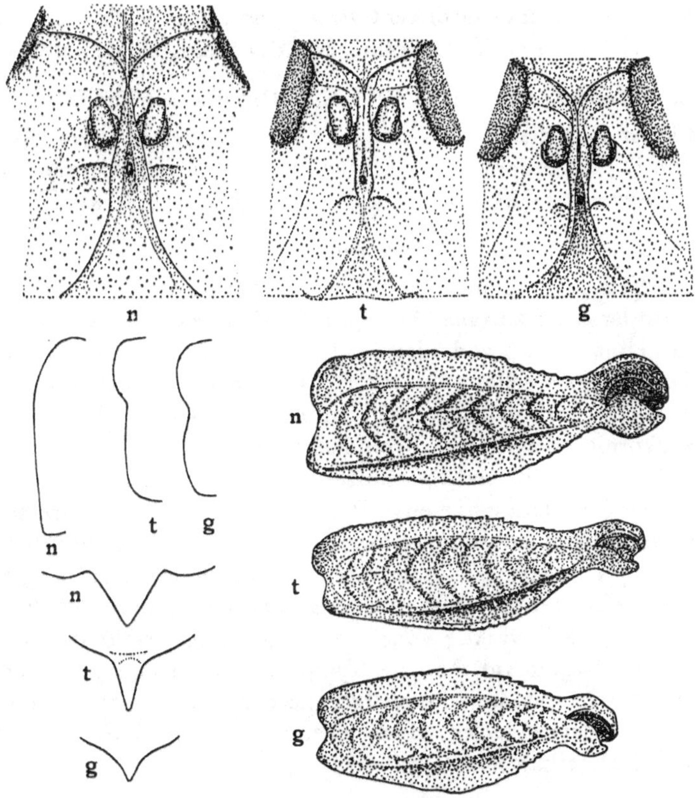

Abb. 79. Stirnleisten, deren Profile, Prosternalzapfen und Hinterschenkel von *n Nocarodes niethammeri*; *t Ebnerodes tölgi*; *g Granulodes beieri*

Paranocarodes apicalis (I. Bol.)

Nocarodes apicalis I. Bol. Trab. Mus. Ci. Nat. 1912, No. 6, p. 29

Auch diese Art zeigt, wie die beiden vorigen, den Charakter der Gattung nicht rein, durch das Fehlen der Tergitfortsätze; vielleicht besitzt das ♂ wenigstens Andeutungen davon. Aber das dachförmige Pronotum (mit durchweg gefurchtem Mittelkiel) und der ganze Habitus weisen stark auf *Paranocarodes*; der Mittelkiel ist fast gerade, nur äußerst schwach konvex. Tympanum vorhanden.

Mit *opacus* teilt die Art die hellbräunliche Gesamtfärbung; auffällig sind die in den basalen zwei Dritteln bläulichen, im apikalen Drittel zunehmend mennigroten Hintertibien; letztere Färbung zeigen auch die Hintertarsen (Typus ♀ lag mir vor).

Ebnerodes n. g.

für *Nocarodes tölgi* Ebner. Arch. f. Natg. 1919, p. 174)

Die wesentlichsten Merkmale dieser Gattung sind die im Bestimmungsschlüssel angegebenen; sie hebt sich im Gesamteindruck aus allen übrigen etwas heraus.

Genustypus: *Ebnerodes tölgi* Ebner [Taf. XXVIII, Fig. 16; Taf. XXIX, Fig. 5]

Eigenartig ist auch die Färbung der nach einem einzelnen (vorzüglich erhaltenen) ♂ von Konia beschriebenen Art; ich verweise auf die Diagnose des Autors und nebenstehende Abb. 79; Kopulationsapparat ♂ Abb. 83.

Granulodes n. g.

Mittelgroß, gedrungen. Fühler ♂ ein wenig länger als der Pronotummittelkiel, ♀ etwa ebenso lang, im apikalen Teil quadratisch geperlt. Stirnleiste (Abb. 79) zwischen den Fühlern flach verbreitert, gefurcht, am Ocellus tief eingesenkt, so daß der oberhalb des Ocellus gelegene Teil im Profil stark vorspringt; unterer Teil der Stirnleiste stark verflacht und nicht den Clypeus erreichend. Das ganze Gesicht grobkörnig oder runzlig, besonders stark gekörnt die dem Gesicht zugewandte Fläche der vorderen Scheitelkanten, diese rechtwinklig, etwas konkav; Hinterhaupt ziemlich stark eingesenkt. Pronotumseiten ziemlich stark abfallend; Kiel im Profil schwach konkav (Abb. 77b—c), stark erhaben, ungefurcht und im ganzen fein granuliert; Pronotum, besonders der Rücken, gröber granuliert, wie auch das Meso- und Metanotum; Vorder- und Hinterecken des Pronotums, besonders erstere, stark winklig vorgezogen, hinten beiderseits des Kiels breit konkav. Prosternalzapfen vgl. Abb. 79. Tympanum vorhanden, groß, rund. Tergite ♂ apikal in fein spitzdreieckige, etwas nach hinten gerichtete Erhebungen endigend, die bei dem ♀ fehlen. Hinterschenkel (Abb. 79) kurz und breit, mit ziemlich breiter Unterkante.

Genustypus: *Granulodes beieri n. sp.* [Taf. XXIX, Fig. 6]

Färbung infolge Alkoholbehandlung völlig ausgebleicht, nur die Unterkante der Hinterschenkel und die Innenseite der Hinterschienen behielten einen sepiafarbigen Ton; Kopulationsapparat ♂ Abb. 83.

	♂	♀
Long. corp.	21,5—23	33 —34
— *pronot.*	6 — 6,3	8,9—10,3
— *fem. post.*	9,7—10,5	14 —15

Typus ♂, Allotypus ♀, Paratypen ♂ ♀, Anatolien, Konia bis Kaisarié (Penther 1902); das typische Paar im Wiener, das paratypische im Berliner Museum.

Nocaropsis n. g.

Kleinere Arten, habituell und durch die im allgemeinen gleichartige körnige Skulptur und die Pronotumform *Nocarodes* ziemlich ähnlich, jedoch durch den Besitz eines abdominalen Tympanums sowie das völlige Fehlen einer Verbreiterung der Hinterschenkeloberkante in den ersten zwei Dritteln verschieden. Fühler 12-gliedrig.

Genustypus ***N. gotvendicus*** (I. Bol.)

Nocaropsis demawendi n. sp. [Taf. XXVIII, Fig. 9 u. 22]

Fühler ♂ etwas kürzer als das Pronotum, ♀ ein wenig länger als dieses oder ebenso lang, bei letzterem in der basalen Hälfte etwas depress. Stirnleiste stark gefurcht, zum Ocellus verbreitert und unterhalb desselben verengt, dann divergent bis zum Clypeus ausgeprägt, im Profil der Teil oberhalb des Ocellus etwas vorspringend. Vorderkanten des Scheitels leicht spitzwinklig, Scheitelbreite ♂ etwas geringer als der Augenlängsdurchmesser, ♀ etwa um die Hälfte breiter. Pronotum ziemlich flach, im ganzen mit sandiger Skulptur, teilweise noch etwas grobkörniger; Mittelkiel fein, aber deutlich längsgefurcht, im Profil etwas konvex (Abb. 77b); Seitenkanten der Pro- und Metazona als körnige oder runzlige Leiste entwickelt; Hinterkante in der Mitte etwas vorgezogen, beiderseits schwach konkav. Prosternum ziemlich lang spitzdreieckig, beiderseits mit einem breit gerundeten Lappen. Hinterschenkel oberseits gleichmäßig konvex, fein gesägt; Kopulationsapparat ♂ Abb. 83.

Färbung ♂ schwärzlichgrau, ♀ etwas heller, meliert. Vorder- und Hinterrand der Pronotumseitenlappen matt ocker bis weißlich (♀); Abdominaltergite und äußere Oberkante der Hinterschenkel sowie etwas auch deren Außenfläche bräunlich. Innenseite und Unterkante der letzteren schwärzlich, Hinterschienen außen graubräunlich, ♂ innen karminrot, ♀ nur apikal karminrot, sonst bläulich. Hintertarsen karminrot.

	♂	♀
Long. corp.	19,8	30
— *pronot.*	4,5	7
— *fem. post.*	10	13,2

Typus ♂, Allotypus ♀, Persien, Elburs, zwischen Rehne und dem Ort Demawend, über 3000 m, 23. u. 25. 7. 1936 (R. Ebner); in der coll. Ebner. Herrn Dr. Max Beier gewidmet.

Nocaropsis iranicus n. sp.

♂. Nächststehend *gotvendicus* (I. Bol.). Fühler länger als der Pronotummittelkiel, mehr apikalwärts statt basalverbreitert. Stirnleiste wie bei genannter Art, jedoch der Teil oberhalb des Ocellus kaum vorspringend das Gesichtsprofil im ganzen also mehr gleichmäßig konvex. Vorderkanten des Scheitels ungefähr rechtwinklig und etwas konkav, Scheitelbreite zwischen den Augen etwa gleich deren Längsdurchmesser. Pronotum noch etwas flacher als bei *demawendi*, feinkörnig skulptiert, Mittelkiel fein gefurcht, durch körnige Struktur hier und da unterbrochen, im Profil fast gerade (Abb. 77a—b), Hinterrand in der Mitte nur wenig vorgezogen, fast gerade; Kopulationsapparat ♂ Abb. 83.

Färbung wie bei genannter Art, nur die Innenseite der Hinterschienen schwarz statt rot, Hintertarsen mattrötlich.

Long. corp.	18,8
— *pronot.*	4
— *fem. post.*	8,8

Typus ♂, Persien, Elburs, Poin Schakuh (Funke); im Wiener Museum.

Von dem ein wenig größeren *gotvendicus* (I. Bol.), dessen Typus (♂ Gotvend, Persien, Escalera) mir vorliegt, verschieden durch die schmaleren, stärker rechteckigen Fühlerglieder der basalen Hälfte, die viel breitere äußere Unterkante der Hinterschenkel und die tiefschwarzen Hintertibien und Tarsen. (Die Untersuchung des Epiphallus habe ich mir bei diesem Unikat versagen müssen.)

Nocaropsis elbursianus n. sp. [Taf. XXVIII, Fig. 10]

♀. Fühler nicht so lang wie der Pronotummittelkiel, in der basalen Hälfte depress. Stirnleiste wie bei den vorigen Arten, im Profil fast gerade, mit dem Scheitelprofil einen scharfen, etwas stumpfen Winkel bildend. Kanten des Scheitels rechtwinklig, dieser zwischen den Augen etwas breiter als deren Längsdurchmesser. Pronotumrücken etwas dachförmig, Mittelkiel ausgeprägt, gefurcht, Profil etwas konvex (Abb. 77c). Pro-, Meso- und Metanotum sandig körnig, Seitenkanten von Pro- und Metazona kaum noch ausgeprägt; Hinterrand des Pronotums in der Mitte leicht vorgezogen, beiderseits leicht konkav. Prosternum spitzdreieckig und ziemlich lang, beiderseits mit einem breitgerundeten Lappen. Hinterschenkeloberkante etwas konvex, fein gesägt.

Färbung gleichmäßig dunkelgrau. Hinterschenkel auf der Innenseite schwärzlich, Unterkante in der äußeren Hälfte grau mit leicht rötlichem Anflug, ebenso die innere Hälfte, diese zuweilen auch leicht schwärzlichrötlich. Hinterschienen außen gelblichgrau, innen kirschrötlich, ebenso die Hintertarsen, Dornen gelblichgrau mit schwärzlichen Spitzen.

Long. corp.	32 —33
— *pronot.*	8 — 8,3
— *fem. post.*	13,5—14

Typus ♀, Paratypen 2 ♀♀, Persien, Elburs, bei Haschtar 7.—9. 1935 (Fusek). Das zweite paratypische ♀ stelle ich mit einem gewissen Vorbehalt zu der Art; es ist etwas kleiner, der — ebenfalls gefurchte — Pronotummittelkiel ist etwas körnig skulptiert; doch glaube ich, daß das Stück, am gleichen Fundort gesammelt, doch nur eine individuelle Abweichung darstellt.

Nocarodes F.-W.

Genustypus *Nocarodes serricollis* Fieb, [Taf. XXVIII, Fig. 11]

Nocarodes serricollis Uvarov Bull. Mus. Caucase, 1918, 12: 7, Abb. 10
Lativertex iranicus Wern. Konowia 1938, 17: 136

Der Typus (♀) liegt mir vor. Uvarov, dem transkaukasisches und aserbeidshanisches Material, nicht aber der Typus zur Verfügung stand, identifiziert später

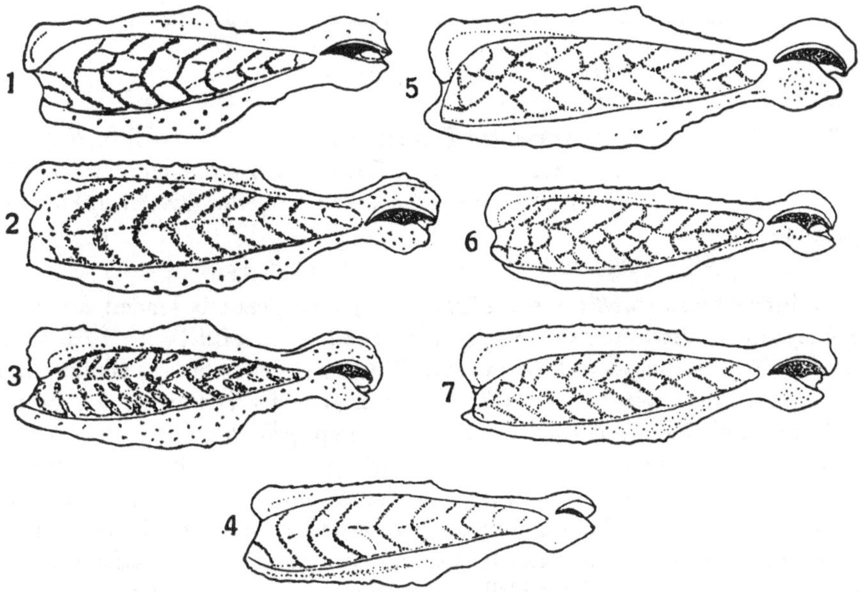

Abb. 80. *Nocarodes* ♀, Hinterschenkel von 1 *serricollis* (Typus); 2 *armenus*; 3 *aserbeidshanicus*; 4 *keredjensis*; 5 *urmianus*; 6 *ebneri*; 7 *woronowi*

(Rev. Russe Ent. 1928, 12: 155) Stücke aus der Umgebung von Eriwan als ungefähr topotypisch ebenfalls mit *serricollis*. Eine Serie aus dem gleichen Gebiet die mir vorliegt, zeigt aber, daß es sich hier um eine andere Art (*armenus n. sp.*) handelt, mit konstant anders gebildeten Hinterschenkeln (Abb. 80); Kopulationsapparat ♂ Abb. 81.

Material: Typus ♀ „Karabach"[1]) (Kolenati), Museum Wien; ♂ Aserbeidshan, Dash-Burun (Steppe), 1931 (Bei-Bienko) [„*serricollis*", B.-B. det.], ♀ Aserbeidshan, Geok-Tapa (Schelkovnikov); ♀ Persien, Keredj (Rechinger-Werner).

Nocarodes armenus n. sp.

Nocarodes serricollis Uv. l. c., p. 155

Habituell wie *serricollis*; Kopf und Pronotum gleich. Hinterschenkel (Abb. 80) etwas länger als bei dieser (♂ 7,9 : 7,5; ♀ 11—12 : 12,3—14 mm), Oberkante

[1]) *Recte* Karabagh.

schwächer und gleichmäßiger erweitert, das Grätenmuster auf der *area externo-media* gleichmäßiger, Unterkante schwächer und gleichmäßiger erweitert.

Färbung einheitlich hellgrau oder rötlichgrau; Hinterrand der Pronotumseitenlappen weißlich mit schwärzlichen Flecken. Unterseite der Hinterschenkel schwärzlich, die wellige Außenkante bei dem ♂ innen hell ockerfarbig, bei dem ♀ fleischrötlich.

	♂	♀
Long. corp.	18,2	40 —41
— *pronot.*	4	7,4— 7,9
— *fem post.*	7,9	12,2—14,1

Typus ♂, Allotypus ♀, Armenien, Eriwan; Paratypen Aserbeidshan, ♀ Djulfa 3. 5. ;3 ♀♀ Negram 14. 5.; Aza 25. 5. 1923. Die Übereinstimmung sämtlicher ♀♀ ist so völlig, daß an einer Zusammengehörigkeit keinerlei Zweifel aufkommen können.

Nocarodes transcaucasicus n. sp.

Nächststehend *serricollis*; etwas kleiner und gedrungener, besonders der ganze Vorderkörper. Pronotum deutlich gröber tuberkuliert, Mittelkiel schärfer ausgeprägt. Erweiterung der Oberkante der Hinterschenkel (Abb. 80) ähnlich stark und in der Form wie bei *serricollis*, Grätenmuster der Hinterschenkel gröber und unregelmäßiger, mehr netzig; Kopulationsapparat ♂ ähnlich *serricollis*.

Färbung dunkelgrau, mit etwas schwärzlich gemischt; Zeichnung der Seitenlappen wie bei den vorigen Arten. Hinterschenkel innen und auf der Unterkante schwarz, ♀ innere Knielappen rötlich, ebenso der basale Kniewulst der Hinterschienen; diese innen schwärzlich, außen grau, obere innere Hälfte schwarz, äußere Hälfte gegen den Apex rötlich, ebenso die Dornen (mit schwarzer Spitze) und das erste Tarsalglied; ♂ die erwähnten rötlichen Tönungen mehr schmutziggelblich (vermutlich durch Verfärbung) auch die Innenseiten der Hinterschienen mehr schmutzigbräunlich statt schwärzlich.

	♂	♀
Long. corp.	18,5	30
— *pronot.*	4,8	7,9
— *fem. post.*	8,2	11,7

Typus ♀, Allotypus ♂, Transkaukasien, Tiflis (Sammler unbekannt).

Nocarodes keredjensis (Wern.) [Taf. XXVIII, Fig. 13]

Lativertex keredjensis Werner Konowia 1938, 17 : 136

♀. Ebenso wie *iranicus* Wern. irrtümlich in eine neue Untergattung von *Prionosthenus* gestellt; ich gebe eine genauere Diagnose.

Kleiner als *serricollis*, Fühler so lang wie der Pronotumkiel, zartgliedrig, letztes Glied verhältnismäßig stark verdickt. Stirnleiste sehr flach, nur ganz wenig ge-

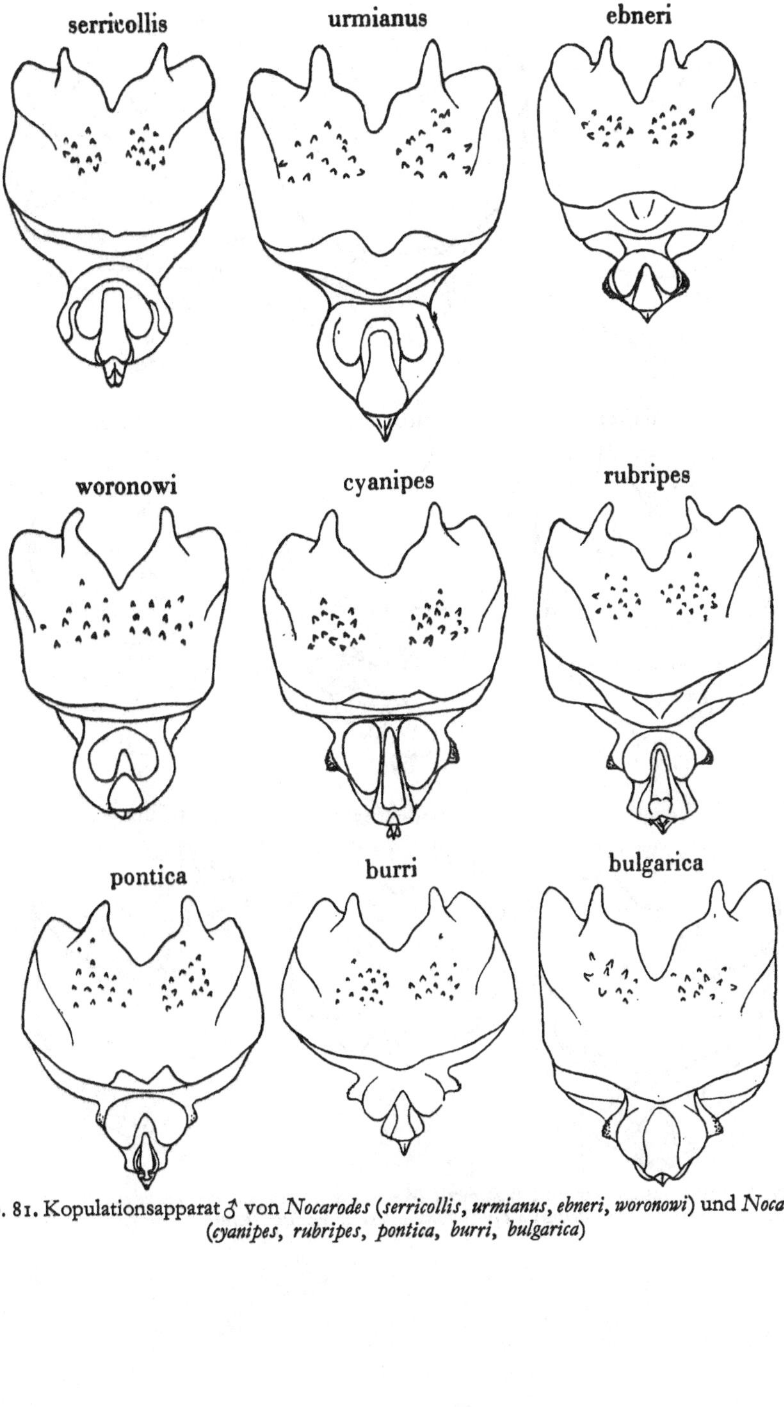

Abb. 81. Kopulationsapparat ♂ von *Nocarodes* (*serricollis*, *urmianus*, *ebneri*, *woronowi*) und *Nocaracris* (*cyanipes*, *rubripes*, *pontica*, *burri*, *bulgarica*)

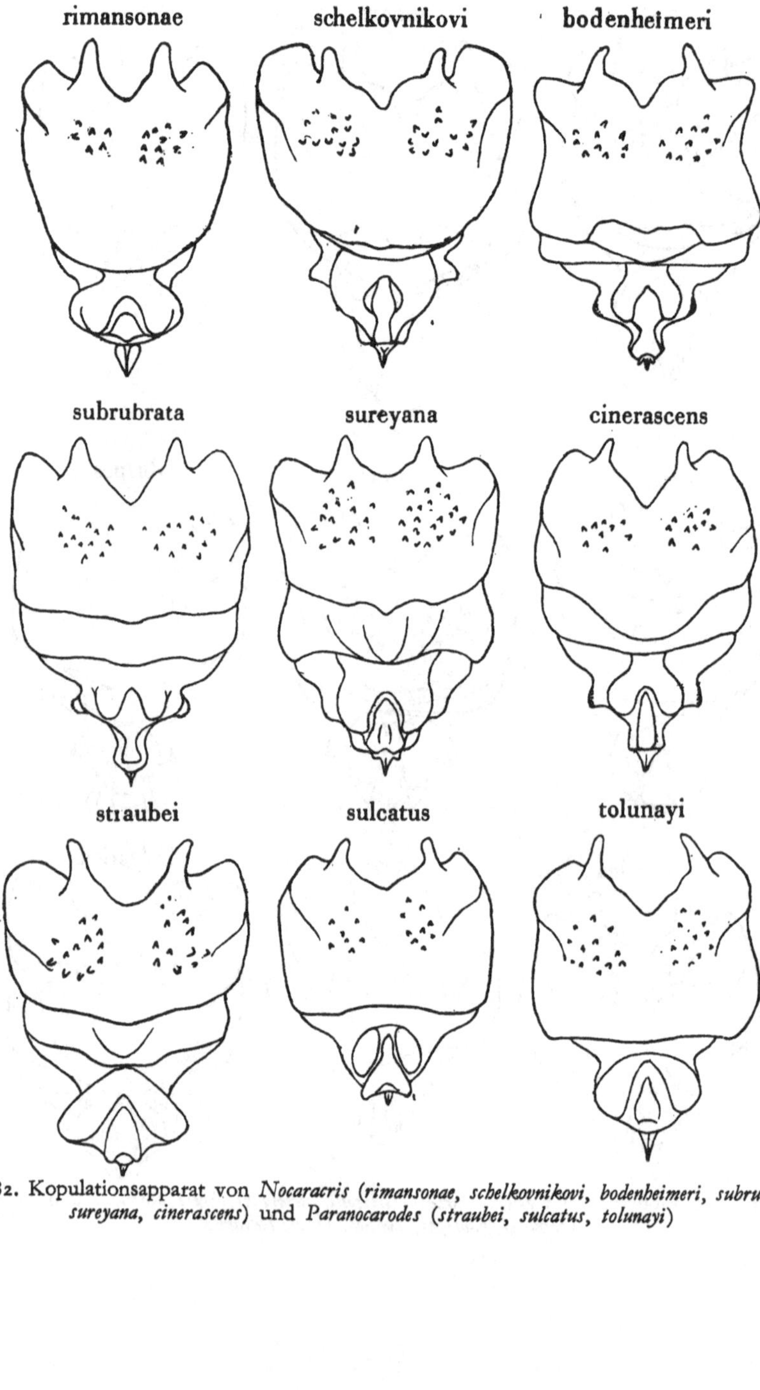

Abb. 82. Kopulationsapparat von *Nocaracris* (*rimansonae, schelkovnikovi, bodenheimeri, subrubrata, sureyana, cinerascens*) und *Paranocarodes* (*straubei, sulcatus, tolunayi*)

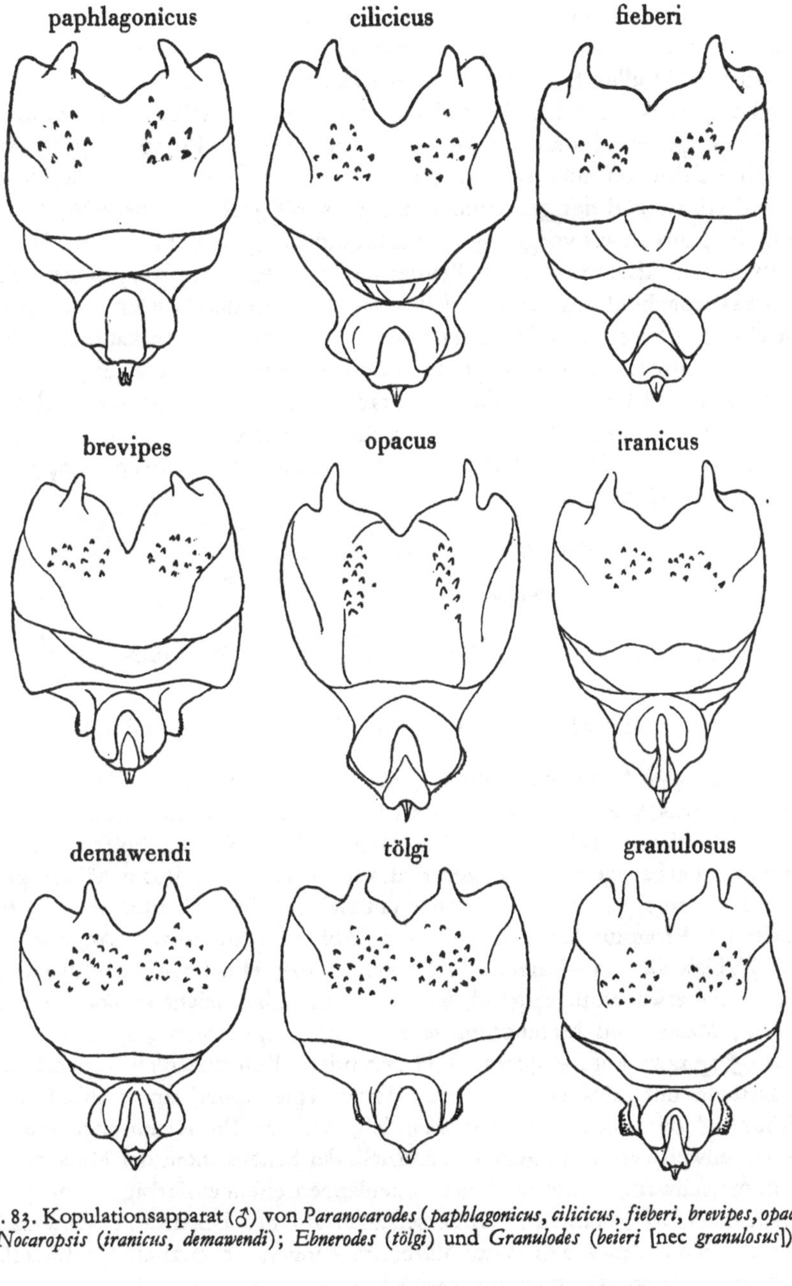

Abb. 83. Kopulationsapparat (♂) von *Paranocarodes* (*paphlagonicus, cilicicus, fieberi, brevipes, opacus*); *Nocaropsis* (*iranicus, demawendi*); *Ebnerodes* (*tölgi*) und *Granulodes* (*beieri* [nec *granulosus*])

furcht, bis zum Ocellus nur wenig erweitert, dann abbrechend, unterhalb des Ocellus nur schwach ausgeprägt und stark divergent bogig zum Clypeus fortgesetzt. Der Teil oberhalb des Ocellus im Profil stark vorspringend, stark konvex, unterhalb des Ocellus fast gerade; Vorderkanten des Scheitels stumpfwinklig, Scheitel eingesenkt, auf dem Hinterhaupt eine flache Mittelkante. Abstand zwischen den Augen größer als der Augenlängsdurchmesser. Pronotum grob skulptiert, Mittelkiel ungefurcht, sehr grob granuliert, ebenso die Seitenkiele; Vorderrand und Hinterrand des gesamten Pronotums mit groben Tuberkeln; Vorderrand in der Mitte etwas vorgezogen, Hinterrand fast gerade. Meso- und Metanotum etwas schwächer skulptiert. Prosternum zungenförmig vorgezogen, oberseits etwas ausgehöhlt. Hinterschenkel relativ kurz, in den basalen zwei Dritteln mit leicht erweiterter, ziemlich dicht gesägter Oberkante, Unterkante zum Ende des zweiten Drittels stärker vorgezogen und im ganzen stark wellig.

Färbung weißlichgrau, mit dunkler grau marmoriert. Hinterschenkel innen grauschwärzlich, unten schmutziggraugelblich, Hinterschienen von der gleichen Färbung, ebenso die Dornen (schwarzspitzig) und die Hintertarsen; Klappen des Legeapparates schmutzigoliv.

Long. corp.	35
— *pronot.*	9
— *fem. post.*	13

Der Typus, 1 ♀, stammt von Keredj (Persien), 1937 (RECHINGER).

Nocarodes **ebneri** *n. sp.* [Taf. XXVIII, Fig. 14 und 23]

Kleine Art. ♂ ♀ Antennen 12gliedrig, ziemlich flach, beim ♂ apikal etwas verbreitert, ♂ etwas, ♀ wesentlich kürzer als Kopf und Pronotum zusammen. Stirnleiste im Profil unterhalb des Ocellus eingebuchtet, Kanten bis zum Ocellus divergent, scharf ausgeprägt und gefurcht, unterhalb des Ocellus genähert, gegen den Clypeus divergent und schwächer entwickelt. Vorderkanten des Scheitels spitzwinklig, Pronotumkiel etwas konvex (Abb. 77b) in ganzer Länge fein gefurcht (♂ bisweilen mit kurzen Unterbrechungen); Hinterrand des Pronotums am Mittelkiel etwas vorspringend, beiderseits desselben leicht konkav. Skulptur von Pro-, Meso- und Metanotum feinkörnig, Tergite wenig skulptiert. Prosternum ♂ spitzwinklig, ♀ spitzwinklig gerundet. Hinterschenkel in den basalen zwei Dritteln mit schwach erweiterter, feingesägter Oberkante (Abb. 80).

Färbung ♂ dunkelgrau bis graubräunlich, auf den Pronotumseiten und den Tergiten teilweise etwas aufgehellt, unterhalb der Seitenkanten der Metazona des Pronotums schwarz, Hinterrand der Seitenlappen elfenbeinfarbig, ♀ im ganzen ziemlich einfarbig graubraun; Hinterschenkel auf der Unterkante schwärzlich, Hinterschienen außen wie die Grundfärbung, ♂ innen schwärzlich, ♀ schieferblau überhaucht, ♂ ♀ apikal etwas gerötet, Hintertarsen oberseits rötlich.

	♂	♀
Long. corp.	16 —16,5	17 —18
— *pronot.*	4 — 4,3	6,1— 6,5
— *fem. post.*	7,3— 7,5	10,6—11,5

Typus ♂, Allotypus ♀, Paratypen 3 ♂♂ 6 ♀♀, Persien, Elburs, Kendevan-Paß, 3.—9. 7. 1936 (R. EBNER); in der coll. EBNER, ♂ ♀ Paratypen im Berliner Museum. Dem Sammler, dem die Orthopterologie so viel verdankt, in alter Freundschaft gewidmet.

Nocarodes woronowi Uv. [Taf. XXVIII, Figg. 15 und 24]

1 ♂, 2 ♀♀ Paratypen, aus dem Tifliser Museum eingetauscht, liegen mir vor. Etwas größer als *ebneri*, von diesem durch den etwas spitzeren Kopf (infolge des schmaleren, spitzeren, etwas mehr vorspringenden Fastigiums) sowie die längeren, apikal (♂) etwas verdickten Fühler (♂ etwas länger, ♀ kürzer als Kopf und Pronotum zusammen) und die eben noch angedeutete, bei dem ♀ zuweilen kaum sichtbare Erweiterung der ersten beiden Drittel der Hinterschenkeloberkante (Abb. 80) verschieden, aber sicher noch zu *Nocarodes* gehörend. Auch die einförmig graue Färbung und das sandig-körnige Integument weisen in die Nachbarschaft der genannten Art; Kopulationsapparat ♂ Abb. 81.

Nocarodes niethammeri n. sp.

♀. Mittelgroß, gedrungen. Kopf ziemlich dick, Gesichtsprofil gleichmäßig konvex. Fühler 12gliedrig (3. und 5. sehr langgliedrig) etwas kürzer als der Pronotumkiel. Stirnleiste (Abb. 79) breit wulstig bis unterhalb des Ocellus allmählich verbreitert, dann nach ganz schwacher Einschnürung stark zum Clypeus divergent; Scheitel doppelt so breit wie der Augenlängsdurchmesser, Vorderkante stark stumpfwinklig; Mittelkiel des Hinterhaupts fein gefurcht. Pronotumkiel stark ausgeprägt, nicht gefurcht, im Profil schwach konvex (Abb. 77c); Pro-, Meso- und Metanotum stark gekörnt, Seitenkiele in der Prozona des Pronotums schwach, in der Metazona etwas stärker angedeutet, ebenfalls körnig; Vorder- und Hinterrand vorspringend, letzterer beiderseits des Mittelkiels leicht konkav; Pronotumseiten ziemlich steil abfallend. Prosternum ziemlich lang spitzdreieckig. Meso- und Metanotum sowie die drei ersten Tergite gegen den Hinterrand ziemlich stark gekielt, aber nur wenig nach hinten sich überneigend. Prosternalzapfen vgl. Abb. 79. Hinterschenkel (Abb. 79) mit schwacher Verbreiterung in den ersten zwei Dritteln, Unterrand hinter der Mitte ziemlich stark (etwas wellig) verbreitert.

Färbung einfarbig grau; Hinterschenkel innen und unten schwarz, Kniepartie bläulich angehaucht, innere Knielappen rot, ebenso innen und oben in der inneren Hälfte, außen und in der oberen Außenhälfte matt ockerfarbig.

Long. corp.	36,5
— *pronot.*	9,3
— *fem. post.*	13,1

Typus ♀, N.-Anatolien, Kastamuni, 31. V. 1933 (KUMMERLÖWE und NIETHAMMER).

Ferner zur Gattung gehörig: *urmianus* Rme [Taf. XXVIII, Fig. 12]; Hinterschenkel vgl. Abb. 80; Kopulationsapparat ♂ Abb. 81.

Nocaracris UVAROV

Nocaracris cyanipes[1]) *ornatus n. subsp.*

Morphologisch wie die Nominatspezies; Grundfarbe (statt dunkel- oder schwärzlich-bräunlich) hellocker, Fühlerbasen, Fastigiumkanten, einige verwaschene Flecke im Gesicht, Pronotumkiel, oft auch die Unterkante der Pronotumseitenlappen, die Oberkante der Vorder- und Mittelschenkel, meist auch die äußere Oberkante der Knie kirschrot, teilweis (♀) auch die Seiten des Analsegments und die Kanten der Valven. Hinterschienen schwarz, Tarsen rot.

Typus ♂, Paratypen 1 ♂, 2 ♀♀ Kaukasus, Dshelal ogly (Sammler unbek.); im Berliner Museum.

Nocaracris cyanipes tristis n. subsp.

Morphologisch wie die Nominatsubspezies. Grundfarbe dunkel-schmutzig-oliv, bei dem ♀ mit schwarz gemischt; ♂ Hinterschienen und Tarsen dunkelschmutzigrötlich, ♀ Hinterschienen schwarz, Tarsen wie bei dem ♂.

Typus ♂, Allotypus ♀, Armenien, Spasskaja bei Achalkalaky 25. 4. 1917 (Sammler unbek.); im Berliner Museum.

Nocaracris tibialis n. sp.

♀. Nächststehend *rubripes*[2]); wesentlich größer, insbesondere auch der Kopf relativ größer, Pronotum länger und höher. (Fühler defekt); Stirnleiste schon oberhalb der Fühlerbasen verbreitert und in gleicher Breite bis etwas unterhalb derselben verlaufend (*rubripes*: allmählich zum Ocellus verbreitert). Scheitel etwas spitzwinklig (statt recht- oder etwas stumpfwinklig), etwas weiter vorspringend. Pronotumkiel stärker erhaben, deutlicher längsgefurcht, um ein Viertel länger als bei der genannten Art, gleichfalls die Pronotumhöhe (vom Kiel bis zum Unterrand). Hinterschenkelunterkante stärker konvex vorgezogen.

Allgemeinfärbung und Zeichnung ähnlich *rubripes*, Vorder- und Hinterrand der Pronotumseitenlappen breit elfenbeinfarbig gesäumt, mit feiner schwarzer Tuberkulierung (*rubripes*: nur mit angedeuteter Aufhellung und gröberen Tuberkeln). Färbung der Hinterbeine stark abweichend: Hinterschenkel innen und unterseits ebenfalls schwarz, aber unmittelbar an der Basis unten mit intensivem

[1]) Vgl. Taf. XXVIII, Fig. 5.
[2]) Vgl. Taf. XXVIII, Fig. 4 u. 19.

verwaschen orangerotem Fleck; Innenseite der inneren Knielappen rot; Hinterschienen im ganzen gelblich olivgrau, innen in der basalen Hälfte verwaschen bläulich, schwarz punktiert und in der apikalen Hälfte allmählich in leuchtendes Rot übergehend; Dornen der Innenseite orangerot, äußere Dornen zitronengelb, sämtlich mit schwarzen Spitzen; Tarsen ebenfalls leuchtend rot. Basalwulst der Hinterschienen unmittelbar am Knie verwaschen orangerot.

Long. corp.	44
— *pronot.*	9
— *fem. post.*	14

Typus ♀, Armenien, Diližan[1]) 4. 7. 1921 (Ismailov).

Nocaracris pontica n. sp.

Morphologisch *rubripes*, in der Färbung *cyanipes* nahestehend. Durch den Bau des männlichen Kopulationsapparates als gute Art ausgewiesen. Fühler 12gliedrig, etwas kürzer als Kopf und Pronotum zusammen. Stirnleiste im ganzen gefurcht, im Profil gleichmäßig ganz leicht konvex, am Ocellus etwas erweitert, Scheitel und Hinterhaupt wie bei den obengenannten beiden Arten. Pronotumkiel ♂ ganz fein, stellenweise gerade eben noch sichtbar, gefurcht (also feiner als bei *rubripes*), ♀ deutlich gefurcht, im ganzen noch schmaler als bei genannter Art; Pronotumrücken und Tergite gleichfalls wie bei dieser, Mittelkiel und Seitenkiele um ein Geringes weniger erhaben und nicht ganz so grob tuberkuliert.

Färbung (infolge schlechter Konservierung) im Ganzen dunkelbräunlich, Grundfärbung im Leben vermutlich mehr graubräunlich. Hinterschienen ♂ innen schwärzlicholiv, außen schmutzigoliv, innere Dornen ganz schwärzlicholiv, äußere nur an der Basis schwärzlich, im übrigen aufgehellt; ♀ Hinterschienen innen dunkeloliv, außen gelblicholiv, innere und äußere Dornen gelblicholiv mit schwärzlicher Spitze; Hintertarsen ♂ ♀ blutrot.

	♂	♀
Long. corp.	20,5	34 —35
— *pronot.*	4,6	6,5— 7,5
— *fem. post.*	9,1	11,5—12,4

Typus ♂, Allotypus ♀, Paratypus ♀ NO.-Anatolien, zwischen Demir- und Varsambek Dagh, 2800 m, 1934 (Frl. Neuhäuser).

Nocaracris tauricola n. sp.

♀ *Rubripes* nahestehend. Fühler etwas länger (7,5—8 statt 7 mm) und in der apikalen Hälfte stärker geperlt. Kopf wesentlich dicker (breiter und höher), mehr vorspringend; Stirnleiste im ganzen gefurcht, am Ocellus leicht erweitert, im Profil gleichmäßig leicht konvex; Scheitel etwas breiter als bei genannter Art, breiter als der Augenlängsdurchmesser, Vorderkanten rechtwinklig (statt leicht

[1]) Name schwer lesbar, vermutlich andere Schreibweise für Delishan.

spitzwinklig), Mittelleiste des Scheitels schwach entwickelt und deren Längsfurchung gerade eben noch angedeutet oder ganz fehlend. Pronotummittelkiel ebenfalls äußerst schwach (stärker nur am Vorderrand) gefurcht; Hinterrand etwas vorgezogen und beiderseits desselben ganz schwach konvex; Pronotumseitenlappen, sowie überhaupt die ganzen Pronotumseiten, vom Mittelkiel bis zum Unterrand, deutlich höher (8,5 : 7 mm). Ober- und Unterkante der Hinterschenkel in der Mitte etwas breiter vorgezogen als bei *rubripes*.

Färbung bräunlich, individuell, besonders auf Pronotum- und Abdomenrücken, schwarz tuberkuliert. Hinterschenkel innen und auf der inneren Unterkante schwarz, äußere Unterkante fleischrot oder gelblich; Hinterschienen innen schwärzlicholiv, Außenkante bräunlich, äußere Dornen schmutziggelblich, innere schwärzlicholiv, sämtlich mit schwarzen Spitzen; Hintertarsen fleischrot.

Long. corp.	35 —37
— *pronot.*	7,4— 7,9
— *fem. post.*	12,8

Typus ♀, Paratypus ♀ Anatolien, Cilic. Taurus (Siehe; Holtz 1895); beide Stücke aus der alpinen Region.

Nocaracris burri (Uv.) [Taf. XXVIII, Figg. 2 und 17]

Nocarodes burri Uv. 1949 Bull. Soc. Fouad Ier XXXIII (1) p. 1

Diese Art vom Bithyn. Olymp, wo ich sie 1937 gleichfalls fand, ist ziemlich variabel; bei im allgemeinen durchgehend fein gefurchtem Pronotumkiel zeigen einzelne Stücke eine kurze Furche nur in seinem vordersten Teil. Die Grundfarbe ist bei dem ♂ mehr oder weniger dunkelbraun und wechselt bei dem ♀ von graubraun über dunkelbraun bis schwärzlich. Die Fühler des ♀ sind in der basalen Hälfte bräunlich, apikal schwärzlich. Charakteristisch ist in beiden Geschlechtern die Färbung der Hinterbeine, und zwar die schwarze auf der Innenkante schwarzrot bis rote, sonst schwarze Unterseite, die roten inneren Knielappen und die korallroten, gelegentlich auch heller roten Hinterschienen.

Charakteristisch und zur Unterscheidung gegenüber den ähnlichen *bodenheimeri* und *subrubrata* brauchbar ist die schärfer ausgeprägte und (etwas abgeschwächt) bis fast unmittelbar zur Mittelfurche der Pronotumseitenlappen reichende obere Kante der letzteren; bei den genannten Arten überschreitet diese Kante nur die hintere Querfurche ein wenig.

Nocaracris burri obscurata n. subsp.

Diese Subspezies unterscheidet sich durch allgemein kräftigere dunklere und kontrastreichere Färbung, die rein schwarze Unterseite der Hinterschenkel, die schwarzen, nur am Rand geblichen Innenlappen der Hinterknie und die bei dem ♂ innen und oben hell mahagonibraunen oder dunkler braunen, leicht rotdurchschimmernden Hinterschienen; bei dem ♀ letztere zuweilen nur rötlich; Hintertarsen ♂ ♀ rötlich oder schmutzigrot.

Nach einer Serie von 3 ♂♂, 2 ♀♀ vom Bos Dagh bei Oedemiš, etwa 5500', 27. 6. 1938 (R. E. GATHORNE-HARDY); Britisches Museum.

Nocaracris bodenheimeri (Uv.) [Taf. XXVIII, Figg. 3 und 18]

Nocarodes bodenheimeri Uv. Ann. Mag. nat. Hist. 1940, **6**: 524

UVAROV erwähnt als identisch mit dieser Art ein ♂ von Amasia, von BRUNNER als „*cyanipes*" bezeichnet. Weitere 4 ♂♂, 10 ♀♀ gleicher Bezeichnung und Herkunft (MANN 1860), dazu 2 ♂♂ (TÜRK 1870, vermutlich auch aus Amasia), befinden sich im Wiener Museum; ferner ist 1 ♀ von Erzerum (MALINOWSKY) aus dem gleichen Museum zu dieser Art zu stellen.

Nocaracris bodenheimeri n. f. flavipes

Vom gleichen Fundort Amasia zeigen 2 ♂♂, 2 ♀♀ statt innen schwarzer, innen gelbe Hinterschienen, die bei dem ♂ apikal noch einen leicht rötlichen Anflug zeigen; auch die Tarsen sind rötlich. Wegen sonst völliger Übereinstimmung mit *bodenheimeri* möchte ich diese Stücke nur für eine Individualform halten.

Nocaracris subrubrata n. sp.

Nächstverwandt *bodenheimeri* (Uv.); im ganzen ein wenig schlanker. Fühler etwas kürzer als Kopf und Pronotum zusammen, 14gliedrig. Kanten des Fastigium verticis (statt rechtwinklig) einen leicht spitzen Winkel bildend; Pronotumrücken weniger grob gekörnt, Mittelkiel ebenfalls fein gefurcht, aber im ganzen glatter, Pronotumhinterrand ziemlich gerade; Pronotumseiten vom Mittelkiel bis zum Unterrand kürzer als bei *bodenheimeri* (8,3—8,9 : 9,3—10,3), die Hinterecken weniger nach außen gebogen. Prosternum spitzwinklig vorgezogen, fast in einen kleinen Zapfen endigend (bei genannter Art leicht stumpfwinklig gerundet). Mittelkiele der Tergite des ♂ deutlich schwächer ausgeprägt und die mittleren Tergite auf ihrer Mitte oder vor dem Hinterrand meist mehr oder weniger etwas gezähnt. Hinterschenkel etwas schlanker.

Gesamtfärbung wie bei *bodenheimeri*, jedoch die Unterkante der Hinterschenkel beim ♂ innen schmutzigrötlich, beim ♀ bräunlich, mit nur leicht rötlicher innerer oder äußerer Kante; Hinterschienen wie bei genannter Art, Hintertarsen jedoch beim ♂ und meist auch bei dem ♀ gerötet.

	♂	♀
Long. corp.	18,8—21	31—37
— *pronot.*	4,6— 5,1	6,5
— *fem. post.*	9,6— 9,8	12,5—14,2

Typus ♂, Allotypus ♀, Paratypen 3 ♂♂, 3 ♀♀, Syrien, Akbès (O. ABT), im Wiener, ein paratypisches Paar im Berliner Museum. Ich stelle zu dieser Art auch ein ♀ von Yokarbanassiya bei Malatia (RAMME, vgl. S 411).

Nocaracris *sureyana n. sp.* [Taf. XXVIII, Figg. 6 und 20]

Mittelgroß; einen gedrungenen Eindruck machend, Pro-, Meso- und Metanotum breit. Fühler ♂ ♀ nur etwa so lang wie der Pronotumkiel, 12—13gliedrig, beim ♂ der apikale Teil etwas verdickt. Stirnleiste gefurcht, gegen den Ocellus erweitert und dann, leicht verschmälert, bis nahe an den Clypeus gut ausgeprägt, im Profil nur schwach konvex, in breitem, gleichmäßigem Boden in den Scheitel übergehend; dieser in der Mitte gefurcht, eingesenkt, Vorderkanten leicht konkav; Hinterhaupt mit äußerst feingefurchter Mittelleiste. Pronotumrücken stark gekörnt, flach, Profil des Mittelkiels fast gerade (Abb. 77a—b). Kiel und Seitenkanten ♂ unregelmäßig körnig, ersterer unterbrochen gefurcht, ♀ ziemlich glatt, ersterer mit durchgehender, zum Vorderrand etwas divergierender Furche; Vorderrand stumpfwinklig, ziemlich stark, Hinterrand nur schwach vorgezogen; Seitenlappen weniger körnig skulptiert, hintere Oberkante scharf ausgeprägt. Meso- und Metanotum ebenfalls grobkörnig, Skulptur des Metanotumkiels ♂ ♀ entsprechend dem Pronotumkiel; Kiele der mittleren Tergite beim ♂ apikal leicht dornig[1]), beim ♀ nur ganz leicht bucklig. Prosternum mit einem längeren mittleren und seitlichen kurzen Lappen. Genitalarmatur ♂ wie bei *bodenheimeri*. Hinterschenkel ebenfalls ähnlich der genannten Art, nur die Unterkante etwas breiter vorgezogen, Oberkante fein gesägt.

Färbung aschgrau bis hellgrau, hier und da ockerfarbig; bei dem ♂ zum Teil mit schwärzlicher Körnelung; Gesicht grau und elfenbeinfarbig marmoriert, Pronotumseitenlappen am Vorder-, Hinter- und Unterrand elfenbeinfarbig schmal gesäumt. Abdomenseiten schwärzlich, Sternite schwärzlich mit breitem hellem Hinterrand, ♀ mehr einfarbig bräunlich. Hinterschenkel ♂ innen und unterseits schwarz, Hinterschienen ♀ außen grau, innen sepiafarbig, Innendornen heller sepiafarbig, Außendornen ockergelblich, Spitzen dunkelbräunlich; Hintertarsen außen wie die Außenseite der Schienen, oben und innen rot; Hinterschenkel ♀ innen und auf der Innenhälfte der Unterkante schwärzlich, Außenhälfte fleischrot; Hinterschienen oberseits in der basalen Hälfte dunkeloliv, mit dunkelbläulichem Schein, apikal in einen braunen Ton übergehend, außen gelblichgrau, ebenso die Dornen (mit schwärzlichen Spitzen), Innenseite oliv, ebenso die Dornen, letztere mit braunschwarzen Spitzen; Hintertarsen wie bei dem ♂.

	♂	♀
Long. corp.	20	30
— *pronot.*	5,4	8
— *fem. post.*	9,5	14,5

Typus ♀ Anatolien, Kütahya, 15. 6., Allotypus ♀ Zara, 25. 6. 1930 (Sureya).

[1]) Doch nicht, wie bei *Paranocarodes*, nach hinten gebogen und überhängend!

Nocaracris cinerascens n. sp.

Der vorigen Art nahestehend, etwas schlanker; Antennen ♂ etwas länger als der Pronotummittelkiel, apikal mehr zugespitzt. Gesamte Kopf- und Pronotumskulptur wie bei *sureyana*, der gefurchte Pronotummittelkiel breiter und glatter, Pronotumseitenlappen etwas steiler abfallend; Pronotumseiten (vom Mittelkiel bis zum Unterrand) kürzer als bei genannter Art (4,8 : 5,5 mm). Prosternum und Hinterschenkel wie bei voriger Art.

Färbung und Zeichnung ebenfalls wie bei genannter Art[1]); Hinterschenkel innen und auf der Unterkante schwärzlich bis schwarz, Außenkante heller, gelegentlich im ganzen mit schwachem rötlichem Schein; Hinterschienen des ♂ innen und außen gelblichgrau, nur an der Basis schwarz, des ♀ außen wie beim ♂, innen auf der Oberkante dunkelolivbläulich; alle Dornen wie die Außenseite der Schienen (mit schwarzen Spitzen), ebenso die Tarsen.

	♂	♀
Long. corp.	20	37
— *pronot.*	4,6	7,6
— *fem. post.*	9,5	13,4

Typus ♂, Allotypus ♀, Paratypus ♀, Anatolien, Siwas, 8. 1934 (Rosenbohm).

Nocaracris tecticollis n. sp.

♀ Gestalt gedrungen, ziemlich kompreß. Fühler etwas länger als der Pronotummittelkiel, 13gliedrig, 3. und 4. Glied etwas verbreitert, 3. doppelt so lang wie breit. Stirnleiste stark gefurcht, mit ausgeprägten, bis zum Ocellus allmählich, dann bis zum Clypeus stark divergenten Seitenkanten; Profil am Nebenauge deutlich eingesenkt. Vorderkanten des Scheitels leicht stumpfwinklig, dieser zwischen den Augen etwas breiter als deren Längsdurchmesser. Pronotum stark dachförmig, mit körniger Skulptur, auch der Seitenkanten und der gebogenen, zum Mittelkiel sich hinziehenden schrägen Leisten; Mittelkiel nur anfangs etwas gefurcht, im Profil leicht konvex (Abb. 77b); Hinterrand der Seitenlappen leicht konvex abgeschrägt. Meso- und Metanotum gleichmäßig körnig skulpiert, deren Kiele sowie die Tergitkiele nach hinten nicht vorgezogen. Prosternum mäßig spitzwinklig. Oberkante der Hinterschenkel leicht konvex, gesägt, Unterkante schwach wellig und etwas gesägt.

Färbung (bei mäßiger Konservierung) ziemlich einheitlich schwärzlichgrau, Vorder- und Hinterrand der Pronotumseitenlappen etwas aufgehellt und dunkel punktiert. Hinterschienen einfarbig schmutziggraubräunlich, Hintertarsen etwas dunkler.

[1]) Verdunkelte Stellen bzw. Totalverdunkelung durch schlechte Konservierung entstanden.

Long. corp.	30[1])
— *pronot.*	8,2
— *fem. post.*	13,8

Typus ♀, Anatolien, Karakeuy (Karaköi), Frühjahr 1910 (BETSCH-FAHRINGER). In der Sammlung EBNER.

Nocaracris sabulosa n. sp.

Nocaracris sp. Uv. Eos 1930, **6**: 373

♀. Kleinere Art. (Fühler fehlen); Stirnleiste bis unterhalb des Ocellus allmählich erweitert und fein gefurcht, dann ganz wenig verengt und sich weit vor dem Clypeus verlierend. Vordere Scheitelkanten rechtwinklig, stark konkav; Scheitel wenig eingesenkt, dieser und das Hinterhaupt gleichmäßig granuliert, nur die beiden gebogenen Seitenleisten etwas entwickelt. Pronotum im ganzen mit sandig-körniger Skulptur; Rücken etwas dachförmig, Mittelkiel wenig erhaben und schmal, hier und da mit feiner Mittellinie, im Profil fast gerade (Abb. 77a—b); Pronotum vorn und hinten sehr breit-stumpfwinklig etwas vorgezogen, hinten beiderseits des Kiels etwas konkav. Prosternum spitzwinklig, etwas abgestumpft. Hinterschenkel mit gleichmäßig konvexer, unten etwas breiterer, gesägter Kante.

Färbung ziemlich einheitlich grau, Pronotumrücken in der Metazona an den Seiten mit großem weißlichem Fleck; Hinterschenkel innen und auf der Innenseite der Unterkante schwarz, innere Leiste basal etwas gerötet; Hinterschienen innen orangerötlich (Tarsen fehlen).

Long. corp.	30
— *pronot.*	7
— *fem. post.*	10,5

Typus ♀, Anatolien, Çorum 12. 7. 1930 (SUREYA); im Britischen Museum.

10. Revisionistische Bemerkungen zur Gattung *Calliptamus* Serv.

In der ziemlich schwierigen Gattung *Calliptamus* Serv. wurde in den letzten zwei Jahrzehnten eine Anzahl von Arten zugunsten älterer Namen synonymisiert und einige neue Arten beschrieben, was das Bild der Gattung teils geklärt, teils noch mehr verwirrt hat. Der Name *siculus* Serville (1839) mußte *barbarus* Costa (1836) weichen; *minimus* Ivanov (1888) wurde vom Autor als „*variety*" von *siculus* aufgefaßt und dies von TARBINSKY (1930) bestätigt; *ictericus* Serville (1839) wird vom gleichen Autor zu unrecht mit *abbreviatus* Ikonnikov (1913) und *sibiricus* Vnukovsky (1926) identifiziert; nach TARBINSKY sind *abbreviatus* und *sibiricus* identisch, welche Ansicht ich teile, während die von mir (1927) zu *abbreviatus* gestellte *siciliae* — wie alle unter ersterem Namen fälschlich vereinigten westlichen und südwestlichen europäischen Formen — mit *ictericus* Serv. identisch sein

[1]) Schätzung der natürlichen Länge, da das Abdomen stark geschrumpft.

dürften. JANNONE (1947) betrachtet *okbaensis* Kheil als gute Art, wohl infolge mangels Vergleichsmaterials von *wattenwylianus* Pantel, während sie nur eine Subspezies dieser letzteren Art ist; mit *italicus*, dem sie PANTEL als Subspezies zuwies, hat *wattenwylianus* nichts zu tun, sie ist eine gute Art. *Tenuicercis* Tarb. (1930) wurde von mir fast gleichzeitig als *iranicus* beschrieben, ebenfalls fast gleichzeitig (1930) — sogar unter dem gleichen Namen — von TARBINSKY und mir *turanicus*. I. BOLIVAR (1936) beschrieb *mus* und CHOPARD *montanus*. Neu beschrieben wird nachstehend *italicus insularis*.

Die Schwierigkeiten bei der Identifizierung der *Calliptamus*-Arten basieren — bei starker farblicher Uniformität — auf den außerordentlichen Schwankungen in der Größe bei vielen Arten, einer etwas labilen Elytrenlänge und der bei mehreren Arten individuell wechselnden Färbung der Hinterschienen in rot oder gelb. Die Form der männlichen Cerci kann nur bedingt herangezogen werden, da sowohl die Breite als auch die Länge des oberen Endlappens, sowie die Größe und Krümmung des schwärzlichen Zahnes individuell sehr schwanken. Eine teilweise Klärung ergab die Untersuchung der männlichen Genitalarmatur, insbesondere des Aedeagus einiger Arten durch TARBINSKY, JANNONE und CHOPARD, doch ist die bildliche Wiedergabe (außer bei JANNONE) nicht immer genügend detailliert. Erst die genaue Untersuchung des Aedeagus fast aller Arten (mit Ausnahme der mir nicht zugänglichen *mus*, *montanus* und *punctatus*) gab jetzt die Möglichkeit, die Klarstellung der spezifischen und subspezifischen Verhältnisse der meisten Arten der Gattung zu erzielen. Schwierig bleibt meist die Determination der Weibchen; hier muß gegebenenfalls die Herkunft herangezogen werden.

Aus allem ergibt sich die Notwendigkeit, die älteren Fundortangaben der Literatur nachzuprüfen, soweit das betreffende Material in Museen und Sammlungen noch zur Verfügung steht, um auch das Verbreitungsbild der einzelnen Arten genauer fixieren zu können. —

Erst nach Abschluß meiner Untersuchungen kam ich in den Besitz einer Veröffentlichung von GRASSÉ und HOLLANDE (Notes et Revue, 1950) über die französischen Arten der Gattung, mit erstmaligen äußerst minutiösen Untersuchungen und Abbildungen des ganzen männlichen Kopulationsapparates, während ich mich in nachstehender Revision auf die Untersuchung und Abbildung (84) des — hier allerdings wesentlichsten — Aedeagus beschränkt hatte. Die beiden Autoren unterscheiden wie ich zwei Formen des Aedeagus; dies trifft auch für die übrigen, nur von mir untersuchten Arten zu. Die für das Kopulationsorgan von GRASSÉ und HOLLANDE angewandte Nomenklatur basiert auf den bekannten Untersuchungen von SNODGRASS (1937) und wird durch eigene Benennungen der Autoren noch spezialisiert.

Was den Aedeagus betrifft, so werden die beiden erwähnten Formen folgendermaßen charakterisiert:

1. „*Avec stylets des laminae penis aigues à l'apex et languette du ponticulus étroite et longue*" (Abb. 84, obere Reihe, *s* = *stylets*, *l* = *languette*).

2. „*Avec stylets copulateurs des laminae penis tronqués à l'apex; languette postérieure du ponticulus courte et largie, s'arrêtant bien avant extrémité libre du penis*" (Abb. 84, untere Reihe).

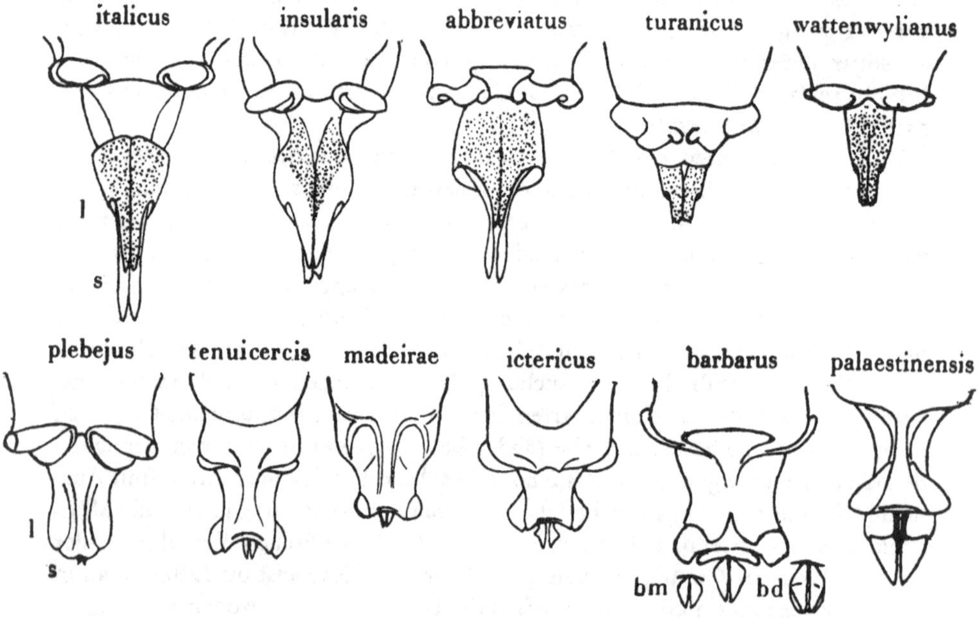

Abb. 84. *Calliptamus*, Aedeagus; *l* „languette" (in der *italicus*-Gruppe fein skulptiert); *s* „stylets" (bei *insularis* defekt, Länge unbekannt; bei *turanicus* und *wattenwylianus* unter der „languette" verborgen; unter *barbarus*: *bm* bei *barb. minimus*, *bd barb. deserticola*)

Die entsprechenden beiden Artengruppen würden sich nach dem Aedeagus-Typ folgendermaßen darstellen:

I	II
italicus (L.)	*plebejus* (Walk.)
abbreviatus (I. K.)	*tenuicercis* Tarb.
turanicus Tarb.	*madeirae* Uv.
wattenwylianus Pant.	*ictericus* (Serv.)
	barbarus (Costa)
	palaestinensis Rme

Die Eingruppierung von *mus* I. Bol., *montanus* Chop. und *punctatus* Kirby muß bis zur Untersuchung des Aedeagus aufgeschoben werden.

Im einzelnen ist noch zu erwähnen, daß bei *turanicus* und *wattenwylianus* die „*stylets*" nicht unter der „*languette*" hervorragen; die letztere ist dorsal stets ganz oder teilweise fein punktiert. Von den Arten der Gruppe II sitzen bei *palaestinensis* die „*stylets*" auf einem dunklen Stiel und sind beilförmig.

Betreffs der Abbildungen der Innenseite der Hinterschenkel (III) und der Cerci (IV) bei Grasse und Hollande ist die Einschränkung zu machen, daß die Konstanz der Merkmale bei Untersuchung eines großen Materials zu wünschen übrigläßt, wenn auch oft eine Tendenz in der angegebenen Richtung erkennbar wird.

Mit einem Ergebnis der Untersuchungen der genannten beiden Autoren, wohl durch Materialmangel zu erklären, kann ich mich nicht einverstanden erklären: *abbreviatus* (Ik.) ist keinesfalls mit *ictericus* Serv. identisch, sondern ist eine eigene Art, und zwar nicht einmal der gleichen Gruppe, wie der Bau des Aedeagus zeigt.

Nachstehend die Besprechung der einzelnen Arten (Maßtabelle S. 314).

1 a. *Calliptamus italicus italicus* (L.)

Klein bis ziemlich groß, im allgemeinen mittelgroß; Elytren die Hinterknie überragend, Hinterflügel hellrot gefärbt, Hinterschienen intensiv kirschrot.

Verbreitung: Weitestverbreitete Art; fast ganz Europa, Vorder- und Mittelasien.

Von *italicus* liegt mir eine Serie aus dem Dongebiet (Tzimlanskaja) vor, die ich vor Jahren von Dovnar-Zapolski erhielt: sie enthält zwei ganz verschiedene Phänotypen von *italicus*, eine dunklere holoptere „normale". (7 ♂♂, 4 ♀♀) und eine hyperptere helle Form (6 ♂♂, 3 ♀♀); beide Formen sind in sich ganz einheitlich. Es unterliegt keinem Zweifel, daß es sich hier um eine *solitaria*-Phase einerseits und eine *gregaria*-Phase anderseits handelt. Leider war es durch die besonderen Zeitverhältnisse nicht möglich, Näheres über die besonderen Umstände dieses Fundes zu erfahren, inwieweit beide Formen räumlich und zeitlich getrennt vorkamen, Charakter des Biotops, mengenmäßiges Auftreten usw.

Die vergleichenden Maße beider Formen sind folgende:

		solitaria	*gregaria*
Long. corp.	♂	16 —18	19 —20
	♀	16,5—32	26,8—27,2
— *pronot.*	♂	3,6— 3,9	4,8
	♀	5,7— 6,7	6 — 6,5
— *elytr.*	♂	15 —16,5	21,8—22
	♀	23,5—25,5	26,5—27,3
— *fem. post.*	♂	11,2—12,5	12,5—13,1
	♀	17 —19	16,5—17,5

1 b. *Calliptamus italicus grandis* Rme

Sehr groß; Elytren die Hinterknie überragend, apikal, besonders beim ♂ ziemlich stark verschmälert; Hinterflügel hellrot.

Verbreitung: Sizilien.

1 c. *Calliptamus italicus reductus* Rme

Ziemlich klein; Elytren das Abdomen nicht oder eben erreichend, apikal stark verschmälert; Hinterflügel hellrot.

Verbreitung: Turkmenistan; Chines. Turkestan.

Material. Typus ♂, Paratypen 2 ♀♀, Alai bei Karamuk, 2850 m, 5. 8. 89; ♂ Karategin, 2750 m, 2. 8. 89 (CONRADT); ♀ Wachan, 7. 8. 97 (KASNAKOV); 2 ♂♂ W.-Pamir, Mukurtal 2500 m, 8. 10. 1900 (REINIG); 2 ♂♂ Jarkand 1025 m, 26. 8. 1890 (CONRADT).

1 d. *Calliptamus italicus insularis n. subsp.*

Ziemlich groß; Elytren die Hinterknie überragend; gekennzeichnet durch die mattgelblichen Hinterschienen und den Bau des Aedeagus, letzterer die Form als Subspecies von *italicus* erweisend.

Typus ♂, Allotypus ♀, Paratypen 3 ♀♀ Paros (bei dem Ort Paros), ♀ Paros (bei Dragulas) 8. 1925 (A. SCHULZ); im Berliner Museum; ♂♀ Syra (BRUNNER); im Wiener Museum.

Die Abbildung des Aedeagus (in Abb. 84, „*stylets*" abgebrochen) ist überflüssig geworden, nachdem weiteres Material gezeigt hat, daß dieser im Bereich der Variationsbreite von *italicus* liegt (s. auch Nachträge S. 431,7).

2. *Calliptamus abbreviatus* Ikonnikov

1913 *Calliptamus abbreviatus* Ik. Über die von Schmidt aus Korea mitgebr. *Acrididae*, p. 21
1926 — *sibiricus* Vnukovsky. Mitt. Münch. Ent. Ges. XVI, p. 91

Klein bis mittelgroß. Elytren das Abdomenende nicht oder kaum erreichend, Hinterflügel farblos, selten rosa gefärbt; Hinterschienen blutrot.

Verbreitung: Transkaspien, W.-Sibirien, Ostasien.

Material. Transkaspien, Troizkossawsk (MUCHNO); W.-Sibirien, Semipalatinsk (BEI-BIENKO); Mongolei (LEDERER); Manchoukuo, Erzendjanski (ALIN); Tshchalantun (BEI-BIENKO); China, Kansu, San schu dschuang (BEICK); Süd-Kansu; Kiangsu (SVEN HEDIN-Exp. 1927—30); Kwangsi-Fukien (KLAPPERICH); Shantung (SCHOEDE).

Unter dem Material von Semipalatinsk befindet sich ein holopteres ♂ (*n. f. holoptera*).

3. *Calliptamus turanicus* Tarb.

1930 (IV.) *Calliptamus turanicus* Tarb. Bull. Ac. Sci. URSS, p. 184
1930 (VI.) — *turanicus* Rme. Mitt. Zool. Mus. Berlin **16**: 395

Größte Art. Gesamtfärbung hellocker, matt gefleckt. Elytren das Abdomenende, meist auch die Hinterknie überragend, Hinterflügel hellrot, Hinterschienen oben gelblich, Innenseite leuchtend orange.

Verbreitung: Turkestan.

Material. Golodnaja-Steppe, 10 Paare (KOSTROVSKY).

4a. *Calliptamus wattenwylianus* Pantel

1890 *Caloptenus italicus var. wattenwylianus* Pant. Ann. Soc. Esp. Hist. Nat. 25 : 70
1943 *Calliptamus wattenwyllianus* (!) Chop. Orth. Afr. du Nord I, Paris, p. 402

Mittelgroß, gedrungen, in Südfrankreich kleiner. Elytren das Abdomenende nahezu erreichend, individuell (Andalusien) gelegentlich etwas überragend, apikal ziemlich stark verschmälert, Hinterflügel hellrot; Hinterschienen heller bis dunkler kirschrot, auch mit Lachsschein.

Verbreitung: Spanien, Südfrankreich; in Südspanien nahe der Folgenden.

Material. Spanien: Siles (Jaen); Montarco; Cordoba; Sevilla; Algeciras; Andalusien; Südfrankreich: Var, Callian, 1 ♂, 2 ♀♀ (Chopard); ♂ Port Bou (Ebner).

4b. *Calliptamus wattenwylianus okbaensis* Kheil

1915 *Caloptenus okbaensis* Kheil Int. Ent. Z., p. 101
1929 *Calliptamus wattenwylianus okbaensis* Rme i. litt. (Jannone, 1937)
1932 — *wattenwylianus okbaensis* Wern. S. B. Ak. Wiss. Wien CXI, p. 173
1937 — *okbaensis* Jannone. Ann. Mus. Civ. Genova LIX, p. 483
1943 — *okbaensis* Chopard l. c., p. 403

Durchschnittlich größer als die Nominatspezies. Elytren das Abdomenende meist überragend; Übergänge zur Nominatsubspezies vorhanden. Hinterflügel hellrot, Hinterschienen kirschrot bis blutrot. Lokal auch schwärzlich, mit schwärzlichroten Hinterschienen.

Verbreitung: Nordafrika.

Material. Algier: Oran; Blidah; El Kantara; Ascara; Hammam bou Hadjar; Marokko: Rabat; Asni, Azrou (Atlas med.); Safi; Ifrane; El Hajeb; Tiz n'Tichta; Tunis: Teboursuk.

5. *Calliptamus plebejus* Walker

Unter Mittelgröße, schlank. Elytren die Hinterknie überragend, sehr schmal ziemlich gleichmäßig breit; Hinterflügel farblos, Hinterschienen blutrot.

Verbreitung: Kanarische Inseln.

6a. *Calliptamus tenuicercis* Tarb.

1930 (IV.) *Calliptamus tenuicercis* Tarb. Bull. Ac. Sci. URSS, p. 180
1930 (VI.) — *iranicus* Rme. Mitt. Zool. Mus. Berlin **16** : 395
1930 — *tenuicercus* (*l. cal.*) Uv. Eos, **6** : 118

Kleine bis sehr kleine Art. Elytren das Abdomenende erreichend oder ein wenig überragend, apikal ziemlich verschmälert. Hinterflügel stets rosa. Cerci apikal sehr schmal, Hinterschenkel mit drei schwarzen Flecken, die auch fast verschwinden können, Hinterschienen vorwiegend gelb bis gelblich, selten rot (*n. f. aurantipes*).

Verbreitung: Kaukasusländer; Anatolien.

Material: s. S. 414.

6b. *Calliptamus tenuicercis syriacus n. subsp.*

Etwas größer. Hinterflügel individuell rosa oder farblos, Hinterschienen fleisch- bis mattorangerot.

Verbreitung: Syrien; Libanon.

Material: 1 ♂, 3 ♀♀, Syrien (Ehrenberg); 2 ♀♀ Syrien; ♂ Libanon, Djebel Barûk, 3500'. Den Übergang zu dieser Subspezies in der Größe bilden Stücke aus Südanatolien.

7. *Calliptamus madeirae* Uv.

Mittelgroß. Elytren die Hinterknie überragend, sehr schmal, apikal deutlich verschmälert; Hinterflügel rosa, Hinterschienen blutrot.

Verbreitung: Madeira.

Material: Paratypen ♂ ♀; im Berliner Museum.

8. *Calliptamus icterícus* Serville

1839 *Calliptamus ictericus* Serv. ♀ Hist. Nat. Ins. Orth., p. 689
1927 — *abbreviatus siciliae* Rme. Eos, 3 : 166, Taf. VIII, Fig. 3a—d
1930 — *ictericus* Tarb. Bull. Ac. Sci. URSS, p. 185
1950 — *ictericus* Chop. Orth. Afr. du Nord I, Paris, p. 404
1950 — *ictericus* Grassé und Hollande. Notes et Revue, p. 62

Die Deutung dieser Art kann ich nicht für restlos geglückt ansehen, ehe nicht topotypisches Material aus Cadix untersucht worden ist, da sie nach einem ♀ (Typus, nicht mehr vorhanden) beschrieben wurde. Immerhin, sowohl Chopard wie auch Grassé und Hollande identifizieren die südfranzösische Form (stets zusammengeworfen mit dem ostasiatischen *abbreviatus*) mit *ictericus* gewiß nicht ohne Grund. Ich unterstelle also zunächst die Richtigkeit dieser Anschauung und gebe eine kurze Beschreibung nach meinem sehr reichen Material aus Italien und einigen südfranzösischen Stücken.

Ziemlich kleine bis kleine Form. Elytren apikal mehr oder weniger verschmälert, das Abdomenende fast erreichend, bei den sizilischen Stücken nur von etwas über halber Abdomenlänge. Hinterflügel individuell rosa oder farblos.

Von dem sehr ähnlichen *abbreviatus* durch die Form des Aedeagus klar verschieden, sogar der anderen Gruppe angehörend; die beiden Verbreiterungsareale sind weltweit getrennt.

Verbreitung: Ganz Italien vom Südrand der Alpen bis zum äußersten Süden, auf Sizilien und Sardinien und in Südfrankreich, hier stellenweise gemeinsam mit einer kleinen, leicht mit ihm zu verwechselnden Form von *wattenwylianus* (Pant.), beispielsweise im Var (Callian); Spanien.

Material. Alpen: Trient (Fersina-Schlucht); Mori-Brentonico; Italien: Euganeen (Torreglia, Castelnuovo); Sassuolo bei Modena; Rom (L. di Albano); Neapel (oberhalb Nocera); Sizilien: Colle S. Rizzo bei Messina (gesamtes Material Ramme leg.); aus Italien ferner von Murano, Prov. Emilia (Mancini);

Albissolo (Capra); Genua (Mancini); Anversa, Abbruzzen (Ebner); Süd-Frankreich: Callian im Var (Chopard) St. Martin (Sikora); Spanien: Ribas.

Über die *subsp. chopardi* Grassé und Hollande vermag ich mir kein Urteil zu bilden, da ich sie nicht kenne. Nach der Beschreibung unterscheidet sie sich aber bezüglich der Elytrenlänge und deren Form immerhin ziemlich erheblich von *ictericus*, vor allem aber durch die stets rosa gefärbten Hinterflügel, das Rot der Hinterschenkel und -schienen, das mit „carmin clair" statt „rose saumon" wie bei *ictericus* bezeichnet wird. Die Form des Aedeagus soll nicht wesentlich abweichen.

Verbreitung: Frankreich, Spanien, Portugal.

9a. *Calliptamus barbarus barbarus* Costa

1836 *Acridium barbarum* Costa. Faun. Nap., Ort., p. 13
1838 *Caloptenus siculus* Burm. Handb. d. Ent. II, p. 639
1885 — *italicus* var. sicula Bonn. et Finot, p. 235
1927 *Calliptamus siculus* Rme. Eos III, p. 166[1])

Mittelgroß und kleiner. Elytren die Hinterknie mehr oder weniger überragend, Hinterflügel rosa; Hinterschienen intensiv orangerot.

Verbreitung: Von Ungarn durch ganz Südosteuropa, westwärts bis zu den Kanarischen Inseln (Lanzarote); in Asien bis China.

Material. Balearen, Lanzarote, Ungarn, Rumänien, ganz Italien mit Sizilien und Sardinien, Mazedonien, Bulgarien, Kythera, ägäische Inseln, Kreta, Griechenland, europäische Türkei, Cypern, Anatolien, Südrußland, Kaukasusländer (vgl. Näheres S. 414), Transkaspien, Turkmenistan, Chin.-Turkestan, Hindukusch, Syrdarja, Kansu.

9b. *Calliptamus barbarus pallidipes n. subsp. et f.*

Calliptamus barbarus (*siculus*) *f. pallidipes* Rme *i. litt.* (Chopard l. c., p. 404)

Statt mit orangeroten, mit gelblichen Hinterschienen, teils individuell, teils subspezifisch, besonders im mediterranen Gebiet; Verbreitung sonst wie bei der Nominatspezies. Sie muß also *pallidipes* Ramme (*nec* Chopard) heißen.

Um kleine gelbschienige ♀♀ von denen von *tenuicercis* Tarb. zu unterscheiden, ist zu beachten, daß *barbarus* breitere Elytrenenden und nur einen großen, schwärzlichen Basalfleck auf der Innenseite der Hinterschenkel trägt.

9c. *Calliptamus barbarus minimus* Ivanov

1888 *Caloptenus minimus „close to C. siculus Burm."* Ivanov, [russ. Titel] Arb. Ges. Naturfr. Univ. Charkov 21 : 35
1930 *Calliptamus siculus minimus* Tarb. Bull. Ac. Sci. URSS, p. 182.

Diese Form wird solange als nicht völlig geklärt betrachtet werden müssen, als nicht topotypisches Material („*sands beyond the river Oskol*") untersucht worden

[1]) Seit dieser Zeit von vielen Autoren angewandt, ob immer identisch mit *barbarus*, ist zweifelhaft.

ist. Die Färbung dieser kleinen Form („♂ 13 *mm and more ... rusty, head, thorax, abdome and hind tibiae in ♂ yellowish orange, elytra near the apex with a glassy shine*“) ist jedenfalls eigenartig und ungewöhnlich. Vielleicht liegt Homochromie vor.

Kleine Formen in den genannten Ausmaßen gibt es individuell und subspezifisch genug. Mir liegt beispielsweise eine einheitliche Serie von 9 ♂♂ (Südrußland, Ostrov-Insel, Sarijatschja 19. 9. 1927, Kistiakovski) vor, die auch nur 15—16 mm messen, aber durchaus den Charakter von *barbarus* tragen, sowohl in der allgemeinen Färbung (Hinterschienen blaß bis stärker orange) als auch in der Aedeagusform, der nur entsprechend kleinere „*stylets*“ trägt (Abb. 83). Auch vom halberemischen anatolischen Plateau kenne ich solche kleinen Formen; 1 ♀ aus dem Dongebiet (Tzimlanskaja) ist nur 23 mm lang.

Eine andere Serie, 5 ♂♂, 7 ♀♀ aus Ungarn (Kis Körös, 5. 8. 1925, Kl. Guenther) ist der obengenannten äußerst ähnlich (♂ 15, ♀ 22—25 mm) und dürfte auch mit der französischen Form von Grassé und Hollande — nach der Beschreibung — übereinstimmen; auf Sizilien fand ich (Eos, 1927, p. 166, u. Taf. VIII, Fig. 2a—d), gebietsweise getrennt, kleine (♂ 16,5—18,5, ♀ 27—30 mm) und große (♂ 19—23 mm, ♀ 35—38 mm) Formen vor.

Jedenfalls glaube ich, daß alle diese kleinen Formen genetisch nichts mit dem südrussischen lokalen *minimus* zu tun haben, sondern auch nur konvergente Lokalformen von *barbarus* sind, um so mehr als die Form der „*stylets*“ des Epiphallus (Abb. 83) prinzipiell keine nennenswerte Abweichung zeigt.

Was schließlich *barbarus monspelliensis* Grassé und Hollande und seine Zugehörigkeit zu der genannten Art betrifft, so erscheint mir diese umstritten, da sowohl bezüglich der Hinterschenkel sowie der Hinterschienen betont wird, daß diese bei dem ♂ rot, ohne Orangefärbung; bei dem ♀ rosa seien; dies ist bei *barbarus* (s. lat.) niemals der Fall, hervorgehoben wird auch die starke Verbreiterung der Hinterschenkel. Der Aedeagus ist ähnlich dem von *barbarus*, doch kann dies nicht allein entscheidend sein, denn auch der von *ictericus* ist sehr ähnlich.

9c. *Calliptamus barbarus deserticola* Voss.

1902 *Caloptenus italicus var. deserticola* Voss. Mitt. Klg. Nat. Kab. Stuttgart, p. 395

Mittelgroß bis sehr groß. Elytren die Hinterknie überragend, Hinterflügel hellrot, Hinterschienen orangerot; dunkler Basalfleck der Hinterschenkelinnenseite meist blauviolett oder wenigstens an den Rändern in diese Färbung ausstrahlend, Unterkante der Hinterschenkel schmutzigviolett oder verwaschen grauviolett, nur gelegentlich kaum merkbar. Vorwiegend im wärmeren Flachland des Südens, gern auch auf halberemischem Gebiet.

Verbreitung: Nordafrika, Palästina, Syrien, Mesopotamien, Anatolien, Kaukasusländer, Pamir, Turkmenistan, Afghanistan.

10a. *Calliptamus palaestinensis* Rme [nec Bdhr.]

1930 *Calliptamus palaestinensis* Rme Mitt. Zool. Mus. **16**: 395 (vorl. Beschr.)
1930 — *palaestinensis* Bodenheimer Schädlingsfauna Palästinas Berlin, p. 62
1935 — *palaestinensis* Bdhr. Arch. Natg. **4**: 202
1936 — *palaestinensis* Jannone Mem. Soc. Ent. Ital. **25**: 88

Etwas über mittelgroß, gedrungen. Elytren die Hinterknie überragend, apikal etwas verschmälert, Hinterflügel hellrot; Hinterschienen gelblich. Gesamtkolorit im allgemeinen hellockerfarbig.

Größeren *barbarus* sehr ähnlich, das ♂ leicht durch den eigenartigen Bau des Aedeagus zu unterscheiden.

Verbreitung: Palästina.

Material. Typus ♂, Allotypus ♀, Paratypen 5 ♂♂, 14 ♀♀, Ben Schemen; 3 ♀♀ Emek, 7. 7. 1936; 3 ♂♂, 3 ♀♀ Kirjath Anavim (sämtliche Stücke Bodenheimer leg.)

10b. *Calliptamus palaestinensis erytherocnemis n. subsp.*

Kleiner, mit roten Hinterschienen. Typus ♂, Syrien, Beirut, Nahr el Kelb, 3. 1925 (Arn. Müller); Paratypus ♀ „Syria".

10c. *Calliptamus mus* I. Bol.

Nach 1 ♂ ♀ von Ifni 1936 beschrieben; Typus (Mus. Madrid) mir nicht vorliegend; dazu *subsp. abbreviatus* mit verkürzten Elytren. Näheres vgl. Chopard 1943, p. 405).

11. *Calliptamus montanus* Chop.

Nach 1 ♂ ♀ aus Marokko beschrieben, mit stark abgekürzten Elytren; Typen (Mus. Paris) mir nicht vorliegend. Näheres vgl. Chopard l. c. 1943, p. 404.

Wert und Stellung beider Arten ist nur durch Untersuchung der ♂-Genitalien zu erkennen.

12. *Calliptamus punctatus* Kirby

Von dieser Art aus Kaschmir liegt mir ein einzelnes ♀ vor (Doyen, 8000', 9. 9. 1918, Hingston). Es erinnert ziemlich stark an *barbarus*, hat aber stärker verschmälerte Elytren und nicht so leuchtend orangerote Hinterschienen; ohne Kenntnis des ♂ ist auch über diese Art nichts Näheres auszusagen.

II. Das Problem der „*Dualspecies*" bei den Orthopteren; Bemerkungen zu *Locusta danica* L. und *migratoria* L. in Beziehung zur Phasenlehre von Uvarov

Der Begriff der „*dual- or twinspecies*" wurde von Pryer (1886[1]) eingeführt und seitdem, vor allem in der Lepidopterologie, als „Dualspezies", „Zwillings-" oder auch „Doppelarten" angewandt, mit unterschiedlicher Deutung. Nach

[1]) *Rhopalocera Nihoniana*, Yokohama, p. 2.

Maßtabelle

Long.		*italicus*	*i. grandis*	*i. reductus*	*insularis*	*abbreviatus*	*turanicus*	*watten-wylianus*	*w. okbaensis*	*plebejus*	*madeirae*
corp.	♂	15,5—25	25	16,5—19	23,5	15—18,5	25—31	19—26	20,8—26,5	15,5—17,5	14—14,2
	♀	23,5—33,9	35—40	28—30	32—33,7	23,5—31,5	27—45	26—33,5	30—40	13,8—19	25—30
pronot.	♂	3,5—5	5—5,6	3,6—4	5,3	3,4—3,8	4,8—5,9	4,4—5,2	4,5—5,8	3—3,5	3,5—4
	♀	4,5—7,9	8,2—8,8	6,1—6,8	6,7—7,3	5,3—6,7	7—9,5	6,4—8,3	6,6—9,9	4,3—5,6	5,4—6
elytr.	♂	11,5—20	20—21	9,3—10,4	19,5	8,5—13,8	18,3—27,5	10—15,8	13,5—20	13—15	12—13,4
	♀	17,5—32	24,7—29,5	18—19	23—26	10,1—22	27,5—39	15,3—26,2	24,2—30,5	19,2—24	20,5—21
fem. post.	♂	9,4—14,8	14,7—15	10—10,4	14,1	8,8—10,8	14,4—16,6	11—13,8	12,2—15,7	9—11	9—10
	♀	13,8—20,7	20—22,5	15,8—16,1	18,3—19,6	15—18,5	20,5—24	15,3—21	18—24	13,7—13,1	14,7—16

Long.		*tenuicercis*	*t. syriacus*	*ictericus*	*barbarus*	*b. deserticola*	*palaestinensis*	*p. erythrocnemis*	*mus*	*montanus*	*punctatus*
corp.	♂	14—17	14,2—17,5	12,5—18	14,4—22	18—24	18,5—22	17,5	21	14,5	—
	♀	23—29	20,5—32	22—30	19—34	28—35	29—32,5		33	26,5	32
pronot.	♂	3—4,2	3,1—4	3—3,6	2,8—4,8	3,9—5	4—4,7	4,1	—	—	—
	♀	6—7	5,5—8	5—7,2	4,5—7,4	5,9—7,4	6,3—7,5		—	—	6,3
elytr.	♂	10—14,5	9,8—12	8—9	11,5—17,9	15,5—23,2	14—26,5	11,5	12,4	5	—
	♀	17—23,6	14,3—23	14,6—22,4	15,9—28,5	23,5—32,5	21,5—27		19	9,5	23
fem. post.	♂	8—11,5	8,9—11	8,6—10	8,5—13,5	11,5—14,7	11,9—12,8	11	12	8,5	—
	♀	13,5—18,5	13,7—20	14—18	13,5—19,5	16,5—21	18,2—20		17,5	15	16,5

PRYER sind Dualspezies zwei nahverwandte, auf eine gemeinsame Urform zurückgehende, durch getrennte Wanderung entstandene Arten, die sich später im gleichen Gebiet wiedergetroffen haben, eine Definition, der sich auch HERING (1941)[1]) anschließt.

Demgegenüber versteht HEYDEMANN (1943)[2]) darunter eine ältere tertiäre Art und eine aus dieser im Diluvium entstandene jüngere Art mit größerer ökologischer Valenz.

Nun hat WARNECKE (1944)[3]) in einer ausführlichen Darlegung den ganzen Komplex der Dualspeziesfrage einer eingehenden Untersuchung unterzogen und bemerkt in seiner Zusammenfassung (S. 11, Abs. 3):

„Die Einführung eines besonderen Begriffes der Doppelarten (im Sinne PRYERS oder HEYDEMANNS) in die entomologische Literatur ist überflüssig. Beide Kategorien umfassen ganz kleine auf theoretischen Spekulationen beruhende Gruppen aus der unendlich großen Zahl der verwandten und nahverwandten Arten, welche eine ganz allgemeine Erscheinung sind".

Er wendet sich des weiteren zwar nicht gegen die Möglichkeit, wohl aber gegen die Wahrscheinlichkeit, daß die von HEYDEMANN angeführten 40 Beispiele von „Dualspezies" auf dem obengenannten Wege zustande gekommen seien; man könne auch die Begriffe einer „größeren oder kleineren ökologischen Valenz" nicht als quantitative, sondern nur als qualitative auffassen, also nur von einer verschieden gearteten Valenz sprechen.

Für diesen letzteren Fall verdanken wir HERING (Lit. s. b. HEYDEMANN[2]) einige treffende Beispiele aus der Lepidopterologie und Dipterologie. Er hat auch zur spezifischen Trennung solcher zum Verwechseln ähnlicher Arten weitgehend die Befunde einer abweichenden Genitalarmatur des ♂ herangezogen.

In der Orthopterologie hatte ich schon 1930[4]) anläßlich von Revisionen der Gattungen *Pholidoptera*, *Poecilimon*, *Metrioptera* u. a., ohne damals die Definition von PRYERS Dualspezies zu kennen, für ganz nahverwandte, äußerlich auch bezüglich der Färbung und Zeichnung kaum zu unterscheidende Arten, deren Verschiedenheit erst Unterschiede in der männlichen Genitalarmatur erwiesen, die Begriffe „Doppelarten" oder „Artenpaare" oder auch — bei 3 oder 4 innerhalb einer Gattung engstverwandten und als solche etwas isolierten Arten — den Ausdruck „Geschwisterarten" gebraucht. Ich stellte allerdings nicht die prinzipielle Forderung des nebeneinander, sondern nur die des benachbarten Vorkommens. Der später dann von HEYDEMANN angewandte Begriff der „ökologischen Valenz" ist zu eng gefaßt und muß, wie wir weiter unten sehen werden, auch auf Valenzen allgemein biologischer, morphologischer und sogar psychischer Natur ausgedehnt werden.

ZEUNER, den ich seinerzeit für diese Frage interessiert hatte, deutet 1930[5]) —

[1]) Dtsch. Ent. Z. **10**: 7.
[2]) Stett. Ent. Z. **104**: 116.
[3]) Ibid., **105**: 1.
[4]) Mitt. Zool. Mus. **16**: 800, **19**: 501, **24**: 70, 94 u. 110.
[5]) Natur und Museum 1930, p. 337.

ebenfalls ohne Kenntnis der obengenannten Definition — seine Doppelarten oder Artenpaare im Sinne PRYERS und wirft schon vor HEYDEMANN, also erstmalig, den Begriff der ökologischen Valenz in die Diskussion, und zwar im qualitativen Sinne bezüglich der Biotopfrage. Seine Beispiele sind aber nicht immer glücklich gewählt: *Omocestus viridis* und *rufipes*, sowie *Tettigonia viridissima* und *caudata* sind innerhalb ihrer Gattungen durchaus nicht besonders nahe verwandte Arten, mit ziemlich erheblichen Unterschieden; dagegen bieten *Chorthippus parallelus* und *montanus* ein gutes Beispiel, hier auch bezüglich einer Differenzierung in der ökologischen Valenz. In den Artenkreisen *Chorthippus brunneus*, *biguttulus* und *mollis*, ferner *Tetrix* (*Tettix*) *bipunctata*, *kiefferi* und *kraussi*[1]) ist keine rechte Klarheit zu gewinnen, da sich in beiden Fällen noch weitere, erst jüngst bekanntgewordene Arten engstens anschließen.

Es fehlt eben, wie WARNECKE richtig betont, überhaupt eine wirklich exakte Begriffsbestimmung für die Dualspezies, und ich bin gleichfalls der Ansicht, daß dieser Ausdruck keinen klar umrissenen „*terminus technicus*" darstellt, aber ich halte ihn für einen — die ganz besonders enge phylogenetische Verbindung zweier Arten ausdrückenden — ausgezeichneten Arbeitsbegriff zur phylogenetischen Erkennung und verwandtschaftlichen Gruppierung der Arten einer Gattung. Sie sind gewissermaßen Kristallisationspunkte, von denen ausgehend wir zu Artengruppen und in günstigen Fällen auch zur neuen Gattung gelangen. Es kann dies immer nur von Fall zu Fall mit einem gewissen Spielraum und dem für den Systematiker notwendigen Fingerspitzengefühl entschieden werden. Keinesfalls handelt es sich bei den Dualspezies nur um Unterarten, denn die Differenzierungen verschiedenster Art sind bereits so weit fortgeschritten und konstant fixiert, daß der Artcharakter, wenigstens nach unseren taxonomischen Anschauungen, feststeht. Ich möchte mit einer Anzahl von Beispielen aus der Orthopterologie meine Auffassung in einzelnen Fällen darlegen.

1. Gemeinsames Vorkommen

Pholidoptera dalmatica Kr. und *maritima* Znr.

Ein gutes Beispiel ökologisch verschiedener Valenz: *dalmatica* bevorzugt die montane, *maritima* die flache küstennahe Region; beide Arten sind lange Zeit miteinander verwechselt worden, wegen größter Ähnlichkeit, doch sind die Epiphalli verschieden. Dazu tritt noch eine dritte neue Art *brachynota n. sp.* (vgl. S. 219), die morphologisch zwischen beiden, ökologisch *dalmatica* nahesteht.

Pholidoptera femorata (Fieb.) und *fallax* (Fisch.)

Ein ähnlich gelagerter Fall; beide Arten einander sehr ähnlich, sie unterscheiden sich durch die Größe und erweisen sich deutlich als verschiedene Arten durch den Bau des Epiphallus. Bei in der Größe an *femorata* stark angenäherten Formen von

[1]) Sämtlich nach der alten Nomenklatur; vgl. S. 9.

fallax, beispielsweise auf Sizilien, wird die Ähnlichkeit so groß, daß selbst BRUNNER sich täuschen ließ und sie als *femorata* determinierte. Auch hier verschiedene ökologische Valenz: *femorata* die flache Küstenregion bevorzugend, *fallax* die montane Region, auch weit im Inlande; erstere südostwärts bis nach Anatolien, nordwärts bis Oberitalien und Südfrankreich verbreitet, letztere von Oberitalien und Südfrankreich bis Niederösterreich.

2. Benachbartes Vorkommen[1])

Apholidoptera kurda (Uv.) und *pietschmanni* (Ebn.)

Bei allergrößter Ähnlichkeit, auch bezüglich der hier eigenartigen Färbung und Zeichnung, durch die principiell sehr ähnlichen Epiphalli dennoch klar unterscheidbar, *kurda* im irakischen, *pietschmanni* im anatolischen Kurdistan und in Mesopotamien.

Uvarovistia zebra Uv. und *iraka* Uv.

Genau gleich dem vorigen Fall, beide im irakischen Kurdistan, jedoch *zebra* bis weit nach Persien hinein vordringend.

Parapholidoptera signata (Br. v. W.) und *noxia* (Rme)

Äußerlich nur durch den Größenunterschied, aber spezifisch klar durch den Bau der Epiphalli verschieden; *signata* in S.O.-Anatolien, in Linsenfeldern und auf hohen Kräutern, *noxia* in Transkaukasien, im Grase, Schädling in Getreidefeldern. Wie weit die Annäherung der beiden Arten in räumlicher Beziehung geht, ist noch nicht bekannt.

Bicolorana domogledi (Br. v. W.) und *arnoldi* (Rme)

Nur durch die Form der Epiphalli und der Subgenitalplatte des ♂ unterscheidbar; Verbreitungsgebiet unmittelbar durch die Donau getrennt.

Platycleis grisea F. und *denticulata* Thbg.

Im männlichen Geschlecht ausschließlich durch die Form der Epiphalli, im weiblichen ziemlich schwierig durch die Subgenitalplatte unterscheidbar, erstere Art von Süddeutschland über das Mittelmeergebiet bis Rumänien und Bulgarien, letztere von Skandinavien über Mitteleuropa bis zum westlichen Mittelmeergebiet (auch Nordafrika) verbreitet. Hier ist, obwohl bisher nicht festgestellt, zum mindesten eine Berührung beider Arten in Süddeutschland nicht unwahrscheinlich.

Wie schon erwähnt, habe ich früher im Fall starker Übereinstimmung (im Sinne der Doppelarten) dreier oder mehrerer Arten diese „Geschwisterarten" genannt. Hierfür wäre ein Beispiel, wenn wir zu *Pholidoptera dalmatica* und *maritima* noch die neue *brachynota* hinzuzögen, die zu beiden genannten Arten sehr enge

[1]) Gemischtes Vorkommen, bisher wenigstens, nicht festgestellt.

Beziehungen besitzt (vgl. S. 219) und gut nur durch die absolute und relative Länge von Pronotum und Elytren zu unterscheiden ist. Ein anderes treffendes Beispiel bietet die Gattung *Odontopodisma* mit den aus *schmidtii* (Fieb. et auctt.) herausgelösten *schmidtii* (Fieb.), *fallax* und *albanica nn. spp.* mit prinzipiell übereinstimmenden Aedeagi; bei der diesen drei „Geschwisterarten" zum Verwechseln ähnlichen vierten Art *decipiens* zeigt der völlig abweichende Aedeagus, daß sie diesen verwandtschaftlich ferner steht (vgl. S. 50).

Ein ähnliches Beispiel aus der Lepidopterologie bietet *Dyscia conspersa* auctt., die WARNECKE und ALBERS gleichfalls in vier einwandfrei zu identifizierende Arten auflösen konnten.

Diese Beispiele mögen genügen, um das Wesen der Doppelarten zu erläutern. Hierher gehört nun meines Erachtens ein Fall von ganz besonderer Bedeutung: das Problem *Locusta migratoria* L. und *danica* L. Ohne der Phasenlehre UVAROVS irgendwie zu nahe treten zu wollen, da ja der Beweis ihrer Gültigkeit einwandfrei erbracht ist und durch nachstehende Untersuchungen auch im Prinzip nicht erschüttert wird, glaube ich in diesem Falle, daß es sich bei diesen beiden Arten um typische Doppelarten mit sehr verschiedener Valenz in mehrerer Hinsicht handelt und daß gerade die Erkenntnis dieser Tatsache geeignet ist, manche bisherige Unstimmigkeit in der Beurteilung der ganzen Frage zu klären.

Um was es sich handelt, kann hier nur in großen Zügen angedeutet werden, denn die Aufrollung der Frage unter dem genannten Gesichtspunkt bedürfte einer umfassenden Abhandlung, möglichst nach neuerlicher Untersuchung des vorhandenen und Herbeischaffen frischen Materials in großen Serien.

Zwei Gründe sind es, die mir meine Auffassung als ganz sicher begründet erscheinen lassen: einmal die Überzeugung aus rein taxonomischen Gründen, daß es sich um zwei verschiedene Arten handelt und dann die unumstößliche Tatsache, daß es zum mindesten einen (wahrscheinlich jedoch zahlreiche) durch heute noch vorhandenes Material belegten und verbürgten Ausbruch großen Ausmaßes (in der Mark Brandenburg) gegeben hat, bei dem eine reine, in keiner Weise als Phase veränderte *danica*-Form die Urheberin war.

Ad 1. Mit der Anschauung, daß *danica* und *migratoria* gute Arten seien, stehe ich, auch nach Erscheinen der Phasenlehre UVAROVS, nicht allein; vor allem bewegen sich die Untersuchungen von PLOTNIKOV (1927) — obwohl gerade er die ersten Grundlagen zu dieser Theorie geliefert hatte — in dieser Richtung. Seine „Danicoiden" spielen hier die wesentlichste Rolle: sie sind meines Erachtens — an Stelle von *danica* — die Solitärphase von *migratoria*, worauf noch weiter unten näher einzugehen ist.

Vorerst ist aber darauf hinzuweisen, daß bei den meisten früheren Untersuchungen ein Fehler gemacht worden ist, der notgedrungen, aus der Natur dieses Problems heraus, zu Unstimmigkeiten und Verwirrung führen mußte: man hat vielfach Formen (hier nicht nomenklatorisch gemeint) ganz verschiedener geographischer Herkunft verglichen und dadurch manche Schlüsse, die der Vergleich von Material beider Formen vom gleichen Fundplatz bietet, nicht ziehen können; ferner sind bisher das nord- und südwesteuropäische Material zu stark vernachlässigt worden.

Auch mit den üblichen, als Unterschiede angebenen Merkmalen des Pronotums und der relativen Elytren- und Hinterschenkellänge kommt man nicht weiter; das erstere Merkmal tritt ohnehin nur bei der reinen *solitaria*- und *gregaria*-Phase von *migratoria* ganz klar in Erscheinung. Zwischen der solitären Phase, den „Danicoiden" und *danica* ist kein klar erfaßbares morphologisches Merkmal zur Unterscheidung festzustellen. Die Variabilität sowohl der absoluten als auch der relativen Maße ist selbst in ein und derselben Population ganz außerordentlich. Ich habe hier nur selbst untersuchte Fälle im Auge, in denen nicht der geringste Zweifel spezifischer Zusammengehörigkeit der Stücke bestehen konnte. Daher haben auch die variationsstatistischen Untersuchungen wenig Aufklärung gebracht. Leider versagt auch die Form der männlichen Kopulationsorgane für eine Unterscheidung der Arten.

Auch die Gesamtgröße ist variabel, aber, so merkwürdig es erscheint, gerade sie gibt — oft in Verbindung mit gewissen Färbungsmerkmalen — die besten Möglichkeiten zur Unterscheidung von *danica* und *migratoria* im allgemeinen Durchschnitt der Körpermaße, was ganz besonders klar bei dem Vergleich von Material beider Arten des gleichen Fundplatzes zum Ausdruck kommt.

Im Folgenden bringe ich zwei konkrete Beispiele, das eine aus der Mark Brandenburg, das andere aus dem kaukasischen Raum; zuvor sind aber einige allgemeine Feststellungen notwendig (hierzu die Tabelle).

Was zunächst die Größenverhältnisse der weltweit (exkl. Amerika) verbreiteten *danica* L. betrifft, so ist hier die Spanne außerordentlich, weit stärker als bei *migratoria*. Die kleinste mir bekannte und wohl kaum noch irgendwo unterschrittene Form ist die vom Mt. Victoria in Burma (*danica n. f. burmana*)[1], die größte, in dieser Größenordnung im Mittelmeergebiet vielfach vertreten, etwa die sizilische Form. In der Mitte stehen beispielsweise die mittel- und norddeutsche (auch die nordeuropäische) und, etwas größer, die kaukasische Form. Diese letz-

Vergleichende Maßtabelle

Locusta	*danica* L.								*migratoria* L.					
									ph. *danicoides*		ph. *migratoria*			
	Teltow 1875		Etschmiadsin		Burma		Sizilien		Ordubat		Berlin		Ordubat	
	♂	♀	♂	♀	♂	♀	♂	♀	♂	♀	♂	♀	♂	♀
Long. corp.	32,5	38,5	36	45	27	34	40	50	45	49	51	52	46	53
— *pron.*	7	9,8	7,5	9,5	6,3	7,8	9,3	11,4	10,8	11,6	10,3	10,6	9,5	9,1
— *elytr.*	35,5	43,8	39	47	26	35	43,8	52,5	50,5	55	58	60	52	57
— *fem. post.* .	18,5	22,3	20	26	16,3	21	23,5	29	26	27,5	26,3	26,5	23,6	26
— *tib. post.* ..	17	19,4	18	23	14,3	17,5	21,4	26	23	24,5	23,8	24,7	21,5	23,9

[1]) Von G. Heinrich in großer Anzahl 1938 angetroffen; 5 Paare im Berliner Museum.

teren beiden repräsentieren also die durchschnittliche Größe von *danica*. Ganz anders steht es mit *migratoria*; ihre durchschnittliche Größe ist wesentlich bedeutender; kleine Formen wie die von Burma fallen ganz aus, dagegen bewegt sich die Größe, was besonders auffällig bei dem ♂ in Erscheinung tritt, im allgemeinen im Rahmen der größten *danica*-Formen.

Hinzu kommen als Merkmale bei *migratoria*, bisher nicht genügend beachtet, wesentlich (besonders deutlich apikal) robustere Hinterschienen und -tarsen und durchschnittlich bis mindestens zum Ende des zweiten Drittels der Hinterschienen oder sogar bis zu deren Ende reichende Elytren, während diese bei *danica* im allgemeinen nur bis zur Schienenmitte reichen. Dies sind zwar meist deutliche, jedoch nicht ohne gelegentliche Ausnahmen bleibende Hilfsmittel zur Unterscheidung (s. auch Taf. XXXII, Fig. 3, 4 u. 5).

Nicht mit der nötigen Klarheit ist bisher auch die Färbung beurteilt worden, die in ihrer Mannigfaltigkeit allerdings ein verwirrendes Bild bietet. Geht man aber auch hier zunächst von dem Vergleich beider Arten gleicher Herkunft aus, dann erkennt man Unterschiede, die uns besonders in Verbindung mit den oben besprochenen Größenunterschieden weiterhelfen können. Ausschlaggebend und aufklärend sind hier die extremen Färbungen. Es sind vor allem zwei Färbungen, die bedeutungsvoll sind, das Grün, das sich auf dem Pronotum (im Farbton entsprechend allen übrigen grün gefärbten Körperteilen des betreffenden Exemplars) am reinsten und geschlossensten darbietet, und das Rot, wenn vorhanden, der Hinterschienen.

Bei *danica* kommt als Extrem eine intensiv spangrüne Form mit leuchtend korallroten Hinterschienen vor (häufig beispielsweise am Südrand der Alpen), die in Mittel- und Osteuropa sowie in Vorderasien ein wenig an Intensität verliert, und dann gibt es alle Übergänge zur gelblichgrünen oder graubraunen Form mit ganz blaßrötlichen und sogar gelblichen Hinterschienen. Solche bunten grünroten Stücke kommen bei *migratoria* (in beiden Phasen) niemals vor; hier ist das intensive Grün außerdem nicht ein Span-, sondern mehr ein Oliv- oder Blaugrün und dieses Blau tritt sogar als solches gern an den Oberkanten der Hinterschenkel in Erscheinung; bei *danica* sind diese Oberkanten seltener verdunkelt und wenn, dann mehr schwärzlich oder bräunlich und nicht so ausgedehnt. Ein matteres Gelbgrün kommt bei beiden Arten vor. Die Hinterschienen von *migratoria* werden nie ein klares Rot zeigen, sondern höchstens ein leichtes Gelbrötlich; die oliv- oder blaugrüne Form hat meist weißlichgrünliche Hinterschienen und Tarsen, auch gelegentlich mit mattblauem Schein. Diese extreme Form von *migratoria* wiederum finden wir niemals bei *danica*. Auch hierfür bietet das weiter oben besprochene brandenburgische und kaukasische Material ein vorzügliches Beispiel, das die Gültigkeit der Ergebnisse nur stützen kann. Vergleicht man die märkischen *danica* und zugeflogene *migratoria* miteinander oder kaukasische *danica* und *migratoria*, so ist dieser Unterschied im Färbungscharakter ganz außerordentlich sinnfällig, und ganz besonders wesentlich ist es, daß auch die kaukasischen Danicoiden einen ganz anderen Färbungstyp zeigen als die kaukasischen *danica*. Was die Zeichnung betrifft, so erscheinen im allgemeinen die Elytren von *danica* mehr quergebändert, die von *migratoria* mehr diffus gesprenkelt.

Ad 2. Schon Enslin — wenn auch nicht Orthopterologe, so doch ein hervorragender Systematiker — weist 1918 (Int. Ent. Guben, p. 26), also noch vor Erscheinen der Phasenlehre, in einer anscheinend wenig beachteten, auch historisch sehr reizvollen kleinen Abhandlung auf wesentliche Tatsachen hin, die im Sinne meiner Ausführungen den Kernpunkt des *danica-migratoria*-Problems treffen. Von der gleichen Annahme zweier aus taxonomischen Gründen zu trennender Arten ausgehend, macht er die bedeutsame Feststellung: die Plagen in Deutschland rührten von zwei verschiedenen Arten her, und zwar die des 19. Jahrhunderts vorwiegend von der im Lande heimischen *danica*; von dem letzteren Ausbruch, im Jahr 1875 im Kreise Teltow, liege verbürgtes Originalmaterial vor. Dies kann ich bestätigen: im Berliner Museum befindet sich eine Serie von Imagines und Larven, Urheber dieses sehr starken Ausbruches, reine *danica* ohne die geringste Veränderung in Richtung auf eine *migratoria*-Phase. Gerstaecker berichtet 1876, daß sich schon seit 1873 die Heuschrecken in diesem Gebiet „bedenklich vermehrt" hätten, bis es zu dem besagten Ausbruch kam; auch seine Abbildungen aus diesem Material zeigen ganz klar *danica*. Er schildert auch, wie der Boden und die Getreidemandeln völlig „schwarz von Larven" gewesen wären. Das ist aber mehr bildlich gemeint und betrifft nicht die Färbung, denn die vorhandenen Larven sind durchaus nicht so geschwärzt wie oft bei *migratoria*, sondern mehr mit dunkelbraunen Flecken versehen. Eine weitere durch Bild verbürgte *danica*-Plage ist die vom Jahre 1828, von Körte geschildert. Im übrigen ist *danica* seit Ende des vorigen Jahrhunderts aus der Mark Brandenburg — wohl infolge der ständigen Abnahme ausgedehnterer Ödlandsflächen — verschwunden (ebenso wie die ähnliche Biotope liebenden *Arcyptera microptera* und *Gampsocleis glabra*, denen in neuerer Zeit auch *Montana montana* und *Bryodema tuberculata* zu folgen oder bereits gefolgt zu sein scheinen); nur *migratoria ph. migratoria* fliegt zuweilen in wenigen Stücken ein. Die letzten beiden bekanntgewordenen Exemplare wurden 1929 und 1949 gefunden, und zwar das erstere (♀) am 16. 9. kurioserweise auf dem Versuchsfeld der Biolog. Reichsanstalt in Dahlem, das letztere (ebenfalls ♀) am 16. 10. auf einem Gartengelände bei Neufahrland (bei Potsdam). Das weiterhin Überraschende ist, daß beide Funde dem gleichen Sammler gelangen, Herrn Dr. M. Klemm[1]); man kann also kaum annehmen, daß die beiden gefangenen Stücke die einzigen waren, sondern wohl aus sehr kleinen, irgendwie abgesprengten Schwärmen stammten. Ich habe die Stücke selbst gesehen; das letztere befindet sich jetzt in unserem Museum.

Im Gegensatz zu den im Lande von einer autochthonen Form entstandenen

[1]) Nachrichtenblatt f. d. Pflanzenschutzdienst 1949, H. 7/8, S. 158 und Anz. f. Schädlingskunde 1950, 23 : 6.

Plagen kennen wir in der Mark auch, meist aus östlicher Richtung (Ungarn, Polen, Rußland) eingefallene Schwärme von *migratoria*, und nach Angaben von ENSLIN waren die des 18. Jahrhunderts vorwiegend von der letzteren Art verursacht. Als Beleg dafür, daß dies mit Sicherheit bei dem Einfall von 1693 zutraf, kann die deutliche Abbildung auf einer zur Erinnerung geprägten Breslauer Denkmünze gelten (PERLICK 1931 und WEIDENER 1938). Der Letztgenannte gibt eine Übersicht der mitteldeutschen Einfälle, von denen irgendeine Aufzeichnung vorhanden ist, vom Jahre 593 an, und man kann aus mancherlei Angaben Schlüsse ziehen. So dürften mit ziemlicher Sicherheit von *danica* verursacht sein die Plagen von 1651, 1661 und 1680 (Gebiet von Zittau), 1728 und 1731 (Lausitz), sicher die von 1873—75 (Magdeburg) und 1875 (Kreis Teltow); von *migratoria* rühren die große Teile Deutschlands erfassenden, von Osten kommenden Einfälle der Jahre 1693 und 1747—49 her.

Aus den zeitgenössischen Schilderungen kann man gleichzeitig Angaben über die Färbung bei *danica* entnehmen, die das oben darüber Gesagte unterstreichen. KÖRTE erwähnt besonders den „bald grasgrünen Halsschild" und die „oft hochroten Hinterschienen" und GERSTAECKER spricht von „oft spangrüner Grundfärbung und in der Mehrzahl der Fälle intensiv mennigroten Hinterschienen"; er kennt allerdings damals, durch die Fülle der Formen verwirrt, nur die „Wanderheuschrecke *Oedipoda migratoria* L."; FISCHERS *cinerascens* (= *danica* L.) erschien ihm als Art noch unsicher (Berlin 1876, Anm. 26).

Wenig erkennbar ist, wie sich *danica* bezüglich der Weite der Wanderflüge verhalten hat, denn die Schilderungen der Plagen von seiten dieser Art befassen sich vorwiegend mit den Larven. Ohne Zweifel war und ist *migratoria* in ihrer Aktivität sehr viel weiträumiger und erreichte ja Mitteldeutschland bereits als geschlossen fliegende Formation.

Auch die Verbreitung beider Arten ist verschieden, und hier ist es umgekehrt *danica*, die ein weit größeres Areal bewohnt. Sie ist — außer in der Neuen Welt — weltweit verbreitet von Nord- und Westeuropa an, während *migratoria* erst in Osteuropa (*migratoria migratoria*) und Zentralrußland (*migratoria rossica*) beginnt und sich dann unter Auslassung von Westeuropa, wo sie nicht autochthon ist wie *danica*, ausbreitet. Beide Arten dringen in die Subtropen und Tropen vor, *migratoria* in der Subspezies *migratorioides*, *danica* entsprechend ihrer geringen Wandlungsfähigkeit nirgends außer in der Größe wesentlich verändert. Welche Rolle *danica* im Verhältnis zu der zentralrussischen Subspezies *rossica* Uvarov und Zolotarewsky spielt, ist bisher nicht recht ersichtlich; jedenfalls ist auch die nordeuropäische Form mit der LINNÉschen *danica* identisch, und *migratoria*-Stücke sind dort stets Irrgäste.

Die Schlüsselstellung in den oben aufgeworfenen Gesamtfragen hat jedenfalls die danicoide Form; während PLOTNIKOV aber seine „Danicoiden" wohl fälschlich als Hybriden von *danica* und *migratoria* deutet, wird sie von mir als die Solitärphase von *migratoria* gewertet: ***danicoides n. phas.*** Sie spielt in dem komplizierten Problem eine ähnliche Rolle wie der Jahrzehnte vernachlässigte, von mir restituierte Charpentiersche *Chorthippus mollis* im Verhältnis zu *brunneus* Thbg. (= *bicolor* Charp.) und *biguttulus* L., denn der unerkannte *mollis* hat die „Übergänge" zwischen den beiden Arten vorgetäuscht und die Vermutung häufiger Hybridation beider in der Natur veranlaßt.

Es ist nun — genau wie bei dem eben genannten Beispiel — auch bei *danica* und *migratoria* nun nicht so, daß damit alle Determinationsschwierigkeiten aus dem Wege geräumt wären, denn da es kein für sich allein gültiges untrügbares morphologisches Merkmal zur Unterscheidung gibt, so wird sich, und zwar für alle Zeiten, die Unzulänglichkeit der menschlichen Mittel geltend machen. Aber in zahlreichen Fällen wird man jetzt besser urteilen können. In den besprochenen Fällen liegt die Sache klar, doch müssen noch große Serien beider Arten in vielen anderen Gebieten, besonders Zentral- und Ostasiens, miteinander verglichen werden, da anderwärts modifizierte Unterschiede auftreten können; auch das historische Material sollte, soweit noch möglich, nach den neuen Gesichtspunkten einer nochmaligen Durchsicht unterzogen werden.

Zusammenfassend sehe ich das Problem folgendermaßen an: die ursprüngliche ältere Art mit einem weit umfassenderen Verbreitungsareal ist *danica*; von ihr hat sich *migratoria* abgezweigt, mit deutlichen morphologischen Modifizierungen, anderen ökologischen Bedürfnissen, physiologischen Abweichungen (Atmung, spezif. Gewicht, Färbung, vorhandene oder nicht vorhandene Diapause[1])) und schließlich auch einer „psychischen" Umstellung als Wanderheuschrecke, mit Ausbildung von Phasen, deren morphologische Annäherung an *danica* vielleicht atavistischer Natur ist.

Danica und *migratoria* können meines Erachtens also als Musterbeispiel für „Doppelarten" gelten, sowohl im Pryerschen Sinne (phylogenetisch), als auch im Sinne von Heydemann (Verschiedenheiten der Valenz).

12. Zusammenstellung des gesammelten Materials

Fundorte

Kaukasus

Tuapsse 27. und 28. 9.
Armawir (Kuban) 26. 9.
Mosdok 23. 7.
Ras kalan yurt 23. 7.
Petrowsk-Derbent 24. 7.
Gudaur 2100 m, 23. 9.
Kasbek (Ort) 1600 m, 25. 9.
Kasbek 1800—2800 m, 25. 9.

Transkaukasien

Mzchet 487 m, 23. 9.
Tiflis (Plosskaja) 900 m, 26. 7.
Tiflis (Nordhänge) 4—500 m, 28. 7.
Tiflis (Bot. Garten) 27. 7.
Kloster Schaw-nabat bei Tiflis 20. 9.
Borshom 15. 9.
Bakuriani, Bot. Station 16—1800 m, 10.—13. 9.
Bakuriani, Zchra Zcharo 2000—2700 m, 11. 9.

Armenien

Eriwan (Univ.-Garten) 984 m, 29. 7.
Uluchanlu 950 m, 18. 8.
Etschmiadsin 865 m, 20. 8.
Davalu 850 m, 21. und 22. 8.
Ssardarabat-Kialiak arch 860 m, 22. und 23. 6.

[1]) Wegen häufiger Verkennung von *danica* noch nicht ausreichend geklärt.

Alagös 12—1800 m, 25. 8.
Alagös 2—2800 m, 26. und 27. 8.
Goktschasee, Jelenovka 19—2000 m, 31. 8. bis 1. 9.
Goktschasee, Tschubuchly 2000 m, 3.—5. 9.
Goktschasee, Schordsha 19—2000 m, 3. 9.
Delishan 1280 m, 7. 9.
Karakliss 7. 9.

Aserbeidshan
Adshi Kabul 25. 7.
Ordubad 3.—9. 8.

Persien
Täbris 11.—17. 8.
Urmiasee, Chérif-chané 13.—15. 8.

Anatolien
Mersina 15.—17. 6.
Dörtyol 19.—24. 6.
Dörtyol-Payas 21. 6.
Ersin bei Dörtyol 20.—22. 6.
Amanus bei Dörtyol 100 m, 23. 6.
Adana 25. 6.
Diarbekir am Tigris 26. 6.—2. 7.
Silvan, 90 km ö. Diarbekir 700 m, 29. 6.
Gebirge bei Silvan (bis etwa 1200 m) 30. 6.
Eski Malatia 5. 7.
Gebirge bei Malatia oberhalb Yokarbanassiya 11—1600 m, 6. und 7. 7.
Aintab 8.—15. 7.
Aintab, 50 km südl. davon, 11. 7.
Kozan am Taurus 400 m, 14. und 15. 7.
Ulukişla (Cilic. Taurus) 14—1600 m, 17. und 22. 7.
Nigde, nähere Umgebung 22. 7.
Nigde, Ütsch Kapular Dagh 9—1400 m, 21. und 23. 7.
Nigde, Melendis Dagh 11—1500 m, 19. und 20. 7.
Kavaklidere bei Ankara 600 m, 26. 7.
Beylik Köprü 1. 8.
Ciyli bei Menemem 5. 8.
Sevdiköi bei Smyrna 7. 8.
Bornova bei Smyrna bis Nif 6. 8.
Brussa 12.—16. 8.
Bithyn. Olymp bei Brussa 19—2000 m, 13. und 14. 8.
Brussa-Gemlik 17. 8.
İstanbul 19. 8.

Blattidae

Ectobius Steph. (vgl. S. 33)

E. lapponicus f. pallens Steph. Borshom 11. 7. 1914 (A. Wassilinin).

E. balcani Rme. Bithyn. Olymp 1200 m, ♂ mit bräunlich aufgehelltem Pronotum (der *f. pallens* Steph. der vorigen Art entsprechend).

E. vittiventer (Costa.) Batum 4♂♂; Tsebelda bei Suchum 2♂♂; Borshom 2♂♂ (Wassilinin); Borshom ♀ (Zaitzev). Ostwärts bisher nur bis Griechenland bekannt.

Hololampra Sauss.

H. polita (Krauss). Borshom; Delishan; Mzchet; außerdem lag noch folgendes Material vor: Thana-Tal (E. König); Borshom; Telaw; Eriwan (sämtlich im Museum Tiflis); Anatolien, Amasia (Lederer); (Türk), im Museum Wien.

H. marginata (Schreb.). Ismid, 13. 6. 1914 (Ramme); Smyrna (Mus. Wien); Karačabey b. Brussa (hier in der *f. erythronota* Br. v. W.).

H. punctata (Charp.) *n. f. erythronota*. Entsprechend dieser Form bei der vorhergehenden Art kommt auch hier eine solche mit roter Pronotumscheibe vor, wie 1 ♂ aus Adana (Rolle) und 1 ♀ vom Amanus-Gebirge (Tölg, ex coll. Ebner) zeigen. I. Bolivar (Ann. Soc. Ent. Belg. 1899, p. 585) führt die Art auch von Marach (Anatolien) an.

Von Marash meldet der gleiche Autor H. (*Arbiblatta*) *larrinuae* I. Bol.; es erscheint mir indessen notwendig, die Bestimmung dieser (nach Krauss allerdings auch in der Krim vorkommenden) Art nachzuprüfen, da die Verbreitung der ganzen, 1936 von Chopard *Arbiblatta* genannten Gattung rein nordafrikanisch ist. Von Jenidje Kalé führt Bolivar *H. graeca* (Br. v. W.) an.

Polyphaga Brullé

P. aegyptiaca (L.). Diarbekir; Kozan; Eriwan (auf der Hinreise auch bei Brindisi beobachtet).

Heterogamodes Chop.

H. persica Chop. (det. Chopard). Chérif chané.

Shelfordella Adel.

Sh. tartara (Sauss.) Silvan, mehrfach am elektrischen Licht anfliegend. Neu für Anatolien; bisher aus Transkaspien, Buchara, Turkestan, Persien, Arabien und Ägypten bekannt.

Mantidae

Rivetina Berl. u. Chop.

R. fasciata (Thbg.) (= *baetica* Ramb.) [Taf. XXX, Fig. 1]. Manissa Dagh; Aintab; Ulukişla; Eski Malatia; Kozan; Payas.

Die ostanatolischen ♂♂ (14 Expl.) tragen Elytren, die fast so lang sind wie das Abdomen; die verkürzten Elytren des ♀ (10 Expl.) sind teils etwas länger, teils ebenso lang, teils etwas kürzer als das Pronotum, was mit der wechselnden Länge des letzteren zusammenhängt; sie ähneln der iberischen Form. Die westanatolischen Stücke haben (♂) wesentlich kürzere Elytren (etwa $^2/_3$ der Abdomenlänge), die des ♀ sind ein wenig kürzer als das Pronotum; sie stimmen mit der balkanischen Form überein. Uvarov (Eos 1934, p. 40) bezeichnet die westanatolischen Stücke als „*baetica caucasica* (Sauss.) ?"

R. **turcica n. sp.** [Taf. XXX, Fig. 2] ♀. Länger und schlanker als die übrigen Arten der Gattung. Antennen einschließlich der Basalglieder feiner. Kopf zierlicher als bei *fasciata*, einundeinhalbmal so breit wie die Erweiterung des Pronotums. Clypeus und Hinterhaupt nicht vom Gattungsschema abweichend. Pronotum lang und schlank, fast einundeinhalbmal so lang wie die Elytren, Erweiterung hinter der Querfurche am stärksten, jedoch nicht ganz so stark wie bei den übrigen Arten; Prozona fast halb so lang wie die Metazona, mit ausgeprägter Längsfurche in der apikalen Hälfte, am Grunde der Furche ein ganz feiner Kiel; Metazona mit schwachem wulstigem Kiel. Seiten des Pronotums in ganzer Ausdehnung mit zum Teil sehr starken, basal abgeflachten Zähnen besetzt, Vorderrand elliptisch, Hinterrand breit konvex. Elytren das Ende des 2. Tergits nicht erreichend, $^2/_3$ so lang wie das Pronotum, fast um $^1/_3$ schmaler als bei *fasciata* Thbg., apikal am Hinterrand gleichmäßig gerundet; Hinterflügel *in situ* das Endes des 2. Tergits etwas überragend, Elytrenfläche absolut und relativ wesentlich kleiner als bei letztgenannter Art. Abdomen länger und schlanker als bei dieser; Analplatte verhältnismäßig lang, vom 2. Drittel an stark verschmälert, das Hinterleibsende überragend, dachförmig komprimiert, mit feinem wulstigem Kiel auf der Oberkante (Abb. 85). Alle Gliedmaßen deutlich schlanker und etwas länger als bei *fasciata*; Vordercoxen etwa $^3/_4$ so lang wie die Metazona des Pronotums, mit 7 Dornen auf der Oberkante, an der Innenseite der Basis kräftig tuberkuliert. Bedornung der Vordergliedmaßen sonst wie üblich in der Gattung. Metatarsus innen mit 7—8 feinen Dörnchen. Cerci kürzer als bei *fasciata*. Subgenitalplatte (Abb. 85) mit zierlichen Endzipfeln, im Gegensatz zu den stark ausgebildeten und geschwärzten bei genannter Art.

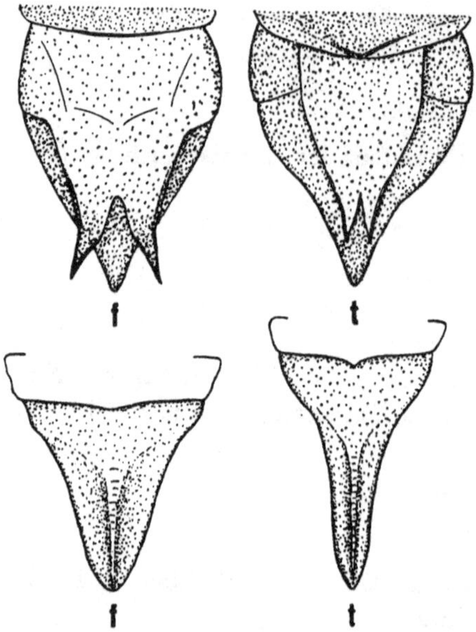

Abb. 85. *Rivetina* oben: Subgenitalplatte ♂ (ventral), unten: Analplatte (dorsal) von *f fasciata*, *t turcica*

Gesamtfärbung gelbbräunlich, Apex der Elytren mit verwaschenen, unterbrochenen dunklen Längsstrichen; Flügelzeichnung wie bei *fasciata*.

Vergleichende Maße:

	♀	
	fasciata	*turcica*
Long. corp.	57	65
Lat. corp.	6,5	6,3
Long. pronot.	18	22
Lat. max. pronot.	5	5,5
Long. elytr.	19	17
Lat. max. elytr.	7	6
Long. alar.	14	12
Long. cox. ant.	12	13
Lat. max. cox. ant.	2	1,8
Long. fem. ant.	15	18
Lat. max. fem.	2,9	2,6
Long. tib. ant.	9	9
— *fem. med.*	15	17
— *fem. post.*	21	24
— *tib. post.*	23	26,5
— *metatars.*	6	6,1
— *lam. anal.*	2,5	4

Typus ♀ Cilic. Taurus 1895 (HOLTZ).

Die Art unterscheidet sich von der nächstverwandten *fasciata* durch den in allen Teilen schlankeren Bau, wesentlich längeres, seitlich stärker bezahntes Pronotum, schmalere apikal mehr abgeschrägte Elytren, sowie vor allem durch die längere und schlankere Analplatte und die zierliche Subgenitalplatte, von *caucasica* Sauss. durch die kürzeren Elytren, von der arabischen, nur nach dem ♂ beschriebenen *inermis* Uv. anscheinend besonders durch die stärkere Bedornung des ganzen Pronotumhinterrandes.

Bolivaria Stål.

B. brachyptera (Pall.) [Taf. XXX, Fig. 4]. Tiflis (Plosskaja; Bot. Garten); Bakuriani; Alagös 1200 m; Ordubad; Chérif chané; Sevdiköi; Ütsch-Kapular Dagh; Ulukişla; Aintab; Yokarbanassyia; Malatia.

B. kurda n. sp. ♂ [Taf. XXVI, Fig. 9 u. Taf. XXX, Fig. 3]. Wesentlich größer als *brachyptera*. Kopf absolut und relativ breiter und massiger, im Bau nicht abweichend. Pronotum wesentlich länger und stärker verbreitert, Prozona etwa halb so lang wie die Metazona, Prozona wie bei genannter Art, in der apikalen Hälfte etwas längsgefurcht, mit feinem Mittelkiel im Grunde der Furche; Metazona mit feinem wulstigem Kiel, Seiten bis zum Ende der Erweiterung kräftig, dahinter feiner bedornt. Elytren ein wenig länger als die Metazona, das Ende des 2. Tergits nicht erreichend, breitoval, apikal leicht winklig abgestutzt; Hinterflügel das Ende des 2. Tergits etwas überragend, etwa $^2/_3$ so lang wie die Elytren, Unterrand mehr schräg (als breitbogig bei *brachyptera*) abgerundet; Gesamtfläche nicht wesentlich größer als bei der (an sich viel kleineren) genannten Art. Abdomen sehr lang, Analplatte etwas kürzer als breit, mit nur ganz schwacher Andeutung einer Mittelbinde, hinten ungefähr rechteckig abgestutzt. Cerci von der üblichen Form, das Hinterleibsende nicht ganz erreichend. Subgenitalplatte etwas

	♂ *brachyptera*	♂ *kurda*
Long. corp.	37 —44	57
Lat. cap.	4,5— 5	6,5
Long. antenn.	16 —22	32
— *pronot.*	9,5—12	16,5
Lat. max. pronot.	3,5— 4,5	6,2
Long. elytr.	9,5—11	14
Lat. max. elytr.	5 — 5,5	7
Long. alar.	8,5— 9,5	10
Lat. max. alar.	7,9— 9,5	9,5
Long. cox. ant.	7,5— 9,5	11,5
— *fem. ant.*	10 —13	16
— *fem. med.*	9,5—11	14
— *fem. post.*	12 —15	20
— *tib. post.*	12 —17	21
— *metatars.*	3,6— 4,9	5,3

länger als breit, mit kurzen Styli. Vordercoxen ungefähr so lang wie die Metazona des Pronotums, mit insgesamt 7—8 stärkeren und dazwischen schwächeren Dornen; Bedornung der Schenkel und Schienen der Gattung entsprechend. Metatarsus an den Kanten und oberseits dicht mit feinen Borsten bedeckt.

Färbung strohgelb, im übrigen wie bei *brachyptera*, jedoch die Hinterflügel gleichmäßig dunkel angeraucht, erst basalwärts allmählich aufgehellt.

Typus ♂, Silvan 700 m, 20. 6. 1937; es gelang mir leider nicht, das zugehörige ♀ aufzufinden.

Die Art unterscheidet sich von *brachyptera* außer durch die viel bedeutendere Größe äußerlich sehr leicht durch die gleichmäßig angerauchten Hinterflügel, während diese bei genannter Art nur eine deutlich abgesetzte dunkle Randbinde zeigen.

Iris Sauss.

I. oratoria (L.) Karačabey (GROHMANN).

I. minima n. sp. Kleinste bekannte Art. Kopfbildung wie bei *oratoria*, die beiden Stirnfurchen vielleicht etwas ausgeprägter. Pronotum verhältnismäßig kurz, nur etwa $^2/_3$ so lang wie die Elytren; Prozona nicht ganz ein Drittel der Pronotumlänge und kaum die Hälfte der Metazonalänge erreichend. Erweiterung des Pronotums im üblichen Verhältnis; Seitenkanten fein gesägt, am stärksten im Gebiet der Erweiterung. Elytren etwa ein Drittel länger als das Pronotum, apikalwärts ziemlich stark verbreitert, breit abgestumpft; Hinterflügel etwa $^3/_4$ so lang wie die Elytren. Analplatte etwas breiter als lang, hinten breit konvex. Subgenitalplatte in kurze, grob beborstete Styli endigend. Vordercoxen etwa $^3/_4$ so lang wie das Pronotum, mit 7 Dornen auf der Innenkante; Bedornung der Schenkel und Schienen der Gattung entsprechend. Metatarsus fein beborstet. Färbung und Zeichnung wie bei *oratoria*, Hinterflügel jedoch intensiver gefärbt.

	♀	♂ (zugehörig?)
Long. corp.	25	27
Lat. cap.	5	4,2
Long. pronot.	8	7,8
— *metazon.*	6	5,5
Lat. max. pronot.	2,7	2,3
— *min. pronot.*	2	1,8
Long. elytr.	12	21
Lat. max. elytr.	5	6
Long. alar.	9	18
— *cox. ant.*	6	6
— *fem. ant.*	7,8	7,7
— *fem. post.*	7,2	7
— *tib. post.*	8	6,5
— *metatars.*	1,4	1,6

Typus ♀, Persien, Kerman (Rever. BIGGS). Vermutlich gehört hierher auch das von mir seinerzeit als *oratoria* bestimmte ♂ (Eos 1929, p. 145) aus Teheran, das mit der neuen Art morphologisch gut übereinstimmt und auch fast die gleichen Körpermaße zeigt, mit Ausnahme der Flugorgane, die ja aber bei den ♂♂ der Gattung wesentlich größer als beim ♀ zu sein pflegen; nach UVAROV (briefl. Mitt.) gehört es nicht zu *nana* Uv.

Mantis L.

M. religiosa L. Tuapsse; Mzchet; Tiflis; Uluchanlu; Alagös 1200 m; Ordubad; Chérif chané; Gemlik; Sevdiköi; Manissa Dag; Adana; Ersin.

Ameles Burm.

A. heldreichi Br. v. W. Bithyn. Olymp 500 m; Brussa-Gemlik; Ersin; ferner von Karačabey (GROHMANN); Ankara 7. 10. 1933 (KUMMERLÖWE und NIETHAMMER).

Wie UVAROV (Trans. Ent. Soc. 1923, p. 144) zutreffend bemerkt, ist die Systematik der Gattung in arger Verwirrung. Schwierigkeiten bereitet u. a. die Identifizierung von *heldreichi* gegenüber *decolor* Charp., von der sie sich durch die mehr konische Augenform unterscheidet; auf der Spitze des Konus befindet sich ein ozellenloser kleiner Buckel. Diesen Buckel kann man im allgemeinen, wenn auch in wechselnd starker Ausprägung, erkennen, doch kann sich die Augenform gelegentlich mehr der rundlichen von *decolor* nähern, wie die große Serie von Karačabey zeigt. So kommen also Grenzfälle vor, die — besonders bei Einzelstücken — eine sichere Bestimmung kaum ermöglichen.

Empusa Illig.

E. fasciata Brullé. Diarbekir; ferner von Karačabey (GROHMANN); Pergamon 5. 1917 (LA BAUME).

E. longicollis n. sp. ♀ Adana (S. 134).

E. attenuata n. sp. ♀ Adshi-Kabul; ♀ Yokarbanassyia (S. 135).

Eremiaphila Lef.

E. gene[1]) Lef. Aintab. Dem Untergrund vorzüglich angepaßt und schwer zu entdecken (vgl. S. 128).

Tettigoniidae

Polysarcus Fisch.

P. zacharovi (Stshelk.)

Orphania zacharovi Stshelkanovtzev [Russ. Titel] Arb. Zool. Labor. Warschau 1909, p. 47, Sep.

Orphania zacharavi (*laps. typogr.*) Bey-Bienko [russ. Titel] Mitt. Nordkaukas. Pflanzenschutzstation 1930, p. 54.

Orphania zacharjini (*laps. cal.*) Uv. Fragm. Faun. Mus. Zool. Polon. Warschau 1938, p. 219.

[1]) vgl. UVAROV Linn. Soc. Journ. Zool. 1939, 11: 549

Die Art ist — wie die folgende — gegenüber *denticauda* (Charp.) und *scutatus* (Br.) vor allem charakterisiert durch den Doppelzahn am Ende der Cerci ♂; das Pronotum ist hinten sehr stark aufgewölbt; senkrecht von oben betrachtet, schauen die ziemlich kurzen und kleinen, bis zum Ende des ersten Tergits reichenden Elytren nicht oder kaum unter dem Pronotumhinterrand hervor. Den Typus, ein ♂ von Mangliss aus dem Tifliser Museum, habe ich untersucht; das Exemplar war im Leben sicher ziemlich einfarbig grün und ist durch schlechte Konservierung mißfarbig gebräunt. Daneben liegen mir aber ein ♂ und 4 ♀♀ (♀ bisher unbekannt) von Semenovka, Prov. Eriwan (7. 6. 1923) vor, außerordentlich frisch erhalten, von denen nur das eine ♀ rein grün ist, während alle übrigen Stücke eine bis ins Kleinste einheitliche schöne Rotbraunfärbung aufweisen. Die Fühler sind scharf hellbräunlich und schwarz geringelt. Das Hinterhaupt ist schwarz, ebenso zwei Seitenflecken auf dem Rücken der Prozona des Pronotums, ferner je ein solcher an der Seite jedes Abdominalsegments. Die Seitenlappen und die hintere Begrenzung der Abdomenflecken sind hellgelbbräunlich, alle Schenkel ziemlich grob schwarz punktiert, mit schwarzen Knien. Auch die Basis des Ovipositors, der etwa 1 1/2mal (oder auch etwas darüber) so lang ist wie das Pronotum, zeigt mehr oder weniger ausgeprägte verwaschene schwarze Flecke jederseits der Basis. Cerci ♂ (Abb. 86) mit geschwärzter Spitze, ♀ einfarbig hellgelbbraun oder grün bei dem grünen Exemplar. Subgenitalplatte ♂ schwalbenschwanzförmig (in der Mitte verschmälert, apikal erweitert und in 2 divergente Zipfel auslaufend), zwischen den Cerci nach oben gekrümmt, ♀ breit herzförmig, in der Mitte mit einer von anad spitzwinklig verlaufenden Wulsten flankierten Grube; bei der schmaleren Subgenitalplatte von *denticauda* verlaufen diese Wulste mehr rechtwinklig. Schienen rötlichbraun, intensiv schwarz bedornt, Tarsen ganz oder fast ganz geschwärzt.

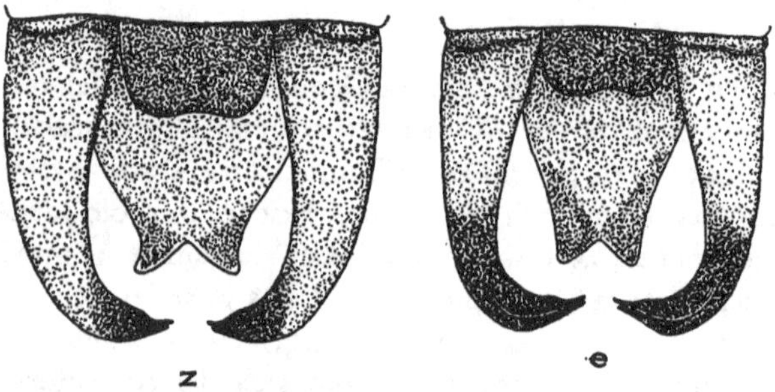

Abb. 86. *Polysarcus* ♂ Genitalregion zacharovi, *e* elbursianus

	♂	♀
Long. corp.	32 —36	40 —41
— *pronot.*	10,3—11,3	10
— *fem. post.*	21 —22	20 —23
— *ovipos.*	—	21,2—22,5

Polysarcus elbursianus (Uv.)

Orphania elbursiana Uv. Ann. Mus. Zool. Ac. Sci. USSR, 1929, p. 624.
Poecilimon rechingeri Werner Konowia 1938, p. 125; *Syn. nov.*

Von Uvarov nach 3 ♀♀ vom Demawend beschrieben. Das Material Werners von „*Poecilimon rechingeri*", 2 ♂♂, 2 ♀♀, gehört eindeutig der Gattung *Polysarcus* an und ist zweifellos identisch mit der obengenannten Art. Somit kennen wir nun auch das ♂. Ergänzend zu der von Uvarov gegebenen Beschreibung des ♀ ist vom ♂ zu sagen, daß das Pronotum hinten ziemlich stark erweitert und aufgebogen ist, jedenfalls stärker als bei *denticauda*, aber nicht so stark wie bei *zacharovi*. Die Elytren erreichen (ebenso wie bei letzterer Art) den Hinterrand des ersten Tergits, ragen aber, senkrecht von oben betrachtet, etwa 2,5 mm unter dem Pronotumhinterrand hervor. Cerci im letzten Drittel scharf nach innen gebogen, vor dem Ende etwas abgeplattet, Spitze mit einem längeren (vorderen) und dicht daneben einem kleinen Zahn (Abb. 86); letztes Drittel der Cerci geschwärzt. Subgenitalplatte nach hinten ziemlich stark verschmälert, Ränder der durch einen stumpfwinkligen Einschnitt entstehenden Zipfel nicht nach außen gebogen, die ganze Platte etwas schräg nach oben gekrümmt. Ovipositor breit, in der Mitte gemessen 3—3,2 mm.

	♂	♀
Long. corp.	24 —26	27 —33
— *pronot.*	8,3	7,4— 8,8
— *fem. post.*	17,5—18,7	18 —21
— *ovipos.*	—	16,7—18,5

Elburs, zwischen Dschabun und Firuskuh, 28. 6. 1937 (Rechinger). ♂ Allotypus, Paratypen ♀ im Wiener, ♂ ♀ im Berliner Museum.

Die 4 bisher bekannten *Polysarcus*-Arten gliedern sich also in 2 Gruppen: *denticauda* und *scutatus* haben einfach gezähnte Cerci, die von *zacharovi* und *elbursianus* tragen noch einen zweiten kleineren Zahn. Die Unterschiede der beiden letztgenannten Arten, obwohl sehr nahestehend, begründen eine spezifische Trennung: bei *elbursianus* ♂ ist die Metazona des Pronotums etwas mehr verbreitert und aufgewölbt, die Elytren sind fast darunter verborgen und Cerci und Subgenitalplatte zeigen die oben beschriebenen Unterschiede. Ergänzend ist noch zu sagen, daß die Cerci von *elbursianus* apikal schlanker sind und der nach innen gebogene Teil etwas länger im Verhältnis zur Gesamtlänge des Cercus ist. Der Ovipositor ist absolut und relativ kürzer und breiter als bei *zacharovi*. Ganz abweichend ist der Färbungs- und Zeichnungstyp; ich glaube auch kaum, daß bei *elbursianus* rein grüne Exemplare vorkommen.

Poecilimon Fisch.

P. tauricola n. sp. [Taf. XIX, Fig. 5]. Mittelgroß. Fastigium deutlich schmäler als die basalen Fühlerglieder. ♂ Pronotum (Abb. 87) vorn leicht eingeschnürt, nach hinten nur wenig erweitert und schwach aufgebogen. Elytrenfläche *in situ* schmal und kurz, den Hinterrand des ersten Tergits nicht erreichend. Cerci breitbogig gekrümmt, am Ende mit einfachem oder gedoppeltem Zahn (zuweilen bei dem gleichen Exemplar beide Formen), nahe der Vorderkante mit 3 weiteren Zähnchen, die je nach der Betrachtung in senkrechter oder schräger Projektion den Vorderrand der Cercusspitze kaum oder deutlich überragen. Subgenitalplatte apikalwärts stark verschmälert, breit ausgerandet. ♀ Pronotum fast zylindrisch, nur ganz hinten ein wenig aufgebogen; Elytren kaum 1 mm auf das erste Tergit hinter dem Pronotumrand vorragend. Ovipositor sehr kurz, kaum länger als das Pronotum.

Färbung: Gesicht elfenbeinfarbig, Hinterhaupt, Pronotum und Abdomenrücken (in der Breite des Pronotumrückens) fein hellbräunlich, stark schwarz punktiert. Hinterhaupt mit feiner heller Längslinie und schwarzem Basalfleck. Fühler scharf hell und dunkel geringelt. Vorderrand des Pronotumrückens schmal hell gesäumt, nach hinten an den Seiten mit schwärzlicher Makel; Metazona mit schwarzer, innen hell gesäumter Seitenbinde. Elytren elfenbeinfarbig, mit schräger schwarzer Längsbinde. Pronotumseitenlappen, Abdomenseiten und Hinterschenkel hellolivgrünlich, Unterrand der Seitenlappen verwaschen hell gesäumt. Vorder- und Mittelschenkel mehr gelblichgrün, mit schwarzer Längslinie auf der Oberkante; alle Schenkel fein schwarzpunktiert; Schienen schmutziggelblich. Cerci ♂ ♀ rötlichbraun.

	♂	♀
Long. corp.	17,3	21,5
— *pronot.*	4,3	5,7
— *fem. post.*	15,2	17,7
— *ovipos.*	—	7,2

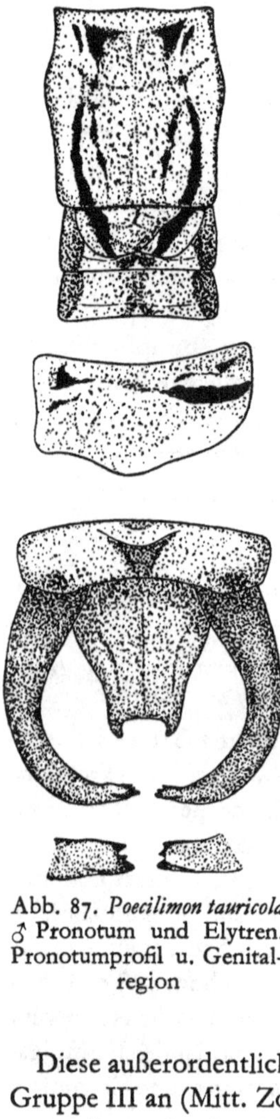

Abb. 87. *Poecilimon tauricola* ♂ Pronotum und Elytren. Pronotumprofil u. Genitalregion

Typus ♂, Allotypus ♀ Cilic. Taurus, Ulukişla, in einer flachen kleinen Bergmulde auf einem größeren geschlossenen Bestand von *Urtica*.

Diese außerordentlich fein und reizvoll gezeichnete und gefärbte Art gehört der Gruppe III an (Mitt. Zool. Mus. Berlin 1933, p. 509) und steht *varicornis* De Haan am nächsten, ist aber (♂) durch das hinten kaum aufgewölbte Pronotum, die Form der Cerci (Abb. 87) sowie durch den weit kürzeren Ovipositor leicht zu unterscheiden.

P. zonatus I. Bol. Am Sandiras Dagh auf Moorwiesen in 2—2500 m Höhe am 12. 7. 1938 von Dr. O. Schwarz gesammelt. Es ist dies der bisher westlichste bekannte Fundort der nordostwärts bis in das Gebiet von Erzerum verbreiteten Art. Ich hatte (l. c. 1933, p. 523) auf die Unterschiede gegenüber der nächstverwandten *varicornis* de Haan hingewiesen und Abbildungen der Cerci gegeben (Taf. VIII, Abb. 11 und 12). Diese zeigen einen den Tatsachen nicht entsprechenden Unterschied im Größenverhältnis und in den genaueren Einzelheiten. Auf den neuen Abbildungen (Abb. 88) erkennt man besser die Abweichungen im allgemeinen Bau: bei *zonatus* ist die Endkrümmung stärker nach innen gerichtet und das Cercusende mehr verdickt Auch die Bezahnung ist etwas verschieden, zeigt aber bei der starken Variationsbreite dieses Merkmals zuweilen erhebliche Annäherungen; sowohl die Zahl der nach oben gerichteten Zähnchen wie der nach innen und unten gewandten schwankt. Auch die Unterschiede in der Subgenitalplatte sind allein (wegen zuweilen eintretender postmortaler Verkrümmung) nicht absolut brauchbar. Eine Verwechslung beider Arten ist jedoch angesichts der erheblichen Zeichnungsunterschiede unmöglich (vgl. l. c. Taf. XII, Abb. 6 und 7).

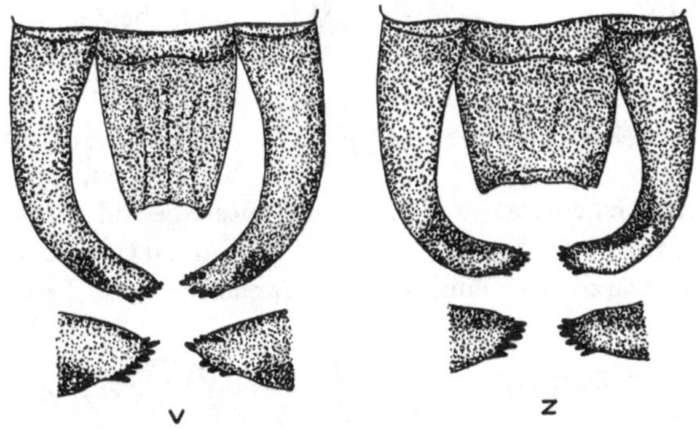

Abb. 88. *Poecilimon* Genitalregion ♂ von *v varicornis*, *z zonatus*

P. rammei Miram. In der Beschreibung dieser neuen, *tschorochensis* Adel. sehr nahestehenden und mir in einem paratypischen ♂ ♀ vorliegenden Art gibt die Autorin (Trud. Zool. Inst. Azerbeidzh. Fil. SSSR. 1931, pp. 348 und 368, Abb. 1) leider nur wenige Vergleichsangaben gegenüber der Art von Adelung. Die Elytren sollen etwas weniger aufgeblasen und kürzer sein als bei letzterer und nur das Ende des vierten Tergits erreichen. Auf der Abbildung bei Adelung reichen sie bis zum Abdomenende, doch hängt dies zweifellos mit einer nachträglichen Schrumpfung des Abdomens zusammen, denn die absoluten Längenmaße der Elytren sind annähernd gleich. Sehr abweichend sind anscheinend die Cerci, die bei *tschorochensis* ziemlich einfach gebaut („*teretes*, *fere cylindrici*, . . . *basi latiusculi*, *hirsuti*, *in tertia parte apicali obtuso-angulatim incurvi*, *apice ipso breviter acuminato*, *sursum incurvo*, *spinala nigra armato*") sein sollen, bei *rammei* jedoch sehr eigenartig geformt sind, was die Abbildung bei Miram nicht ausreichend zeigt, da sie nur die Projektion auf die Breitseite wiedergibt, während man erst bei Betrachtung in der Sagittalebene die charakteristische fast lamellöse Verflachung erkennt, an deren Ende sich der nach innen gebogene Zahn befindet. (Abb. 89).

Beide Arten stammen aus dem Gebiet von Artwin (Bez. Batum); für *tschoro-*

chensis ist eine Höhenlage von 3000 m (Alpenmatten am Jalanus Tocham) angegeben, während für *rammei* nähere Angaben seitens des Sammlers leider fehlen.

P. djakonovi Miram. Ich erhielt von der Autorin 2 paratypische Paare dieser aus dem Gebiet von Krasnodar beschriebenen Art (l. c. pp. 352 und 365, Abb. 5) und bringe auch hier eine Abbildung (90) der Genitalregion des ♂, die die Verhältnisse klarer wiedergibt als die Abbildung bei Miram.

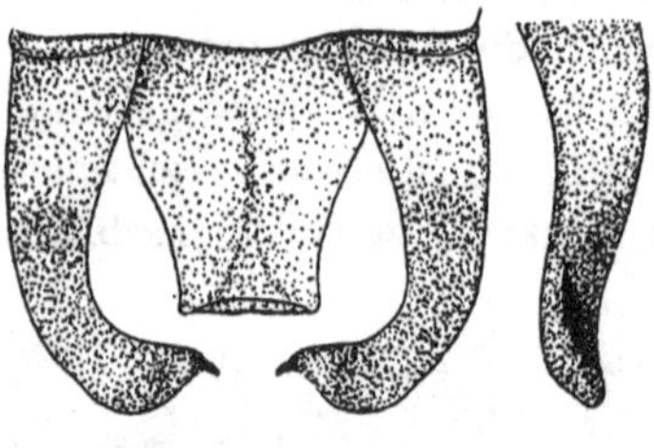

Abb. 89. *Poecilimon rammei* ♂ Genitalregion; r. Cercus im Profil

P. izmirensis Rme und *uvarovi* Rme. Durch Erhalt neuen Materials wird es möglich, die Beschreibung und Unterscheidungsmöglichkeiten beider Arten zu verbessern, sowie durch neue Zeichnungen deutlicher zu machen. Das neue, sehr gut konservierte Material von *uvarovi* (2 ♂♂, 2 ♀♀ vom Huseyn Gazi-Dagh bei Ankara, 13.—26. 6. 1941, Karabag) zeigt im Gegensatz zu dem durch unsachgemäße Behandlung vergilbten Originalmaterial (1 ♂, 4 ♀♀ Kavakli bei Ankara) eine frisch grünliche Färbung mit schwärzlicher Punktierung; Metazona des Pronotums nicht punktiert, mit

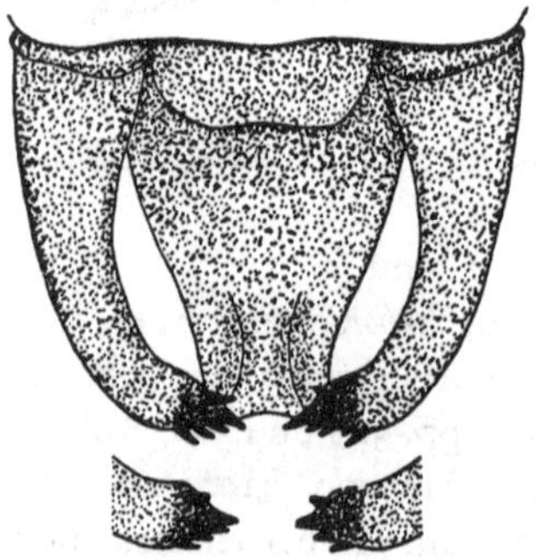

Abb. 90. *Poecilimon djakonovi* ♂ Genitalregion (darunter schräg von hinten)

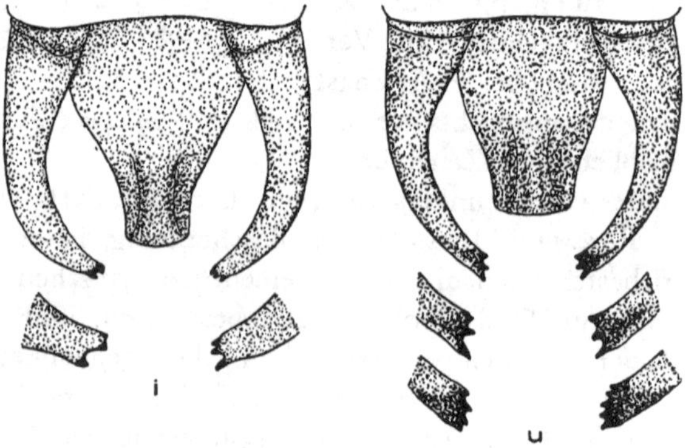

Abb. 91. *Poecilimon* Genitalregion ♂ von *i izmirensis*, *u uvarovi* (Variat.)

roströtlichen verwaschenen Seitenbinden, Elytren und Cerci fast hellbräunlich, ♂ mit schwärzlicher, von einem hellen Mittelstreifen durchzogener Längsbinde auf der Abdomenmitte, ♀ nur mit verwaschener heller Längslinie.

Durch diese Färbung und Zeichnung ist *uvarovi* äußerlich *izmirensis* zum Verwechseln ähnlich, jedoch leicht durch die Form der Cerci und meist auch durch die apikale Bezahnung derselben zu unterscheiden (Abb. 91). Während die Cerci der ersteren Art sich bei gleichmäßiger Krümmung allmählich verjüngen, ist bei *uvarovi* nur der Basalteil dicker, die apikale Hälfte dagegen ziemlich plötzlich verschmälert und schärfer nach innen gekrümmt. Die Variationsbreite der Bezahnung bei *izmirensis* zeigt die Ausbildung von 2 (durch Verschmelzung) bis zu 4 Zähnchen, meist sind 3 Zähne entwickelt. Bei *uvarovi* schwankt die Zahl zwischen 3 und 5; das Cercusende ist breiter abgestutzt, zuweilen etwas verdunkelt. Die Subgenitalplatte ist bei *uvarovi* im ganzen, und besonders apikal, breiter.

P. excisus Karab.[1]). Kleine Art. Fastigium sehr klein und zierlich, kaum halb so breit wie die basalen Fühlerglieder. ♂ Pronotum vorn stark eingeschnürt, nach hinten erweitert, ziemlich stark emporgewölbt und stumpfwinklig tief eingeschnitten, so daß der Hinterrand die bis auf die Mitte des 2. Tergits reichenden Elytren stark freigibt. Cerci (Abb. 92) von sehr auffälliger Bildung, s-förmig gekrümmt (am besten von der Seite zu erkennen), am aufgebogenen Ende flach gedrückt und etwas eingesenkt, mit 2—3 nach unten gebogenen krallenartigen Zähnchen, so daß das Ende an die Pranke eines katzenartigen Raubtiers erinnert. Subgenitalplatte ♂ etwa von der Mitte ab stark verschmälert, hinten leicht bogig ausgerandet, mit leicht vorgezogenen Zipfeln. Subgenitalplatte vor der Mitte ziemlich plötzlich verschmälert, der schmale Teil außen nur ganz leicht bogig erweitert, am Ende breit rundlich ausgeschnitten. ♂ mit breitem, flachem, nach hinten etwas erweitertem und kaum aufgebogenem Pronotum; Ovipositor etwas länger als Kopf und Pronotum zusammen, mit ganz geradem Unterrand. Gesamtfärbung, auch der Fühler, hellstrohfarbig; mit leichten mattbräunlichen Verdunklungen und Punktierungen in der Prozona sowie an den Hinterecken der Metazona des Pronotums; Mitte des

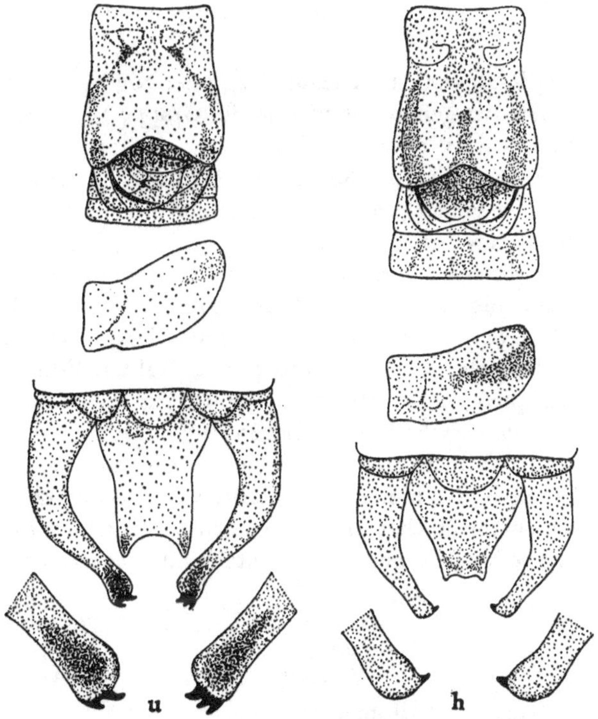

Abb. 92. *Poecilimon* ♂ Pronotum u. Elytren, Pronotumprofil u. Genitalregion von *u excisus*, *h haydari*

[1]) Von mir ebenfalls gesammelt und gleichzeitig (unter einem anderen Namen) beschrieben, der nun hinfällig wird; ich lasse jedoch den ursprünglichen Text als Ergänzung der Beschreibung stehen, umsomehr, als das ♀ bisher unbekannt war.

Abdomenrückens mit schwach angedeuteter Längsbinde. ♀ ebenfalls strohfarbig, Pronotumseitenlappen und Abdomenseiten stellenweise mit grünlichem Schimmer.

	♂	♀
Long. corp.	11,7	14,1
— *pronot.*	3,7	4,4
— *elytr.*	2	—
— *fem. post*	11,3	13,7
— *ovipos.*	—	7,7

♂♀, Anatolien, Melendis Dagh bei Nigde.

Die Art gehört habituell in die Gruppe VII, steht aber durch die Bildung des Cercusendes etwas isoliert.

P. haydari n. sp. Kleine Art. ♂. Fastigium zierlich, etwa von halber Breite der basalen Fühlerglieder. Pronotum vorn leicht verschmälert, ohne deutliche Einschnürung, nach hinten etwas erweitert und apikal an den Seiten breit gerundet, zur Mitte des Hinterrandes ganz flach stumpfwinklig ausgerandet, in der Mitte ein wenig aufgebogen. Elytren nur ganz wenig auf das 2. Tergit ragend. Cerci (Abb. 92) in den ersten zwei Dritteln dick, dann ziemlich plötzlich verschmälert und schräg nach innen gebogen, apikal am Vorderrand der Spitze mit feinem, stumpfem, etwas nach vorn gerichtetem Zahn. Subgenitalplatte nach hinten allmählich verschmälert, zwischen den vorspringenden Seitenzipfeln leicht konvex. Gesamtfärbung strohfarbig, Fühler eng und fein dunkel geringelt; Pronotumkanten in den hinteren zwei Dritteln mit verwaschener, apikalwärts verbreiterter schmutzigrötlicher Binde und ebensolcher Längsbinde über die Mitte und je einer nur schwach angedeuteten Seitenbinde des Abdomens.

Long. corp.	13,9
— *pronot.*	3,9
— *elytr.*	2
— *fem. post.*	11,7

Typus ♂, Anatolien, Ulukişla.

Eupoecilimon Tarb.

Von Tarbinsky wurde 1932 (Bull. Leningr. Inst. Farm Forest Pests, p. 183) für *flavescens* H.-S. die neue Gattung *Eupoecilimon* aufgestellt mit der Diagnose „*Differs by the structure of male cerci, wich are multidentated at the apex*". Unter diese Diagnose würde eine große Zahl von Arten fallen, beispielsweise meiner Gruppe VII (Revision 1933), habituell vertreten aber nur die Arten der Gruppe VIII diese Gattung, hierzu noch *djakonovi* Mir. und die neuen Arten *paramonovi*, *turciae* und *heinrichi* (s. unten). Da *flavescens* als *sp. incerta* (s. unten) in Fortfall kommt, wähle ich als neuen Genustypus *anatolicus* Rme.

E. anatolicus (Rme)

Poecilimon turcicus Karabag Proc. R. Ent. Soc. London 1950, **19**: 153.

Bithyn. Olymp, 18—1900 m, 4 ♂♂, 2 ♀♀ auf *Urtica*. Dieses neue und weiteres Museumsmaterial macht es zunächst notwendig, noch einmal die schwierige Frage „Was ist *Poecilimon flavescens* H.-S.?“ aufzuwerfen. Sie zu klären, erscheint mir nach wie vor unmöglich und ich halte auch an meiner l. c. gegebenen Begründung fest. Es kommt noch hinzu, daß sowohl die von Stshelkanovtzev (Varšava Arb. Zool. Kab. Univ. [russ. Titel] 1911, p. 5,

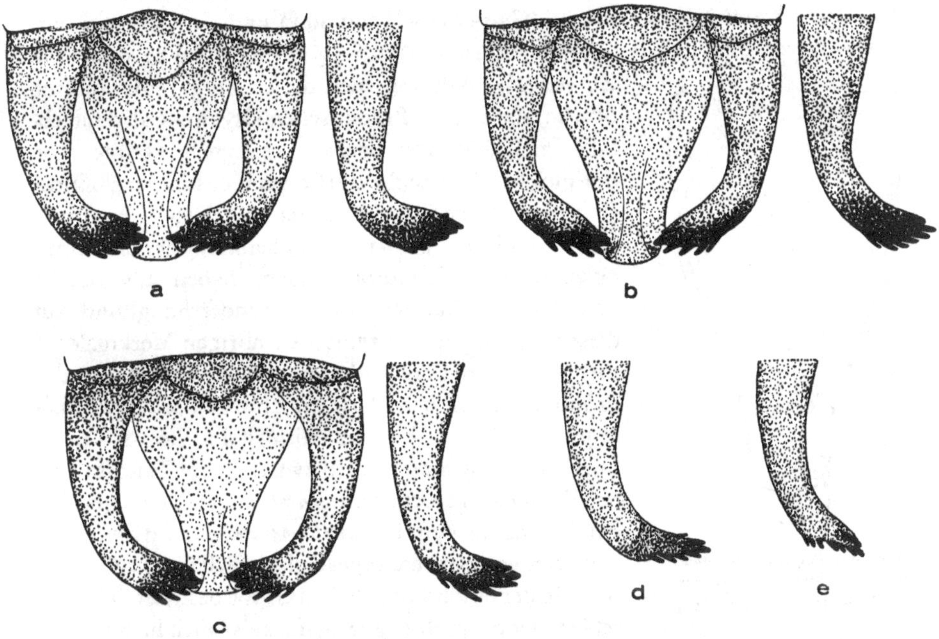

Abb. 93. *Poecilimon anatolicus* ♂ Genitalregion, aus Serien *a* von Brussa (m. Var.), *b* von Karačabey westl. Brussa (m. Var.), *c* vom Bithyn. Olymp (1800 m) (m. Var.), *d* „*flavescens*“ nach Stshelkanovtzev, *e* „*flavescens*“ nach Miram

Fig. 2) als auch von Miram (Ann. Mus. Zool. Ac. Sci. URSS. 1929, p. 450, Taf. XXXIV, Fig. 1) für „*flavescens*“ (von Krasnaja Poljana bzw. der Krim) gegebenen Zeichnungen der Cerci (Abb. 93) weder miteinander übereinstimmen, noch der Cercusform von *flavescens* Br. v. W. gleichen (das ♂ von *flavescens* H.-S. ist nicht bekannt). Sie weisen vielmehr auf eine Art der Gruppe *scythicus*, *ajpetri* usw. (vgl. Abb. 96) hin. Die mir gelegentlich aus Leningrad übersandten „*flavescens*“ erwiesen sich auch immer als eine dieser beiden Arten. Leider wird es auch das Fehlen einer genauen Fundortsangabe bei Herrich-Schaeffer („Südrußland“) niemals ermöglichen, topotypische Exemplare zu untersuchen und es wird somit Niemand jemals in der Lage sein, die Art sicher zu identifizieren. Dies kann auch nicht durch Vergleich mit der bunten Abbildung des ♀ bei

Herrich-Schaeffer geschehen, da sie ebensogut auf *scythicus*, *aj-petri*, *tauricus*, *turciae n. sp.* (s. weiter unten) und verwandte Arten paßt. Ich halte es daher für notwendig, die Art als „*sp. incerta*" endgültig auszuscheiden.

Ich hatte *anatolicus* (l. c. 1933) nach den „*flavescens*"-Typen Brunners in der Wiener Sammlung (4 ♂♂, 2 ♀♀ Brussa) sowie einer kleinen, mit dieser übereinstimmenden Serie aus dem Berliner Museum (2 ♂♂, 2 ♀♀ „Kleinasien") beschrieben. Inzwischen gelang es, den genauen Fundort dieser letzteren Serie zu ermitteln: Karačabey bei Brussa (Grohmann-Wichgraf) und sie (aus noch unpräpariertem Material des Berliner Museums) auf 4 ♂♂ und 5 ♀♀ zu ergänzen. Zu *anatolicus* gehören auch die eingangs aufgeführten Stücke, die ich am Bithynischen Olymp — also gleichfalls im Gebiet von Brussa — sammeln konnte; von der gleichen Fundstelle dürfte auch das in der Fußnote (l. c. p. 555) erwähnte Paar der *coll.* Ebner stammen.

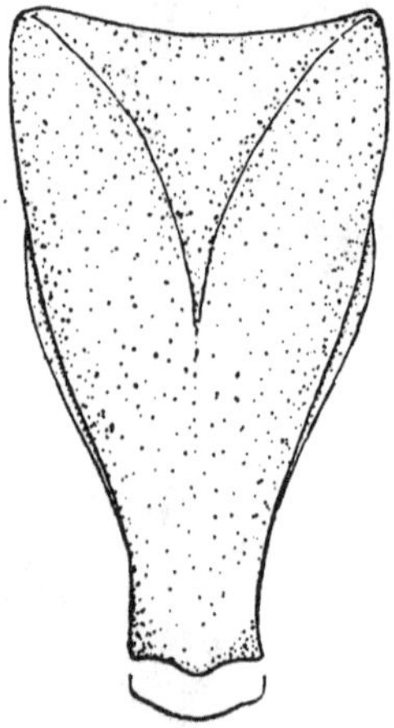

Abb. 94. *Eupoecilimon anatolicus* ♂ Subgenitalplatte (m. Var. des Hinterrandes)

Während die beiden erstgenannten Serien einen ockerfarbigen Grundton zeigen, haben alle Stücke vom Olymp eine reingrüne Grundfärbung und auf dieser die für die Art typischen übrigen Merkmale: ♂ rotbraune oder breit rotbraun gesäumte Metazona des Pronotums, gelbliche Elytren und gelbbraunes Analtergit und Cerci, ♀ in der Mitte gelbliches 1. Tergit. Dieser Färbungsunterschied zwischen der Talform und der Hochgebirgsform von *anatolicus* stellt eine gewisse Parallele dar zu den für *Poecilimon ornatus* und *Polysarcus denticauda* von mir bereits geschilderten Fällen (vgl. S. 89). Auch in der durchschnittlichen Größe besteht ein Unterschied, denn die Hochgebirgsform ist auch hier kleiner.

Ziemlich erheblich ist innerhalb des ganzen Komplexes der Art die Variationsbreite des Cercusendes in Form und Bezahnung (Abb. 93); doch besteht kein Zweifel über die spezifische Zusammengehörigkeit aller vorliegenden Stücke. Besonders charakteristisch für die Art ist die Form der ♂ Subgenitalplatte, die in der apikalen Hälfte ziemlich unvermittelt stark verschmälert und aufwärtsgebogen ist und einen konvexen (gelegentlich an den Ecken zipfligen) Hinterrand zeigt (Abb. 94).

	♂	♀
Long. corp.	15 —18	16,5—18
— *pronot.*	4,2—6	4,3— 5,4
— *fem. post.*	12 —17,2	15 —16,5
— *ovipos.*	—	9,4— 9,8

Die Abbildung der Cerci bei Karabag (l. c. Abb. 20) eines ♂ von „*turcicus*" dürfte nur eine individuelle Modifikation darstellen, bei der die Endzähne zu einem starken Zahn verwachsen sind, was bei *anatolicus* vorkommt.

E. sureyanus Uv. Beschrieben aus Anatolien (Ismid). Von *anatolicus* im wesentlichen durch die verschiedene Bezahnung der Cerci abweichend. Während letztere Art am Hinterrand der Cerci 8—9 zierliche, ziemlich gleichmäßig lange, apikalwärts größer werdende Zähnchen zeigt, tragen die Cerci von *anatolicus* 4—6 derbe, in der Größe oft wechselnde Zähnchen; die Subgenitalplatte ist breiter und konkav ausgerandet.

E. turciae n. sp. Kleine Art. Fastigium kurz, schmal, kaum halb so breit wie die basalen Fühlerglieder, gefurcht, vom Scheitel in ziemlicher gleicher Ebene nach vorn abfallend. ♂ Pronotum vorn etwas eingeschnürt, in der Metazona etwas erweitert und schräg aufgebogen, ♀ hinten nur ganz wenig erweitert, im ganzen mit fast geradem Profil. Elytren ♂ das 1. Tergit etwas überragend. Hinterschienen ziemlich dick. Cerci (Abb. 95) ziemlich kurz und gedrungen, apikal spatelförmig, stark verbreitert, Hinterrand dieser Verbreiterung konvex und ringsherum in einer Ebene mit kräftigen Zähnen besetzt, der Hauptzahn in der Mitte (zuweilen in einen großen und einen kleinen aufgespalten) am stärksten. Subgenitalplatte ♂ ziemlich stark verschmälert, etwa bis zum 1. Cercuszahn reichend, apikal leicht konvex. Ovipositor etwa um die Hälfte länger als das Pronotum. Färbung ♂ (infolge mäßiger Konservierung) schmutzigbräunlich (im Leben wohl grünlich), dunkel punktiert, Fühler schwach geringelt. Metazona des Pronotums verwaschen rotbraun. Elytren hellbräunlich, Abdomen einfarbig. Cerci hellbraun, Zähnchen und deren Basis schwarz. ♂ hellgrün, Kopf graugrünlich, Hinterhaupt mit feiner heller Mittellinie, stark punktiert. Fühler schwach geringelt. Pronotumrücken in der Prozona mit Verlängerung der hellen Hinterhauptlinie und breit verwaschen gelblichen schwarzbraun gefleckten Seitenkanten; Metazona strohfarbig, mit breit verwaschen rotbraunen, außen hell begrenzten, nach hinten erweiterten Seitenbinden; Seitenlappen grünlich. Abdomen hellgrün, Mitte des 1. Tergits gelblich, Mitte der übrigen mit weißlichgrüner Tönung, in der Mitte jedes Tergits ein schmaler unregelmäßiger schwärzlicher Fleck, diese weißlichgrüne Partie an den Seiten schmal schwärzlich begrenzt; Abdomenseiten reingrün, nur fein punktiert. Schenkel gelblichgrün, punktiert.

	♂	♀
Long. corp.	16,4	16,4
— *pronot.*	5,1	5,2
— *fem. post.*	16,1	16,2
— *ovipos.*	—	9

Typus ♂ Brussa (aus der dortigen landwirtschaftlichen Sammlung), Allotypus ♀, Brussa 12.—16. 7. 1937 (Ramme).

Anschließend bringe ich, obwohl nicht aus Anatolien, sondern aus Bulgarien stammend, eine weitere neue Art aus der allernächsten Verwandtschaft von *turciae*; beide Arten schließen sich eng an *tauricus* Ret. an.

E. heinrichi n. sp. Kleine Art. Fastigium in Form und Größe wie bei *turciae*, jedoch nicht schräg abfallend, sondern in deutlichem Winkel zum Scheitel mehr nach vorn gerichtet. Pronotum ♂ vorn stark eingeschnürt, Metazona nach hinten ziemlich stark erweitert und schräg aufwärts gebogen. Elytren ♂ das erste Tergit etwas überragend. Hinterschenkel ziemlich schmal. Cerci (Abb. 95) ♂ kräftig, apikal spatelförmig verbreitert, mit sehr kräftigem Hauptzahn und unmittelbar daneben 1—2 kleineren; vor dem Hauptzahn auf breiter schwarzer Chitinleiste mit 4 sehr unregelmäßigen, oft mehr leistenförmigen Zähnen, hinter dem Hauptzahn mit 6—7 in einer ziemlich geraden Linie verlaufenden kräftigen Zähnen. Subgenitalplatte nicht den ersten Zahn erreichend, apikal flach konkav ausgeschnitten. ♀ Pronotum nach hinten nur schwach erweitert, nicht eingesenkt.

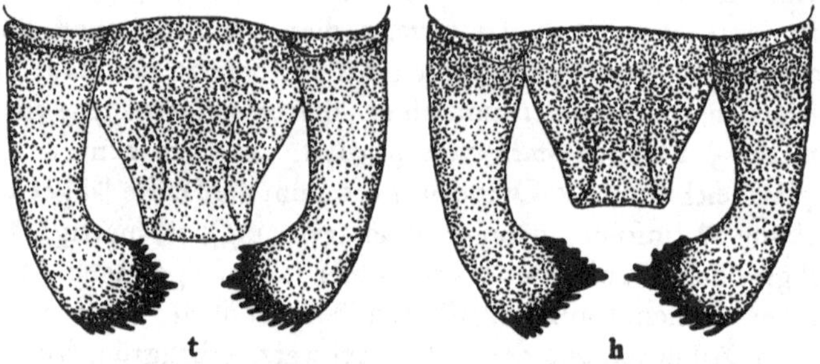

Abb. 95. *Poecilimon* Genitalregion ♂ von *t turciae, h heinrichi*

Ovipositor etwa um 1/3 länger als das Pronotum. Färbung gelbgrünlich; stark punktiert. Fühler nur ganz schwach verwaschen hell geringelt. Pronotum von der Grundfärbung, Metazona mit nach hinten sich verbreiternden, am Pronotumhinterrand zusammenfließenden, rotbraunen, außen gelblich gesäumten Flecken, die beim ♀ wesentlich schmaler und zuweilen nur durch eine leichte Verdunklung angedeutet sind. Elytren ♂ hellbräunlich. Abdomen ♂ ♀ von der Grundfärbung, punktiert, ebenso die Schenkel. Cerci ♂ hellbraun, apikal breit schwarz gesäumt, Zähne schwarz.

	♂	♀
Long. corp.	18	17,5
— *pronot.*	4,2	5,1
— *fem. post.*	14,5	16,8
— *ovipos.*	—	9,7

Typus ♂, Allotypus ♀, Paratypus ♀, Bulgarien, Strandja-Balkan b. Konak, 350 m, 7. 1935 (G. Heinrich).

Die Art unterscheidet sich in ihren wesentlichen Merkmalen von *turciae* durch das winklig angesetzte Fastigium, ♂ durch das etwas stärker eingeschnürte Pronotum, die etwas längeren Cerci und den geraden Rand der hinteren Bezahnung derselben sowie durch die kürzere Subgenitalplatte; dem ♀ fehlt die Gelbfärbung des 1. Tergits. Während, wie oben bemerkt, die Kontur der hinteren Zahnreihe der Cerci gerade und bei *turciae* konvex ist, ist sie bei dem naheverwandten *tauricus* (Ret.)[1]) ein wenig konkav.

E. geoktschaicus, *aj-petri* und *scythicus* (Stshelk.). Es ist nicht leicht, sich aus den zahlreichen Abbildungen und Beschreibungen dieser drei von Stshelkanovtzev

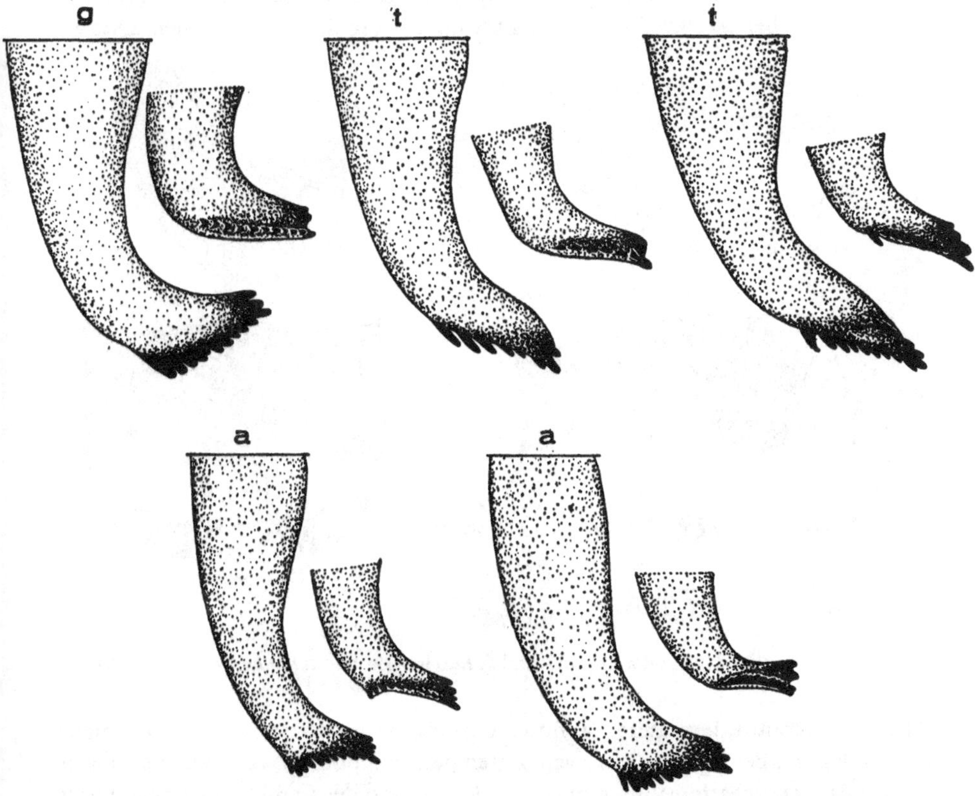

Abb. 96. *Poecilimon* ♂ Cerci ♂ von *g geoktschaicus*, *t aj petri*[2]) (Var.), *a scythicus*[2]) (Var.); daneben immer die Cercusspitze schräg von hinten

beschriebenen Arten in den Arbeiten des Autors (1909 und 1911), von Miram (1929) und Bey-Bienko (1930) ein klares Bild der Unterschiede zu machen, und es sind viele Verwechslungen vorgekommen, da die Bezahnung der männlichen Cerci Schwankungen unterliegt, unter anderem durch Verschmelzung einzelner Zähne. Auch spielt bei den Abbildungen die wohl nicht immer gleichmäßig ge-

[1]) *tauricus* Stshelk. = *scythicus* Stshelk.

[2]) Die Buchstaben *t* und *a* sind auf der Zeichnung versehentlich vertauscht und statt *s* ist ein *t* gesetzt worden; es gelten nur die Namen der obigen Abbildungserklärung!

wählte Projektion eine Rolle, wodurch sofort Verschiebungen insbesondere der Lage der Zähnchen eintreten. Die von mir in der *Poecilimon*-Revision (1933) gegebenen Abbildungen zeigen sämtlich eine einheitliche Projektion; da aber der Vergrößerungsmaßstab für ein ganz klares Bild doch nicht ganz ausreichend erscheint, bringe ich in der Textabbildung 96 erneut stärker vergrößerte Bilder je in senkrechter oder schräg von hinten genommener Projektion. Vergleicht man zunächst die in senkrechter Projektion hergestellten Totalbilder, so erkennt man, daß die Cerci bei *geoktschaicus* stärker gekrümmt sind als bei den beiden anderen

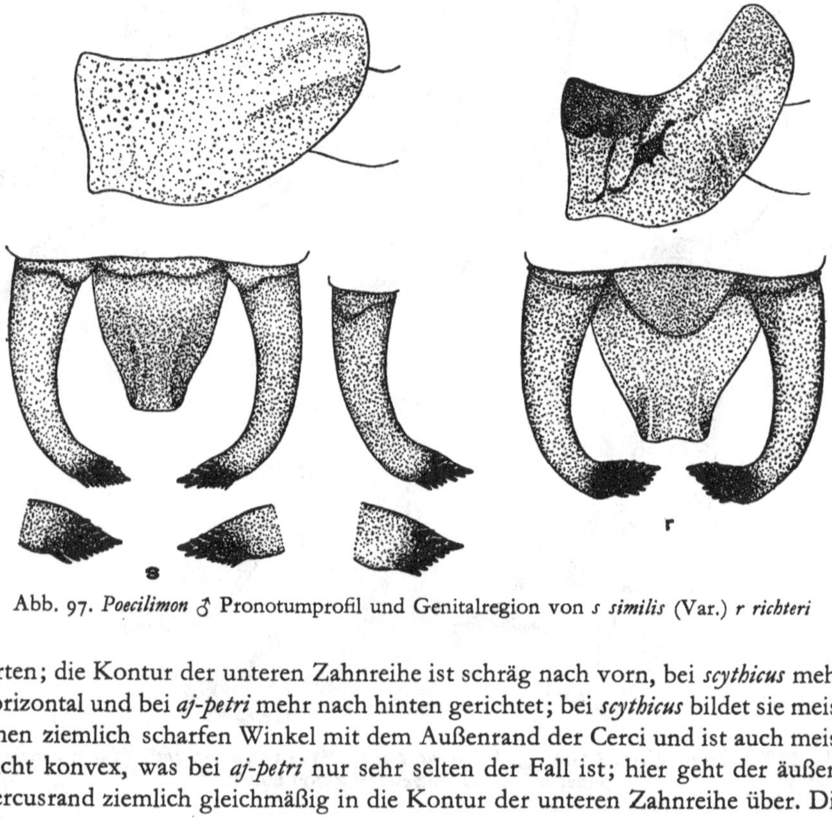

Abb. 97. *Poecilimon* ♂ Pronotumprofil und Genitalregion von *s similis* (Var.) *r richteri*

Arten; die Kontur der unteren Zahnreihe ist schräg nach vorn, bei *scythicus* mehr horizontal und bei *aj-petri* mehr nach hinten gerichtet; bei *scythicus* bildet sie meist einen ziemlich scharfen Winkel mit dem Außenrand der Cerci und ist auch meist leicht konvex, was bei *aj-petri* nur sehr selten der Fall ist; hier geht der äußere Cercusrand ziemlich gleichmäßig in die Kontur der unteren Zahnreihe über. Die Antennen sind breiter und schärfer schwarz geringelt. Es ist jedoch nicht zu leugnen, daß bei einzelnen Stücken der letztgenannten beiden Arten starke Annäherungen vorkommen; hier muß dann die Herkunft entscheiden, da *aj-petri* ausschließlich auf der Krim vorkommt und *scythicus* dort fehlt.

E. similis (Ret.) und *richteri* (Rme.). Da ich in der genannten Revision 1933 (Taf. 10, Abb. 55 und 65) nur Einzelcerci beider Arten abgebildet hatte und die Formverschiedenheit der beiden erst *in situ* zum Ausdruck kommt, und da ferner die einander ähnliche Bezahnung des Cercusendes zu Verwechslungen Anlaß geben kann, bringe ich auch hier neue verbesserte Abbildungen (Abb. 97), aus der man deutlich die viel schärfer winklige Krümmung des Cercusendes bei *richteri* erkennt; ferner liegt der geschwärzte Endteil der Cerci bei *similis* in der gleichen Ebene wie der basale Cercusteil, während er bei *richteri* deutlich abwärts gekrümmt ist, so daß bei Betrachtung von hinten die Form des Cercusendes leicht s-förmig erscheint. An sich ist eine Verwechslung beider Arten durch die Verschiedenheit der Pronotumform des ♂ (Abb. 97) sowie das völlig abweichende Kolorit von *richteri* (vgl. Beschreibung l. c. 1933) kaum möglich.

E. paramonovi n. sp. Kleine Art, nahe *richteri* Rme. Fastigium um etwas mehr als halb so breit wie die basalen Fühlerglieder, gefurcht. Pronotum ♂ (Abb. 98) in der Metazona stark aufgebläht und steil aufwärts gebogen, Elytren das 1. Tergit etwas überragend. Cerci ♂ apikal scharf (in fast zur Längsachse rechtwinkligem Bogen) nach innen gekrümmt, mit einer Reihe von 3 allmählich kleiner werdenden Zähnchen auf dem Oberrand; am Ende dieser Reihe der eigentliche Endzahn. Hinterrand mit 3 starken Zähnen; schräg von hinten gesehen ist die Cercusspitze etwas nach hinten gekrümmt. Subgenitalplatte nicht bis zum Vorderrand der Cercusspitze reichend, bogig ausgerandet. Pronotum ♂ in der Metazona ebenfalls etwas erweitert und (mit leicht gerundetem Knick in der Mitte) etwas aufwärtsgebogen. Färbung (bei mäßiger Konservierung) gelbbräunlich, im Leben vermutlich grünlich. Fühler hell geringelt. Metazona des Pronotumrückens ♂ breit verwaschen rotbräunlich überhaucht, nur in der Mitte von der Grundfärbung; ♀ nur mit schmalen rotbräunlichen Seitenbinden. Abdomen ♂ ♀ entweder ziemlich einfarbig oder in der Mitte mit einer Längsbinde aus verwaschen schwärzlichen Flecken; Cerci ♂ hellbraun, Zahnreihen geschwärzt. Ovipositor ebensolang oder ein wenig länger als das Pronotum. Alle Schenkel stark punktiert.

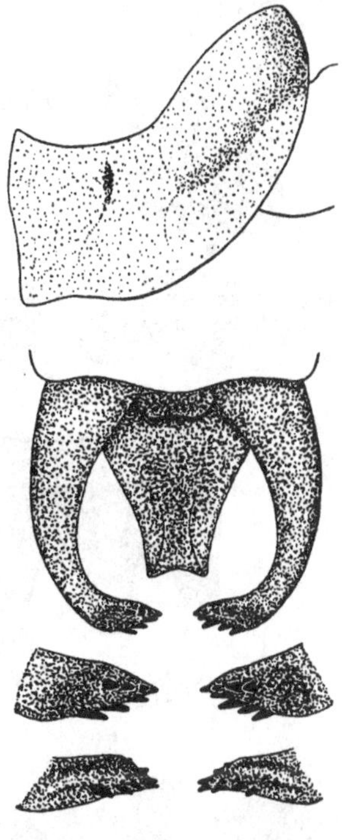

Abb. 98. *Poecilimon paramonovi* ♂ Pronotumprofil (m. Elytrenansatz) und Genitalregion (ganz unten: Cercusspitzen stark schräg von hinten)

	♂	♀
Long. corp.	15 —16	18,5—20
— *pronot.*	4,8— 5	4,9— 5,3
— *fem. post.*	13 —14	14 —15
— *ovipos.*	—	6 — 6,5

Typus ♂, Allotypus ♀, Paratypen 14 ♂♂, 8 ♀♀, N.-Kaukasus bei Krasnaja-Poljana am Berg Aibga (3000 m), auf den Alpenwiesen oberhalb der Baumgrenze (1500—2000 m), 10. 9. 1937 (PARAMONOV).

In der senkrechten Projektion stimmen die ♂ Cerci sehr stark mit denen von *caucasicus* (Adel.) überein, weichen aber in der Projektion von hinten stark ab (vgl. Revision 1933, Taf. 10, Abb. 66); das Pronotum ♂ ist bei der neuen Art weit stärker aufgebogen.

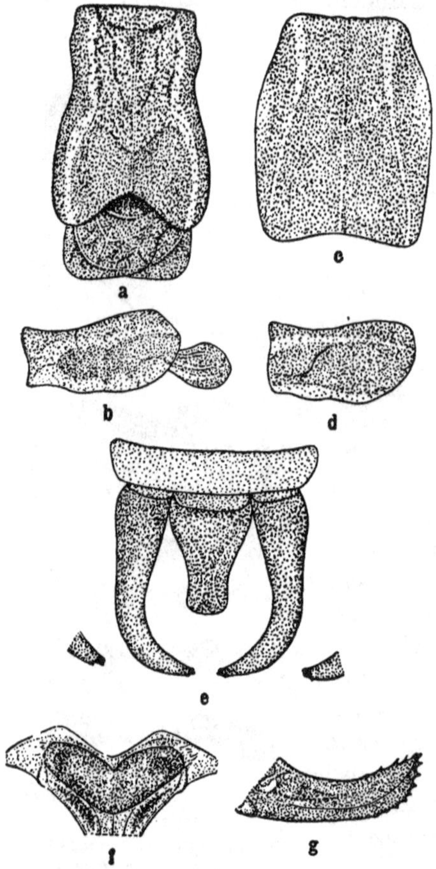

Abb. 99. *Micrimon karabaghi a* ♂ Pronotum u. Elytren, *b* im Profil, *c* u. *d* desgl. vom Pronotum ♀, *e* Genitalregion ♂, *f* Subgenitalplatte ♀, *g* Ovipositor

Micrimon Rme

Zur Ergänzung der kurzen vorläufigen Beschreibung (Mitt. Zool. Mus. Berlin 1942, p. 337) gebe ich nachstehend eine genaue Diagnose der Gattung.

Wesentlich kleiner als *Poecilimon*, dem die Gattung nahesteht, Fastigium etwa halb so breit wie die basalen Fühlerglieder, gefurcht. Fühler sehr fein, mit langen Einzelgliedern (4—5 mal so lang als breit). Pronotum (Abb. 99) ♂ in der Prozona schmal, von Kopfbreite, hinter der (vor der Mitte des Pronotumrückens liegenden, nur in der Mitte stärker ausgeprägten) Querfurche seitlich stark erweitert und etwas ansteigend, am Hinterrand stark eingebuchtet, über den Elytren so gewölbt, daß die *vena plicata* sichtbar bleibt; Seitenlappen des Pronotums ziemlich steil abfallend. Elytren zierlich, bis zur Mitte des 2. Tergits reichend. Abdomen schlank; Analplatte kurz und breit; Cerci ziemlich fein, im apikalen Drittel schärfer einwärts gebogen, zugespitzt, am Ende mit winklig abgestutztem breitem Zahn, dahinter noch ein ganz feines Zähnchen. Subgenitalplatte etwa $^2/_3$ so lang wie die Cerci, in der apikalen Hälfte schmal, Hinterrand konvex gerundet. Hinterschenkel verhältnismäßig dick. ♀ Metazona des Pronotums ebenfalls erweitert, ein wenig aufgebogen, flacher ausgerandet. Elytren fehlen. Subgenitalplatte breit herzförmig. Ovipositor verhältnismäßig kurz und im ganzen ziemlich gleichmäßig breit, mit geradem Unterrand und nur wenig aufwärts gekrümmtem Ende, dieses oben mit 5, unten mit 9 Zähnen.

Von *Poecilimon* unterscheidet sich — außer durch die weit geringere Größe — die Gattung im wesentlichen durch den Bau des Pronotums in beiden Geschlechtern, insbesondere das ♂ durch die etwas aufgeblähte Metazona und die ziemlich scharfe Einbuchtung des Hinterrandes, beides auch beim ♀, wenn auch schwächer, bemerkbar.

M. karabagi Rme [Taf. VII, Fig. 12]. Färbung gelbgrünlich. Kopf und Pronotum stark rotbräunlich punktiert, Hinterhaupt und Prozona mit feiner heller Mittellinie. Kanten des Pronotumrückens elfenbeinfarbig gesäumt, ebenso (ziemlich breit) der Hinterrand der Seitenlappen; Hinterrand des Pronotums verwaschen olivgrünlich gesäumt, besonders bei dem ♀. Abdomen ♂ rostbräunlich, Rücken am Seitenrand von feinen hellen, nach hinten divergierenden Schrägstrichen gesäumt, ♀ die ersten 5 Tergite im vorderen Drittel mit grünlicher, in den hinteren zwei Dritteln rotbräunlicher Querbinde, die übrigen Tergite einfarbig rotbräunlich. Schenkel schmutzig gelbgrünlich, Vorder- und Mittelschenkel etwas roströtlich angehaucht.

	♂	♀
Long. corp.	11	12
— *pronot.*	3,7	3,3
— *elytr.*	—	—
— *fem. post.*	9,8	10,8
— *ovipos.*	—	3,6

Typus ♂, Allotypus ♀, Anatolien, Tuzgöl, 20. 5. 1941 (Karabag).

Isophya Br. v. W. (vgl. Revision S. 135)

I. redtenbacheri Adel. [Taf. VII, Fig. 3]. Bakuriani (2 ♂♂, 3 ♀♀) auf niedrigen Büschen.

I. *bivittata* Uv. [Taf. VII, Fig. 2]. Bakuriani (30 ♂♂, 21 ♀♀). Häufig auf höheren Kräutern und niedrigen Büschen.

I. schneideri Br. v. W. [Taf. VII, Fig. 1]. Bakuriani; Shordsha; Kasbek, etwa 2800 m; (7 ♂♂, 22 ♀♀). Auf hohen Kräutern, in höheren Gebirgslagen auf Almwiesen im Grase.

I. straubei Br. v. W. Bithyn. Olymp, 1908 m.

I. maior Br. v. W. Malatia; Ulukişla; gelegentlich in großen Mengen auftretend.

Leptophyes Fieb.

L. *albovittata* Fieb. Bakuriani; Mzchet; Karakliss; an letzterem Ort sind die sonst im allgemeinen grünlichen ♀♀ fast durchweg mehr rotbräunlich gefärbt; sehr gern auf *Urtica.*

Haschtara Rme

Die Beschreibung der Gattung (Mitt. Zool. Mus. Berlin 1939, p. 50) basierte auf einem einzelnen, nicht sonderlich gut erhaltenen ♀ aus dem Gebiet von Haschtar am Elburs. Von Ebner erhielt ich freundlicherweise einige vorzüglich erhaltene Paare aus einer größeren Serie, von ihm ebenfalls auf dem Elburs gesammelt, so daß nunmehr auch die Beschreibung des ♂ und eine erweiterte Diagnose der Gattung gegeben werden kann.

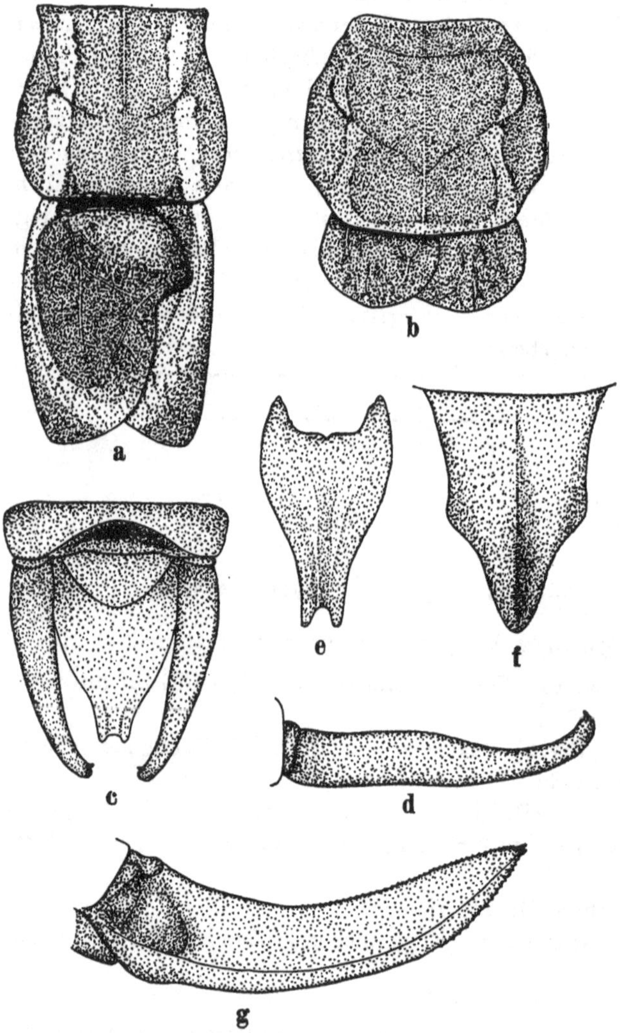

Abb. 100. *Haschtara iranica* Pronotum und Elytren *a* ♂, *b* ♀ *c* Genitalregion ♂, *d* l. Cercus im Profil, Subgenitalplatte *e* ♂ (ventral) *f* ♀, *g* Ovipositor

♂ klein und zierlich, ♀ unverhältnismäßig größer und plumper. Fastigium nur schwach, in Form eines kleinen stumpfen Kegels, entwickelt, nicht gefurcht. Vorder- und Mittelschenkel verhältnismäßig lang. ♂ Pronotum (Abb. 100) flach, Hauptquerfurche hinter der Mitte liegend, in der Prozona etwas eingeschnürt, in der Metazona erweitert und im ganzen allmählich nach hinten ansteigend, Hinterrand ziemlich gerade, Seitenlappen breit gerundet. Elytren fast ganz frei; Elytrenfläche *in situ* lang rechteckig, fast doppelt so lang wie das Pronotum, das 3. Tergit ganz wenig überragend, mit breit gerundeten Endlappen. Cerci im ganzen nur sehr schwach gekrümmt, in den ersten 2 Dritteln verdickt, im letzten ziemlich plötzlich stärker verschmälert (am besten im Profil zu erkennen, vgl. Abb. d), vor dem Ende mit kleinem, schräg nach vorn gerichtetem Zahn. Subgenitalplatte apikal stark verschmälert, ziemlich tief ausgerandet. ♀ Pronotum breit, flach, Hauptquerfurche hinter der Mitte, Metazona erweitert, etwas ansteigend, Hinterrand gerade abgeschnitten, Seitenlappen breitbogig auslaufend. Elytren lappenförmig, etwa doppelt so breit wie lang, das 1. Tergit ein wenig überragend, am Innenrand sich überdeckend. Ovipositor über doppelt so lang wie das Pronotum, mit gleichmäßig gebogenem Unterrand, im ganzen nicht besonders stark gekrümmt, am Oberrand in der 2. Hälfte, am Unterrand im letzten Drittel fein gezähnt (mit bloßem Auge kaum sichtbar), obere und untere Klappe je in einen starken Zahn endigend. Subgenitalplatte basal breit trapezförmig, in der apikalen Hälfte stark verschmälert, hinten abgestumpft, mit scharfem Mittelkiel.

Die Gattung steht zwischen *Isophya* und *Leptophyes*, unterscheidet sich aber von beiden durch den Bau des Pronotums und von ersterer am wesentlichsten durch die äußerst schwache Bezahnung, von letzterer durch die Form des Ovipositors. Sie hat auch zweifellos genetische Beziehungen zu *Acrometopa* und *Tylopsis*, denn sie teilt mit diesen die ziemlich dicken weißlichen Fühler und deren auffallende Sprödigkeit, so daß sie äußerst leicht abbrechen, wie überhaupt diesen 3 Gattungen eine besondere Modifikation des Chitins zu eigen zu sein scheint.

H. iranica Rme [Taf. VII, Fig. 6a u. b]. Färbung stumpf hellgrün bis weißlichgrün. Gesicht einfarbig weißlich-bläulichgrün; Fühler weißlich; Schenkel weißlichgrün, fein rotbraun punktiert. Pronotum ♂ grünlich, fein schwarzbraun punktiert, mit feiner heller Mittellinie, an den Kanten mit breiter weißer, innen verwaschen rotbräunlich gesäumter Binde, die sich auf die Elytren und das ganze Abdomen fortsetzt. Seitenlappen des Pronotums einfarbig grünlich, punktiert. Elytren grünlich, Discus mehr oder weniger fahl rotbräunlich. Abdomen grün, rotbraun punktiert, mit den oben erwähnten weißen Seitenbinden. Cerci bräunlich. ♀ ziemlich einfarbig grünlich, fein punktiert, die helle Binde über die Pronotumseitenkanten und das Abdomen nur ganz schmal und schwach angedeutet.

	♂	♀
Long. corp.	11,7	20 —24
— *pronot.*	2,4	4,1— 5
— *elytr.*	4,1	1,7— 2,1
— *fem. ant.*	6	7 — 8,7
— *fem. med.*	7	9 —10,3
— *fem. post.*	15,8	18,7—20,7
— *ovipos.*	—	10 —10,2

Typus ♀, Persien, Haschtar am Elburs (Fusek); Allotypus ♂, Elburs, Pelur (2100 m), 19.♀. 1936; ♀ Tar-See bis Ort Demawend, 17. 7. 1936 (Ebner); weiteres Material in der Coll. Ebner.

Acrometopa Fieb.

A. servillea (Brullé). Bornova bei Smyrna, 28. 6. 1917 (La Baume); Urfa, 6. 1917 (Bredemann; La Baume).

A. syriaca (Br. v. W.) Eski Malatia; Silvan; Dörtyol; ferner von Smyrna 19. 6. 1916 (Bauer).

Phaneroptera Serv.

Ph. quadripunctata Br. v. W. Brussa.

Ph. tenuicerca n. sp. [Taf. XXVI, Fig. 8]. Kleine zierliche Art. Morphologisch, auch bezüglich des Fastigiums, mit der vorhergehenden Art übereinstimmend, nur die Cerci ♂ (Abb. 101) viel zierlicher, ziemlich gleichmäßig gekrümmt, mit verschmälertem, vor der Spitze verbreitertem, fein zugespitztem und geschwärztem Ende. Einfarbig grün, auch die Elytren, ohne Punkte nahe der *pars stridulans*.

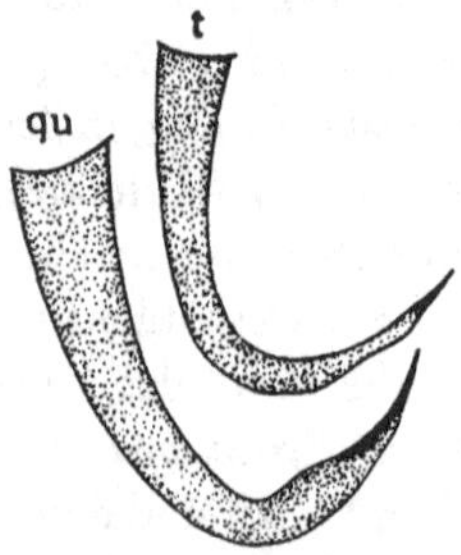

Abb. 101. *Phaneroptera* ♂ Cerci von *qu quadrimaculata*, *t tenuicerca*

	♂	♀
Long. corp.	11	14 —15
— *pronot.*	2,5	3
— *elytr.*	17	19
— *alar.*	23	25 —27
— *fem. post.*	15	17 —17,5
— *ovipos.*	—	4,5

Typus ♂, Allotypus ♀, Paratypen ♀, Libanon, Djezin (Sammler unbekannt), ♀ Palästina, Ain Karim, 1. 6. 1930 (Amsel); ♀ Armenien, Davalu (Ramme). Ich glaube, letzteres ♀ mit einiger Sicherheit zu dieser Art stellen zu können.

Tylopsis Fieb.

T. liliifolia (F.). Ras Kalan-yurt; Tuapsse; Ordubat; Sevdiköi; Brussa; Dörtyol; ferner bei Eskischehir (La Baume) und Yalova (Ševket Tuncok).

Conocephalus Thbg.

C. hastatus (Charp.). Brussa; Ersin.

C. conocephalus (L.) [= *aethiopicus* (Stål)]. Ersin.

C. fuscus (F.). Tuapsse; Uluchanlu; Chérif chané (hier ein hyperpteres ♀).

C. turanicus Sem. Mersina; Ersin; Silvan.

C. cyprius n. sp. [Taf. XXIV, Fig. 3]. Zierlicher und schlanker als *fuscus*, mit längeren Flugorganen, im ganzen mehr rotbräunlich als grünlich getönt. Genitalregion ♂ (Abb. 102) kaum von *fuscus* abweichend, Epiphallus (Abb. 20c) jedoch völlig anders.

Typus ♂, Allotypus ♀, Paratypen 7 ♂♂, 6 ♀♀ (darunter 1 ♂, 2 ♀♀ hyperpter), Cypern, Zakaki, 17. 6. 1930 (Mavromoustakis).

Nachstehend die vergleichenden Maße:

	fuscus		*turanicus*		*cyprius*	
	♂	♀	♂	♀	♂	♀
Long. corp.	16—17	16 —18	17 —18	16 —19	14,5—15	15 —16,5
— *pronot.*	3— 3,5	3,3— 3,7	3,9— 4,2	3,5— 4,5	2,3— 3	3 — 3,1
— *elytr.*	14—16,5	16 —19	20 —26	23 —27	18 —21,5	19 —24
— *fem. post.*..	11—11,3	13 —13,4	22 —22,5	22,5—26,5	16,8—18	17,5—18,3
— *ovipos.*	—	10 —15	—	13 —15	—	10 —10,5

Homocororyphus Karny

H. nitidulus (Scop.). Tuapsse; Uluchanlu; Brussa; Ersin; Dörtyol.

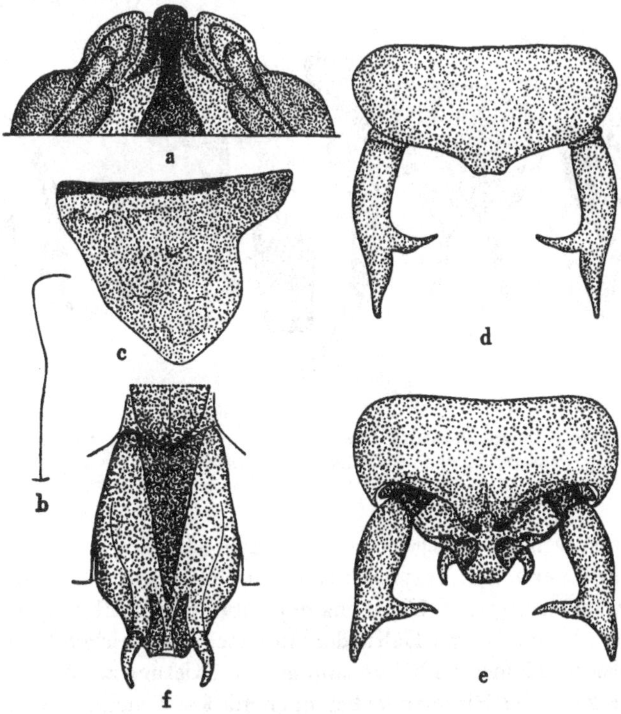

Abb. 102. *Conocephalus cyprius* ♂ *a* vordere Kopfpartie, *b* Profil der Stirnleiste vom Scheitel bis zum Clypeus, *c* Pronotumprofil, *d* Genitalregion (senkr. Proj.), *e* stark schräg von hinten, *f* Subgenitalplatte (ventral)

Saga Charp. (vgl. Revision, S. 172)

S. cappadocica Wern. [Taf. XXIV, Fig. 2]. Ütsch Kapular Dagh; Ulukişla.
S. lucasi [Taf. XXIV, Fig. 1]. Sauss. Kozan; Ersin.
S. ephippigera (F.-W.). Davalu; Yokarbanassiya; Ersin; Silvan.

Tettigonia L.

T. viridissima L. Tiflis (Plosskaja); Chérif chané; Kavaklidere bei Ankara; Dörtyol; ferner von Karačabey bei Brussa (Grohmann).

T. caudata Charp. Gudaur; Jelenowka; Melendis Dagh (2 ♀♀, gänzlich strohfarbig); Ersin; Brussa; Manissa; Sevdiköi; ferner von Eskischehir (La Baume).

Die Hochgebirgsform von Gudaur hat auffallend kurze Elytren (35 mm); die durchschnittliche Länge beträgt bei dieser Art 40—50 mm. Unter dem Material von Ersin und Sevdiköi befinden sich einige hyperptere ♀♀ mit einer Elytrenlänge von 60—62 mm.

T. turcica n. sp. ♂ [Taf. XXIII, Fig. 1]. Kleine Art. Fastigium deutlich schmaler und kürzer als bei der nahverwandten *viridissima*, das (zurückgebogene) basale

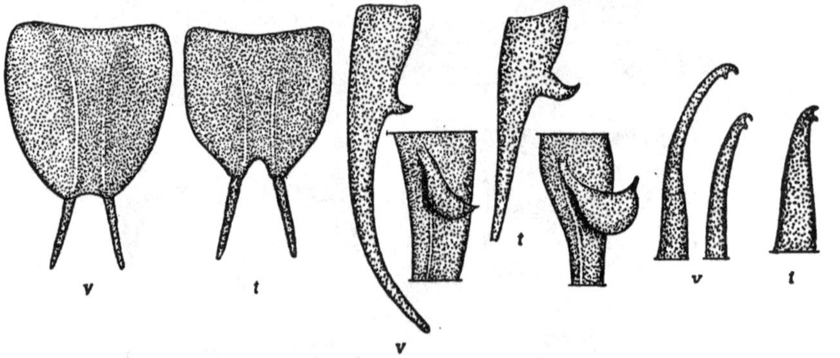

Abb. 103. *Tettigonia* ♂ Subgenitalplatte, Cerci von oben, daneben in senkr. Proj. zum Zahnansatz, Epiphallusschenkel von *v viridissima*, *t turcica*

Fühlerglied nur wenig überragend und deutlich schmäler als dieses. Pronotum nach hinten kaum erweitert, mit fast parallelen Seitenkanten, hintere Querfurche ziemlich schwach ausgeprägt, Metazona fein tuberkuliert. Elytren bis zum Ende des ersten Viertels oder bis zur Hälfte der Hinterschienen reichend, *pars stridulans* relativ und absolut kleiner als bei genannter Art, Aderung weniger markant ausgeprägt. Unterkante der Hinterschenkel innen mit 8—9, außen mit 13—14 braunschwarzen, apikalwärts ziemlich kräftigen Dornen. Cerci kürzer und gedrungener, Zahn stärker, bei seitlich senkrechter Betrachtung des Zahns wesentlich dicker als bei *viridissima* (Abb. 103). Subgenitalplatte tiefer eingeschnitten, die Cerci (wegen deren Kürze) viel weniger überragend als bei *viridissima*, zuweilen auch nur ebenso lang. Styli länger, Epiphallusschenkel dicker und weniger gekrümmt als bei genannter Art, apikal ebenfalls mit 2 gebogenen Zipfeln. Färbung einfarbig gelblichgrünlich, die *pars stridulans* matt hellbräunlich, weniger kontrastreich erscheinend als bei *viridissima*.

	♂
Long. corp.	24 —28
— *pronot.*	6,5— 7
— *elytr.*	33 —41
— *fem. post.*	22 —25

Typus ♂, Paratypen 2 ♂♂, Nigde (Kulturfelder nahe der Stadt). Infolge der kurzen zur Verfügung stehenden Zeit gelang es leider nicht, das ♀ aufzufinden. Die Art ist durch die angegebenen Unterschiede leicht von der (auch viel größeren) *viridissima* zu trennen; mit *caudata* hat sie die — nicht ganz so starke — schwarze Bedornung der Hinterschenkel gemeinsam. Letztere Art unterscheidet sich aber von *turcica* durch die weit bedeutendere Robustheit und Größe (besonders der anatolischen Form), die intensiver grüne Färbung, die längeren Schenkel aller Beinpaare, ebenfalls stärker ausgebildetes Fastigium, etwas stärker erweiterte Prozona des Pronotums und größere, rauher skulptierte *pars stridulans*; die Cerci sind gleichfalls länger und die Subgenitalplatte tief spitzwinklig eingeschnitten.

Gampsocleis Fieb.

G. schelkovnikovae Adel. [Taf. VII, Fig. 7a u. b]. Etschmiadsin; Uluchanlu; Davalu; Eriwan. Die Durchschnittslänge der Elytren ♂♀ beträgt 34—35 mm; unter den etwa 20 gesammelten Exemplaren befinden sich 7 hyperptere mit einer Elytrenlänge von 41—48 mm. Man findet diese, auf den ersten Eindruck wie eine *Tettigonia* aussehende Art mit Vorliebe auf *Tamarix*büschen. Für diese Art hat Tarbinsky 1932 eine eigene Gattung *Gampsocleodes* aufgestellt; ich halte dies für überflüssig, da keine wesentlichen, eine generische Trennung rechtfertigenden Abweichungen von *Gampsocleis* vorhanden sind. Es ist dies auch prinzipiell zu verwerfen, da man dann mit so geringen Unterschieden eine uferlose Neuaufstellung von Gattungen begründen könnte.

Drymadusa Stein

D. recticauda Wern. und *curvicercis* Uv. Zu den an anderer Stelle (Mitt. Zool. Mus. Berlin 1939, p. 65) besprochenen, mir damals vorliegenden Stücken beider Arten habe ich im Wiener Material nun auch 1 ♂ von *recticauda* aus Adana (Werner), ferner vom gleichen Fundort ein weiteres ♀ sowie 1 ♀ von Bozanti (760 m, 1917, Röckinger) und auch noch ein weiteres ♀ der l. c. erwähnten langflügligen Form „*curvicercis* ♀?" aufgefunden. Es läßt sich nunmehr sicher feststellen, daß *recticauda* und *curvicercis* zwei scharf unterschiedene gute Arten sind, durch die Verschiedenheit der Genitalregion des ♂ und einen sehr wesentlichen, bei beiden Geschlechtern klar hervortretenden Unterschied in der Aderung der Elytren trennbar; damit stellt sich auch der Längenunterschied der Elytren als spezifisch bedeutsam heraus.

Nachstehend gebe ich eine genaue Beschreibung beider Arten.

D. recticauda Wern. [Taf. VIII, Fig .2]. Fastigium sehr breit (etwa doppelt so breit wie die basalen Fühlerglieder), mit scharfen leicht konkaven Seitenrändern, vorn leicht konvex abgeschnitten. Pronotumseitenkanten vor der V-förmigen hinteren Querfurche scharf winklig eingeschnürt, Vorderrand des Pronotums meist leicht konkav, Hinterrand breit konvex. Nahe dem letzteren auf der Metazona ein kurzer schwacher Längswulst; Seitenlappen unten breit gerundet, nach hinten stark abgeschrägt. Elytren ♂ das Hinterleibsende kaum erreichend, ♀ erreichend oder ein wenig überragend, apikal stumpf lanzettlich; der Raum zwischen der *Radialis posterior* und *Cubitalis* (Abb. 104, senkr. Pfeil; vgl. auch Taf. VIII) nur halb so breit wie bei *curvicercis* Uv., unterer Zweig der *Media* (liegender Pfeil) hinter der Mitte abgezweigt und in die *Cubitalis* mündend. Analtergit ♂ (Abb. 105) in zwei lange, apikal divergierende abwärts gekrümmte Fortsätze endigend. Cerci mit einem breit stumpfwinkligen Knick in der Mitte, aufwärts gerichtet, die apikale Hälfte halb so dick wie die basale; Ende der Cerci zugespitzt, mit mäßig langem Endzahn. Subgenitalplatte ♂ tief eingeschnitten, mit ziemlich kräftigen, langen, die Fortsätze des Analsegments überragenden Styli; ♀ Subgenitalplatte apikal tief spitzwinklig eingeschnitten, mit gerundeten Endlappen; Ovipositor lang, gerade. Hinterschenkel ♂♀

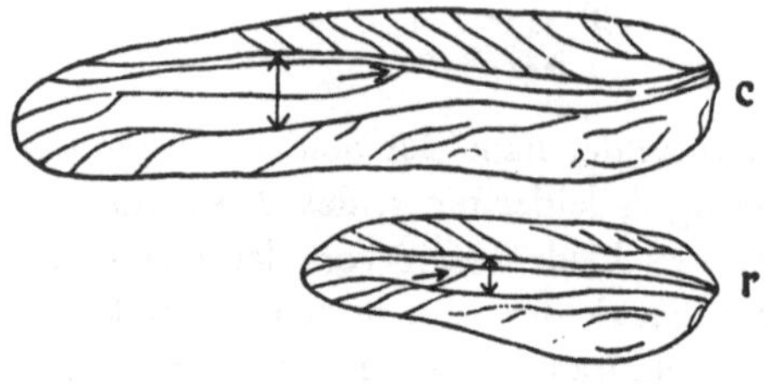

Abb. 104. *Drymadusa* ♂ l. Elytren von *c curvicercis*, *r recticauda*

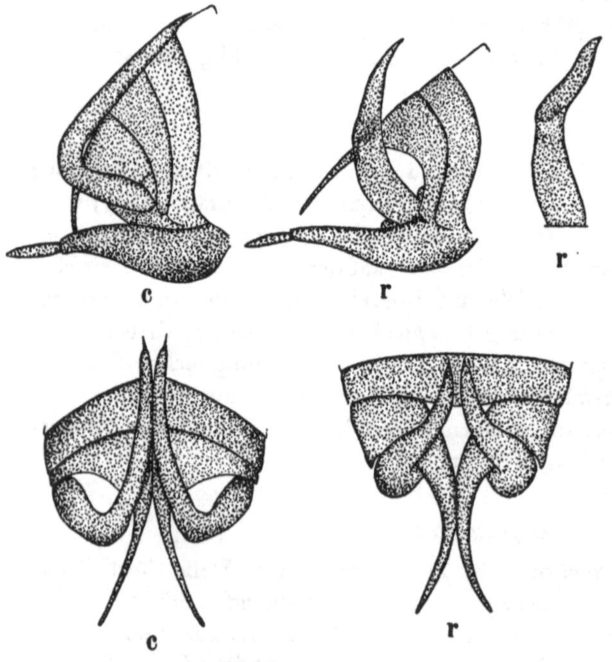

Abb. 105. *Drymadusa* Hinterleibsende ♂ (im Profil und von oben) von *c curvicercis*, *r recticauda* (daneben r. Cercus genau im Profil)

dick und kräftig, untere Innenkante mit 7—9, Außenkante mit 8—12 schwarzbraunen Dornen.

Färbung dunkelbraun, mit weißlich und hellbraun gemischt. Gesicht einfarbig hellbräunlich, mit schwarzer Binde zwischen den Fühlerbasen, die nach oben auf die Fastigiumkanten ausstrahlt. Pronotumrücken meist vor der ersten Querfurche mit breiter verwaschen schwärzlicher Längslinie, die sich gelegentlich schmal bis zur zweiten Querfurche fortsetzt, im übrigen heller bräunlich fein marmoriert; Seitenlappen dunkelbräunlich gegen den Pronotumrücken abgesetzt, am Hinterrand ein etwa bis zur Elytrenbasis reichender langovaler, nach vorn spitz auslaufender heller Fleck. Elytren schmutzig bräunlich, mit 3—5 weißlich-hellbräunlichen runden oder unregelmäßigen Flecken unterhalb der *Radialis posterior*; Hinterflügel apikal leicht angeraucht. Alle übrigen Körperteile fein dunkel marmoriert oder gestrichelt.

	♂	♀
Long. corp.	39	37—38
— *pronot.*	10	11—11,6
— *elytr.*	26	25—28
— *fem. post.*	35	36—37
— *tib. post.*	37	37—40
— *ovipos.*	—	28—35

Verbreitung: Südostanatolien.

D. curvicercis Uv. [Taf. VIII, Fig. 1]. Unterscheidet sich von *recticauda* durch die in beiden Geschlechtern das Hinterleibsende etwa um 1/3 ihrer Länge überragenden, apikal breit gerundeten Elytren und deren Aderung (s. bei *recticauda* und Abb. 104); unterer Zweig der *Media* vor der Mitte abgezweigt, frei.

Fortsätze des Analtergits ♂ (Abb. 105) schlanker und noch stärker abwärts gekrümmt; Cerci ♂ ungefähr rechtwinklig gekrümmt, der apikale Teil doppelt so lang wie der basale, mit etwas längerem Endzahn als bei *recticauda*. Im übrigen nicht wesentlich von dieser Art abweichend. Färbung und Zeichnung gleich, Fleckenreihe unterhalb der *Radialis posterior* ♂ mit 10, ♀ mit 4—5 rundlichen Flecken (Zahl wahrscheinlich aber variabel).

	♂	♀
Long. corp.	40	40—42
— *pronot.*	9,5	11
— *elytr.*	42	40—42
— *fem. post.*	36	38—39
— *tib. post.*	35	39—41
— *ovipos.*	—	31—32

Verbreitung: Russ. Kurdistan und Südostanatolien.

D. affinis I. Bol. und *angorensis* Uv. Ich habe den Typus von *affinis* (♀ Bimbogha Dagh, Escalera leg., Mus. Madrid) untersucht und mit einem ♀ von *angorensis*

Uv. (Emir-Göl bei Ankara 1936, MITHAT TOLUNAY leg.) verglichen, das in den Maßen genau mit den beiden von UVAROV (Eos 1934, p. 46) zwischen Ankara und Changri gesammelten ♀♀ übereinstimmt; eine nähere Beschreibung des ♀ (♂ Eos 1930, p. 353) gibt der Autor nicht. Für die morphologische Unterscheidung der ♀♀ bei diesen beiden Arten und den weiter unten zu beschreibenden neuen Arten *striolata* und *diffusa* gibt es wenig gute Anhaltspunkte; allenfalls kann der Bau

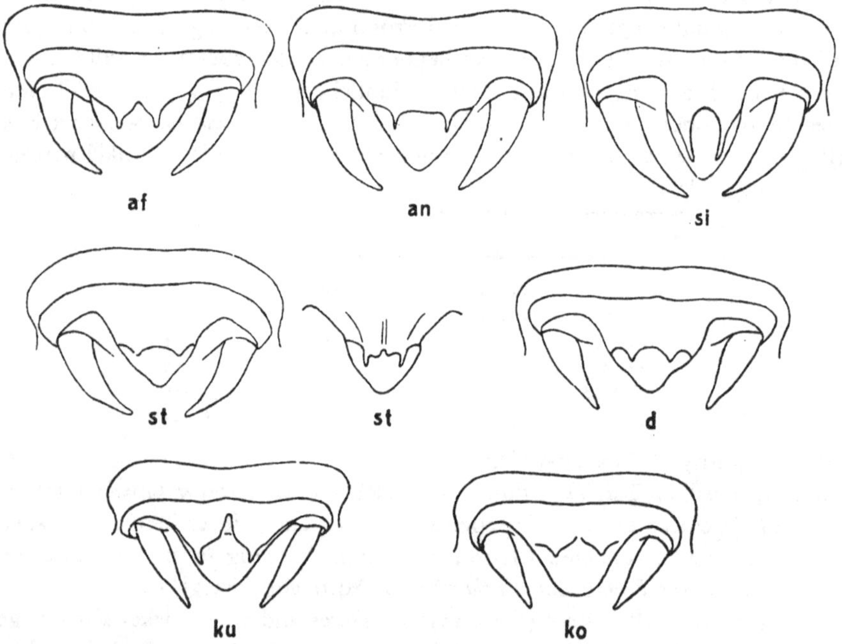

Abb. 106. *Drymadusa* Genitalregion ♀ von *af affinis*; *an angorensis*; *si sinuata*; *st striolata* (daneben Variat.); *d diffusa*; *ku kurmana*; *ko konowi* [Diese Abbildungen geben möglicherweise nicht immer konstante Verhältnisse wieder]

der Analplatte, der aber eine starke Variationsbreite[1]) hat (die erst durch größere Serien erkennbar wird) sowie die Form des Ovipositors herangezogen werden; Einzelstücke sind meist schwer zu bestimmen.

Die Elytren sind bei dem *affinis*-Typus schmaler als bei *angorensis* (4 : 5,3); das letzte Tergit trägt wie in der ganzen Gruppe zwei kleine Fortsätze, die der Analplatte, mit dieser basal verbunden, aufliegen, meist von Pfriemform, und dazwischen eine ziemlich tiefe Einbuchtung (Abb. 106). Die Analplatte des genannten *angorensis* ♀ trägt zwei mehr flach depresse und spitzere Fortsätze, die etwas weiter voneinander entfernt stehen und zwischen denen sich eine häutige gerade Ver-

[1]) Ganz ähnliche Bildungen finden sich bei *affinis*, *angorensis* und *diffusa n. sp.*, von denen nur Einzelstücke vorliegen, so daß die Konstanz dieses Merkmals nicht erwiesen ist.

bindung befindet. Der Ovipositor ist bei *affinis* etwas länger als bei *angorensis* (14 : 13 mm) und (etwa in der Mitte) etwas schmaler (1,3 : 1,9 mm). Die Subgenitalplatte scheint nicht verschieden zu sein, dies ist aber schwer erkennbar, da der *affinis*-Typus sehr schlecht konserviert ist (so daß durch Fäulnis auch fast alle Färbungs- und Zeichnungselemente verwischt sind): *Angorensis* scheint etwas größer zu sein als *affinis*, soweit man dies nach Einzelstücken beurteilen kann. Nimmt man an, daß die oben genannten Unterschiede innerhalb der Variationsbreite von *affinis* liegen, so bleibt die Frage offen, ob beide Arten nicht identisch sind, denn wir kennen das *affinis* ♂ nicht, und der von Uvarov angegebene Hauptunterschied im Fastigium ist nicht stichhaltig, da er schon bei dem ♀ vom Emir-Göl nicht mehr klar erkennbar ist. Im übrigen zeigt eine größere Serie der nachstehend zu beschreibenden Art, daß dieser Teil einer starken Veränderlichkeit in Form und Färbung unterliegt.

Ob die von Uvarov 1918 (!) vom Urmiaseegebiet (Kärim abad) als *affinis* gemeldeten beiden ♀♀ zu dieser Art gehören, erscheint heute zweifelhaft.

D. striolata n. sp. [Taf. XXI, Fig. 1a u. b]. Nächstverwandt den beiden vorhergehenden Arten, Größe etwa wie bei *affinis*. Fastigiumform schwankend, etwa in der Mitte der Abbildungen C und D bei Uvarov (l. c., p. 353) liegend. Pronotum ziemlich gerundet, am Vorderrand etwas, am Hinterrand nur ganz schwach konkav, Rücken nicht eingesenkt. ♂ Elytren bis zur Mitte oder zum Ende des 3. Tergits reichend. Vorder- und Mittelschenkel mit 3—5 Dornen. Analtergit (Abb. 107) mit 2 zugespitzten, in gleicher Ebene mit dem Tergit verlaufenden Fortsätzen. Cerci in stumpfem Winkel in den apikalen zwei Fünfteln aufwärts gekrümmt und in einen Zahn endigend. Subgenitalplatte ziemlich tief ausgerandet. ♀ Elytren hinten breitgerundet, bis zur Hälfte des 2. Tergits reichend. Analtergit mit zwei basal mit der Analplatte verwachsenen, winklig endigenden Lamellen oder auch Zäpfchen (Abb. 107). Ovipositor ziemlich stark nach unten gekrümmt, Subgenitalplatte umgekehrt herzförmig; letztes Sternit apikal jederseits mit einer querovalen hellbraunen glänzenden Grube, wie sie in ähnlicher Form für die ganze Artengruppe charakteristisch ist.

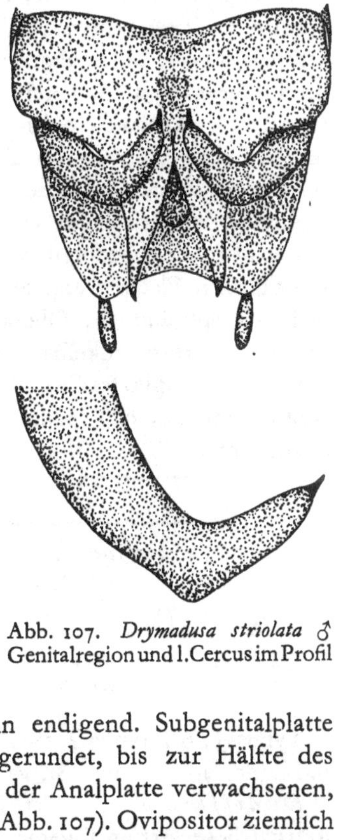

Abb. 107. *Drymadusa striolata* ♂ Genitalregion und l. Cercus im Profil

Grundfärbung hellocker, mit dunkelbrauner Zeichnung. Gesicht einfarbig hell; Grubenränder der Fühlerbasen, Apex und Seiten der Fastigia frontis und verticis gebräunt. Fühler bräunlich. Hinter den Augen meist eine braunschwarze

Binde bis zum Pronotum und auf dem Hinterhaupt ein flaschenförmiger brauner, meist von einer hellen Mittellinie durchzogener brauner Fleck, zuweilen nur ganz schwach angedeutet. Pronotumrücken vor der ersten Querfurche mit breitem schwarzbraunem oder ganz matt hellbraunem, ganz oder teilweis von einer hellen Mittellinie durchzogenem Fleck. In der Mitte des Rückens in Form eines nach vorn offenen Bogens die zweite Furche, ziemlich vertieft, hellbraun bis schwarzbraun ausgefüllt und ihre Schenkel durch eine ebenso gefärbte Binde längs der Kante des Rückens bis an die erwähnte Augenbinde reichend, von dieser Querfurche nach hinten eine schmale, ebenfalls von einem hellen Saum durchzogene Längsbinde bis zum Beginn der Metazona. Metazona einfarbig hell oder mehr oder weniger verwaschen, dunkel gebräunt (vorwiegend bei dem ♂); Seiten des Pronotumrückens (bis zur Mittelfurche) gegen die Seitenlappen meist durch eine schmale dunkle Binde abgegrenzt; Seitenlappen einfarbig oder teilweis gebräunt, im hinteren Teil mit breit bogenförmiger heller Randbinde. Elytren braunschwarz, im Discoidalfeld mit in Form und Zahl (auch bei dem gleichen Exemplar) sehr variablen 2—5 ovalen bis schmalen hell spangrünen, gelblichgrünlichen oder seltener mattgelblichen Flecken, eine Binde kleiner Flecken im Subcostalfeld. Hinteres Drittel der Tergite fein braun längsgestrichelt, sonst einfarbig oder in der Mitte der vorderen zwei Drittel mit rundlichen, verwaschen heller gekernten braunen Flecken und verwaschenen Flecken an den Abdomenseiten. Beine weißlichhellbräunlich; Oberkante der Hinterschenkel meist etwas dunkler marmoriert, Hinterschenkelbasis oben mit schwarzbraunem bis verwaschen hellbräunlichem Fleck, apikales Drittel der Unterkante der Hinterschenkel unten mehr oder weniger intensiv hell spangrün, zuweilen auch die Hinterschienenseiten grünlich angehaucht.

	♂	♀
Long. corp.	27 —31	30,5—32,5
— *pronot.*	9 — 9,4	9,5
— *elytr.*	8 — 8,4	3,7— 7
— *fem. post.*	19,5—21	21,8—22,3
— *tib. post.*	20,5—21	22,5—23
— *ovipos.*	—	12 —14

Typus ♂, Allotypus ♀, Paratypen 5 ♂♂, 17 ♀♀, Anatolien, Ütsch Kapular Dagh b. Nigde, 9—1400 m, 18., 21. u. 24. 7. 1937 (Ramme).

D. diffusa n. sp. [Taf. XXI, Fig. 1c]. Etwas kleiner als *striolata*. Morphologisch dieser Art im allgemeinen gleich. ♂ Elytren hinten etwas breiter abgestutzt, Cerci im gebogenen apikalen Teil etwas plumper, Subgenitalplatte tiefer eingeschnitten. ♀; Subgenitalplatte (Abb. 107) im Verhältnis zum letzten Sternit länger als bei *striolata*, Lappen etwas mehr verbreitert (konstant ?).

Der Hauptunterschied liegt in der Färbung und Zeichnung. Grundfärbung ein stumpfes Graubraun, fein dunkler bräunlich gestrichelt. Gesicht einfarbig weißlichgrau; Gruben der Fühlerbasen und der Fastigia dunkelbraun. Elytren dunkel- bis schwärzlichbraun, mit 4—6 schrägstehenden, unregelmäßig länglichovalen, weißlichen oder hellbräunlichen Flecken im Discoidalfeld, außerdem feiner heller Schrägfleckung bei dem ♂ im Costal- und Subcostalfeld, ♀ im Costalfeld. Pronotum einfarbig, fein graubräunlich marmoriert, am Hinterrand der Seitenlappen mit kurzer heller Binde. Hinterrand der Tergite etwas heller, fein bräunlich längsgestrichelt. Schenkel fein graubräunlich marmoriert; Unterkanten der Hinterschenkel gleichmäßig weißlichgrau.

	♂	♀
Long. corp.	24,5	29
— *pronot.*	9,2	9,4
— *elytr.*	7	6,6
— *fem. post.*	21,3	22
— *tib. post.*	21,6	21,5
— *ovipos.*	—	14,6

Typus ♀ Anatolien, Ulukişla, auf einem Berghang (14—1600 m) unmittelbar westlich des Bahnhofs, 17. 7. 1937 (RAMME); Allotypus ♂, Dümbelek Dagh (Sammler ?; Erhaltungszustand sehr mäßig).

D. sinuata n. sp. Größe etwa wie bei *striolata*. Kopf und Pronotum wie bei den vorhergehenden Arten. ♂ Elytrenfläche *in situ*, wie auch die *pars stridulans*, größer als bei diesen (Taf. VII, Fig. 10 und 11), auch die Länge etwas bedeutender; *vena plicata* nicht vom Pronotumhinterrand bedeckt. Genitalregion wie bei *striolata* (vgl. Abb. 107), ♀ Elytren das Ende des 2. Tergits nicht ganz erreichend. Analplatte lang zungenförmig, die daraufliegenden Zipfel des Analtergits viel länger als bei den vorigen Arten (Abb. 106), Ovipositor etwa $1\,^1/_2$mal so lang wie das Pronotum, abwärtsgekrümmt. Vorletztes Sternit (Abb. 108) mit einem nach hinten ansteigenden, nahe dem Sternitrand endigenden Buckel; letztes Sternit in der Mitte mit einer isolierten rundlichen Erhebung vor dem Hinterrand, das Sternit selbst hinten breit abgerundet, seitlich mit den in der Gattung üblichen, ziemlich ovalen glänzenden Gruben. Subgenitalplatte hinten breit gelappt, Form etwa umgekehrt herzförmig. Färbung hellbraun, teilweis etwas schiefergrau angehaucht. Gesicht einfarbig weißlichbraun; Grubenränder der Fühlerbasen und Spitzen der beiden Fastigia schwarzbraun; Hinterhaupt einfarbig, hinter den Augen zuweilen eine dunkle Binde. Pronotumrücken in der Mitte mit einer pfeilartigen schwarzbraunen Zeichnung: die spitzrhombische Pfeilspitze liegt vor der 1. Querfurche, der Pfeilschaft, in der Mitte sich verdickend und dann wieder verschmälert, reicht bis zum Beginn der Metazona; Seitenkanten des Pronotum-

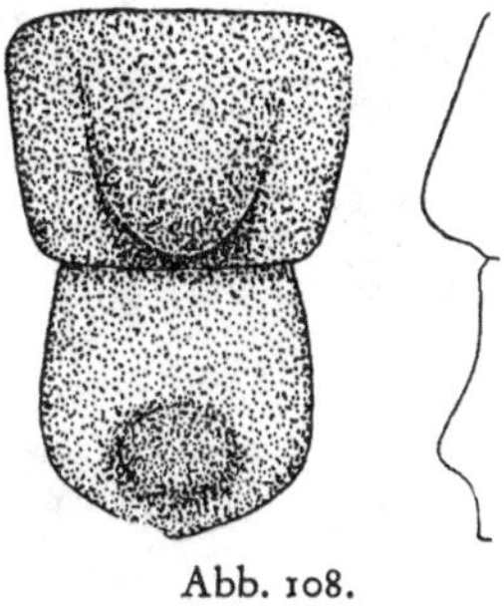

Abb. 108.
Drymadusa sinuata 6. u. 7. Sternit, daneben Profil

rückens schwarzbraun oder nur etwas dunkler braun als der Rücken gesäumt, die in der Gattung oft auftretende Sanduhrform bildend; Seitenlappen etwas heller, mehr schiefergrau, ebenso zuweilen auch die Metazona des Rückens, Hinterrand der Seitenlappen mit gelblichem Saum. Elytren stumpfbraun, Discoidalfeld mit 3—4 verwaschenen, etwas weißlichen Flecken (♂), oder (♀) im ganzen verwaschen etwas heller (da nur je 1 Exemplar vorliegt, nicht zu verallgemeinern). Abdomen und Beine einfarbig mattbräunlich.

	♂	♀
Long. corp.	26,5 (geschätzt)	33
— *pronot.*	8,2	10
— *elytr.*	9	7,5
— *fem. post.*	21	16
— *tib. post.*	20	27
— *ovipos.*	—	19

Typus ♀, Anatolien, Prov. Sivas, Kizil Dagh (zwischen Susehri und Zara) 1930 (Ševket Tuncok); Allotypus ♂, Sivas, 7. 1934 (Rosenbohm). Das Exemplar ist defekt, von dem Abdomen nur die Genitalregion erhalten.

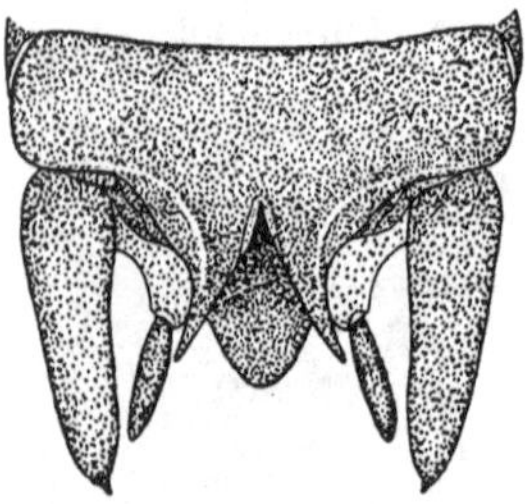

Abb. 109. *Drymadusa kurmana* ♂ Genitalregion

Die Art ist im männlichen Geschlecht durch die längeren etwas anders geformten Elytren, im weiblichen Geschlecht durch den viel längeren Ovipositor und die Plastik der letzten Sternite von *striolata* leicht zu unterscheiden.

D. kurmana Rme [Taf. XXI, Fig. 2] (Mitt. Zool. Mus. Berlin 1939, p. 69). Eine verbesserte Darstellung der ♂ Genitalregion s. Abb. 109. Bei der Beschreibung der Art hatte ich vergessen, den Fundort anzugeben:

Typus ♂, Allotypus ♀, Paratypen 11♂♂, 25 ♀♀, Anatolien, Yokarbanassiya bei Malatia, 11—1600 m, 6. und 7. 7. 1937 (Ramme).

Nachträglich ist zu bemerken, daß das Analtergit (Abb. 107) des ♀ in zwei der Analplatte aufliegende, hinten rechteckige, außen in einen kleinen Zipfel endigende Lappen ausläuft, ganz ähnlich wie bei der nächstverwandten *konowi* I. Bol. (l. c. p. 68); inwieweit der geringe Unterschied zwischen beiden konstant ist, ist auch hier (vgl. Fußnote S. 354) aus dem einzigen mir vorliegenden Exemplar der letztgenannten Art nicht ersichtlich. Der Ovipositor ist bei *kurmana* etwas kürzer als bei dieser und etwas stärker gekrümmt. Vielleicht nur eine Subspezies von *konowi*.

Paradrymadusa Herm.

P. sordida Herm. (l. c. 1939, p. 70); = *gracilis* Uv., Tiflis (Plosskaja); Mzchet; Borshom; Karakliss.

Die Art kommt in verschiedenen Farbtönen (olivgrau, bräunlich und roströtlich) vor und lebt am Boden, besonders auch unter Steinen. Bei Borshom hatte ich Gelegenheit, die Zirpweise kennenzulernen, die nach Einbruch der Dunkelheit ertönt. Sie besteht aus in Abständen wiederholten Einzellauten, ähnlich denen von *Pholidoptera cinerea*. Die Form von Borshom ist durchschnittlich größer als die der anderen angegebenen Orte; ihr entsprechen die höheren Werte der nachstehenden Maßtabelle:

	♂	♀
Long. corp.	18 —22	20,8—26,5
— *pronot.*	5,8— 7,3	6,7— 7,8
— *elytr.*	5,3— 7,2	1
— *fem. post.*	16,7—22,1	21,9—25
— *tib. post.*	16,7—23,2	22,3—25
— *ovipos.*	- —	16,8—23,8

P. pontica Rme (l. c. p. 71) [Taf. XXI, Fig. 3] Tuapsse.

Ergänzend zur Beschreibung ist zu bemerken, daß der Hinterrand der Subgenitalplatte sich seitlich in je eine schmale, etwas gebogene, freistehende Leiste fortsetzt (Abb. 108), ein gutes Unterscheidungsmerkmal gegenüber der nächstverwandten und äußerst ähnlichen *sordida*. Ob die an der Außenseite des letzten Sternits verlaufende schmale Längsfurche bei dem einzigen vorliegenden Exemplar nur eine Schrumpfungserscheinung darstellt, ist nicht zu entscheiden.

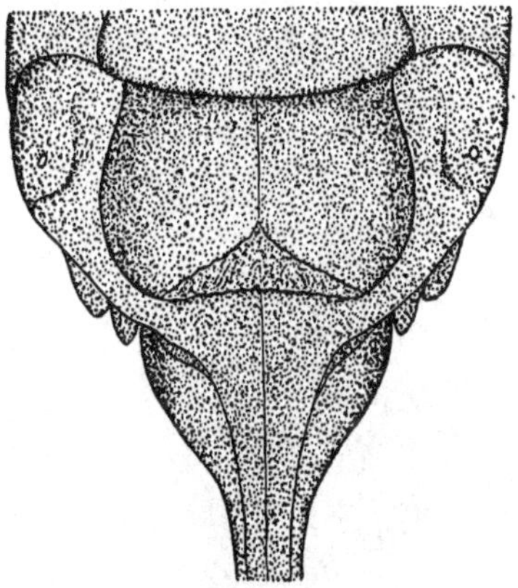

Abb. 110. *Paradrymadusa pontica* ♀ Hinterleibsende (ventral)

Phytodrymadusa Rme

Ph. znojkoi (Miram) [l. c. 1939, p. 75] Ordubad.

Ph. armeniaca Rme (ibid. p. 77) [Taf. XXI, Fig. 4] Sardar-abat bis Kialiak arch.

Scotodrymadusa Rme

S. rammei (Uv.) [ibid., p. 81] [Taf. XVIII und XXII, Fig. 1] Aintab; auf eremischem Gelände nahe der Stadt, mit rötlichockerfarbigem Gestein (vgl. S. 128), gern unter Steinen.

S. turcica Rme [Taf. XXII, Fig. 2] (ibid., p. 82) Ulukişla; Nigde; vorwiegend am Grunde mit Gebüsch bewachsener Felsen.

S. anatolica (Werner). Ich habe den (schlechterhaltenen) Typus (♂ Gülek i. Taurus) nachuntersucht: Fastigium etwa um 1/3 breiter als die basalen Fühlerglieder, nur ganz fein gefurcht. Pronotum kurz, nur die 1. Querfurche deutlich, die 2. nur in der Mitte eben erkennbar; Metazona mit der (für die Gattung typischen) schwachen Einsenkung quer über das vordere Drittel. Vorderrand des Pronotums in der Mitte leicht konkav, Hinterrand breit gerundet. Elytren bis zum Ende des 2. Tergits reichend. Analtergit (Abb. 111) eiförmig ausgeschnitten, in zwei derbe, etwas nach innen gekrümmte, mäßig zugespitzte Fortsätze endigend. Cerci stiefelförmig, mit kleiner Vorwölbung an der apikalen Außenkante und kräftigen, etwas nach vorn gekrümmtem Eckzahn. Subgenitalplatte

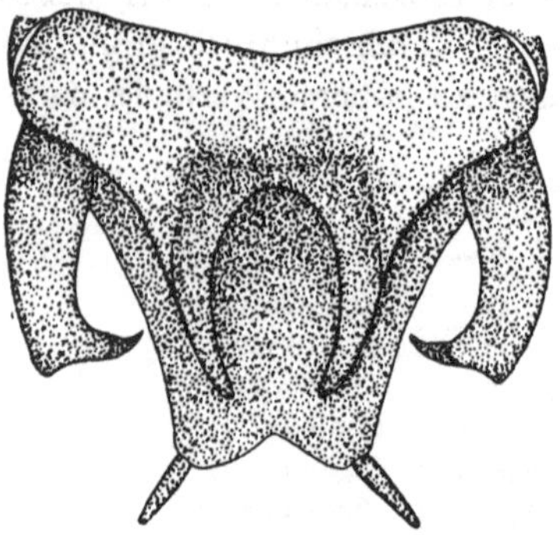

Abb. 111. *Scotodrymadusa anatolica* ♂ Genitalregion

	♂
Long. corp.	21
— *pronot.*	6
— *elytr.*	5
— *fem. post.*	23,3
— *tib. post.*	22,2

stumpfwinklig ausgerandet. Hinterschenkel verhältnismäßig kräftig, untere Innenkante mit 7—8, Außenkante mit 9—10 Dornen. Färbung stumpf ockerbräunlich, ziemlich einfarbig.

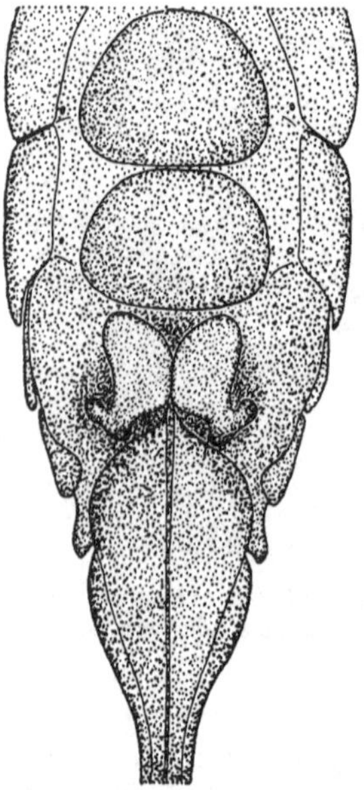

Abb. 112. *Scotodrymadusa maculata* ♀ Hinterleibsende (ventral) mit Rekonstruktion der Subgenitalplatte

S. maculata (Ebner). Uvarov (Eos, 1943, p. 52) hat die merkwürdige Genitalregion des durch alkoholische Konservierung und spätere Trocknung stark geschrumpften und völlig entfärbten Typus (♀ Diarbekir, coll. Ebner) nach erfolgter Umpräparation rekonstruiert und abgebildet. Ich bin jedoch bezüglich der Deutung der einzelnen Teile der Subgenitalplatte anderer Ansicht. Uvarov nimmt als Hauptteil die in seiner Abb. 6 mit *S* bezeichnete Partie an und faßt die mit *L* bezeichneten Teilstücke als Loben der Subgenitalplatte auf. Ich glaube vielmehr, daß diese Loben die eigentliche Subgenitalplatte darstellen, die hier seltsamerweise in zwei isolierte Teile gespalten ist[1]). Ich komme (nach Untersuchung des Typus) zu dieser Ansicht aus dem Grunde, weil die von Uvarov mit *S* bezeichnete Partie nur ein dünnes lamellöses (zur Bauchhaut gehörendes) Gebilde ist, während die Subgenitalplatten stets dicker und stärker chitinisiert sind. Ich glaube, daß durch die bei der Schrumpfung entstandene, auch durch nachträgliche Präparation nicht mehr zu überwindende Spannung die Loben auseinandergezogen und in eine senkrechte Stellung ge-

[1]) Ich kenne nur einen ähnlichen Fall: bei *Eupholidoptera sevketi*, bei der die ♀ Subgenitalplatte bis nahe an die Basis gespalten ist (Abb. 46).

bracht worden sind. Denkt man sie sich nach innen heruntergeklappt (Abb. 112), so ergibt sich eher das Bild einer — in diesem Falle gespaltenen — Subgenitalplatte. Dieser vereinzelte Fall verliert dadurch nichts an seiner Merkwürdigkeit. Man darf gespannt sein auf frisches Material, das die Richtigkeit der einen oder der anderen Auffassung ergeben wird. Ich habe die Art bei Diarbekir leider nicht gefunden.

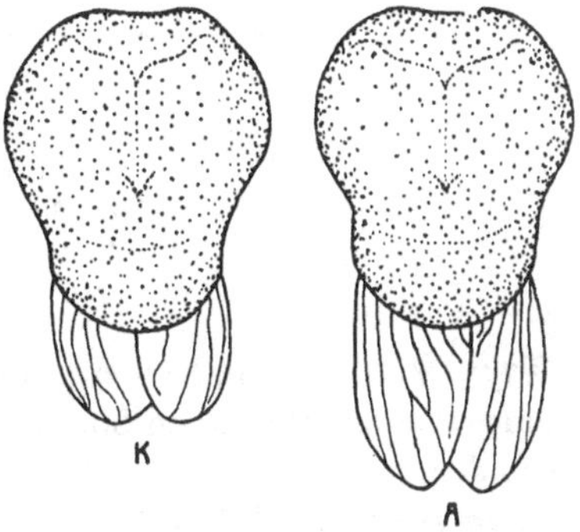

Abb. 113. Pronotum und Elytren ♀ von *Scotodrymadusa K kozana*; *A amani*

S. kozana n. sp. [Taf. XXI, Fig. 6]. ♀. Größere Art. Fastigium, von vorn gesehen, fast gleichseitig dreieckig, an der breitesten Stelle doppelt so breit wie die basalen Fühlerglieder. Pronotum breit gewölbt, dessen Rücken zylindrisch; vordere Querfurche in der Mitte nach hinten etwas winklig, mittlere Querfurche nur in der Mitte durch zwei ganz schmale, kleine Gruben angedeutet; Metazona im ersten Drittel etwas eingesenkt; Vorderrand des Pronotums in der Mitte leicht konkav, Hinterrand breitgerundet, die ganze Metazona ziemlich nach hinten vorgezogen; Unterrand der Seitenlappen vorn einen stumpfen oder fast rechtwinklig gerundeten Winkel bildend, der schräge Hinterrand leicht konkav. Elytren (Abb. 113) bis zum Ende des 1. Tergits reichend. Alle Schenkel und Schienen, insbesondere des letzten Beinpaares, verhältnismäßig lang. Hinterschenkel unten an der Innenkante mit 9—10, außen mit 9 Dornen; Hinterschienen breit, dicht und stark bedornt. Analtergit in der Mitte schmal rundlich ausgeschnitten, in zwei kurze, spitz dreieckige Fortsätze endigend. Ovipositor fast doppelt so lang wie das Pronotum, Oberrand gleichmäßig, Unterrand erst mehr apikalwärts aufwärtsgekrümmt. Subgenitalplatte (Abb. 114) in der Mitte mit breitem Längswulst, der auf die Ränder der durch den stumpfwinkligen Einschnitt in der Mitte entstehenden Seitenlappen übergeht; an den Seiten nahe der Plattenbasis eine Einschnürung, in der sich eine

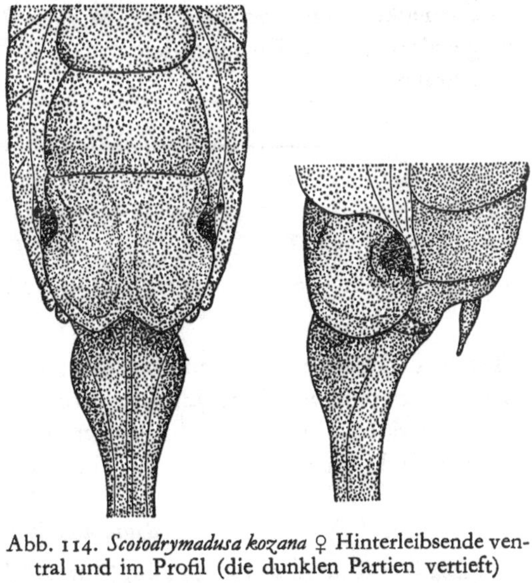
Abb. 114. *Scotodrymadusa kozana* ♀ Hinterleibsende ventral und im Profil (die dunklen Partien vertieft)

grubenartige Vertiefung befindet. Färbung stumpfbraun, hier und da leicht etwas heller marmoriert.

	♀
Long. corp.	25
— *pronot.*	7,7
— *elytr.*	4,2
— *fem. post.*	28
— *tib. post.*	29
— *ovipos.*	16,5

Typus ♀, Anatolien, Kozan a. Taurus (400 m), 14. und 15. 7. 1937. Unter einem Stein; trotz angestrengten Suchens war ein zweites, vor allem ♂-Exemplar nicht zu finden.

S. amani n. sp. (Taf. XXI, Fig. 6) ♀. Größere Art. Ich beschreibe diese Art nur mit Zögern, wage jedoch nicht, sie zu der vorigen zu stellen, obwohl sie mit dieser weitgehend übereinstimmt (auch im Bau der Subgenitalplatte und der Länge und Form des des Ovipositors), denn zwei Abweichungen lassen eine Abtrennung notwendig erscheinen: die Elytren sind doppelt so lang (bis zum Ende des 2. Tergits reichend) mit etwas abweichender Aderung (Abb. 113) und die Unterkante der Hinterschenkel trägt innen 3—6, außen 4—8 Dornen; es sind dies also erheblich weniger als bei *kozana*. Färbung gleichfalls einfarbig braun, nur das Pronotum mehr rötlichbraun.

	♀
Long. corp.	25
— *pronot.*	7,8
— *elytr.*	6
— *fem. post.*	29
— *tib. post.*	30
— *ovipos.*	16

Typus ♀ Anatolien, Amanus bei Dörtyol, 100 m, 23. 6. 1937. Ich fand nur 2 fast erwachsene weibliche Larven, deren eine sich in der Gefangenschaft zur Imago entwickelte. Es bleibt abzuwarten, ob die obengenannten Abweichungen konstant sind; entscheidend ist auch hier die Kenntnis des ♂.

Anadolua Rme

A. schwarzi Rme (l. c. 1939, p. 68) [Taf. XXI, Fig. 7]. Beschrieben nach einem ♂ aus SW.-Anatolien, Sand(i)ras Dagh (Koycegis 2600 m), Dr. Schwarz. Ein mir jetzt auch vorliegendes ♀ (Akchehir-Göl, 1. 10. 1934, Fuss leg.) ermöglicht dessen Beschreibung. Die bei dem ♂ ein wenig ausgebuchtete und leicht ansteigende Metazona des Pronotums ist nicht erweitert und mehr zylindrisch gerundet; die ganz kleinen seitlichen Elytrenlappen sind unter dem Pronotum verborgen. Letztes Tergit in der Mitte mit breiter, nach hinten erweiterter Längsfurche, der sich die zungenförmige Analplatte (in der Breite der Furche) unmittelbar anschließt. Ovipositor mehr als doppelt so lang wie das Pronotum, ganz gerade. Subgenitalplatte (Abb. 115) breit abgestutzt, apikal mit einem stumpf dreieckigen lamellösen Einschnitt. Färbung (des mäßig erhaltenen Stückes) einfarbig graubraun, nur das Gesicht heller, mit einigen schwarzen Punkten, und die Fastigienenden schwarzbraun. ♂♀ tragen auf der Metazona des Pronotums vereinzelte, unregelmäßig angeordnete schwarze Punkte.

	♀
Long. corp.	21
— *pronot.*	6,4
— *elytr.*	—
— *fem. post.*	18
— *tib. post.*	18,3
— *ovipos.*	16,5

Ich wähle das ♀ als Allotypus.

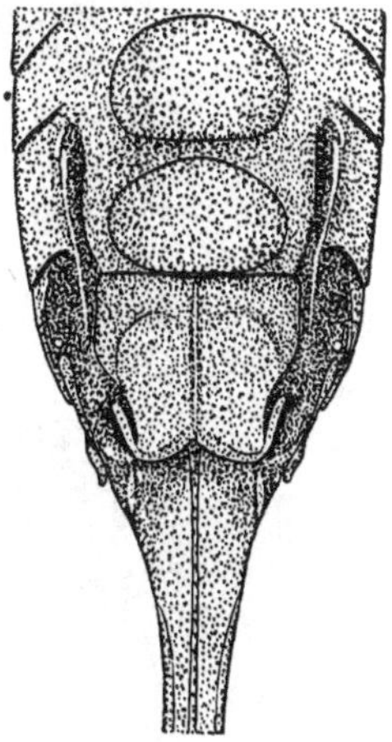

Abb. 115. *Anadolua schwarzi* ♀ Hinterleibsende ventral

Sureyaella Uv.

S. bella Uv. [Taf. VII, Fig. 13]. Am Fuß des Ütsch Kapular Dagh bei Nigde auf einer ansteigenden, eremischen Halde, unter den gleichen vom Autor geschilderten Lebensbedingungen häufig (12 ♂♂, 19 ♀♀).

Anterastes Br. v. W.

A. serbicus Br. v. W. Bithyn. Olymp, recht häufig auf den Hochmatten (1900 bis 2000 m) im Grase. Die ♂♂ (14 Expl.) entsprechen in der Färbung einheitlich der Balkanform; die 35 ♀♀ vom Bithyn. Olymp dagegen zeigen durchweg ein ockerfarbiges Hinterhaupt und ebensolchen Abdomenrücken, letzterer mit einer schmalen, meist doppelten dunklen Längsbinde. Demgegenüber hat die Balkanform eine dunkelbraune Grundfarbe (21 ♀♀ aus Mazedonien und Bulgarien). Ferner liegt mir vor ♂ Akchehir-Göl, 2. 9. 1931 (Fuss).

A. anatolicus Uv. (Eos, 1934, p. 57). Zu dieser von Uvarov (vorwiegend auf Grund der bedeutenderen Größe und der tiefer eingeschnittenen Subgenitalplatte) nach einem einzelnen ♀ (Orhan-ili) beschriebenen Art kann ich jetzt auch das ♂ beibringen, nach einem bei Ephesus (coll. Brunner, Wien) gefundenen Exemplar.

♂ Seitenkanten des Pronotums gegenüber *serbicus* sehr gerundet, dieses daher einen mehr zylindrischen Eindruck machend. Endlappen der Elytren (bis zum Ende des 3. Tergits reichend) etwas weniger verbreitert. Fortsätze des Analtergits (Abb. 116) mit viel schmalerem, rundlichem Ausschnitt; Cerci mit basal breiter aufsitzendem, stärker entwickeltem Zahn; Subgenitalplatte (entsprechend dem ♀) tiefer eingeschnitten. Alle Schenkel, insbesondere die Hinterschenkel, wesentlich länger, auch robuster. Färbung etwas heller bräunlich, besonders die Pronotumseitenlappen nicht schwarzbraun, sondern hellbräunlich, mit doppelt so breitem, dorsalwärts mehr verwaschenem Saum. Den Epiphallus (bei dem abgebildeten *serbicus* ♂ ausgestülpt) habe ich bei *anatolicus* nicht untersucht, um das Unikat nicht zu beschädigen.

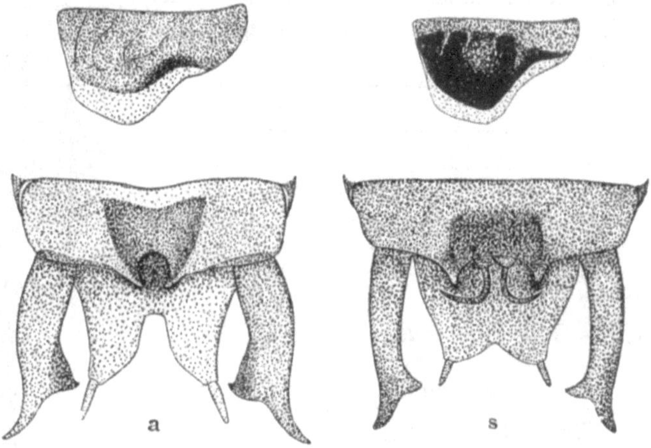

Abb. 116. *Anterastes* ♂ Pronotumprofil und Genitalregion von *a anatolicus*; *s serbicus*

	♂
Long. corp.	16
— *pronot.*	5,9
— *elytr.*	3,2
— *fem. post.*	17

Ich wähle das ♂ als Allotypus.

A. akdaghensis n. sp. ♀. Nächststehend *serbicus* Br. v. W., jedoch verschieden durch das völlige Fehlen der Elytrenschuppen und vor allem den deutlich schmaleren (1 : 1,4 mm) und längeren (13,5 mm), fast einfarbig schwarzbraunen, nur in einer schmalen Mittellinie heller braunen Ovipositor; bei *serbicus* erreicht er nur sehr selten dessen Länge (durchschnittlich 11,5—12,5 mm) und ist hellbraun, mit schwarzbrauner bis schwarzer scharfer Oberkante. Ob die schmalere, in der Prozona nur wenig verbreiterte helle Umrandung der Pronotumseitenlappen ein konstantes Merkmal bildet, bleibt abzuwarten.

Ich zögere nicht, die Art (oder Subspezies von *serbicus*?) nach einem einzelnen ♀ zu beschreiben, angesichts der genannten erheblichen Differenzen; das Fundgebiet hat zudem eine eigenartige Orthopterenfauna.

Long. corp.	15,4
— *pronot.*	5,5
— *fem. post.*	13,7
— *ovipos.*	13,5

Typus ♀, Anatolien, Centr.-Ak Dagh, Sabashi-Jaila 2000 m, 7.1938 (SCHWARZ).

Uludaghia n. g.

Nahe *Anterastes*, etwas gedrungener. Fastigium doppelt so breit wie die basalen Fühlerglieder. Pronotum kurz, Pronotumrücken flach, meist leicht eingesenkt,

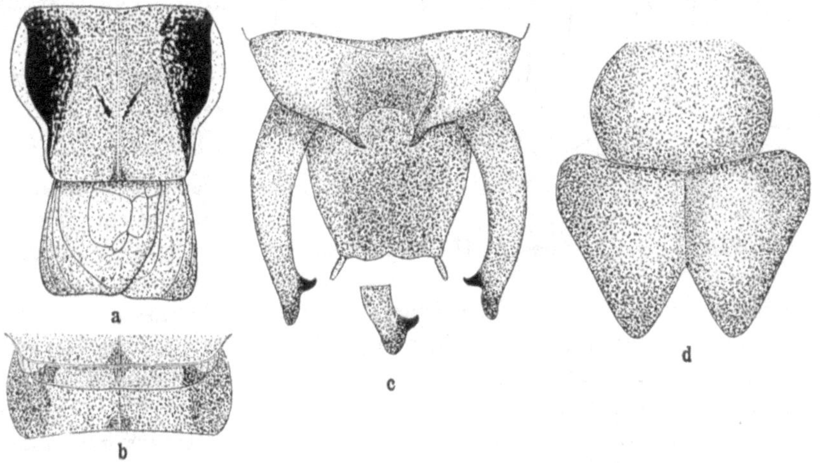

Abb. 117. *Uludaghia gerdae a* Pronotum und Elytren ♂; *b* Pronotumhinterrand, Elytren und erste Tergite ♀; *c* Genitalregion ♂ (Variat. d. Cerci); *d* 7 Sternit und Subgenitalplatte ♀

in der vorderen Hälfte ziemlich stark eingeschnürt, hinten etwas breiter als am Vorderrand, mit durchgehendem schmalem Mittelkiel; mittlere Querfurche V-förmig, am Grunde jederseits eine deutliche Grube bildend. Gehörpartie der Vorderschienen ziemlich dick abgesetzt; Hinterschenkel kurz und dick, unbedornt, Hinterschienen ebenfalls kurz.

♂ Elytren das 1. Tergit etwas überragend oder auch bis zu dessen Ende reichend, *in situ* mit geradem Seitenrand, hinten ungefähr rechtwinklig rundlich abgeschnitten. Analtergit (Abb. 117) rund ausgeschnitten, mit etwas nach innen gekrümmten Endzipfeln. Cerci leicht gebogen, apikal mehr oder weniger abgestumpft, vor dem Ende mit kleinem, in Form und Sitz (mehr oder weniger nahe dem Ende) schwankendem Innenzahn. Subgenitalplatte leicht ausgerandet, mit feinen Styli.

♀ Elytren nur als kleine Schuppen, ganz seitlich, ein wenig unter dem Pronotum hervorragend (bis zur Mitte des 1. Tergits), Ovipositor ziemlich lang, leicht aufwärts gekrümmt. Subgenitalplatte dreieckig ausgeschnitten, mit mehr oder weniger stumpfen Zipfeln.

Die Gattung unterscheidet sich von *Anterastes* Br. v. W. durch den im ganzen gedrungeneren Bau, das schmalere Fastigium, kürzeres, etwas flacheres Pronotum, die wesentlich kürzeren, etwas dickeren Hinterschenkel; auch die Hinterschienen, Vorder- und Mittelschenkel kürzer. Das ♂ insbesondere unterscheidet sich durch die außen weniger verbreiterten Endlappen der Elytren, ferner sehr stark durch den Bau des Epiphallus (Abb. 118).

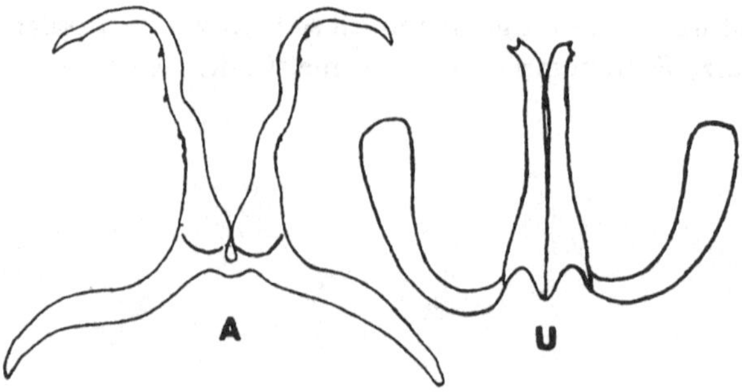

Abb. 118.
Epiphallus von *A Anterastes* (*serbicus*); *U Uludaghia* (*gerdae*)

Genustype: ***Uludaghia gerdae n. sp.*** Abb. 119; [Taf. VII, Fig. 14]

Färbung graubräunlich. Gesicht mit zwei schwärzlichen parallelen Längsstrichen, Hinterhaupt mit einer breiten, von einer feinen hellen Linie durchzogenen, dunkel marmorierten Längsbinde und je einer ebensolchen, von einer breiten hellen Linie durchzogenen Binde hinter den Augen. Diese Binden können, mit Ausnahme der äußersten hinter den Augen, zuweilen fehlen. Längskiel des Pronotumrückens fein, hell, schmal dunkel gesäumt, die Grube der Mittelfurche dunkel, zuweilen V-förmig. Seitenlappen des Pronotums schwärzlichbraun, gegen den Rücken hell gesäumt. Unterkante mit breiter, nicht auf den Vorderrand übergreifender und nicht an den Pronotumrücken reichender, vorher horizontal abgeschnittener Randbinde. Abdomenseiten mit schwarzen länglichen Flecken am Vorderrand der Tergite. Hinterschenkel oben an der Basis mit verwaschenem schwärzlichem Fleck, außen mit einem nach hinten sich etwas verbreiterndem schwarzen Längsstreifen in der basalen Hälfte. Bezüglich der Zeichnung unterscheidet sich *Uludaghia* von *Anterastes* durch die vorn breit abgestutzte und nicht allmählich verschmälert auf den Pronotumvorderrand übergreifende helle Randbinde der Seitenlappen.

	♂	♀
Long. corp.	12,8—13,5	13,2—15,5
— *pronot.*	3,4— 3,6	3,8— 3,9
— *elytr.*	3,2— 3,4	—
— *fem. post.*	9,7— 9,9	11,1—11,2
— *tib. post.*	9 — 9,5	10,3—10,5
— *ovipos.*	—	10 —10,7

Typus ♂, Allotypus ♀, Paratypen 10 ♂♂, 9 ♀♀. Auf den Hochmatten des Bithyn. Olymp (türk. Ulu Dagh, auch Kešiš genannt), 19—2000 m, im Grase und auf niederliegenden Büschen, 13. 8. 1937. Meiner Frau, der Entdeckerin der neuen Gattung, gewidmet. (Vgl. auch Nachträge S. 431,3)

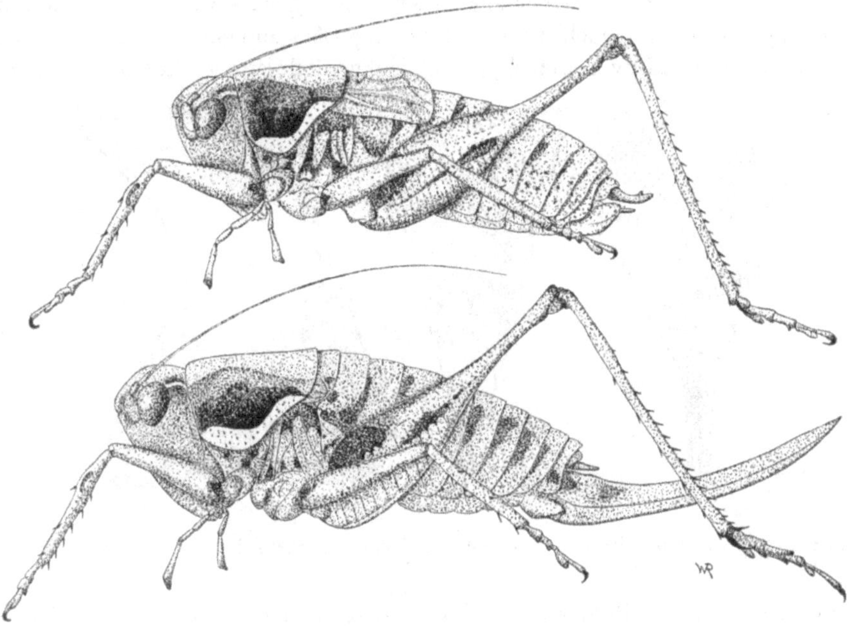

Abb. 119. *Uludaghia gerdae* ♂ ♀ (Vergr. 4 : 1)

Rhacocleis Fieb.[1])

Rh. turcica Uv. ♀ Manissa Dagh 3—900 m; ferner 1 ♂, 2 ♀♀ vom Akchehir-Göl, 1. 10. 1934 (Fuss). Vom Autor erhielt ich freundlicherweise ein paratypisches ♂ ♀ vom Kai Dagh. Ein charakteristisches Merkmal des ♀ ist diesem entgangen: die Subgenitalplatte läuft gegen das letzte Sternit in 2 bogig gerundete Chitinlamellen aus (Abb. 120), wodurch das ♀ sehr leicht von der folgenden sehr ähnlichen Art unterschieden werden kann. Es ist nachzuprüfen, ob die vom Fundort Tireh gemeldete Form (Eos 1930, p. 58) nicht vielleicht zu der nachstehenden Art gehört.

[1]) Über eine Anzahl mediterraner Arten der Gattung *Rhacocleis* hat Uvarov (Trans. Am. Ent. Soc. 1942, **67**: 312) eine Untersuchung veröffentlicht. Die von mir bei den beiden 1936 beschriebenen Arten *uvarovi* und *silvestrii* angerichtete „incredible confusion", wie Uvarov sich ausdrückt, beruht, wie ich hier mitteilen möchte, nicht auf einer sachlichen Verwirrung, sondern ist durch eine — allerdings bedauerliche — Etikettenverwechslung bei dem in Alkohol aufbewahrten Material entstanden.

Rh. anatolica Wern. Bornova (2 ♂♂, 1 ♀); Sevdiköi (♂ ♀). Die Art ist etwas größer und robuster als *turcica* und das ♂ schwer von dieser zu unterscheiden, da die äußeren Teile der Genitalregion ganz analog gebaut sind; nur die Epiphalli (Abb. 120) haben einen dunkel gefärbten (bei *turcica* farblosen) robusten Fuß und stärkeren Apikalteil; es fragt sich jedoch, ob diese Merkmale prägnant und konstant genug sind, um sie sicher zur Unterscheidung heranzuziehen. Pronotum etwas länger als breit, ♀ auch relativ wesentlich größer und gewölbter. Ovipositor länger und in der Mitte breiter (1,3 : 0,8). Subgenitalplatte ♀ ohne die oben be-

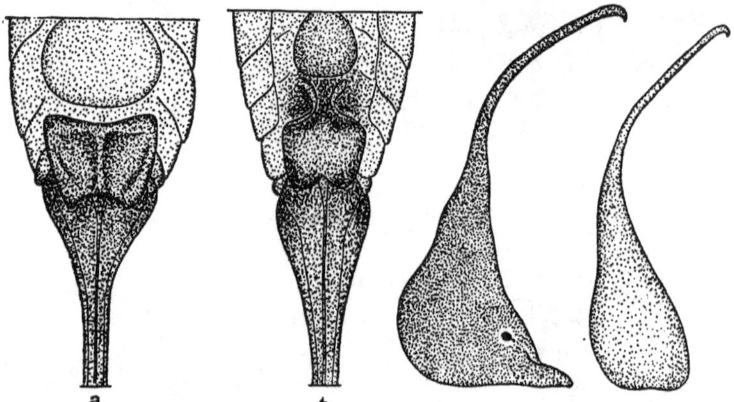

Abb. 120. *Rhacocleis* Hinterleibsende (ventral) und Epiphallusschenkel von *a anatolicus*; *t turcicus*

schriebenen Fortsätze, breiter, hinten breiter ausgerandet, mit schwachen Wülsten in der Mitte und an den Rändern, die aber durch den Trocknungsvorgang gebildet sein können.

	turcica		*anatolica*	
	♂	♀	♂	♀
Long. corp.	15	16 —17,2	15 —16	17,5
— *pronot.*	4 — 4,2	4 — 5,5	4,9— 5,7	6,3— 6,5
— *elytr.*	2	—	1,7— 2,3	—
— *fem. post.*	14,5—15,3	15,8—18,3	15,8—15,9	18
— *tib. post.*	14,2—15	14,7—18	16,2—16,5	16,1—17,7
— *ovipos.*	—	11,8	—	15,5—16

Eupholidoptera Wesm.

E. chabrieri (Charp.) Manissa; zwischen Bandirma und Brussa.

E. sevketi (Rme) Dörtyol (Topotypen 8 ♂♂, 5 ♀♀), ziemlich häufig in niedrigen Myrtenbüschen am Fuße des Amanus, wenig über Meereshöhe.

Beschrieben nach einem ♂ vom gleichen Fundort (Mitt. Zool. Mus. Berlin 1933, p. 417). Ergänzend ist zu bemerken, daß die Elytren schwarz sind, mit schmalem elfenbeinfarbigem Außenrand. ♀ Ovipositor bis fast doppelt so lang wie das Pronotum, leicht aufwärts gekrümmt; Subgenitalplatte tief eingeschnitten (vgl. Fußnote S. 360), Form der Seitenlappen sehr variabel, teils spitzwinklig nach innen gekrümmt, teils apikal breit abgestumpft (Abb. 46). Beide der Zeichnung zugrundeliegenden ♀♀ gehören der gleichen Population auf engstem Raum an, und es ist nicht die geringste Schrumpfung der fest chitinisierten Platte beim Trocknen eingetreten. Dieser Fall zeigt wieder einmal, wie außerordentlich vorsichtig man selbst bei so starken Verschiedenheiten in der taxonomischen Wertung eines Merkmals sein muß. In der Beschreibung l. c. p. 418, Zeile 6 muß es statt „Untere" Hälfte heißen „Hintere" Hälfte.

	♂	♀
Long. corp.	15,5—16	18 —21
— *pronot.*	8,2— 8,4	8,3— 8,9
— *fem. post*	17,2—17,8	18,5—19,5
— *ovipos.*	—	13,5—15,8

E. prasina (Br. v. W.) Manissa Dagh, 2 ♀♀, oben auf etwa mannshohem Gebüsch. Diese Stücke sind wesentlich kleiner als solche von Chios (Zahlen in Klammern):

	♀
Long. corp.	18,5 (23,5)
— *pronot.*	7,7 (9,6)
— *fem. post.*	18,1 (21)
— *ovipos.*	13,5 (14,3)

Apholidoptera Rme

A. pietschmanni (Ebner) (Vgl. l. c. 1933, p. 418) [Taf. VII, Fig. 8]. Gebirge bei Silvan; häufig in niederliegenden Büschen wilder Feigen (14 ♂♂, 10 ♀♀).

Ergänzend füge ich der Beschreibung an: ♂ Elytren nur ganz wenig (0,5 mm) unter dem Pronotum vorragend; ♀ Subgenitalplatte mit schwacher Mittelkante, etwa lang rechteckig, in der Mitte spitzwinklig ein wenig ausgeschnitten, Lappen gerundet. Ovipositor über doppelt so lang wie das Pronotum, apikal schwach aufwärts gekrümmt. Da die Typen des Autors durch Alkohol entfärbt sind, gebe ich nachstehend auch die Beschreibung der Färbung und Zeichnung frischer Stücke. Hell ockerbräunlich, hier und da äußerst fein dunkler marmoriert. Im Gesicht schmutzig gelblich, mit 4 in einer Reihe stehenden schwarzbraunen Punkten bzw. kleinen Längsstrichen. Fastigium am Gipfel mit 2 schwarzbraunen Längsstreifen, Hinterhaupt mit feiner heller Längslinie, die meist unregelmäßig dunkel gesäumt ist. Pronotumrücken einfarbig, nur die beiden Gruben des *sulcus typicus* geschwärzt; Seitenlappen mit breiter, matt zitronengelber Randbinde, deren plastische Außenkante dunkelgelb, innen tief schwarzbraun gesäumt, der vordere Teil der Seitenlappen schwarzbraun marmoriert; Hinterkante des Pronotumrückens schwarz. Abdomen einfarbig, nur in der Mitte jedes Tergits an dessen Hinterrand ein feiner schwärzlicher Punkt. Schenkel einfarbig, nur die Hinterschenkel nahe den Knien mit breitem schwarzem Ring; Hinterschienen mehr olivgrau gemischt.

	♂	♀
Long. corp.	19,5—22,5	20,5—23
— *pronot.*	8 — 9,2	8,3— 8,5
— *fem. post.*	20,3—21,4	21,5—22,2
— *ovipos.*	—	19,3—20,5

Parapholidoptera Rme

P. castaneoviridis (Br. v. W.) Demirchi (Şevket Tuncok).

P. signata (Br. v. W.). [Vgl. l. c. 1930, p. 801 und 1933, p. 419.] Ersin (9 ♂♂, 12 ♀♀); Silvan (2 ♂♂, 6 ♀♀); Aintab (♀); ein mir vorliegendes ♀ (Taurus 1853, Mus. Wien) besitzt einen exzeptionell langen (geraden statt leicht gekrümmten) Ovipositor (33,6 statt einer Durchschnittslänge von 23,5—26 mm); vgl. Abb. l. c. 1930, Taf. X, 1c.

P. noxia (Rme) [Taf. XXII, Fig. 3] (l. c. 1930, pp. 396 und 803; 1933, p. 419) Mzchet (nahe dem Gelben See), 6 ♂♂, 29 ♀♀. Tritt gelegentlich als Schädling in Weizenfeldern auf.

P. distincta (Uv.). [Taf. XXII, Fig. 4] Bakuriani (8 ♂♂, 10 ♀♀. Nachstehend die Maße:

	♂	♀
Long. corp.	16,4—19,5	19 —22
— *pronot.*	7,4— 8,2	7,8— 8,3
— *elytr.*	3,9— 4,3	—
— *fem. post.*	17,7—18,7	20 —21
— *ovipos.*	—	16,7—18,3

Pholidoptera Wesm.

Ph. pustulipes (F.-W.) [Taf. VII, Fig. 9] Tuapsse, in den Bergwäldern nahe der Küste ziemlich häufig (7 ♂♂, 10 ♀♀); ferner ♂♀ Krim, Inkerman 10. 8. 1932 (Wolkow). Charakteristisch für die Art ist der breite weißliche Rand der schwärzlichen Elytren, die breite elfenbeinfarbige Binde des Unterrandes der Pronotumseitenlappen, die sich am Hinterrand der Seitenlappen plötzlich verschmälert, sowie die Form der (fast stets frei herausstehenden) Epiphalli (Abb. 54). Gesamt-

	♂	♀
Long. corp.	27 —29	27 —29,5
— *pronot.*	9,5	9,2— 9,8
— *elytr.*	5,3— 5,7	—
— *fem. post.*	22,5—26,8	27,5—29
— *ovipos.*	—	22 —24

färbung einheitlich schwarzbraun, Innenhälfte des Oberrandes der Hinterschenkel quergestreift.

Ph. fallax (Fisch.) Tuapsse.

Ph. cinerea (L.) Tuapsse; ferner von Signach (Mus. Tiflis) und „NO.-Anatolien“ (Neuhäuser).

Platycleis Fieb. (Vgl. die Revision S. 224)

P. intermedia (Serv.) Ordubad; Jelenowka; Tiflis; Mzchet; Karakliss; Tuapsse; Malatia; Yokarbanassyia; Ulukişla; Nigde; Manissa Dagh; Sevdiköi; Brussa.

P. intermedia f. et subsp. mesopotamica Rme (Eos 1927, p. 141; p. 139, Fig. 15e; Taf. VI, Fig. 5). Von dieser nur nach einem ♀ (Chaburufer bei Tel Halaf) als Art beschriebenen Subspezies konnte ich nun selbst Material sammeln: 1 ♂ ♀ Yokarbanassyia, 1 ♂ ♀ 50 km südlich Aintab; 1 ♂ Silvan; 1 ♀ Diarbekir; 3 ♂♂, 2 ♀♀ Melendis Dagh. Die Länge der Elytren schwankt sehr; während diese bei den Stücken von Yokarbanassyia und Aintab die Hinterknie (wie bei dem Typus) weit überragen, erreichen sie bei denen von Diarbekir und vom Melendis Dagh nur die Knie; das Exemplar von Silvan steht in der Mitte. Vielleicht handelt es sich bei den sehr lang geflügelten um individuell hyperptere Stücke.

	♂	♀
Long. corp.	20 —23	23,4—23,8
— *pronot.*	5,5— 5,8	6 — 6,5
— *elytr.*	21 —31	25 —34,4
— *fem. post.*	17,6—22,2	21 —23,4
— *tib. post.*	16,5—19,7	19 —22,2
— *ovipos.*	—	—

P. affinis (Fieb.) Bot. Garten, Plosskaja und Schaw-nabat bei Tiflis (*m. f. mirabilis* Rme); Schordsha; Mzchet; Yokarbanassiya; ferner von Sevdiköi (La Baume); Karacabey (Grohmann).

Platycleis escalerai und *esc. iranica* Rme [Taf. XXIII, Fig. 5a und b].

Die Nominatsubspezies ist aus SO.-Anatolien (Jenidje Kalé) beschrieben, und es ergab sich an Hand meines reichen in Anatolien gesammelten Materials, daß die zentral- und südostanatolische Form gegenüber der europäischen und nordwestanatolischen Form eine Tendenz zu der persischen Subspezies *iranica* durch einen etwas schmaleren und gestreckteren Ovipositor zeigt.

Vergleichend die Maße:

	Europa u. N.W.-Anatolien	*C. u. S.O.-Anatolien*	*Persien*
Long. min.	11,5	11,1	14,2
— *max.*	13,7	15	17,5
Lat. min.	1,9	1,8	1,9
— *max.*	2,25	2	1,8—2

Den obenstehenden Messungen lag folgendes Material zugrunde:

P. escalerai escalerai I. Bol. Europa: 2♂♂, 2♀♀ Schlangeninsel (A. MÜLLER); ♂♀ Domanovič (Herzegowina); 3♂♂, 3♀♀ Skoplje (ZWICK; KNIPPER); ♀ Štip (DOFLEIN); ♀ Katlanovo (KNIPPER); 1♂, 2♀♀ S.-Italien, Pesto (KNIPPER); Anatolien: ♀ Karačabey bei Brussa (GROHMANN); 2♀♀ Yalova (ŠEVKET TUNCOK); ♀ Sevdiköi (LA BAUME); mit etwas längerem und schlankerem Ovipositor: 2♂♂, 4♀♀ Diarbekir; 4♂♂, 2♀♀ Silvan; ♀ Aintab; hierher vermutlich auch 2♂♂ Adana; ♀ Dörtyol; ♀ Kavaklidere bei Ankara.

P. escalerai iranica Rme 8♂♂, 3♀♀ Uluchanlu; 2♀♀ Eriwan; ♀ Etschmiadsin; 2♂♂, 4♀♀ Ordubad; ♀ Chérif chané; ferner 1♀ Bushir (STAUDINGER). UVAROV meldet die Subspezies aus dem Inneren von Persien und aus Mesopotamien, TARBINSKY aus Buchara.

P. iljinskii Uv. Von den 5♀♀-Typen (Armenien, Karmalinovka bei Nachitschewan) liegen mir 2♀♀ vor. Die Form der Elytren und ihre Länge entspricht der von *daghestanica* Uv. (Abb. 121); Hinterschienen dorsoventral sehr breit; letztes Sternit in ganzer Breite bucklig gewölbt, nur ein kleiner Streifen am Hinterrand des Sternits bleibt frei. Ovipositor sichelförmig, nicht allzu stark gekrümmt, etwa wie bei *irritans n. sp.*, doch etwas breiter; schwarz, mit heller Basis.

Das ursprünglich unbekannte ♂ wurde von ZNOJKO (Trud. Zool. Inst. Azerbaidsh. Filial. Ac. Sci. USSR. 1938, p. 41, Fig. 10) aus dem topotypischen Gebiet beschrieben; die Genitalregion des ♂ ähnelt sehr stark der folgenden Art.

	♂ (nach ZNOJKO)	♀
Long. corp.	22	21 —25
— *pronot.*	6	5,7— 7
— *elytr.*	5	6,7— 7,3
— *fem. post.*	10	17,2—20,5
— *ovipos.*	—	10,6—12,3
Lat. ovipos.	—	1,6— 1,8

P. irritans n. sp. Nächstverwandt *iljinskii*, kleiner. Fastigium ebenfalls breit gewölbt, etwa doppelt so breit wie die basalen Fühlerglieder. Pronotumrücken flach, ganz vorn und nach hinten etwas verbreitert, längs der Mitte etwas eingesenkt, hinter dem V-förmigen *sulcus typicus* mit Längsleiste; Unterrand breit gerundet, Seitenlappen ziemlich steil abfallend, Vorder- und Hinterrand einen stumpfgerundeten Winkel bildend, Hinterrand leicht konkav. ♂ Elytren (Abb. 121) kürzer als bei *iljinskii*, bis zum Ende des 2. Tergits reichend, der apikale Teil etwa ebenso lang wie die *pars stridulans*, hinten ziemlich breit gerundet. Letztes Sternit nur mit flachem Buckel oder fast gar nicht gewölbt. Analtergit (Abb. 122) tief langoval eingeschnitten, Endzipfel nahe beieinander stehend. Cerci basal bis zum Innenzahn breit, gegen den Zahn hin noch etwas verbreitert, Apikalteil ziemlich kurz und abgestumpft. Subgenitalplatte stumpfwinklig ausgerandet, Styli die Cerci überragend. ♀ im allgemeinen entsprechend; letztes Sternit nur mit flachem Buckel oder fast gar nicht gewölbt; Analtergit in zwei kurze Fortsätze (meist kürzer als bei *iljinskii*) endigend. Ovipositor (Taf. XXII, Fig. 8) flach sichelförmig; Subgenitalplatte (Abb. 122) breit, apikal leicht konkav.

Färbung erdgrau, zuweilen Fastigium, Hinterhaupt und Pronotumrücken schmutzig elfenbeinfarbig; Pronotumseitenlappen dunkler, mit ziemlich breitem hellem Saum. Elytren leicht schwärzlich marmoriert, Abdomenseiten gelegentlich mit schwärzlichen Seitenbinden. Hinterschenkel oben an der Außenseite basal kurz quergestrichelt, längs der Mitte außen mit einer schwärzlichen Binde in der basalen Hälfte. Ovipositor schwarz, basal hell.

Typus ♂, Allo-

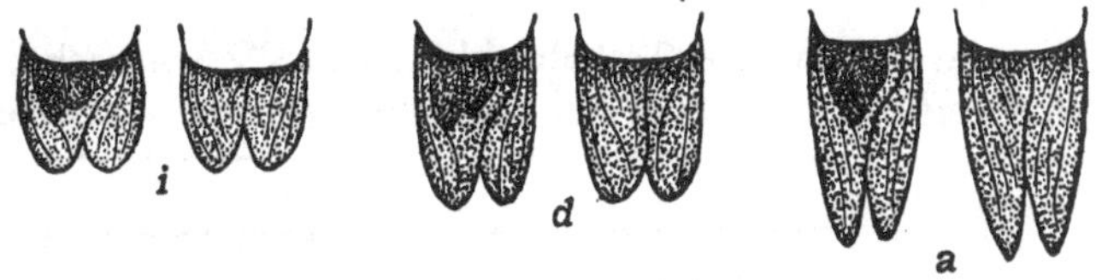

Abb. 121. Elytren ♂ ♀ von *i Platycleis irritans*; *d Montana daghestanica*; *a armeniaca*

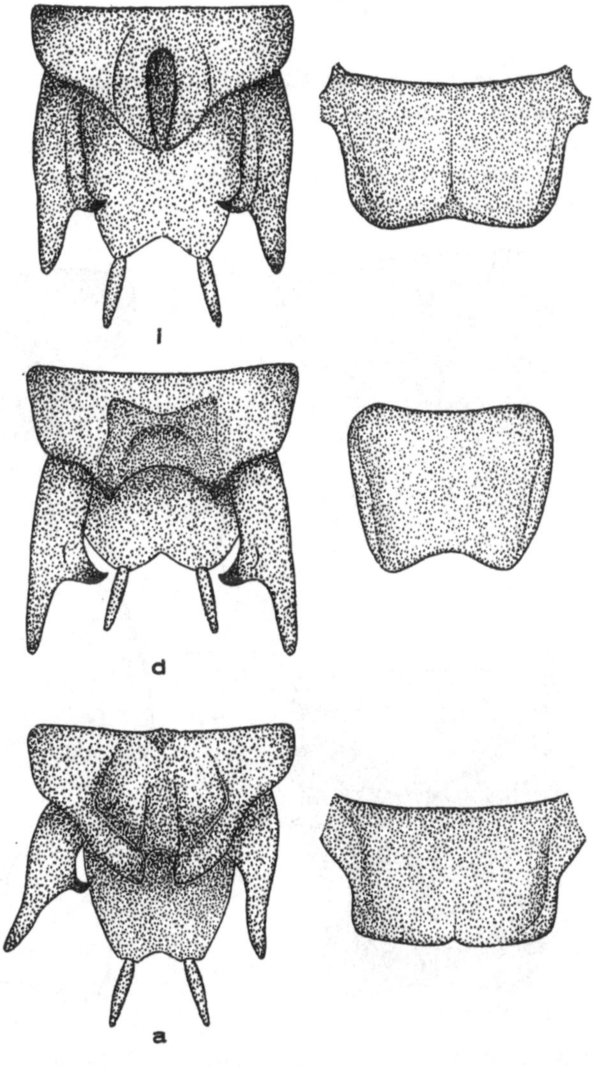

Abb. 122. Genitalregion ♂ und Subgenitalplatte ♀ von *i Platycleis irritans*; *d Montana daghestanica*; *a armeniaca* (l Cercus herausgebogen)

typus ♀, Paratypen ♀, Tschubuchly; 1 ♂, 2 ♀♀ Schordsha; 2 ♂♂, 6 ♀♀ Jelenovka. Auf grasigen Felshalden gemeinsam mit *Montana armeniaca* Rme.

	♂	♀
Long. corp.	17 —18	16,2—19,2
— *pronot.*	5,5— 5,8	5,4— 5,9
— *elytr.*	5,1— 5,2	4,1— 5,2
— *fem. post.*	15,8—16	16,3—17,3
— *ovipos.*	—	9 —10,8
Lat. ovipos.	—	1,5

P. sinuata n. sp. [Taf. XXII, Fig. 6]. Mittelgroß. Fastigium oben etwa doppelt so breit wie die basalen Fühlerglieder. Pronotumrücken flach, mit ziemlich parallelen Seitenkanten, bis zu dem V-förmigen, ziemlich scharf ausgeprägten *sulcus typicus* mit schwach ausgeprägter, apikalwärts stärkerer Mittelleiste; Seitenkanten und Hinterrand der Metazona mit leichtem Wall; Hinterrand flach

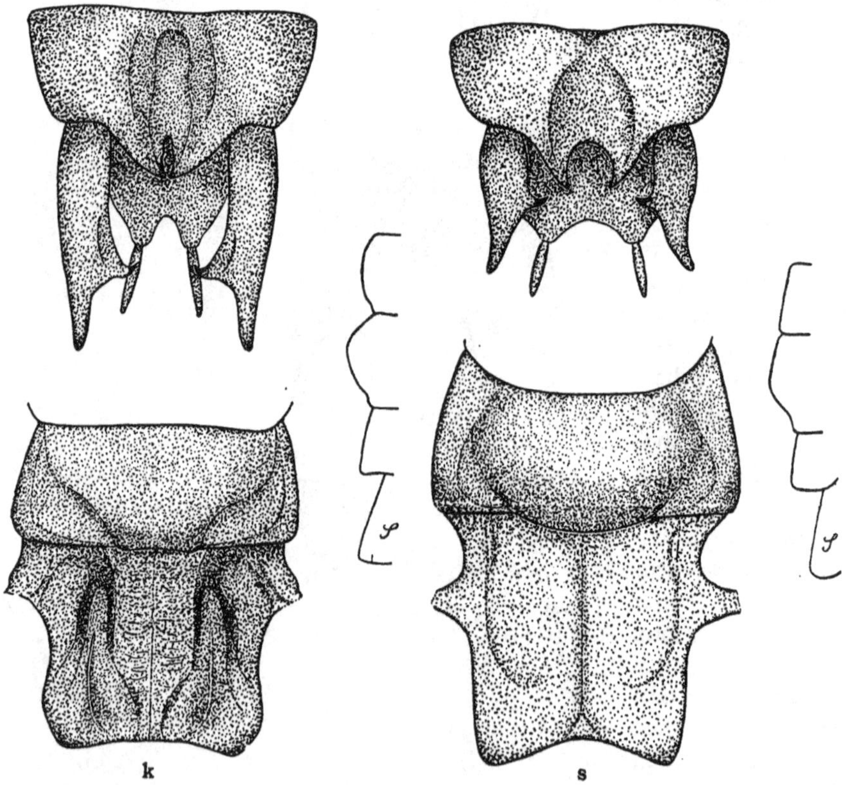

Abb. 123. Genitalregion ♂ und letztes Sternit und Subgenitalplatte ♀, daneben Profil der letzten Sternite und der Subgenitalplatte ♀ von *k Squamiana* (?) *kurmana*; *s Platycleis sinuata*

konvex; Seitenlappen ziemlich steil abfallend, Vorder- und Hinterrand einen ziemlich stumpfen gerundeten Winkel bildend; Hinterrand der Seitenlappen leicht konkav. Elytren ziemlich schmal, nicht ganz oder bis zum Ende des 3. Sternits reichend. ♂ Analtergit (Abb. 123) oval ausgeschnitten, die Fortsätze leicht gegeneinander gekrümmt. Cerci verhältnismäßig kurz, basal gedrungen, Innenzahn gleich hinter der Mitte stehend, apikal allmählich zugespitzt, mit mäßig stumpfem Ende. Subgenitalplatte breit ausgerandet. Hinterschenkel mäßig lang, dorsoventral breit, Hinterschienen seitlich verhältnismäßig sehr breit. ♀ Ovipositor flach sichelförmig, die Hinterknie etwas überragend. Vorletztes Sternit (Abb. 123) in der Mitte mit einem schräg nach hinten gerichteten Buckel; letztes Tergit fast in ganzer Breite mit einem etwas über den Hinterrand hinausragenden, hinten gerundeten Buckel. Subgenitalplatte mit feiner Längsfurche in der Mitte, hinten breit ausgerandet.

Färbung und Zeichnung recht variabel. Grundfärbung graugelblich bis graubräunlich. Gesicht, Fastigium und Hinterhaupt hell strohfarbig bis hellbräunlich, Fastigium gelegentlich oben mit zwei verwaschenen dunklen Längsbinden; hinter den Augen eine schmale helle, beiderseits schwärzlich gesäumte Binde. Pronotumrücken hell strohfarbig oder bräunlich oder (besonders intensiv im Leben) mattviolett, Seitenlappen tiefschwarz, gegen die Oberkante etwas heller, Unterrand mit (dorsal scharf begrenzter) heller, gegen den unteren Winkel leicht gebräunter Binde; helle, fast einfarbig graugelbliche Stücke zeigen auf dem Seitenrand die gleiche Färbung, nur die Randbinde ist hell abgesetzt. Abdomen von der Grundfärbung, mehr oder weniger dunkel gemischt; Abdomenseiten mit verwaschenen, im basalen Teil stärker ausgeprägten Flecken. Ovipositor schwarz, mit heller Basis.

	♂		♀	
	Yokarbanassiya	*Uluk. u. Ütsch. K.D.*	*Yokarbanassiya*	*Uluk. u. Ütsch. K.D.*
Long. corp.	20 —21,6	17,2—19,1	22,3—23,5	17,2—19,1
— *pronot.*	6,3— 6,5	5,2— 5,6	6,8— 7,1	5,2— 5,6
— *elytr.*	5 — 5,6	5 — 5,1	5,1— 6	5 — 5,3
— *fem. post.*	18 —18,6	15 —16,1	19,8—21	16,6—18,5
— *tib. post.*	17,5—17,7	16 —16,2	19 —19,2	18,8—19
— *ovipos.*	—	—	10,8—11,3	10 —10,3

Typus ♂, Allotypus ♀, Paratypen 6 ♂♂, 8 ♀♀, Yokarbanassiya 11—1600 m, 2 ♂♂, 3 ♀♀ Ulukişla 14—1600 m; 3 ♂♂, 1 ♀ Ütsch-Kapular Dagh 9—1400 m. Die Form von Yokarbanassiya ist größer und viel intensiver gezeichnet, die der beiden anderen Fundorte kleiner und zuweilen fast einfarbig.

Squamiana Zeuner (?)

S. kurmana n. sp. [Taf. XXII, Fig. 5]. Größere Art. Kopf dick, vorspringend; Fastigium sehr breit, oben etwa viermal so breit wie die basalen Fühlerglieder, weit vorspringend, glänzend. Pronotum in der Prozona breit rundlich gewölbt, in der Metazona schmaler, etwas flacher, mit ausgeprägtem stumpfem Mittelkiel, nach hinten ziemlich weit vorgezogen, apikal oval gerundet; Unterrand der

Seitenlappen zum Hinterrand rechtwinklig gerundet. Elytren bis zum Ende des 2. oder zur Mitte des 3. Tergits reichend. Hinterschenkel breit und dick. Analtergit (Abb. 123) schmal langoval ausgeschnitten; Fortsätze nach innen gekrümmt, apikal spitzwinklig. Cerci in den basalen drei Vierteln bis zu dem nach vorn gekrümmten Innenzahn ziemlich gleichmäßig breit, apikal ziemlich plötzlich verschmälert. Subgenitalplatte elliptisch ausgerandet. ♀ Elytren von gleicher Länge wie bei dem ♂; Ovipositor sichelförmig; Subgenitalplatte mit zuweilen undeutlichem Mittelkiel, beiderseits desselben leicht querrunzlig, daneben längsgefurcht, apikal leicht ausgerandet. Letztes Sternit (Abb. 123) mit breitem, rundlichem, vorletztes Sternit in der Mitte mit schmalem, hinten gerade abgeschnittenem Buckel.

Färbung ockerbräunlich bis strohfarbig, teilweise mit schwärzlichen Zeichnungen, teils ganz einfarbig hell, mit allen Zwischenstufen. Gesicht hell, in der Mitte mit zwei schwarzbraunen feinen Längsstrichen oder Punkten, die auch bei ganz einfarbig hellen Stücken immer noch wenigstens angedeutet sind. Bei markant gefärbten Exemplaren Fastigium und Hinterhaupt schwarzbraun, zum Teil leicht marmoriert, mit schmaler heller Mittellinie und einer hellen, beiderseits dunkel gesäumten Binde hinter den Augen; bei hellen Stücken diese Zeichnungen nur hellbräunlich angedeutet; bei ganz einfarbig hellen nur die feine helle Mittellinie erkennbar. Pronotumrücken entweder im ganzen dunkel oder hell bräunlich, dann die Seitenlappen mehr oder weniger dunkel marmoriert und mit ziemlich breiter strohfarbiger Binde längs des ganzen Randes; bei hell strohfarbigen Stücken ist diese eben noch erkennbar. Elytren schmutzig bräunlich, schwärzlich gefleckt bis ganz strohfarbig ohne jede Zeichnung. Abdomen entweder mit breiter schwärzlicher oder schwarzbrauner, etwas marmorierter Mittelbinde, an den Seiten begrenzt von je einer einfarbig hellen schmalen Binde; Abdomenseiten mit spitz keilförmigen, mit der Spitze ventral gerichteten schwärzlichen Flecken. Vorder- und Mittelschenkel einfarbig, Hinterschenkel außen an der Basis fein schwarz quergestrichelt, darunter längs der Mitte im verdickten Teil eine weitere Binde aus unregelmäßigen Querstrichen. Knie seitlich geschwärzt, eine feine Oberkante bleibt hell; bei einfarbigen Stücken auch die Hinterschenkel völlig einfarbig. Ovipositor stets einfarbig hellbraun.

	♂	♀
Long. corp.	21 —25	23,3—25,5
— *pronot.*	8	8,4— 8,6
— *elytr.*	5,5— 6,5	4,8— 6,5
— *fem. post.*	22,8—23,3	23,5—24,6
— *ovipos.*	—	10,4—11,5

Typus ♂, Allotypus ♀, Paratypen 16 ♂♂, 17 ♀♀, Gebirge bei Silvan. Die Art fand sich in diesem Gebiet häufig, zusammen mit *Pholidoptera pietschmanni* Ebner. Ob sie wirklich eine *Squamiana* ist, kann erst durch einen direkten Vergleich mit deren Genustype *squamiptera* (Uv.) entschieden werden.

Tessellana Zeuner

T. tessellata *holoptera n. subsp.* Gebirge bei Silvan. Hell strohfarbig mit stark verlängerten, die Hinterknie erreichenden (3 ♂♂) oder überragenden (♂♀) Elytren (18,6—24,5 mm); da im Fundgebiet anscheinend ausschließlich in dieser holopteren Form vorkommend, als Subspezies zu werten.

Montana Zeuner

M. elegans (Uv.) [Taf. XXIII, Fig. 4]. Beschrieben nach 2 ♀♀ (Ankara) [Eos 1930, p. 67]. Ein Paar, ebenfalls bei Ankara (Huseyn Gazi Dagh, 26. 6. 1941) von Karabag gesammelt, ermöglicht die Beschreibung auch des ♂. Analtergit (Abb. 124) in zwei breite, apikal zugespitzte, etwas nach innen gekrümmte Fortsätze endigend, dazwischen ein langovaler Einschnitt. Cerci schlank, leicht s-förmig gekrümmt, am Ende des zweiten Drittels mit schwarzem, etwas nach vorn gekrümmtem Zahn. Subgenitalplatte mit breitem, am Grunde geradem Ausschnitt, Styli verhältnismäßig lang und kräftig, das Cercusende ein wenig überragend.

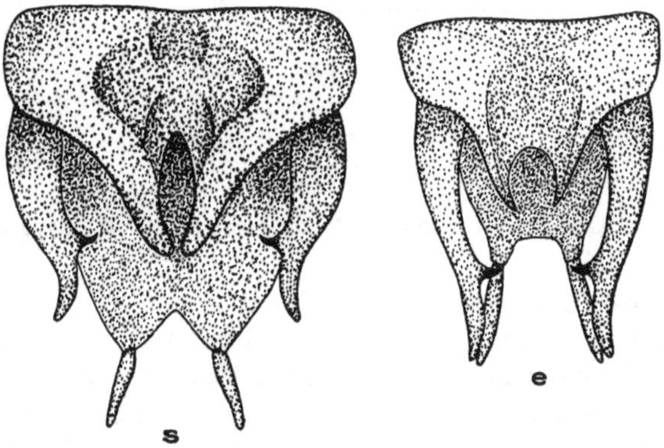

Abb. 124. Genitalregion ♂ von *Montana s schereri*; *e elegans*

	♂	♀
Long. corp.	16,5	18—19
— *pronot.*	3,6	4
— *elytr.*	15,5	18
— *fem. post.*	15,7	19
— *ovipos.*	—	12—13,5

Ich wähle das ♂ als Allotypus.

M. armeniaca (Rme) [Taf. XXII, Fig. 10] (vorl. Beschr. s. Mitt. Zool. Mus. Berlin 1930, p. 396). In Größe und Gesamtkolorit der vorigen gleichend, nur die helle Randbinde der Seitenlappen schmaler, Hinterschenkel außen fast in ganzer Ausdehnung fein quer gestrichelt, in der oberen Hälfte mit feiner heller Längsbinde; Ovipositor nicht schwarz. Bau des Pronotums wie bei *irritans*. Stark verschieden von dieser Art ♂ durch die lanzettlichen Elytren (Abb. 121), deren Apikalteil länger ist als die *pars stridulans*; Analtergit (Abb 122) schmal, etwa halb so lang ausgerandet, Endzipfel breit und abgestumpft; Cerci basal dick, etwas vor der Mitte mit ziemlich stark nach vorn gekrümmtem Zahn, der *in situ* nicht sichtbar ist; Apikalteil der Cerci ziemlich schlank, leicht abgestumpft. Subgenitalplatte hinten schmal ausgerandet, Styli die Cerci weit überragend. Ovipositor länglich säbelförmig, bräunlich, nur die Oberkante und die Spitze geschwärzt, Unterkante mehr verwaschen braun.

	♂	♀
Long. corp.	16,9—18,1	16,6—20,2
— *pronot.*	4,7— 5,4	4,9— 5,6
— *elytr.*	7,8— 9,7	8 — 9,2
— *fem. post.*	15,4—18,1	17,9—19,6
— *ovipos.*	—	13,1—14,1

Typus ♂, Allotypus ♀, Paratypen 2 ♂♂ Jelenovka; 2 ♀♀ Tschubuchly; 5 ♂♂, 2 ♀♀ Alagös 2—2800 m.

M. daghestanica (Uv.) [Taf. XXII, Fig. 9]. Die vierte Art dieser Gruppe, von der mir 1 paratypisches Paar (Gočob bei Gunib) vorliegt, steht bezüglich der Elytrenform in der Mitte zwischen *Pl. irritans* und *M. armeniaca* (Abb. 121); die Elytren sind länger, schmaler und hinten etwas weniger breit gerundet als bei der erstgenannten Art. Analtergit ♂ (Abb. 122) breit bogig ausgeschnitten, mit kurzen Endzipfeln. Cerci bis zu dem hinter der Mitte liegenden kräftigen Zahn gleichmäßig breit, apikal schlank, etwas abgestumpft; Styli die Cerci nicht überragend. ♀ Ovipositor lang säbelförmig, sehr ähnlich dem der vorigen Art, von gleicher Färbung. Subgenitalplatte hinten leicht ausgerandet. Gesamtfärbung und Zeichnung wie bei *irritans*.

	♂	♀
Long. corp.	17—18	19 —21
— *pronot.*	5	5 — 5,5
— *elytr.*	6— 6,3	6 — 6,4
— *fem. post.*	15	16,2—16,5
— *ovipos.*	—	13 —14

M. schereri (I. Bol.) [Taf. XXIII, Fig. 6]. Anatolien. ♂ Huseyn Gazi Dagh (3. 6. 1941); ♀ Etimesut 3.—7. 7. 1941; ♀ Polata Yolu 2. 7. 1940 (Karabag); ♀ Eskishehir 3. 8. 1917 (La Baume); ♀ Pergamon (Brunner); 2 ♀♀ Sivas (Sammler unbekannt). Diese Art variiert in Größe und Färbung ziemlich erheblich. Die Grundfärbung schwankt zwischen strohfarbig, hellbraun und dunkel graubraun; der Pronotumrücken ist bei dunklen Stücken zuweilen ockerfarbig aufgehellt, mit unregelmäßigen schwärzlichen Längsbinden; Seitenlappen schwärzlich. Schwankend ist auch der Bau des Pronotums; während die Metazona ziemlich scharfe Seitenkanten zeigt (mit ausgeprägtem Mittelkiel), hat die Prozona mehr gerundete Kanten und ist zuweilen stark rundlich gewölbt (Pergamon), doch gibt es alle Übergänge. Der gelblichgraue Ovipositor zeigt eine braunschwarze Oberkante und eine ebensolche, mehr verwaschene Unterkante.

	♂	♀
Long. corp.	24	22,5—29
— *pronot.*	7	6,5— 9
— *elytr.*	10,5	9,5—10
— *fem. post.*	22	20,5—23,5
— *tib. post.*	21	17,5—21,5
— *ovipos.*	—	14,5—15

M. taurica (I. Bol.). Von dieser *schereri* am nächsten stehenden Art besitzt das Berliner Museum 1 ♀ von Azan-Key bei Erzerum, 14. 7. 1916 (Sammler unbekannt).

Incertana Zeuner

I. incerta (Br. v. W.). Brussa; Manissa; Bornova; Sevdiköi; Kozan; Dörtyol. Weitverbreitet und häufig.

I. persica (Uv.) [Taf. XXII, Fig. 11 a—c]. Ordubad (1 ♂, 3 ♀♀); Eriwan, Universitätsgarten (7 ♂♂, 5 ♀♀); Diarbekir (3 ♂♂, 7 ♀♀); Gebirge bei Silvan (4 ♂♂, 3 ♀♀). An den beiden letztgenannten Orten fanden sich unter der Nominatform auch Stücke mit vollentwickelten Flugorganen (5 ♂♂, 4 ♀♀), Elytren die Knie teilweis nicht ganz erreichend, teilweis überragend (18,5—24 mm); ich benenne letztere als *holoptera n. f.* Ein holopteres ♂ erwähnt bereits Chopard von Amara (Tigris).

Bicolorana Zeuner

B. bicolor (Phil.) Tschubuchly.

Roeseliana Zeuner

R. *pylnovi* (Uv.) (Vgl. Mitt. Zool. Mus. Berlin 1939, p. 117). Bakuriani 7 ♂♂, 6 ♀♀; ferner von Mis-chane 8000′ (Armenien). Die aus der obigen Serie gewonnenen Maße sind folgende:

	♂	♀
Long. corp.	18 —19,5	17,7—20
— *pronot.*	4,5— 5	4,9— 5
— *elytr.*	8,3—10,3	6,7— 7,6
— *fem. post.*	15,7—16,5	16,5—17,2
— *ovipos.*	—	7 — 7,5

R. *bispina* (I. Bol.) [Taf. XXIII, Fig. 7] (l. c. 1939, p. 119). Diarbekir-Silvan, in einer etwas feuchten Senke 8 ♂♂, 6 ♀♀; ferner von Yalova (♂) und Etimesut (♀).

	♂	♀
Long. corp.	20,4—22,7	21,5—26
— *pronot.*	5,9— 6,3	6,2— 6,9
— *elytr.*	9,7—10,9	7,9— 9,1
— *fem. post.*	18,5—18,7	18,5—21,7
— *ovipos.*	—	7,5— 8

Decticus Serv.

D. verrucivorus (L.). Kasbek 18—2200 m; Darialschlucht; Mzchet; Karakliss; Tschubuchly; ferner vom Elma Dagh (Karabag); Karačabey (Grohmann). Die Hochgebirgsform vom Kasbek ist, was Uvarov bereits für andere Hochlagen im Kaukasus für diese Art feststellte, auffallend klein (♂ corp. 26,5; elytr. 26,8; fem. post. 26 mm) und die Elytren erreichen kaum die Hinterknie; außerordentlich klein ist ein ♀ aus der niedrigen Lage von Mzchet (corp. 29; elytr. 23,5; fem. post. 30; ovipos. 21,7 mm). Dem gegenüber sind die Stücke aus dem Gebiet von Brussa besonders groß (♀ corp. 36; elytr. 3,7; fem. post. 37; ovipos. 27 mm), so daß sie auf den ersten Blick mehr der folgenden Art gleichen.

D. albifrons Fabr. Ersin; Diarbekir; Brussa; Yalova; Eriwan.

Medecticus Serv.

M. assimilis (Fieb.). Mzchet 1 ♂, 2 ♀♀; Plosskaja bei Tiflis 3 ♂♂, 2 ♀♀; Davalu 3 ♂♂, 2 ♀♀; Diarbekir 3 ♂♂, 1 ♀; Silvan ♂ ♀; Kozan 2 ♂♂, 2 ♀♀; Yokarbanassiya ♂ ♀; Eski Malatia ♀; ferner vom Kisil Dagh bei Sivas ♀ (Ševket Tunçok); Huseyn Gazi Dagh bei Ankara ♀ (Karabag). In Größe und Färbung außerordentlich variabel. Die durchschnittliche Form zeigt eine schmutzig-strohfarbige oder grau-olive Grundfärbung mit schwärzlichen Zeichnungen (diese besonders stark bei den Stücken von der Plosskaja-Höhe); die beiden ♀♀ von Davalu, die sich außerdem durch besondere Größe auszeichnen, sind demgegenüber hell strohfarbig; die *pars stridulans* und die Oberkante der Hinterschenkel sind hellgrün angehaucht.

	♂	♀
Long. corp.	31 —41	33 —42
— *pronot.*	8,5—10,5	9 —12
— *elytr.*	36 —43	37,5—50
— *fem. post.*	31 —35	30 —40
— *tib. post.*	30 —35	30 —37,5
— *ovipos.*	—	32,5—29,5

Festella Giglio-Tos

F. festae G.-T. Kozan 11 ♂♂, 16 ♀♀; dort besonders an Ackerrändern recht häufig. Grundfärbung hell strohfarbig, die markanten Seitenbinden des Abdomens braun bis schwarzbraun.

Der Epiphallus weicht von dem Typ der vorhergehenden Gattungen insofern ab, als die Schenkel keine basale Berührung oder gar Verwachsung miteinander haben, sondern ziemlich weit voneinander inseriert sind (Abb. 125).

Bucephaloptera Ebner

B. bucephala (Br. v. W.). Brussa; Manissa Dagh; Bornova; Nif; Sevdiköi; Kozan; Ersin; Dörtyol-Payas. Diese überall häufige Decticine ist in Anatolien durchschnittlich wesentlich größer als im balkanischen Gebiet.

	Anatolien		Balkan	
	♂	♀	♂	♀
Long. corp.	19,8—24,6	20,8—24,5	17,3—22	17,3—20,8
— *pronot.*	7,1— 8,3	8,1— 9,4	6,7— 7,6	6,8— 8,4
— *elytr.*	—	—	—	—
— *fem. post.*	18,7—22,6	22,2—24	18,6—20,7	19,7—21,7
— *tib. post.*	17,5—21,8	20,5—22,6	17,6—18,8	16,7—19,5
— *ovipos.*	—	14,9—15,3	—	12,9—17,2

Außerordentlich bemerkenswert und, soweit bisher bekannt, ganz isoliert stehend, ist der Bau des Epiphallus bei *Bucephaloptera* (Abb. 125). Hier ist, außer den üblichen zwei Schenkeln desselben, etwas dahinter und ein wenig höher stehend ein weiteres, kleineres epiphallusartiges Gebilde entwickelt, dessen Schenkel wie bei dem Epiphallus von *Rhacocleis* an der Basis, nicht chitinisiert verbunden, nur einen geringen Berührungspunkt besitzen. Der größere Hauptteil des Epiphallus zeigt, ebenso wie bei *Festella*, räumlich getrennte Schenkelbasen. Diese Übereinstimmung unterstreicht die (schon durch die mit nur drei Außendornen bewehrten Vordertibien angedeutete) Verwandtschaft beider Gattungen. Die beiden *Bucephaloptera*-Arten *bucephala* und *cypria* zeigen auch im Epiphallusbau klare Unterschiede.

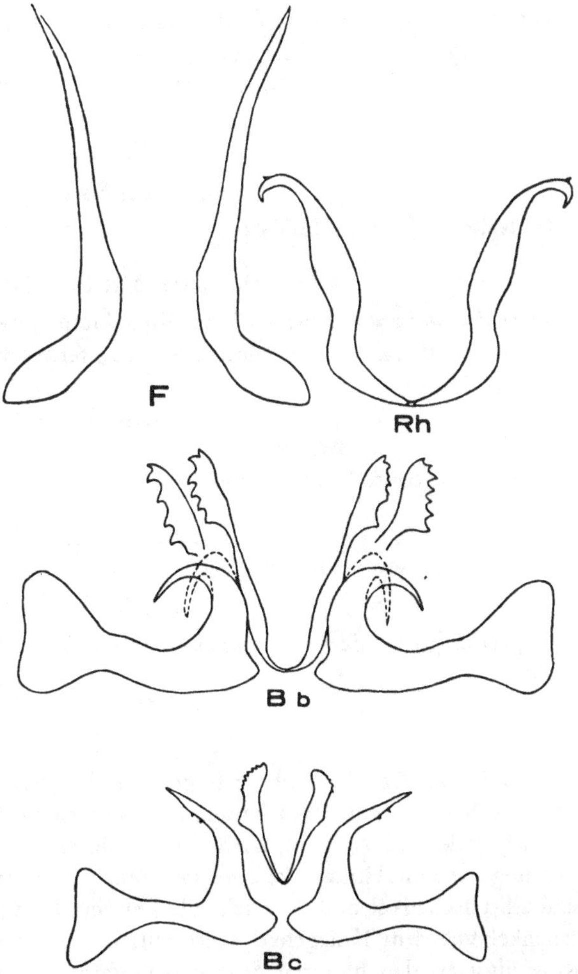

Abb. 125. Epiphallus von F *Festella festae*; *Rh Rhacocleis germanica*; *Bb Bucephaloptera bucephala* (m. Variat.); *Bc cypria*

Psorodonotus Br. v. W. (vgl. S. 260)

P. specularis specularis (F.-W.) [Taf. XXIII, Fig. 2]. Bakuriani; Schordsha.
P. specularis inermis n. subsp. Gudaur; Kasbek 1800 m.
P. venosus (F.-W.) [Taf. XXIII, Fig. 3]. Gudaur; Bakuriani; Schordsha.

Bradyporus Ramb.

B. dilatatus (Stål). Ulukişla; ferner von Sewdiköi und Polatly (La Baume); Kavakli bei Ankara (Sevket Tuncok); Bitlis (Sammler unbekannt). Besonders gern auf der Südseite der Bahndämme; auf nächtlicher Eisenbahnfahrt im Spätsommer von Ulukişla nach Ankara hört man ständig die Zirptöne dieser Tiere; sie ähneln denen von *Tettigonia caudata* Charp., sind nur etwas rauher.
B. macrogaster (Lef.). Karačabey (Grohmann).
B. multituberculatus (F.-W.). Prochladnaja (Boldyrev).

Gryllidae

Oecanthus Serv.

O. pellucens (Scop.). Ulukişla; Ersin.

Pteronemobius B. Jak.

P. heydeni tartarus (Sauss.). Geok Tapa (Schelkovnikov).
P. gracilis B. Jak. 40 km südlich Aintab; ferner von Geok-Tapa (Schelkovnikov).

Gryllulus Uv.

G. domesticus (L.). Ankara.
G. tartarus (Sauss.). Yokarbanassiya.

Gryllodes Sauss.

G. lateralis (Fieb.). Mzchet.

Gryllotalpa L.

G. gryllotalpa L. Mersina; kam dort zahlreich zum Licht.

Tridactylidae

Tridactylus Latr.

T. variegatus (Latr.) Ordubad; ferner von Eriwan (Schelkovnikov). Die transkaukasisch-armenischen Stücke unterscheiden sich durchweg von der meist stärker hell gefleckten südeuropäischen Form durch die vorwiegend schwarzbraune Färbung; nur die Hinterecken der Pronotumseitenlappen, das Ende der Vorder- und Mittelschenkel und eine schmale Querbinde auf der Oberseite der Hinterschenkel vor dem Kniegelenk sind hell; das Abdomen zeigt die übliche helle Ringelung an den hinteren Segmentalrändern und die Hinterschienen bleiben aufgehellt.

Acrididae

Tetrix Latr.

T. bolivari (Saulcy). Ordubad.

T. subulata (L.). Smyrna; Cilic. Taurus 1893 (Holtz).

T. tenuicornis (Sahlbg.). Mzchet.

T. depressa Bris. Delishan; *f. acuminata* Brullé: Delishan: Dselal Ogly (Museum Eriwan); Ilkaz-See (Kummerlöwe-Niethhammer).

Acrida L.

Vor kurzem hat Dirsh (Eos 1949, **25**: 15—47) die palaearktischen Arten der Arten *Acrida* L. revidiert. Ausgehend von dem an sich richtigen Gedanken, daß die in der Literatur als „*turrita* L." bezeichnete Form angesichts ihrer weltweiten Verbreitung sich wohl aus mehreren Arten zusammensetzen dürfte, hat der Autor meines Erachtens jedoch weit über das Ziel geschossen: er stellt — in 4 Gruppen — nicht weniger als „14 *distinct species and* 7 *subspecies*" auf.

Es ist hier weder der Ort noch reicht der Raum, um diese Revision einer eingehenden kritischen Untersuchung zu unterziehen, was jedoch einmal unbedingt notwendig sein wird. Es soll hier nur das Wesentlichste gesagt werden, insbesondere für die im Rahmen der vorliegenden Arbeit in Frage kommenden Arten.

Zunächst dürfte das der Revision zugrundeliegende Material zahlenmäßig nicht ausreichend gewesen sein, um ohne unzulässige Verallgemeinerungen die einzelnen aufgestellten Arten und Unterarten zu fixieren, die teilweis sogar auf ganz wenigen Exemplaren basieren. Schon bei dem Versuch, neues Material, und zwar die mehr als 200 Exemplare des Berliner Museums, nach dem Bestimmungsschlüssel zu determinieren, führt alsbald in einen völligen Irrgarten infolge der Labilität der meisten der angegebenen Merkmale. Einigermaßen, aber auch nur in Kombination und mit gewissen Einschränkungen, brauchbar sind die Elytrenform (außer dem Typ c in Fig. 2, s. weiter unten), Kopfform und — nur bedingt — Fastigium und Pronotum; ein stark herangezogenes Merkmal der Antennen, mit ihren mehr oder weniger „*incompletely divided*"-Gliedern, ist nicht stichhaltig, wenig brauchbar auch die Form der Subgenitalplatte (♂). Die Variabilität in der Körpergröße und den genannten übrigen Merkmalen ist in der Gattung ganz außerordentlich, insbesondere auch am Kopf infolge seiner Längenausdehnung. Es ist oft völlig unmöglich, mit Dirshs Abbildungen der Antennen, Köpfe, Pronoti und der Subgenitalplatten, teils nach Unicis hergestellt, beim Materialvergleich zum Ziele zu kommen, weil eben diese Abbildungen keine, und wäre es auch nur im Prinzip, konstanten Merkmale darstellen. Viele Einzelexemplare aus geschlossenen Serien sicher ein und derselben Art kann man, sowohl im Bestimmungsschlüssel wie auch bei den Abbildungen, an mehreren Stellen unterbringen. Es ist auch nicht ersichtlich, nach welchen Kriterien die einzelnen Formen teils als Spezies teils als Subspezies aufgefaßt werden; gravierende Merkmale sind hierfür ohnehin recht spärlich vorhanden.

Über Gruppen und Formen sei im einzelnen, soweit ich mir ein Urteil bilden konnte, nur Folgendes bemerkt.

Gruppe I. *Turrita* L. dürfte in der Tat eine gute nordafrikanische Art sein, die in Europa nur auf Sizilien durch die *subsp. sicula* vertreten ist (außer ihr auf Sizilien auch *meridionalis* Dirsh); auch *lineata* Thbg. ist durch ihren Habitus als eigene Art genügend gekennzeichnet. Über die übrigen Formen der Gruppe kann ich aus Materialmangel mir kein Urteil erlauben.

Gruppe II. Als die beiden Hauptarten enthält sie *pellucida* Klug und als neue Art — an Stelle von *turrita* auctt. — *meridionalis*, die also das Gros der europäischen Formen als Art umfaßt. Von *pellucida* Klug (Ägypten) wählte Dirsh einen Typus, ohne zu wissen, daß sich der Typus (♂) von *pellucida* Klug im Berliner Museum befindet.

Alle Subspezies der beiden Arten scheinen mir auf recht schwachen Füßen zu stehen. Beispielsweise liegt mir von dem Fundort Pola eine von mir gesammelte Serie vor, und aus dieser Serie bezeichnet Dirsh ein in London befindliches ♂ als zu *meridionalis lombardica n. subsp.* gehörig, während ich meine Serie ohne weiteres zur Nominatform stellen würde; vermutlich trifft dies auch auf die der neuen Subspezies zugrundeliegende Turiner Serie zu, denn auch meine zahlreichen Stücke aus Oberitalien lassen sich gut bei der Nominatsubspezies unterbringen. Die Merkmale bei der dritten Art der Gruppe, *anatolica* n. sp., erscheinen auch nicht genügend klar umschrieben, um eine neue Art zu rechtfertigen: es ist mir jedenfalls nicht gelungen, sie in meinem reichen anatolischen Material, in dem sie vorhanden sein müßte, ausfindig zu machen; es enthält nur *meridionalis* und *deserti* (s. weiter unten). Ich glaube, daß der Rahmen und das Verbreitungsgebiet von *meridionalis* viel weiter gesteckt werden muß, als der Autor es tut.

Gruppe III. Diese muß in Fortfall kommen: die Rückwärtskrümmung des Elytrenendes kann man individuell auch bei anderen Arten finden; zudem besitzt das Berliner Museum sowohl von der rumänischen Originalserie von Cernavoda (Spaney) als auch aus Ungarn genügend Material, um den individuellen Charakter dieser Erscheinung feststellen zu können; für die zweite, mit Vorbehalt hierher gestellte Art der Gruppe, *caucasica* n. sp., dürfte das Gleiche zutreffen.

Gruppe IV. Außer *oxycephala* Pallas, von der Dirsh ungefähr topotypisches Material vorlag, und der sicher guten Art *deserti* Uv., von der ich in Vorderasien selbst große Serien sammeln konnte, sind noch 3 Arten, *persa* (1 ♂♀), *turca* (1 ♂♀) und *caspica* (♂) beschrieben, also auf Grund eines für diese Gattung recht kargen Materials.

Alles in allem ist zu sagen, daß einige Klärungen in der Systematik der Gattungen erreicht wurden, viele Merkmale aber so labil sind, daß eine Anzahl von Formen als zu mechanisch und unnatürlich konstruiert erscheinen müssen und keine Gewähr dafür bieten, sie mit einiger Sicherheit zu identifizieren. Zweifellos ist die Aufgabe, die sich Dirsh gestellt hat, auch außerordentlich schwer. Es sollte versucht werden, durch Untersuchung der männlichen Kopulationsorgane mehr Klarheit zu gewinnen, obwohl bei den *Acridinae* die Aussichten dazu wesentlich geringer sind als beispielsweise bei den *Catantopinae*.

A. meridionalis Dirsh Brussa; Manissa; Ankara; Beylik köprü; Kozan; Dörtyol.

A. deserti Uv. Chérif chané; Ordubat; Davalu; Uluchanlu; Etschmiadsin; Ssardarabat-Kiliak arch; Petrowsk-Derbent; ferner von Mardin (Ševket Tuncok).

Acridella I. Bol.

A. robusta Uv. Uluchanlu; Ssardarabad; Ordubad; Chérif chané; Mersina; Malatia; Aintab; Dörtyol; ferner von Urfa (Bredemann).

Duroniella I. Bol.

D. fracta (Kr.). Sevdiköi (La Baume); Cilic. Taurus (Holtz); Dörtyol (Ševket).

D. laticornis (Kr.). Aintab; 20. 4. 1938 Massenauftreten schon im April (Danisman).

Paracinema Fisch.

P. tricolor (Thbg.). Uluchanlu; Nigde.

Platypterna Fieb.

P. pruinosa (Br. v. W.). Dörtyol; Payas.

P. acuta I. Bol. Ersin.

Chrysochraon Fisch.

Ch. dispar (Germ.). Bakuriani.

Stenobothrus Fisch.

St. lineatus (Pz.). Kasbek; Schaw-nabat; Mzchet.

St. fischeri (Ev.) [Taf. XXV, Fig. 5; zum Vergleich *eurasius* Fig. 4]. Yokarbanassiya; ferner von Uşak (Bauer).

St. zubowskyi I. Bol. [Taf. XXV, Fig. 6]. Bithyn. Olymp (1900 m); Yokarbanassiya; Ütsch-Kapular Dagh; Melendis Dagh (von letzterem Fundort unter den 15 Exemplaren 2 ♂♂ mit gelblichen statt roten Hinterschienen).

St. werneri (Adel.) [Taf. XXV, Fig. 1 a, c ♂ ♀; 1 c (2. Reihe), Flugorg.]. Tiflis (Nordhänge).

St. werneri iranicus n. sp. [Taf. XXV, Fig. 1 b ♂]. Die von Heinrich 1927 in Persien (4 ♂♂ zwischen Bart und Suchede, 2000 m, 2 ♂♂, am Schahkuh, 2500 m) gesammelten Stücke hatte ich 1929 (Eos, p. 155) als eine kleinere Form von *werneri* bezeichnet, doch zeigte eine neuerliche Untersuchung, daß die Elytrenaderung insofern konstant abweicht, daß die Medianader bereits nach dem ersten Drittel stark vom Radiussektor divergiert, während dies bei der Nominatform erst von der Mitte an der Fall ist (Taf. XXV, Fig. 1 d, 2. Reihe). Die Maße der Körper- und Elytrenlänge gegenüber der Nominatform sind 17 : 21 und 13 : 15 mm

St. sviridenkoi Rme (= *werneri sviridenkoi* Rme, vorl. Beschr. in Mitt. Zool. Mus. Berlin 1930, p. 395) [Taf. XXV, Fig. 2a, b ♂ ♀]. Die hier erheblich abweichende Elytrenaderung sowie die Verkürzung der Elytren des ♀ sprechen doch für die spezifische Selbständigkeit von *sviridenkoi*, wozu auch andere Merkmale kommen.

Viel kleiner als *werneri*. Kopf klein, noch schmaler als bei *werneri iranicus* (äußerer Augenabstand 2,7 mm). Fühler dünner als bei *werneri* und apikal stärker (bis keulenförmig) verdickt. Prozona des Pronotums leicht eingeschnürt, Metazona nach hinten etwas erweitert. Elytren schmaler und apikal stärker verschmälert; Medianader stark dem Radiussektor angenähert und zum größten Teil parallel zu dieser; Cubitalader (wie bei *werneri*) dicht an der Analader liegend, so daß das Discoidalfeld fast den ganzen Raum zwischen Radiussektor und Analader ausfüllt; regelmäßig quergeadert (Taf. XXXI, Fig. 6). Erster Sektor der Hinterflügel absolut und relativ deutlich schmäler als bei *werneri*, nur schwach hell gefenstert im Gegensatz zu *werneri*; Hinterflügel im ganzen dunkel gebräunt, auch in den übrigen Sektoren fein gefenstert (bei *werneri* wenig oder gar nicht). ♀ Fühler kurz, kaum so lang wie Kopf und Pronotum zusammen. Elytren verkürzt (oft bis zu zwei Drittel der Abdomenlänge) und schmal, ebenso die Hinterflügel; Aderung der des ♂ entsprechend und in gleicher Weise von *werneri* abweichend.

Färbung ♂ schmutzig dunkeloliv; Pronotumrücken dunkel bräunlich, Kanten nur ein wenig heller. Fühler gelblich, apikal schwärzlich. ♀ grünlich oder bräunlich.

Typus ♂, Paratypus ♂, Goktscha-See, 11. 6. 1923 (Mus. Eriwan); Allotypus ♀, Paratypen 9 ♀♀, Tschubuchly 2200 m (RAMME).

St. nigromaculatus (H.-S.). Bithyn. Olymp 19—2000 m.

St. nigromaculatus transcaucasicus Rme (Mitt. Zool. Mus. Berlin 1933, p. 430, Taf. XII, Fig. 9a—d). Ich gebe nachstehend eine ergänzende Beschreibung; hierzu Taf. XXV, Fig. 3.

Kleiner als die Nominatform, matter gefärbt und gezeichnet. Fühler wesentlich kürzer als bei dieser, ♂ nur um $^1/_5$ länger, ♀ kürzer als Kopf und Pronotum zusammen. Elytren im ganzen schmaler, ♂ apikal etwas mehr zugespitzt, ♀ von gleicher Form; Interradialfeld ♂ etwa ebenso breit wie das Skapularfeld, bei der Nominatform wesentlich schmaler als letzteres, beim ♀ dieser Unterschied nur schwach ausgeprägt; Discoidalfeld ♂ knapp $^2/_3$ so lang, ♀ etwa $^1/_4$ so lang wie die Elytren, schmaler als bei der Nominatform und die Queraderung enger. Gesamtfärbung der Elytren blasser, auch die der Aderung; die Flecken des Discoidalfeldes nur matt und verwaschen, zuweilen nur durch Spuren angedeutet. Hinterschienen mattgelblich bis dunkelgelblich (bei der Nominatform rötlich). UVAROV (Eos 1934, p. 78) weist auf ähnliche Unterschiede gegenüber der Nominatform auch bei der Form des anatolischen Plateaus hin.

Derselbe Autor zitiert l. c. meine *subsp. transcaucasicus* als Spezies und meint, es sei „nach seiner Ansicht eine Subspezies von *nigromaculatus*“, während ich sie von vornherein als solche beschrieben habe.

	♂	♀
Long. corp.	16,5	20,2
— *antenn.*	7,7	4,6
— *pronot.*	3	3,8
— *elytr.*	10,8—12,3	10,8—12,8
Lat. elytr.	2,6	2,4
— *fem. post.*	9,3	11 —12,3
— *tib. post.*	8	10 —11,3

2 ♂♂, 6 ♀♀, Zchra Zcharo bei Bakuriani, 2700 m.

Transcaucasicus Rme ist gestaltlich die kleinste, *istrianus* Kr. die größte bekannte Subspezies von *nigromaculatus*.

Omocestus I. Bol.

O. viridulus (L.). Kasbek, 18—2000 m.

O. rufipes (Zett.). Brussa; Adana. Die ♂♂ der beiden Fundorte stellen extreme Formen dieser (besonders bei dem ♂ sich dokumentierenden) variablen Art dar. Gegenüber der durchschnittlichen ist das eine Extrem eine ziemlich kleine Form mit blaßbräunlichen Elytren und außen schwach oder kaum geröteten Hinterschenkeln; Serien dieser Art liegen mir noch vom Gardasee und vom Etruskischen Apennin vor. Das andere Extrem zeigt neben beträchtlicher allgemeiner Größe, breite und schwarzbraune Elytren und intensiv rote Hinterschenkel; eine Serie vom Taygetos im Peleponnes entspricht genau der Form von Adana. Die vergleichenden extremen Maße der Elytren (Länge und Breite) sind 10,5 : 2,3 und 14,5 : 3,3; in Mitteleuropa bewegen sich Größe und Intensität der Färbung auf einer mittleren Linie, so daß eine namentliche Trennung untunlich erscheint.

O. haemorrhoidalis (Charp.). Tiflis (Nord- und Südhänge); Mzchet; Alagös (bis 2800 m); Schordsha.

O. petraeus (Bris.). Tiflis (Bot. G.); Melendis-Dagh; Bithyn. Olymp (3—500 m); ferner vom Huseyn Gazi Dagh bei Ankara (Karabag).

O. nanus Uv. [Taf. XXVII, Fig. 5]. Ütsch-Kapular Dagh.

Stauroderus I. Bol.

St. scalaris (F.-W.). Bakuriani; Schordsha. Uvarov (Eos 1934, p. 88) weist bereits darauf hin, daß die anatolische Form kleiner und blasser ist, kürzere Antennen und schwächer verbreiterte Elytren zeigt; dies trifft auch auf die transkaukasisch-armenische Form zu, deren Elytren zudem das Abdomenende nicht ganz erreichen. Dennoch würden diese Unterschiede eine subspezifische Bewertung nicht rechtfertigen, da sich auch von europäischen Fundorten Annäherungen an diese Form feststellen lassen.

Chorthippus I. Bol.

Ch. apricarius (L.). Gudaur; Bithyn. Olymp (3—500 m); ferner vom Ilkaz Dagh (1900 m), 18. 10. 1933 (Kummerlöwe, Niethhammer).

Ch. apricarius maior Zub. Bakuriani 13 ♂♂, 23 ♀♀; Alagös 2800 m, 4 ♂♂, 15 ♀♀; Jelenowka 1 ♂, 6 ♀♀; Tschubuchly 1 ♂, 3 ♀♀. Die Subspezies überschreitet die Größe der Nominatform teilweise sehr erheblich; die Elytren [Taf. XXV, Fig. 11] überragen in beiden Geschlechtern das Abdomen und sind breiter als bei der Nominatform. Für die obigen Serien ergeben sich folgende Maße:

	♂	♀
Long. corp.	15 —18	20 —22,5
— *pronot.*	2,2— 3,4	3,8— 4,7
— *elytr.*	12,5—15,3	15 —21
— *fem. post.*	9 —10,5	12 —14

Ch. abchasicus Rme [Taf. XXIV, Fig. 4a—c]. Von dieser nach 3 ♀♀ aus der Gegend von Suchum beschriebenen Art (Mitt. Zool. Mus. Berlin 1939, p. 131) erhielt ich neuerdings eine Anzahl von Paaren, gesammelt von PARAMONOV im NW.-Kaukasus bei Krasnaja Poljana, auf den Alpenmatten des Berges Aibga, 15—2000 m, (10. 9. 1937), und ich benutze diese Gelegenheit zur Vervollständigung der früheren Abbildungen der Art.

Ch. macrocerus (F.-W.) Mzchet: Kasbek 1800 m; Tiflis (Bot. Garten und Nordhänge); Borshom; Bakuriani; Eriwan (Univ.-Garten); Ordubad (vgl. S. 32, Befall mit *Mermis*). Ein ♂ (Tiflis) zeigt holoptere Flugorgane (*n. f. holoptera*); Elytrenlänge 14 mm (Taf. XXV, Fig. 7).

Ch. demokidovi (Rme) (= *Omocestus demokidovi* Rme, Mitt. Zool. Mus. Berlin 1930, p. 394, vorl. Beschr., ? = *Dasyhippus pygmaeus* B.-B.) [Taf. XXVI, Fig. 7; Taf. XVII, Fig. 6; Taf. XXXI, Fig. 1a und b].

Ich habe die Art seinerzeit der Gattung *Omocestus* zugeteilt, da die Erweiterung am Vorderrand der Elytrenbasis so gering ist, daß man im Zweifel sein konnte, ob die Art zu *Chorthippus* gehört; ich stelle sie jetzt aber (einer brieflichen Anregung von UVAROV folgend) doch zu dieser Gattung, auch wegen der Form der Pronotumkiele.

Sehr kleine Art. ♂ Fühler etwa um ein Viertel länger als Kopf und Pronotum zusammen. Pronotum in der Prozona stark eingeschnürt, Kiele scharf gewinkelt, *sulcus typicus* im allgemeinen in der Mitte liegend, selten ein wenig nach vorn verlagert. Elytren brachypter, das Abdomen nicht erreichend, apikalwärts stark eiförmig verbreitert; Mediastinalfeld sehr schmal, Mediastinalader etwas s-förmig geschwungen, etwa bis zur Mitte der Elytrenlänge reichend. Scapularfeld in den apikalen zwei Dritteln ziemlich erweitert, das Interradialfeld in der Mitte etwa ein Drittel so breit wie das Scapularfeld, im apikalen Drittel zum Elytrenrand allmählich verbreitert (etwa halb so breit wie das Scapularfeld). Medianader unregelmäßig, bei Beginn des letzten Drittels geknickt, Discoidalfeld schmal, apikal auf die Ulnarader mündend; Analfeld ziemlich breit. Hinterflügel stark (4,3 mm) verkürzt. Analplatte stumpfkegelig. ♀ Fühler etwa kürzer als Kopf und Pronotum zusammen, Elytren bis zum Abdomenende reichend, schmal-oval; Hinterflügel stark verkürzt (5,7 mm). Färbung im ganzen graubräunlich; Hinterschenkel auf der Oberkante und der Außenseite mit zwei verwaschenen dunklen Binden.

	♂	♀
Long. corp.	11 —11,5	15 —15,5
— *pronot.*	2,5	2,9— 3,1
— *elytr.*	6 — 6,8	4,5— 5,1
— *fem. post.*	7,2— 8	8,2— 9,2

Typus ♂, Allotypus ♀, Paratypen 2 ♂♂, 4 ♀♀. Alagös, 26—2900 m, in Gesellschaft von *Gomphocerus armeniacus* Uv., in magerem Grase zwischen Steinen. Es ist sehr wahrscheinlich, daß *Dasyhippus pygmaeus* Bei-Bienko (Bol. Soc. Esp. Hist. Nat. 1931, p. 723) mit *demokidovi* identisch ist, beschrieben nur nach einem ♂, so daß leichte Abweichungen der Aderungen wohl innerhalb der Variationsbreite liegen. Für Identität spricht auch das Vorkommen in der alpinen Zone (bei Ordubad), ebenfalls gemeinsam mit dem obengenannten *Gomphocerus*. Warum der Autor die Art zu *Dasyhippus* stellt, ist nicht recht ersichtlich.

Ch. ilkazi Uv., Ilkaz Dagh, 1900 m, 6 ♂♂, 3 ♀♀, 1. 10. 1933 (Kummerlöwe-Niethammer); Ineboli (1300 m) 15. 10. 1933, von den gleichen Sammlern. Über die Variabilität der Elytrenaderung (Taf. XXIV, Fig. 5) und die doch für die Güte der Art sprechenden Merkmale habe ich mich bereits auf S. 269 geäußert. Neben dieser Art kommt an beiden Fundorten auch *mollis* vor.

Ch. brunneus (Thbg.) Goktscha-See (Mus. Eriwan); Eriwan (Schelkovnikov); Ismid, 17. 6. 1914; Brussa; Manissa-Dagh; Sevdiköi; Kavaklidere; Melendis-Dagh; Malatia; Ulukişla; Diarbekir; ferner von Demirči, Čebelibereket und Amasia (Ševket Tuncok); Akchehir-Göl, 3. 10. 1934 (Fuss).

Ch. mollis (Charp.) [Taf. XXV, Fig. 8], Petrowsk-Derbent; Tiflis, Alagös, 20—2800 m; Jelenowka; Tschubuchly; Schordsha. Die Form aus der alpinen Zone des Alagös ist die kleinste und entspricht im Durchschnitt der des Berliner Gebietes; ein einzelnes ♂ unterschreitet deren Maße noch (*corp.* 12; *pron.* 2,4; *elytr.* 9,5; *fem. post.* 7,7 mm).

Ch. mollis ignifer Rme [Taf. XXV, Fig. 9], Mzchet; Karakliss; Alagös 1300 m; ferner aus Persien vom Elburs (Haschtar, Fusek). Die Form von Mzchet ähnelt sehr der folgenden Art, hat aber schmalere Elytren; ihre Zugehörigkeit zu *mollis* erwies die typische Stridulationsweise.

Ch. miramae n. sp. [Taf. XXV, Fig. 10]. Größere Art, ♀ robust; systematisch zwischen *brunneus* und *mollis* stehend. *Sulcus typicus* des Pronotums etwas vor, selten in der Mitte. Elytren die Knie etwas, ♀ kaum überragend; Radiussektor, wie bei *brunneus*, etwa nach dem ersten Viertel vom Radius divergierend, Interradialfeld ♂ etwas stärker verbreitert als bei diesem und nicht angeraucht, sondern ganz hyalin; etwas schmaler als bei *mollis* (bei dem sich der Radiussektor schon dicht an der Basis abzweigt). Färbung wie in diesem Artenkreis üblich, ♀ sehr ausdrucksvoll in schwärzlichen, grauen, gelblichen, bräunlichen, rötlichen oder grünlichen Formen variierend; Abdomen des ♂ hinten ziemlich stark, ♀ nur auf der Mitte des Rückens etwas oder gar nicht gerötet.

In den Größenverhältnissen treten, oft regional, ziemlich erhebliche Schwankungen auf; die kleinste, etwas isolierte Form in der alpinen Region des Kasbek (in der nachstehenden Maßtabelle in Klammern!):

	♂	♀
Long. corp.	16 —19 (15,4)	19 —22 (17)
— *antenn.*	8 —11 (6,3)	6,7—10,2 (4,7)
— *pronot.*	3 — 3,7 (2,9)	4 — 5 (3,6)
— *elytr.*	14 —15 (13)	16 —21,5 (15)
— *fem. post*	9,6—12,5 (9,3)	12,5—15 (10)

Typus ♂, Allotypus ♀, Paratypen 5 ♂♂, 3 ♀♀, Krim, Kikeneis, 8. und 9. 1926 (Miram); 2 ♂♂, 2 ♀♀, Krim, Karadag, 7. und 8. 1925 (Djakonov); ♂ Krim, Aluschta 6. (Kusnezov); von mir gesammelt: 3 ♂♂, Falzfeinowo am Dnjepr (5. 1914); 15 ♂♂, 7 ♀♀ Armawir; 9 ♂♂, 6 ♀♀, Tuapsse; 2 ♂♂, 3 ♀♀ Kasbek (oberh. Gudaur); 3 ♂♂, 5 ♀♀ Darial-Schlucht; 5 ♂♂, 4 ♀♀ Mzchet; 5 ♂♂, 7 ♀♀ Borshom; 3 ♂♂, 1 ♀ Eriwan; ♂ Etschmiadsin; 1 ♂ Davalu; 2 ♂♂, 2 ♀♀ Jelenowka, 1 ♂ Tschubuchly, 3 ♂♂, 3 ♀♀ Schordsha; ♂, ♀ Ordubad; hierzu wahrscheinlich 1 ♂ von Kargala (Orenburg) 1915—16 (Grote). Im Leningrader Museum befindet sich, laut briefl. Mitt. von E. Miram, der ich hier ein Denkmal setzen möchte, noch weiteres reiches Material der Art, vorwiegend von der Krim.

Ch. dorsatus (Zett.) Armawir; Bakuriani.

Ch. loratus (F.-W.)

Oedipoda lorata F.-W. 1846. Ent. Imp. Ross. VI, p. 307.
Oedipoda moderata Eversm. 1848. Addit. Fisch.-Waldh. Orth. Ross., p. 14, n. 13 (partim).
Stenobothrus moderatus Eversm. 1859. Bull. Soc. XXXII, p. 132 (partim).
Oedipoda dichroa Eversm. 1859. Ibid.
Chorthippus dorsatus dichrous Tarbinsky 1927. Bull. Zool. Appl. Phyt. Leningrad IV, 1928, p. 57.
Chorthippus dorsatus loratus auctt.

Uluchanlu; Jelenowka; Tschubuchly; Alagös 1200 m; Brussa; Manissa Dagh; Beilik köprü; Nigde; Ulukişla; ferner vom Gazi Tschiftlik bei Ankara (Fuss); Ilkaz Dagh; (am See 11. 10. 1933) und Kastamuni 18. 10. 1933 (Kummerlöwe-Niethammer); Eskischehir 7. 1917 (La Baume) und Yalova (Ševket Tuncok).

Loratus (F.-W.) wird im allgemeinen als Subspezies zu *dorsatus* (Zett.) aufgefaßt; die Unterschiede zwischen beiden Formen hat Znojko (Rev. Russe 1928, p. 188) dargelegt und abgebildet. Nach Durchsicht des mir vorliegenden umfangreichen Materials (*dorsatus* 250, *loratus* 200 Exemplare) ergab sich, daß in Ungarn beide Formen miteinander gemischt am gleichen Fundplatz vorkommen, (Pestszentimre ♂ ♀ *dorsatus*, 2 ♂♂, 3 ♀♀ *loratus*, 1935 Horvath). Da beide Formen auch morphologisch klar zu trennen sind, handelt es sich zweifellos um gute Arten. *Loratus* unterscheidet sich von *dorsatus* (Taf. XXXI, Figg. 2 und 3, Originalexemplare von Pestszentimre) durch schlankeren Bau bei durchschnittlich bedeutenderer

Größe, insbesondere durch das längere Pronotum mit analwärts weniger divergenten, oft sogar parallelen Seitenkielen, und längere Elytren, die einen deutlich abweichenden Bauplan zeigen. Sie sind bei *loratus* (♂) jenseits des Scapularfeldes viel weniger verschmälert als bei *dorsatus*, bei dem dieser Teil oben stark abgeschrägt ist und die Elytren dadurch mehr zugespitzt erscheinen; auch ist dieser Teil bei *loratus* absolut und im Verhältnis zur Länge des basalen Elytrenteils deutlich länger (im Verhältnis zu den Hinterknien sind die Elytren nicht länger). Alle diese Merkmale sind konstant und immer gut erkennbar. *Loratus* neigt zu Rötung der Hinterschienen und viel stärker zur Ausbildung von Färbungsvarianten als *dorsatus*, diese oft sehr kontrastreich.

Auch Verschiedenheiten der männlichen Kopulationsorgane (Abb. 126) rechtfertigen die spezifische Trennung: die Form der *lobi papillati* weicht ab, aber vor allem charakteristisch ist die (bei *loratus* völlig fehlende) Schwärzung des apikalen Teiles des *pons posterior* und des Aedeagus.

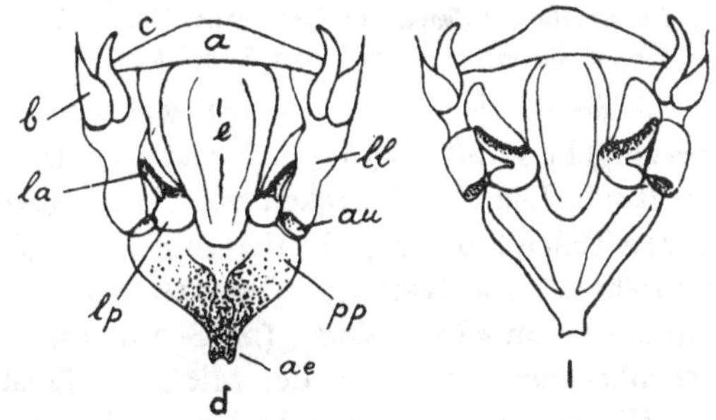

Abb. 126. Kopulationsapparat ♂ von *Chorthippus*, *d dorsatus*; *l loratus* (*a arcus*; *c cornua*; *b bulbi*; *ll laminae laterales*; *la lobi papillati ant.*; *lp post.*; *au auricula*; *e epiphysis*; *pp pons post.*; *ae aedeagus*)

Loratus bevorzugt flaches, offenes Gelände (Niederungen wie auch Hochebenen) besonders gern in Uferregionen; *dorsatus* findet sich auch oft an Berghängen der montanen Zone.

Außer von den genannten Fundorten befindet sich im Berliner Museum Material aus Niederösterreich (Podersdorf am Neusiedlersee), Ungarn (Szabadka), Rumänien, Mazedonien (vgl. S. 108), Albanien (Elbassan), Bulgarien (Varna; Orisare-Barakli), Rußland (Odessa; Aleshki; unterer Dnjepr; untere Wolga; Stalingrad; Jekaterinoslaw), Syrien, Persien (Elburs) und Turkestan (Alai; Alexandergeb.).

Während *loratus* sich erst von Niederösterreich an süd- und ostwärts ausbreitet, bewohnt *dorsatus* Europa schon vom Norden (Lettland) an; aus dem asiatischen Gebiet ist mir nur das Vorkommen in Transkaukasien (s. oben) bekannt. *Dorsatus dichrous* Tarbinsky, (s. oben) ist ohne Zweifel mit *loratus* identisch.

Ch. brauneri Znojko (Taf. XXV, Fig. 12) Jalta; Tuapsse; Uluchanlu; Ordubad; Chérif chané; Brussa; Manissa; Ersin; Diarbekir; Silvan; ferner von Amasia (Ševket Tuncok) und Wan (Fuss).

Die Art ist in Größe und Färbung recht variabel, mit teilweise zart durchsichtigen Elytren (Chérif chané, in der Taf. XXV, Fig. 12a zu dunkel!) und glasklaren Hinterflügeln, teilweise mit stark verdunkelten Elytren und Hinterflügeln,

(Tuapsse); die Form von Wan ist verhältnismäßig klein. Nachstehend die Maße für die größte und die kleinste Form (♂):

	Ersin	*Wan*
Long. corp.	17,6—24	10—15
— *pronot.*	3,3— 4,9	3— 3,6
— *elytr.*	15,2—20	12—15
— *fem. post.*	11,5—15,5	10—12

Ch. albomarginatus fuliginosus Ivan. Trud. Obstsch. Isp. Prir. Kharkov XXI, 1887.
Ch. dorsatus karelini Uv. Hor. Soc. Ent. Ross. XXXIV, 1910, p. 367.
Ch. dorsatus fuliginosus Uv. Bull. Mus. Causcas XII, 1919, p. 2 (Sep.).
Ch. albomarginatus eucerus Dovn.-Zapolski.

Ch. dorsatus karelini Uv. gehört, wie aus der Beschreibung der Elytrenaderung hervorgeht, zu *albomarginatus* und ist nach dem gleichen Autor mit *fuliginosus* Ivan. identisch. Die Zugehörigkeit zu *albomarginatus* bestätigt Material aus verschiedenen Teilen Sibiriens, Identität mit *albomarginatus eucerus* D.-Z. beweist ein paratypisches ♂ von Karategin (FEDULOV). Der Unterschied des *fuliginosus* von der Nominatform *albomarginatus* (DE GEER) besteht darin, daß bei dem ♂ die Hinterschenkel meist etwa von der Mitte an allmählich sepiafarbig verdunkelt sind; die Hinterschienen sind mehr bräunlichschwarz, braun oder gelegentlich etwas rötlich, die Tarsen wie die Hinterschienen gefärbt. Bei dem ♀ ist die für die Art charakteristische Krümmung des Radiussektors nur angedeutet; die Färbung der Hinterschenkel entspricht der Nominatform; das ♀ kommt auch in einer grünen Form vor, die bei dem ♂ völlig auszufallen scheint, während sie bei der Nominatform in beiden Geschlechtern gleich häufig auftritt.

Diese Subspezies ist durchschnittlich deutlich etwas größer als letztere; die Elytren überragen fast stets etwas die Hinterknie. Auch bei der Nominatform tritt gelegentlich, jedoch sehr selten, eine Neigung zur Schwärzung der Hinterschenkel auf, wie eine größere Serie zeigt, die ich bei Zsolnok a. d. Theiß (24. 9. 1943) sammelte.

Das Verbreitungsgebiet ist ziemlich umfangreich; im Berliner Museum liegt folgendes Material vor:

Sibirien: 2 ♂♂, 1 ♀ Jakutsk, 7. 1908 (PFITZENMAYER); 3 ♂♂ Jakutien (Amginsk; Bestjach bei Jakutsk; Schemkonsk) 7. und 8. 1925 (BIANKI); ♂ Orenburg (Kargala) 1915/16 (GROTE); Armenien: 2 ♂♂ Jelenovka (RAMME); ♀ Jelenovka; 4 ♂♂, 1 ♀ Taicaruch 5000'; 3 ♂♂, 2 ♀♀ Mis-chane 8000' (Armen. Exp. 1914, Mus. Eriwan); 6 ♂♂, 2 ♀♀ Daralag-Jangil bei Nachičevan (IZMAILOV); Transkaukasien: 2 ♂♂, 2 ♀♀ Daghestan, Stat. Newskaje, Distr. Kizljar 1930 (POLSMANN; POPOVA); Griechenland: 2 ♂♂, 4 ♀♀ Peloponnes, Kalavryta 800 m, 7. 1901 (HOLTZ).

Ch. laubaumei Rme. Diese von mir aus Anatolien (Eskischehir, 8 ♂♂, 3 ♀♀, 7. 1917, LA BAUME) 1926 beschriebene Art ähnelt in der Färbung sehr dem *albomarginatus fuliginosus*; sie ist durchschnittlich etwas größer als der letztere. Der Radiussektor (♂) ist hier jedoch nach der Trennung vom Radius fast gerade, so daß beide Adern das Interradialfeld ziemlich parallel begrenzen (Taf. XXXI, Fig. 4 und 5). Hinterschenkel mit Ausnahme der Basis allmählich verdunkelt, in der apikalen Hälfte tief sepiafarbig, ebenso die Hinterschienen und Tarsen, nur die Klauen weißlich, was einen eigenartigen Eindruck macht. Bei dem ♀ treten diese Schwärzungen nicht auf; es kommen auch hier — wie bei *albomarginatus fuliginosus* — grüne Formen vor, die dem ♂ ebenso völlig zu fehlen scheinen. Ich halte die klar und konstant abweichende Form des Radiussektor in Verbindung mit der ebenso konstanten eigentümlichen Färbung der Hinterbeine für so bedeutungsvoll, daß ich — trotz aller äußeren Ähnlichkeit mit *alb. fuliginosus* — *labaumei* nicht zu *albomarginatus* als weitere Subspezies zu stellen vermag. Es dürfte sich bei *albomarginatus* und *labaumei* um Doppelarten handeln, bei denen *alb. fuliginosus* die nahe Verwandtschaft beider Arten dokumentiert (vgl. S. 313).

Gomphocerus Thbg.

Die Gattung *Gomphocerus* Thbg. (vgl. auch S. 16 und 24) ist von Uvarov (als *Aeropus* Gistl) (Eos 1931, p. 85 ff.) revidiert worden; der Autor unterscheidet die Art *sibiricus* (L.) [mit der Nominatsubspezies, der *subsp. caucasicus* Motsch., sowie den neuen *subspp. graecus*, *hispanicus*, *pyrenaicus* und *helveticus*] und die neue Art *armeniacus*; 1935 beschreibt der gleiche Autor noch die *n. subsp. tibetanus*. Wenn Uvarov auch zweifellos mit einigen dieser Spezies und Subspezies unterscheidbare Formen herausgehoben hat, so kann ich mich doch nicht mit allen einverstanden erklären, da das untersuchte Material zahlenmäßig nicht immer ausreicht, um die Konstanz, insbesondere der die Antennen, aber auch die Elytrenaderung betreffenden Merkmale, voraussetzen zu können. Gut charakterisiert sind *hispanicus*, *caucasicus* und *armeniacus*, wobei zu bemerken ist, daß die „*caucasicus*" vom Kasbek zweifellos zu *armeniacus* gehören, wie die von mir dort gesammelte größere Serie beweist. Sie zeigt fast den gleichen kleinen Habitus wie diese, das gleiche schmale, wenig aufgeblasene Pronotum, die sehr kurzen Fühler mit gleicher Clavusform, die nur wenig aufgeblasenen Vordertibien sowie die relativ kurzen Elytren. *Caucasicus* selbst ist eine erheblich größere (sogar die größte) Form der Gattung, mit starker Clavusbildung der Antennen, mit stets gerötetem Unterrand der Hinterschenkel und ebensolchen Hinterschienen. Wohin die von Uvarov erwähnten Stücke aus Daghestan zu stellen sind, ist noch zu klären. Der weit abgesprengte *tibetanus* dürfte wohl eine gute Subspezies darstellen; neuerdings wurde von Chang noch der chinesische *licenti* beschrieben.

Es ist aber nicht möglich, die nach sehr knappem Material beschriebenen Subspezies *helveticus*, *pyrenaicus* und *graecus* sowie die bisher noch nicht berücksichtigten zahlreichen Vorkommen im Harz, den übrigen Alpen und dem Balkangebiet von der Nominatform *sibiricus* scharf zu trennen. Ein umfangreiches Material aus Sibirien, dem Harz, dem gesamten Alpengebiet, aus Bosnien, Montenegro, Mazedonien und Bulgarien zeigt dies deutlich; die Labilität der angegebenen Merkmale ist zu groß. Ich halte es daher für gegeben, diesen ganzen Komplex unter der Nominatform *sibiricus* zu vereinigen, um so mehr als auch die übrigen Merkmale im Bau des Pronotums und der Vordertibien keine Abgrenzungen ermöglichen. Es müßte sonst nur die Folge sein, noch eine weitere Zahl von ebensowenig klar unterscheidbaren Subspezies aus den Alpen, dem Balkan usw. aufzustellen.

A. sibiricus caucasicus (Motsch.). Eine Serie von 4 ♂♂ und 6 ♀♀ von Teberda zeigt übereinstimmend gerötete Hinterschienen, schwankt aber in der Größe ziemlich erheblich. Sie enthält die größten überhaupt vorkommenden *Gomphocerus* (*Long. corp.* ♂ 21, ♀ 24; *pronot.* ♂ 5, ♀ 5,8; *elytr.* ♂ 16, ♀ 15,5; *fem. post.* ♂ 11,5, ♀ 14,5 mm), das ♂ mit außerordentlich stark aufgeblasenen Vordertibien (Taf. XXVII, Fig. 3) neben Exemplaren mit durchschnittlichen Maßen, entsprechend der Nominatform. TARBINSKY (Bull. Int. Kontr. Pest 1931, p. 132) unterscheidet irrtümlich diese Form nicht als besondere Subspezies von der Nominatform.

A. armeniacus Uv. [Taf. XXVII, Fig. 4], Alagös 2 ♂♂, 7 ♀♀, 20—2800 m (Paratypen); ♂ ♀ Alagös (Mus. Eriwan); 2 ♂♂, 3 ♀♀ Kasbek 22—2600 m (s. oben).

Myrmeleotettix I. Bol.

M. maculatus (Thbg.) Bithyn. Olymp; ferner vom Ak Dagh (Sibashi-Jaila 2000 m) 7. 1938 (SCHWARZ); zweiter aus Anatolien bekannt werdender Fundort.

Dociostaurus Fieb.

Die Gattung wurde von UVAROV (Bull. Ent. Research 1921, p. 397) „vorläufig" revidiert und inzwischen vom gleichen Autor einige Berichtigungen vorgenommen (Trennung des iberischen *crucigerus* Ramb. und des balkanisch anatolischen *brevicollis*; Synonymie von *tartarus* Stschelk., der als gute Art zu werten ist); *hauensteini*, I. Bol., der ursprünglich mit *crassiusculus* synonymisiert wurde, wird später, zweifellos mit Recht, als eigene Art aufgefaßt. Neubeschrieben wurde *hauensteini elbursianus* Uv. (Trav. Inst. Zool. Ac. Sci. USSR. 1933, p. 194). Es sind unten einige weitere Berichtigungen vorzunehmen; wichtig und bei den Beschreibungen seitens der Autoren nicht genügend berücksichtigt ist die Form der Elytren (ob langoval mit schmalem Apex oder breitoval mit parabolischem Apex) sowie die Keilflecke auf der Metazona des Pronotums (ob schmal oder breit).

D. maroccanus (Thbg.). In der *ph. solitaria* wie auch in der *ph. gregaria* bei Manissa (LA BAUME 1917), ferner vom Tčal Dagh bei Nifköi, 2400 m (SCHWARZ 1928) in der solitären Phase.

D. brevicollis (Eversm.). Melendis Dagh; Ütsch Kapular Dagh; ferner von Kavaklidere bei Ankara (SUREYA).

D. tartarus (Stschelk.), Eriwan (Univ.-Garten); Etschmiadsin; Ssardarabat; Chérif chané.

D. généi (Ocsk.), Aintab; Dörtyol; Payas; ferner von Čebelibereket, 27. 8. 1932 ŠEVKET TUNCOK).

D. hauensteini (I. Bol.) [Taf. XXVII, Fig. 1].

Dociostaurus crassiusculus Uv. Bull. Ent. Res. 1921, p. 406, XI.

— *hauensteini* Uv. Eos 1930, VI, p. 359.

Eski Malatia; Yokarbanassiya; Diarbekir; Melendis Dagh; Ütsch Kapular Dagh; ferner aus Mesopotamien, r. Djirdjibufer, 2. 5. 1913 (v. OPPENHEIM-

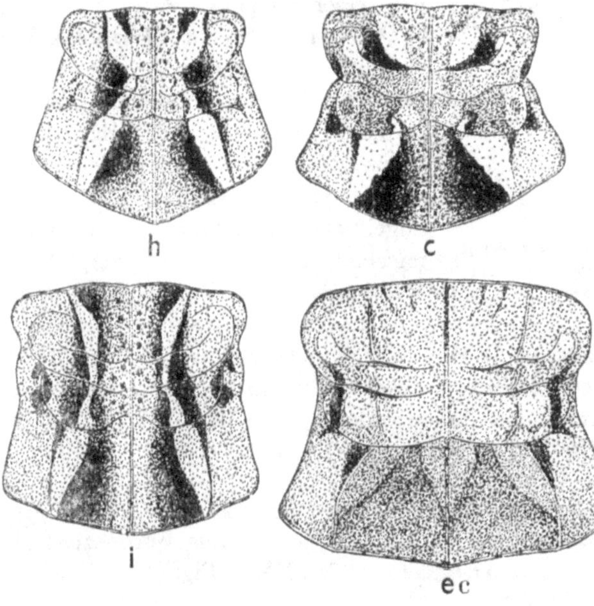

Abb. 127. *Dociostaurus* Pronotum ♀ von *h hauensteini*; *i iranicus*; *c cappadocicus*; *ec elbursianus caspicus*

KOHL); Persien (Schiras); Syrien (Aleppo; Beirut); Palästina. *Hauensteini* unterscheidet sich von *crassiusculus* durch das kürzere Pronotum (sehr deutlich bei dem ♀), die schmaleren und kürzeren, das Abdomenende nicht erreichenden Elytren (Abb. 128) [Taf. XXX, Fig. 5] sowie die durchschnittlich nur halb so breiten seitlichen Keilflecke auf der Metazona des Pronotums (Abb. 127); die Breite derselben schwankt zwar etwas, erreicht aber die von *crassiusculus*; auch dieses Merkmal am deutlichsten bei dem ♀.

D. cappadocicus (Azam).

Stauronotus crassiusculus var. cappadocicus Azam. Bull. Soc. Ent. France 1913, p. 19.

Ulukişla, 6 ♂♂, 8 ♀♀; ferner aus Cappadocien 1 ♂ (SIEHE), 1 ♀ (HOLTZ). Diese beiden letzteren Stücke stammen mit größter Wahrscheinlichkeit aus der gleichen

Serie wie die beiden ♀♀ („Cappadocien") des Autors, da beide Sammler mit ihrem Material Handel trieben. Sowohl die Form der Elytren (Abb. 128); [Taf. XXVII, Fig. 2] wie auch deren Aderung weichen prinzipiell so von *crassiusculus* Pantel ab, daß *cappadocicus* nicht als Subspezies zu dieser Art gestellt werden kann; die Medianader divergiert vom Radiussektor erst im letzten Drittel der Elytren, während sie bei letztgenannter Art schon etwas vor der Mitte abzweigt; der Raum zwischen den divergierenden Teilen ist bei *cappadocicus* nur halb so breit wie bei *crassiusculus*, und die Keilflecke auf der *Metazona* des Pronotums (Abb. 127) sind außerordentlich breit, so breit wie bei keiner bekannten Art.

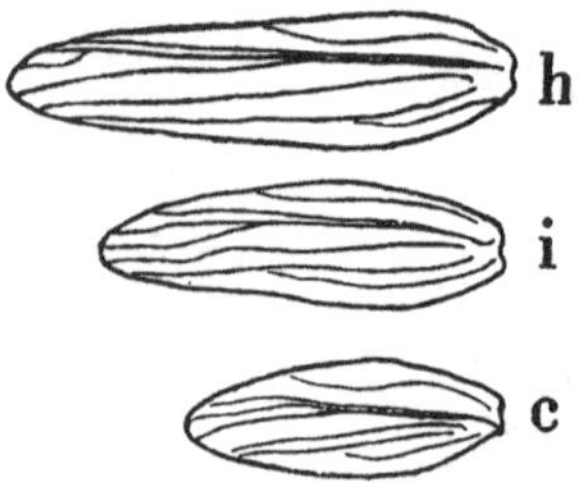

Abb. 128. *Dociostaurus* Elytren ♂ von *h hauensteini*; *i iranicus*; *c cappadocicus*

D. iranicus n. sp. (Taf. XXX, Fig. 6). Nächststehend *hauensteini*, jedoch das Pronotum (Abb. 127), besonders bei dem ♀, absolut und im habituellen Verhältnis länger und dadurch schmaler wirkend; *Sulcus typicus* hinter der Mitte des Pronotums liegend statt in der Mitte. Elytren (Abb. 128) und Hinterflügel verkürzt, erstere nur die Abdomenmitte erreichend, etwas breiter oval; Abzweigung der Medianader vom Radiussektor ähnlich wie bei *cappadocicus*.

Typus ♂, Allotypus ♀, Persien, Elburs (Haschtar), 1. 9. 1935 (Fusek).

Abgesehen von der abweichenden Elytrenaderung scheint mir das auffallend längere Pronotum und die veränderte Lage des *Sulcus typicus* zu verbieten, *iranicus* als Subspezies zu *hauensteini* zu stellen.

D. elbursianus Uv.

Dociostaurus hauensteini elbursianus Uv. Trud. Inst. Zool. Ak. Sci. URSS 1933, p. 194.

Ich betrachte *elbursianus* als gute Art (s. b. d. folg. Subspezies).

D. elbursianus caspicus n. subsp. [Taf. XXX, Fig. 7].

D. kurdus Rme Eos 1929, p. 155.

Ich hatte, verleitet durch ähnliche Größenverhältnisse und die etwas magere Beschreibung von *kurdus* Uv. die von der kaspischen Küste (Suledeh) stammenden Stücke (3 ♂♂, 4 ♀♀) der Expedition Heinrich-Dammholz zu *kurdus* gestellt,

♂	*crassiusc.*	*hauenst.*	*iran.*	*cappadoc.*	*elburs.*	*elb. casp.*	*kurdus*
Long. corp.	15 –17	14 –18	19,3	16,5–18,5	22	24,5–26,5	23
— *pronot.*	3,4– 3,5	2,7– 3,7	3,9	3,4– 3,6	5	5,7– 6	—
— *elytr.*	9,6–10	6,7–11	9,2	6,2– 6,7	9,5	10 –10,4	8
— *fem. post.*	10,3–10,9	9,5–12,5	12,5	10,4–11,4	14	15 –16	13
♀							
Long. corp.	21 –24	20 –26	27,5	22,5–27	28	30 –32	32
— *pronot.*	4,4– 5	4,5– 5,5	6,1	4,7– 6	5,5	7,1– 7,4	—
— *elytr.*	12,3–15	12 –14	12,7	6,7–10	9	10,7–12,9	13
— *fem. post.*	12,8–13	13 –15,3	10,2	13 –16	15,5	19 –20,5	18

ersehe jedoch aus der später erfolgten Beschreibung von *hauensteini elbursianus* Uv., daß die kaspischen Stücke eine (ganz einheitlich) erheblich größere Subspezies des aus dem Gebirge beschriebenen *elbursianus* darstellen; für beide ist die von allen übrigen Arten abweichende, fast einheitlich bräunliche Färbung — ohne die kontrastreiche Zeichnung besonders auf dem Pronotumrücken — (Abb. 127) charakteristisch; da ferner die breitovale Form der stark abgekürzten Elytren und ein Unterschied in deren Aderung hinzukommt, fasse ich *elbursianus* als gute Art auf und stelle *caspicus* als Subspezies dazu.

Notostaurus Tarb.

N. anatolicus (Kr.) mit *f. castaneopicta* Kr. Ras kalan yurt; Tiflis (Plosskaja); Etschmiadsin; Ssardarabat; Ordubat; Emir-Göl bei Ankara; Beylik köprü; Manissa Dagh; Adana; Yokarbanassiya; Kozan; Dörtyol; ferner von Eskichehir (LA BAUME 1917); Kastamuni (KUMMERLÖWE-NIETHAMMER 1933); Demirči (ŠEVKET TUNCOK).

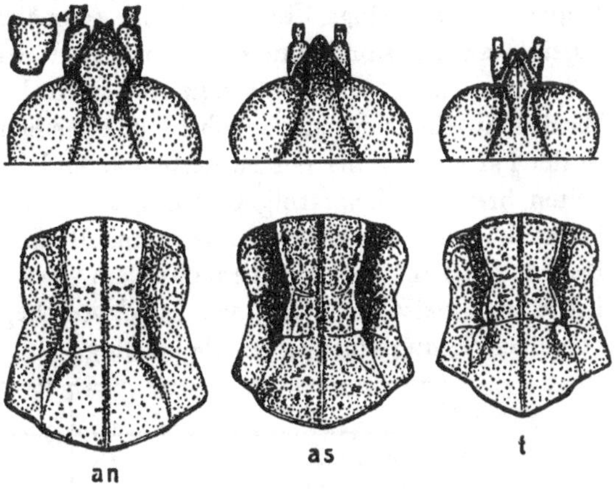

Abb. 129. Scheitel und Pronotum von *Xerohippus an anatolicus*; und *Eremippus as aserbeidshanicus*; *t turcicus*

Arcyptera I. Bol.

A. labiata (Brullé), Sevdiköi, 20.—31. 5. 1917 (LA BAUME); bei meinem Besuch am gleichen Fundplatz am 7. 8. war diese anscheinend sehr früh entwickelte Art bereits wieder verschwunden.

Ramburiella I. Bol.

R. *bolivari* (Kuthy), Ordubat; Ütsch Kapular Dagh, an den flachen Hängen am Fuß dieses Gebirges zusammen mit *Sureyaella*, *Brunnerella* und *Omocestus nanus*.

R. *truchmana* (F.-W.) Eski Malatia; Adana; Diarbekir.

Eremippus Uv.

E. aserbeidshanicus n. sp. (Taf. XXVI, Fig. 1; Abb. 129) Fastigium frontis gerade, erst zwischen den Antennen konvex, mit dem Fastigium verticis einen leicht gerundeten rechten Winkel bildend, ♂ vom Fastigium verticis, ♀ von den Fühlerbasen an ziemlich stark gefurcht, Kanten bis zum Clypeus allmählich divergierend; Fastigium verticis, von oben gesehen, vorn spitzwinklig, im ganzen trapezförmig. Antennen ♂ etwa um $^1/_4$ länger als das Pronotum, ♀ etwa ebensolang wie dieses. Pronotumrücken schmal, längsgekielt, *Sulcus typicus* etwas hinter der Mitte; Seitenkiele in der Prozona winklig, Hinterrand stumpfwinklig gerundet. Elytren ♂ schmal, die Hinterknie etwas überragend; Scapularfeld doppelt so breit wie das Interradialfeld, erweitert, letzteres im erweiterten Teil von annähernd parallelen Adern begrenzt; Discoidalfeld etwas um $^1/_5$ seiner Länge über die Mitte der Elytren hinausragend, ohne *vena intercalata* (Typus), breiter als das Ulnarfeld. ♀ Elytren ebenfalls sehr schmal, Scapular- und Interradialfeld nicht erweitert. Färbung grau, mit bräunlich und schwärzlich gemischt. Gesicht einfarbig, sehr hell bräunlich, ebenso die Wangen und Pronotumseitenlappen, letztere längs der Oberkante schmäler oder breiter dunkel gesäumt. Fastigium verticis und Hinterhaupt mit einer bleigrau mit schwärzlich gemischten oder bräunlichen Längsbinde, eine ebensolche hinter den Augen; zwischen beiden Binden ein einfarbig elfenbeinfarbiger oder hellbrauner Fleck. Pronotumrücken in der Färbung immer der Hinterhauptsbinde in der Färbung entsprechend, die Seiten breit elfenbeinfarbig gesäumt. Elytren bleigrau, selten etwas bräunlich, leicht dunkel gestrichelt oder gesprenkelt; Hinterflügel hyalin. Hinterschenkel hellbräunlich mit verwaschenem dunklem Fleck oder Strich in der Mitte der Oberkante und meist auch dem ventral davon liegenden Teil der Außenseite der Schenkel; Hinterschienen elfenbeinfarbig.

	♂	♀
Long. corp.	12,6	15 —16
— *antenn.*	5,5	5 — 5,2
— *pronot.*	2,4	3,1— 3,3
— *elytr.*	10,4	11,7—13,5
— *fem. post.*	7,3	9 —10

Typus ♂, Allotypus ♀, Paratypen 5 ♀♀, Ordubat.

E. turcicus n. sp. [Taf. XXVI, Fig. 3; Abb. 129]. Fastigium frontis bis zu den Fühlerbasen gleichmäßig schwach konvex, mit dem Fastigium verticis einen stumpf gerundeten Winkel bildend, vom Fastigium verticis an ziemlich tief gefurcht, Kanten zum Clypeus (dort etwas stärker) divergierend, nahe diesem etwa doppelt so breit wie in der Mitte. Fastigium verticis trapezförmig gerundet, vorn spitzwinklig, bei senkrechter Projektion den Beginn der Frontalfurche schwach erkennen lassend. Antennen ♂ etwa um $^1/_4$ länger, ♀ um ein wenig kürzer als Kopf und Pronotum zusammen. Pronotum schmal, längsgekielt, *Sulcus typicus* etwa in der Mitte; Seitenkiele in der Prozona winklig, Hinterrand breit stumpfwinklig gerundet. Elytren ♂ ziemlich schmal, Scapularfeld erweitert, Interradialfeld ziemlich stark erweitert (halb oder etwas über halb so breit wie ersteres), von parallelen oder fast parallelen Adern begrenzt; Discoidalfeld etwa bis zur Mitte der Elytren reichend, meist mit *vena intercalata*, Ulnarfeld etwas schmaler. Elytren ♂ sehr schmal, Scapular- und Interradialfeld nicht erweitert. Färbung ziemlich eintönig graubräunlich, über Hinterhauptsmitte und Wangen etwas dunklere Binden; Pronotumkanten hell gesäumt, gegen die Seitenlappen dunkler begrenzt; Elytren ganz schwach hier und da dunkel gesprenkelt, Hinterflügel hyalin. Hinterschenkel meist mit 1—2 verwaschenen dunklen Querbinden auf der Oberkante, Hinterschienen elfenbeinfarbig.

	♂	♀
Long. corp.	9,5—11	15 —16
— *antenn.*	5 — 5,2	5 — 4,5
— *pronot.*	2,2	3,1— 3,3
— *elytr.*	8,9— 9,4	11,7—13,5
— *fem. post*	5,9— 6,4	8 — 8,6

Typus ♂, Allotypus ♀, Paratypen 3 ♂♂, 3 ♀♀, Beylik köprü, auf einem Brachfeld. Was die beiden anderen anatolischen Arten der Gattung betrifft, so dürfte, wenigstens in der Elytrenaderung, die neue Art *angulatus* Uv. nahestehen, zeigt aber nicht den Winkel zwischen Scheitel und Stirn; von *gracilis* Uv. [Taf. XXVI, Fig. 2] ist sie durch kürzere breitere Elytren und doppelt so stark erweitertes Interradialfeld verschieden.

Xerohippus Uv.

X. anatolicus n. sp. [Taf. XXVI, Fig. 5; Abb. 129]. ♂ Fastigium frontis im Profil bis zu den Antennen gerade, dann mit dem Fastigium verticis einen leicht gerundeten stumpfen Winkel bildend, stark gefurcht, so daß dieses, von oben gesehen, zweizipflig erscheint; Kanten des Fastigium frontis scharf, zunächst parallel, dann zum Clypeus stark divergierend. Antennen etwa um die Hälfte länger als Kopf und Pronotum zusammen; zweites Glied außen an der Basis deutlich gefurcht (vgl. Abb. 129 links oben), die weiteren basalen Glieder verbreitert, die mittleren lang rechteckig. Pronotumrücken schmal, längsgekielt, *Sulcus typicus* ziemlich weit hinter der Mitte, Seitenkanten in der Prozona nach hinten leicht konvergent, in der Metazona stark divergent; Pronotumhinterrand stumpfwinklig gerundet. Elytren schmal, die Hinterknie erreichend oder etwas überragend; Scapularfeld leicht erweitert, etwa doppelt so breit wie das Interradialfeld an der breitesten Stelle; Discoidalfeld bis zur Elytrenmitte oder ein wenig darüber hinaus reichend, meist mit einer *vena intercalata*, wenig breiter als das Ulnarfeld. ♀ Antennen etwas länger als Kopf und Pronotum zusammen, die Furche des zweiten Gliedes ebenfalls, aber schwächer vorhanden; mittlere Fühlerglieder nicht so lang rechteckig wie bei dem ♂. Scapular- und Interradialfeld nicht erweitert. Färbung schmutzig bräunlich, Elytren und Hinterschenkel

	♂	♀
Long. corp.	13 —13,5	17 —20
— *antenn.*	7,5— 7,9	6,3
— *pronot.*	2,6	3,7— 4
— *elytr.*	9,5—10,5	15 —16,5
— *fem. post*	8 — 8,5	11 —11,5

etwas heller; Pronotumseitenkanten verwaschen dunkel gesäumt, sonst fast einfarbig; auf der Oberseite der Hinterschenkel zuweilen zwei verwaschene Querbinden; Hinterflügel am Apex fast stets ziemlich stark verdunkelt.

Typus ♂, Allotypus ♀, Paratypen 3 ♂♂, 6 ♀♀, Mersina, auf einem Brachacker am Rande des Ortes.

Von *cyprius* Uv. [Taf. XXVI, Fig. 4] schon durch die Zeichnung der Hinterflügel leicht zu unterscheiden.

Ramburiella I. Bol.

R. *truchmana* (F.-W.), Eski Malatia; Adana; Diarbekir.

Aiolopus Fieb.

A. strepens (Latr.), Bithyn. Olymp, 3—500 m.
A. thalassinus (F.), Eriwan; Uluchanlu; Chérif chané; Sevdiköi; Dörtyol.
A. savignyi Kr., Dörtyol; bisher westwärts nur bis zum Irak bekannt.

Oedaleus Fieb.

O. decorus (Germ.), Mzchet; Tiflis (Plosskaja und Nordhänge); Ssardarabat; Schordsha; Chérif chané; Malatia; Eski Malatia; Yokarbanassiya; Ütsch Kapular Dagh; Adana; Dörtyol; Payas; Kozan, Ersin.

O. mlokosievitchi (I. Bol.), Mzchet; Tiflis (bei Kloster Schawnabat); Ordubat.

Locusta L. (vgl. S. 318)

L. danica (L.), Tiflis (Plosskaja); Etschmiadsin; Uluchanlu; Adana; Dörtyol; Ersin; Silvan.

L. migratoria ph. danicoides Plotn. und Rme, Armawir; Ssardarabat; Ordubat.
L. migratoria ph. migratoria (L.), Ordubad.

Psophus Fieb.

P. stridulus (L.), Gudaur; Kasbek (2—2600 m); Bakuriani.

Brunnerella Sauss.

B. mirabilis Sauss. Zahlreich auf der unmittelbar zum Fuß des Ütsch Kapular Dagh ansteigenden halberemischen Ebene (gemeinsam mit *Ramburiella bolivari*, *Sureyaella bella* u. a. (vgl. Taf. XXXIX).

Pyrgodera F.-W.

P. armata F.-W., Uluchanlu; Ssardarabat; Aintab; Malatia; Eski Malatia; Yokarbanassiya; Ulukişla; Ütsch Kapular Dagh.

Scintharista Sauss.

S. brunneri miramae Uv., Ordubat; Dörtyol.

Ich kann die Ansicht von Uvarov (Proc. R. Ent. Soc. London 1941, 10: 96) nicht teilen, daß *brunneri* (Sauss.) eine Subspezies von *notabilis* (Wlk.) sei, da letztere — bei durchschnittlich weniger robustem und kleinerem Habitus — einen abweichenden Epiphallus (Abb. 130) besitzt. Es erscheint auch kaum angängig, *brunneri* und *miramae* — als Subspezies — *notabilis* zu koordinieren, da hierdurch der ganz enge Zusammenhang der beiden ersteren nicht zum Ausdruck kommt.

Helioscirtus Sauss.

H. moseri tichomirovi Stschelk., Ssardarabat; Etschmiadsin; Ordubad; Chérif chané. Sehr eigenartig ist die Stridulation dieser Art: bei häufigem, von einem klappernden Geräusch begleitenden Auffliegen striduliert das ♂ unmittelbar nach dem Niedersetzen mit den Hinterschenkeln, indem es einen einzelnen metallisch klingenden Ton hervorbringt, der wie das „Schilpen" des Sperlings klingt.

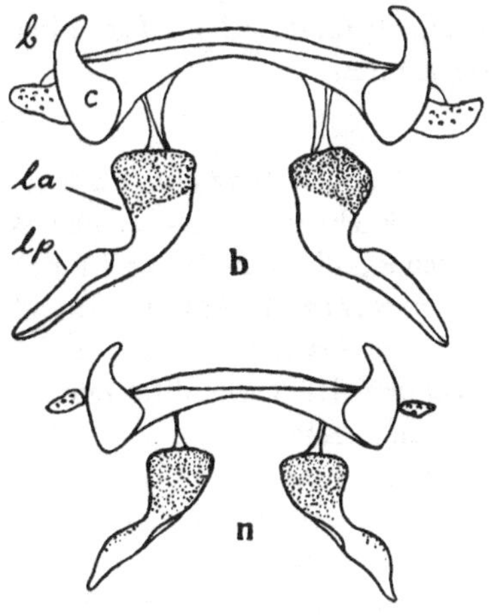

Abb. 130. *Scintharista* Epiphallus von *b brunneri*; *n notabilis* (*b bulbus*; *c cornu*; *la lobus pap. ant.*; *lp lob. pap. post.*)

Mioscirtus Sauss.

M. wagneri (Eversm.), Adshi Kabul; Tiflis (Plosskaja). Von der Mugansteppe, wo die Art anscheinend äußerst häufig ist, verfliegt sie sich bis in ersteren Ort und fand sich zahlreich zwischen den Schienen des Bahnhofs, und zwar in der gelbflügligen *f. rogenhoferi* Sauss. und der rotflügligen (orange- bis kirschrot) nur für das ♀ bekannten *f. varentzovi* Zub. Beide Färbungen des ♀ kommen gemeinsam vor, rotflüglige ♂♂ fanden sich auch bei den genannten Orten nicht.

Leptopternis Sauss.

L. gracilis (Eversm.) Ordubad.

Oedipoda Serv.

O. coerulescens (L.). Im gesamten vorderasiatischen Gebiet häufig (Homochromie vgl. Taf. XI).

O. schochii Sauss., Tiflis (Plosskaja); Jelenovka; Schordsha; Etschmiadsin; Ankara (Emir Göl); Ütsch Kapular Dagh; Ulukişla; Malatia; Diarbekir; Silvan; ferner bei Erzerum (Ševket) und am Ilkaz Dagh (Kummerlöwe und Niethammer) [Homochromie vgl. Taf. XII und XIII].

O. ledereri Sauss. Im „Naturhistoriska Riksmuseum" in Stockholm sah ich ein Exemplar aus Amasia dieser Art (det. Uvarov); sie wurde von Saussure 1888 aus Syrien beschrieben.

O. germanica (Charp.), Bithyn. Olymp (3—500 m).

O. miniata (Pall.). Im gesamten vorderasiatischen Gebiet sehr häufig.

O. aurea Uv., Manissa Dagh; Kozan; Aintab; Diarbekir; Silvan; ferner bei Denižli (Ševket Tuncok); Akchal Göl (Fuss).

Celes Sauss.

C. variabilis (Pall.), Uşak (Bauer); Eskichehir; Çorum; Erzerum (Sureyà). Diese schwärzliche Subspezies kommt nur bei dem ♂ vor, während das ♀ überall graue Färbung mit schwärzlicher Fleckung zeigt.

C. variabilis curtipennis Rme. In meiner Beschreibung[1]) dieser anatolischen Subspezies befindet sich ein Druckfehler; es muß heißen: *Long. pronot.* 3,8 (statt 7,8) bis 4,7 mm.

Thalpomena Sauss.

Nach der auf S. 383 kurz kritisierten Revision von Dirsh der Gattung *Acrida* L. ist nunmehr auch eine solche von *Thalpomena* Sauss. vom gleichen Autor erschienen, die sich leider in den gleichen Bahnen der Methodik bewegt wie die erstgenannte: eine bis ins kleinste gehende Aufsplitterung der Arten (hier auch der Gattung) in zahlreiche neue Arten, basierend auf völliger Vernachlässigung der Variabilität und einer ganz unzulässigen Verallgemeinerung taxonomisch irrelevanter Unterschiede; an die Möglichkeit, daß Unterarten vorliegen könnten, wird nur bei *algeriana* gedacht.

Ich bin, schon aus dem Studium der Arbeit an Hand des Berliner Museumsmaterials (etwa 100 Expl.), zu vielfach abweichenden Ansichten gelangt, und die Untersuchung des sofort erbetenen und mir freundlichst übersandten Materials der Typen von *persa* Sauss. (2 Paare) und *ledereri* Sauss. (dgl.) aus dem Wiener sowie des Typus (♀) von *Pseudoceles oedipodioides* I. Bol. aus dem Madrider Museum brachten die Bestätigung.

Was zunächst die Gattungen betrifft, so wird die alte Bolivarsche Gattung *Pseudoceles* von Dirsh restituiert und in Gegensatz zu *Thalpomena* gestellt: erstere enthält die nordafrikanischen, letztere die vorderasiatischen Arten. Die neue Gattung *Crinita*, die man gelten lassen kann, und die Krausssche Gattung *Cophotylus*, die auch zu Recht besteht, werden in den *Thalpomena*-Kreis einbezogen. Diese 4 Gattungen werden in ein differentialdiagnostisches Schema gepreßt, das auf reichlich schwachen Füßen steht und in vielen Punkten taxonomisch versagt. Ich kann hier aus Raum- und Zeitmangel nur auf die wichtigsten Punkte eingehen, denn eine in Einzelheiten gehende Kritik würde eine umfangreiche Abhandlung erfordern. Es seien hier nur die augenfälligsten Fehlbestimmungen ausgemerzt, ehe sie sich in der Literatur einnisten. Ich muß mich auch vor allem auf die Arten beschränken, die mir teils als Typen oder Topotypen oder sonstwie, oft serienweise, vorliegen.

[1]) Mitt. Zool. Mus. Berlin, 1939, **24**: 133; Taf. II, Fig. 2

In dem erwähnten Schema zur Trennung der vier Gattungen sind — einschließlich der Merkmale für Kopf, Stirn und Hinterschenkel — besonders die Angaben für Pronotum, Elytren und Flügel unzuverlässig oder bedeutungslos. Letzteres betrifft vor allem den Verlauf der *vena intercalata*: es liegt hier bei *Thalpomena*, bzw. *Pseudoceles* genau das gleiche Verhältnis vor wie zwischen *Sphingonotus rubescens* und *coerulans*, es dürfte aber wohl Niemandem einfallen, wegen der mehr geschwungenen Form der *vena* (individuell gelegentlich sowohl bei „*Pseudoceles*", also den vorderasiatischen *Thalpomena*-Arten, als auch bei *coerulans* vorkommend) für *rubescens* eine neue Gattung aufzustellen. Hinzu kommt, daß auch die Angaben über andere, *Thalpomena* angeblich isolierende Merkmale nicht stimmen: die ganze Berliner Serie von *algeriana* (10 Expl.) zeigt nicht einen dreimal, sondern nur einen zweimal durch Querbinden unterbrochenen Pronotumkiel, und ferner besitzt die weiter unten neu zu beschreibende *Thalpomena libyana*[1]) (statt rundlicher) schlanke Hinterflügel mit schwach konvexem Außenrand, ist aber ohne Zweifel — nach der Diagnose von Dirsh bezüglich der *vena intercalata*, sowie als nordafrikanische Art — eine „*Thalpomena*".

Ich halte es also für durchaus unbegründet und überflüssig, eine generische Trennung des nordafrikanischen und des vorderasiatischen Artenkreises vorzunehmen und die Gattung *Pseudoceles* I. Bol. wiedereinzuführen. Zudem scheidet *coerulescens* Uv., die gleichfalls nicht den Flügeltyp von *Thalpomena* — *sensu* Dirsh — zeigt, aus dieser Gattung aus; sie gehört eindeutig zu *Crinita* Dirsh (in Berlin vertreten durch *hirtipes* Uv.), charakterisiert durch die behaarten Hinterschienen, die bindenlosen Hinterflügel und den, wenigstens für die beiden genannten Arten, die übrigen kenne ich nicht, typischen tiefschwarzen, apikal scharf elfenbeinfarbig gesäumten Fleck an der Basis der Hinterschienen, der bei *Thalpomena* mehr verwaschen ist.

Was *Pseudoceles oedipodioides* I. Bol. betrifft, deren Typus (♀) mir, wie bereits bemerkt, vorliegt, und den Dirsh nicht untersucht hat, so handelt es sich zweifellos um die Art, die Ikonnikov und Uvarov fälschlich *ledereri* Sauss. und Dirsh *uvarovi* nennen, letztere allenfalls eine Subspezies von *oedipodioides*, ebenso wie „*ledereri*" *obscura* Uv., die Dirsh zur Spezies macht, die aber nur die daghestanische dunkle Subspezies von *oedipodioides* darstellt. Die mir vorliegende, von mir am Goktschasee gesammelte Serie von 4 ♂♂ und 17♀♀ gehört eindeutig zu der letztgenannten Art.

[1]) *Thalpomena libyana n. sp.* Schlanker als *algeriana*, Elytren schmaler und länger, ebenso die Hinterflügel, deren Außenrand viel schwächer konvex ist als bei der genannten Art; Fastigium verticis etwas kürzer. Färbung rostbraun, die dunklen Binden auf den Elytren deutlich ausgeprägt. Hinterflügel basal mennigrosa, im übrigen hyalin, nur am Ende der rosa gefärbten Partie (als Bindenrest) nahe dem Flügelhinterrand ein rundlicher, beim ♂ schwach, beim ♀ stärker ausgeprägter gegitterter bräunlicher Fleck, entstanden durch verwaschen bräunliche Begrenzung der Adern. Hinterschienen im ersten Drittel elfenbeinfarbig, apikal dunkelbräunlich. *L. corp.* ♂ 15, ♀ 20; *pronot.* ♂ 3,3, ♀ 3,8; *elytr.* ♂ 16, ♀ 20; *fem. post.* ♂ 8, ♀ 10 mm.
Typus ♂, Paratypus ♀ Libyen, Derna IX. 1947, K. Deckert leg.

Von *uvarovi* Dirsh habe ich eine topotypische Serie (4 ♂♂, 2 ♀♀) 1927 bei Mzchet selbst gesammelt, und es ist dazu zu bemerken, daß die Abb. 90 des Autors nicht die wahren Verhältnisse wiedergibt; dies ist wohl nur in einer individuellen Abweichung des gezeichneten Exemplars zu erklären, denn keines meiner 8 Stücke zeigt ein im geringsten anderes Pronotum als die übrigen Arten, hat also keine konvexe, sondern eine flache Metazona. Wir können diese durchschnittlich etwas kleinere Form mit stärker gefleckten und apikal leicht verschmälerten Elytren allenfalls als *subsp. uvarovi* zu *oedipodioides* stellen.

Erfreulich ist, daß *ledereri* Sauss. durch Dirsh nunmehr geklärt ist: dies ist also keine rotflüglige Art, sondern sie zeigt hell ockerfarbige Hinterflügel (Typen 2 Paare). Ich bin aber überzeugt, daß *turcicus* Dirsh nur eine Subspezies dieser Art ist, denn die große, von mir in der Türkei gesammelte Serie von 7 ♂♂ und 8 ♀♀ zeigt, daß der (nach 1 ♀!!) gezeichnete Unterschied des Fastigiums (Fig. 82 zu 74) keineswegs konstant ist, sondern ganz individuell auftritt. Die Subspezies (und vermutlich auch die Nominatsubspezies) kommt vorherrschend nicht mit ockerfarbigen, sondern milchigweißen Hinterflügeln vor (s. weiter unten).

Von *persa* Sauss. besitzt das Museum 2 Serien, die eine (4 Paare) aus Persien (Elburs, zwischen Bart und Suledeh, G. Heinrich 1927) und die andere (ebenfalls 4 Paare) aus Ordubat, die ich im gleichen Jahr sammelte, dazu noch 1 Paar vom Elburs (Haschtar b. Teheran, Fusek 1935) mit etwas verwaschenen Hinterflügelbinden. Die Serie von Ordubat zeichnet sich durch stärkere dunkle Fleckung der Elytren und etwas markanter gebänderte Hinterschenkel aus; sie weicht jedoch morphologisch nicht ab, und ich sehe daher keinerlei Grund, daraus eine neue Subspezies zu machen.

In dem Material von Haschtar, wie auch in dem von Ordubat, befinden sich je 2 Exemplare einer blauflügligen Form, zweifellos zu *persa* gehörig, und es erscheint fraglos, daß *popovi* Dirsh, ebenfalls aus dem Elburs in der Nähe von Teheran stammend, keine eigene Art, sondern nur die blauflüglige Form dieser Art darstellt; ob nicht auch die blauflüglige *tari* Dirsh dazugehört, vermag ich ohne Kenntnis des Materials nicht zu beurteilen.

Aus dem gleichen Grunde vermag ich auch nicht über *demavendi*, *elbursiana* und *arpatchai* zu urteilen, bin aber nach den oben aufgezeigten Erfahrungen äußerst skeptisch, ob dies alles gute Arten sind. Nur für die Arten mit oben rosa gefärbten Hinterschienen (*zangezuri* und *armeniaca*) halte ich den genannten Unterschied für gravierend, wobei noch zu untersuchen bliebe, ob diese beiden Arten nach so wenig Material, wie dem Autor vorlag, trennbar sind; *ebneri* Dirsh ist sicher eine gute Art, und ich nehme dies auch für *violacea* Moritz und *palaestinensis* Dirsh an.

Die ganz unzulässigen Verallgemeinerungen des Autors spiegeln sich am schärfsten wider in den Zeichnungen, die in vielen Fällen keineswegs konstante Verhältnisse darstellen; dies zeigt sich besonders bei den Prozonen der Pronota, bei denen es sich oft einfach um individuell wechselnde Anastomosen handelt. Auch die Bestimmungstabellen basieren vielfach nicht auf konstanten Verhältnissen. Vor allem aber fehlt die Untersuchung der Epiphalli; sie ist in jedem Fall unumgänglich notwendig, wenngleich möglicherweise damit zu rechnen ist, daß dieses Organ, wie oft bei den *Oedipodinae*, wenig Anhaltspunkte zur Unterscheidung der Arten bietet.

Die von mir gesammelten Arten würden sich nach dem oben Gesagten also folgendermaßen darstellen:

Th. oedipodioides I. Bol. (= *ledereri* Ik.; = *ledereri* Uv.) 4 ♂♂, 17 ♀♀ Goktschasee (Schordsha).

Th. oedipodioides uvarovi Dirsh (= *Pseudoceles uvarovi* Dirsh) 4 ♂♂, 2 ♀♀ Mzchet (topotypisch).

Th. persa Sauss. (= *Pseudoceles persa* Dirsh) 4 Paare, Ordubat.

Th. persa f. popovi Dirsh (= *Pseudoceles popovi* Dirsh) ♂♀, Ordubat.

Th. ledereri turcica Dirsh (= *Pseudoceles turcicus* Dirsh) (Taf. XXIX, Fig. 8) 7 ♂♂, 8 ♀♀, Ütsch Kapular Dagh. Der einzige konstante Unterschied von *turcica* gegenüber der Taurusart *ledereri* Sauss. (Typen von Gülek, nec „Gülele") ist die geringere Größe (*L. corp.* ♂ 14,2—15,7, ♀ 17,5—20; *pronot.* ♂ 3—3,3, ♀ 3,5—4,6; *elytr.* ♂ 14—15, ♀ 15,7 bis 18,7; *fem. post.* ♂ 8,5—8,8, ♀ 9—11,2 mm). Am Fundplatz ist jedoch nicht die (von der Nominatsubspecies nur bekannte) Form mit hell ockerfarbigen Flügeln die vorherrschende, sondern eine Form mit milchigweißen Hinterflügeln (*n. f. lactea*), und zwar im Verhältnis 12 : 3.

Acrotylus Fieb.

A. insubricus (Scop.), im ganzen vorderasiatischen Gebiet häufig.

A. patruelis (H.-S.), Dörtyol.

Sphingonotus Fieb.

Diese Gattung ist von Mistshenko (Eos XII, 1936/37) revidiert worden. Die verdienstvolle Arbeit gibt zum erstenmal eine breite Basis zum Studium der Gattung, enthält jedoch, wie angesichts der besonders großen Schwierigkeiten — infolge der Uniformität einerseits und der Variabilität der Arten anderseits — zu erwarten war, mancherlei Irrtümer. Die Revision war eben, wie jede andere, abhängig von dem zur Verfügung stehenden Material; mit neuem Material treten zwangsläufig Schwierigkeiten auf. Dies zeigte sich sinnfällig bei dem Versuch, das große Material des Berliner Museums (etwa 1300 Exemplare) an Hand dieser Revision durchzuarbeiten. Zunächst ergab sich für zahlreiche Arten, besonders natürlich für die schwierigen, die Unmöglichkeit, sie nach dem Bestimmungsschlüssel zu determinieren (das Material enthält außerdem wohl ein Dutzend neuer Arten).

Es ist aber zu begrüßen, daß Mistshenko nicht der Versuchung erlegen ist, die Gattung in zahlreiche Einzelgattungen aufzuspalten, sondern sie anstatt dessen in „Gruppen" eingeteilt hat, die nicht so stark verpflichten. Aber die Zersplitterung in Gruppen (19, darunter 6 mit nur einem Vertreter) erscheint als etwas zu weitgehend und nicht immer als natürlich, da sie zuviel äußerliche, teils der Konvergenz, teils der Variabilität unterliegende Merkmale berücksichtigt, wie beispielsweise die Färbung und Zeichnung der Hinterschenkel und der Elytren; auch die Aderung der letzteren unterliegt den genannten Fehlerquellen.

So ist, um einige Beispiele zu bringen, die Zuteilung von *coerulans* und *rubescens* an verschiedene, noch dazu ziemlich weit entfernt stehende Gruppen, schwer verständlich. Weit entfernt davon, beide genannten Formen etwa sogar spezifisch vereinigen zu wollen, muß ich darauf hinweisen, daß sämtliche angegebene Merkmale, einzeln für sich betrachtet, durch Übergänge verbunden sind, auch in zweifellos spezifisch zusammengehörigen Serien des gleichen Fundplatzes. Dies betrifft auch das wohl wesentlichste Merkmal, den fast geraden oder mehr oder weniger geschwungenen und der Medianader stärker angenäherten Verlauf der *vena intercalata*; denn letztere Form finden wir beispielsweise auch bei mitteleuropäischem Material einwandfreier Serien von *coerulans*, teils individuell, teils quantitativ, umgekehrt auch bei *rubescens* stärkste Annäherungen an den *coerulans*-Typ. Die beste Unterscheidungsmöglichkeit, wenn auch nur mit etwa 80%iger Sicherheit, bietet immer noch der Habitus, in Verbindung mit der Herkunft; aber auch in geschlossenen Serien finden sich hier und da Individuen, deren Elytren nicht einmal die Knie erreichen. So stellen sich der Determination, beispielsweise von Serien aus Rumänien, große Schwierigkeiten entgegen für klare Entscheidung der Artzugehörigkeit.

Den oben geäußerten Bedenken liegt ein großes Material zugrunde: von den 555 Exemplaren beider Arten habe ich 375 *coerulans* und 180 *rubescens* zugeteilt, jedoch ohne das erstrebenswerte Gefühl der Sicherheit in jedem Fall.

So ist auch bemerkenswert, daß von dem paratypischen, von Mistshenko selbst bezeichneten Paar von *rubescens fasciatus* das ♀ *coerulans* gleicht, beide Stücke zudem habituell keineswegs *rubescens*; die Elytren erreichen nicht einmal die Knie.

Die oben dargelegten Schwierigkeiten wirken sich gleicherweise auch bei der Aufteilung in Gruppen aus. Ein treffendes Beispiel dafür ist, daß der Autor bei der Gruppe 13 (*coerulans*) sagt: „*Sphingonotus caspicus is intermediate between the group Coerulans and Coerulipes*“ und bei Gruppe 14 (*Coerulipes*) „*coerulipes kermanicus is intermediate between the group Rubescens and Coerulipes*“.

Erwähnt sei noch der Fall von *Sphingonotus pilosus*, den Mistshenko zur Gruppe *Coerulipes* stellt. Er gehört nicht hierher, und wenn eine Art eine Sondergruppe verdiente, wäre es diese, denn abgesehen von der auffallend stark geschwungenen Radialader und starken Behaarung ist die Skulptur des gesamten Integuments irgendwie von dem der anderen verschieden; jedesmal beim Fang dieser Tiere, sowohl in Aserbeidshan wie in Anatolien, ist mir, besonders an den Elytren, ein leicht goldiger Glanz aufgefallen, der sich bei den trockenen Tieren allerdings nur noch als eine gewisse Zartheit im Eindruck auswirkt; irgendwie ist auch das Gesamtkolorit (bis dunkel rostbraun) und die Zeichnung der Elytren etwas abseitig.

Was die für manche Arten von Mistshenko und Anderen aufgestellten Subspezies betrifft, so erscheint die Sicherheit der Zuteilung nicht immer gewährleistet; auch sind die Merkmale nicht immer so konstant, daß sie alle Exemplare der betreffenden Herkunft zeigen: Beispiele seien hier *coerulans exornatus* Nedelk., den ich selbst auf Sizilien zahlreich sammeln konnte, und *coerulans corsicus* Chop., von dem das Berliner Museum Material besitzt.

Es liegt mir nichts ferner, als aus allen diesen Einwänden irgendeinen Vorwurf für den Autor herzuleiten; die Orthopterologie muß für seine äußerst fleißige und gewissenhafte Arbeit dankbar sein, denn sie gibt hier eine Basis zu weiterem Aufbau und Anhaltspunkte zu Berichtigungen. Die Aufgabe ist auch so schwierig,

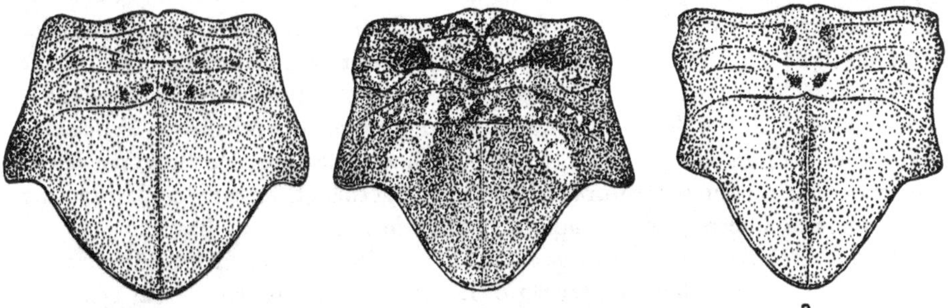

Abb. 131. Pronotum von *Sphingonotus*; *k kurmanus*; *e carinatus eshrewi*; *a aserbeidshanicus*

daß niemals Jemand — rein aus der menschlichen Unzulänglichkeit heraus — imstande sein wird, eine klare Lösung der zahlreichen Probleme, die die Gattung bietet, zu finden. Unbedingt notwendig aber ist die bisher versäumte Untersuchung der männlichen Kopulationsorgane bei sämtlichen Spezies und Subspezies; wenn auch die Mannigfaltigkeit der Form in der Gattung nicht sonderlich erheblich ist, so ist doch in vielen Fällen Klärung zweifelhafter Fragen zu erwarten.

S. rubescens Walk., Manissa Dagh; Ciyli.

S. carinatus Sauss., Eriwan (Univ.-Garten); Etschmiadsin; Kialiak arch; Ordubad; Chérif chané; ferner von Kerman (Rev. Biggs).

S. carinatus eshrewi n. subsp. [Taf. XXVII, Fig. 7 und 8]; Abb. 131. Durchschnittlich größer, sonst morphologisch gleich, auch bezüglich der bei der Art ziemlich abwegigen männlichen Kopulationsorgane; der meist zäpfchenförmige „Dorsallobus" (Snodgrass) des Aedeagus ist hiei mehr plattenförmig (Abb. 131).

Das wesentlichste ist die Abweichung in der Zeichnung: der präradiale Teil der Elytren ist wie bei der Nominatform, der postradiale, jedoch durch Übergänge verbunden, zeigt mehr oder weniger stark ausgeprägte Flecke (bei der Nominatsubspezies fehlend oder nur angedeutet); Hinterflügel hellbläulich, ganz klar oder — mit allen Übergängen — mehr oder weniger schwärzlich gebändert.

	♂	♀
Long. corp.	15,5—18,5	23,5—28
— *pronot.*	3 — 3,5	4 — 4,5
— *elytr.*	16,5—19,2	22,4—25,7
— *fem. post.*	10 —10,5	12,5—14

Typus ♂, Allotypus ♀, Paratypen 7 ♂♂, 10 ♀♀, Payas, unmittelbar am Strand. 21. 6. 1937 (RAMME).

Dem eifrigen Sammler und liebenswürdigen Gastfreund ESHREW-BEI in Dörtyol gewidmet.

S. kurmanus n. sp. [Taf. XXVII, Fig. 9]. Etwas unter Mittelgröße. Gesichtsprofil schräg abfallend; Stirnleiste oberhalb des Ocellus nur etwas breiter als am Beginn des Scheitels, unterhalb des Ocellus verschmälert, dann divergierend und vor Erreichung des Clypeus verschwindend. Fastigium verticis, nach vorn ziemlich schräg abfallend, vor den Augen ungefähr so breit wie die Stirnleiste. Pronotum vgl. Abb. 131; Seitenlappen fast doppelt so hoch wie lang, Vorderecken leicht stumpfwinklig, Hinterecken breit rechtwinklig gerundet. Elytren die Hinterknie ziemlich weit überragend. Analplatte ♂ breit herzförmig, im basalen Teil mit seitlichen, nach innen scharfkantig abgegrenzten Platten, zwischen beiden Platten eine gebogene, ziemlich ausgeprägte Leiste. Epiphallus vgl. Abb. 132, *lobi papillati ant.* mäßig breit, Zäpfchen pfriemförmig, verhältnismäßig lang und im ganzen etwas S-förmig gebogen, apikal mäßig zugespitzt, Hinterrand am Aedeagus breit abgestutzt.

Färbung zimtbräunlich; Fühler schmal geringelt; Elytren mit verhältnismäßig schwach, selten schärfer ausgeprägten dunklen Querbinden; Hinterflügel nur ganz schwach, bei dem ♀ kaum noch erkennbar bläulich angehaucht. Hinterschienen weißlich, gelegentlich ganz schwach bläulich, vor der Mitte und apikal leicht verdunkelt.

	♂	♀
Long. corp.	17 —17,5	20,5—21,5
— *pronot.*	3 — 3,3	4,2— 4,4
— *elytr.*	18,5—19	20 —20,5
— *fem. post.*	9 — 9,3	11,2—11,4

Typus ♂, Allotypus ♀, Paratypen ♂, 4 ♀♀ Diarbekir; 2 ♀♀ Yokarbanassiya.

S. turcicus Uv., Melendis Dagh; Ütsch Kapular Dagh; ferner von Kastamuni (KUMMERLÖWE und NIETHAMMER).

S. theodori Uv., Aintab; Malatia; Melendis Dagh.

S. pilosus Sauss., Ordubad; Aintab; Melendis Dagh.

S. coerulipes Uv. [Taf. XXXII, Fig. 8]. Ordubat; Schordsha; Etschmiadsin; Alagös 12—1800 m; Eriwan; Davalu; Ssardarabat-Kialiak arch; Tiflis (Plosskaja, Bot. Garten); Gandsha; Chérif chané; ferner von Erzerum (ŠEVKET TUNCOK).

S. aserbeidshanicus n. sp. [Taf. XXVII, Fig. 10]. Nächststehend *coerulipes*. Stirnleiste mit fast parallelen Seitenkanten, unterhalb des Ocellus nur ganz wenig eingeschnürt; Mesozona des Pronotums (Abb. 130) in der Mitte mit einer etwas umwallten Doppelgrube, die aber auch ziemlich flach sein kann; Metazona mit feinem Kiel. Elytren schmal, bis zum Apex gleichmäßig breit, *vena intercalata* ziemlich gerade, apikal der Medianader nur etwas genähert.

Kopf und Pronotum ziemlich einfarbig, ebenso die Elytren, zuweilen leichte Zeichnungsreste (Typus II) angedeutet. Antennen verwaschen geringelt. Hinterflügel fast farblos, ohne jegliche Zeichnung, nur ganz nahe der Basis ein wenig bläulich. Hinterschenkel vor den Knien mit verwaschener dunkelgrauer oder etwas schwärzlicher Binde; Hinterschienen hellblau, gegen die (elfenbeinfarbigen) Tarsen hin etwas intensiver. Analplatte vgl. Abb. 132; Kopulationsorgane ähnlich *coerulipes*.

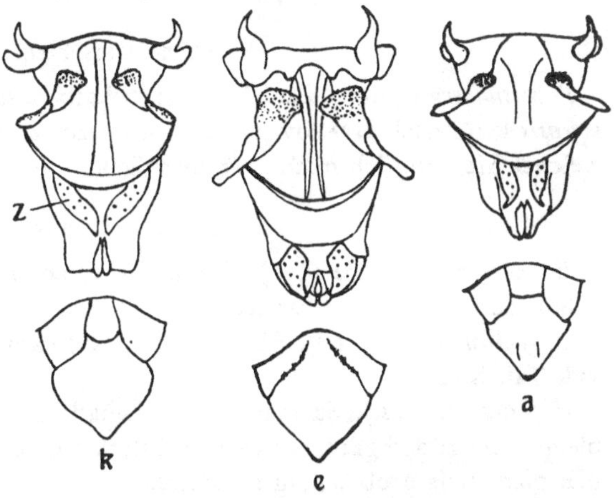

Abb. 132. *Sphingonotus* ♂ Kopulationsapparat und Analplatte von *k kurmanus*; *e carinatus eshrewi*; *a aserbeidshanicus* [z = Zäpfchen, punktiert]

Long. corp.	16
— *pronot.*	3
— *elytr.*	17—18
— *fem. post.*	—

Typus I ♂, Typus II ♂, Ordubat, 3.—9. 8. 1927.

Von *coerulipes* durch die bei letzterem unter dem Ocellus stärker eingeschnürte Stirnleiste und durch das Fehlen der ausgeprägten Elytrenzeichnung zu unterscheiden.

S. nebulosus anatolicus Uv., Melendis Dagh; Ütsch Kapular Dagh.

S. nebulosus violascens Uv., Ssardarabat; Etschmiadsin; ferner von Haschtar am Elburs (Fuss).

S. nebulosus persa Uv., Ordubat; Chérif chané.

S. satrapes Sauss., Ssardarabat. Diese große schöne Art fällt dadurch auf, daß sie im Fluge lange in der Luft bleibt, auf und abschwebend wie *Bryodema*.

S. octofasciatus Serv., Ssardarabat. Die anscheinend sehr frühzeitig entwickelte Art war nur noch in ganz wenigen stark abgeflogenen Stücken vorhanden.

S. humeralis. (Kuthy), Malatia, auf Geröll eines trockenen Bachbettes; Uluchanlu; ferner bei Haschtar im Elburs (Fuss).

Charora Sauss.

Ch. pentagrammica I. Bol., Ankara (Emir Göl).

Prionotropis Fieb.

P. maculinervis (Stål.), Eski Malatia; Yokarbanassiya. Die von mir beschriebene *urfensis* kann nach Uvarov nur als Subspezies zu obiger Art angesehen werden, welcher Meinung ich mich jetzt anschließe.

Eremopeza Sauss.

E. saussurei saussurei (Uv.), Chérif chané; am 14. 8. nur noch in wenigen abgeflogenen Stücken vorhanden.

E. gibbera gibbera (Stål), Aintab und etwa 50 km südlich davon (Homochromie vgl. Taf. XVI).

E. festiva (Sauss.), Ssardarabat; Ordubad. Sehr wechselnd in der Färbung, bleigrau bis rötlichgrau, schwach und stark dunkel gefleckt; Pronotum teils ziemlich glatt, teils grob sandig skulpiert.

Asiotmethis Uv. (vgl. S. 270)

A. holtzi holtzi (Wern.) [Taf. XXIX, Fig. 1], Ulukişla. Das ♂ striduliert mit den Hinterschenkeln, besonders nach dem Niederlassen von dem häufig stattfindenden Auffliegen.

A. holtzi pulchripes Uv. [Taf. XXIX, Fig. 2], Melendis Dagh; Ütsch Kapular Dagh, 26 Paare (vgl. auch Taf. XXXIX).

A. turritus armeniacus n. subsp. Eine — der allgemeinen Tendenz in Armenien entsprechend — auffallend kleine Subspezies mit weniger grober Skulptur des Pronotums und etwas schmaleren dunklen Hinterflügelbinden.

	t. turritus		*t. armeniacus*	
	♂	♀	♂	♀
Long. corp.	30	39	24 —26	31 —35
— *pronot.*	10,1	13	8,6— 9,4	11 —11,5
— *elytr.*	28,9	21,4	22 —24	16 —17,7
— *fem. post.*	16,4	20,6	13 —13,5	16 —16,7
— *tib. post.*	15	20	11 —11,5	14,3—14,9

Armenien, Eriwan; Typus ♂, 21. 6., Allotypus ♀, 19. 7., Paratypen 4♂♂, 21.—29. 6., ♀ 21. 6. 1924.

Tmethis Fieb.

T. pulchripennis asiaticus Uv. 50 km südlich Aintab ein einzelnes ♀; intensives Suchen nach weiteren Stücken blieb erfolglos.

Nocaracris Uv. (vgl. S. 289)

N. cyanipes (F.-W.), Bakuriani; Schordsha.

N. rubripes (F.-W.), Alagös, um 2800 m. Bei dieser und der vorigen Art fanden sich neben wenigen Imagines zahlreiche Larven im 2. und 3. Stadium. Aus der bereits vorgeschrittenen Jahreszeit (Ende VIII.) geht ohne Zweifel hervor, daß diese überwintern und ziemlich frühzeitig im folgenden Jahr sich zu Imagines entwickeln. Sie müssen also bei einer Durchschnittstemperatur in diesem Gebiet von – 23° C unter der Schneedecke überwintern, bei Orthopteren der einzige mir bekannte Fall.

N. burri Uv., Bithyn. Olymp, 1 ♀, mehrere Larven. Auch hier war das ♀ zweifellos ein Nachzügler, und für die Larven trifft das Gleiche zu, wie für die beiden obengenannten Arten.

N. subrubrata Rme (n. sp.) 1 ♀ von Yokarbanassiya stelle ich zu dieser von mir aus Syrien (S. 301) beschriebenen Art.

Orchamus Stål

O. davisi Uv. Uvarov hat kürzlich aus SW.-Anatolien die Art *davisi* neu beschrieben und unterscheidet sie von dem syrischen *yersini* (Br. v. W.) im wesentlichen durch „*more rugose integument, less elongate antennal joints, less raised pronotal carina, and the coloration of hind tibiae*". Das Material (2 ♂♂, 1 ♀, Typus) stammt aus dem Gebiet von Antalya; subspezifisches Verhältnis zu *yersini* hält der Autor für möglich.

Ich habe daraufhin das Material des Wiener, des Stockholmer und des Berliner Museums, das bisher unter dem Namen *yersini* Br. v. W. registriert war, verglichen und auch unter diesem *davisi* gefunden, und zwar sowohl in Anatolien als auch in Syrien. Dabei verstärkt sich die Wahrscheinlichkeit, daß es sich nur um eine Subspezies oder sogar nur um eine Form der erstgenannten Art handelt, denn die drei ersten von Uvarov angegebenen Unterschiede lassen sich bei einem größeren Material nicht aufrechterhalten, sondern zeigen gleitende Übergänge, und die roten Hinterschienen finden wir sowohl bei den anatolischen als auch bei syrischen Stücken. Dabei muß berücksichtigt werden, daß ein Teil der Wiener Stücke zweifellos durch Alkoholbehandlung entfärbt ist, daher Brunners Diagnose „*tibiae posticae fusco-ferrugineae*".

Es bleibt nichts übrig, als nachstehend — mit Vorbehalt des Namens — die Stücke einzeln aufzuführen; es bedeutet: (s) Hinterschienen schwärzlichgrau[1]), (g) grau[1]), (b) bräunlich (bei den vermutlich entfärbten Stücken) und (r) rot.

1. Museum Wien

yersini: ♂ Candia (s) Typus; ♀ Candia (b) [Zeller]; ♂ ♀ Beirut (b) [Lederer] 2 ♂♂, 1 ♀ Syrien (s) [Türk]; ♂ Syria (s).

davisi: ♂ ♀ Syrien, Ladakia (r) [Leuthner]; ♂ (s), ♀ (ohne Hinterschenkel), Anatolien, Makri; ♂ (r) Cilic. Taurus, Gülek [Lederer].

[1]) Diese Stücke scheinen nicht entfärbt zu sein!

2. Museum Stockholm

yersini: ♀ (b) Syria (Sammler unbekannt).
davisi: ♂ ♀ (r) Anatolien, Adana 1904 [Werner].

3. Museum Berlin

yersini: ♂ (s), ♀ (g), Syria (Samml. unbekannt); ♀ (b) Syria [Felder] ♂ (b) Beirut (Samml. unbekannt); ♀ (b) Samos, Marathokampos.
davisi: ♀ (r) Beirut; ♂ (r) Ladikiye (Ladakia) 5. 1885 [Leuthner]; ♂ ♀ (r) Cilic. Taurus 1895 [Holtz].

Es scheint, daß die anatolischen Stücke — bei durchschnittlich geringerer Größe — schmalere Fühler zeigen, aber wie bereits bemerkt, eine sonstige klare morphologische Scheidung von den syrischen Stücken ist nicht möglich. Verdächtig, im positiven Sinne für artliche Identität beider Formen, ist der Umstand, daß bei Beirut beide Hinterschienenfarben vorkommen; entscheiden kann nur die Untersuchung weiteren frischen Materials.

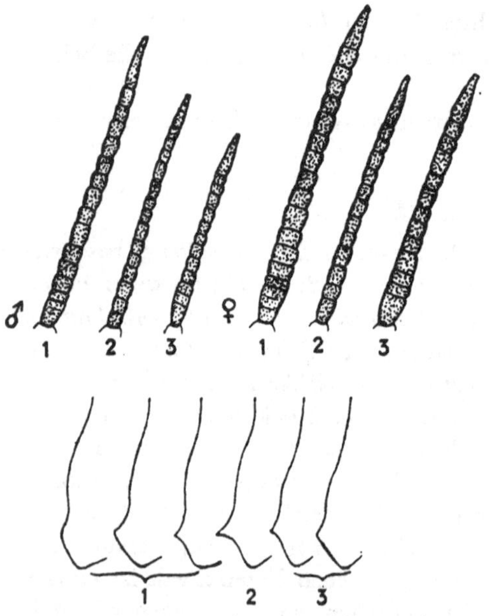

Abb. 133. *Pyrgomorpha* Antennen und l. Hinterecke der Pronotumseitenlappen von *1 grylloides*; *2 cognata*; *3 cypria*

Pyrgomorpha Serv.

P. conica (Oliv.), Ordubad.

P. cognata Kr., Ersin. Chopard (Orth. de l'Afrique du Nord, Faune de France, Paris 1943) zeigt in den Abb. 527 und 529 den Unterschied zwischen den beiden Arten am Unterrand der Pronotumseitenlappen, der bei letzterer Art nahe den Hinterecken zipflig vorspringt und bei *conica* gerundet sein soll, doch ist zu bemerken, daß — auch in Serien von gleichem Fundort — bei *conica* solche, allerdings schwächer ausgeprägte Zipfel vorkommen (Abb. 133), so daß man nach diesem Merkmal allein nicht immer zu einer sicheren Bestimmung kommt; auch bei *cypria* Uv. zeigt sich zuweilen leichte Zipfelbildung. *Conica* ist aber breiter und robuster als die beiden anderen genannten Arten, und man kann für alle 3 Arten vergleichsweise auch die Länge der Fühler und die Breite der Fühlerglieder, besonders der basalen, heranziehen (Abb. 133); *Long. antenn. conica* ♂ 5—6,8, ♀ 5,5—7,7; *cognata* ♂ 5,3—5,5, ♀ 5,2—6; *cypria* ♂ 4,6, ♀ 4—4,6 mm.

P. brevipennis I. Bol., Ordubad; Etschmiadsin (Homochromie vgl. Taf. XVII).

Tropidopola Stål

T. longicornis graeca Uv., Etschmiadsin; Aintab; Dörtyol.
T. turanica Uv., Uluchanlu.

Dericorys Serv.

D. gibbosa (F.-W.), Ssardarabat; Eski Malatia; Adana.
D. uvarovi Rme (vorl. Beschr. Zool. Anz. 16: 395) [Taf. XXVI, Fig. 6].

Der nordafrikanischen *millierei* Bonn. et Finn. nahestehend; Buckel auf der Prozona des Pronotums wesentlich niedriger, mehr winklig als breit und allmählich wie bei letzterer Art gerundet (Abb. 134); Elytren schmaler; Hinterschenkel und Hintertibien durchschnittlich relativ kürzer und schlanker gebaut; sonstige morphologische Unterschiede kaum vorhanden. Färbung gleichfalls wie bei genannter Art, jedoch die Hinterflügel basal mehr rosa statt rot gefärbt, Hinterschienen gleichmäßig elfenbeinfarbig bis etwas gelblich, zuweilen mit 2 verwaschenen schmalen dunklen Binden (bei *millierei* oberseits und innen schmutzig bläulich). Die Epiphalli sind sehr verschieden (Abb. 134).

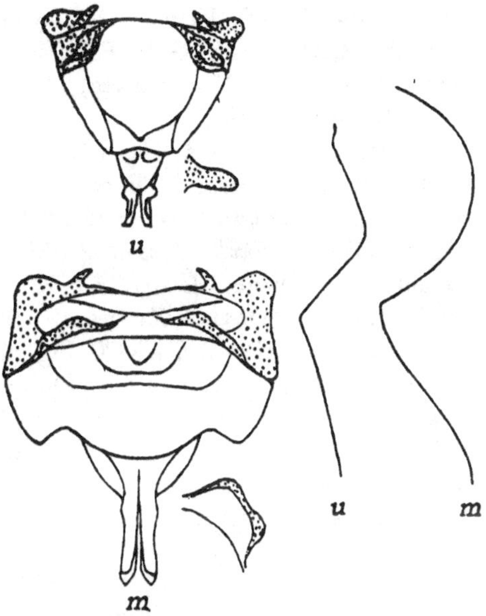

Abb. 134. *Dericorys* Kopulationsapparat ♂ und Pronotumprofil ♀ von *u uvarovi*; *m millierei*

Typus ♂, Allotypus ♀, Paratypen 6 ♂♂, 24 ♀♀, halberemisches Gelände (zum Teil Salzsteppe) zwischen Ssardarabat und Kialiak arch. Ein einzelnes ♀ aus der Umgebung von Eriwan (Schelkovnikov) ist, wie meist armenische Stücke, wesentlich kleiner (*L. corp.* 23; *pron.* 4,6; *elytr.* 20; *fem. post.* 12,5 mm).

	♂	♀
Long. corp.	19 —21	27 —30
— *pronot.*	4 — 6	6
— *elytr.*	16,8—19,3	23 —28
— *fem. post.*	10 —10,5	15,5—16,8

Pezotettix Burm.

P. anatolicus Uv., Brussa; Bornova; Sevdiköi; Ciyli; Manissa Dagh.
P. ponticus Uv., Tuapsse.

Sphenophyma Uv.

S. rugulosum (Stål), Kozan; Dörtyol.

Micropodisma Dovn.-Zap.

M. koenigi (Burr), Bakuriani.

Calliptamus Serv. (vgl. S. 304)

C. italicus (L.), Mzchet; Tiflis (Plosskaja, hier sehr groß); Alagös 12—1800 m; Schordsha; Borshom; Chérif chané; Brussa; Yalova; Ulukişla; ferner von Kastamuni (Kummerlöwe und Niethammer); Erzerum (Ševket Tuncok).

C. barbarus (Costa), Tuapsse; Armawir; Petrowsk-Derbent; Borshom; Brussa; Sevdiköi; Ciyli; Emir Göl; Eski Malatia; Dörtyol; ferner von Kastamuni (Kummerlöwe und Niethammer); Uşak (Ševket); Eskichehir (La Baume); Aidin (Brunner v. W.).

C. barbarus subsp. et f. pallidipes Rme, Kavaklidere; Emir Göl, Ütsch Kapular Dagh; Ulukişla; Mersina; Aintab; Kozan; Dörtyol; Diarbekir; Silvan; ferner von Čebelibereket und Sivas (Ševket Tuncok); Urfa (Sureya).

C. barbarus deserticola Vossel. Adshi-Kabul; Tiflis (Plosskaja); Ssardarabat; Davalu; Chérif chané; Malatia; Eski Malatia; Yokarbanassiya; Diarbekir; ferner von N.-Ossetien (Dovnar-Zapolski); Urfa (La Baume).

C. tenuicercis Tarb. [Taf. XXIX, Fig. 7], Ras kalan yurt; Tiflis (Bot. Garten); Etschmiadsin; Alagös 12—1800 m; Ordubad; Bornova; Manissa Dagh; Melendis Dagh; Ütsch Kapular Dagh; ferner von Ankara (Karabag); Beypazari (Recep); in der rotschienigen Form (*f. aurantipes* Rme) gleichfalls von Tiflis (Bot. Garten); Bornova; Sevdiköi; Manissa Dagh; Melendis Dagh; ferner von Haschtar im Elburs (Fusek); bei Mzchet anscheinend ausschließlich in der *f. aurantipes*.

Metromerus Uv.

M. coelesyriensis (G.-T.), Ordubad (mit *f. carbonaria* Uv.); Emir Göl; Ütsch Kapular Dagh (mit *f. carbonaria* Uv.); Ulukişla; Eski Malatia. Uvarov hat 1934 (Eos, 10: 118) für die anatolische Form (Ankara) gegenüber der syrischen die Subspezies *angusta* aufgestellt, hauptsächlich gekennzeichnet durch geringe Größe, schlankere Gestalt und schmaleres *fastigium verticis*; vergleicht man jedoch größere Serien aus verschiedenen Gebieten, wie sie mir vorliegen (Syrien, Mesopotamien, Palästina, Anatolien, Persien, Turkmenistan), so läßt sich eine klare Trennung beider Formen, die auch individuell auftreten, nicht durchführen.

Paracaloptenus I. Bol.

P. bolivari Uv., Brussa; Bithyn. Olymp (3—500 m); Yalova.

Anacridium Uv.

A. aegyptium (L.), Sevdiköi; ferner von Urfa (La Baume).

Thisoicetrus Br. v. W.

Th. litoralis (Ramb.), Smyrna (Samml. unbek.); Čebelibereket (ŠEVKET TUNCOK); an beiden Orten in einer außerordentlich kleinen Form.

Th. adspersus (Redt.), Adshi Kabul; Uluchanlu; Davalu; Ordubad. Ich fand die Art fast ausschließlich auf *Tamarix* (gelegentlich gemeinsam mit *Gampsocleis schelkovnikovae*), auf deren feingeschlitztem Laub die gelblichgrünen Tiere (infolge der Somatolyse durch feine Fleckung) sehr wenig auffallen.

Thisoecetrinus Uv.

Th. pterostichus (F.-W.), Eriwan; Davalu; Ordubad; Beylik-köprü; Aintab; Kozan; Ersin. In Größe und Färbung sehr variabel: grün oder braun, einfarbig oder gefleckt, Pronotumrücken zuweilen gegenüber der Grundfarbe abgeblaßt.

Euprepocnemis Fieb.

E. plorans (Charp.), Mzchet; Uluchanlu; Davalu; Ordubad; Brussa; Manissa Dagh; Dörtyol; Silvan.

C. FAUNISTISCHER TEIL

Verbreitungstabelle

der in den Kaukasusländern und der Türkei bisher festgestellten Arten in Südosteuropa und Vorderasien

Es bedeutet: A Anatolien, K Kaukasusländer, B Balkanländer, Pe Persien, I Irak, S Syrien, Pa Palästina (weitere Erläuterungen am Schluß der Tabelle)

	A	K	B	Pe	I	S	Pa
Blattidae							
Hololampra marginata (Schreb.)	×		×				
— *punctata* (Charp.)	×					×	
— *graeca* (Br. v. W.)	×		×				
— *brevipennis syriaca* I. Bol.	×		×			×	
— *polita* (Kr.)	×	×					
— *schelkovnikovi* Burr		×					
Arbiblatta larrinuae (I. Bol.)	?(×)						
Ectobius lapponicus (L.)		×					
— *balcani* Rme	×		×				
— *vittiventer* (Costa)	(×)	×	×				
Phyllodromia germanica (L.)	×	×	×	×	×	×	×
Loboptera decipiens (Germ.)	×	×	×	×	×	×	×
Blatta orientalis (L.)	×	×	×	×	×	×	×
Periplaneta americana (L.)	×	×	×	×	×	×	×
Shelfordella tartara (Sauss.)	×			×			×
Polyphaga aegyptiaca (L.)	×E	×	×	×	×	×	×

	A	K	B	Pe	I	S	Pa
Blattidae							
Heterogamodes ebneri Chop.	×					×	
— *livida* (Br. v. W.)	×		×			×	
— *cerverae* (I. Bol.)	×						×
Mantidae							
Eremiaphila gene Lef.	×					×	×
— *hauensteini* Wern.	×						
— *turcica* Westw.	×				×		
— *persica* Wern.		×		×			
Geomantis larvoides Pant.	(×E)						
Ameles heldreichi Br. v. W.	×		×			×	×
Parameles nana (Charp.)		×					
— *taurica* Jak.		×					
Hierodula viridis (Forsk.)		×				×	×
Mantis religiosa L.	×	×	×	×	×	×	×
Oxythespis wagneri (Kitt.)		×					
Iris oratoria L.	×E		×			×	
— *or. tiflisina* G.-T.		×					
Rivetina fasciata Thbg.	×					×	
— *fasc. caucasica* Sauss.		×					
— *turcica* Rme	×						
Bolivaria brachyptera Pall.	×	×				?	
— *kurda* Rme	×						
— *moseri* Sauss.		×					
Empusa pennicornis Pall.	×	×		×			
Empusa fasciata Brullé	×E	×	×		×	×	
— *longicollis* Rme	×						×
— *attenuata* Rme	×	×					
Blepharopsis mendica (Fabr.)		×			×	×	×
Phasmidae							
Ramulus (Gratidia) bituberculatus (Redt.)		×					
Tettigoniidae							
Polysarcus denticauda (Charp.)		×	×				
— *scutatus* (Br. v. W.)	×		×				
— *zacharovi* (Stshelk.)		×					
Poecilimon schmidti Fieb.	×	×	×				
— *schm. zolotarevi* Stshelk.		×					
— *birandi* Karab.	×						
— *bifenestratus* Mir.		×					
— *heroicus* Stshelk.		×					
— *tricuspis* Mir.		×					
— *tschorochensis* Adel.		×					
— *rammei* Mir.		×					
— *tauricola* Rme	×						
— *zonatus* I. Bol.	×	×					

	A	K	B	Pe	I	S	Pa
Tettigoniidae							
Poecilimon elegans Br. v. W.	×	(×)	×				
— *distinctus* Stshelk.		×					
— *pergamicus* Br. v. W.	×						
— *kutahiensis* Wern.	×						
— *riabovi* Uv.		×		×			
— *variicercis* Mir.		×					
— *angulatus* Uv.	×						
— *sancti pauli* Br. v. W.	×						
— *pulcher* Br. v. W.	×						
— *unispinosus* Br. v. W.	×						
— *hamatus* Br. v. W.	×						
— *cervus* Karab.	×						
— *inflatus* Br. v. W.	×						
— *luschani* Rme	×						
— *ledereri* Rme	×						
— *izmirensis* Rme	×						
— *excisus* Karab.	×						
— *haydari* Rme	×						
— *adentatus* Rme	×						
— *uvarovi* Rme	×						
— *concinnus* Br. v. W.	×	(×)					
— *neglectus* Rme	×						
— *amissus* Br. v. W.	×						
— *zimmeri* Rme	E		×				
— *glandifer* Karab.	×						
— *syriacus* Br. v. W.	×	×			×	×	
—(?) *chostae* Stshelk.		×					
Eupoecilimon anatolicus (Rme)	×						
— *sureyanus* (Uv.)	×						
— *richteri* (Rme)		×					
— *bidens* (Ret.)	×E						
— *bosphoricus* (Br. v. W.)	×E	(×)					
— *tereckensis* (Stshelk.)		×					
— *geoktschajcus* (Stshelk.)		×	×				
— *miramae* (Rme)	×E	×					
— *scythicus* (Stshelk.)		×					
— *similis* (Ret.)		×					
— *caucasicus* (Adel.)		×					
— *bischoffi* (Rme)	×						
— *djakonovi* (Mir.)		×					
— *oligacanthus* (Mir.)		×					
— *paramonovi* Rme		×					
Micrimon karabagi Rme	×						
Poecilimonella armeniaca Uv.		×					
Kurdia nesterovi Uv.		×					
Phonochorion satunini Uv.		×					
Isophya tenuicerca Rme	×E		×				

	A	K	B	Pe	I	S	Pa
Tettigoniidae							
Isophya acuminata Br. v. W.	×	×					
— *amplipennis* Br. v. W.	×E	(×)	×			×	
— *rodsjankoi* I. Bol.	×						
— *redtenbacheri* Adel.		×					
— *shaposhnikovi* Mir.		×					
— *vulgaris* Mir.		×					
— *kalischewskyi* Adel.		×					
— *caspica* Rme		×		×			
— *sureyai* Rme	×						
— *savignyi* Br. v. W.	×	×				×	×
— *zernovi* Mir.		×					
— *gracilis* Mir.		×					
— *pylnovi* Mir.		×					
— *pyrenea* (Serv.)		×	×				
— *obtusa* Br. v. W.	×		×				
— *bivittata* Uv.		×					
— *schneideri* Br. v. W.	?	×					
— *armena* Mer. (= *adelungi* Stshelk. ?)		×					
— *adelungi* Stshelk.		×					
— *stenocauda* Rme	×						
— *karabaghi* Uv.	×						
— *rectipennis* Br. v. W.	×		×				
— *paveli* Br. v. W.	×E		(×)				
— *sikorai* Rme	×						
— *straubei* Br. v. W.	×		(×)				
— *anatolica* Rme	×						
— *reticulata* Rme	×						
— *boldyrevi* Mir.		×					
— *nervosa* Rme	×						
— *ilkazi* Rme	×						
— *obtusidens* Rme	×						
— *pentheri* Rme	×						
— *major* Br. v. W.	×						
Leptophyes albovittata Fieb.	×	×	×				
— *punctatissima* Bosc.		×	×				
— *nigrovittata* Uv.		×					
— *trivittata* Bey-Bienko		×					
— *laticauda* Friv.		?(×)					
Euconocercus iris Bey-Bienko		×					
— *caucasicus* Bey-Bienko		×					
Tylopsis liliifolia (Fabr.)	×	×	×			×	×
Phaneroptera quadripunctata Br. v. W.	×E	×	×			×	×
— *falcata* (Scop.)	×E	×					×
— *tenuicerca* Rme	×					×	
Acrometopa servillea (Brullé)	×E		×				
— *syriaca* Br. v. W.	×				×	×	×
Meconema varium (Fabr.)		×					

	A	K	B	Pe	I	S	Pa
Tettigoniidae							
Conocephalus fuscus (Fabr.)	×	×	×			×	
— *turanicus* Sem.	×			×	×		×
— *hastatus* (Charp.)	×		×			×	
Homorocoryphus nitidulus (Scop.)	×	×	×	×			
Saga pedo (Pall.)		×	×				
— *puella* Wern.	×						
— *cappadocica* Wern.	×						
— *longicaudata* Krauss	×					×	
— *lucasi* Sauss.	×					×	×
— *natoliae* Serv.	×E		×				
— *ephippigera* F.-W.	×	×		×		×	×
Tettigonia viridissima L.	×	×	×	×	×	×	×
— *caudata* Charp.	×	×	×	×	×	×	×
— *turcica* Rme	×						
— *acutipennis* Ebn.	×						
Onconotus laxmanni (Pall.)		(×)					
— *servillei* (Fisch.)		(×)	×				
Gampsocleis glabra Herbst		×	×				
— *recticauda* Wern.	×						
— *schelkovnikovae* Adel.		×					
Rhacocleis germanica (H.-S.)	×		×				
— *turcica* Uv.	×						
— *anatolica* Wern.	×						
Anterastes serbicus Br. v. W.	×		×				
— *anatolicus* Uv.	×						
— *babadaghi* Uv.	×						
— *uludaghensis* Karab.	×						
— *akdaghensis* Rme							
Uludaghia gerdae Rme.	×						
Drymadusa dorsalis Brullé	×						
— *limbata* Br. v. W.	×					×	
— *recticauda* Wern.	×					×	
— *curvicercis* Uv.		×					
— *adzharica* Uv.		×					
— *grisea* Br. v. W.		(×)		×			
— *ornatipennis* Rme	×						
— *magnifica* Wern.		×					
— *picta* Uv.		×					
— *beckeri* Adel.		×					
— *robusta* Miram		×					
— *affinis* I. Bol.	×						
— *angorensis* Uv.	×						
— *striolata* Rme	×						
— *diluta* Rme	×						
— *sinuata* Rme	×						
— *konowi* I. Bol.	×					×	
— *kurmana* Rme	×						

	A	K	B	Pe	I	S	Pa
Tettigoniidae							
Paradrymadusa sordida Herm.		×				?	
— *gracilis* Uv.		×					
— *pontica* Rme		×					
— *satunini* Uv.		×					
—(?) *pastuchovi* Uv.		×					
— *longipes* Br. v. W.		×					
— *armena* Rme		×					
— *znojkoi* Mir.		×					
Phytodrymadusa viridipennis Stshelk.		×					
— *variicercis* Velt.		×					
—(?) *expugnata* Uv.	×						
Calopterusa bocquilloni Uv.		×					
Scotodrymadusa rammei Uv.	×						
— *turcica* Rme	×						
— *maculata* Ebn.	×						
— *kozana* Rme	×						
— *amani* Rme	×						
— *anatolica* (Wern.)	×						
Anadolua schwarzi Rme	×						
Sureyaella bella Uv.	×						
Eupholidoptera smyrnensis (Br. v. W.)	×						
— *annulipes* (Br. v. W.)	×						
— *sevketi* (Rme)	×						
— *tauricola* (Rme)	×						
— *krüperi* (Rme)	×						
— *anatolica* (Rme)	×						
— *tahtalica* (Uv.)	×						
— *prasina* (Br. v. W.)	×[1]						
Apholidoptera pietschmanni (Ebn.)	×				×		
Uvarovistia satunini (Uv.)		×		×			
Parapholidoptera castaneoviridis (Br. v. W.)	×		×				
— *signata* (Br. v. W.)	×					×	
— *noxia* (Rme)		×					
— *distincta* (Uv.)		×					
Pholidoptera pustulipes (F.-W.)		×					
— *fallax* (Fisch.)		×					
— *femorata* (Fieb.)	×E		×			×	×
— *kosswigi* Karab.	×						
— *kerketa* Uv.		×					
— *cinerea* (L.)	×	×	×				
— *augustae* Tarb.		×					
Platycleis intermedia Serv.	×	×	×	×	×	×	×
— *escalerai* I. Bol.	×		×				×
— *esc. iranica* Rme		×		×	×		
— *affinis* Fieb.	×	×	×		×	×	

[1]) Auch auf Samos und Chios.

	A	K	B	Pe	I	S	Pa
Tettigoniidae							
Platycleis iljinskii (Uv.)		×					
— *irritans* (Rme)		×					
— *sinuata* Rme	×						
Squamiana squamiptera (Uv.)		×					
—(?) *kurmana* Rme	×						
Sepiana sepium (Yers.)	×E	×	×				
Montana elegans (Uv.)	×						
— *stricta* Zell.	(?×)						
— *decticiformis* (Stshelk.)		×					
— *uvarovi* Karab.	×						
— *schereri* (I. Bol.)	×						
— *taurica* (I. Bol.)	×						
— *bifoveolata* Karab.	×						
— *daghestanica* (Uv.)		×					
— *armeniaca* (Rme)		×					
— *medvedevi* (Mer.)		×					
—(?) *ankarensis* Karab.	×						
Incertana incerta (Br. v. W.)	×E		×				
— *persica* (Uv.)		×					
Tessellana tessellata (Charp.)		×		×			×
— *tess. holoptera* Rme	×						
— *vittata* (Charp.)		×	×	×			
— *nigrosignata* Costa	(×)[1]		×				
Decorana (?) *capitata* (Uv.)		×		×			
Sporadiana brevipes (Uv.)	×						
Bicolorana bicolor (Phil.)		×	×				
— *burri* (Uv.)		×					
Roeseliana pylnovi Uv.		×					
— *bispina* I. Bol.	×						
Decticus verrucivorus (L.)	×		×				
— *verr. gracilis* Uv.		×					
— *mithati* Rme	×						
— *albifrons* (Fabr.)	×	×	×	×	×	×	×
Medecticus assimilis (Fieb.)	×	×			×	×	×
Festella festae G.-T.	×					×	×
Rammeola anatolica Uv.	×						
Bucephaloptera bucephala (Br. v. W.)	×E		×	×			
Schizonotinus crassicercus (Tarb.)		×					
Psorodonotus specularis F.-W.		×					
— *sp. inermis* Rme		×					
— *caucasicus* F.-W.		×					
— *venosus* F.-W.		×					
— *brunneri*		×					
— *inflatus* Uv.		×					
Bradyporus macrogaster (Lef.)	×						

[1]) Unter *orina* Burr. angeführt!

	A	K	B	Pe	I	S	Pa
Tettigoniidae							
Bradyporus dilatatus (Stål.)	×						
— *multituberculatus* (F.-W.)		×	×				
Troglophilus escalerai I. Bol.	×						
Dolichopoda euxina Sem.		×					
— *aranea* I. Bol.	×						
Gryllacridae							
Dactylocomicus inexspectatus (Wern.)	×						
Gryllidae							
Oecanthus pellucens (Scop.)	×E	×	×	×		×	×
— *pell. turanicus* Uv.[1])		×					
Pteronemobius saussurei (Burr)		×					
— *gracilis* B. Jak.	×		×				×
— *heydeni* (Fisch.)	E	×				×	×
— *heyd. tartarus* (Sauss.)		×					×
Gryllus campestris L.	×	×	×			×	
— *camp. cephalotes* Rme		×					
— *bimaculatus de Geer.*		×	×		×		×
Gryllulus desertus (Pall.)	×	×	×		×	×	
— *des. melas* (Charp.)		×					
— *frontalis* (Fieb.)		×	×	×			
— *minor* (Burr)		×					×
— *burdigalensis* (Latr.)	×	×	×	×		×	×
— *tartarus* (Sauss.)	×				×		
— *tart. obscurus* Uv.		×		×			
— *algericus* (Sauss.)	×E		×			×	
— *domesticus* (L.)	×	×	×	×	×	×	×
Gryllodes odicus Uv.	×						
— *lateralis* Fieb.		×					
— *hebraeus* Sauss.		(×)					
— *macropterus* Fuente		(×)					
Gryllomorpha dalmatina Ocsk.	×E	×	×				
— *willemsei* Uv.	×						
Myrmecophila ochracea Fisch.	×		×			×	
Arachnocephalus vestitus Costa	×	×	×				
— *yersini* Sauss.	×		×				
Gryllotalpa gryllotalpa L.	×E	×	×	×	×	×	×
Tridactylidae							
Tridactylus variegatus Latr.	×	×	×			×	×
— *irremipes* Uv.	×						
— *tartarus* Sauss.		×					
— *japonicus de Haan*		×					
— *savignyi* Guér.		×					

[1]) Dirsh faßt *turanica* als gute Art auf.

	A	K	B	Pe	I	S	Pa
Acrididae							
Tetrix subulata L.	×		×			×	
— *tenuicornis* (Sahlb.)	×	×	×				
— *bolivari* Saulcy		×					
— *depressa* Bris.	×E	×	×	×		×	
Paratettix meridionalis Ramb.	×	×	×			×	
— *caucasicus* Bey-Bienko		×					
Acrida deserti Uv.		×					
— *meridionalis* Dirsh							
— [*mer. bosphorica* Dirsh]	×E						
— [*anatolica* Dirsh]	×						
— [*caucasica* Dirsh]		×					
— [*turca* Dirsh]	×						
Acridella nasuta (L.)	×	×		×		×	×
— *robusta* Uv.	×	×		×	×		
Parapleurus alliaceus (Germ.)		×					
— *all. turanicus* Uv.		×					
Duroniella fracta Kr.	×	×				×	
— *kalmyka* Adel.		×					
— *laticornis* Kr.	×				×	×	×
Platypterna pruinosa (Br. v. W.)	×		×				
— *obtusa* Salfi		×		×			
— *acuta* Salfi	×				×		
— *uvarovi* Salfi		×			×		
Chrysochraon dispar Germ.		×	×				
Euthystira brachyptera Ocsk.		×	×				
Paracinema tricolor Thbg.	×E	×	×			×	
Stenobothrus crassipes Charp.		(×)	×				
— *stigmaticus* Ramb.	×						
— *lineatus* Pz.	×	×	×				
— *nigromaculatus* H. S.	×	×	×				
— *nigr. transcaucasicus* Rme		×					
— *fischeri* Ev.	×E	×					
— *nigrogeniculatus* Kr.	×						
— *zubowskyi* I. Bol.	×						
— *werneri* Adel.		×		ssp.			
— *sviridenkoi* Rme		×					
Omocestus viridulus Zett.	×	×	×				
— *rufipes* Zett.	×	×	×				
— *petraeus* (Bris.)	×E	×	×			×	
— *haemorrhoidalis* (Charp.)		×	×				
— *caucasicus* Tarb.		×					
— *tesquorum* Tarb.		×					
— *nanus* Uv.	×						
— *demokidovi* Rme		×					
Stauroderus scalaris (F.-W.)	×	×	×				
— *scal. znojkoi* Mir.		×					
Chorthippus apricarius L.	×E	×	×				

	A	K	B	Pe	I	S	Pa
Acrididae							
Chorthippus apr. maior Zub.		×					
— *macrocerus* (F.-W.)	×	×		×			
— *abchasicus* Rme		×					
— *hirtus* Uv.		×					
— *hirt. debilis* Uv.		×					
— *brunneus* (Thbg.)	×	×	×				
— *miramae* Rme		×					
— *mollis* (Charp.)		×	×				
— *moll. ignifer* Rme	×	×	×	×			
— *ilkazi* Uv.	×						
— *bozdaghi* Uv.	×						
— *vagans* (Ev.)	×		×				
— *brauneri* Znojk.	×	×	×	×			
— *dorsatus* (Zett.)	×	×	×				
— *loratus* (F.-W.)	×	×	×	×		×	
— *albomarginatus fuliginosus* Iv.		×	×				
— *labaumei* Rme	×						
— *parallelus* (Zett.)	×E	×	×	×			
— *par. tenuis* Brullé	×	×	×				
— *fallax elbrusianus* Bey-Bienko		×					
Euchorthippus pulvinatus (F.-W.)	×E	×	×				
— *transcaucasicus* Tarb.		×					
Microhippus turcicus Rme	×						
Gomphocerus sibiricus L.		×	×				
— *sib. caucasicus* Motsch.		×					
— *armeniacus* Uv.		×					
Aeropedellus variegatus (F.-W.)		×					
Myrmeleotettix maculatus Thbg.	×	×					
Phlocerus menetriesi (F.-W.)		×					
— *svaneticus* Savenko		×					
— *zaitzevi* Mistsh. mit *subsp. maior*		×					
— *savenkoae* Mistsh.		×					
Dasyhippus escalerai (I. Bol.)	×						
Notostaurus anatolicus (Kr.)	×	×	×			×	×
Dociostaurus brevicollis (Ev.)	×	×	×				
— *génei* (Ocsk.)	×	×	×			×	
— *hauensteini* (I. Bol.)	×			×	×	×	×
— *cappadocicus* (Azam)	×						
— *tartarus* (Stshelk.)	×	×		×		×	
— *kraussi* (Ing.)		×					
— *maroccanus* (Thbg.)	×	×	×	×	×	×	×
Arcyptera labiata (Brullé)	×						
— *fusca* (Pall.)		×	×				
— *microptera* (F.-W.)		×					
— *micr. transcaucasica* Uv.[1]		×					

[1]) Vielleicht gute Art! Rme

	A	K	B	Pe	I	S	Pa
Acrididae							
Ramburiella truchmana Ramb.	×	×	×			×	×
— *bolivari* Kuthy	×						
Eremippus simplex Ev.		×					
— *gracilis* Uv.	×						
— *angulatus* Uv.	×						
— *turcicus* Rme	×						
— *aserbeidshanicus* Rme		×					
Xerohippus anatolicus Rme	×						
Aiolopus thalassinus (Fabr.)	×	×	×	×		×	×
— *strepens* (Latr.)	×E	×	×	×		×	
— *savignyi* (Kr.)	×				×	×	×
Epacromius tergestinus (Charp.)[1]		×					
Hilethera buxtoni Uv.		×			×		
Mecostethus grossus (L.)		×	×				
Oedaleus decorus (Germ.)	×	×	×	×	×	×	×
— *mlokosievitchi* I. Bol.		×					
— *senegalensis* Kr.		×				×	
Locusta danica L.	×	×	×	?[2]	?	?	×
— *migratoria* L. *ph. migratoria*	×	×	?	?	?	?	?
— *migr. ph. danicoides* Plotn. u. Rme	?	×	?	?	?	?	?
Pyrgodera armata F.-W.	×	×		×	×	×	×
Brunnerella mirabilis Sauss.	×	×					
Scintharista brunneri miramae Uv.	×	×					
Psophus stridulus (L.)		×		×			
Oedipoda coerulescens (L.)	×E	×	×	×	×		
— *ledereri* Sauss.	×					×	
— *miniata* (Pall.)	×E	×	×	×	×	×	×
— *aurea* Uv.	×					×	×
— *schochii* Sauss.	×	×		×		×	
— *schoch. caucasica* Sauss.		×					
Thalpomena oedipodioides I. Bol.	×						
— *oedip. uvarovi* Dirsh		×					
— *oedip. obscura* (Uv.)		×					
— *persa* Dirsh (mit *f. popovi Dirsh*)		×		×			
— *zangezuri* Dirsh		×					
— [*armeniaca* Dirsh]		×					
— [*arpatchai* Dirsh]		×					
— *ledereri* Sauss.	×						
— *led. turcica* Dirsh (m. *f. lactea* Rme)	×						
Celes variabilis (Pall.)	×	×	×				
— *variab. curtipennis* Rme	×						
Sphingonotus savignyi Sauss.		×		×	×	×	×
— *theodori* Uv.	×			×	×		×
— *rubescens* (Walk.)	×E	×	×	×	×	×	×

[1]) Nach einem ♀ (*elytr.* 32,7 mm!) von Adyr Ssu (2250—2500 m) 4. 8. 1937 (PARAMONOV)
[2]) ? bedeutet, daß das Material dieser Gebiete erneuter Prüfung bedarf

	A	K	B	Pe	I	S	Pa
Acrididae							
Sphingonotus carinatus Sauss.		×		×	×	×	×
— *car. eshrewi* Rme	×						
— *eurasius* Mistch.		×		×		×	×
— *kurmanus* Rme	×						
— *uvarovites* Mistch.	×						
— *turcicus* Uv.	×						
— *coerulans caspicus* Mistch.		×					
— *coerulipes* Uv.	×	×		×			
— *coer. djakonovi* Mistch.		×					
— *aserbeidshanicus* Rme		×					
— *pilosus* Sauss.	×	×		×			
— *nebulosus anatolicus* Uv.	×						
— *neb. violascens* Uv.		×					
— *neb. persa* Uv.		×		×			
— *humeralis* (Uv.)	×	×		×			
— *octofasciatus* Serv.		×		×			×
— *salinus* (Pall.)		×					
— *satrapes* Sauss.		×		×	×	×	×
Helioscirtus moseri Sauss.		×		×			×
— *mos. tichomirovi* Stshelk.	×	×					
Acrotylus patruelis (H.-S.)	×E		×			×	
— *insubricus* (Scop.)	×E	×	×	×	×	×	×
— *longipes* (Charp.)	×E						
Charora pentagrammica I. Bol.	×						
— *crassivenosa* Sauss.		×		×			
Mioscirtus wagneri Ev.		×					
Hyalorhipis clausii (Kitt.)		×				×	
Leptopternis gracilis (Ev.)		×				×	
Prionotropis maculinervis Stål	×						
— *mac. urfensis* Rme	×						
Eremopeza gibbera gibbera Stål	×					×	
— *saussurei* (Uv.)	×	×		×			
— *festiva Sauss.* (Sauss.)		×					
Iranotmethis persa Uv.		(×)					
Glyphanus obtusus Fieb.	E						
Asiotmethis limbatus (Charp.)	E						
— *turritus* (F.-W.)		×					
— *turr. armeniacus* Rme		×					
— *ovipennis* Uv.	×						
— *inermis* Uv.	×						
— *adaliae* Uv.	×						
— *şevketi* Rme	×						
— *escherichi* (Kr.)	×						
— *esch. elatior* Rme	×						
— *holtzi* (Wern.)	×						
— *holtzi pulchripes* Uv.	×						
— *dimorphus* Uv.	×						

	A	K	B	Pe	I	S	Pa
Acrididae							
Asiotmethis dim. armenus Rme	×						
Tmethis pulchripennis asiaticus Uv.	×			×	×	×	×
Paranocarodes straubei (Fieb.)	×						
— *sulcatus* I. Bol.	×						
— *cilicicus* Rme	×						
— *paphlagonicus* Rme	×						
— *tolunayi* Rme	×						
— *fieberi* (Br. v. W.)	×						
— *brevipes* Rme	×						
— *atympanicus* Rme	×						
— *aserbeidshanicus* Rme		×					
— *opacus* (F.-W.)				×			
— *apicalis* (I. Bol.)				×			
—(?) *margaritae* (Mir.)		×					
—(?) *armeniacus* (Mir.)		×					
Ebnerodes tölgi (Ebn.)	×						
Granulodes beieri Rme							
Nocarodes serricollis F.-W.		×		×			
— *armeniacus* Rme		×					
— *transcaucasicus* Rme		×					
— *daghestanicus* Uv.		×					
— *dagh. geniculatus* Uv.		×					
— *woronowi* Uv.		×					
— *niethammeri* Rme		×					
Nocaracris cyanipes (F.-W.)	(×)E	×					
— *cyan. ornatus* Rme		×					
— *cyan. tristis* Rme		×					
— *ponticus* Rme	×						
— *rubripes* (F.-W.)		×					
— *tibialis* Rme		×					
— *tauricola* Rme	×						
— *burri* Uv.	×						
— *burri obscurata* Rme	×						
— *rimansonae* Uv.		×					
— *latipes* Uv.		×					
— *bodenheimeri* Uv.	×						
— *citripes* Uv.	×						
— *bicoloripes* Uv.	×						
— *subrubrata* Rme	×						
— *cinerascens* Rme	×					×	
— *tecticollis* Rme	×						
— *sabulosa* Rme	×						
— *znojkoi* Mir.		×					
Eunothrotes derjugini Adel.		×					
Tropidauchen viridis Bey-Bienko		(×)					
Prionosthenus brunnerianus (Sauss.)		(×)				×	
Orchamus davisi Uv.	×					×	

	A	K	B	Pe	I	S	Pa
Acrididae							
Pyrgomorpha conica Oliv.	×	×	×	×	×	×	×
— *cognata* Kr.	×						
— *brevipennis* I. Bol.	×	×			×	×	
Gelastorrhinus sagitta Uv.		×					
Tropidopola longicornis (Fieb.)	×					×	×
— *longic. graeca* Uv.	×	×	×			×	
— *turanica* Uv.		×					
Anacridium aegyptium (L.)	×E	×	×	×	×	×	×
Schistocerca gregaria Forsk.		×		×	×	×	×
Pezotettix giornae Rossi	×E	×	×				
— *platycercus* (Stål)	×					×	
— *anatolicus* Uv.	×						
— *ponticus* Uv.		×					
Sphenophyma rugulosa (Stål)	×				×	×	
Caucasippus pedestris Uv.	×						
Podisma pedestris L.		(?×)	×				
— *ped. sviridenkoi* D.-Z.		×					
— *uvarovi* Rme		×					
— *teberdina* Rme		×					
— *rufipes* F.-W.		(×)					
— *satunini* Uv.		×					
Pachypodisma lezgina (Uv.)		×					
Micropodisma koenigi (Burr)		×					
— *svanetica* D.-Z.		×					
Epipodisma (?) *turcica* Rme		×					
Dericorys tibialis (Fieb.)	×	×		×		×	
— *annulata* (Fieb.)	(×)						
— *gibbosa* (F.-W.)	×	×					
— *uvarovi* Rme		×					
Paracaloptenus bolivari Uv.	×			×			
Calliptamus italicus L.	×E	×	×	×	×	×	×
— *barbarus* Costa	×E	×	×	×	×	×	×
— *barb. pallidipes* Rme (*sbsp. et f.*)	×	×	×	×			
— *barb. deserticola* Voss.	×	×		×	×	×	×
— *minimus* Ivan.		×					
— *tenuicercis* Tarb.	×	×				×	×
Metromerus coelesyriensis G. T.	×	×		×	×	×	×
Thisoecetrinus pterostichus (F.-W.)	×	×		×		×	×
Thisoicetrus littoralis (Ramb.)	×					×	×
— *adspersus* (Redt.)		×					×
Euprepocnemis plorans (Charp.)	×	×	×			×	×

2. Bemerkungen zur Tabelle

Diese Tabelle, die zur Zeit 342 anatolische und 332 kaukasische sicher festgestellte Arten (86 Arten gemeinsam) enthält, soll die Grundlage bilden für unsere augenblickliche Kenntnis der Orthopterenfauna des anatolisch-kaukasischen Raumes (einschließlich der sowjetarmenischen und aserbeidshanischen Gebiete). Sie berücksichtigt auch das Vorkommen der anatolischen Arten in dem europäischen Teil der Türkei (E) sowie die kurdischen Gebiete längs der türkisch-persischen Grenze und das tiergeographisch dem Gesamtraum zugehörige (persische) Urmiaseegebiet.

Ich habe ferner außer den als sicher festgestellt zu betrachtenden Arten × auch eine Anzahl mit (×) gekennzeichnet, bei denen eine Nachprüfung wünschenswert erscheint, weil bei ihnen die Möglichkeit der Fehlbestimmung nicht von der Hand zu weisen ist, da unsere systematischen Anschauungen und Kenntnisse starke Wandlungen durchgemacht haben; eine Anzahl, die mit (?×) gekennzeichnet ist, erregt tiergeographisch Bedenken. Soweit letztere die Richtigkeit der Angaben so gut wie ausgeschlossen erscheinen lassen oder soweit neuere Untersuchungen bereits die Fehlerhaftigkeit der Angabe erwiesen haben, sind die betr. Arten fortgelassen worden. Es sind dies *Ameles abjecta* Spall. [westmedit.], *Poecilimon affinis* (Fieb.) und *brunneri* (Friv.) [wohl nur balkanisch], *balkanicus* Stschelk. [ungeklärte, vielleicht neue Art, nicht = *elegans* Br. v. W.], *concinnus* Br. v. W. [vielleicht neue Art], *Tettigonia caudata kolenatii* (F.-W.) [kaum als Subsp. zu werten], *Saga pedo* Pall. [Vorkommen in Anatolien höchst unwahrscheinlich], Gattung *Pachytrachis* Uv. [südostwärts nur bis zum Balkan], *Platycleis grisea* F. [vermutlich ein *intermedia*-Übergang (vgl. S. 239)], „*Metrioptera*" *fusca* Br. v. W. [vermutlich eine neue Art; *fusca* (*Parnassiana*) nur im griechischen Hochgebirge], *Roeseliana roeselii* Hbg. [mit *pylnovi* Uv. verwechselt?], *Decticus verrucivorus schugurovi* Uv. und *boldyrevi* Uv. [*nom. nud.*], *Platypterna tibialis* (Fieb.) [vgl. Revision von SALFI), *Chorthippus lesinensis* (Kr.) [sicher Fehlbestimmung, endemisch auf Hvar (Lesina)], *Dasyhippus pygmaeus* Bey-Bienko [syn. zu *Omocestus demokidovi* Rme], *Brachycrotaphus tryxalicera* Fisch., *Sphingonotus balteatus* Serv. [vgl. Revision von MISTSHENKO], *Atrichotmethis zaitzevi* Uv. [vgl. die *Thrinchini*-Revision des gleichen Autors], *Thrinchus schrenki* [vgl. ebendort], *Nocaracris cyanipes* (F.-W.) Angabe „Anatolien, Rumelien" sehr zweifelhaft, *Sphrodromerus serapis* (Serv.) [vgl. Revision von UVAROV].

Fortgelassen sind auch die (von UVAROV angeführten) kurdisch-irakischen Arten *Apholidoptera kurda* (Uv.) und *Uvarovistia zebra* (Uv.), letztere auch in Persien.

Die von Dirsh (vgl. S. 384) neu aufgestellten *Acrida*-Arten habe ich zwar erwähnt, aber als — jedenfalls von mir — nicht anerkannte Arten in eckige Klammern gesetzt.

Bei einer Anzahl von Arten ist die engere Gattungszugehörigkeit nicht ganz geklärt; dies zeigt ein ? bei der Gattung an.

Wie bereits eingangs bemerkt, soll die Tabelle nur eine Grundlage bilden, auf der spätere Forscher weiter arbeiten können, denn es unterliegt keinem Zweifel, daß weite orthopterologisch noch völlig unerforschte Gebiete, besonders in entlegenen Gebirgen Anatoliens und der Kaukasusländer, noch zahlreiche Entdeckungen neuer Gattungen und Arten erwarten lassen. Es ist daher noch nicht an der Zeit, irgendeine abschließende tiergeographische Erörterung vorzunehmen, um so mehr als in der Abhandlung von UVAROV „*The distribution of Orthopterous Insects in the Caucasus and Western Asia*" (Proc. Zool. Soc. London 1921, p. 447ff.) das Thema bereits ausführlich behandelt worden ist. Allerdings ist hierzu zu bemerken, daß der Standpunkt von 1921 heute teilweise überholt ist und manche der dort aufgeführten Arten fortfallen oder umbenannt werden muß, was ich in der Tabelle nach Möglichkeit berücksichtigt habe. In großen Zügen dürfte aber die tiergeographische Aufteilung der Gebiete durch UVAROV eine brauchbare Grundlage für ein späteres endgültiges Faunenbild darstellen.

Nachträge

1. Nach Drucklegung des Kapitels „Zur Homochromie der Orthopteren" erhielt ich aus dem Zoologischen Institut Istanbul eine Abhandlung von SAADET ERGENE „Untersuchungen über Farbwechsel und Farbanpassung bei *Acrida turrita*", erschienen in der Zeitschrift für vergl. Physiologie 1950, **32**: 530. Meine von der Autorin angeführte Beobachtung (1923[1])), daß die grüne und die gelbliche Form von *turrita* „zu gleicher Zeit in einer und derselben Umgebung gemischt" anzutreffen seien, war ganz allgemein gehalten und hatte in dem betreffenden oberitalienischen Gebiet durchaus Gültigkeit; spezielle Untersuchungen hatte ich nicht angestellt. Um so dankenswerter ist es, daß sich die Autorin dieser Frage angenommen hat, und sie kommt — durch Zucht- und Käfigversuche — zu Ergebnissen, die in keinerlei Widerspruch zu den meinen stehen, soweit diese sich überhaupt berühren. Ihre Resultate sind, kurz zusammengefaßt, folgende: *Die Zahl der angepaßten Larven und Imagines ist größer als die der nicht angepaßten, ebenso die Prozentzahl der Tiere, die auf passendem Untergrund angetroffen werden, den sie, wie Versuche erwiesen, später aufsuchen. Der Farbwechsel der Larven ist nur im Anschluß an eine Häutung möglich; wenn nicht innerhalb von 14 Tagen auf heterochromem Untergrund ein Farbwechsel eintritt, so war die Färbung schon vorbestimmt; gelbe Larven bleiben auf homochromem Untergrund im allgemeinen gelb, grüne Larven grün. Im Lauf des larvalen Lebens kann ein mehrfacher Farbwechsel eintreten; bei Imagines, die auf heterochromen Boden gesetzt werden, wurde niemals ein Wechsel beobachtet. Nahrung und verschieden starker Feuchtigkeitsgehalt derselben haben keinen Einfluß auf die Färbung. Tiere mit lackierten Augen verlieren die Fähigkeit zum Farbwechsel.*

2. Zu *Isophya rodsjankoi* I. Bol. Der Freundlichkeit von Herrn Dr. G. CEBALLOS-Madrid verdanke ich die Möglichkeit, daß ich nun doch den Typus (♂) dieser Art untersuchen konnte (s. S. 169). Dies ergab, daß das Exemplar der Sammlung EBNER in der Tat zu *rodsjankoi* gehört, nur daß bei letzterem Hinterhaupt, Pronotumseitenlappen und alle Gliedmaßen weitgehend geschwärzt, während sie bei dem Typus gelblich bis grünlich sind; die Hinterschienenoberkante ist schmutzig rötlich. Dies ist aber zweifellos nur individueller Natur. Charakteristisch für die Art, die *redtenbacheri* am nächsten steht, sind die in der Mitte hellen, bindenlosen (nur am Hinterrand dunkel punktierten) Tergite, die, seitlich tiefschwarz eingerahmt, der Art ein unverkennbares Gepräge geben. Pronotumzeichnung und Elytren (in Form und Färbung) ähneln sehr der genannten Art, von der sich *rodsjankoi* aber durch die viel breitere Subgenitalplatte und die Form der Cerci (Abb. 34) auch morphologisch unterscheidet.

3. In den Proc. R. Ent. Soc. London 1950, **19**: 157 beschreibt KARABAG eine Anzahl neuer anatolischer Orthopteren, die ich noch namentlich in der vorstehenden Tabelle unterbringen konnte. Bei den 3 neuen „*Montana*"-Arten habe ich aber bei *ankarensis* stärkste Bedenken über ihre Zugehörigkeit zu der genannten Gattung,

[1]) Arch. f. Natg. 1923, 89: 150.

denn der Ovipositor zeigt nichts weniger als den unverkennbaren Typ von *Montana*, sowohl in seiner Form als auch in der Färbung. Ich habe die Art nicht gesehen und vermag mir aus der etwas mageren Beschreibung, vor allem ohne Untersuchung des Epiphallus, kein Urteil über die Gattungszugehörigkeit zu bilden.

Die an dieser Stelle gleichfalls beschriebene *Pholidoptera kosswigi* dürfte der Nominatgattung angehören; die Form der ♀ Subgenitalplatte läßt möglicherweise auf verwandtschaftliche Beziehungen zur *dalmatica*-Gruppe schließen.

Bei *Anterastes uludaghensis* hatte ich wegen der — nach der Abbildung — ganz gleichartig erscheinenden Cerci des ♂ zunächst die Befürchtung, *Uludaghia gerdae n. g., n. spec.* könnte mit ihr identisch sein, jedoch die Angaben „*lateral lobes of pronotum black*", die längeren Elytren „*with black apex*" schließen dies aus. Ob die neue Art wirklich ein *Anterastes* ist, möchte ich — mit Rücksicht auf die schwarzen, also doch wohl nicht hell gesäumten Pronotumseitenlappen — dahingestellt sein lassen; es wäre dies an sich in der Gattung unüblich und taxonomisch zweifellos wesentlich.

4. Nachgetragen sei hier noch, daß der Typus (♀) von *Rammeola anatolica* Uv. durch Tausch aus der Sammlung Willemse in den Besitz des Berliner Zoolog. Museums übergegangen ist.

5. Bei *Phlocerus* konnten in der Tabelle (S. 424) noch die Arten *svanetica* (*sic!*) Savenko (Trud. Zool. Sekt. Gruz. Fil. An. SSSR. 1941) sowie *zaitzevi* Mistshenko (mit *subsp. maior*) und *savenkoae* Mistsh. (Trav. Inst. Zool. Ac. Sci. RSSG. 1941, p. 125—134) aufgenommen werden; beide Arbeiten wurden mir erst jetzt bekannt und waren mir nicht zugänglich, so daß über den Wert der Arten nichts ausgesagt werden kann.

6. Gleichfalls nicht zugänglich war mir eine Arbeit von Helwig (Journ. Morph. Philadelphia 71), in der der Autor — wohl auf Grund von Chromosomenuntersuchungen — „*Podisma and allied genera*" diskutiert; meine Kenntnis stammt aus dem „Record" für 1942, aus dem hervorgeht, daß jedenfalls keine neuen Genera beschrieben werden.

7. *Calliptamus italicus insularis* hatte ich auf Grund der Untersuchung des zunächst nur einen zur Verfügung stehenden Epiphallus und des Umstandes, daß trotz der außerordentlich weiten Verbreitung der Art bisher nirgends Exemplare mit gelblichen Hinterschienen beobachtet worden sind, als eigene Art aufgefaßt und den (am Aedeagus) beschädigten Epiphallus in Abb. 84 dargestellt. Nachträglich konnte ich nun bei dem ♂ von Syra einen zweiten Epiphallus untersuchen und vergleichen, vor allem auch mit Epiphalli von großen *italicus* ♂♂ und feststellen, daß die Variationsbreite ziemlich erheblich ist, bei ganz einheitlichem Bauplan. So zeigt beispielsweise die „*languette*" der ♂ von Syra die gleiche Art der Punktierung wie *italicus*; die „*stylets*" sind von gleicher Länge und ebenso nach unten gekrümmt wie bei diesem. Ich habe daher *insularis* nur als eine — allerdings recht bemerkenswerte — Subspezies zu *italicus* gestellt. Ob diese auf die beiden Zykladeninseln Paros und Syra beschränkt ist, muß die Zukunft erweisen.

TAFELANHANG

TAFEL I

1 *Podismopsis transsylvanica n. sp* ♂
2 *Podismopsis transsylvanica n. sp.* ♀
3 *Podismopsis relicta* Rme ♂
4 u. 5 *Podismopsis transsylvanica n. sp.* ♂♂, Var.-Br.
6 *Podismopsis poppiusi* Mir. ♂
7—10 *Chorthippus parallelus* (Zett.)
7 ♂ Făgăraş, oberhalb Sebeş-Olt, 800 m
8 ♂ Făgăraş, Surul, 2150 m
9 ♀ Făgăraş, oberhalb Sebeş-Olt, 800 m
10 ♀ Făgăraş, Surul 2150 m

Abb. 1 u. 2 Vergr. 2,1 : 1; Abb. 3—10 Vergr. 3 : 2

TAFEL I

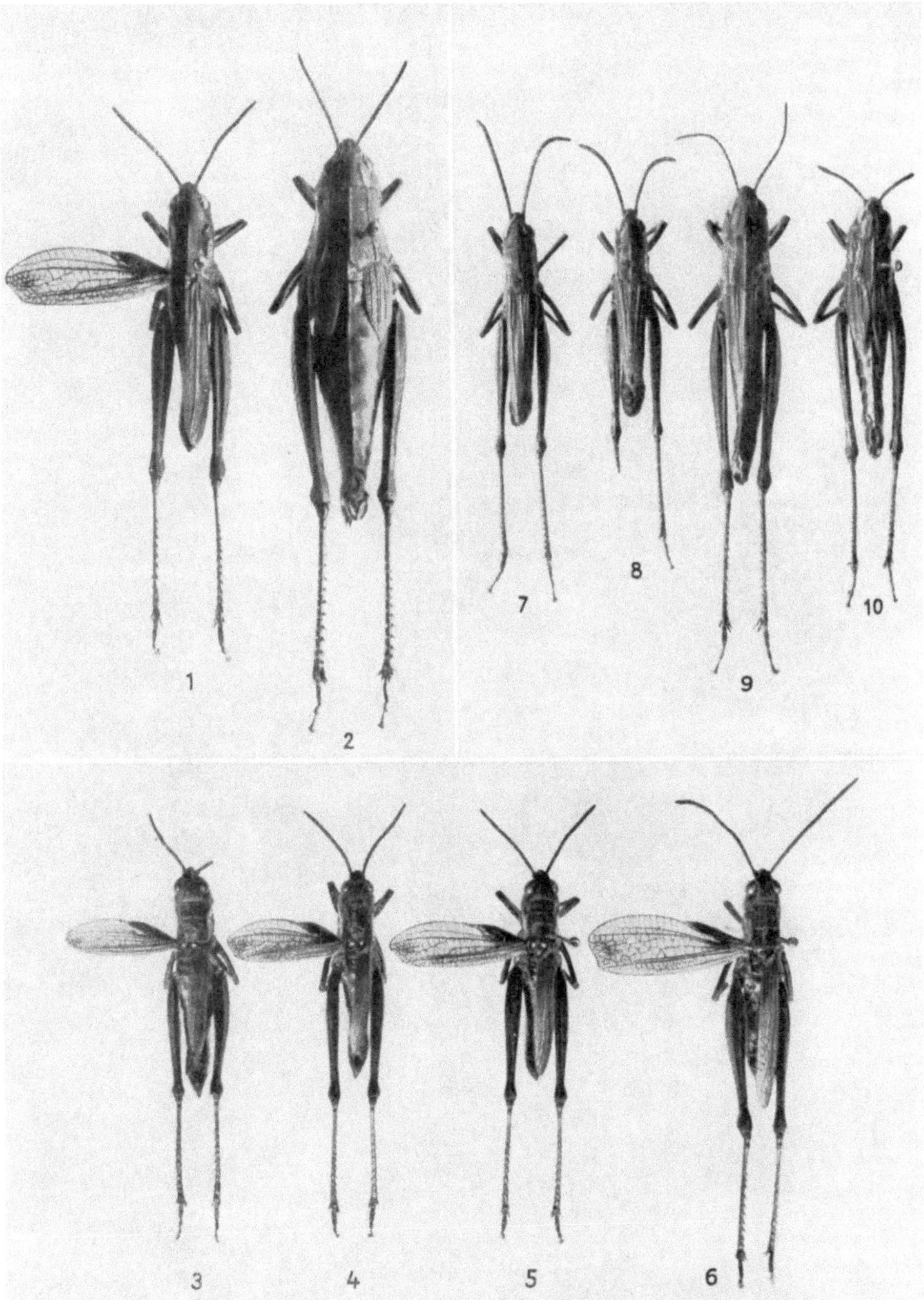

TAFEL II

1 — 4 ♂-Antennen von *Chorthippus parallelus* (Zett.)
1 Bučegi bei Sinaia 900 m
2 Bučegi 2200 m
3 Făgăraş, oberhalb Sebeş-Olt 800 m
4 Făgăraş, Surul 2150 m
5—10 ♀-Antennen von *Chorthippus parallelus* (Zett.)
5 Bučegi bei Sinaia 900 m
6 Bučegi 2200 m
7 Făgăraş, oberhalb Sebeş-Olt 800 m
8 Făgăraş, Surul 2150 m
9 Königstein, oberhalb Zărneşti 700 m
10 Königstein 2200 m
11—13 *Chorthippus biguttulus hedickei* Rme, ♂-Elytren; Vergr. etwa 3 : 2
11 Ungarn
12 Rumänien
13 Mazedonien
14 *Chorthippus biguttulus biguttulus* (L.), ♂-Elytrum, typisch, 3 : 2
15 *Decticus verrucivorus* (L.), Hermaphrodit (Abdomenende ventral)
16 Rechtsseitiges (unpaar entwickeltes) Ovar desselben
17 *Chorthippus acroleucus* (A. Müller) ♂ ♀
18 *Conocephalus dilatatus* n. sp. ♂

TAFEL II

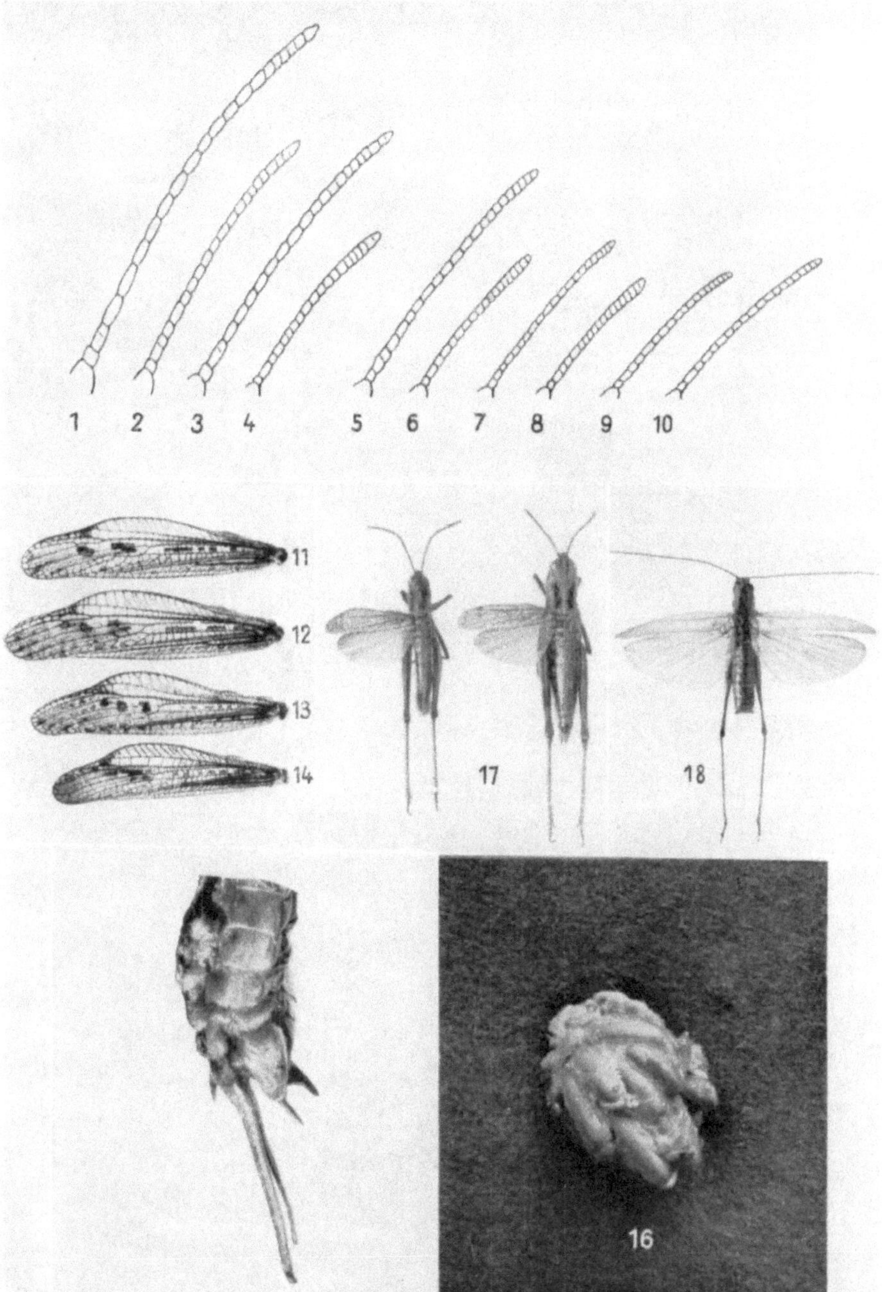

TAFEL III

1 *Roeseliana*

a ♂, b ♀ von *roeselii* (Hgb.)
c ♂, d ♀ von *roeselii f. prisca* Zacher
e ♂, f ♀ von *roeselii f. diluta* Charp.

2 *Chorthippus macrocerus* (F.-W.)

a 1 ♂, 4 ♀♀ normal
b 1 ♂, 4 ♀♀ von *Mermis* befallen

TAFEL III

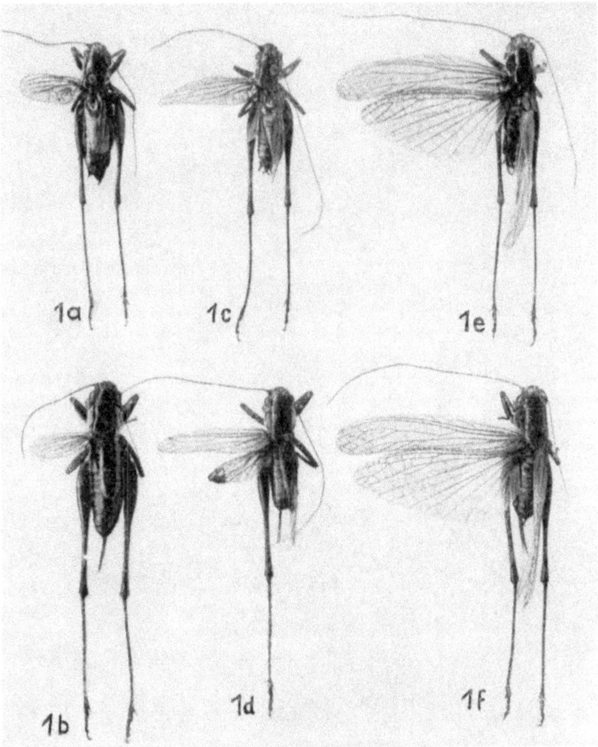

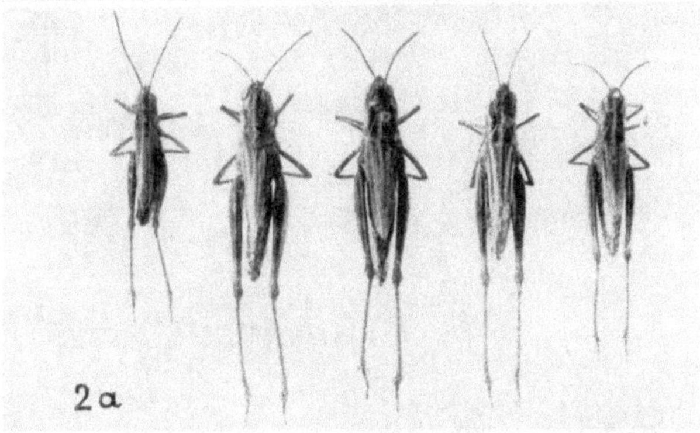

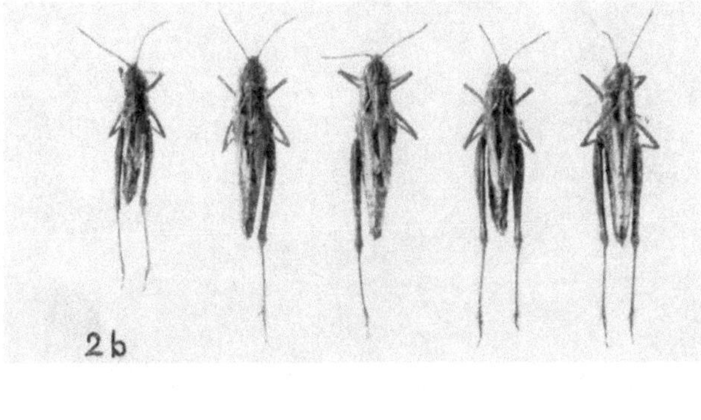

TAFEL IV

1 *Miramella* Dovn.-Zap. ♀
a *alpina alpina* (Koll.) [squamipter]
b *alpina carinthiaca* Puschn. [micropter]
c *alpina collina* Br. [brachypter]

2 *Bohemanella* Ramme ♀
a *frigida* (Bohem.) [squamipter]
b *frigida* [mesoptere Form]

3 *Podisma* Latr. ♀
a *pedestris* (L.) [squamipter]
b *pedestris f. intermedia* Rme [squamipter]
c *pedestris f. alata* Sw. [holopter]

4 *Tettigonia caudata* (Charp.)
a *mesopter* (♂)
b *holopter* (♀)
c *hyperpter* (♀)

TAFEL IV

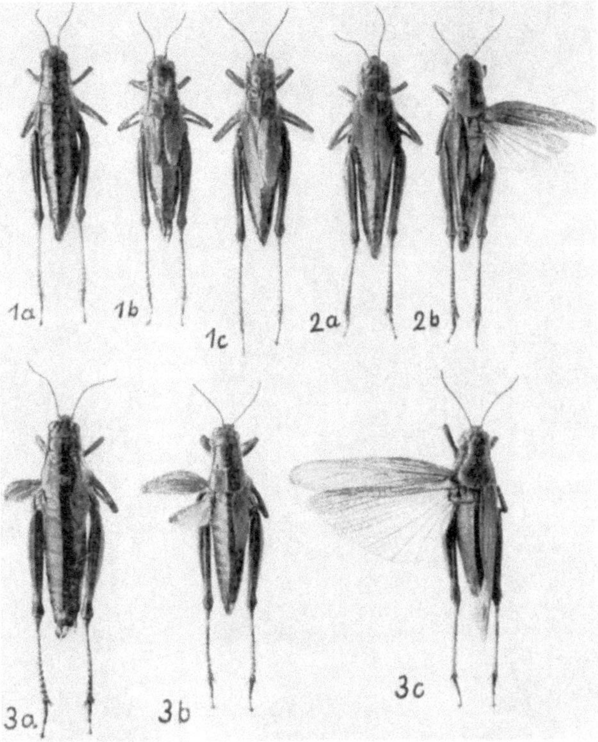

TAFEL V

1 *Pholidoptera aptera* (F.) ♂, 1 a ♀
2 *Pholidoptera aptera karnyi* Ebner ♂♂ (Variationsbreite); 2 b ♀
3 *Pholidoptera macedonica* Rme ♂♂ (Variationsbreite); 3 a ♀
4 *Gampsocleis abbreviata ebneri* Uv. ♂ ♀
5 *Metrioptera ebneri* Rme ♂ ♀
6 *Bicolorana oblongicollis* (Br.) ♂ ♀
7 *Tessellana nigrosignata* (Costa) ♂
8 *Tessellana orina* (Burr) ♂
9 *Montana macedonica* (Berl. & Chop.) ♂ ♀
10 *Poecilimon poecilus n. sp.* ♂ ♀
11 *Andreiniimon nuptialis* (Karny) ♀
12 *Oropodisma macedonica n. sp.* ♂ ♀
13 *Apterameles rammei* Beier ♀ (Typus)

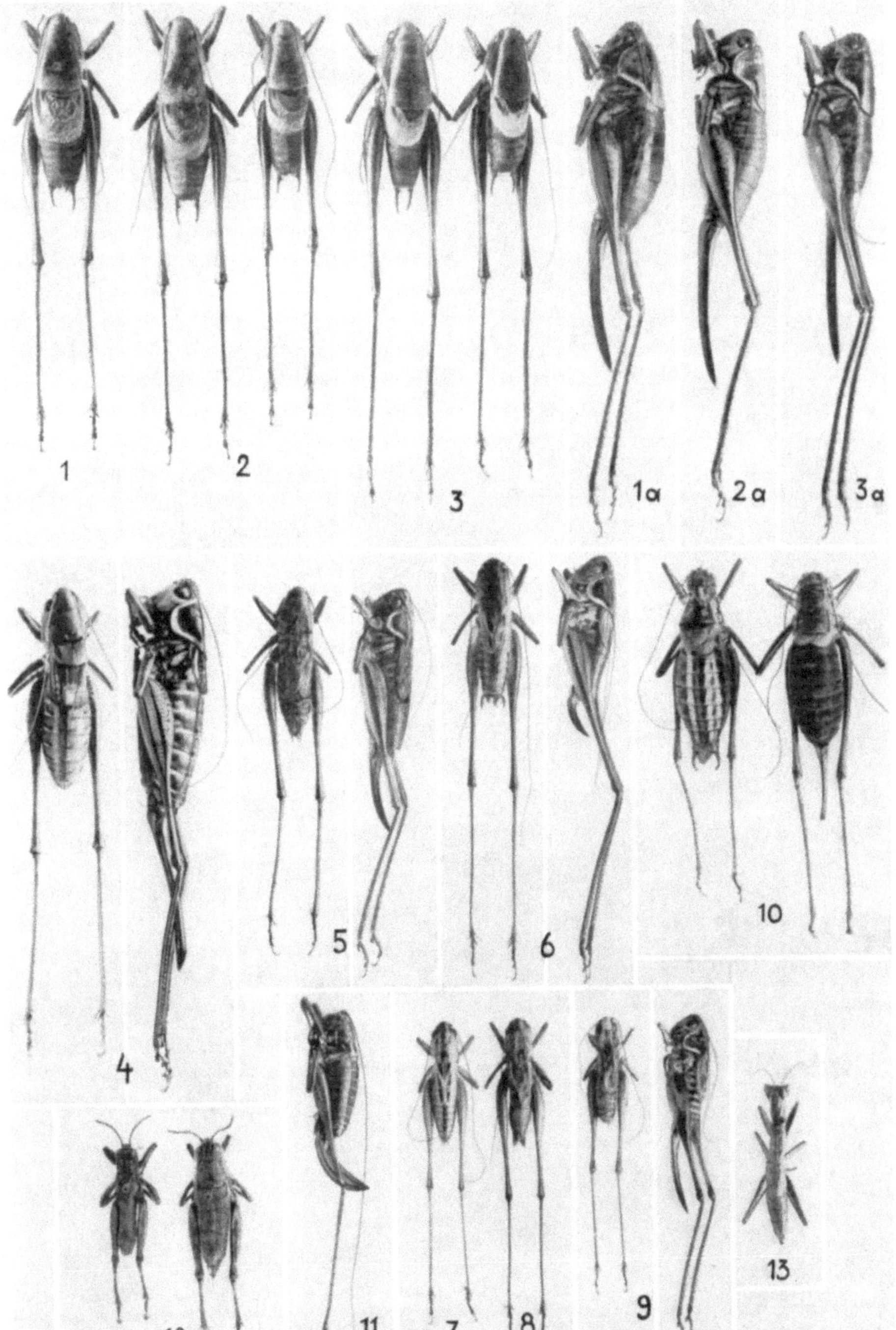
1
2
3
1a
2a
3a
4
5
6
10
12
11
7
8
9
13

TAFEL VI

1 *Saga italica* Costa ♂♀
2 *Saga campbelli* Uv. ♂♀
3 *Tessellana nigrosignata* (Costa), Elytren ♂, ♀
4 *Tessellana orina* (Burr), Elytren ♂, ♀

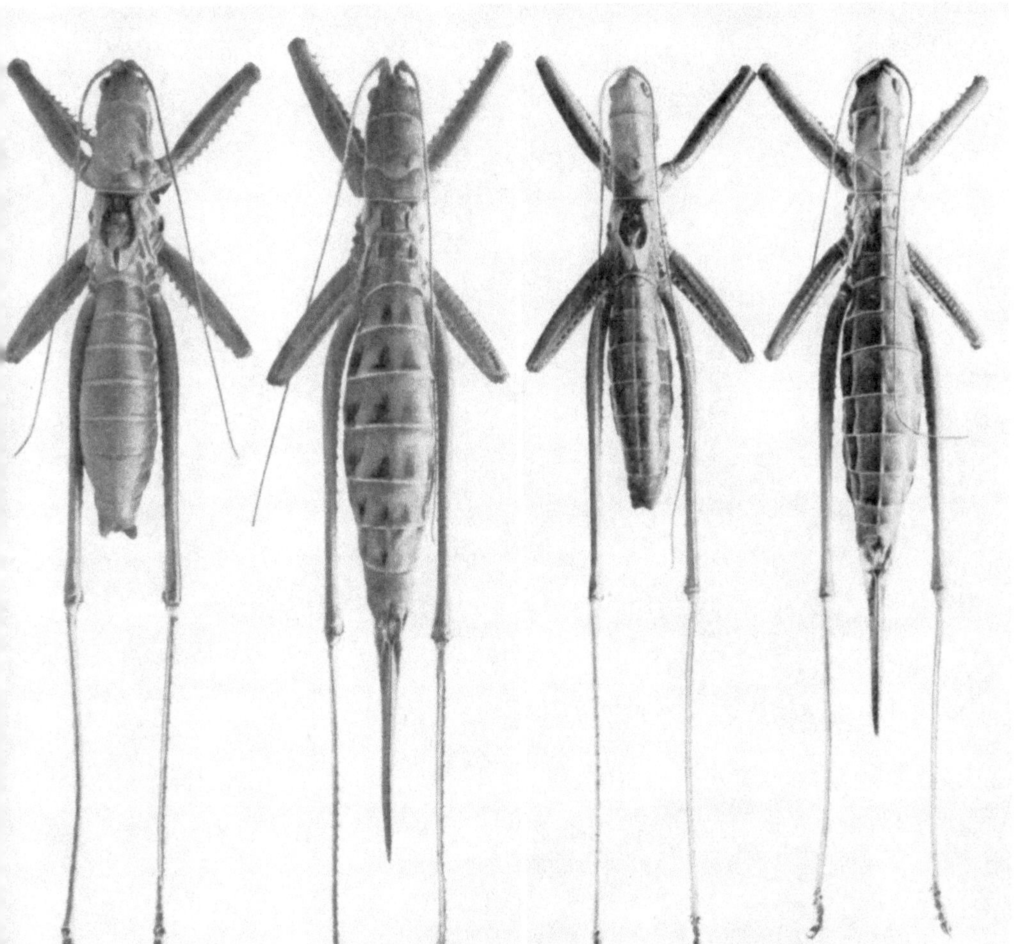
1
2
3
4

TAFEL VII

1 *Isophya schneideri* Br. ♂
2 *Isophya bivittata* Uv. ♂
3 *Isophya redtenbacheri* Adel. ♂
4 *Isophya nervosa n. sp.* ♂
5 *Poecilimon tauricola n. sp.* ♂ ♀
6 *Haschtara iranica* Rme a ♂, b ♀
7 *Gampsocleis schelkovnikovae* Adel. a ♂, b ♀
8 *Apholidoptera pietschmanni* (Ebner) ♂ ♀
9 *Pholidoptera pustulipes* (F.-W.) ♂
10 *Drymadusa affinis* I. Bol. ♂ Pronot. u. Elytr.
11 *Drymadusa sinuata n. sp.* ♂ Pronot. u. Elytr.
12 *Micrimon karabagi* Rm ♂ ♀
13 *Sureyaëlla bella* Uv. ♂ ♀
14 *Uludaghia gerdae n. g. et sp.* ♂ ♀

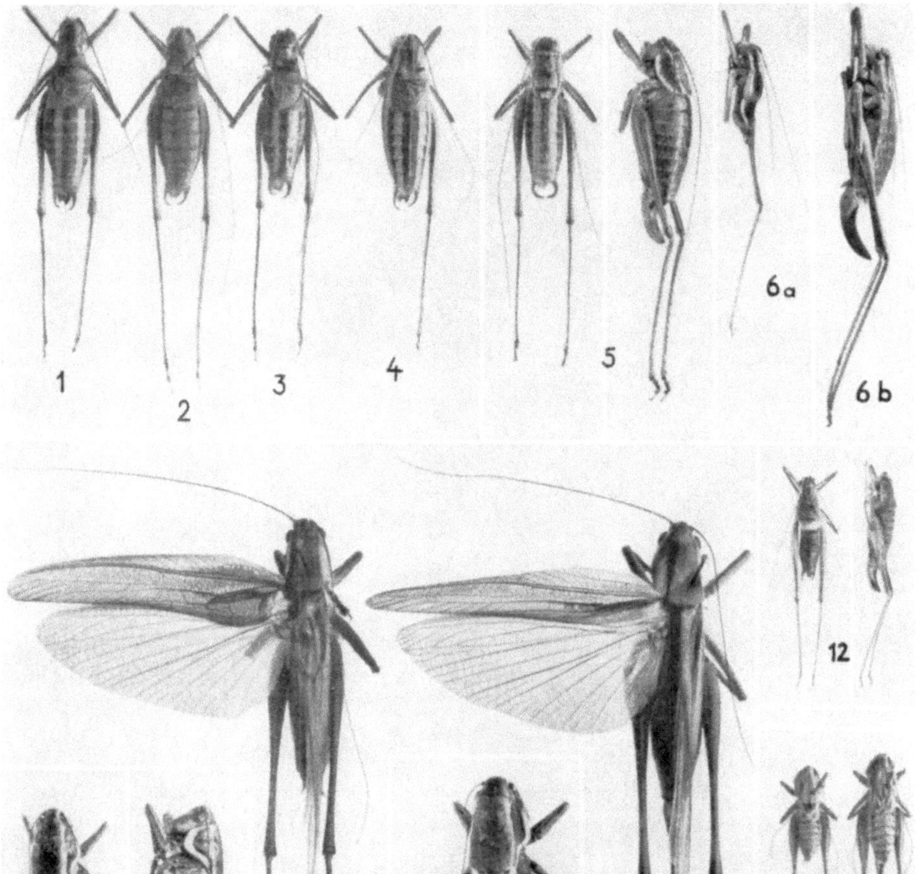
1
2
3
4
5
6a
6b
7a
7b
8
9
10
11
12
13
14

TAFEL VIII

1 *Drymadusa curvicercis* Uv. ♂ ♀
2 *Drymadusa recticauda* Werner ♂ ♀

2

1

TAFEL IX

Ectobius Steph.

1 *sylvester* (Poda) a ♂, b ♀
2 *sylvester f. lucidus* Hgb. a ♂, b ♀
3 *sylvester f. discrepans* Adel. ♂
4 *lapponicus lapponicus* (L.) a, c ♂♂, b, d ♀♀ (Variationsbreite)
5 *balcani* Rme ♂
6 *erythronotus* (Burr) a, b ♂♂ (Variationsbreite)
7 *niger* (Ebner) ♂
8 *albicinctus* (Br.) a ♂, b ♀
9 *nicaeensis* (Bris.) a ♂, b ♀

TAFEL IX

TAFEL X

Ectobius Steph.

1 *vittiventer* (Costa) a ♂, b ♀ (Südtirol), c ♂ Neapel (topotypisch)

2 *punctatissimus* Rme ♂

3 *livens* (Turton) ♂♀

4 *livens chopardi* Adel. ♂♀

5 *panzeri* (Steph.) ♂♀

Ectobiola Uv.

6 *duskei* (Adel.) ♂♀

TAFEL X

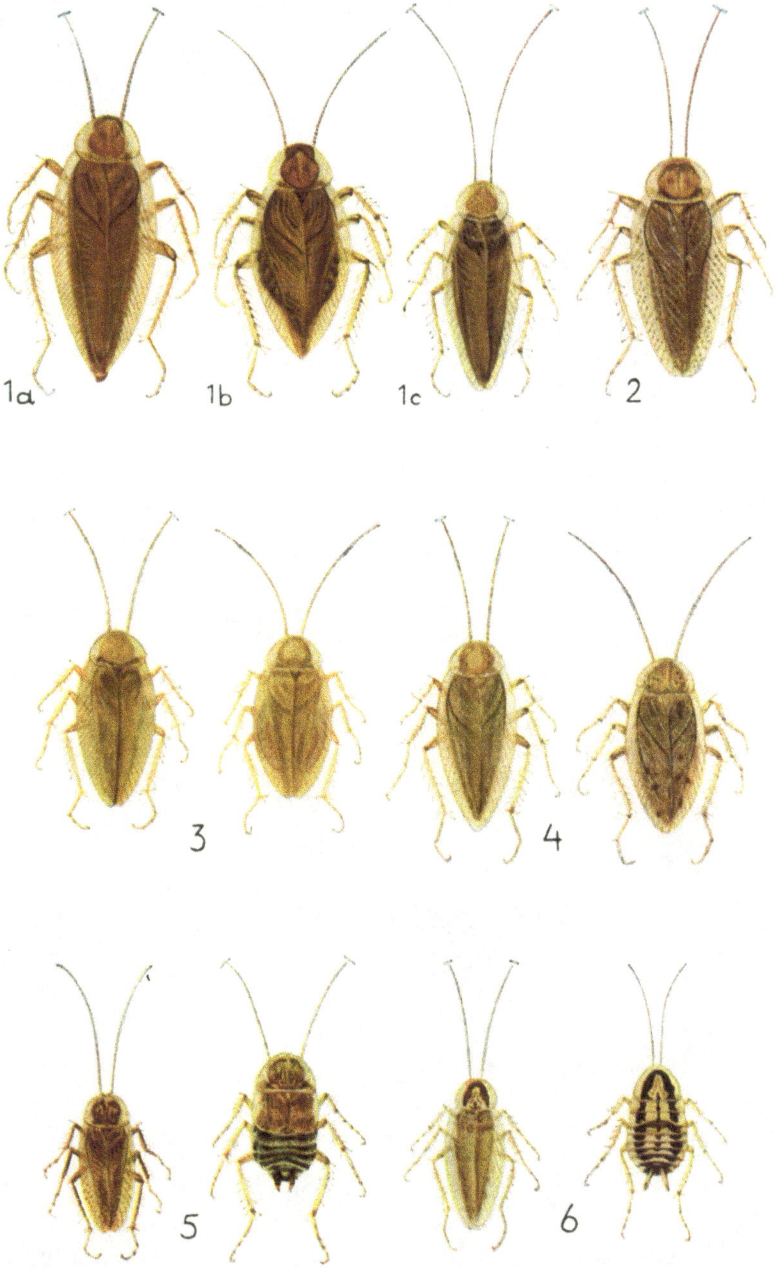

TAFEL XI

Oedipoda coerulescens (L.)

Oben: Persien, Urmia-See; Boden stark mit verdorrtem, gelbbraunem *Astragalus* bedeckt

Mitte: Kaukasus, Schwarzmeerstrand bei Tuapsse, mit grauem Geröll

Unten: Mazedonien, am Wodno bei Skoplje; Brachfeld mit dunkel- bis schwarzbrauner Ackerkrume

TAFEL XI

TAFEL XII

Oedipoda schochii Sauss.

Oben: Armenien, Halbwüste bei Etschmiadsin; Gestein vorwiegend grau

Unten: Armenien, Halbwüste bei Schordsha; Gestein vorwiegend matt ockerfarbig

TAFEL XIII

Oedipoda schochii Sauss.

Oben: Anatolien, Halbwüste am Ütsch-Kapular Dagh bei Nigde; Gestein vorwiegend weißlich-bräunlich bis hell rötlichbraun, teilweis tiefblau gesprenkelt

Unten: Anatolien, Halbwüste bei Diarbekir, mit rost- bis schmutzigbraunem Boden

TAFEL XIII

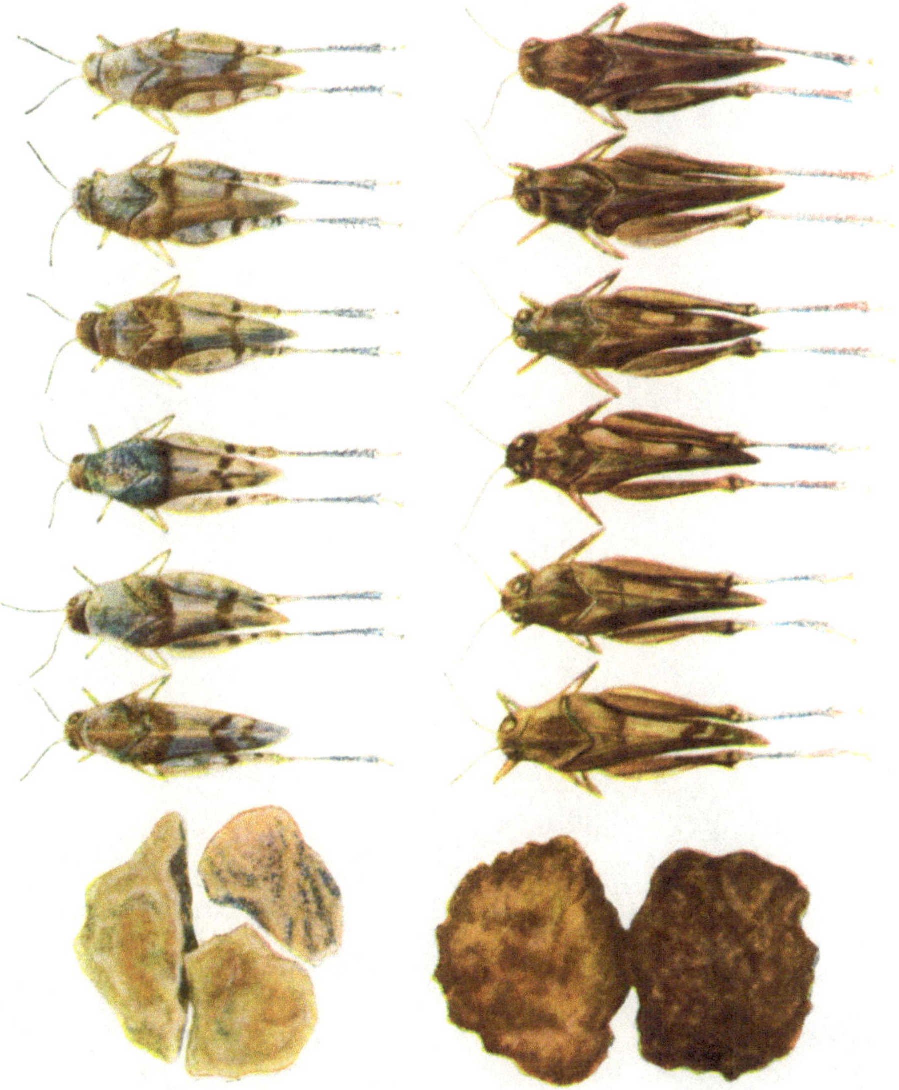

TAFEL XIV

Oedipoda germanica (Charp.)

Oben: Anatolien; Hügelkuppe am Fuß des Bithyn. Olymps mit grau-schwärzlichem Gestein

Unten: Anatolien; an dem der Kuppe unmittelbar anschließenden Südhang mit weißlich-ockerfarbigem bis matt-ockerfarbigem, teilweise schwärzlich gesprenkeltem Gestein

TAFEL XIV

TAFEL XV

Oedipoda germanica (Charp.)

Oben: Dalmatien, Insel Hvar; Berghang mit roströtlichem Gestein

Unten: Rumänien, Dobrudscha bei Murfatlar; Berghang mit weißlich-ockerfarbigem bis dunkler ockerfarbigem Gestein, teilweise schwärzlich gesprenkelt

TAFEL XV

TAFEL XVI

Sphingonotus coerulans (L.)

Oben: Mazedonien, trockenes Flußbett bei Demir Kapu, mit matt rötlichem Geröll

Unten: Mazedonien, trockenes Flußbett bei Tetowo, mit grauem Geröll

TAFEL XVI

TAFEL XVII

Pyrgomorpha brevipennis I. Bol.

Oben: Aserbeidshan, Halbwüste bei Ordubad, mit hellgrauem Gestein und dazwischen teils grüner, teils vergilbter Vegetation

60% der Tiere grau, 30% grünlich, 10% strohfarbig (nach Schätzung)

Unten: Armenien, Stoppelfelder bei Etschmiadsin

90% der Tiere strohfarbig, 10% grau (s. oben)

TAFEL XVIII

Eremiaphila gene Lef., *Eremopeza gibbera* (Sauss.) und *Scotodrymadusa rammei* (Uv.)

Anatolien, Halbwüste bei Aintab, mit weißrötlich bis bräunlichem Gestein

TAFEL XVIII

TAFEL XIX

Sphingonotus coerulans (L.)

Rumänien, trockenes Flußbett bei Herkulesbad, mit Geröll in allen Farbschattierungen

TAFEL XIX

TAFEL XX

Sphingonotus nebulosus violascens Uv.

Armenien, Halbwüste bei Ssardarabad, mit buntem Gestein

TAFEL XX

TAFEL XXI

1 *Drymadusa striolata n. sp.*, a ♂, b ♀ c *diffusa n. sp.* ♀
2 *Drymadusa kurmana* Rme a ♂, b ♀
3 *Paradrymadusa pontica* Rme ♀
4 *Phytodrymadusa armeniaca* Rme a ♂, b ♀
5 *Scotodrymadusa amani n. sp.* ♀
6 *Scotodrymadusa kozana n. sp.* ♀
7 *Anadolua schwarzi* Rme ♂ ♀

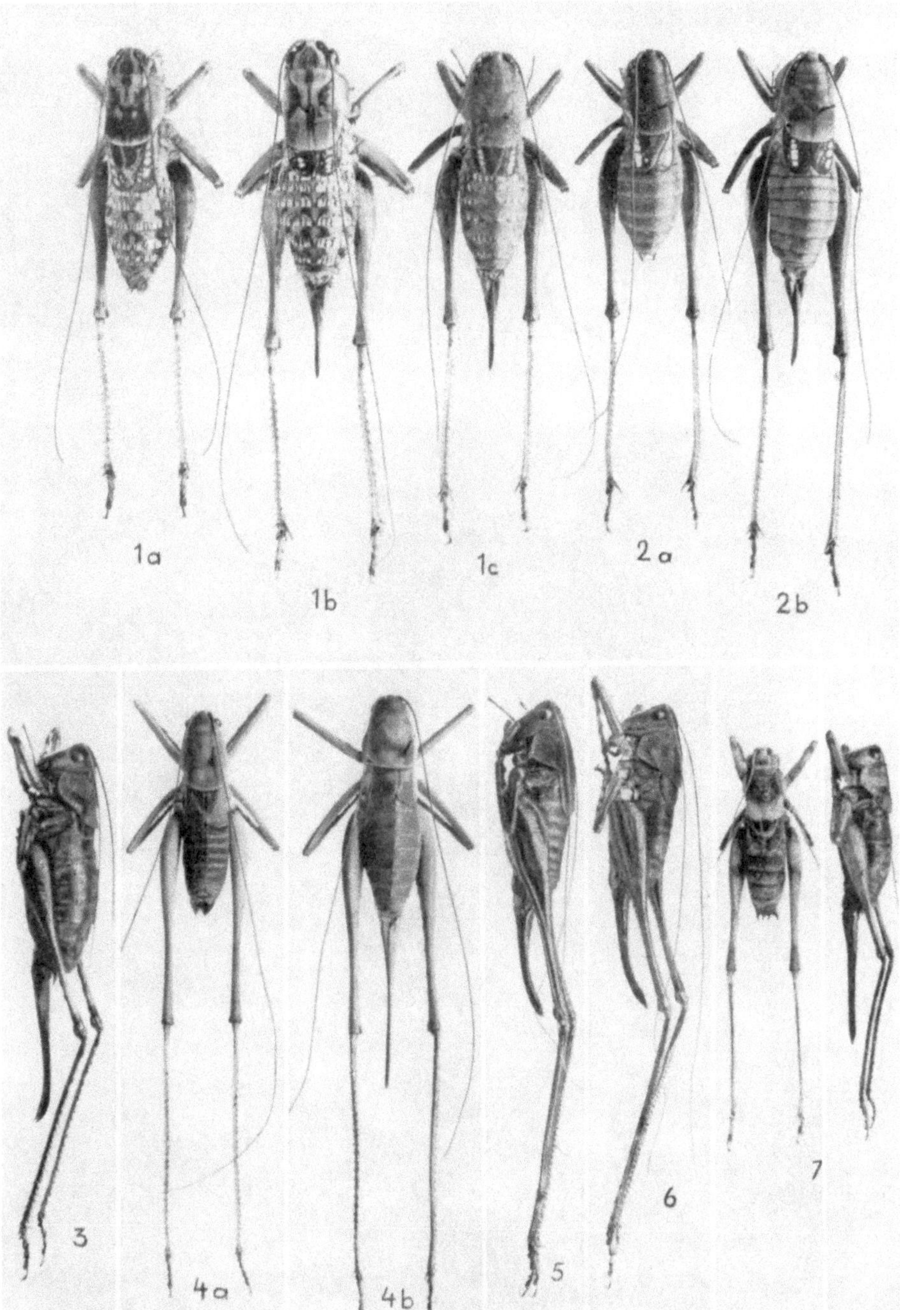
1a
1b
1c
2a
2b
3
4a
4b
5
6
7

TAFEL XXII

1 *Scotodrymadusa rammei* (Uv.), a ♂, b ♀
2 *Scotodrymadusa turcica* Rme, a ♂, b ♀
3 *Parapholidoptera noxia* Rme, a ♂, b ♀
4 *Parapholidoptera distincta* (Uv.), a ♂, b ♀
5 *Squamiana* (?) *kurmana n. sp.*, a ♂, b ♀
6 *Platycleis sinuata n. sp.*, a ♂, b ♀
7 *Decorana capitata* (Uv.), ♀
8 *Platycleis irritans n. sp.* ♀
9 *Montana daghestanica* (Uv.), ♀
10 *Montana armeniaca* (Rme) ♀
11 *Incertana persica* (Uv.), a ♂, b ♀, c *holoptera n. f.* ♂

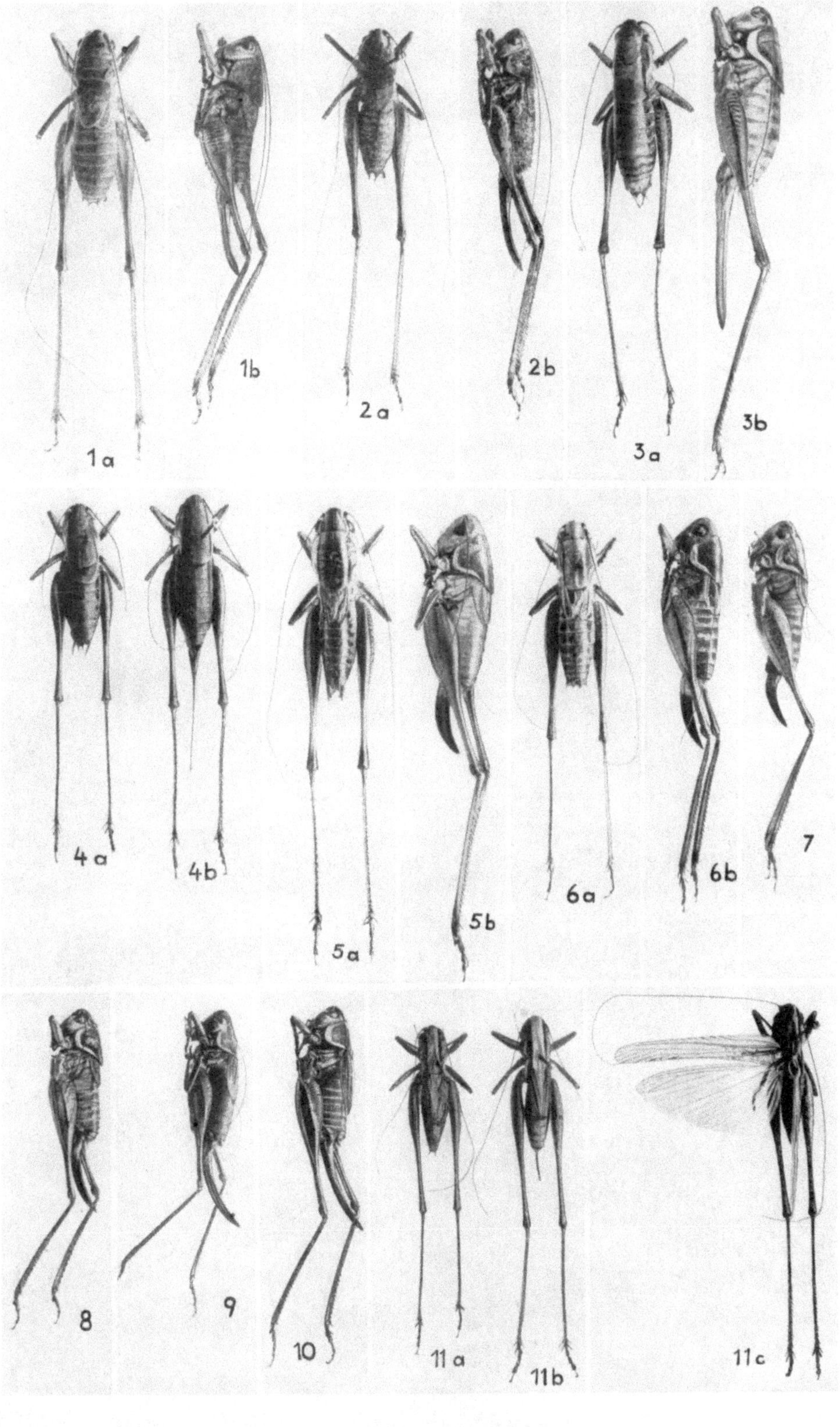
1a
1b
2a
2b
3a
3b
4a
4b
5a
5b
6a
6b
7
8
9
10
11a
11b
11c

TAFEL XXIII

1 *Tettigonia turcica n. sp.* ♂
2 *Psorodonotus specularis* (F.-W.) ♂
3 *Psorodonotus venosus* (F.-W.) ♂
4 *Montana elegans* Uv. ♂ ♀
5 *Platycleis* ♀, a *escalerai escalerai* I. Bol., b *escalerai iranica* Rme
6 *Montana schereri* (I. Bol.) ♂ ♀
7 *Roeseliana bispina* (I. Bol.) ♂ ♀

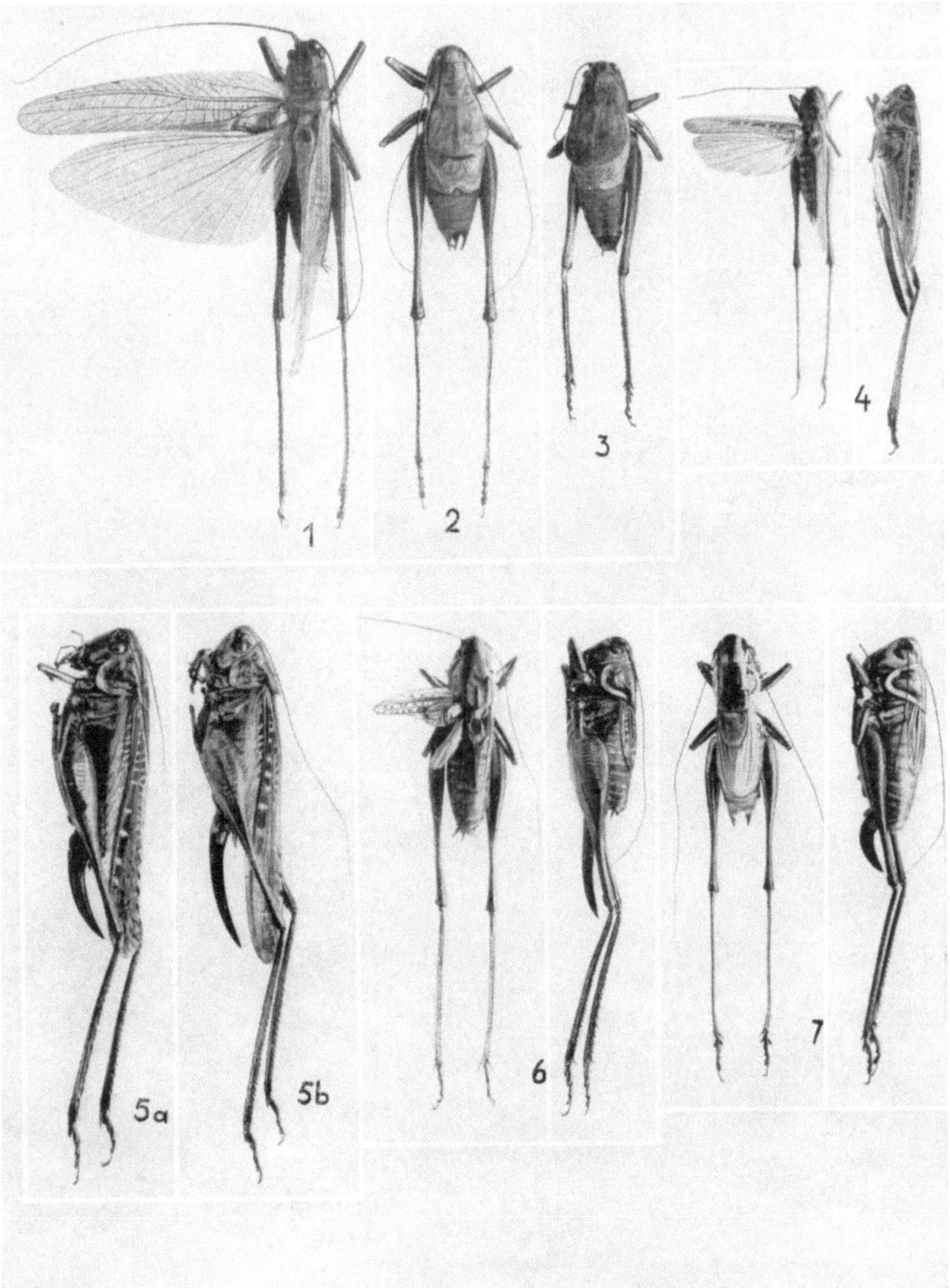
1
2
3
4
5a
5b
6
7

TAFEL XXIV

1 *Saga lucasi* Sauss. ♂ ♀
2 *Saga cappadocica* Wern. ♂ ♀
3 *Conocephalus cyprius n. sp.* ♂
4 *Chorthippus abchasicus* Rme a ♂, b ♀, c Elytren ♂ ♀
5 *Chorthippus ilkazi* Uv. ♂ Elytren (Variationsbreite)

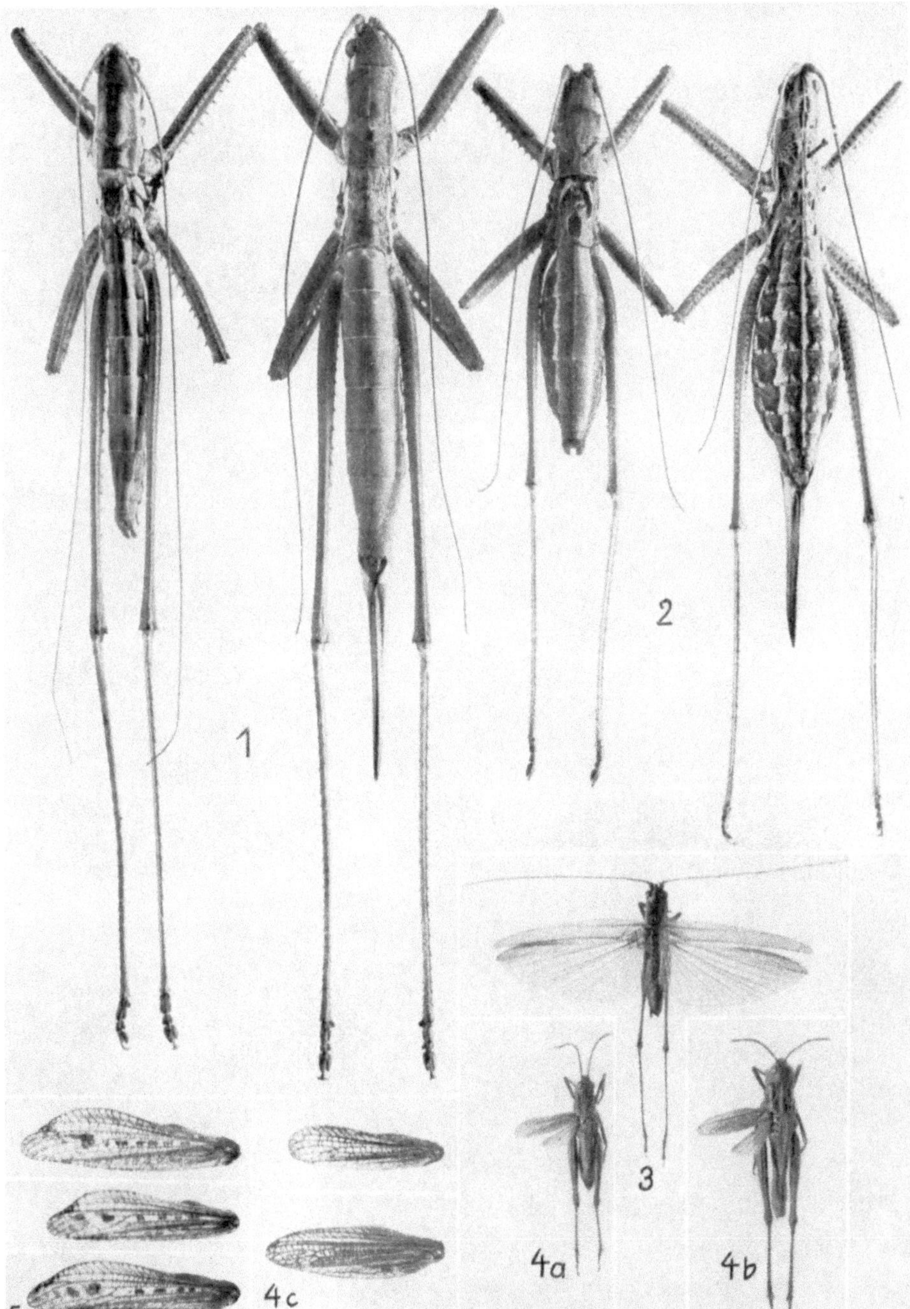
1
2
3
4a
4b
4c
5

TAFEL XXV

Totalbilder (obere Reihe) [Nat. Gr.]

1 *Stenobothrus werneri* Adel. a ♂, c ♀ Transkaukasien, b ♂ *werneri iranicus n. subsp.*
2 *Stenobothrus sviridenkoi* Rme a ♂, b ♀

Flugorgane ♂ [Vergr. 2 : 1]

1 *Stenobothrus werneri* Adel. c Transkaukasien, d *werneri iranicus n. subsp.*
2a *Stenobothrus sviridenkoi* Rme; bessere Abb. Taf. XXXI, Fig. 6 [Vergr. 4 : 1]
3 *Stenobothrus nigromaculatus transcaucasicus* Rme
4 *Stenobothrus eurasius* Zub.
5 *Stenobothrus fischeri* (Ev.)
6 *Stenobothrus zubowskyi* I. Bol.
7 *Chorthippus macrocerus n. f. explicata*
8 *Chorthippus mollis* (Charp.) Mzchet
9 *Chorthippus mollis ignifer* Rme, Alagös, 2200 m
10 *Chorthippus miramae n. sp.* a u. b (Variationsbreite)
11 *Chorthippus apricarius maior* Zub.
12 *Chorthippus brauneri* Znojko, a Urmiasee, b Tuapsse (Variationsbreite)

TAFEL XXV

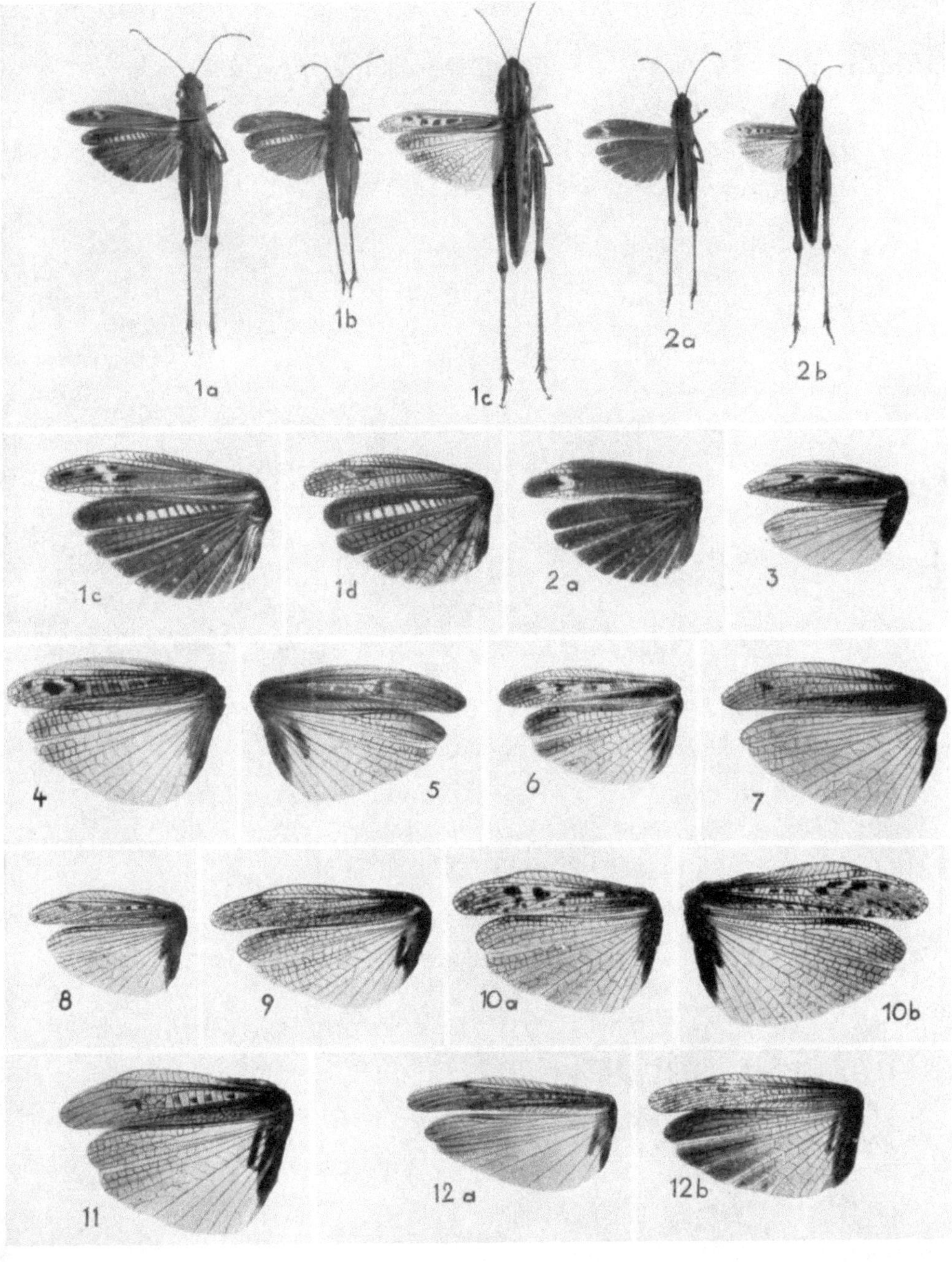

TAFEL XXVI

1 *Eremippus aserbeidshanicus n. sp.*, a ♂, b ♀, c ♂ ♀, Elytren
2 *Eremippus gracilis* Uv., a ♂, b ♂, Elytren
3 *Eremippus turcicus n. sp.*, a ♂, b ♀, c ♂ ♀, Elytren
4 *Xerohippus cyprius* Uv. ♂ ♀
5 *Xerohippus anatolicus n. sp.*, ♂ ♀
6 *Dericorys uvarovi* Rme, ♂ ♀
7 *Chorthippus demokidovi* Rme, ♂ Elytr.
8 *Phaneroptera tenuicerca n. sp.* ♀
9 *Bolivaria kurdd n. sp.* ♂ [vgl. auch Taf. XXX, Fig. 3!]

1a
1b
2a
3
3b
4
5
6
7
2b
3c
1c
8
9

TAFEL XXVII

1 *Dociostaurus hauensteini* (I. Bol.), a u. b ♂♂ Variationsbreite, c ♀
2 *Dociostaurus cappadocicus* (Azam), a ♂, b ♀
3 *Gomphocerus sibiricus caucasicus* (Motsch.) ♂
4 *Gomphocerus armeniacus* Uv. ♂
5 *Omocestus nanus* Uv. ♂ ♀
6 *Chorthippus demokidovi* (Rme) ♂ ♀
7 *Sphingonotus carinatus eshrewi n. sp.* ♂ ♀
8 *Sphingonotus carinatus eshrewi n. sp.* ♂ ♀ (extrem gebänderte Form)
9 *Sphingonotus kurmanus n. sp.* ♂ ♀
10 *Sphingonotus aserbeidshanicus n. sp.*, ♂, a Typus, b fast ganz einfarbig

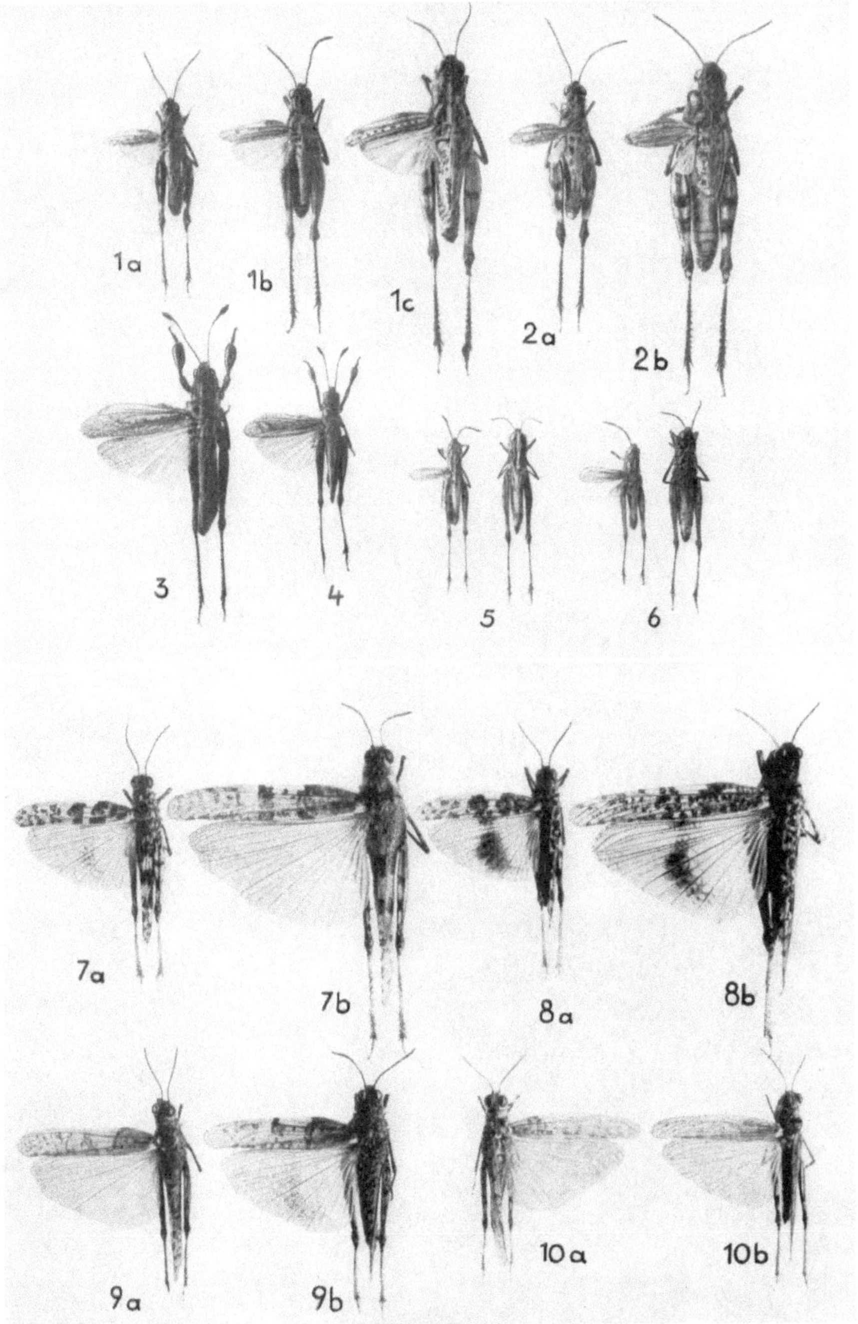
1a
1b
1c
2a
2b
3
4
5
6
7a
7b
8a
8b
9a
9b
10a
10b

TAFEL XXVIII

1—16 Kopf und Pronotum ♀ [Vergr. 2 : 1]

1 *Nocaracris bulgaricus* Dren.
2 — *burri* Uv.
3 — *bodenheimeri* (Uv.)
4 — *rubripes* (F.-W.)
5 — *cyanipes* (F.-W.)
6 — *sureyana n. sp.*
7 — *schelkovnikovi* (Uv.)
8 — *rimansonae* (Uv.)
9 *Nocaropsis demawendi n. g. et sp.*
10 — *elbursianus n. sp.*
11 *Nocarodes serricollis* F.-W.
12 — *urmianus* Rme
13 — *keredjensis* Wern.
14 — *ebneri n. sp.*
15 — *woronowi* Uv.
16 *Ebnerodes n. g. tölgi* (Ebner)

17—24 ♂ [Nat. Gr.]

17 *Nocaracris burri* Uv.
18 — *bodenheimeri* (Uv.)
19 — *rubripes* (F.-W.)
20 — *sureyana n. sp.*
21 *Nocaracris rimansonae* Uv.
22 *Nocaropsis demawendi n. g. et sp.*
23 *Nocarodes ebneri n. sp.*
24 — *woronowi* Uv.

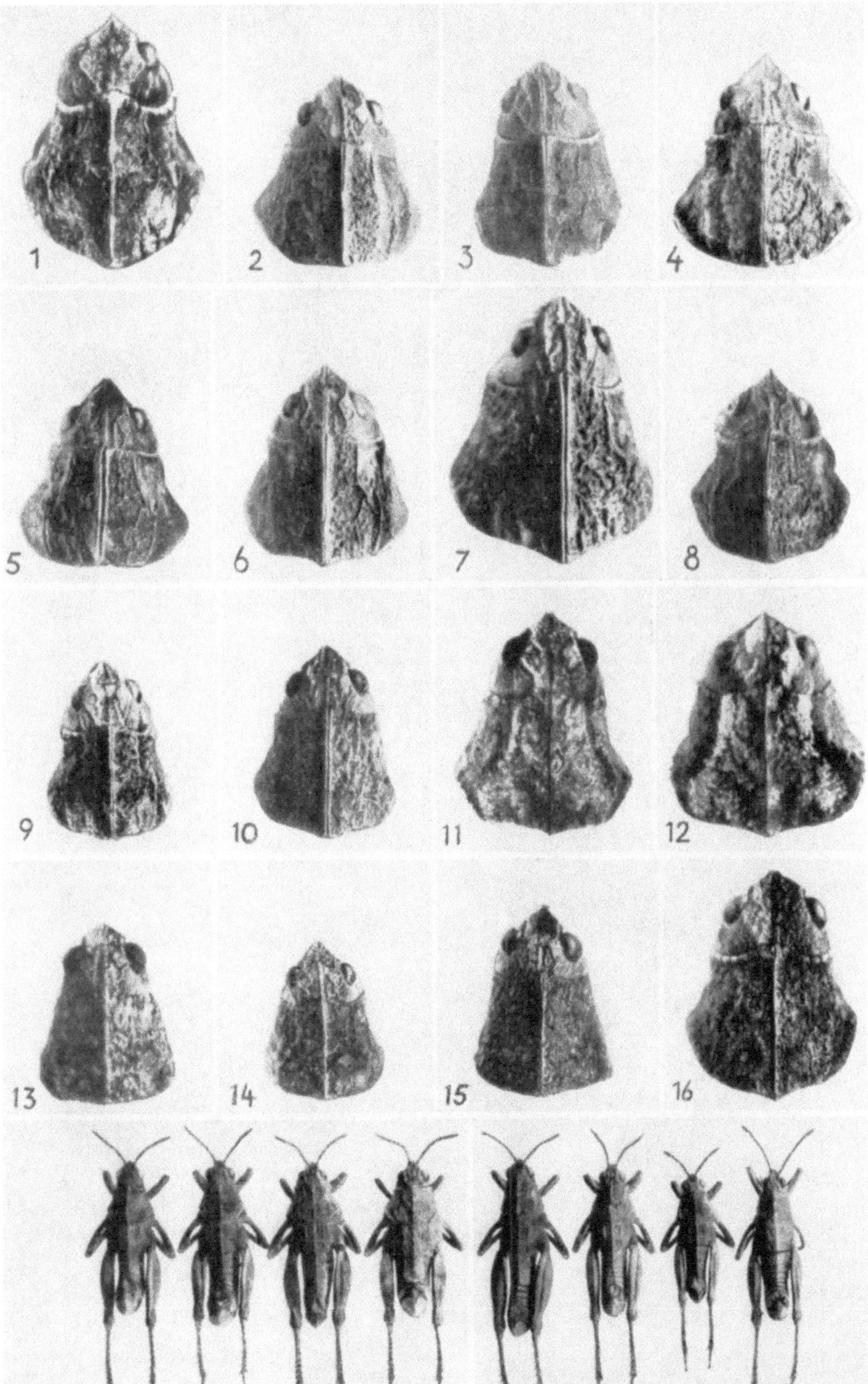
1
2
3
4
5
6
7
8
9
10
11
12
13
14
15
16
17
18
19
20
21
22
23
24

TAFEL XXIX

1 *Asiotmethis holtzi holtzi* (Wern.) ♂ ♀
2 *Asiotmethis holtzi pulchripes* Uv. ♂ ♀
3 *Asiotmethis escherichi elatior n. subsp.* ♂ ♀
4 *Asiotmethis dimorphus armenus n. subsp.* ♂
5 *Ebnerodes n. g. tölgi* (Ebn.) ♂ (Typus)
6 *Granulodes beieri n. g., n. sp.* ♂
7 *Calliptamus tenuicercis* Tarb. ♂ ♀
8 *Thalpomena ledereri turcica* Dirsh ♂ ♀

1
2
3
4
5
6
7
8

TAFEL XXX

1 *Rivetina fasciata* (Thbg.) ♀
2 *Rivetina turcica n. sp.* ♀
3 *Bolivaria kurda n. sp.* ♂
4 *Bolivaria brachyptera* (Pall.) ♂
5 *Dociostaurus crassiusculus* (Pantel) ♂ ♀
6 *Dociostaurus iranicus n. sp.* ♂ ♀
7 *Dociostaurus elbursianus caspicus n. subsp.* ♂ ♀

1
2
3
4
5
6
7

TAFEL XXXI

1 *Chorthippus demokidovi* (Rme) a ♀, *b* ♀, l. Elytr. vergr.
2 *Chorthippus dorsatus* (Zett.) a ♂, b ♀ (Pestszentimre). c Elytr. ♂ vergr.
3 *Chorthippus loratus* (F.-W.) a ♂, b ♀ (Pestszentimre), c Elytr. ♂ vergr.
4 *Chorthippus albomarginatus* (De Geer) ♂ Elytr. vergr.
5 *Chorthippus labaumei* (Rme) Elytr. ♂ vergr.
6 *Stenobothrus sviridenkoi* ♂, l. Flugorg. (vgl. auch Taf. XXV)
7 *Psorodonotus fieberi* (Friv.) a ♂ Genitalregion, b Ovopositor
8 *Psorodonotus macedonicus* Rme a ♂ Genitalregion, b Ovipositor (Variat.)

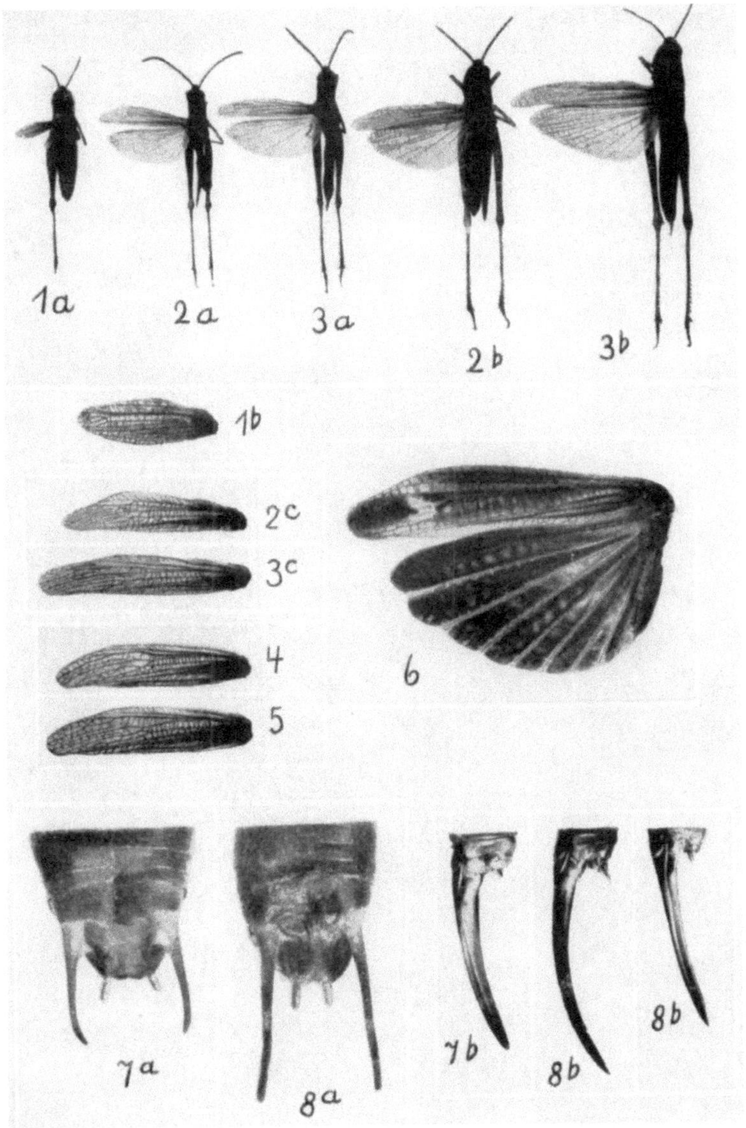
1a
2a
3a
2b
3b
1b
2c
3c
4
5
6
7a
8a
7b
8b
8b

TAFEL XXXII

1 *Pholidoptera dalmatica* (Kr.) ♂
2 *Pholidoptera maritima* Zeun. ♂♂ (Variationsbr.)
2a *Pholidoptera brachynota n. sp.* ♂ (Typus)
3 *Locusta danica burmana n. subsp.* ♂ Burma (kleinste *danica*-Form)
4 *Locusta danica danica* (L.) ♂ Sizilien (größte *danica*-Form)
5 *Locusta migratoria migratoria* L. ♂ (durchschnittliche Größe)
6 *Chorthippus montanus* (Charp.) a ♂♀; b ♂♀ *f. explicata* Sel.-Longch.
7 *Mecostethus grossus* (L.) ♂, a Umg. v. Berlin; b Kärnten, Eggeralm; c Rumänien, Retežat
8 *Sphingonotus coerulipes* Uv. ♂

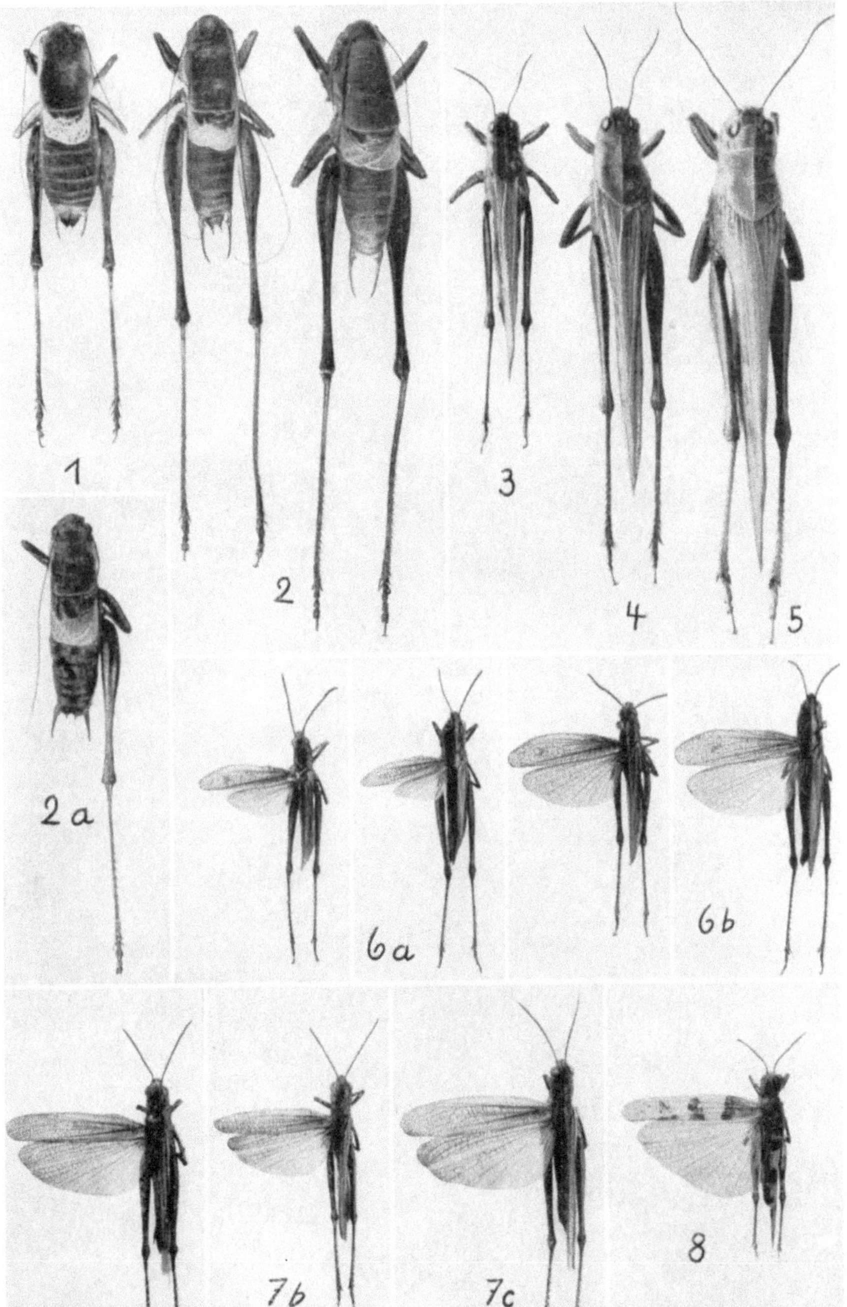
1
2
2a
3
4
5
6a
6b
7a
7b
7c
8

TAFEL XXXIII

Kaukasus

Oberes Bild: An der Grusinischen Heerstraße unterhalb Gudaur (etwa 2100 m); Berge im Hintergrund: „Die sieben Brüder“

Unteres Bild: Ebendort oberhalb Gudaur, nahe dem Krestowaja-Paß (etwa 2300 m); im Hintergrund der Kasbek

Biotope für: *Isophya schneideri* Br.
Tettigonia caudata (Charp.), besonders in Getreidefeldern
Psorodonotus specularis inermis n. subsp.
— *venosus* (F.-W.)
Chorthippus apricarius apricarius (L.)
— *miramae* Rme
Psophus stridulus (L.)

W. Ramme phot.

TAFEL XXXIV

Kaukasus

Oberes Bild: Kasbek (5043 m) mit Or-zferri-Gletscher, Aufnahmestandpunkt etwa 2800—3000 m

Die Matten bis zu dieser letzteren Höhenlage Biotop für:

Isophya schneideri Br.
Decticus verrucivorus (L.)
Stenobothrus lineatus (Pz.)
Gomphocerus armeniacus Uv.
Psophus stridulus (L.)

Unteres Bild: Kura-Tal bei Mzchet (etwa 500 m)

In Talmulden mit höheren Kräutern und üppiger Grasnarbe:

Platycleis affinis (Fieb.)
Tessellana vittata (Charp.)
Parapholidoptera noxia (Rme)
Medecticus assimilis (Fieb.)
Acrida meridionalis Dirsh
Euprepocnemis plorans (Charp.)

An den trockneren unteren Berghängen:

Paradrymadusa sordida (Herm.)
Gryllodes lateralis (Fieb.)
Omocestus haemorrhoidalis (Charp.)
Chorthippus macrocerus (F.-W.)
— *miramae* Rme
Euchorthippus pulvinatus (F.-W.)
Oedaleus mlokosievitchi I. Bol.
Thalpomena oedipodioides uvarovi Dirsh
Calliptamus tenuicercis Tarb.

W. Ramme phot.

TAFEL XXXV

Transkaukasien

Oberes Bild: Bakuriani, Botanische Station (etwa 900 m)

Unteres Bild: Anschließende Landschaft: offenes Wiesental mit kleinen Gebüschen und einzelnen Laub- und Nadelbäumen, an den Hängen lichter Nadel- und Mischwald. Im Hintergrund der Zchra Zcharo (etwa 1800 m) mit grasigen Kuppen oberhalb ausgedehnter Bestände von *Rhododendron caucasicum* Pall.

In der Talregion und an den unteren Hängen:

Poecilimon similis Ret.
— *richteri* Rme
Isophya schneideri Br.
— *bivittata* Uv.
— *redtenbacheri* Adel.
Leptophyes albovittata (Koll.)
Parapholidoptera distincta (Uv.)
Roeseliana pylnovi (Uv.)
Chrysochraon dispar (Germ.)
Omocestus haemorrhoidalis (Charp.)
Chorthippus dorsatus (Zett.)
— *parallelus* (Zett.)
Micropodisma koenigi (Burr)

Über der Rhododendronregion:

Stenobothrus nigromaculatus transcaucasicus Rme
Stauroderus scalaris (F.-W.)
Chorthippus macrocerus (F.-W.)
Nocaracris cyanipes (F.-W.)

W. Ramme phot.

TAFEL XXXVI

Armenien

Oberes Bild: Aufstieg zum Alagös (von Etschmiadsin aus), etwa 2200 m

Unteres Bild: Zeltlager (3600 m) unterhalb des Alagösgipfels (4095 m)

Biotope für: *Chorthippus mollis* (Charp.), sehr kleine Form
Chorthippus demokidovi Rme
Gomphocerus armeniacus Uv.
Nocaracris rubripes (F.-W.)

W. Ramme phot.

TAFEL XXXVII

Armenien

Oberes Bild: Schordsha (1975 m) am Goktscha-See (Ostufer)

Auf dem landeinwärtsziehenden steppigen oder halbwüstenartigen Gebiet:

Platycleis affinis (Fieb.)
— *irritans n. sp.*
Montana armeniaca (Rme)
Chorthippus miramae n. sp.
Oedipoda schochii Sauss.
Thalpomena oedipodioides (I. Bol.)

Auf den jenseitigen üppig-grasigen Hängen und Kuppen der Berge:

Psorodonotus venosus (F.-W.)
— *specularis* (F.-W.)
Stauroderus scalaris (F.-W.)
Chorthippus macrocerus (F.-W.)
— *miramae* Rme
— *mollis* (Charp.)
— *loratus* (F.-W.)
Nocaracris cyanipes (F.-W.)

Kaukasus

Unteres Bild: Pontisches Mittelgebirge bei Tuapsse

Auf offenem Gelände:

Mantis religiosa L.
Platycleis affinis (Fieb.)
Chorthippus miramae n. sp.

An lichten Waldstellen:

Pholidoptera pustulipes (F.-W.)
— *fallax* (Fisch.)
Paradrymadusa pontica Rme

W. Ramme phot.

TAFEL XXXVIII

Aserbeidshan

Oberes Bild: Aras-Tal zwischen Dshulfa und Ordubad

An üppig-grasigen und kräuterreichen Stellen:

Mantis religiosa L.
Incertana persica (Uv.)
Chorthippus brauneri Znojko
Calliptamus tenuicercis Tarb.
Euprepocnemis plorans (Charp.)
Thisoecetrinus dorsatus (F.-W.)

Auf *Tamarix*:

Thisoicetrus adspersus Redt.
Gampsocleis schelkovnikovae Adel.

Unteres Bild: Halbwüste bei Ordubad

Bolivaria brachyptera (Pall.)
Platycleis escalerai iranica Rme
Phytodrymadusa znojkoi (Miram)
Acrida deserti Uv.
Acridella robusta Uv.
Chorthippus miramae n. sp.
Pyrgomorpha conica (Oliv.)
— *brevipennis* I. Bol.
Notostaurus anatolicus (Kr.)
Ramburiella bolivari (Kuthy)
Oedaleus mlokosievitchi I. Bol.
Locusta migratoria migratoria (L.)
— *migratoria phas. danicoides* Plotn. u. Rme
Oedipoda coerulescens (L.)
— *miniata* (Pall.)
— *schochii* Sauss.
Thalpomena persa Sauss. mit *f. popovi* Dirsh
Sphingonotus nebulosus persa Uv.
— *carinatus* Sauss.
— *pilosus* Sauss.
— *coerulipes* (Uv.)
— *aserbeidshanicus n. sp.*
Helioscirtus moseri tichomirovi Stsch.
Leptopternis gracilis (Eversm.)
Eremopeza festiva (Sauss.)
Calliptamus barbarus deserticola Voss.
— *tenuicercis* Tarb.
Metromerus coelesyriensis (G.-T.)

W. Ramme phot.

TAFEL XXXIX

Anatolien

Oberes Bild: Halbwüste bei Nigde; im Hintergrund der Ütsch-Kapular-Dagh Auf der leicht ansteigenden Ebene unmittelbar am Fuß des Gebirges, hinter den Baumgruppen:

Drymadusa striolata n. sp. (vereinzelt)
Sureyaella bella Uv.
Omocestus nanus Uv.
Dociostaurus hauensteini (I. Bol.)
Ramburiella bolivari (Kuthy)
Oedaleus decorus (Germ.)
Pyrgodera armata (F.-W.)
Brunnerella mirabilis Sauss.
Oedipoda miniata (Pall.)
— *schochii* Sauss.
Sphingonotus nebulosus anatolicus Uv.
— *turcicus* Uv.

Im Gebirge:

Drymadusa striolata n. sp.
Saga cappadocica Wern.
Stenobothrus zubovskyi I. Bol.
Thalpomena ledereri turcica Dirsh
Asiotmethis holtzi pulchripes Uv.

Unteres Bild: Hochfläche (etwa 2200 m) des Bithyn. Olymps (Ulu- oder Ke-šiš-Dagh) unmittelbar unterhalb des Gipfels (2500 m); Grasflächen und steinige Partien mit kriechendem *Juniperus*.

Poecilimon anatolicus Rme (auf *Urtica*)
Isophya straubei Br.
Anterastes serbicus Br.
— *uludaghensis* Karabag
Uludaghia gerdae n. g. et sp.
Stenobothrus nigromaculatus (H.-S.)
Myrmeleotettix maculatus (Thbg.)
Nocaracris burri Uv.

Gerda Ramme phot.